小动物 X 线与超声手册

——检查技术和鉴别诊断

Handbook of Small Animal Radiology and Ultrasound

Techniques and Differential Diagnoses

第 2 版

主编 [美] Ruth Dennis

[南非] Robert M. Kirberger

[英] Frances Barr

[澳] Robert H. Wrigley

前言 Donald E. Thrall

绘图 Debbie Maizels

Jonathan Clayton-Jones

主译 丛恒飞 袁雪梅

长江出版传媒

湖北科学技术出版社

ELSEVIER

著作权合同登记号：图字 17-2018-269 号

图书在版编目（CIP）数据

小动物 X 线与超声手册——检查技术和鉴别诊断：第 2 版 /(美) 露丝 · 丹尼斯（Ruth Dennis）等主编；丛恒飞，袁雪梅主译 . — 武汉：湖北科学技术出版社，2019.5

ISBN 978-7-5706-0354-1

Ⅰ. ①小… Ⅱ. ①露… ②丛… ③袁… Ⅲ. ①动物疾病 – 放射诊断 – 手册 ②动物疾病 – 超声波诊断 – 手册 Ⅳ. ① S854.4-62

中国版本图书馆 CIP 数据核字（2018）第 130986 号

小动物 X 线与超声手册——检查技术和鉴别诊断（第 2 版）

XIAODONGWU XXIAN YU CHAOSHENG SHOUCE- JIANCHA JISHU HE JIANBIE ZHENDUAN · DI-ER BAN

策　　划：李大林　李少莉　　责任校对：傅　玲

责任编辑：林　潇　张波军　　封面设计：喻　杨　北农阳光

出版发行：湖北科学技术出版社　　电话：027-87679468

地　　址：武汉市雄楚大街 268 号（湖北出版文化城 B 座 13-14 层）　　邮编：430070

网　　址：http：//www.hbstp.com.cn

印　　刷：河北华商印刷有限公司　　邮编：072750

889 × 1 194　1/16　22 印张　560 千字

2019 年 5 月第 1 版　　2019 年 5 月第 1 次印刷

定价：298.00 元

ELSEVIER
Elsevier (Singapore) Pte Ltd.
3 Killiney Road
#08-01 Winsland House I
Singapore 239519
Tel: (65) 6349-0200
Fax: (65) 6733-1817

Handbook of Small Animal Radiology and Ultrasound Techniques and Differential Diagnoses, 2/E
First edition © Harcourt Publishers Limited 2001
Second edition © Elsevier Limited 2010. All rights reserved.
ISBN-13: 9780702028946

Handbook of Small Animal Radiology and Ultrasound Techniques and Differential Diagnoses, 2/E, by Ruth Dennis, Robert M. Kirberger, Frances Barr, Robert H. Wrigley was undertaken by Hubei Science & Technology Press and is published by arrangement with Elsevier (Singapore) Pte Ltd.

Handbook of Small Animal Radiology and Ultrasound Techniques and Differential Diagnoses, 2/E by Ruth Dennis, Robert M. Kirberger, Frances Barr, Robert H. Wrigley 由湖北科学技术出版社进行翻译，并根据湖北科学技术出版社与爱思维尔（新加坡）私人有限公司的协议约定出版。

小动物 X 线与超声手册——检查技术和鉴别诊断（第 2 版）（丛恒飞，袁雪梅主译）

ISBN: 9787570603541

注 意

本译本由 Elsevier (Singapore) Pte Ltd. 和湖北科学技术出版社完成。相关从业及研究人员必须凭借其自身经验和知识对文中描述的信息数据、方法策略、搭配组合、实验操作进行评估和使用。由于医学科学发展迅速，临床诊断和给药剂量尤其需要经过独立验证。在法律允许的最大范围内，爱思唯尔、译文的原文作者、原文编辑及原文内容提供者均不对译文或因产品责任、疏忽或其他操作造成的人身及 / 或财产伤害及 / 或损失承担责任，亦不对由于使用文中提到的方法、产品、说明或思想而导致的人身及 / 或财产伤害及 / 或损失承担责任。

《小动物X线与超声手册——检查技术和鉴别诊断（第2版）》

译　委　会

主　　译： 丛恒飞　袁雪梅

副 主 译： 赵秉权　叶　楠

其他译者（按姓氏笔画排序）：

王京阳　代潇汉　曲　艺　李菁虹

张　鑫　周　意　栗雨彤　唐晓波

宴海欣　熊晨昱　魏佳琪　于　泳

译者序

小动物临床的主要工作是疾病的诊断与治疗。随着国内宠物行业的发展，临床疾病越来越复杂，动物主人对兽医的要求和期望也越来越高。快速而且准确地建立诊断，并依据评估与诊断结果针对性治疗，成为临床兽医不懈努力的方向。诊断的建立主要是基于病史、病征、影像学诊断和实验室诊断等临床信息，简单病例在获知病例资料和检查结果后，可以直接形成诊断；而复杂或疑难病例则需要汇集信息，综合分析，形成鉴别诊断列表，再分析、验证或进一步检查，从而得出诊断。临床兽医希望能够借助一本“百科”般的参考书，查询已经获得的临床信息（包括既往症状、体征、X线征象与超声像、实验室指标等）对应的鉴别诊断，再综合分析，按照优先顺序做出鉴别诊断列表。

《小动物X线与超声手册——检查技术和鉴别诊断（第2版）》正是一本这样的参考书，以X线征象和超声声像罗列鉴别诊断，帮助读者梳理诊疗思路，避免了必须参考多本教科书才能有效建立诊断思路的情况。在影像学诊断日趋重要的今天，本书的出版会进一步夯实影像学检查作为临床基础检查的重要地位。本书按照机体系统分为12章，分别为骨骼概述、关节、四肢骨骼、头颈部、脊柱、下呼吸道、心血管系统、其他胸部结构（胸膜腔、纵隔、胸段食道、胸壁）、腹部其他结构（腹壁、腹膜腔和腹膜后腔、实质器官）、胃肠道、泌尿生殖道和软组织。文中内容从X线检查技术（包括造影检查）和超声检查技术说起，描述了器官的解剖变异和医源性损伤的变化与正常超声表现，最后描述了异常征象和声像对应的鉴别诊断列表。书中的插图不是X线和超声原图，而是精心绘制的可以反映组织病变和特点的示意图，正像原文前言Donald E.Thrall教授所说“利用图示理解组织的病变是一种极佳的学习方法”，希望书中的插图可以给读者带来别样的体验。书末的附录就X线摄影错误、超声术语和伪影、寄生虫性和传染性疾病的地理分布做了充分介绍，进一步增加了鉴别诊断列表排序的可信度。本书适用于临床兽医和兽医学生，希望读者使用好本书，多多查阅鉴别诊断列表，增加可能疾病的熟悉度，以便最终形成有效的疾病咨询或诊断。

原文涉及的内容非常广泛，有些专业词汇很生僻，语句表达也很简练，译者在翻译过程中仔细斟酌，力求忠于原书，并将简单句连通以成段成文。但是，毕竟译者水平有限，书中翻译难免还有值得商榷之处，敬请广大读者在使用本书时予以提出，以期再版时补充修改。

丛恒飞

2019年5月于北京

推荐序

我很荣幸地为大家介绍《小动物 X 线与超声手册——检查技术和鉴别诊断（第 2 版）》，该书由露丝·丹尼斯（Ruth Dennis）、罗伯特·M. 克伯格（Robert M. Kirberger）、弗朗西丝·巴尔（Frances Barr）和罗伯特·H. 里格利（Robert H. Wrigley）共同编写。他们都是高素质的放射科医生，每一位都是经验丰富的专家，多年来一直向兽医学生和住院医生传授成像原理。他们一直在传播如何解读诊断影像方面的知识和经验，也曾编写了数本关于影像解读的参考书，加上数十年的临床敏锐度，造就了本书相当的可信度。

就我个人而言，近 40 年来，我一直在努力地探索如何更好地指导其他医生和学生解读影像。我深知，每个人的学习方式不同，速度也不同；不同教学方法的有效性也因学生而各异。大多数放射影像学的教学都是基于患病动物的实际资料，即在诊所中产生的诊断影像。但在这本书中，信息是以图示呈现的，清楚地显示了组织的病理变化。尽管与患病动物的临床诊断影像不完全相同，但这些图示简洁清晰，与实际的 X 线影像和超声声像所反映的患病动物组织病变的特征是一致的。对许多还在临床上努力学习影像解读的人来说，利用图示理解组织的病变是一种极佳的学习方法。

这本书的主要功能是确定的，即通过分类 X 线或超声异常，按人的思维过程来整理。换言之，通过识别出的异常影像，查阅每个征象对应的鉴别诊断列表，然后再将这些因素与病史、病征、体格检查和临床检查结果进行综合分析，从而按照优先顺序列出疾病的鉴别诊断。这种优先顺序可用于定制下一步的诊断检查或治疗干预方法。关于影像学诊断的一个事实是，如果一个人从来没有听说过某种疾病，那么就不可能得出正确诊断。经常查阅鉴别诊断列表，有助于增加可能疾病的熟悉程度。

和之前出版的其他参考书一样，本书也不是一本包罗万象的书；读者如果没有影像解读方面的一些现有经验，本书也不会特别有用。然而，这并不是在贬低这本书的价值——相反，这本内容丰富的出版物通过提高影像解读的成熟度填补了临床诊断的空白。最优秀的影像医生不仅仅是看 X 线征象的人，他们更是动物主人、全科医生和其他专科医生的顾问。有效的会诊需要观察到异常 X 线征象。本文所含的信息有助于将异常影像描述出来，并将这些信息形成有效的咨询。

唐纳德·E. 萨尔（Donald E.Thrall），DVM，PhD

美国北卡罗来纳州罗利市

北卡罗来纳州立大学兽医学院分子生物医学系教授

ACVR 认证医师（放射学、肿瘤放疗学）

前 言

机体系统只能以有限的方式对疾病或损伤做出反应，因此通常不可能根据单一检查（如 X 线检查）做出特定诊断。X 线片和超声声像图的成功解读取决于异常征象的识别、异常征象可能病因相关的鉴别诊断列表及制订的进一步诊断检查的计划。本书旨在作为小动物放射学和超声诊断学中鉴别诊断和其他有用信息的辅助备忘录，以帮助影像医生编制尽可能完整的鉴别诊断列表。书中除了很多疾病的图解线条图，还包括正常解剖和变异。

作者希望这本书能为所有从事小动物诊断影像学的读者提供帮助，包括放射学专科医生、全科医生和兽医学生。然而，这本书只是其他优秀参考书的补充，并非取代，仍需读者具备一定程度的读片经验。

这本书按照机体系统分章，列出了各种 X 线征象和超声声像异常的可能诊断，包括正常解剖变异、技术错误和医源性病因。主要发生在猫的疾病也是这样列出的，当然有很多疾病犬和猫都会发生。传染性和寄生虫性疾病并不普遍，仅限于在某些地区发生，在文中已用 * 表示。读者应查阅附录中疾病的地理分布表，以了解更多信息。本书详细介绍了 X 线检查技术（包括造影检查）和超声检查技术，并描述了器官的正常超声表现。本书的第 2 版在检查技术和正常解剖、新的鉴别诊断、疾病更详细的描述、疾病地理分布表的更新及扩展阅读内容等方面都做了更大程度的扩展。附录中关于数字 X 线片错误的章节，经 *Veterinary Radiology and Ultrasound* 杂志许可，可以在此引用。画家戴比 · 梅泽尔斯（Debbie Maizels）在乔纳森 · 克莱顿 – 琼斯（Jonathan Clayton–Jones）第 1 版的基础上加了新的插图，我们感谢他们出色地再现了 X 线和超声影像。

新的疾病会不断地被发现和描述，所以书中的内容永远不可能全面。作者对可能存在的遗漏表示歉意，并欢迎读者对未来的版本提供建设性意见。

致　谢

感谢唐纳德·萨尔（Don Thrall）教授同意为本书的第 2 版书写推荐序，我们还要感谢格哈德·斯廷坎普（Gerhard Steenkamp）医生（牙科放射学）、尼莉莎·斯坦德（Nerissa Stander）医生（胃肠道超声学）以及班尼·彭所恩（Banie Penzhorn）教授（疾病的地理分布）的帮助和建议，他们均来自比勒陀利亚大学兽医学院。图 9–6、9–14、9–15、9–17、9–18 和 9–19 是经许可从查尔斯·R. 鲁特（Charles R. Root）在 *Textbook of Veterinary Diagnostic Radiology* 第 2 版（Donald E. Thrall 编辑并由 Saunders 出版）第 32 章“腹部肿物”中复制的。最后，我们要感谢在整个项目中支持我们的 Elsevier 的工作人员。

露丝·丹尼斯（Ruth Dennis）

2009 年 11 月于英国纽马克

目　录

第 1 章

骨骼系统：概述

概述

1.1 骨骼系统的 X 线检查技术

骨骼系统在 X 线片上显示良好，但需注意的是，只有矿化的部分才能在 X 线片中显影。类骨质是软组织密度结构，不能通过 X 线评估；类骨质在成年骨骼中占 30% ~ 35%。关节软骨也是软组织密度结构，所以在 X 线平片上不可见（见关节造影术，2.1）。为了在 X 线片中精确显示骨骼系统的细微病变，必须要掌握良好的 X 线摄影技术。

1. X 线片的清晰度跟被照部位的厚度和 DR 算法有关。
2. 除了拍摄大型犬的肢体近端和脊柱外，不需要使用滤线栅。在一些较小的关节，拍摄时仅产生少量散射线，无须使用滤线栅；如果使用滤线栅，会在 X 线片上产生栅格线，从而影响细节。
3. 准确的摆位和投照中心以及最小的肢 – 片距可以最大限度地减少形态失真和半影效应导致的模糊。
4. 合理选择投照范围，可以减少散射线而提高影像清晰度，并且减少辐射危害。
5. 正确的曝光条件可以使软组织和骨组织都成像清晰。
6. 注意被毛上的碎屑造成的伪影。
7. 必要时拍摄对侧肢对照。
8. 投照整肢（如肢体成角畸形）时，要使用楔形过滤技术；使用特殊的楔形过滤器或静脉输液袋。
9. 优化读片环境——干燥的 X 线片、暗室、明亮的光源和光源调节器、遮片板。
10. 用放大镜观察细节；利用骨骼标本、X 线片库和 X 线解剖图。
11. 对于潜影胶片，确保使用良好的显影技术以获得最佳的对比度和清晰度。
12. 对于数字成像，要调整好图像的大小和灰阶。

1.2 骨骼的解剖：基本组成（图 1–1A，图 1–1B）

骨突——非关节处的凸起，供肌腱和韧带附着，是独立的骨化中心。

关节软骨——软组织密度，与骨相比为透线性结构（除非因病发生钙化），司骨骺纵向生长。

松质骨——海绵骨，由相互交织的骨小梁排列而成，存在于骨骺、干骺端和短骨。受恒压的部位，骨小梁粗糙；压力多变的部位，骨小梁纤细。与皮质骨相比，松质骨的表面积更大，因而在受到创伤或疾病时，松质骨重塑速度快 40 倍。头骨的松质骨又叫“diploë”。

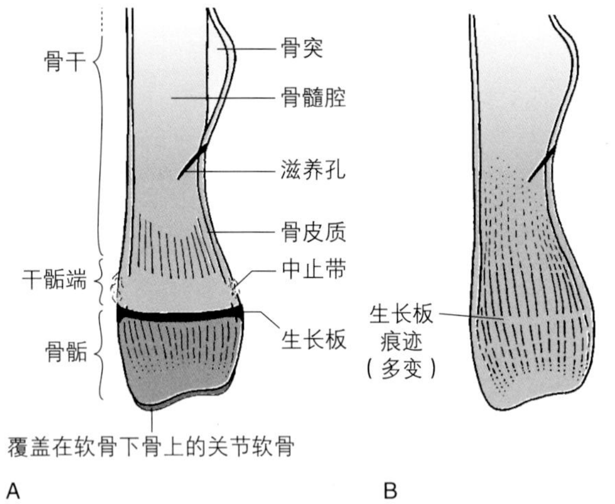

图1-1　图A为未成熟长骨的解剖结构；图B为成熟长骨的解剖结构。

皮质——密实的板层骨，由骨膜的膜内化骨而成。不透射线。骨周长最小的地方皮质最厚，或说弯曲骨的凹面皮质最厚，此处附着施加应力的软组织。骨皮质向两端逐渐变薄，直至干骺端处消失。

骨干——长骨的骨体。管状皮质骨，其内是骨髓腔和松质骨。

骨内膜——与骨外膜相似，但是更薄，沿大的骨髓腔排列；在某些情况下（如骨折）可以生成骨。

骨骺——长骨的末端，承接关节面，由独立的骨化中心形成；为松质骨，其中软骨下骨层更致密些。

骨髓腔——长骨中段含脂肪的骨髓腔隙；透射线，密度均匀。

干骺端——生长板和骨干之间的部分。为松质骨。在幼年动物，干骺端由生长板塑形成骨干皮质，因此其外表面不规则，尤其是在大型犬；这一征象称之为中止带，不要将其误认为骨膜反应或是病理性的骨质溶解（图1-1A）。

滋养孔——大血管进出骨皮质的透射线的线状结构。长骨中滋养孔的持续存在与长骨两端的纵向生长密切相关（其在胎儿期起源于中心）。偶尔会出现在异常的位置。

骨膜——覆盖在除关节面和肌肉纤维与肌腱嵌入部位之外的骨表面的纤维弹性组织，其内层通过膜内骨化反应生成骨而增加骨的直径。

生长板——软骨质的生长板，见于幼年动物，在X线片上呈透射线的低密度带。生长板的软骨内骨化增加骨的长度；其宽度随骨化进程而减小；骨骼发育成熟后，生长板变成硬化带或生长板痕迹。司骨干和干骺端纵向生长。

籽骨——关节附近的肌腱内形成的小骨，无骨膜；肌腱改变方向时减少摩擦力。

软骨下骨——关节软骨下方的致密薄层，比周围的骨组织密度高。

1.3　骨化和生长板闭合

- 犬和猫在孕期的后2/3阶段开始进行骨骼矿化。
- 大部分骨骼是通过预先形成的软骨基质软骨内骨化形成的；头骨通过膜内骨化形成。
- 刚出生时，在X线片上仅可见到骨干和头骨骨化；关节间隙看起来很宽，是因为骨骺还是软骨质，是透射线的。
- 随后，在骨骺、骨突、短骨中出现骨化中心。
- 随着骨化的发展，这些次级骨化中心的边缘变得粗糙。
- 随着骨骼的成熟，次级骨化中心变大且边缘变得平滑，从而生长板和关节间隙宽度减小。
- 某些术语：软骨发育不全，软骨发育缺乏；软骨发育不良，软骨发育异常；骨骼发育不良，骨骼发育异常。

生长板闭合时间（犬）

X线片上见到的生长板闭合时间各异，但每个部位都有一个大致的闭合时间。个体动物左、右肢生长板的闭合时间在正常情况下是一致的（见表1-1）。

表 1-1 犬生长板的闭合时间[a]

	生长板闭合时间
肩胛结节	4 ~ 7 月龄
肱骨近端	
肱骨头大结节	4 月龄
肱骨近端骨骺	10 ~ 13 月龄
肱骨远端	
内、外侧髁	8 ~ 12 周龄
内上髁	6 月龄
骨干突起	5 ~ 8 月龄
桡骨近端	5 ~ 11 月龄
桡骨远端	6 ~ 12 月龄
尺骨近端	
鹰嘴	5 ~ 10 月龄
肘突	3 ~ 5 月龄
尺骨远端	6 ~ 12 月龄
副腕骨生长板	10 周 ~ 5 月龄
第Ⅰ掌骨近端	6 月龄
第Ⅱ ~ Ⅴ掌骨远端	5 ~ 7 月龄
指骨（第 1 指骨近端、第 2 指骨近端）	4 ~ 6 月龄
骨盆	
髋臼	4 ~ 6 月龄
髂骨嵴	1 ~ 2年（甚至永久不闭合）
坐骨结节	8 ~ 10 月龄
股骨近端	
股骨头	6 ~ 11 月龄
大转子	6 ~ 10 月龄
小转子	8 ~ 13 月龄
股骨远端	6 ~ 11 月龄
胫骨近端	
内、外侧髁	6 周龄
胫骨粗隆	6 ~ 8 月龄
骨干粗隆和突起	6 ~ 12 月龄
胫骨远端	
主要生长板	5 ~ 11 月龄
胫骨远端内踝	5 月龄
腓骨近端	6 ~ 12 月龄
腓骨远端	5 ~ 12 月龄
跟骨	11 周 ~ 8 月龄
脊椎终板	6 ~ 9 月龄

a. 猫生长板的闭合时间更晚，尤其是绝育猫。

资料来源：Sumner-Smith, G. (1966) Observations on epiphyseal fusion of the canine appendicular skeleton. Journal of Small Animal Practice 7, 303-312.

Ticer, J.W. (1975) Radiographic Technique in Small Animal Practice. Philadelphia: Saunders.

1.4 骨骼对疾病或损伤的反应

无论什么病因，骨骼的病理反应本质相同。存在两个反应机制：骨丢失（局灶性骨质溶解，广泛性骨质减少）和骨生成（新骨形成）。这两个过程也可能同时发生。骨的沉积和重塑都遵循 Wolff 定律——骨质在需要的地方沉积，在不需要的地方重吸收；这也解释了骨小梁的方向。

骨丢失（见 1.5 和 1.16）

- 7 ~ 10 天后才能在 X 线片上见到。
- X 线片中只能见到骨骼的矿化部分；30% ~ 60% 矿物质丢失才可在 X 线片上显示。
- 因此,X 线检查不是检测少量骨丢失的敏感方法。
- 因为邻近正常骨组织的对比，局灶性骨丢失比广泛性骨丢失更容易识别。
- 皮质骨的 X 线密度更高，其骨丢失比松质骨更明显。
- 骨质减少是一个用来描述骨密度广泛性降低的影像学术语。骨质减少的发生主要因为两种不同的病理过程：
  - 骨质软化——类骨质矿化不足或异常。
  - 骨质疏松——类骨质和矿物质比例正常但总量减少。
- 诊断骨质减少时，必须考虑是否存在技术错误（如 X 线曝光条件和显影）——比较骨骼与软组织的影像密度。

骨生成（见 1.6）

- 硬化症或骨质硬化是描述骨密度增高的影像学术语。骨质减少的发生主要因为两种不同的病理过程：
  - 骨密度增高（如死骨、软骨下骨硬化、骨小梁增大）。
  - 骨膜或骨内膜反应重叠。
- 骨硬化样征象还可能是骨骼的重叠（如骨折碎片的重叠）导致的。

- 硬化也可以用来表示“组织的硬化”，指器官因结缔组织过多而变坚实并失去功能；这一术语常用于中枢神经系统。所以当影像学诊断结果出现硬化时我们要清楚这代表什么。

混合反应

- 很多病变都会存在不同程度的骨质溶解和骨质生成。
- 可能以新骨生成为主，从而使潜在的轻度骨质溶解不明显。
- 相反，不规则的新骨重叠会产生透射线区域而被误认为骨质溶解。
- 考虑两种病理过程同时发生的可能性（如关节滑膜细胞肉瘤并发骨关节病）。

1.5 局灶性骨丢失（骨质溶解）

骨丢失在损伤发生后7～10天才能在X线片上见到。皮质骨的骨丢失比松质骨的骨丢失更明显；若病变为局灶性的则更明显。将骨质溶解的类型进行分类有助于通过提示有无侵袭性或疾病过程的发展进程进行鉴别诊断（见1.8）。

局域型骨质溶解（图1–2）

- 一大片病变或许多小病变聚集，直径通常超过10mm。
- 边界清晰，即病变区向正常骨的过渡带很窄。
- 出现机体为了隔离病变而形成的硬化边缘。

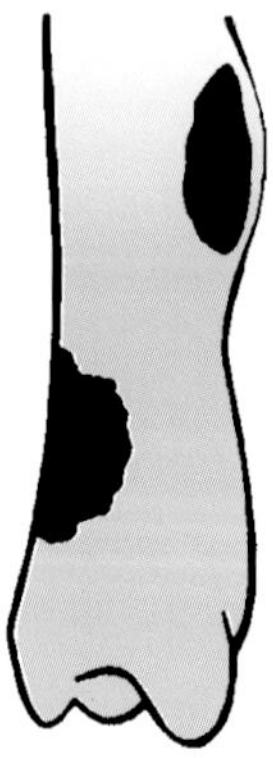

图1–2 局域型骨质溶解。

- 通常累及骨髓腔和骨皮质。
- 病变处的骨皮质因病变膨大而变薄并向外突出（见1.19和图1–25，图1–26）。
- 通常是由良性或非侵袭性的低级病变引起的，如骨囊肿、压力性萎缩或良性的牙瘤。

虫蚀状骨质溶解（图1–3）

- 多区域性骨质溶解，病变大小各不相同，直径通常是3～10mm。
- 在病变中央可能融合形成局域型骨质溶解。
- 边界不清晰，与正常骨组织之间的过渡带较宽。
- 骨皮质通常受侵蚀，不规则。
- 由更具侵袭性的疾病进程引起，如恶性肿瘤或骨髓炎。

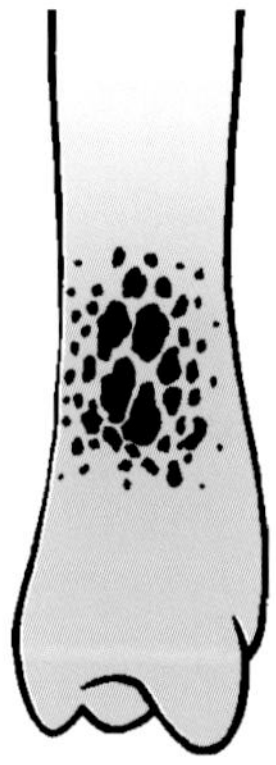

图1–3 虫蚀状骨质溶解。

渗透型骨质溶解（图1–4）

- 许多小的针尖状骨质溶解病变，直径1～2mm。

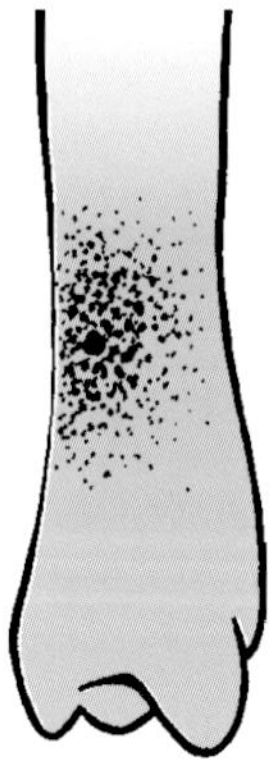

图1–4 渗透型骨质溶解。

- 边界模糊，与正常骨组织的过渡带较宽，骨质溶解的区域更多地向外周扩散。
- 主要见于骨皮质（因骨小梁的存在，髓腔内不易见到）。
- 骨皮质从骨内膜侧不规则地侵蚀。
- 由侵袭性很强的疾病进程引起，如非常活跃的恶性肿瘤或暴发式骨髓炎（通常是真菌感染）。

混合型骨质溶解（图 1–5）

通常可见不止一种类型的骨质溶解（如由虫蚀状和渗透型骨质溶解围绕着中央的局域型骨质溶解）；这种病变的特征提示是最具侵袭性的骨质溶解。

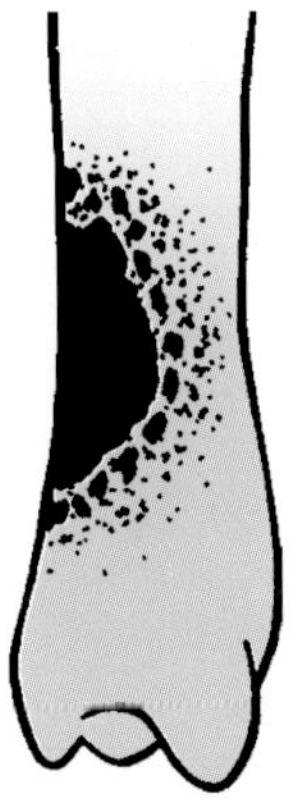

图 1–5　混合型骨质溶解。

骨质减少（广泛性骨密度减少——也见 1.16）

- 由骨质软化或骨质疏松引起（见 1.4）。
- 鉴别诊断包括曝光过度、显影过度、其他原因的灰雾。
- 将密度降低的骨骼与软组织比较（幽灵骨）。
- 薄壳状骨皮质。
- 骨小梁粗糙，因为较小的骨小梁被重吸收。
- 软骨下骨硬化，尤其是在脊椎终板，因这些部位相对富余，因此与骨质减少的骨骼相比有较高的对比度。
- 可见因皮质内骨吸收出现的双层皮质线。
- 若肢失用，则主要影响骨骺和短骨。
- 可能发生病理性的折叠骨折，可见硬化线。

1.6　骨生成：骨膜反应

骨膜新骨生成通常见于损伤后 7 ~ 10 天（幼年动物更早）。辨别其特征有助于通过侵袭性进行鉴别诊断（见 1.8）。

骨膜反应主要有两种：连续型和间断型（图 1–6和图 1–7）。但这只是骨膜反应的简单分类方法。

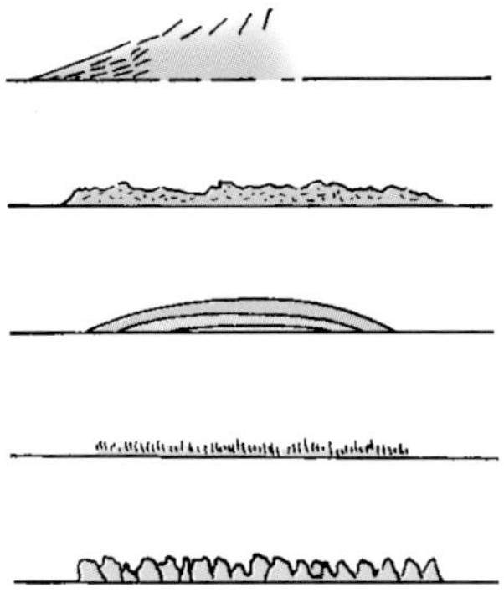

图 1–6　连续型骨膜反应。

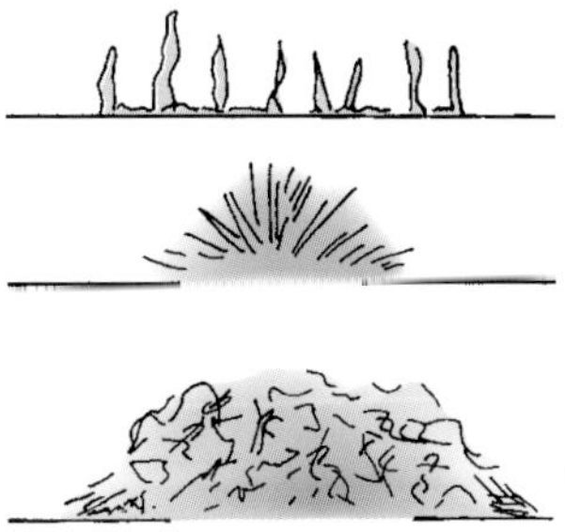

图 1–7　间断型骨膜反应。

连续型骨膜反应

缓慢的疾病进程所形成的新骨通常排列整齐。通常代表良性或愈合过程，但是也可能见于侵袭性疾病的早期或侵袭性病变的边缘。下文的描述侵袭性逐渐增加。

- 光滑且坚实（如慢性的轻度创伤、重塑的强活动性新骨、全骨炎、愈合的骨膜下血肿）。
- 考德曼三角——活动性病变边缘的坚实的三角形新骨，是进行性抬高的骨膜下骨性填充。多见于原发性恶性骨肿瘤的骨干边缘。
- 粗糙且坚实（如创伤、邻近软组织炎症）。可能发展为光滑面。

- 层状型——渗出液或出血导致骨膜抬高，产生与骨皮质平行的单层线形新骨，随时间逐渐填充而变得坚实，如早期的干骺端骨病（肥大性骨营养不良）。
- 层面型（“洋葱状”）——末期，连续性损伤导致骨膜抬高复发，从而产生了很多新骨层，如晚期干骺端骨病（肥大性骨营养不良）、真菌性骨髓炎。
- 栅栏型（厚刷状）——垂直于骨皮质的坚实块状新骨（如肥大性骨病、颅下颌骨病）。
- 刷状（薄刷状，“发梢”）——骨皮质的骨膜迅速广泛地抬高，新骨垂直于脱通纤维沉积（如邻近的软组织炎症、急性骨髓炎、肿瘤早期）。

间断型骨膜反应

提示侵袭性疾病过程（如恶性肿瘤或骨髓炎）。

病变变化迅速，破坏骨皮质和骨膜，使其无法进行常规修复。病变的影像密度和深度各不相同，也可能呈短的不连续片段。通常伴有潜在的皮质溶解。

- 针状型——一簇垂直于皮质的新生骨，突向软组织。
- 放射型　辐射的针状型，中心处最厚；提示由骨皮质发出突向软组织的局灶性病变。
- 不规则型——不同于上述的骨膜反应类型，新生骨片段的大小、形状、生长方向都不同；通常很难将移位的正常骨组织和骨肉瘤生成的肿瘤性骨组织区别开来。

1.7　骨骼X线片的读片原则

骨骼对于疾病或损伤的反应有限，因此不同病因导致的病变在X线片上相似，如肿瘤和骨髓炎。没有进一步检测或活组织检查，很难做出确诊。影像医师必须系统读片，辨识病变，识别病变类型然后列出鉴别诊断列表。读片时应考虑动物品种、病史、临床症状、血液学检查、病变分布（现在或以前）、病变随时间的变化和对治疗的反应等。读片时，X线片的方向应保持一致以便熟悉正常影像，并参考骨骼标本和X线图谱。

使用“VITAMIN D”列鉴别诊断：

V 血管性

I 炎性或感染性

T 创伤性

A 解剖异常性

M 代谢性

I 特发性

N 肿瘤性

D 变性性

解读骨骼X线片需要关注以下特征：

1. 病变的分布。
   a. 广泛性或弥散性的病变。
      - 代谢性或营养性疾病。
      - 肿瘤（广泛的骨质溶解——多发性骨髓瘤；广泛的骨硬化——淋巴瘤）。
   b. 整肢。
      - 失用。
   c. 局灶性病变。
      - 先天性或发育性。
      - 创伤。
      - 感染或炎症。
      - 肿瘤。
   d. 对称性病变。
      - 代谢性疾病。
      - 血源性骨髓炎。
      - 干骺端骨病（肥大性骨营养不良）。
      - 肥大性骨病。
      - 双侧创伤。
      - 转移性肿瘤。
2. 病变数目。
   a. 单骨性。
      - 先天性或发育性。
      - 创伤。
      - 局部感染（创伤、医源性）。
      - 肿瘤（原发性骨肿瘤、远离关节的软组织肿瘤、单一性转移灶）。
   b. 多骨性（见1.21）。

3. 病变位置（见 1.22 ～ 1.25）。
   a. 骨骺（如各种关节炎、软骨发育异常、骨软骨病、侵袭关节的软组织肿瘤）。
   b. 生长板——主要是幼年动物（如血源性骨髓炎、创伤、生长板闭合提前、佝偻病）。
   c. 干骺端，如血源性骨髓炎、干骺端骨病（肥大性骨营养不良）、原发性恶性骨肿瘤。
   d. 骨干（如创伤、全骨炎、肥大性骨病、转移性肿瘤）。
4. 是否有骨质溶解及其类型（见 1.5 和图 1–2 ~ 图 1–5）。
5. 是否有骨生成及其类型（图 1–6 和图 1–7）。
   a. 骨膜。
   b. 骨内膜。
   c. 骨小梁。
   d. 肿瘤——骨生成肿瘤。
   e. 异位——非正常区域骨化。
   f. 营养不良——之前受损的软组织骨化。
6. 病变和正常骨骼之间的过渡带。
   a. 短——病变分界明显，突然过渡到正常骨骼；通常是良性或是非侵袭性疾病。
   b. 长——病变分界不明显，逐渐过渡至正常骨骼；多是侵袭性疾病。
7. 软组织病变。
   a. 肌肉萎缩。
   b. 软组织肿胀。
   c. 关节积液。
   d. 筋膜面或脂肪垫移位或消失。
   e. 软组织气肿。
   f. 软组织矿化。
   g. 高密度异物。
   h. 其他系统的异常（如肺转移）。
8. 连续性 X 线片中病变变化的速度及对治疗的反应。X 线复查的间隔无明确规定，由病变的活动性、病变的侵袭性，以及动物的年龄决定——活跃的病变在几天内可发生改变，幼年动物的骨质溶解和骨生成的发生更为迅速。

1.8 侵袭性骨病变与非侵袭性骨病变的特征

侵袭性病变会迅速扩散至邻近的正常骨组织，此时机体通常没有或仅有较少的限制病变的反应（表 1–2 和图 1–8，图 1–9）。必须评估病变的活动性，有助于列出恰当的鉴别诊断。病变的形态会随着时间的推移或治疗方案而有所改变。侵袭性病变的中间型存在时间较长（如慢性骨髓炎、低级恶性肿瘤）。

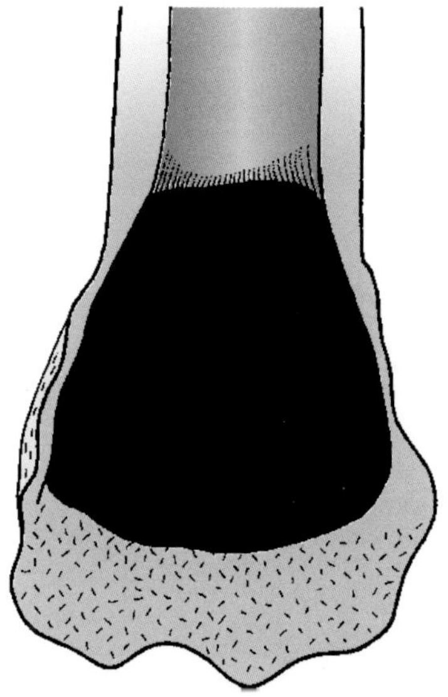

图 1–8 非侵袭性溶骨性病变，可见局域型骨质溶解、短的过渡带、完整的骨皮质和光滑的骨膜反应。

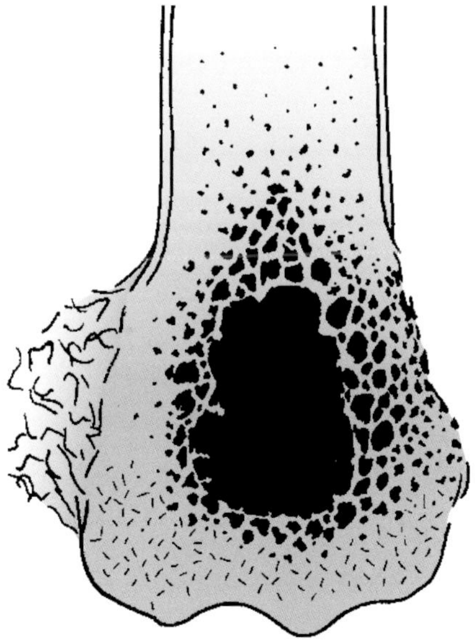

图 1–9 侵袭性骨病变，可见混杂的骨质溶解类型、长的过渡带、骨皮质侵蚀和不连续的骨膜反应。

表 1–2 侵袭性骨病变与非侵袭性骨病变的 X 线征象[a]

非侵袭性	侵袭性
如：简单创伤、变性性或愈合的病变、良性肿瘤、骨囊肿	如：恶性肿瘤、爆发性骨髓炎
边界清晰	边界不清晰
过渡带狭窄、边界清晰	过渡带宽、边界不清晰
无骨质溶解，或局域型骨质溶解	渗透型骨质溶解
骨皮质可能移位和变薄，但很少被破坏	骨皮质中断
骨膜反应连续、坚实或光滑	骨膜反应间断、不规则
± 周围硬化	无周围硬化
病变稳定或变化很慢	病变变化迅速

a. 如果出现多种征象，要根据最具侵袭性的特征分类。

1.9 骨折：X 线检查技术、分类和愈合评估

骨折的原因

1. 创伤（直接或间接的，如撕脱）。
2. 病理性；自发性或脆弱骨骼受到轻伤。
   a. 肿瘤。
   b. 骨囊肿。
   c. 骨髓炎。
   d. 弥散性骨质减少，如营养性继发性甲状旁腺功能亢进（通常是折叠骨折）。
   e. 骨骼脆弱，如骨硬化病（见 1.13.15）、成骨不全（见 1.16.13）。
   f. 肱骨髁骨化不全——西班牙猎犬（见 3.4.5 和图 3–4）。
   g. 螺钉孔。
3. 应力保护——在骨板末端，骨脆弱。
4. 疲劳性骨折——骨反复受压，尤其是赛犬的掌骨和跖骨。
5. 骨活检或手术，或取出骨板后造成的骨缺损。

X 线检查技术

- 至少拍摄 2 张 X 线片，角度互相垂直（正交摆位）。
- 包括上、下 2 个关节，以便判断有无累及关节、是否存在骨骼旋转。
- 在幼年动物，需检查生长板有无损伤；前肢受伤后，要在 3 周后复查拍片，看尺骨远端生长板是否提前闭合。
- 如果计划手术治疗，需拍摄对侧肢 X 线片来评估真实的骨骼长度。
- 必要时水平 X 线投照（如疼痛、脊椎不稳定或有胸部创伤无法仰卧）。
- 如果存在软组织肿胀，要增大曝光条件。
- 车祸或高楼摔下的病例，通常需要拍摄胸部和腹部 X 线片（如检查肺挫伤、膈肌破裂、气胸或膀胱破裂）。
- 如果怀疑骨裂但 X 线片上未见到，7 ~ 10 天后再拍片复查（或使用闪烁扫描术）。
- 检查骨折、（半）脱位或侧副韧带损伤时，可能需要应力位 X 线片（见 2.1 和图 2–2）。
- 需要注意的是 X 线检查不能评估关节软骨或周围软组织的损伤。

骨折的 X 线征象

1. 骨的正常形状或骨皮质或骨小梁形态受到破坏。
2. 低密度的骨折线可能跟以下结构混淆：
   a. 滋养孔。
   b. 重叠的筋膜面脂肪。
   c. 皮肤破损或气体进入筋膜面——开放性骨折。
   d. 生长板或头骨缝隙。

e. 马赫线——由视觉错觉产生的重叠的骨边缘暗线。

f. 滤线栅损坏导致的滤线栅伪影。

注意：沿主要骨折部位骨干的放射状的细线或轻度的骨折移位仅在平行于 X 线束时才能显影；这可能需要额外的摆位。

3. 若骨折折叠或压缩，或骨碎片重叠时，皮质和髓腔的密度增高。
4. 小的、游离的大小不一的碎片可能跟以下结构混淆：

a. 独立的骨化中心。

b. 不常见的籽骨。

c. 多裂籽骨。

d. 动物被毛上的杂质。

e. 软组织里的碎屑。

a ~ c 通常是双侧性的，所以怀疑时，要拍摄对侧肢对照。

5. 子弹、异物和气体——复杂骨折。
6. 骨折愈合的征象——见下文。
7. 肌肉萎缩和失用性骨质减少。

骨折漏诊的原因包括不正确的曝光或胶片冲洗、骨折碎片未移位、摆位数量不足、与生长板混淆和因摆位导致的骨折复位。

骨折的分类

1. 闭合型或开放型或混合型（因此有感染的风险，尤其是皮肤从外至内破损时）。
2. 简单骨折（单一骨折）、粉碎性骨折（3 个或更多骨碎片）、多发性骨折（骨折线不连续；发生在同一骨骼或不同的骨骼）或节段性骨折（同一骨骼上出现 2 个或更多的骨折线）。
3. 横骨折、斜骨折、螺旋骨折、纵向骨折或不规则骨折。
4. 完全骨折（贯穿整个骨骼宽度）或不完全骨折（只有一侧骨皮质骨折）。

a. 青枝骨折——皮质凸面骨折；或定义为骨折碎片末端仅有轻度分离，骨膜保持完整。

b. 隆起骨折——皮质凹面骨折。

5. 碎片骨折（不累及或仅累及 1 个关节面）或板状骨折（累及 2 个关节面）。
6. 关节骨折——在关节囊内，骨折线累及或不累及关节面。幼年动物好发，因其生长板相对脆弱。与其相对的是非关节骨折。
7. 撕脱性骨折（软组织附着部分离）——通常发生在骨突上。
8. 疲劳性或应力性骨折——只累及一侧皮质，由反复的轻度损伤导致。
9. 嵌入性或压缩性骨折——因为受到沿骨骼纵向的应力使骨变短，或一个骨碎片嵌入另一个骨碎片中；常见于脊椎骨。
10. 骨折（半）脱位——伴软组织损伤的骨折，导致关节不稳定或移位。
11. Salter-Harris 骨折（图 1-10）——骨折累及未闭合的生长板；可能会干扰骨骼的正常生长（如骨骼变短或成角畸形）。这种骨折在绝育的成年猫也可能会发生，因为绝育的动物生长板闭合时间更晚。

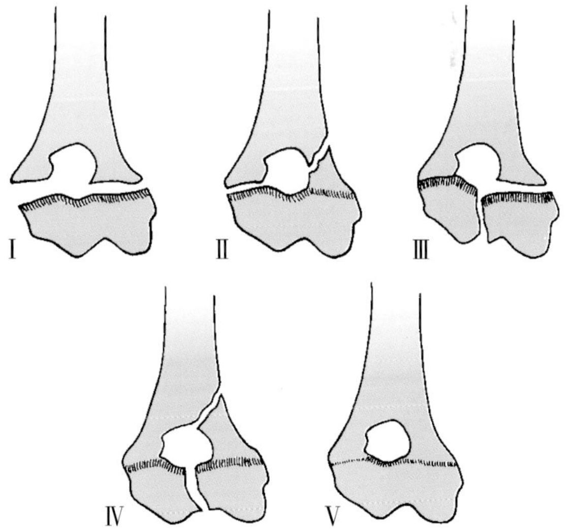

图 1-10　生长板骨折的 Salter-Harris 分类。Ⅰ型：骨骺从生长板处分离（如股骨近端）；也称为骨骺滑脱或骨骺分离。Ⅱ型：干骺端碎片仍与骨骺相连（如股骨远端）。Ⅲ型：骨折贯穿骨骺和生长板（罕见）。Ⅳ型：骨折线贯穿干骺端、生长板和骨骺（如肱骨远端）。Ⅴ型：生长板压挤性损伤（在 X 线片上可能不明显，但是会干扰骨骼正常生长）（如尺骨远端）。

骨折的评估：受损时

1. 位置——哪节骨，在骨的哪个解剖部位？
2. 骨折发生的时间（如果不知道的话）——评估骨折边缘的锐利度及愈合的征象。
3. 骨折类型——如上所述。
4. 骨折断端的移位——远端相对于近端碎片（如分离、压缩或重叠）。
5. 潜在的骨透线性或正常结构丢失，提示病理性骨折（见图1-11）。

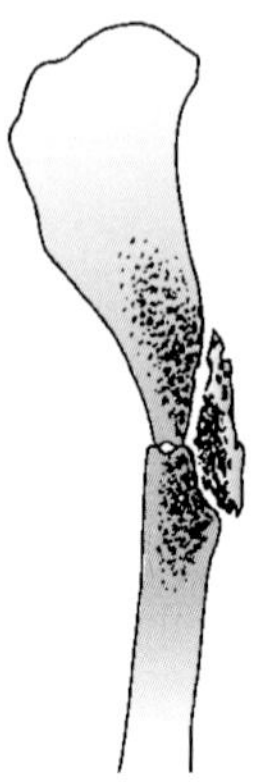

图1-11　病理性骨折：由肿瘤转移导致胫骨骨折部位周围出现弥散性疏松的骨质。

6. 是否累及关节——后续可能发生骨关节炎。
7. 是否有异物。
8. 软组织变化。
9. 机体其他部位损伤（如骨盆损伤时，检查膀胱或尿道破裂与胸部损伤）。

骨折的评估：术后立即拍摄X线片

1. 复位的程度——在正交位X线片中看到至少50%骨接触（愈合的保障）。
2. 准直。
   a. 内外侧位和前后位。
   b. 是否旋转？——包括上、下2个关节。
3. 植入物的类型、大小和放置是否恰当。
4. 关节——协调性，植入物未进入关节。
5. 是否存在移植的松质骨。
6. 软组织。

（方便记忆的口诀：ABCDS——准直、骨骼、软骨、植入物、软组织；或4A原则——对合、准直、成角、植入物。）

骨折愈合

注意：需要2个正交位来评估骨折愈合，因骨折部位可能在一个摆位上看似桥连，而在另一摆位上没有桥连。幼年动物愈合速度更快。

1. 直接愈合——骨化组织直接桥连骨折部位，重建骨皮质和髓腔，无中间骨痂形成。发生在高度复位并稳定固定的骨折部位。阶段1、阶段2和阶段5（图1-12）。
2. 间接愈合——无结构骨组织在软组织内沉积，形成骨痂，随后重塑。阶段1～5（图1-12）。

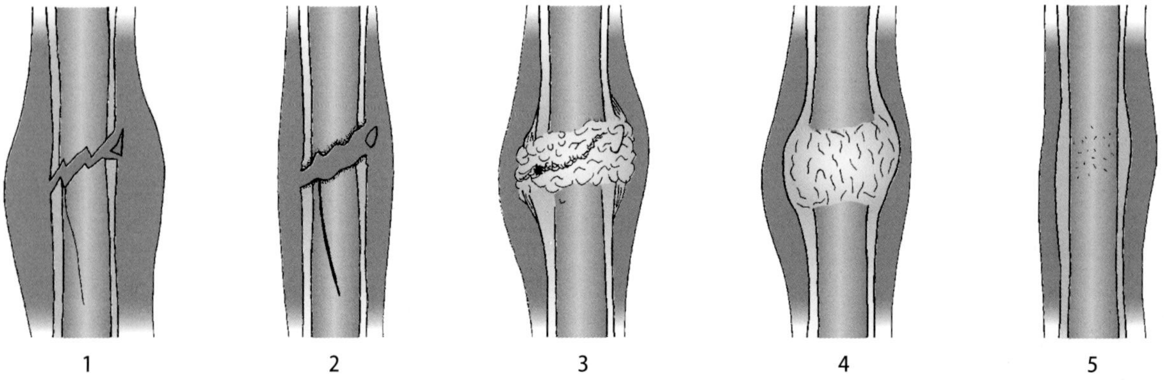

图1-12　骨折愈合的5个阶段。阶段1：骨折边缘锐利，细骨折线很容易被忽略，软组织肿胀。阶段2：骨折边缘变得模糊不清，细骨折线变得明显，软组织肿胀减轻。阶段3：部分骨折线由非结构性骨痂桥连。阶段4：骨痂变得更为坚实，并且开始早期重塑。阶段5：重塑持续发生，骨痂量减少。

- 阶段 1（损伤发生后）：骨折边缘锋利；碎片分界明显；软组织肿胀；若为复杂骨折（开放性），则有皮肤破损和软组织气肿。
- 阶段 2（骨折发生后 1 ~ 2 周）：软组织肿胀减轻；因为充血和骨吸收，骨折线模糊；细线型骨折增宽并且更明显；开始有模糊的骨膜反应，尤其是在幼年动物。
- 阶段 3（骨折发生后 2 ~ 3 周）：大量无结构骨痂形成（骨痂大小由骨折的类型、位置、患肢的使用度、骨折部位的稳定性、血管化等决定）；骨折线部分桥连；结构上更坚固。
- 阶段 4（骨折发生后 3 ~ 8 周）：骨折线持续填充；骨痂早期重塑。
- 阶段 5（骨折发生后大约 8 周）：持续重塑，骨痂减小；骨皮质和骨小梁重建；若最初为畸形愈合，患肢可以轻微伸直。

骨折的评估：后续检查

1. 后续的 X 线复查间隔取决于动物的年龄、受伤的严重程度、恢复情况或动物的体况。幼年动物通常 2 ~ 3 周复查一次，成年动物 4 ~ 6 周复查一次。
2. 拍摄条件与最初的条件一致，有利于做对照（如果软组织肿胀减轻或肌肉萎缩，可能要降低曝光条件）。
3. 骨碎片的准直。
4. 植入物的位置和完整性——植入物可能会发生位移、弯曲、断裂。
5. 骨折部位的稳定性——观察手术修复后不稳定的迹象，如植入物的位移、螺钉和髓内针周围透线性的光晕（鉴别诊断包括感染、高速钻导致的骨坏死、数字影像中金属植入物周围的透线性光晕）。
6. 骨折愈合的阶段。
7. 骨痂数量，如活跃性骨折可能表现肥大（中等或大量骨痂）或营养不良（少量骨痂），然而非活跃性骨折没有骨痂或骨折断端萎缩。
8. 感染迹象——骨质溶解（尤其是植入物周围）、出乎预料的骨膜反应（鉴别诊断为骨膜剥离）、死骨形成、软组织肿胀 ± 气肿。
9. 继发性关节病的迹象。
10. 肢失用的迹象——肌肉萎缩、骨质减少。
11. 6A 原则——对合、准直、成角、植入物、骨骼愈合的活性和骨骼结构、周围软组织。

骨折愈合的并发症

1. 延迟愈合——对特定部位和类型的骨折而言，愈合过程比预期时间长，但是有愈合的迹象。
   a. 失用。
   b. 不稳定。
   c. 复位差。
   d. 营养差。
   e. 老年。
   f. 感染。
   g. 血供差。
   h. 髓内针粗。
   i. 存在死骨片。
   j. 未发现的潜在病理状况（如肿瘤）。
2. 不愈合——骨折愈合明显停止，无骨折断端的桥连，常见于骨折后 10 ~ 12 周；骨折断端光滑、髓腔封闭。可能是骨折部位发生了感染或位移。
   a. 无活力的或生物学上静止的，如萎缩（逆死性）（图 1–13）——没有骨痂，骨折端锋利，常见于经外包扎固定或髓内针治疗的玩具犬的桡骨和尺骨；也见于营养不良性或坏死性不愈合（中间骨碎片失活）、缺损性不愈合（明显的骨缺损）。
   b. 有活力的或生物学上活跃的，如肥大性（“大象脚”）（图 1–14）——新骨在断端聚集但是不跨越骨折线，形成钟形结构，骨碎片末端平行；骨髓腔可能会封闭，也可能只有少量骨痂甚至没有（营养不足）。

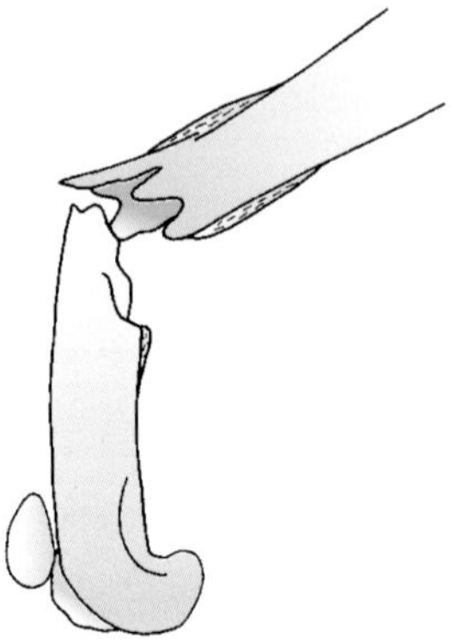

图 1–13 股骨骨折的萎缩性不愈合。

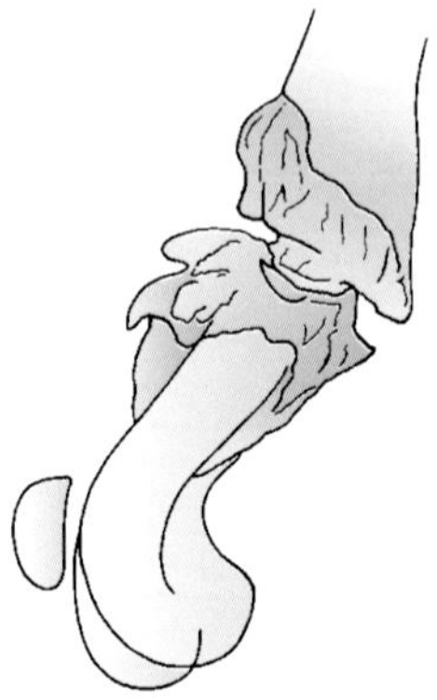

图 1–14 股骨骨折的肥大性不愈合。

这两种愈合都会形成一个骨末端呈波浪形的假关节（如一个面是凹陷的，另一个面是突出的或锐利的）。

3. 畸形愈合（图 1–15）——骨融合但准直不当。随后的重塑可能在一定程度上修正畸形愈合。骨折部位近端和远端的关节可能会因为应力的变化而引发关节炎。

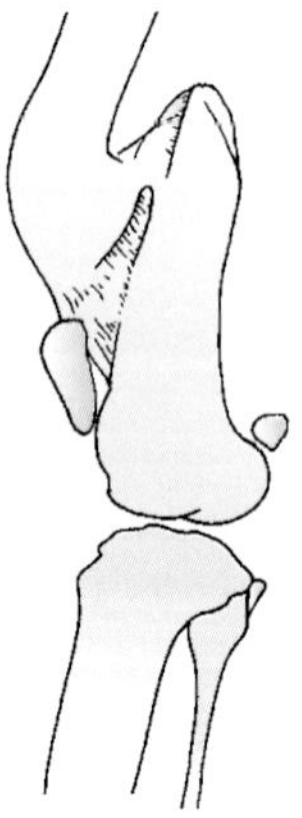

图 1–15 股骨骨折的畸形愈合。

4. 骨痂过度形成。
   a. 骨折部位的活动。
   b. 感染。
   c. 骨膜剥离。
   d. 骨移植瓣的整合。
5. 剥离的骨膜骨化，尤其是在幼年动物（如股骨后侧常见到犀角或斗形手柄样骨痂），通常没有临床症状。
6. 骨髓炎——导致延迟愈合或不愈合；鉴别诊断为骨折部位不稳定所产生的过量骨痂。
7. 死骨片形成——没有活性并且会阻碍愈合和/或形成窦道的骨碎片。在X线片上显现为分界明显的锐利致密骨，周围是含脓的透线性带。死骨片外周可能包裹着一层硬膜。
8. 骨折疾病——因为骨折所致的伴有关节僵硬和肌肉萎缩的综合征；X线片上可见骨质减少。
9. 致瘤化——可能在骨折多年以后，尤其是体内有金属植入物或愈合过程复杂的。具体机制尚不明确，可能是因为慢性炎症。通常发生在骨折后1～3年。
10. 金属沉着病——对金属植入物的反应所致的无菌性、慢性、增生性骨髓炎，尤其是多种金属混合植入时；在动物身上比在人类身上更罕见，因为动物的寿命普遍较短。

骨折愈合的超声评估

超声检查可以在骨折发生后或骨折愈合期间评估骨折部位和骨痂表面以及软组织。超声检查可以更早地评估骨折是否开始愈合，因此可以减少不必要的外固定时间。可用能量多普勒评估组织的血管。

利用超声检查评估的骨折愈合阶段与X线检查观察到的大致相似，具体如下：

- 阶段1（骨折刚发生后）：骨折断端之间的软组织呈均匀的低回声结构。
- 阶段2（骨折后1～2周）：骨折断端内软组织呈不均匀的低回声结构。

- 阶段 3（骨折后 2 ~ 3 周；骨痂组织形成）：出现不规则的不均匀的高回声区域，表示开始钙化，这个时间比 X 线征象早。
- 阶段 4（骨折后 3 ~ 8 周）：不均匀的骨痂变得连续并呈薄层状。
- 阶段 5（骨折后 8 周）：连续的、光滑的、高回声线表示皮质已经愈合，髓腔内的植入物已经不可辨认。

骨骼

1.10 长骨形状改变

也可见章节“1.15 骨性肿物”。

1. 骨弯曲。
   a. 在软骨营养障碍品种（如巴吉度犬、斗牛犬和腊肠犬）中为正常表现；尤其是桡骨和尺骨。这些品种的长骨通常有突出的骨突（末端病——韧带附着部骨赘）（图 1–16）。

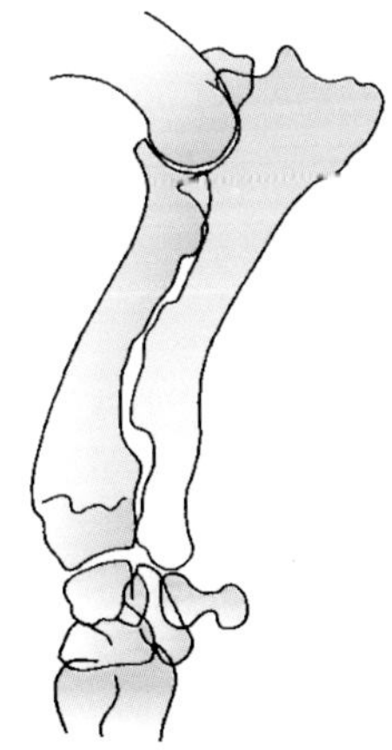

图 1–16 软骨营养障碍品种犬的正常桡尺骨，显示长骨弯曲，骨突明显，骨间肌间隙内可见末端病和骨性增生。

   b. 生长板受损，导致骨骼生长不一致。
   c. 桡骨——因为尺骨缩短而被动性地弯曲，和继发于弓弦效应（见 3.5.4 和图 3–13）。
   d. 软骨营养障碍（软骨发育不良）见于多个品种犬和家养短毛猫（见 1.22.7）。软骨内骨化失败导致长骨弯曲，尤其是桡骨和尺骨；骨骺的改变引发关节炎。
   e. 佝偻病；长骨弯曲，常见于桡骨和尺骨。
   f. 先天性甲状腺功能减退；长骨弯曲，尤其是桡骨和尺骨；尤其多见于拳师犬（见 1.22.9）。骨骺骨化紊乱也可能导致骨骼形状的改变和继发性骨关节炎。
   g. 生长板的不对称性桥连导致生长不一致，如干骺端骨病的严重骨膜反应（肥大性骨营养不良）、手术植入物过长。
   h. 软组织缩短施加的应力（如股四头肌挛缩）。
   i. 肢体其他部位由骨或关节疾病引起的应力改变。
   j. 半肢畸形（罕见）——桡骨或尺骨缺失（多为桡骨发育不全），使健全骨受到不正常的应力。
2. 骨成角畸形。
   a. 创伤性折叠（青枝）骨折。
   b. 病理性骨折。
      - 原发性、继发性或是假性甲状旁腺功能亢进（见 1.16.4 和图 1–20）。
      - 肿瘤，尤其是骨质溶解为主时（原发性、继发性或多发性骨髓瘤）（见 1.18.2，1.19.1，1.20.1 和图 1–21 ~ 图 1–24，图 1–27）。
      - 内生软骨瘤病（见 1.19.1）。
      - 骨囊肿（见 1.19.2 和图 1–26）。
      - 骨髓炎（见 1.20.2 和图 1–28，图 1–29）。
      - 严重的骨质减少（见 1.16）。
      - 成骨不全症（见 1.16.13）。
   c. 畸形愈合。
3. 异常伸直的骨（如桡骨，因桡骨远端生长板提前闭合）。某些大型犬种中，长骨通常都是笔直的。
4. 骨边缘扩张或不规则。
   a. 骨软骨瘤（单一的）或多发性软骨外生骨疣（多发性）（见 1.15.2 和图 1–19）。
   b. 内生软骨瘤病（见 1.19.1）。
   c. 其他增大的肿物（见 1.19.1 和图 1–25）。

d. 骨囊肿（见1.19.2和图1–26）。

e. 迟发的、重塑性干骺端骨病（肥大性骨营养不良；见1.24.4和图1–31B）。

f. 弥散性（广泛性）特发性骨肥大——主要发生在脊柱，但是也可发生在肢体关节周围的新骨和末端病中（见5.4.5）。

g. 附着部位肌腱病。

- 在软骨营养障碍犬为正常（见1.10.1和图1–16）。
- 病理性（见第3章）。

1.11 侏儒症

1. 成比例的侏儒。

a. 脑垂体性侏儒；主要发生在德国牧羊犬中，在迷你杜宾犬、银狐犬和比熊犬中也有报道。也可能是甲状腺功能减退引起的（表1–3）。

b. GM_1 神经节苷脂贮积病——英国史宾格犬。

2. 不成比例的侏儒。

a. 软骨发育不全（见1.22.7）。

b. 甲状腺功能减退；主要是拳师犬（见1.22.9）。

c. 佝偻病或维生素D缺乏（见1.23.8和图1–30）。

d. 阿拉斯加雪橇犬或其他北方犬种易发的锌反应性软骨发育不全。

e. 维生素D过多症——幼年犬摄入维生素D过多导致生长缓慢、骨骼畸形和骨质减少，通常死于肾衰；猫对毒性更敏感。

f. 猫——黏多糖贮积病，尤其是有暹罗血统的猫；犬罕见，但是Ⅶ型黏多糖贮积病可能导致犬不成比例的侏儒。

g. 猫——Ⅱ型黏脂质沉积（罕见）。

h. 猫——幼年猫的维生素A过多症，生长板软骨异常导致长骨变短。

1.12 骨化或生长板闭合延迟

骨化延迟主要见于骨骺、腕骨和跗骨。下面列出的各种不同情况可能难以鉴别，初期通常将软骨发育不良误认为佝偻病。然而，佝偻病直到动物断奶才能表现出来，而其他异常在断奶前即有表现。表1–3概括了生长紊乱动物的X线征象变化，但是本质很复杂。

1. 软骨发育不全——对生长板闭合时间的影响各不相同（见1.22.7）。
2. 先天性甲状腺功能减退——尤其见于拳师犬（见1.22.9）。
3. 垂体性侏儒症——尤其见于德国牧羊犬。
4. 佝偻病。
5. 维生素D过多症——幼年动物维生素D摄入过量引起生长迟缓、骨骼畸形和骨质减少，通常因为肾功能衰竭而死亡；猫更为敏感。
6. 铜缺乏。
7. 猫——黏多糖贮积病，尤其见于暹罗血统的猫；罕见于犬（见5.4.9）。
8. 猫——绝育引起生长板延迟闭合，尤其见于公猫。

表1–3 生长紊乱动物的X线征象变化

	骨骺发育不良	生长板增宽	生长板闭合延迟	骨质减少	生长迟缓
软骨发育不全	有	有	一些有	无	有
先天性甲状腺功能减退	有	有	有	无	有
幼年猫维生素A过多症	无	无	无	有	有
垂体性侏儒症	有	有	有	无	有
黏多糖贮积病	有	无规律	无报道	有	可能
佝偻病	无	有	有	有	有

1.13　骨内密度增高

很难将骨内密度增高与周围新骨重叠所致的密度增高进行区分。二者都会造成影像密度增高，也就是所说的硬化。

1. 技术错误引起的影像密度增高的假象。
   a. 曝光不足（kV 或 mAs 太低）。
   b. 显影不足。
   c. 增感屏的痕迹。
2. 正常。
   a. 骨骼未成熟动物正常的干骺端膨大；通常将其不恰当地称为特发性骨营养不良。
   b. 软骨下骨。
   c. 生长板痕迹——生长板闭合后可见一不透射线的细线存在一段时间；然而，其出现不能作为判断年龄的依据。
3. 伪影。
   a. 骨膜外新骨的重叠——正交位检查。
   b. 软组织的重叠——跨越骨边缘观察软组织线是否连续。
4. 肿瘤。
   a. 增殖型的原发性恶性骨肿瘤，尽管通常有骨质溶解存在（见 1.20.1）。
   b. 骨转移灶——可能硬化或溶骨；通常在原发性肿瘤的非好发部位（如骨干）；通常是单骨多部位病变或多骨病变（见 1.20.1 和图 1–22）。
   c. 某些骨髓增殖性疾病（见 1.13.15）。
   d. 猫——猫白血病诱发的骨髓性骨硬化，罕见，通常在骨骼上呈泛发性。
   e. 猫——猫淋巴瘤可能会引起骨髓硬化，罕见，通常在骨骼上呈泛发性。
5. 骨髓炎——骨髓炎更像是一种包括骨质溶解的混合性病变（见 1.20.2 和图 1–28，图 1–29）。如果是因为血源性扩散，骨髓炎可能会呈多发性，通常是双侧对称性病变。
   a. 细菌性。
   b. 真菌性。
   c. 原虫——利什曼原虫病——骨干和扁骨的骨膜与髓腔内的骨增殖，由慢性骨髓炎所致；混合性、侵袭性骨病变；也会造成关节的侵蚀性和非侵蚀性病变。
6. 全骨炎（图 1–17）——通常发生在幼年或年轻的成年动物（5 ~ 18 月龄，偶见于更大年龄的动物）；尤其是德国牧羊犬，也见于其他品种；雄性动物多发。病因未知。临床症状是轮换性跛行，急性发生，骨骼触诊时剧烈疼痛；也可能嗜睡、厌食和发热。该病是自限性疾病，但也可能有很长的病程。病变见于长骨的骨干和干骺端，可见多种影像密度增高的类型。

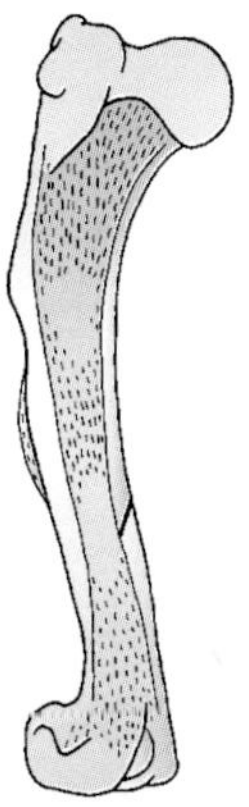

图 1–17　肱骨的全骨炎：髓腔内斑块样的密度增高区，骨小梁粗糙与光滑的骨膜反应。

边界不清晰的髓腔内斑块，通常在滋养孔附近；主要与骨髓炎鉴别诊断。

- 粗糙的、硬化的骨小梁。
- 少数情况下，因为骨膜反应重叠引起影像密度升高。
- 恢复时出现狭窄的横向硬化线；与生长停滞线鉴别诊断。
- X 线征象可能在临床症状之后出现；在早期或病情较轻时甚至没有 X 线征象；此时，骨闪烁显像术更有效。

7. 生长停滞线——因为停止期和增长的生长周期所产生的边界清晰的横向细线，没有临床意义；与全骨炎鉴别诊断。

8. 干骺端骨病（肥大性骨营养不良）——幼年犬，尤其是桡尺骨远端多发；初期干骺端出现透射线的条带 ± 硬化边界；随后骨膜新骨重叠而增加阻线性（见1.24.4和图1-31）。
9. 骨折——如果发生骨嵌入或骨碎片重叠，通常可见硬化带而不是骨缺损。
   a. 折叠骨折。
      - 幼年动物的青枝骨折（单侧骨皮质）。
      - 骨质减少，尤其是营养性继发性甲状旁腺功能亢进（见1.16.4和图1-20）。
   b. 压缩性骨折或嵌入性骨折——尤其是脊椎骨；多见于骨质减少。
   c. 一个摆位上易忽视的重叠的碎片，可通过正交位显示存在位移。
   d. 骨折愈合。
10. 骨质减少（见1.16）——软骨下骨不足与骨骺和生长板的干骺端缘对比产生假性硬化带，通常是伪影，源于与骨质减少的骨对比度增加。
11. 铅中毒——罕见；铅中毒的幼年动物，其长骨和脊椎骨的干骺端可见细微的硬化带；也会引起骨质减少。
12. 犬瘟热——可见平行于生长板的干骺端硬化带；与干骺端骨病（肥大性骨营养不良；威玛猎犬接种犬瘟疫苗后也可能出现类似征象）鉴别诊断。
13. 维生素D过多症——干骺端和骨干多部位出现硬化区和骨吸收，伴有骨膜和骨内膜新骨生成；然而，骨病变罕见，因为动物更易出现软组织矿化，并死于肾衰（见12.2）。
14. 骨梗死——罕见，四肢骨的骨髓腔和头骨多发性不规则的硬化斑块；可能伴有或导致骨肉瘤。主要发生在小型犬（如喜乐蒂和迷你雪纳瑞）。病因未知，可能与血管疾病导致的组织缺氧有关。
15. 骨硬化病（脆弱性骨硬化、大理石骨病、白垩骨）——罕见的因为破骨吸收障碍所致的原发和/或继发性松质骨持续存在于骨髓腔中；伴有骨小梁变粗、骨皮质变厚和骨髓腔渐进性消失的骨密度广泛性增加（骨硬化）；骨骼易碎，可能发生病理性骨折。如果骨髓腔显著减小，可能引起贫血（脊髓痨性贫血）。
   a. 先天性。
      - 常染色体隐性基因，多为致命性，但有些动物可以活到成年。
      - 巴吉度犬的遗传性贫血。
      - 硬化性骨发育不良——为骨软骨发育不良的遗传性类型，引起广泛性的骨硬化，伴随鼻甲骨消失和鼻泪管堵塞。
   b. 获得性（对这种疾病的认识较少，也不清楚是否所有这些病例都是获得性的，还是后期才有表现的遗传性疾病）。
      - 慢性的钙摄入过多。
      - 慢性维生素D中毒。
      - 骨髓纤维化。
      - 特发性。
16. 已有发生在犬肱骨和猫下颌骨的类骨质骨瘤报道，这是一种良性病变，由硬化骨包围的骨髓腔内血管类骨质组织组成。人类医学对该病有详细的描述，多发生于小于25岁的男性的股骨和胫骨。
17. 猫——骨骼的弥散性骨硬化，可能是偶然发现，或伴发于肾衰、白血病、骨髓增殖性疾病或全身系统性红斑狼疮。

1.14 骨膜反应

形成新骨的骨膜反应可能是局部的也可能是弥散性的，取决于病因。局部骨膜反应形成骨性肿物，见章节1.15。在某些病例中，由潜在的病理变化所致的骨膜抬高可以借由超声检查，并利用超声引导进行细针抽吸。

1. 创伤。
   a. 直接损伤到皮质，对骨膜产生刺激（单次损伤或是重复的轻度创伤）。

b. 与骨折有关的骨膜撕裂或抬高，尤其是在幼年动物。

c. 骨膜下血肿——通常见于颈背嵴突出犬的头骨后侧；也见于凝血疾病患犬（如患有血管性血友病的杜宾犬）。

d. 反应性的（如舔舐性肉芽肿的下方）。

2. 感染（在幼年动物，因骨膜松散的附着，弥散性骨膜反应更常见）。

a. 细菌性——多为单一性，通常与开放性损伤有关（创伤、外科手术）；咬伤后会形成局灶性厌氧性骨髓炎，可见中央小死骨片，由凸起的环状骨膜反应所包围。若为血源性扩散可能会形成多灶性骨膜反应。

b. 真菌性——可能因为血源性扩散而形成多灶性骨膜反应；多为溶骨－成骨混合病变（见 1.20.2 和图 1–28，图 1–29）。

c. 原虫性。

- 利什曼原虫病*——骨膜反应各不相同，从光滑的到不规则的都有可能；也会引起髓腔内硬化、混合性骨病变和侵蚀性或非侵蚀性关节病。
- 肝簇虫病*——慢性肌炎，衰弱甚至死亡，骨膜反应从微弱到显著的都有可能。主要是美洲肝簇虫引起的，在长骨、骼骨和脊椎骨引起骨膜外新骨生成，可能是通过体液机制引起的。主要鉴别诊断是肥大性骨病，但是病变的分布规律不同，通常影响四肢近端和/或中轴骨。

d. 猫——猫结核病——各种分枝杆菌属引起的（罕见）。也会引起混合性病变、椎间盘脊椎炎和关节炎。

3. 肿瘤——恶性早期（原发性骨肿瘤、肿瘤转移或骨质溶解明显之前的软组织肿瘤）。随后的 X 线追踪复查可以帮助区分肿瘤与感染或创伤。

4. 全骨炎——严重病例可能在骨干出现轻微的、光滑或层面型骨膜反应（见 1.13.6 和图 1–17）。通过病征、临床症状和典型的髓腔内病变可以很明显地诊断出来。

5. 干骺端骨病（肥大性骨营养不良）——严重病例可见干骺端周双侧骨膜新骨生成带和骨膜旁软组织矿化，这使得干骺端特征性的斑驳带变得模糊（见 1.24.4 和图 1–31）。随后的重塑引起干骺端增宽。在严重的病例，邻近的生长板可能桥连，最终导致肢体成角畸形。

6. 肥大性（肺性）骨病（HPO，Marie's 疾病）（图 1–18）——长骨骨干上形成大量骨膜外新骨，通常发生于肢体远端，但也可以向近端延伸至肩胛骨或骨盆；双侧对称性，软组织因水肿而肿胀，并与病变部位骨骼重叠。在指部，第Ⅱ和第Ⅴ指的轴外面病变最严重。新骨依疾病进程可能表现多种形式：栅栏型、不规则型、刷状、层面型或光滑坚实型。需要拍摄胸部和腹部 X 线片确定有无潜在病变；通常是原发性或继发性肺肿瘤，也可能有其他病因，包括非肿瘤性肺病、其他胸内肿物、食管疾病（尤其是狼尾旋线虫肉芽肿的瘤性转化）、感染性心内膜炎和膀胱肿瘤。发病机理包括肺血管分流、迷走神经刺激、肿瘤细胞和巨核细胞或血小板凝集产生的体液性物质。从骨膜反应的性质和分布、原发病变即可做出诊断。猫罕见 HPO。主要的鉴别诊断是肝簇虫病（见 1.14.2）。

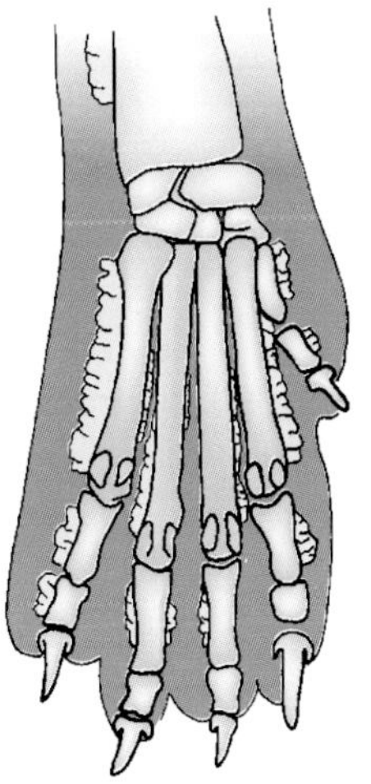

图 1–18　肥大性肺性骨病：栅栏型的骨膜外新骨，主要在骨的轴外面上，伴有弥散性软组织肿胀。

7. 颅下颌骨病（主要发生在㹴犬，尤其是西高地白㹴，但在其他品种也偶尔可见）——头骨大量骨膜外新骨，尤其是下颌骨和鼓泡（见4.11.1和图4–6）。偶尔可见邻近远端尺骨干骺端的骨膜旁新骨肿物，与干骺端骨病（肥大性骨营养不良）相似（见3.5.16和图3–14）。
8. 猫——维生素A过多症——椎骨（主要是颈胸段）、关节（主要是肘关节和膝关节）、胸骨、肋骨和枕骨周围局灶性骨膜外新骨。可能导致关节强直。通常见于有生吃牛肝饮食习惯的年轻成年猫；鉴别诊断是黏多糖贮积病。
9. 猫——黏多糖贮积病——主要是脊柱发生病变，与维生素A过多症相似（见2.5.14和5.4.9）。鉴别诊断是维生素A过多症。犬罕见。

1.15 骨性肿物

也可见章节“1.10 长骨形状改变”和“1.14 骨膜反应”。

骨性肿物的鉴别诊断包括混合性骨生成–溶骨性病变：骨生成为主，使潜在的骨质溶解模糊，邻近的或与骨骼重叠的软组织矿化，如周围钙质沉积（见12.2.2和图12.1）。

1. 创伤。
   a. 直接损伤后的大量的、局灶性骨膜反应。
   b. 大的骨痂——因为活动、感染和骨膜剥离。
   c. 肥大性骨不愈合——骨折线处的骨缺损明显。
   d. 股骨后侧骨膜剥离所形成的犀角样骨痂，与股骨骨折有关。
2. 肿瘤。
   a. 骨软骨瘤（单一性）或骨软骨瘤病或多发性软骨外生骨疣（多发性）（图1–19）。罕见：通常是骨骼发育不良而非真正的肿瘤进程。在犬，见于未成熟骨的骨软骨结合处，如长骨干骺端（通常是双侧的）、肋骨和肋软骨结合处、骨盆与脊椎骨。多发性病变通常有遗传性；尤其是㹴犬。通常表现为骨皮质光滑的、菜花样或结节状突起，其髓腔与下方的骨连通；在活跃生长期生成的结节更大，表现更强的侵袭性。长骨的病变比其他部位更不规则，生长板病变会导致肢体缩短或成角畸形。尽管仍会发生骨化，但不会与下方骨连接，会误认为钙质沉积（见12.2.2和图12–1）。肋骨的骨软骨瘤可误认为肋骨骨折愈合。骨软骨瘤的生长在骨骼成熟后停止，但是已有恶性转变为骨肉瘤或软骨肉瘤的报道。在猫，见于年轻的成年猫，诊断时多为2～4岁；可能是病毒感染（检测猫白血病病毒）。病变与犬相似，主要起源于扁骨或不规则骨（如头骨、肋骨和骨盆）的软骨膜，可能持续生长，变得更具侵袭性；与犬类似，也可能发生恶性转变。也有周围软组织出现不定型的线性高密度结构的报道。在老年猫，骨软骨外生骨疣通常在肘关节周围，表现同样的征象。

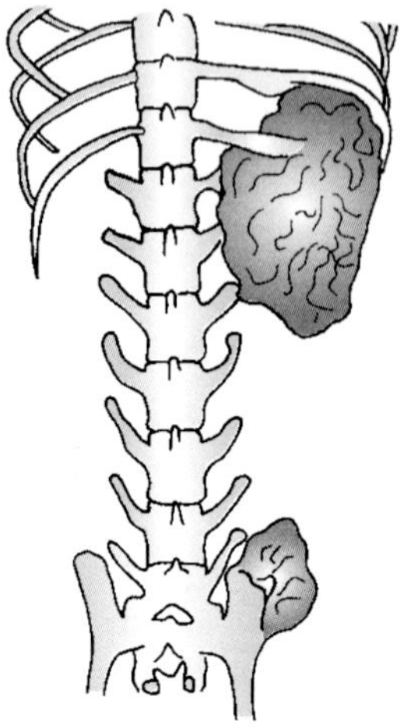
图1–19 多发性软骨外生骨疣（犬）：肋骨和髂骨翼上生长的膨胀性肿物。

   b. 骨瘤（良性的）——罕见，常发生在头骨；年轻犬多发；尤其是马士提夫犬。表现为致密的骨性肿物，无骨下溶解。
   c. 骨化性纤维瘤——头骨。

d. 骨骼的多叶性肿瘤（骨软骨肉瘤、侵蚀性软骨瘤）——头骨（见 4.6.3 和图 4–3）；通常有特征性的点状征象。

e. 成骨细胞性原发性恶性骨肿瘤——主要发生在长骨干骺端；头骨也会发生。

f. 骨膜外或近皮质的骨肉瘤（见 3.11.12 和图 3–29）——罕见；X 线征象和病理学过程与其他骨肉瘤不同。生长缓慢、坚硬的、光滑或分叶的、非侵袭性的或低级的恶性骨性肿物，起源于骨膜结缔组织，没有或轻微的骨下溶解；多见于股骨远端后侧缘的膝关节周围，但是其他长骨、头骨、脊椎骨和肋骨也有报道。骨膜的和高级的表面骨肉瘤也会发生在骨的外部，其性状和行为更具侵袭性。

3. 末端病（韧带附着处的骨赘形成）。

a. 在软骨营养障碍品种中为骨突的正常突起；双侧对称性（见 1.10.1 和图 1–16）。

b. 其他品种可见因软骨发育不全造成的末端病；双侧对称性。

c. 在特殊肌腱和韧带附着部出现的末端病（见第 3 章）。

d. 弥散性特发性骨肥厚（DISH）——脊柱的新骨生成，但肢体也可见关节周围新骨和末端病（见 5.4.5）。

4. 增殖性关节疾病可能导致累及关节的骨性肿物（也可见 2.5）。

a. 严重的骨关节炎。

b. 弥散性特发性骨肥厚。

c. 滑膜性骨软骨瘤病（见 2.8.18 和图 2–7）。

d. 猫——骨软骨瘤或骨软骨外生骨疣——尤其是肘关节。

e. 猫——维生素 A 过多症；尤其是肘关节和膝关节，尽管以脊柱病变为主。

f. 猫——黏多糖贮积病（见 2.5.14 和 5.4.9）。

5. 颅下颌骨病——头骨的骨膜新骨肿物，主要是下颌骨和鼓泡；偶尔可见四肢病变（见 3.5.16，4.10.1 和图 3–14，图 4–6）。

6. 牛头獒的头盖骨骨肥厚（见 4.6.2）。

1.16　骨质减少

骨质减少是用来描述骨骼影像学密度降低的影像学术语。骨质减少可能是由骨质疏松（骨量减少但是骨有机质和无机盐的比例正常）和骨软化（因为骨矿化障碍骨，有机质过多）所致，这两者在 X 线片上无法区分。这部分列举了累及全身骨骼的弥散性骨质减少或因失用累及整肢的骨质减少的鉴别诊断。更多的局灶性骨质减少在章节“1.18 溶骨性病”变中有详细叙述。因为可以跟周围健康骨比较，局灶性骨质减少比弥散性骨质减少更好识别。然而，X 线检查对骨丢失的诊断相对不敏感，骨骼中只有丢失 30% ~ 60% 矿物质含量时才会在 X 线片上显示出来。

骨质减少在骨活跃的部位表现明显，如长骨干骺端和骨骺的骨小梁、脊椎骨和头骨。骨质减少的 X 线征象是：

- 与软组织相比，骨密度降低。
- 骨皮质变薄，有些可见双层皮质线。
- 软骨下骨相对不足，导致硬化样征象，尤其是椎体终板和生长板周围。
- 较小的骨小梁重吸收，骨小梁粗糙。
- 病理性的折叠骨折或压缩骨折，可见骨骼轮廓变形和密度增高带。

骨质减少的大部分病因是代谢性疾病，比较复杂。如果病因解除，骨质减少是可逆的。骨质减少还可能是 X 线检查过程中不正确的操作造成的。

1. 导致骨质减少假象的技术性因素（见附录）。

a. 曝光过度。

b. 显影过度。

c. 胶片雾化（多种原因）。

2. 因重叠的软组织厚度改变所致的假象。

a. 软组织厚度减少，导致骨骼曝光过度（如某肢慢性失用）——需要与健肢比较。

b. 肥胖犬肢体周围软组织变多，尤其是影响脊柱X线检查；增加kV会产生更多的康普顿散射，造成骨小梁可见度减少和骨质减少的假象。

3. 失用（肢体）——瘫痪、骨折或严重的跛行；通常在骨折远端最严重，尤其是影响骨骺与腕骨和跗骨的方形骨。
4. 甲状旁腺功能亢进（囊状纤维性骨炎、纤维性骨营养不良）。可能在肾脏、胃黏膜皱襞和大血管等软组织继发转移性钙化（见12.2）。
   a. 营养性继发性甲状旁腺功能亢进（青年骨质疏松，肉狗病）（图1-20）——尤其见于幼年动物，因其骨骼生长活跃。见于断奶后以肉食为主食的动物，摄入低钙高磷的食物。因为折叠骨折而表现为跛行、脊柱前凸和截瘫或四肢瘫。猫比犬更易患该病。

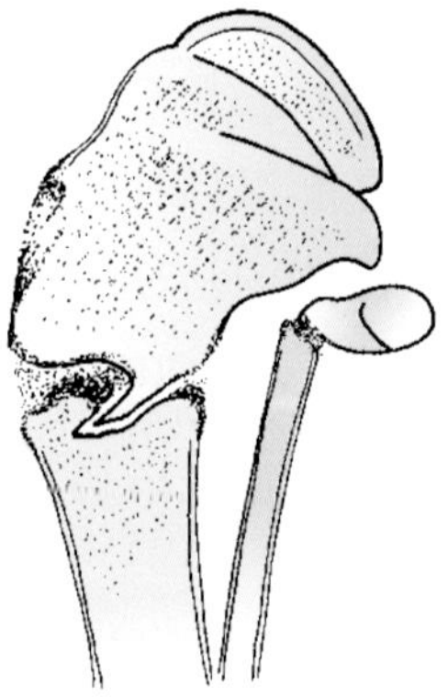

图1-20 营养性继发性甲状旁腺功能亢进：胫腓骨骨质减少，造成折叠骨折。

   b. 肾性继发性甲状旁腺功能亢进（肾性佝偻病，肾性骨营养不良）——患有肾脏发育不良的幼年动物或患有慢性肾脏疾病的老年动物；主要影响头骨，造成“橡皮颌”（见4.9.5和图4-5），也可见到上文所述的其他骨骼病变。
   c. 原发性甲状旁腺功能亢进——罕见；甲状旁腺增生或肿瘤。
   d. 假性甲状旁腺功能亢进；恶性高血钙——各种肿瘤疾病，尤其是淋巴瘤和肛囊腺癌；也见于乳腺腺癌、骨髓瘤、胃鳞状细胞癌、甲状腺腺癌和睾丸间质细胞瘤。
   e. 继发性甲状旁腺功能亢进的其他原因（如怀孕和哺乳、维生素D缺乏、酸中毒和骨软化的抗惊厥药治疗）。
5. 糖皮质激素过量。
   a. 肾上腺皮质功能亢进——库欣综合征。
   b. 医源性——长期的糖皮质激素治疗。
6. 衰老——尤其是老年猫。
7. 慢性的蛋白质缺乏或丢失。
   a. 饥饿。
   b. 肝脏疾病。
   c. 吸收不良。
8. 甲状腺功能亢进。
9. 糖尿病。
10. 全骨炎——并非真正的骨质减少，但其病变后遗症是长骨的骨小梁缺失，表现骨髓中空的征象，但是骨皮质的厚度和密度正常。
11. 佝偻病——可能与并发的营养性继发性甲状旁腺功能亢进有关（见1.23.8和图1-30）。
12. 多发性骨髓瘤（浆细胞骨髓瘤）——真正的骨质减少；也可能在骨质溶解区域见到明显的骨质减少（见1.18.2和图1-24）。
13. 成骨不全症——罕见的Ⅰ型胶原缺乏性遗传病，以骨质减少和骨骼极度脆弱为特征，导致多发性病理性骨折；也可能会出现牙本质发育不全，导致齿折。见于幼年动物，主要的鉴别诊断为营养性继发性甲状旁腺功能亢进。
14. 幼年动物铅中毒；可见干骺端硬化线。
15. 维生素D过多症——幼年动物大量摄入维生素D会引起骨质减少，伴有骨畸形和生长迟缓，但是主要的病变是软组织钙化（见12.2）。
16. 铜缺乏。
17. 长时间高剂量抗痉挛药治疗——扑米酮、苯妥英和苯巴比妥对人影响很大，但是对动物的影响尚未证实；机理是肝损伤和影响维生素 D 合成。

18. 猫——维生素 A 过多症——因为骨膜活性降低、肢体失用和并发的营养性继发性甲状旁腺功能亢进导致骨质减少；但最主要的是脊柱和关节增殖性病变。
19. 猫——黏多糖贮积病和黏脂糖病——与维生素 A 过多症类似；犬很少发病（见 5.4.9）。

1.17　骨小梁形态粗糙

1. 骨质减少——骨质减少在松质骨区域最明显，因为这里骨代谢最为明显。小的骨小梁最先被吸收，剩余的骨小梁较大，所以导致粗糙的骨小梁形态。发病原因见章节 1.16。
2. 全骨炎——大的或小的斑块或起源于皮质骨内膜表面的病变内，可见粗糙的、硬化的骨小梁（见 1.13.6 和图 1–17）。在易感的年龄和品种，这种征象通常可以作为该病的示病征象。
3. 挪威的幼年纽芬兰犬的尺骨远端和/或桡骨干骺端发现的骨小梁增厚被认为是偶然发现。
4. 多发性骨髓瘤（浆细胞骨髓瘤）——该病可能导致多发性融合性溶骨病变和骨质减少，这两者一起会导致类似于粗糙的骨小梁征象（见 1.18.2 和图 1–24）。
5. 骨硬化病（见 1.13.15）。

1.18　溶骨性病变

超声检查正越来越多地用于骨骼系统检查。尽管超声束不能穿透正常骨骼，但可以显示浅表的骨质溶解区，如骨皮质缺损，这样就可以使用穿刺针在超声引导下进入骨骼施行细针抽吸，做细胞学诊断。在超声引导下，也可对周围软组织进行细针抽吸。该操作可能不需要全身麻醉，因此相对于骨骼活检更快捷和便宜，且侵入性小。然而，超声引导下细针抽吸结果阴性不能排除肿瘤，需要进行组织芯活检和组织病理学检查。

1. 假象。
   a. 皮肤缺损或开放性伤口气体的重叠。
   b. 骨盆腹背位 X 线片上肛囊气体在坐骨的重叠。
2. 肿瘤（见 1.19.1 和 1.20.1）。
   a. 溶骨型的原发性恶性骨肿瘤（尤其是猫）（图 1–21），但也有新骨生成的征象。

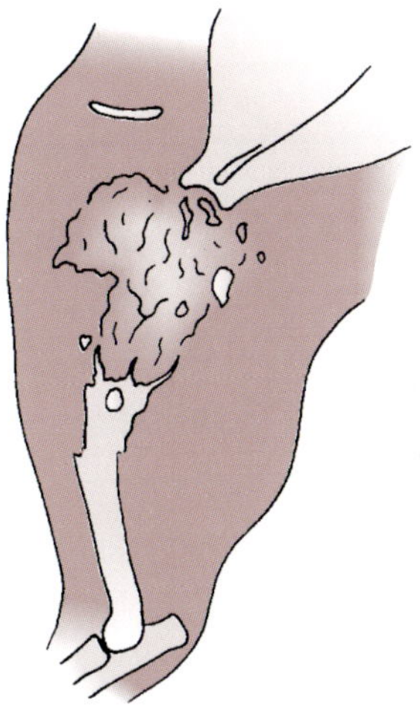

图 1–21　猫肱骨近端溶骨性的骨肉瘤：严重的骨质破坏，伴病理性骨折。

   b. 骨转移（图 1–22）——可能是溶骨型或硬化型；通常在原发肿瘤的非典型部位（如骨干）；通常表现为单骨多灶性或多骨病变。转移性癌症主要是溶骨性病变，无新骨生成。任何原发的肿瘤都有可能转移，但乳腺肿瘤转移率远远超过其他肿瘤。

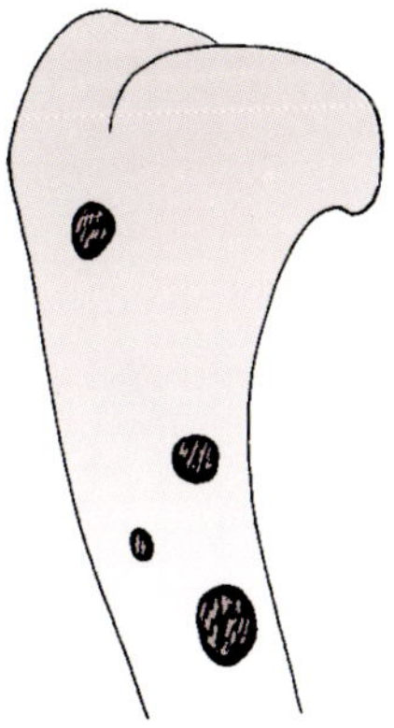

图 1–22　骨转移灶：原发性肿瘤在非典型部位的多发性溶骨性病变。

c. 侵袭骨骼的恶性软组织肿瘤（图1–23）——通常有明显的软组织肿胀和始于骨膜下的骨皮质破坏。如果病变邻近关节，可能多骨受影响（见2.4.7和图2–4）。血管肉瘤、滑膜肉瘤和组织细胞肉瘤（恶性组织细胞增多症）、浆细胞瘤和脂肪肉瘤会引起明显的骨质溶解，并有侵袭性表现。浸润性的脂肪瘤或脂肪肉瘤具有特征性的脂肪影像密度。

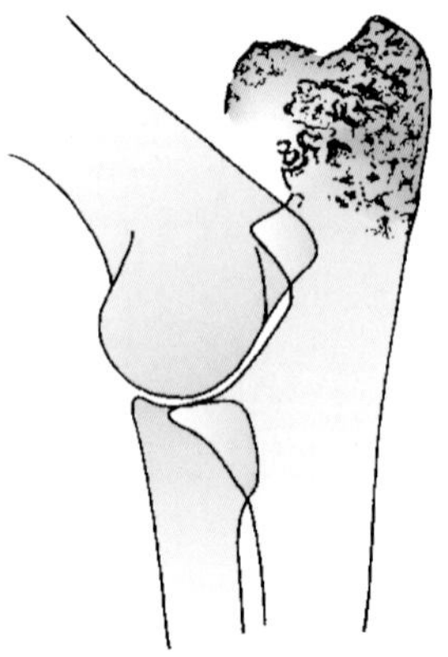

图1–23 恶性软组织肿瘤侵袭骨：主要是溶骨性病变，多骨受影响。

d. 淋巴瘤——通常是明显的多发性溶骨性病变；易于发生病理性骨折。

e. 多发性骨髓瘤（浆细胞骨髓瘤）（图1–24）——分散的、大小不一的虫蚀样溶骨性病变，无硬化边缘；通常是多发性、融合性或多骨性，很少单一。若是融合性病变，受累骨出现多囊性或大理石样外观或表现为伴有骨小梁粗糙的骨质减少。主要影响骨盆、脊柱、肋骨和长骨。常见病理性骨折。

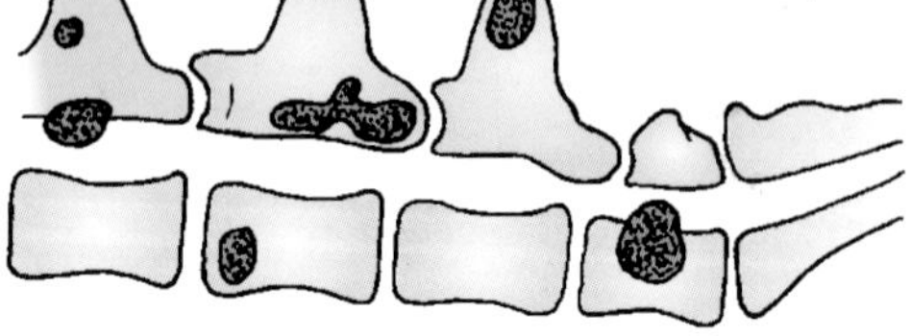

图1–24 犬多发性骨髓瘤，在腰椎上出现多个分散的虫蚀样溶骨性病变。

3. 感染、骨髓炎（见1.20.2和图1–28，图1–29）。
   a. 细菌性。
      - 因齿根周肉芽肿导致受感染的牙齿周围出现溶骨带；与肾性继发性甲状旁腺功能亢进鉴别诊断（见4.9.5和图4–5）。
      - 死骨片周围。
      - 金属植入物周围；与运动、高速钻所致的骨热坏死、某些数字影像中金属植入物周围的伪影等鉴别诊断。
      - 骨折部位，尤其存在开放性创口时。
      - 血源性骨髓炎，尤其是在干骺端；与干骺端骨病（肥大性骨营养不良）鉴别诊断（见1.24.2，1.24.5和图1–31，图1–32）。
   b. 真菌性*——通常为血源性扩散，因此通常为多发性病变。
   c. 原虫——利什曼病*——可能引发严重的溶骨性关节炎。
4. 创伤。
   a. 开放性创口的皮肤缺损或气体重叠。
   b. 完全桥连前的骨折线。
   c. 因为感染、运动或高速钻所致的骨热坏死，外科植入物的周围产生溶骨环；也可见于某些数字影像中的伪影。
   d. 应力保护——骨板末端局部区域的骨质减少和骨脆弱。
5. 压力性萎缩——因邻近肿物（如肋骨肿瘤、趾间肿物和肢体弹性绷带包扎）的压力，表层骨丢失呈现光滑的边界。
6. 骨纤维结构发育不良——罕见，骨的纤维性骨质缺失最初认为是幼年动物的发育性疾病；单骨或多骨溶骨性病变，可能会导致病理性骨折。通常在邻近的桡尺骨中段骨干发生。
7. 特发性多灶性骨病——已有一篇关于4只成年苏格兰㹴犬的主要累及脊柱的多灶性骨缺失的报道。然而，这是真正的骨质溶解还是骨生成障碍还不明确。
8. 特殊部位的溶骨性病变。

a. 干骺端骨病（肥大性骨营养不良；见 1.24.2 和图 1-31）。

b. 干骺端骨髓炎（见 1.24.5 和图 1-32）。

c. 软骨核残留（见 1.24.3, 3.5.3 和图 3-12）——不是真正的骨质溶解，而是未骨化的软骨区域。

d. 较大的骨软骨病病变——不是真正的骨质溶解，而是未骨化的软骨区域。

e. 股骨头缺血性坏死（累 - 卡 - 佩氏病）——见于幼年的㹴类犬种——可能影响双侧髋关节（见 3.9.4 和图 3-24）。

f. 骨内皮样囊肿——骨内罕见；通常是溶骨性病变；见于远端趾骨和脊椎骨。

g. 生长板发育不良、股骨头骨骺滑脱、猫股骨颈干骺端骨病及其随后的股骨颈骨吸收。

1.19 膨胀性溶骨性病变

以下的病变更倾向于膨胀性的，即骨骼内部发生溶骨性病变，使骨皮质逐渐向外扩张，主要引起皮质变薄而不是单纯的溶解。可能发生病理性骨折。通常是良性的或低级恶性病变。

1. 肿瘤。

a. 巨细胞肿瘤（破骨细胞瘤）（图 1-25）——一种罕见的发生在长骨干骺端或骨骺的肿瘤，尤其是尺骨远端。为膨胀性的溶骨性病变，呈多腔样、有分隔的外观，且与正常骨组织之间有大小不一的过渡带。可能与骨囊肿征象相似，但巨细胞瘤患病动物的年龄更大。

b. 其他非成骨的恶性肿瘤也可表现为膨胀性，但罕见。

c. 内生软骨瘤（单一性）或内生软骨瘤病（多发性）——骨软骨瘤病综合征，软骨发育不良，奥利埃氏病。罕见，大型犬易感。良性，但使骨骼脆弱，原因在于生长板软骨从干骺端移位至骨干，造成骨骼因膨胀的非骨化病变而脆弱；患病动物通常在未成年时因病理性骨折而表现。

d. 骨软骨瘤或多发性软骨外生骨疣——可能表现为膨胀性，因为骨皮质与其下方的骨髓连通（见 1.15.2 和图 1-19）。

2. 良性骨囊肿（图 1-26）——罕见，主要见于幼年大型犬；雄性易感；通常是桡骨或尺骨远端。与巨细胞肿瘤相似，表现为膨胀性的、有分隔的溶骨性病变，但患犬通常更年轻。病变局限于干骺端，不越过生长板，但随着骨骼成熟可能蔓延到骨干。通常是单一性（单腔、单骨），偶尔为多发性（多骨）。

3. 动脉瘤样骨囊肿看起来相似，但是多由血管异常（如动静脉瘘）或由创伤或肿瘤引起的血管缺乏所致；可见增大的滋养孔。通常老年动物易感。透过薄皮质进行多普勒超声检查可以探测到血流。

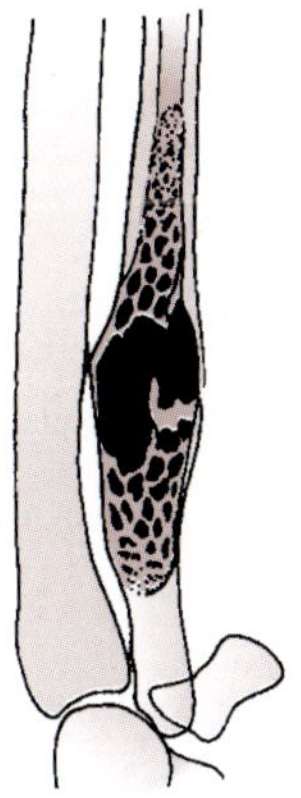

图 1-25 膨胀性骨病变：尺骨远端的巨细胞肿瘤。虽然是恶性的，但不表现明显的侵袭性。

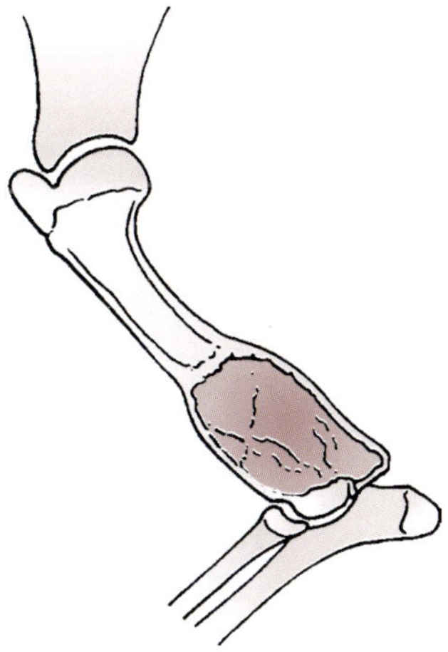

图 1-26 骨骼未成熟患犬肱骨远端的良性骨囊肿，表现非侵袭性的膨胀性骨病变。

4. 骨纤维结构发育不良（见 1.18.6）——可能是膨胀性的。

5. 骨脓肿——罕见。

1.20 溶骨 – 成骨混合病变

因为骨骼对疾病或损伤的反应只有骨质减少或新骨生成，不同病因的疾病在影像学上可能相似。对影像医师最大的挑战就是区分肿瘤和感染，可能对二者无法确切区分，需要进一步的检查如活组织检查、随访 X 线检查或其他检查。新骨生成与骨破坏可能同时等量存在，表现为明显的混合病变特征；其他情况下，其中一个病理过程可能占主导。

存在骨质溶解的骨病变可在超声引导下细针抽吸，进行细胞学诊断（见 1.18）。

1. 肿瘤。

a. 原发性恶性骨肿瘤（图 1–27）——原发性恶性骨肿瘤通常只局限于单骨，很少跨关节。80% 是骨肉瘤；也有软骨肉瘤、纤维肉瘤和起源于软组织的肿瘤如血管肉瘤、组织细胞肉瘤和脂肪肉瘤。X 线检查无法区分组织学病变类型。在犬，骨肉瘤通常起源于大型犬长骨的干骺端（尤其是肱骨近端和桡骨远端，前肢的发病概率约为后肢的 2 倍），但是其他骨骼包括中轴骨也可能被恶性肿瘤侵袭。大部分肿瘤起源于骨内膜，但是骨膜和骨膜外骨肉瘤也可能会发生。患犬通常是中老年犬，也有少部分 1 ~ 2 岁的犬发病。原发性恶性骨肿瘤通常是溶骨 – 成骨混合病变，与健康骨之间有很宽的侵袭性过渡带，但是有些肿瘤只出现溶骨（破骨细胞型）或只出现成骨（成骨细胞型）。新骨生成可能很少量，也可能很明显，在骨肉瘤病例中，肿瘤骨和反应骨都会出现这样的表现。与低级肿瘤相比，高级肿瘤的皮质破坏和软组织肿胀更严重。可能发生病理性骨折。在大部分犬种中，常见肺转移；但在小型犬种中，原发性恶性骨肿瘤的侵袭性更小，也不容易发生肺转移。在猫，骨肉瘤更常见溶骨型，通常发生在骨盆和后肢。猫的骨肉瘤比大型犬的骨肉瘤侵袭性小，转移率相对更低。骨肉瘤可能会在之前发生过骨折、慢性感染、梗死或放射治疗的地方出现，有时是多年以后才会出现。

图 1–27　原发性恶性骨肿瘤：桡骨远端的骨肉瘤。伴有侵袭性特征的溶骨 – 成骨混合病变。

b. 骨转移灶——混合病变，侵袭性一般，有时主要是溶骨性或硬化性病变，骨膜反应轻微；通常在非原发性肿瘤的典型部位，如骨干；通常是单骨的多灶病变或多骨病变。与人相比，相对罕见；通常源于上皮类型（如乳腺或前列腺）的原发性肿瘤。主要与骨髓炎鉴别诊断，尤其是当地流行真菌性疾病时；硬化性病变可能与全骨炎相似，但出现骨转移的通常是老年动物。使用锝 -99m 亚甲基二磷酸盐进行闪烁扫描术诊断骨转移比 X 线检查更灵敏。

c. 恶性软组织肿瘤侵袭骨骼——骨质溶解为主，伴有骨性反应和既存骨关节炎。如果恶性软组织肿瘤发生在关节附近，可能多骨受到影响（见 1.18.2，2.4.7 和图 1–23，图 2–4）。

d. 之前骨折的部位形成肿瘤——罕见，但在人和动物中都便于识别。通常是内固定数年后发生——推断原因包括存在金属植入物或长期慢性感染。X线征象为在原来骨折部位上发生活动性侵袭性病变；与慢性感染鉴别诊断。

e. 良性骨肿瘤偶发骨质溶解，以骨性肿物（骨瘤、骨软骨瘤）或骨反应和骨质溶解（内生软骨瘤）为主。

2. 感染——骨炎症和感染（骨髓炎）一般会出现溶骨－成骨混合病变，但骨丢失和新骨生成的比例不同。感染所形成的病变很难与肿瘤区别，但感染时软组织肿胀会更明显。存在产气微生物时，可能会见到小块气影。

a. 细菌性。

- 老年动物的单一病变通常与创伤、手术、软组织感染的蔓延或异物的迁移有关。在急性期，骨髓炎呈混合型，极具侵袭性，跟肿瘤相比，硬化带更明显（隔绝作用）（图1-28）。慢性或恢复期的骨髓炎，侵袭性较弱，以新骨生成为主，偶见死骨片或包膜生成（图1-29）。相比于肿瘤，感染时的病理性骨折不常见。骨髓炎易使骨折延迟愈合或不愈合，并引起植入物周围骨质溶解。鉴别诊断包括植入物松动、高速钻所致的坏死和数字影像金属植入物周围的伪影。

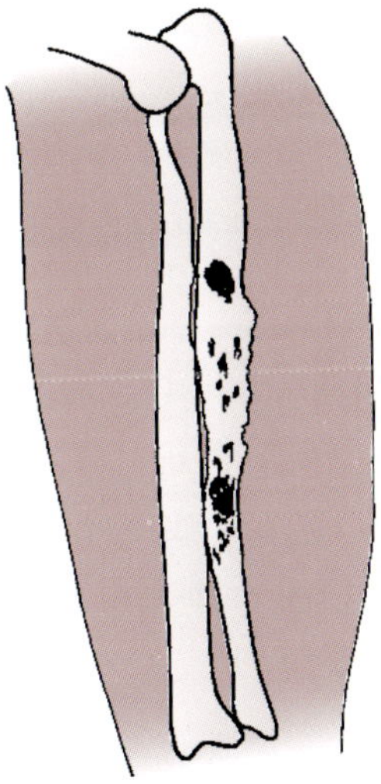

图1-28 被犬咬伤的猫尺骨的急性骨髓炎：混合型、侵袭性病变，伴明显的周围软组织肿胀。图中的两处局灶性透射线性病变是由犬齿造成的。

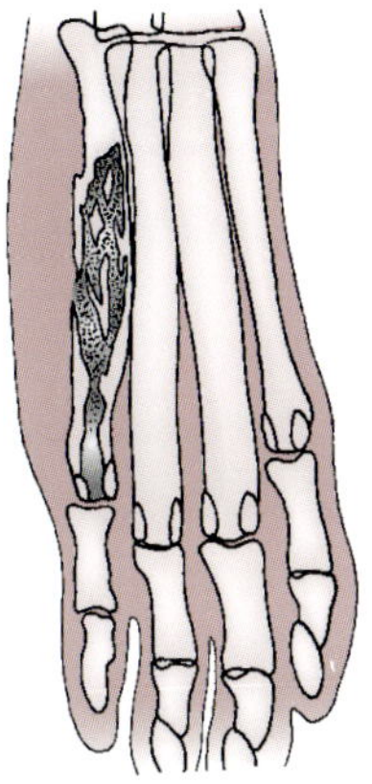

图1-29 由猫咬伤导致的猫跖骨慢性骨髓炎和死骨片形成。该病变侵袭性较小且部分与周围组织界限清晰。

- 多发性病变，通常双侧对称，见于血源性骨髓炎，幼年动物更常见。尤其在干骺端易发，因为血流迟缓。可见侵袭性溶骨性病变，并且伴有周围硬化和/或骨膜反应；可能发生病理性骨折。与幼年犬干骺端骨病（肥大性骨营养不良）鉴别诊断（见1.24.4,1.24.5和图1-31，图1-32）。
- 足分枝杆菌病是一种局灶性化脓性肉芽肿性炎症反应，伴随窦道形成；窦道主要在皮肤、皮下组织、筋膜和骨骼中形成。通常是由土壤微生物经创伤侵入组织造成的。病因有可能是细菌性的（放线菌性足菌肿），也有可能是真菌性的（真菌性足菌肿）。

b. 真菌性——通常由血液扩散，形成单一性或多发性病变，也是在干骺端多发。通常是侵袭性的，溶骨－成骨混合病变。主要鉴别诊断是转移性肿瘤，真菌感染时，患病动物全身状态更差；鉴别诊断也要考虑细菌性骨髓炎。

- 球孢子菌病——发热，沉郁，伴有呼吸、皮肤、眼部和骨骼病变；90%的骨病变在四肢骨，主要是长骨远端。
- 芽生菌病——主要侵害大型幼年公犬，引起上述的一系列综合征；30%的患犬有骨骼病变，通常是单一性病变，在肘关节或膝关节的远端。
- 曲霉病——除破坏性鼻炎，德国牧羊犬或身处非真菌性疾病流行地（如英国）的免疫缺陷动物，还会出现其他侵袭性骨病变（如椎间盘脊椎炎）和肺炎。
- 组织胞浆菌病——多种系统性疾病（在犬，主要是胃肠道疾病）；很少引起溶骨性或混合性骨病变。
- 隐球菌病——通常是全身性疾病进程的一部分，多见于免疫抑制的患病动物。
- 足分支菌病——见上述。

c. 原虫性——利什曼病*——可能引起多灶性、通常为双侧性的骨病变，主意表现为骨干骨膜反应和骨髓腔密度升高，尤其是在滋养孔附近；另一个常见表现是侵蚀性或非侵蚀性关节疾病（见 2.4.12）。

d. 猫——猫肺结核病——各种分枝杆菌属引起（罕见）。主要是皮肤和肺脏病变，有时可见侵袭性混合骨病变；也可见骨膜反应、椎间盘脊椎炎和骨关节炎。

3. 创伤。
   a. 骨折愈合——骨折线部分桥连，骨折断端重吸收。
   b. 骨折部位的骨髓炎。
   c. 骨折部位的晚期肿瘤形成。
4. 干骺端骨病（肥大性骨营养不良）——只发生在干骺端；鉴别诊断是干骺端骨髓炎（见 1.24.4，1.24.5 和图 1–31，图 1–32）。
5. 特发性多灶性脓性肉芽肿骨病——与组织细胞疾病有关的无菌性多骨性疾病。
6. 犬白细胞黏附性不足（CLAD）（见 1.24.9）。

恶性骨肿瘤与骨髓炎的鉴别

- 恶性肿瘤的骨质溶解程度和范围更大，骨皮质破坏更严重。
- 肿瘤时更容易发生病理性骨折。
- 肿瘤时，骨膜外新骨生成更不规则，容易形成针状骨，从病变中央呈放射样，而骨髓炎时生成的新骨更加坚实和广泛。
- 肿瘤时更常见病变端新骨的考德曼三角。
- 死骨片的形成更多见于骨髓炎而非肿瘤。
- 大部分原发性恶性骨肿瘤只累及单骨，很少跨关节。
- 急性骨髓炎时软组织肿胀范围更广，可能因产气微生物感染见到气泡影像。
- 怀疑肿瘤时，需要拍摄胸部 X 线片来判断是否有肺转移。
- 超声检查技术可用于筛查腹腔肿瘤转移。

1.21 多灶性疾病

多灶性疾病可能在单骨上产生多个病变（单骨性），或影响多块骨骼（多骨性）；多灶性关节疾病见章节 2.7。

密度增高的多灶性病变（见 1.13）

1. 全骨炎（见 1.13.6 和图 1–17）。
2. 硬化性骨转移。
3. 血源性骨髓炎，尤其是真菌性。
4. 骨梗死——罕见。
5. 骨硬化病——罕见（见 1.13.15）。

密度降低的多灶性病变（见 1.18 和 1.19）

6. 溶骨性骨转移。
7. 弥散性组织细胞肉瘤——尤其见于罗威纳犬。
8. 多发性骨髓瘤（浆细胞骨髓瘤）（见 1.18.2 和图 1–24）。
9. 内生软骨瘤病（见 1.19.1）。
10. 淋巴瘤——可能偶尔产生多灶性或多骨性溶骨病变；易发生病理性骨折。
11. 多发性骨囊肿（通常是单骨病变）（见 1.19.2 和图 1–26）。
12. 干骺端骨病（肥大性骨营养不良）——病例早期可见干骺端透射线低密度带（见 1.24.4 和图 1–31）。

13. 干骺端骨髓炎（见 1.24.5 和图 1–32）。
14. 失用性骨质减少——尤其见于骨骺和小骨。

混合密度变化的多灶性病变（见 1.20）

15. 骨转移。
16. 血源性骨髓炎。
  a. 真菌性*。
  b. 细菌性，尤其见于幼年动物。
  c. 原虫性——利什曼原虫病*。
17. 特发性多灶性脓性肉芽肿性骨病。

多灶性矿化或骨性肿物

18. 多发性软骨外生骨疣（多发性骨软骨瘤）（见 1.15.2 和图 1–19）。
19. 周围钙质沉积——通常是单灶性，偶尔为多灶性；在靠近但不贴近骨骼的软组织中发生（见 12.2.2 和图 12–1）。
20. 滑膜性骨软骨瘤——关节周围的肿物（见 2.8.18 和图 2–7）。
21. 猫——维生素 A 过多症（吃生牛肝 2 年以上的猫）——导致关节周围形成肿物；主要是脊柱新骨生成，也可能在四肢关节周围形成外生骨疣，尤其是肘关节和枕骨。

1.22　影响骨骺的病变

可也见第 2 章关节疾病的综述部分、第 3 章特殊关节疾病和第 5 章脊椎骨骺疾病。

影响单个或少数几个骨骺的病变

1. 骨折（见 1.9 和图 1–10）——通常是骨骼未成熟的动物的 Salter–Harris 生长板骨折；Ⅲ型和Ⅳ型胯骨骺骨折，造成关节面破坏并伴有骨折碎片不同程度的移位。骨骼成熟的动物最常见的骨折是外侧肱骨髁骨折，尤其是西班牙猎犬（见 3.4.17 和图 3–10）。
2. 因肢体成角畸形和创伤性半脱位导致的应力变化引发的骨骺重塑（如尺骨远端生长板提前闭合造成桡腕关节半脱位后的桡骨远端骨骺）；在巨型犬种可能是双侧性的。
3. 失用性骨质减少（见 1.16.3）——因为肢体骨折或瘫痪所致；骨质减少在肢体远端最严重，尤其是导致骨骺和立方骨的骨密度降低（如玩具犬桡尺骨骨折不愈合使腕骨和肢体远端骨骺的骨质减少）。病因纠正后，失用性骨质减少是可逆的。
4. 巨细胞肿瘤（破骨细胞瘤）（见 1.19.1 和图 1–25）。
5. 骨骺关节面不规则或骨质溶解（见 2.4 ~ 2.6）。
  a. 骨软骨病——可能是双侧性的，或累及其他关节。
  b. 脓毒性关节炎——若为血源性的，则会多关节发病。
  c. 慢性骨关节炎——根据潜在病因，可能会累及多个关节。
  d. 关节附近的软组织肿瘤。
  e. 股骨头缺血性坏死（累 – 卡 – 佩氏病）——幼年㹴犬，尤其是西高地白㹴——可能影响双侧髋关节（见 3.9.4 和图 3–24）。
  f. 半肢畸形骨骺发育不良——在人类，主要影响下肢内侧部分的生长异常；骨骺肥大，缺少骨化。有一例拳师犬股骨内侧髁受影响的病例报道。

影响多个骨骺的病变

包括引起骨骺发育不良或发育不全的疾病，通常和其他骨骼异常如生长板延迟闭合、长骨弯曲和侏儒症一起发生。

6. 正常骨骼的不成熟——软骨内骨化发生在骨骺和骨突的中心，幼年动物的骨表面因正常的不完全骨化（尤其是肱骨大结节和股骨髁）可能表现为粗糙的或不规则的外观；鉴别方法是与其他同龄动物比较。
7. 软骨发育不全（软骨发育不良）在很多品种

中都会出现（如阿拉斯加雪橇犬、澳大利亚牧羊犬*、比格犬、贝灵顿㹴*、可卡犬、腊肠犬、杜宾犬*、英国波音达犬、英国史宾格犬*、法国斗牛犬、德国短毛猎犬、爱尔兰雪达犬、日本秋田犬、拉布拉多犬*、迷你贵宾犬、纽芬兰犬、挪威猎鹿犬、大白熊犬、圣伯纳犬、萨摩耶犬*、苏格兰猎鹿犬、苏格兰㹴、喜乐蒂、瑞典拉普赫德犬*）；也可能会存在眼部缺陷。猫的好发品种是家养短毛猫。

8. 软骨发育不良是一种遗传性的软骨内骨化异常疾病（在X线片上表现为骨骺广泛性点状和斑块状阴影），并继发骨关节炎。在临床上，软骨发育不良与佝偻病很相似，但是发生在断奶之前并与饮食无关；在X线片上，佝偻病没有骨骺病变，只是生长板变宽和长骨弯曲。多灶性骨骺发育不良（斑点状骨骺）——遗传性的骨骺、骨突和立方骨骨化缺陷；尤其是比格犬和迷你贵宾犬。
9. 先天性甲状腺功能减退——尤其是拳师犬。这是导致不成比例的侏儒症的先天性疾病；与软骨发育不全鉴别诊断。患犬骨骺发育不全，并继发骨关节炎、生长板闭合延迟和肢体变短、弯曲。也可见面部和脊柱病变（见5.3.11）。
10. 脑垂体性侏儒症——有些病例可见骨骺发育不良，但可能是由并发的甲状腺功能减退导致的。
11. Ⅰ、Ⅳ和Ⅶ型黏多糖贮积病——尤其是有暹罗猫血统的猫；面部和脊柱病变，并伴有不同程度的骨骺发育不良和继发性骨关节炎，尤其是肩关节和髋关节（见5.4.9）。犬罕见，但是有报道称黏多糖贮积病Ⅰ型（普洛特猎狗）和Ⅱ型（波音达猎犬）会引起犬骨骺发育不良和关节周围骨质增生，黏多糖贮积病Ⅶ型会影响脊椎骨的骨骺。
12. 猫——黏多糖病Ⅱ型——很罕见；很少有引起骨骺病变的报道。

1.23 影响生长板的病变

生长板缺失

1. 摆位不当，生长板与X线束不平行。
2. 创伤导致的生长板提前闭合。
   a. Salter-Harris Ⅴ型挤压伤——可能与巨型犬的“特发性”尺骨远端生长板提前闭合有关；可能是双侧的。
   b. 因为骨膜新骨重叠引起的生长板边缘桥连；可见于干骺端骨病（肥大性骨营养不良；见1.24.4和图1-31）。

生长板增宽：单灶性

3. Salter-Harris Ⅰ型骨折并伴移位（见1.9“骨折的分类”和图1-10）。
4. 感染（生长板炎）——干骺端处血流迟缓，更容易发生血源性骨髓炎。可能与门体分流有关。脊椎生长板炎在幼年犬中可见，影响后段腰椎的生长板。

生长板增宽：广泛性

患病动物通常矮小，并且可能有骨骺发育不良导致的继发性骨关节炎。生长板的病变通常在桡尺骨远端最严重，因为这些部位的生长速度很快。

5. 软骨发育不全——对生长板产生各种各样的影响，如增宽、边缘不平滑和某些动物生长板延迟闭合。初期通常被误诊为佝偻病。
6. 先天性甲状腺功能减退——生长板增宽、不规则，闭合延迟，尤其是在脊柱部位（见5.3.11）；多见于拳师犬。
7. 垂体性侏儒症——有些病例可见增宽的、不规则生长板，且闭合延迟，可能是因为并发的甲状腺功能减退。
8. 佝偻病（幼年骨软化症）（图1-30）。
   a. 现在罕见，主要是因为饮食缺乏磷或维生素D，见于断奶之后。

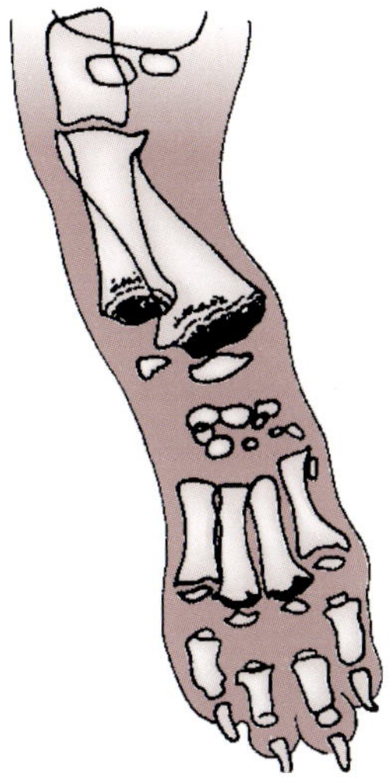
图 1–30 佝偻病：幼犬前肢，桡尺骨远端生长板的病变尤为严重。

b. 因为维生素 D 吸收障碍引起的维生素 D 缺乏症（如幼年动物的肝外胆管闭锁或胆总管堵塞）。

c. 维生素 D 代谢异常引起的维生素 D 缺乏——基因突变导致维生素 D 代谢异常，引发维生素 D 依赖性的 I 型和 II 型佝偻病。

d. 肾脏发育不良影响最后的羟基化通路，不能产生活性代谢物。

因骨化障碍和未矿化类骨质蓄积，生长板横向和纵向增宽；由于持续的骨膜外骨生长，干骺端向外侧生长，边缘呈鸟喙状。长骨变短并且弯曲，引起生长迟缓；如果伴发营养性继发性甲状旁腺功能亢进，还会出现骨质减少。与遗传性的软骨发育不良不同，骨骺是正常的。

9. 感染——血源性骨骺炎可能影响多个生长板。

10. 铜缺乏。

起源于生长板的肿物

11. 骨软骨瘤（单发性）或多发性软骨外生骨疣（多发性）——见于幼年犬的骨软骨接合处，常见先前生长板部位的凸起（见 1.15.2 和图 1–19）。

1.24 影响干骺端的病变

1. 正常的中止带——幼年犬生长板附近的皮质重塑区，导致骨表面不规则（见 1.3 和图 1–1A）。

2. 肿瘤。

a. 原发性恶性骨肿瘤（如骨肉瘤）——长骨干骺端是易发部位，尤其是巨型犬的肱骨近端和桡骨远端（见 1.20.1 和图 1–27）。

b. 骨软骨瘤（单发性）或多发性软骨外生骨疣（多发性）——在幼年犬，起源于骨软骨接合处，通常从干骺端突出（见 1.15.2 和图 1–19）。

c. 内生软骨瘤病——持续存在的生长板软骨从干骺端凸向骨干，引起多发性膨胀的溶骨性病变，并且可能引发病理性骨折（见 1.19.1）。

3. 软骨核残留——由于不完全的软骨内骨化，生长板软骨在干骺端内滞留，在尺骨远端干骺端内形成圆锥状或烛焰状的透线性区域，并伴有细微的硬化边缘（偶尔在桡骨或股骨远端出现）。巨型犬通常是双侧发病；可能并发生长迟缓或尺骨远端生长板提前闭合，但是其因果关系并不确定（见 3.5.3 和图 3–12）。

4. 干骺端骨病（肥大性骨营养不良（MOD），骨骼坏血病，Möller–Barlow's 疾病）（图 1–31A 和图 1–31B）——骨骼不成熟的大型犬（通常是 2 ~ 8 月龄），如德国牧羊犬、爱尔兰雪达犬、威玛猎犬、大丹犬和切萨皮克海湾寻回猎犬发病率较高；一些报道称多见于雄性动物。病因不清，可能与营养过剩有关。干骺端疼痛、温热和肿胀；患病动物沉郁、发热和厌食，但通常都是自限性的。X 线片可见干骺端上与生长板平行但不累及生长板的透线性带 ± 狭窄的硬化边缘，或斑驳带（注意：勿将正常的圆锥状尺骨远端

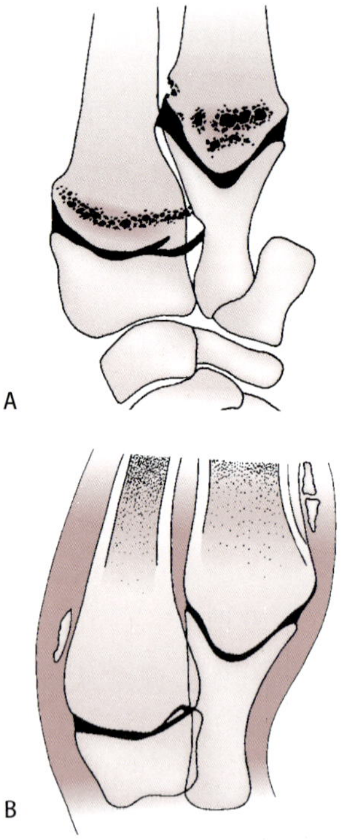

图 1–31 图 A 为干骺端骨病（肥大性骨营养不良）早期：干骺端上平行于生长板的斑驳透线性带；图 B 为干骺端骨病（肥大性骨营养不良）后期：干骺端被多层骨膜和骨膜周围新骨包围，内层的新骨重塑并与皮质融合。重叠的新骨产生硬化样外观。

生长板的边缘误认为横向的透线性带）。之后，骨膜下出血促发矿化带和骨膜周围新骨生成，可能变大并塑形。桡尺骨远端最为严重。与干骺端骨髓炎、大型犬正常的中止带（因骨骼重塑导致的边界不清晰的不规则皮质区域）、非典型的颅下颌骨病和犬白细胞黏附缺陷鉴别诊断。若病变以硬化为主，则需考虑铅中毒。

5. 感染——如果感染是通过血源性扩散，尤其是幼年动物，通常会导致干骺端病变，因为干骺端血流迟缓；通常是多发性且双侧对称性病变。
   a. 细菌性——干骺端骨髓炎（图 1–32）是幼年犬不常见的侵袭性溶骨性干骺端病变，可能引发病理性骨折；确诊需要血液培养；与干骺端骨病（肥大性骨营养不良）鉴别诊断。

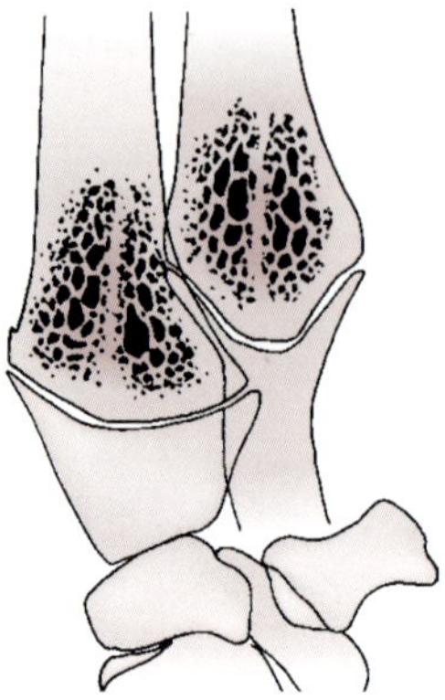

图 1–32 干骺端骨髓炎：与干骺端骨病相比，是更具有弥散性和侵袭性的溶骨性病变。

   b. 真菌性*——侵袭性，通常是混合病变。
6. 骨囊肿——通常位于干骺端（见 1.19.2 和图 1–26）。
7. 软骨发育不良、佝偻病和其他生长异常（见 1.12）——由于生长板软骨内骨化异常，常常导致干骺端增宽。
8. 在挪威，幼年纽芬兰犬的尺骨和 / 或桡骨远端干骺端会偶然发现病变（见 3.5.11）。
9. 犬白细胞黏附缺陷——爱尔兰雪达犬的遗传性疾病，引起干骺端溶骨性或溶骨 – 成骨混合病变，尤其是桡尺骨远端，头骨病变与颅下颌骨病相似；临床表现包括齿龈炎、跛行、下颌肿胀和淋巴结病。
10. 颅下颌骨病——很少在尺骨远端干骺端附近看到骨膜周围新骨生成形成的肿物；与干骺端骨病（肥大性骨营养不良）相似（见 3.5.14，4.10.1 和图 3–14，图 4–6）。
11. 铅中毒——X 线上很少见到病变；干骺端出现细的横向硬化带。

1.25 骨干的病变

这一章节主要罗列骨干疾病，尽管某些疾病也会在骨骼其他部位产生病变。

骨皮质变薄

1. 骨质减少——各种原因（见 1.16）。也会引起骨骼密度降低、骨小梁粗糙和折叠骨折。

2. 骨髓腔膨胀性病变，如骨囊肿、巨细胞瘤和内生软骨瘤（见 1.19 和图 1-25，图 1-26）。骨皮质向外突出，均匀性变薄，一般不会断裂。
3. 溶骨性病变（如肿瘤、骨髓炎）。皮质不规则变薄，通常会断裂。
4. 压力性萎缩——由于附近肿物（如肋骨肿瘤、指间肿物）的挤压，导致光滑界面的骨表面缺失。
5. 弓形长骨的凸面。
6. 萎缩性骨折不愈合。

骨皮质增厚

7. 骨膜反应重塑——很多原因（见 1.14）。
8. 肥大性骨病（Marie's 疾病；见 1.14.6 和图 1-18）——引起骨膜反应的特殊病因。
9. 骨折愈合。
10. 慢性骨髓炎和骨包鞘形成。
11. 利什曼原虫病*——由慢性骨髓炎继发的骨干和扁骨骨膜和骨髓内骨增殖，滋养孔附近的骨髓腔密度增高。也可见侵蚀性或非侵蚀性的多发性关节炎。
12. 弓形长骨的凹面对负重增加的反应。
13. 先天性甲状腺功能减退——尤其是拳师犬；桡尺骨变短变弯，并伴随皮质增厚和骨髓腔密度增高（见 5.3.11）。
14. 骨硬化病和某些骨髓增殖异常——罕见（见 1.13.15）。

骨皮质断裂

15. 骨折。
16. 肿瘤。
17. 骨髓炎。
18. 大的膨胀性病变。
19. 活检部位。
20. 钻孔或植入物拆除部位。

骨干的低密度线

21. 伪影。
    a. 皮肤缺损的重叠。
    b. 筋膜面脂肪或气体的重叠。
    c. 其他骨骼重叠所形成的马赫效应。
22. 滋养孔——位于相应的解剖学位置；怀疑时，与对侧肢对照。
23. 裂隙骨折。

骨干的硬化线（见 1.13）

24. 生长停滞线。
25. 全骨炎。
26. 骨折——如果发生骨嵌入或骨碎片的重叠，可能出现硬化带而不是骨缺损。
    a. 折叠骨折。
       - 幼年动物的青枝骨折（单侧骨皮质）。
       - 骨质减少，尤其是营养性继发性甲状旁腺功能亢进。
    b. 压缩或嵌入骨折——尤其是脊椎骨。
    c. 在一个摆位上显示为骨碎片重叠，但在正交摆位上显示出移位。
    d. 骨折愈合。

骨干的骨质溶解区域（见 1.18 和 1.19）

27. 肿瘤。
    a. 骨转移——主要表现骨质溶解，通常为单骨多发性或多骨性。
    b. 多发性骨髓瘤（浆细胞骨髓瘤）——通常是多发性，多骨出现不连续的溶骨性病变。
    c. 侵袭到骨骼的恶性软组织肿瘤——通常表现骨质溶解。
    d. 溶骨性原发骨肿瘤侵袭到骨干或发生于非典型部位（通常是干骺端）。
    e. 淋巴瘤。
28. 感染——混合病变较单纯的溶骨病变多，但骨脓肿（罕见）表现为边界清晰的有硬化边缘的透线性区。

29. 骨囊肿——不连续的膨胀性病变，罕见。
30. 内生软骨瘤病——不连续的膨胀性病变，罕见。

骨干的硬化区域（见 1.13）

31. 肿瘤。
    a. 骨转移——可能主要表现为硬化，通常为单骨多发性或多骨性。
    b. 成骨性原发骨肿瘤侵袭至骨干或发生于非典型部位（通常是干骺端）。
    c. 某些骨髓增殖异常。
    d. 淋巴瘤——很少引起骨髓腔内硬化。
    e. 猫——猫白血病诱发的骨髓腔硬化——罕见，可能会扩散到全身骨骼。
32. 骨髓炎——血源性骨髓炎可能产生边界不清晰的硬化斑块。
33. 全骨炎。
34. 骨折愈合。
35. 骨梗死。
36. 骨硬化病——罕见，影响整个骨骼系统但是在 X 线片上骨干病变最明显。

骨干的溶骨 – 成骨混合病变（见 1.20）

37. 肿瘤。
    a. 骨转移——可能是混合病变，但通常以溶骨或硬化病变为主；通常为单骨多发性或多骨性。
    b. 恶性软组织肿瘤侵袭骨骼。
    c. 先前发生过骨折的部位肿瘤化。
    d. 非典型部位的混合型原发骨肿瘤（通常在干骺端）。
38. 感染。
39. 创伤。
    a. 骨折愈合。
    b. 感染性骨折。
    c. 先前发生过骨折的部位肿瘤化。

骨干形状改变（见 1.10）

具体内容参见 1.10。

延伸阅读

General

[1] Papageorges, M., 1991. How the Mach phenomenon and shape affect the radiographic appearance of skeletal structures. Vet. Radiol. 32, 191–195.

[2] Papageorges, M., Sande, R.D., 1990. The Mach phenomenon. Vet. Radiol. 32, 191–195.

[3] Thompson, K., 2007. Bones and joints. In: Maxie, M.G. (Ed.), Jubb, Kennedy and Palmer's Pathology of Domestic Animals, fifth ed, vol. 1. Saunders, New York.

[4] Weinstein, J.M., Mongil, C.M., Rhodes, W.H., Smith, G.K., 1995. Orthopedic conditions of the Rottweiler – Part II. Compend. Contin. Educ. Pract. Veterinarian (Small Animal) 17, 925–938.

[5] Weinstein, J.M., Mongil, C.M., Smith, G.K., 1995. Orthopedic conditions of the Rottweiler – Part I. Compend. Contin. Educ. Pract. Veterinarian (Small Animal) 17, 813–830.

Skeletal ultrasonography

[6] Britt, T., Clifford, C., Barger, A., Moroff, K., Drobatz, K., Thacher, G., Davis, G., 2007. Diagnosing appendicular osteosarcoma with ultrasoundguided fine-needle aspiration: 36 cases. J. Small Anim. Pract. 48, 145–150.

[7] Kramer, M., Gerwing, M., Hach, V., Schimke, E., 1997. Sonography of the musculoskeletal system in dogs and cats. Vet. Radiol. Ultrasound 38, 139–149.

[8] Risselada, M., Karmer, M., de Rooster, O., Tacymans, O., Verleyen, H., van Bree, H., 2005. Ultrasonographic and radiographic assessment of uncomplicated secondary fracture healing of long bones in dogs and cats. Vet. Surg. 34, 9–107.

[9] Samii, V.F., Nyland, T.G., Werner, L. L., Baker, T.W., 1999. Ultrasoundguided fine-needle aspiration biopsy of bone lesion: a preliminary report. Vet. Radiol. Ultrasound 40, 82–86.

Normal anatomy, normal variants and artefacts

[10] Fagin, B.D., Aronson, E., Gutzmer, M.A., 1992. Closure of the iliac crest ossification centre of dogs. J. Am. Vet. Med. Assoc. 200, 1709.

[11] Root, M.V., Johnston, S.D., Olson, P. N., 1997. The effect of prepubertal and postpubertal gonadectomy on radial physeal closure in male and female domestic cats. Vet. Radiol. Ultrasound 38, 42–47.

Congenital and developmental diseases; diseases of young animals

[12] Campbell, B.G., Wootton, J.A.M., Krook, J., DeMarco, J., Minor, R. R., 1997. Clinical signs and diagnosis of osteogenesis imperfecta in three dogs. J. Am. Vet. Med. Assoc. 211, 183–187.

[13] Demko, J., McLaughlin, R., 2005. Developmental orthopedic disease. Vet. Clin. North Am. Small Anim. Pract. 35, 1111–1135.

[14] Konde, L.J., Thrall, M.A., Gasper, P., Dial, S.M., McBiles, K., Colgan, S., Haskins, M., 1987. Radiographically visualized skeletal changes associated with mucopolysaccharidosis VI in cats. Vet. Radiol. 28, 223–228.

[15] Muir, P., Dubielzig, R.R., Johnson, K.A., 1996. Panosteitis. Compend. Contin. Educ. Pract. Veterinarian (Small Animal) 18, 29–33.

[16] Muir, P., Dubielzig, R.R., Johnson, D.G., Shelton, D.G., 1996. Hypertrophic osteodystrophy and calvarial hyperostosis. Compend. Contin. Educ. Pract. Veterinarian (Small Animal) 18, 143–151.

[17] Rrvik, A.M., Tiege, J., Ottesen, N., Lingaas, F., 2008. Clinical, radiographic, and pathologic abnormalities in dogs with multiple epiphyseal dysplasia: 19 cases (1991–2005). J. Am. Vet. Med. Assoc. 233, 600–606.

[18] Scott, H., 1998. Non-traumatic causes of lameness in the forelimb of the growing dog. In Pract. 20, 539–554.

[19] Scott, H., 1999. Non-traumatic causes of lameness in the hindlimb of the growing dog. In Pract. 21, 176–188.

[20] Trowald-Wigh, G., Ekman, S., Hansson, A., Hedhammar, A., Hard af Segerstad, C., 2000. Clinical, radiological and pathological features of 12 Irish Setters with canine leucocyte adhesion deficiency. J. Small Anim. Pract. 41, 211–217.

Metabolic bone disease (some overlap with above)

[21] Allan, G.S., Huxtable, C.R.R., Howlett, C.R., Baxter, R.C., Duff, B.R.H., Farrow, B.R.H., 1978. Pituitary dwarfism in German Shepherd dogs. J. Small Anim. Pract. 19, 711–729.

[22] Buckley, J.C., 1984. Pathophysiologic considerations of osteopenia. Compend. Contin. Educ. Pract. Veterinarian (Small Animal) 6, 552–562.

[23] Dennis, R., 1989. Radiology of metabolic bone disease. Vet. Ann. 29, 195–206.

[24] Dunn, M.E., Blond, L., Letard, D., DiFruscia, R., 2007. Hypertrophic osteopathy associated with infective endocarditis in an adult boxer dog. J. Small Anim. Pract. 48, 99–103.

[25] Godfrey, D.R., Anderson, R.M., Barber, P.J., Hewison, M., 2005. Vitamin D-dependent rickets type II in a cat. J. Small Anim. Pract. 46, 440–444.

[26] Johnson, K.A., Church, D.B., Barton, R.J., Wood, A.K.W., 1988. Vitamin D-dependent rickets in a Saint Bernard dog. J. Small Anim. Pract. 29, 657–666.

[27] Konde, L.J., Thrall, M.A., Gasper, P., Dial, S.M., McBiles, K., Colgan, S., Haskins, M., 1987. Radiographically visualized skeletal changes associated with mucopolysaccharidosis VI in cats. Vet. Radiol. 28, 223–228.

[28] Lamb, C.R., 1990. The double cortical line: a sign of osteopenia. J. Small Anim. Pract. 31, 189–192.

[29] Saunders, H.M., Jezyk, P.K., 1991. The radiographic appearance of canine congenital hypothyroidism: skeletal changes with delayed treatment. Vet. Radiol. 32, 171–177.

[30] Tanner, E., Langley-Hobbs, S.J., 2005. Vitamin D-dependent rickets type 2 with characteristic radiographic changes in a 4-month-old kitten. J. Feline Med. Surg. 7, 307–311.

[31] Tomsa, K., Glaus, T., Hauser, B., Flueckiger, M., Arnold, P., Wess, C., Reusch, C., 1999. Nutritional secondary hyperparathyroidism in six cats. J. Small Anim. Pract. 40, 533–539.

Infective and inflammatory conditions

[32] Agut, A., Corzo, N., Murciano, J., Laredo, F.G., Soler, M., 2003. Clinical and radiographic study of bone and joint lesions in 26 dogs with leishmaniasis. Vet. Rec. 153, 648–652.

[33] Canfield, P.J., Malik, R., Davis, P.E., Martin, P., 1994. Multifocal idiopathic pyogranulomatous bone disease in a dog. J. Small Anim. Pract. 35, 370–373.

[34] Dunn, J.K., Dennis, R., Houlton, J.E.F., 1992. Successful treatment of two cases of metaphyseal osteomyelitis in the dog. J. Small Anim. Pract. 33, 85–89.

[35] Macintire, D.K., Vincent-Johnson, N., Dillon, A.R., Blagburn, B., Lindsay, E.M., Whitley, E.M., Banfield,

C., 1997. Hepatozoonosis in dogs: 22 cases (1989–1994). J. Am. Vet. Med. Assoc. 210, 916–922.

[36] Stead, A.C., 1984. Osteomyelitis in the dog and cat. J. Small Anim. Pract. 25, 1–13.

[37] Turrel, J.M., Pool, R.R., 1982. Bone lesions in four dogs with visceral leishmaniasis. Vet. Radiol. 23, 243–249.

Neoplasia

[38] Blackwood, L., 1999. Bone tumours in small animals. In Pract. 21, 31–37.

[39] Dubielzig, R.R., Biery, D.N., Brodey, R.S., 1981. Bone sarcomas associated with multifocal medullary bone infarction in dogs. J. Am. Vet. Med. Assoc. 179, 64–68.

[40] Gibbs, C., Denny, H.R., Kelly, D.F., 1984. The radiological features of osteosarcoma of the appendicular skeleton of dogs: a review of 74 cases. J. Small Anim. Pract. 25, 177–192.

[41] Gibbs, C., Denny, H.R., Lucke, V.M., 1985. The radiological features of non-osteogenic malignant tumours of bone in the appendicular skeleton of the dog: a review of 34 cases. J. Small Anim. Pract. 26, 537–553.

[42] Gorra, M., Burk, R.L., Greenlee, P., Weeren, F.R., 2002. Osteoid osteoma in a dog. Vet. Radiol. Ultrasound 43, 28–30.

[43] Jacobson, L.S., Kirberger, R.M., 1996. Canine multiple cartilaginous exostoses: unusual manifestations and a review of the literature. J. Am. Anim. Hosp. Assoc. 32, 45–51.

[44] Lamb, C.R., Berg, J., Schelling, S.H., 1993. Radiographic diagnosis of an expansile bone lesion in a dog. J. Small Anim. Pract. 34, 239–241.

[45] Matis, U., Krauser, K., Schwartz- Porsche, A.V., Putzer-Brenig, A. V., 1989. Multiple enchondromatosis in the dog. Vet. Com. Orthop. Traumatol. 4, 144–151.

[46] Russel, R.G., Walker, M., 1983.Metastatic and invasive tumors of bone in dogs and cats. Vet. Clin. North Am. 13, 163–180.

[47] Schrader, S.C., Burk, R.L., Lin, S., 1983. Bone cysts in two dogs and a review of similar cystic bone lesions in the dog. J Am Vet Med Assoc 182, 490–495.

[48] Schultz, R.M., Puchalski, S.M., Kent, P.F., Moore, P.F., 2007. Skeletal lesions of histiocytic sarcoma in nineteen dogs. Vet. Radiol. Ultrasound 48, 539–543.

[49] Turrel, J.M., Pool, R.R., 1982. Primary bone tumors in the cat: a retrospective study of 15 cats and a literature review. Vet. Radiol. 23, 152–166.

[50] Wrigley, R.H., 2000. Malignant versus nonmalignant bone disease. Vet. Clin. North Am. Small Anim. Pract. 30, 315–348.

Trauma

[52] Anderson, M.A., Dee, L.G., Dee, J.F., 1995. Fractures and dislocations of the racing greyhound – Part I. Compend. Contin. Educ. Pract. Veterinarian (Small Animal) 17, 779–786.

[52] Anderson, M.A., Dee, L.G., Dee, J.F., 1995. Fractures and dislocations of the racing greyhound – Part II. Compend. Contin. Educ. Pract. Veterinarian (Small Animal) 17, 899–909.

[53] Langley-Hobbs, S., 2003. Biology and radiological assessment of fracture healing. In Pract. 25, 26–35.

[54] Sande, R., 1999. Radiography of orthopaedic trauma and fracture repair. Vet. Clin. North Am. Small Anim. Pract. 29, 1247–1260.

Miscellaneous

[55] Baines, E., 2006. Clinically significant developmental radiological changes in the skeletally immature dog: 1. Long bones. In Pract. 28, 188–199.

[56] Canfield, P.J., Malik, R., Davis, P.E., Martin, P., 1994. Multifocal idiopathic pyogranulomatous bone disease in a dog. J. Small Anim. Pract. 35, 370–373.

[57] Hanel, R.M., Graham, J.P., Levy, J.K., Buergelt, C.D., Creamer, J., 2004. Generalized osteosclerosis in a cat. Vet. Radiol. Ultrasound 45, 318–324.

[58] Hay, C.W., Dueland, R.T., Dubielzig, R.R., Bjorenson, J.E., 1999. Idiopathic multifocal osteopathy in four Scottish terriers (1991–1996). J. Am. Anim. Hosp. Assoc. 35, 62–67.

[59] Kramers, P., Flueckiger, M.A., Rahn, B.A., Cordey, J., 1988. Osteopetrosis in cats. J. Small Anim. Pract. 29, 153–164.

[60] Morgan, J.P., Stavenborn, M., 1991. Disseminated idiopathic skeletal hyperostosis (DISH) in a dog. Vet. Radiol. 32, 65–70.

[61] O'Brien, S.E., Riedesel, E.A., Miller, L.D., 1987. Osteopetrosis in an adult dog. J. Am. Anim. Hosp. Assoc. 23, 213–216.

[62] Wright, M.W., Hudson, J.S.A., Hathcock, J.T., 2003. Osteopetrosis in cats: clarification of a misnomer. Vet. Radiol. Ultrasound 44, 106 (abstract).

第2章

关 节

2.1 关节X线摄影：技术和解读

技术

关节病变的X线征象不明显，所以确保良好的X线摄影技术是至关重要的。

1. 与投照区域厚度一致的高分辨率屏－片系统或恰当的数字图像算法。
2. 不需要使用滤线栅，除非是大型犬的肩关节和髋关节。
3. 摆位和投照中心准确，肢－片距小，减少由于半影造成的几何失真和模糊。
4. 通常需要拍摄2个垂直面的X线片，必要时加拍斜位片。
5. 调节准直器，尽可能减少散射线，提高影像清晰度，降低辐射。
6. 正确设定曝光条件，同时显示骨和软组织。
7. 注意被毛上的碎屑形成的伪影。
8. 必要时，加拍对侧肢对照。
9. 通过应力位（牵引、旋转、转向、过度伸展/过度屈曲和支撑）、负重位或模仿负重位来检查半脱位和关节间隙改变。若为人工保定，必须注意辐射安全问题。牵引肘关节、髋关节和脊椎时，可能见到“真空现象”（见2.2.13）。
10. 对胶片影像，确保良好的显影技术，优化对比度和清晰度。

关节造影术（阴性造影、阳性造影、双重造影）

适应证

检查关节囊或关节囊破裂的范围；检查肱二头肌腱鞘（肩关节）；评估软骨厚度和是否有软骨瓣形成；检测滑膜肿物和关节内充盈缺损，如透射线的“关节鼠”；确认钙化灶是否在关节内。最常对肩关节进行检查。

准备

全身麻醉；拍摄平片；穿刺部位无菌准备。

技术（肩关节）

在距肩峰远端1cm处刺入20～22G短斜面针，向后、向远端、向内侧进入关节间隙。关节液可能自动流入注射器内，也可能需要抽吸；采样，进行实验室检查。

- 阳性关节造影术——根据动物体型，在关节内注入2～7mL、浓度为100～150mg I/mL的非离子型等渗碘造影剂（如碘海醇）；退出针头，压迫穿刺部位；轻轻活动关节，确保造影剂分布均匀；拍摄内外侧位、后前位、近前－后远位（轴位）X线片。低剂量评估关节间隙，而较高剂量评估肱二头肌腱鞘。
- 阴性关节造影术——使用空气作造影剂。
- 双重关节造影术——使用少量阳性造影剂，然后注入空气。

关节造影术的技术错误

造影剂未注入关节间隙，而是注入周围软

组织；造影剂不足或过多；气泡，与透射线性关节鼠混淆。

关节 X 线片的解读

1. 胶片影像的最佳观片条件——暗室、明亮光源和光源调节器、放大镜、遮片板。
2. 对于数字影像，可以调节图像灰阶和大小，但要注意辨别数字伪影。
3. 与对侧关节比较，也可以参考 X 线图谱和骨骼标本。
4. 综合考虑动物的病征及相关临床和实验室检查结果，并评估以下内容。
5. 受影响关节的数量（如，单关节——创伤、脓毒血症或肿瘤；双侧关节——骨软骨病、双侧创伤；多关节——系统性或免疫介导性疾病）。
6. 检查形成关节的骨骼准直；检查近端和远端的骨与关节。
7. 骨骺形状和关节间隙的一致性。
8. 关节间隙的宽度（仅在严重病变或负重位检查时才可靠）。
9. 关节面轮廓——重塑、侵蚀。
10. 软骨下骨的影像密度——硬化、侵蚀、囊肿形成、骨质减少。
11. 关节间隙的影像密度——气体、脂肪、矿化、异物。
12. 是否存在骨关节病（见 2.5 和图 2–6）。
13. 软组织变化（X 线征象可能比临床表现更明显）。
    a. 软组织增多——“滑膜肿物”的概念，因为滑膜组织和滑膜液在 X 线平片上无法区分。
    b. 软组织减少——由于失用造成肌肉萎缩（特别是股部肌肉）。
14. 关节和关节周围的其他变化。
    a. 关节内和关节周围矿化（见 2.8）。
    b. 关节鼠（明显疏松的、矿化的关节体，尽管它们实际上可能与软组织相连）。
    c. 关节内脂肪垫由于滑膜积液而减少。
    d. 由于关节积液和软组织肿胀，导致筋膜面和籽骨移位。
    e. 关节周围碎片和撕脱性骨折。
    f. 关节周围骨质溶解。
    g. 非骨关节病所导致的关节周围新骨形成。

2.2 与关节相关的软组织变化

软组织肿胀

除了在膝关节，很难区分关节积液和软组织肿胀，但两者往往都存在。关节积液会压迫或使关节内脂肪和邻近筋膜面移位，但积液程度受到关节囊的限制；可能只有用强光读片时，积液才可见。关节周围肿胀可能范围更广泛，并导致筋膜面消失。有时候，即使 X 线平片正常，但造影可以显示软组织病变，如滑膜肉瘤或绒毛结节状滑膜炎。

1. 关节积液或软组织肿胀（图 2–1）。
    a. 外部创伤。
    b. 关节内结构如十字韧带或半月板损伤。
    c. 局限于软骨的早期骨软骨病；内侧冠状突疾病。
    d. 早期脓毒性关节炎。
    e. 系统性红斑狼疮（SLE）——通常影响多关节、对称性。

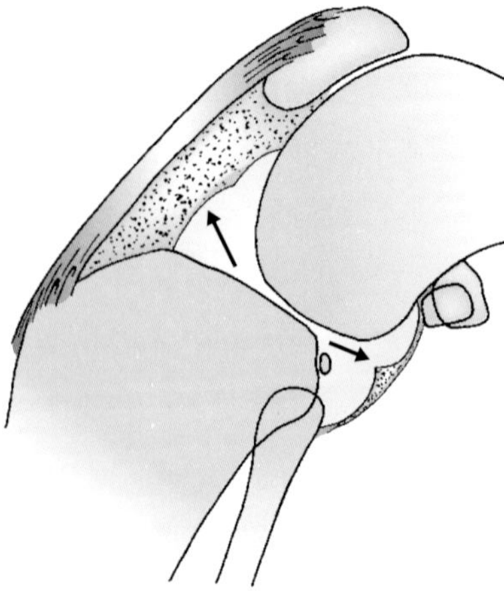

图 2–1 膝关节积液。积液在 X 线片上显示为对髌下脂肪垫产生挤压的软组织密度影像，并引起筋膜面向关节后侧移位（箭头）。

f. 早期类风湿样关节炎（犬特发性侵蚀性多关节炎——见 2.4.8 和图 2–5）。
g. 埃里希体病 *。
h. 莱姆病 *（博氏疏螺旋体感染）。
i. 多关节炎——多肌炎综合征，特别是西班牙猎犬。
j. 多关节炎——脑膜炎综合征——威玛犬、德国短毛波音达犬、拳师犬、伯恩山犬、日本秋田犬，也见于猫。
k. 青年日本秋田犬的遗传性多关节炎。
l. 结节性多发性动脉炎——比格犬僵硬病 。
m. 药物诱发的多关节炎，特别是某些抗生素（氟喹诺酮类，如恩诺沙星）。
n. 免疫介导性疫苗反应。
o. 其他特发性多关节炎。
p. 沙皮犬发热综合征——短暂的急性发热和跛行，单关节或少关节疼痛与跗关节和腕关节肿胀；偶见末端病。

2. 近期关节积血。
   a. 创伤。
   b. 凝血病。
3. 关节囊增厚。
4. 关节周围水肿、血肿、蜂窝组织炎、脓肿、纤维化。
5. 软组织肿瘤。
6. 滑膜囊肿——关节囊、黏液囊或腱鞘疝。不常见，通常伴发变性性关节病变。在猫，仅见肘关节病变的报道。
7. 软组织髌胝——大型犬，尤其是肘关节。
8. 绒毛结节状滑膜炎——通常在软骨和滑膜的连接处发生骨侵蚀。
9. 猫——各种侵蚀性和非侵蚀性猫多关节炎；后者仅显示软组织肿胀。

关节内气体

10. 将脂肪误认为气体。
11. 重叠的皮褶。
12. 关节穿刺术后。
13. 真空现象——人的关节在牵引时，气体（主要是氮气）会从细胞外液中扩散出来。在犬，仅在肩关节、髋关节、椎间盘间隙和胸骨间隙或胸肋间隙中且存在关节疾病时（如肩关节骨软骨病、变性性关节病和慢性椎间盘疾病）有真空现象的报道。
14. 与关节相通的开放性创伤。
15. 产气菌感染。

2.3 关节间隙宽度改变

关节间隙宽度减小

1. 伪影——X 线束没有对准关节间隙，或关节间隙与 X 线束不平行。
2. 伪影——前后位或后前位时，关节屈曲。
3. 严重的慢性变性性关节疾病导致的关节软骨侵蚀。
4. 类风湿性疾病导致的关节软骨侵蚀，通常多关节受损（见 2.4.8 和图 2–5）。
5. 关节周围纤维化。
6. 严重的脓毒性关节炎，伴关节软骨侵蚀和软骨下骨塌陷（见 2.4.6 和图 2–3）。
7. 猫——见于某些肢端肥大症病例（生长激素分泌性垂体肿瘤）中的关节疾病。软骨肥大和增生导致骨关节病。在早期，关节间隙可能由于软骨的增厚而增大，但在后期，关节间隙会发生塌陷。

关节间隙宽度增大

8. X 线检查时牵拉。
9. 骨骼未成熟和骨骺骨化不全。
10. 严重的关节积液。
11. 近期关节积血。
12. 关节半脱位。
13. 关节内软组织肿物。
14. 关节内病变导致软骨下骨质溶解（如骨软骨病、脓毒性关节炎、软组织肿瘤、类风湿性关节炎）。

15. 不同类型的骨骺发育不良（见 1.22.7 ~ 1.22.12）。
16. 猫——肢端肥大症性关节病的早期(见上文)。

关节间隙宽度不均

17. 某些关节的正常变化，与摆位有关（如，肩关节和膝关节的后前位）。
18. 先天性半脱位或发育不良。
19. 侧韧带断裂（图 2–2）——可能需要应力位显示半脱位。

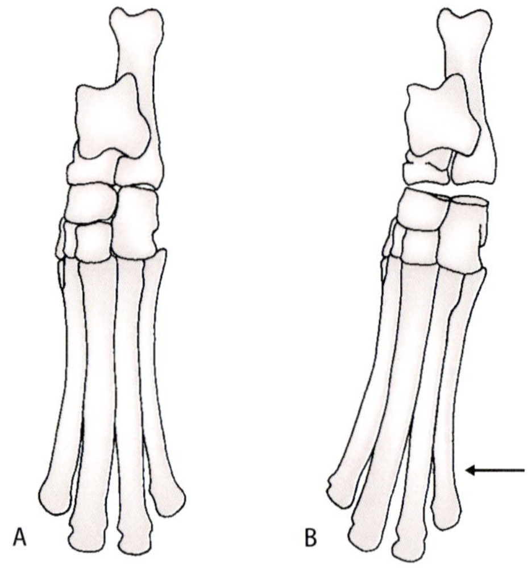

图 2–2　跗关节外侧副韧带断裂：图 A 为背跖侧非应力位显示正常；图 B 为外侧施加应力后，跗内关节半脱位。

20. 由于其他病理原因引起的关节间隙不均匀性狭窄或增宽——见上文。

2.4　溶骨性（侵蚀性）关节疾病

1. 幼年动物骨骺骨化不完全引起的骨质溶解样征象。
2. 骨化异常(见骨骺发育不良 1.22.7 ~ 1.22.12)引起的骨质溶解样征象。
3. 严重骨关节病的伪影：大量不规则的新骨重叠，形成相对透线性区域，类似骨质溶解。从 X 线片上很难将肿瘤或脓毒血症与骨关节病区分。
4. 骨软骨病——在特定部位出现局灶性软骨下骨透射线区，主要见于年轻大型犬的肩关节、肘关节、膝关节和跗关节，常为双侧性。雄性更易感，患犬往往为高营养水平饲喂且生长迅速。有时候还可见到关节积液 ± 软骨瓣矿化、软骨下骨碎片、关节鼠、软骨下骨硬化、继发性骨关节病（见 3.2.4，3.4.6 ~ 3.4.9，3.11.4 和 3.13.1）。注意：这不是真正的骨质溶解，而是软骨下骨原发性骨化失败。
5. 累 – 卡 – 佩氏病（股骨头缺血性坏死）——年轻小型犬的股骨头斑块状骨质溶解和塌陷；常为双侧性（见 3.9.4）。
6. 脓毒性关节炎（细菌性或真菌性）（图 2–3）——常累及形成关节的 2 个关节面或所有骨骼，并且伴有关节积液 ± 肢体蜂窝织炎。如果感染通过血液扩散，多关节可能受影响，幼年犬更常见。多灶性病变的动物更容易出现系统性疾病。既存的关节疾病使关节对脓毒血症更为敏感，如在牙科手术后。在这种情况下，X 线片不易辨认，但动物通常明显跛行，临床症状比变性性或肿瘤性关节疾病更严重。在已确诊的病例中，X 线征象包括关节积液和关节周围肿胀、关节间隙宽度变化、软骨下骨侵蚀和硬化、关节周围新骨生成和软组织矿化。关节穿刺术有助于确诊。

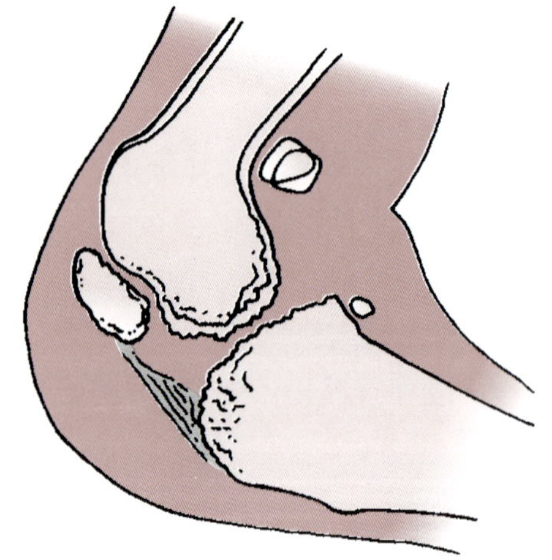

图 2–3　犬膝关节脓毒性关节炎：关节面有不规则的骨质溶解，严重的关节积液和周围软组织肿胀。

7. 软组织肿瘤（图 2-4）——如果在关节处或靠近关节处通常会影响多块骨骼，造成多区域不连续的骨质溶解；关节面有软骨的保护，可能不受影响，而骨质溶解主要发生在软组织连接处——这是区分脓毒血性关节疾病的一个重要征象。
   a. 滑膜肉瘤；犬不常见、猫罕见。主要见于中老年的大型犬，最常影响肘关节和膝关节；可能是一个大的软组织结构。
   b. 其他关节周围软组织肿瘤；如果是脂肪肉瘤，则显示特征性的脂肪密度。

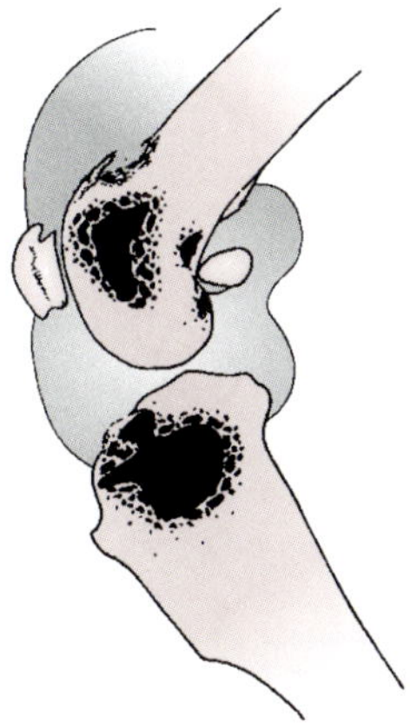

图 2-4 膝关节周围软组织肿瘤：多骨发生骨质溶解、关节积液及周围软组织肿胀。关节面相对正常（与图 2-3 比较）。

8. 类风湿性关节炎（犬特发性侵蚀性多关节炎）（图 2-5）——免疫介导性侵蚀性对称性多关节炎；进行性和变形；通常见于中年的小型到中型犬，猫罕见。许多关节可能会受到影响，腕关节和跗关节更易感。X 线征象变化是进行性的，包括关节积液和软组织肿胀、关节间隙宽度改变、软骨下骨质溶解和囊肿形成、软组织附着处骨质溶解、逐渐恶化的骨关节病、关节周围钙化、关节旁骨质减少和最终导致关节脱位（或半脱位）、排列紊乱、滑塌或关节强直。

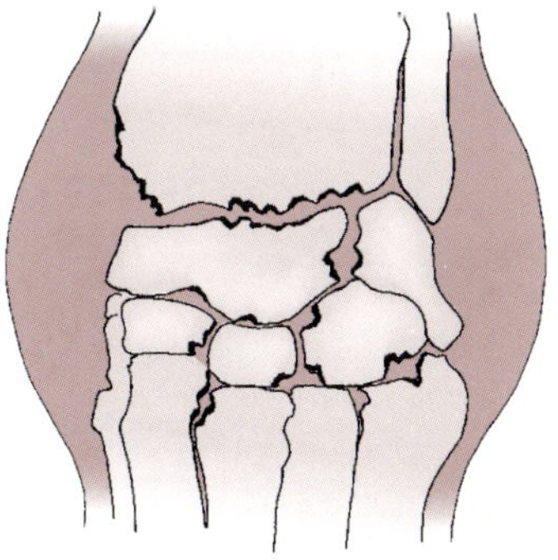

图 2-5 受类风湿性关节炎影响的腕关节：关节间隙增宽（也可能变窄），软骨下骨质溶解和周围软组织肿胀。

9. 骨质减少（如失用性、代谢性）——特别容易发生在骨骺和腕骨或跗骨。
10. 慢性关节积血——通常伴有继发性骨关节病。
11. 绒毛结节状滑膜炎——关节囊内的，由创伤引起的结节性滑膜增生。在软骨滑膜接合处可见光滑的、杯状的骨质溶解区。可以通过关节造影术或超声检查显示关节内肿物。
12. 利什曼病 *——30% 的患犬会表现出运动异常，包括严重的溶骨性关节病，这可能会影响多关节。主要的鉴别诊断为脓毒性关节炎和类风湿性关节炎。
13. 支原体多关节炎——见于免疫抑制或过劳的动物；也可见灵猩犬泡沫支原体多发性关节炎。
14. 伴有骨关节病的软骨下囊肿——偶然发现。
15. 药物引起的从软骨发展到软骨下骨的严重多关节炎（氟喹诺酮类抗生素，如恩诺沙星）。
16. 猫——猫转移性指癌——累及多个指或趾，原发病灶在。鉴别诊断是甲沟炎（见 3.7.11，3.7.13 和图 3-18）。
17. 猫——猫肺结核——不同种的分枝杆菌属；偶尔会影响骨骼系统——溶骨性关节病和骨关节病；也可见骨膜炎和混合性骨病灶。

2.5 增生性关节病

骨关节炎提示疾病过程中有炎性成分，而骨关节病通常意味着非炎症性疾病。然而，这两种情况可能同时存在，而且无法通过 X 线影像鉴别，所以这两个术语通常作为同义词使用。在某些情况下，新骨增生可能伴发下层骨的显著重塑。严重增生性关节疾病可导致关节僵硬。

1. 继发于肘关节和髋关节发育不良的骨关节病（见3.4.6 ~ 3.4.9，3.4.19，3.9.3和图3–11，图3–21）。
2. 继发于关节软组织损伤的骨关节病（如前十字韧带拉伤或断裂；图2–6）。

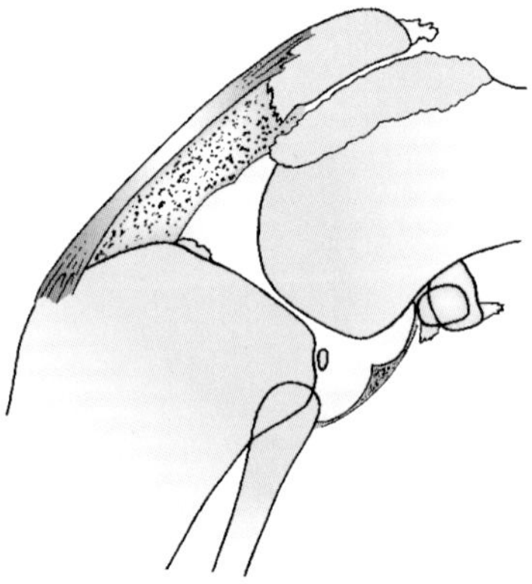

图2–6 膝关节的骨关节病：关节积液和关节周围骨赘。

3. 继发于骨软骨病的骨关节病——发生于特定的品种和关节，可能是双侧性（3.2.4，3.4.6 ~ 3.4.9，3.11.4，3.13.1）。
4. 原发性（特发性）骨关节病——老年性改变，但与人相比，小动物不常见；主要发生在肩关节和肘关节。
5. 继发于生长异常的骨关节病（见1.22.7 ~ 1.22.12）。
6. 继发于创伤或其他异常应力的骨关节病（如肢体成角畸形）。
7. 继发于反复关节积血的骨关节病（也可见到骨质溶解）。
8. 发生在特定的部位的末端病，尽管有时候临床症状不明显（如发生在灵猩犬的桡短副韧带的末端病，见3.6.11和图3–16）。
9. 肿瘤——单关节，邻近关节处的大的骨性肿物。
   a. 骨瘤——小动物罕见。
   b. 骨膜外骨肉瘤——主要是增生性的，和其他骨肉瘤不同（见1.15.2，3.11.12和图3–29）。
10. 弥漫性特发性骨肥厚——大型犬，主要表现为脊柱的脊椎关节强硬，但也可能影响四肢关节，引起骨关节病、末端病以及粗隆和转子突起（见5.4.5）。
11. 滑膜骨软骨瘤病——关节内或关节周围矿化 ± 骨关节病（见2.8.18和图2–7）。
12. 系统性红斑狼疮——慢性病例可发生非常轻微的骨关节病。
13. 猫——维生素A过多症——饲喂生肝；主要是脊柱新骨形成（见5.4.8），但也可能在四肢关节特别是肘关节附近的肌腱和韧带附着处出现外生骨疣。
14. 猫——黏多糖贮积病（见5.4.9）——主要是脊柱的病变，类似于维生素A过多症，但也可见继发于骨骺发育不良的骨关节病。骨骺变宽且不规则，更像是骨关节病，而非侵袭性病变。犬罕见。
15. 猫——骨软骨瘤或骨软骨外生骨疣——特别是肘关节。
16. 猫——肢端肥大性关节病（见2.3.7）。
17. 猫——有报道称隐球菌病会引起双侧性的增生性跗关节病变。
18. 猫——苏格兰折耳猫骨软骨发育不良（见3.7.8）。

2.6 溶骨–增生混合型关节疾病

1. 软组织肿瘤——通常主要是骨质溶解，但可能有一定程度的骨膜反应，或肿瘤可能重叠在已存在的骨关节病上，多为老年动物（见2.4.7和图2–4）。骨质溶解主要发生于软组织附着处。
2. 类风湿性关节炎（犬特发性侵蚀性多关节炎）——主要影响小关节，如腕关节和跗关节的溶骨性或混合型关节病变。
3. 累–卡–佩氏病（股骨头缺血性坏死）继发性骨关节病——只发生在髋关节（见3.9.4和图3–24）。
4. 脓毒性关节炎（见2.4.6和图2–3）——特别是慢性或重叠于既存的骨关节病上。

5. 慢性或反复关节积血——动物患有出血性疾病，通常是多关节发病。
6. 利什曼病*——主要是溶骨性病变。
7. 绒毛结节状滑膜炎（见 2.4.11）。
8. 猫——猫非感染性侵蚀性多关节炎。
9. 猫——猫肺结核。
10. 猫——骨膜增生性多关节炎（Reiter's 病）；特别是腕关节和跗关节。犬罕见。

2.7 可能影响多关节的异常

影响特定关节的异常会在第三章详细说明。

1. 肘关节发育不良和髋关节发育不良——通常为双侧性（见 3.4.6 ~ 3.4.9，3.9.2，3.11，3.21 和图 3–5 ~图 3–8）。
2. 骨软骨病——原发性损伤和继发性骨关节病；主要发生在大型犬的肩关节、肘关节、膝关节和跗关节。常为双侧发病，可能会影响多对关节（见 3.2.4，3.4.6 ~ 3.4.9，3.11.4，和 3.13.1）。
3. 原发性骨关节病——老年性改变，但与人相比，小动物不常见。常发于肩关节和肘关节，通常为双侧性或多关节受影响。
4. 继发于十字韧带疾病或髌骨半脱位的膝关节骨关节病；通常为双侧性（见 2.5.2，3.11.17 和图 2–6）。
5. 类风湿性关节炎——侵蚀性或混合型关节病灶，主要影响小关节（见 2.4.8 和图 2–5）。
6. 系统性红斑狼疮——通常只有轻微的软组织肿胀；多关节，对称性。
7. 血源性细菌性或真菌性脓毒性关节炎——溶骨 – 增生混合型病变。
8. 利什曼病*——侵蚀性关节疾病。
9. 慢性或反复关节积血——动物患有出血性疾病。
10. 弥漫性特发性骨肥厚——大型犬，主要表现为脊柱的脊椎关节强硬，但也可能影响四肢关节，引起骨关节病、末端病以及粗隆和转子突起（见 5.4.5）。
11. 骨骼发育不良（如软骨发育不全、垂体性侏儒症和先天性甲状腺功能减退）；影响多关节（见 1.22.7 ~ 1.22.12）。
12. 多发性骨骺发育不良（点状骨骺、点状骨骺发育不良）——骨骺骨化遗传性缺陷，骨突和立方骨；尤其是比格犬和迷你贵宾犬。
13. 落基山斑点热*（立氏立克次体感染）。
14. 埃里希体病*。
15. 莱姆病（伯氏疏螺旋体病感染）——通常为单关节或少关节的轮换性异常，而非真正的多关节炎。
16. 多关节炎——多肌炎综合征，多见于西班牙猎犬。
17. 多关节炎——脑膜炎综合征，见于威玛犬、德国短毛波音达犬、拳师犬、伯恩山犬、日本秋田犬，也见于猫。
18. 青年秋田犬的遗传性多关节炎。
19. 支原体多关节炎——见于免疫抑制或过劳的动物；也可见灵猩犬泡沫支原体多发性关节炎。
20. 沙皮犬发热综合征——跗关节和腕关节的短暂性急性发热和伴有单关节或少关节疼痛的跛行及肿胀，偶见末端病。
21. 结节性多发性动脉炎——比格犬僵硬病。
22. 药物诱导的多关节炎，特别是某些抗生素。
23. 免疫介导性疫苗反应。
24. 猫——猫非感染性侵蚀性和非侵蚀性多关节炎。
25. 猫——猫杯状病毒感染。
26. 猫——骨膜增生性多关节炎（Reiter's 病）；特别是腕关节和跗关节。犬罕见。
27. 猫——维生素 A 过多症——饲喂生肝；主要是脊柱新骨形成，但也可能在四肢关节附近见到外生骨疣，特别是肘关节（见 5.4.8）。
28. 猫——黏多糖贮积病（见 2.5.14 和 5.4.9）。
29. 猫——猫肺结核。
30. 猫——骨软骨瘤和骨软骨外生骨疣，常发生于肘关节。

2.8 关节内或关节周围钙化

正常解剖结构

1. 腕关节内侧，指长伸肌的肌腱内有小籽骨。
2. 腕掌关节或跖跗关节的籽骨（背侧1个，掌侧和跖侧2个）。
3. 髌骨。
4. 腓肠肌头内的腓肠豆——股骨远端后侧，猫和一些小型犬内侧腓肠豆大于外侧腓肠豆。
5. 腘籽骨——在膝关节或近端胫骨的后外侧；在小型犬可能没有。
6. 骨骺、骨突和年轻犬的小骨化中心。
7. 猫——锁骨。

正常变化：偶然发现，无临床意义

这些可能是双侧的，所以如果对病变有疑问，可以拍摄对侧肢比较。

8. 附属骨化中心——通常见于大型犬，如关节盂后缘、肘突、髂骨翼背侧（通常终生不闭合）、髋臼前背侧缘。
9. 偶发性籽骨——如肘关节前外侧籽骨（肱骨韧带、外侧副韧带、旋后肌或尺外侧肌内）。
10. 二分籽骨或多分籽骨——如罗威纳掌侧腕掌指籽骨2和7；膝关节内侧腓肠豆（见3.7.4，3.11.2和图3–17）；鉴别诊断是创伤性骨碎片。
11. 某些大型犬未退化的锁骨。
12. 膝关节半月板钙化或骨化——特别是老年猫（有些动物可能跛行）。

可能具有临床意义的钙化

详细描述也可见第3章特定关节疾病。

13. 骨软骨病——软骨瓣钙化和骨软骨碎片（关节鼠）。
14. 骨折。
    a. 撕脱性骨折。
    b. 碎片骨折。
    c. 骨关节病的骨赘骨折。
15. 钙化性肌腱病。
16. 半月板钙化或骨化（膝关节，见3.11.19）。
17. 滑膜性骨软骨瘤病（软骨化生）（图2–7）——原发性或继发性关节疾病；关节的滑膜结缔组织、黏液囊或腱鞘处骨软骨结节形成。不常见，但在犬（肩关节、髋关节、膝关节和跗关节）和猫上都有报道。可能非常严重，并有恶性征象。

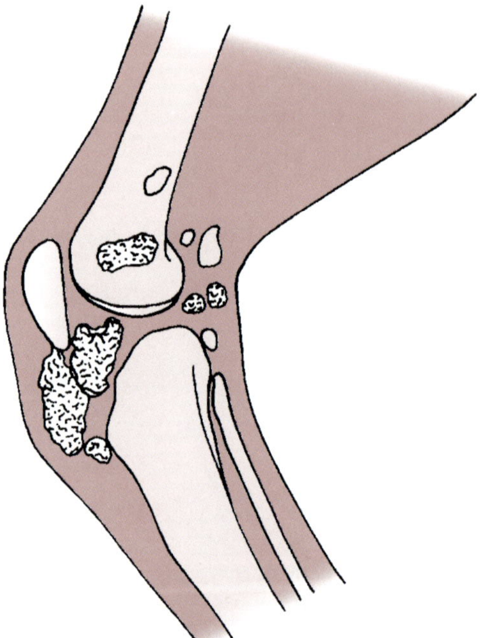

图2–7 猫膝关节的滑膜性骨软骨瘤病。膝关节软组织内广泛性的矿化结节。髌骨轻度移位。

18. 周围钙质沉积——通常见于年轻的德国牧羊犬；肢体隆突处软组织内大量点状钙化物质，也可在颈部和舌头见到（见12.2.2和图12–1）。
19. 严重的骨关节病或骨关节炎——关节周围软组织营养不良性钙化；也可见其他关节变化。
    a. 严重的变性性关节病。
    b. 类风湿性关节炎。
    c. 脓毒性关节炎。
    d. 关节内注射类固醇后的类固醇性关节病。

20. 骨化性肌炎——肌肉中异位骨形成（见12.2.3）。
    a. 原发性特发性。
    b. 继发于创伤。
21. 软骨钙质沉着症或假性痛风（焦磷酸钙沉积病）——不常见，病因不明；老年犬。可能影响单关节或多关节，造成明显的急性跛行。X线片可能是正常的或可能显示点状矿化区域。通过关节穿刺术发现结晶的存在建立诊断。
22. 杜宾犬的血管性血友病异位性骨软骨纤维化（髋关节见3.9.12）。
23. 已有一例犬的起源于肘关节滑膜的骨外骨肉瘤的报道，并产生了多关节周围和关节内矿化体，但无骨质溶解。

延伸阅读

General

[1] Carrig, C.B., 1997. Diagnostic imaging of osteoarthritis. Vet. Clin. North Am. Small Anim. Pract. 27, 777–814.

[2] Farrow, C.S., 1982. Stress radiography: applications in small animal practice. J. Am. Vet. Med. Assoc. 181, 777–784.

[3] Hoskinson, J.J., Tucker, R.L., 2001. Diagnostic imaging of lameness in small animals. Vet. Clin. North Am. Small Anim. Pract. 31, 165–180.

[4] Various sections in: Ettinger, S.J., Feldman, E.C., 2005. Textbook of Veterinary Internal Medicine, sixth ed. Saunders, Philadelphia.

Techniques and normal anatomy

[5] Muhumuza, L., Morgan, J.P., Miyabayashi, A.O., Atilola, A.O., 1988. Positive-contrast arthrography – a study of the humeral joints in normal beagle dogs. Vet. Radiol. 29, 157–161.

Congenital and developmental disease; diseases of young animals

[6] Baines, E., 2006. Clinically significant developmental radiological changes in the skeletally immature dog: 2. Joints. In Pract. 28, 247–254.

[7] Demko, J., McLaughlin, R., 2005. Developmental orthopedic disease. Vet. Clin. North Am. Small Anim. Pract. 35, 1111–1135.

[8] Morgan, J.P., Wind, A., Davidson, A. P., 1999. Bone dysplasias in the Labrador retriever: a radiographic study. J. Am. Anim. Hosp. Assoc. 35, 332–340.

[9] Rrvik, A.M., Tiege, J., Ottesen, N., Lingaas, F., 2008. Clinical, radiographic, and pathologic abnormalities in dogs with multiple epiphyseal dysplasia: 19 cases (1991–2005). J. Am. Vet. Med. Assoc. 233, 600–606.

[10] Various authors, 1998. Osteochondrosis. Vet. Clin. North Am. Small Anim. Pract. 28 (1).

Infective and inflammatory conditions

[11] Bennett, D., 1988. Immune-based erosive inflammatory joint disease of the dog: canine rheumatoid arthritis. 1. Clinical, radiological and laboratory investigations. J. Small Anim. Pract. 28, 779–797.

[12] Bennett, D., Nash, A.S., 1988. Feline immune-based polyarthritis: a study of thirty-one cases. J. Small Anim. Pract. 29, 501–523.

[13] Bennett, D., Taylor, D.J., 1988. Bacterial infective arthritis in the dog. J. Small Anim. Pract. 29, 207–230.

[14] Gunn-Moore, D.A., Jenkins, P.A., Lucke, V.M., 1996. Feline tuberculosis: a literature review and discussion of 19 cases caused by an unusual mycobacterial variant. Vet. Rec. 138, 53–58.

[15] Hanson, J.A., 1998. Radiographic diagnosis – Canine carpal villonodular synovitis. Vet. Radiol. Ultrasound 39, 15–17.

[16] Marti, J.M., 1997. Bilateral pigmented villonodular synovitis in a dog. J. Small Anim. Pract. 38, 256–260.

[17] May, C., 2005. Diagnosis and management of bacterial infective arthritis in dogs and cats. In Pract. 27, 316–321.

[18] May, C., Hammill, J., Bennett, D., 1992. Chinese Shar Pei fever syndrome: a preliminary report. Vet. Rec. 131, 586–587.

[19] Owens, J.M., Ackerman, N., Nyland, T., 1978. Roentgenology of arthritis. Vet. Clin. North Am. Small Anim. Pract. 8, 453–464.

[20] Ralphs, S.C., Beale, B., 2000. Canine idiopathic erosive polyarthritis. Compend. Contin. Educ. Pract. Veterinarian (Small Animal) 22, 671–677.

[21] Tisdall, P.L.C., Martin, P., Malik, R., 2007. Cryptic disease in a cat with painful and swollen hocks. J. Feline Med. Surg. 9, 418–423.

Neoplasia

[22] Clements, D.N., Kelly, D.F., Philbey, A.W., Bennett, D., 2005. Arthrographic diagnosis of shoulder joint masses in two dogs. Vet. Rec. 156, 254–255.

[23] McGlennon, N.J., Houlton, J.E.F., Gorman, N.T., 1988. Synovial sarcoma in the dog – a review. J. Small Anim. Pract. 29, 139–152.

[24] Thamm, D.H., Mauldin, E.A., Edinger, D.T., Lustgarten, C., 2000. Primary osteosarcoma of the synovium in a dog. J. Am. Anim. Hosp. Assoc. 36, 326–331.

[25] Whitelock, R.G., Dyce, J., Houlton, J. E.F., Jeffries, A.R., 1997. A review of 30 tumours affecting joints. Vet. Com. Orthop. Traumatol. 10, 146–152.

Trauma

[26] Macias, C., McKee, M., 2003. Articular and periarticular fractures in the dog and cat. In Pract. 25, 446–465.

[27] Owens, J.M., Ackerman, N., Nyland, T., 1978. Roentgenology of joint trauma. Vet. Clin. North Am. Small Anim. Pract. 8, 419–451.

Miscellaneous conditions

[28] Agut, A., Corzo, N., Murciano, J., Laredo, F.G., Soler, M., 2003. Clinical and radiographic study of bone and joint lesions in 26 dogs with leishmaniasis. Vet. Rec. 153, 648–652.

[29] Akselen, B., Hol, J., 2007. Quinolonerelated arthropathy in a 12 week old Pyrenean Mountain dog –clinical and radiographic findings. Eur. J. Companion Anim. Pract. 17, 149–151.

[30] Allan, G.S., 2000. Radiographic features of feline joint diseases. Vet. Clin. North Am. Small Anim. Pract. 30, 281–302.

[31] De Haan, J.J., Andreasen, C.B., 1992. Calcium crystal-associated arthropathy (pseudogout) in a dog. J. Am. Vet. Med. Assoc. 200, 943–946.

[32] Forsyth, S.F., Thompson, K.G., Donald, J.J., 2007. Possible pseudogout in two dogs. J. Small Anim. Pract. 48, 174–176.

[33] Gregory, S.P., Pearson, G.P., 1990. Synovial osteochondromatosis in a Labrador retriever bitch. J. Small Anim. Pract. 31, 580–583.

[34] Kramer, M., Gerwing, M., Hach, V., Schimke, E., 1997. Sonography of the musculoskeletal system in dogs and cats. Vet. Radiol. Ultrasound 38, 139–149.

[35] Mahoney, P.N., Lamb, C.R., 1996. Articular, periarticular and juxtaarticular calcified bodies in the dog and cat: a radiological review. Vet. Radiol. Ultrasound 37, 3–19.

[36] Morgan, J.P., Stavenborn, M., 1991. Disseminated idiopathic skeletal hyperostosis (DISH) in a dog. Vet. Radiol. 32, 65–70.

[37] Prymak, C., Goldschmidt, M.H., 1991. Synovial cysts in five dogs and one cat. J. Am. Anim. Hosp. Assoc. 27, 151–154.

[38] Short, R.P., Jardine, J.E., 1993. Calcium pyrophosphate deposition disease in a Fox Terrier. J. Am. Anim. Hosp. Assoc. 29, 363–366.

[39] Stead, A.C., Else, R.W., Stead, M.C.P., 1995. Synovial cysts in cats. J. Small Anim. Pract. 36, 450–454.

[40] Weber, W.J., Berry, C.R., Karmer, R. W., 1995. Vacuum phenomenon in twelve dogs. Vet. Radiol. Ultrasound 36, 493–498.

[41] White, J.D., Martin, P., Hudson, D., Clark, R., Malik, R., 2004. What is your diagnosis? (synovial cyst). J. Feline Med. Surg. 6, 339–344.

第3章

四肢骨骼

本章介绍了最常见的特殊的骨骼或关节病变。有些异常没有涉及某些解剖区域，并不意味着异常不会发生在此区域，只是该区域并非好发部位，如，滑膜肉瘤通常最常发生于肘关节和膝关节，但滑膜肉瘤可发生在任何滑膜关节。第二章关节部分已经介绍过可以发生在任何关节的疾病（如感染性关节炎）。

对于每个解剖部位，其异常按照以下顺序排列：

- 伪影和正常解剖变化。
- 先天性或发育性。
- 代谢性。
- 感染性。
- 炎性。
- 肿瘤性。
- 创伤性。
- 变性性。
- 混合性病变。

X线片上表现类似征象的疾病需要进行“鉴别诊断”。涉及关节的疾病虽然在相应的骨病变中有描述，但在相关的关节病变中会更加详细地描述。

关节的创伤往往影响最薄弱的部位，因此，骨骼未发育成熟的动物常发生骨骺骨折，老年动物则更易发生韧带损伤，幼年犬很少发生韧带损伤。

在很多病例中，无法确定是否真实存在病变，通常需要考虑拍摄对侧肢X线片比较。

实用术语

无肢（Amelia）——某肢体缺失。

短肢（Brachymyelia）——肢体异常缩短。

复肢（Dimelia）——某肢出现副肢。

肢畸形（Dysmelia）——肢体先天性畸形。

缺肢（Ectromelia）——肢体部分缺失。

半肢畸形（Hemimelia）——肢体远端缺失，也用来表示桡骨、尺骨、胫骨、腓骨的缺失。

残肢（Meromelia）——肢体发育不完全。

小肢（Micromelia）——异常变小的肢体。

背侧肢畸形（Notomelia）——附肢连接于背部。

四肢不全（Peromelia）——同“肢畸形”。

海豹肢（Phocomelia）——肢体近端缺失。

先天性无指/趾（Adactyly）——指/趾缺失。

短指/趾（Brachydactyly）——外侧指/趾缩短。

大指/趾（Dactomegaly）——指/趾异常大。

先天性缺指/趾（Ectrodactyly）——部分或全部的指/趾缺失，也用来描述分裂指/趾畸形（螯状指/趾）。

多指/趾（Polydactyly）——额外的指/趾。

多肢（Polymyelia）——额外的肢体。

多足（Polypodia）——额外的足。

并指/趾症（Syndactyly）——指/趾融合。

外翻（Valgus）——异常生长板或骨折畸形愈合远端的肢体外侧偏离。

内翻（Varus）——异常生长板或骨折畸形愈合远端的肢体内侧偏离。

骨骼肌系统的超声检查

现在可用超声来检查肌腱损伤，但肌腱的超声检查需要丰富的经验。要使用7.5MHz或频率更高的线阵探头，以便提供更大的接触面。

正常肌腱的纵切面呈中等回声，并伴有代表肌腱纤维组织的高回声平行线，横断面呈中央不均匀的圆形或卵圆形结构。腱鞘呈连续的高回声线。可诊断急性和慢性的肌腱炎、腱鞘炎、矿化、肌腱部分或完全断裂和肌腱错位，而且可以监测肌腱在损伤后的愈合情况。

正常的肌肉呈低回声或无回声，伴有细的斜形产回声条纹。可诊断肌肉损伤，其声像随损伤时间有所不同；和肌腱一样，也可以监测其愈合情况。

只要能找到声窗，超声也可以评估关节，但通常只能检查很小的区域。可以检查骨表面、关节软骨、滑膜和滑液；韧带通常很小而且难以检查。关节积液、慢性滑膜炎、关节软骨缺损、关节鼠和骨赘都可以通过超声进行诊断。

超声可以用来检查骨表面和软组织损伤，如脓肿、血肿、异物和软组织肿瘤，很多病例可施行超声引导穿刺。

更多信息可查阅参考文献。

3.1 肩胛骨

摆位

内外侧位（ML）；肢体向背侧移位的内外侧位；后前位（CdCr）；远端近端位——动物仰卧，患肢向后牵拉，使肩胛骨垂直，肩关节屈曲至90°。

发育

肩胛骨体的骨化中心在出生时出现，肩胛结节在7周龄出现；4 ~ 7月龄时融合。

1. 肩胛结节（盂上结节）的骨化中心在4 ~ 7月龄时和肩胛骨体融合在一起，与骨折鉴别诊断。
2. 软骨肉瘤——扁平状骨更易感（肩胛骨、骨盆骨、头骨、肋骨）。
3. 肩胛骨骨折。常发生在幼年中大型犬和严重创伤后，常并发胸部损伤。
   a. 肩胛骨体——非关节。
   b. 肩胛冈——非关节。
   c. 肩胛颈——非关节。
   d. 肩胛结节（盂上结节）——关节，在骨骼未成熟的动物中通常会被肱二头肌肌腱撕脱；与独立的骨化中心鉴别诊断。
   e. 其他肩臼骨折——关节。

3.2 肩关节

摆位

内外侧位；内旋和/或外旋的内外侧位；后前位；前侧近端 - 前侧远端屈曲斜位（CrPr-CrDiO），显示肱二头肌肌腱所在的结节间沟；关节造影术（见2.1）。在后前位上，内侧关节间隙通常较宽。

超声检查

已有超声检查肩关节疾病的相关描述（见参考文献）。

1. 锁骨——猫清晰可见；犬锁骨更小且矿化不明显，但偶尔可见残留的结构，特别是在肩关节的后前位上更为明显；双侧对称。
2. 在肩关节后腹侧，可见肱动脉后旋支的横断面，被脂肪包围；与矿化不全的关节鼠鉴别诊断。
3. 肩臼的独立骨化中心——小，邻近肩臼后缘的新月形矿化物；可能和肩胛骨融合或终生存在；可能是偶然发现，但需要与肩臼的骨软骨病（OC）鉴别诊断（见下述的3.2.5）。然而，最近有报道称，各年龄段大型犬（特别是罗威纳犬）的肩臼后缘不完全骨化会导致跛行。可能与轻度创伤、生长异常和OC（或分离性骨软骨炎，OCD）有关。也可见内侧盂肱韧带的损伤。X线片显示邻近肩臼后缘的骨碎片 ± 继发性骨关节病。

4. 肱骨头骨软骨病；如果有软骨瓣形成，则称为OCD（图3-1）——主要见于5～7月龄的大型犬；边境牧羊犬、拉布拉多犬和大丹犬易感；雄性好发，常双侧发生。只有2例患猫的报道。X线征象包括肱骨关节面后1/3扁平或凹陷 ± 软骨下密度降低或硬化，并覆盖有矿化的软骨瓣。在慢性病例中，可能见到关节鼠，通常在后侧的关节囊内，也见于肱二头肌腱鞘或肩胛下关节囊（后前位观），并有轻度继发性骨关节病。存在真空现象（见2.2.13）时高度提示OC病变。关节造影有助于判断关节软骨层的厚度和不规则、非矿化软骨瓣形成和非矿化关节鼠。超声检查也可以显示OCD病变、关节鼠、关节积液和新骨形成。

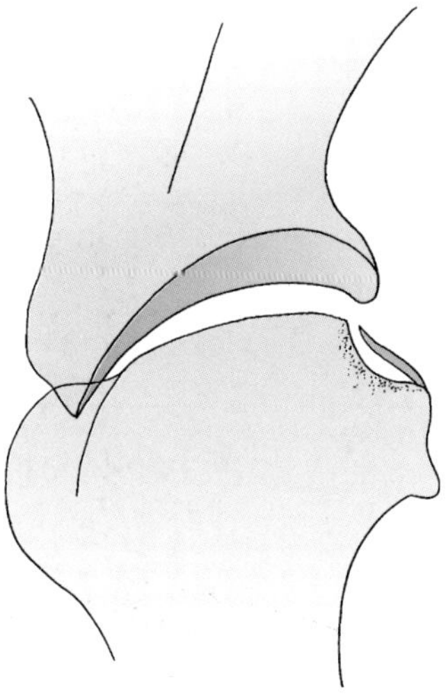

图3-1 肩关节分离性骨软骨炎，伴继发性骨关节病：肱骨头后部的软骨下骨侵蚀，覆盖矿化的软骨瓣；肱骨关节后缘骨赘。

5. 肩臼唇骨软骨病——不常见，为关节缘相邻的独立的矿化碎片；与独立的骨化中心鉴别诊断，但骨化中心通常会大一些。

6. 先天性肩关节脱位或半脱位（图3-2）——罕见，多见于小型犬和玩具犬，特别是玩具贵宾犬；可能双侧发生。通常在3～10月龄表现，年长动物可能会在轻微创伤后出现脱位。由于肩胛盂的内侧缘发育不全，肱骨通常向内侧脱位，但在拍摄X线片时，可能会因摆位自发性复位。X线征象包括髋臼扁平、发育不全，伴关节面渐进性重塑所导致的骨关节病；与早期创伤鉴别诊断。

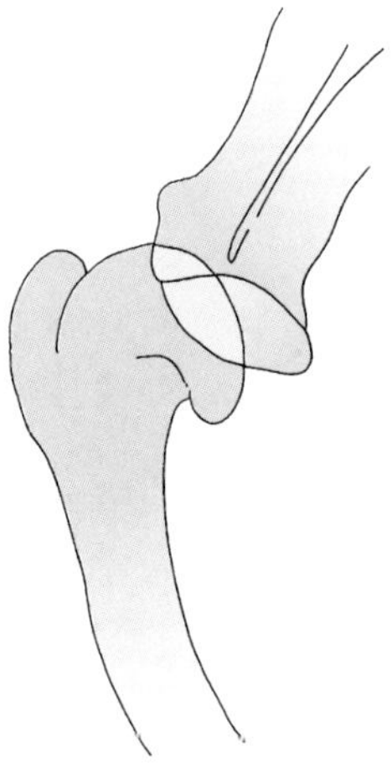

图3-2 先天性肩关节脱位或早期创伤后的重塑：肩胛骨肩臼和肱骨头均变形，伴有关节间隙不协调；内外侧位观显示肱骨和肩胛骨重叠，提示矢状面脱位。

7. 外伤性肩关节脱位——不常见，单侧发生。肱骨常向内侧或外侧脱位，偶尔向前侧或后侧脱位。矢向面移位时，内外侧位X线片显示肩胛骨和肱骨轻度重叠，关节间隙消失；在后前位X线片上，脱位征象十分明显，除非发生自发性复位；鉴别诊断为后前位X线片上，正常的肩关节间隙内侧变宽，尤其是摆位不良时和小型犬中。也要检查相关的碎片骨折。

8. 累及肩关节的骨折。

 a. 肩胛结节（盂上结节）——骨骼未成熟动物的Salter-Harris Ⅰ型生长板骨折或成年动物的骨折。可能会被肱二头肌肌腱撕脱。鉴别诊断为独立的骨化中心。

b. 其他肩臼骨折。

c. 幼年动物肱骨近端骨骺的 Salter–Harris Ⅰ型骨折——罕见。

d. 肱骨近端骨骺的关节骨折——罕见。

9. 肱二头肌肌腱断裂——急性或逐渐发生；部分或完全断裂；伯恩山犬和罗威纳犬好发。通过关节阳性造影或超声诊断。超声检查诊断肌腱完全断裂时，由于肌腱断端出血，可见低回声至无回声区域，肌腱断端肿胀，呈不均匀的高回声。部分断裂时，断端处肿胀，回声不规则并伴有腱鞘积液。

10. 肱二头肌腱鞘断裂——已有2例拉布拉多犬患病的报道。肌腱腱鞘远端断裂时，关节阳性造影显示造影剂向远端泄漏，勾勒出肌腹的近端轮廓。

11. 肩关节骨关节病——通常在肩臼后缘和肱骨头的后侧关节缘可见骨赘。新骨形成的量通常较轻微。后侧关节囊内或可见关节鼠，老年犬的关节鼠会变得较大。有些甚至会发展为滑膜性骨软骨瘤。

a. 原发性——老年性改变；通常无临床意义。

b. 继发性——如，继发于OC（OCD）。

12. 钙化性肌腱病——通常发生在冈上肌肌腱和肱二头肌肌腱（图3–3）；冈下肌肌腱、黏液囊和喙肱肌肌腱的病变也有报道。主要发生在中年的中大型犬，特别是罗威纳犬和拉布拉多犬，病因不明。轻度、慢性或间歇性跛行，或无临床症状。可双侧发生。X线征象包括受损肌腱或黏液囊附近的区域矿化；鉴别诊断包括残留的锁骨或肱二头肌腱鞘内的关节鼠。必须拍摄正侧位（内外侧位和前后位）X线片，以便鉴别二头肌沟内的病灶和肩关节内侧或外侧的病灶，前侧近端–前侧远端斜位片（CrPr–CrDiO）和关节造影也有助于识别肌腱的起源。拍摄对侧肩关节X线片进行比较。二头肌钙化性肌腱病可能伴有腱鞘炎（见3.2.13）。超声检查有助于显示纤维断裂、矿化区域（伴有后方声影的高回声病灶）和关节囊或腱鞘积液。

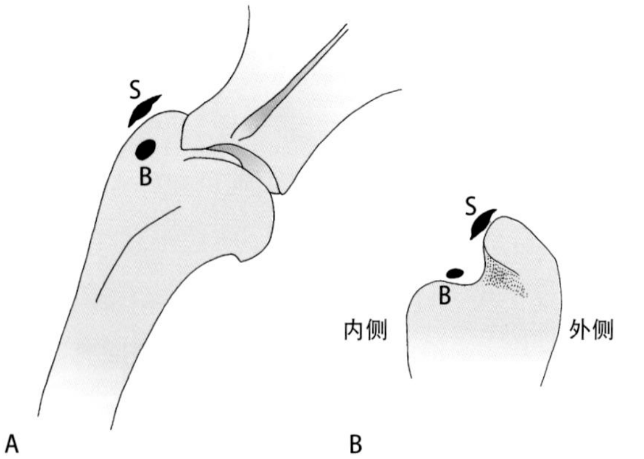

图3–3　肩关节钙化性肌腱病：图A为内外侧位观；图B为前侧近端–前侧远端斜位观（右侧肩关节）。钙化在X线片上呈高阻线性区域，但此图中以黑色表示。B，在肱二头肌肌腱内；S，在冈上肌肌腱或其更靠前侧、外侧和近端的黏液囊内。

13. 二头肌腱鞘炎和黏液囊炎——征象如上所述。X线片征象可能正常，也可能显示边界不清晰的硬化症和结节沟内新骨形成，盂上结节的边缘骨刺和轻度的骨关节病。关节造影可显示由于滑膜绒毛状肥大而存在二头肌腱鞘充盈减小或不规则。超声检查可见黏液囊和腱鞘积液扩张以及肌腱自身的病变。

3.3　肱骨

摆位

内外侧位；后前位（CdCr）或前后位（CrCd）。

发育

肱骨骨干的骨化中心在出生时出现，近端骨骺在1～2周龄出现。大结节与肱骨头在4月龄融合，近端骨骺和骨干的融合发生在10～13月龄。在骨远端，肱骨髁内侧部和外侧部的骨化中心在2～3周龄出现，内上髁的骨化中心在6～8周龄出现；髁的2半部分在8～12周龄融合，内上髁在 6 月龄融合，髁在 5 ~ 8 月龄与骨干融合。

1. 肱骨代偿性过度生长——与对侧肢相比，肱骨长度增加；前文已有描述，对侧肢会因为桡骨和 / 或尺骨生长板提前闭合引起前肢缩短。这一机制可能是继发于负重减小所致的骨骺压力降低，或血流改变。
2. 全骨炎——肱骨为好发部位（见 1.13.6 和图 1–17）。
3. 干骺端骨病（肥大性骨营养不良）——肱骨近端和远端的干骺端是次要部位，最明显的病变通常在桡骨和尺骨远端（见 1.24.4 和图 1–31）。
4. 原发性恶性骨肿瘤（最常见的是骨肉瘤）——肱骨近端干骺端是好发部位（见 1.20.1 和图 1–27）；远端很少受到影响。
5. 肱骨骨折。
    a. 骨干远端 2/3 处——最常见的区域；为螺旋骨折或斜骨折，也可能沿着桡神经沟发生粉碎性骨折；通常伴有暂时性桡神经麻痹。
    b. 骨干近端 1/3 处——通常是三角肌粗隆附近的横骨折。
    c. 骨骼未成熟动物肱骨近端生长板发生 Salter–Harris Ⅰ型骨折。
    d. 远端骨骺（见 3.4.17 和图 3–10）；可能继发于肱骨髁的不完全骨化，特别是在西班牙猎犬中（见 3.4.5 和图 3–4）。
        - 肱骨外侧髁骨折。
        - 影响肱骨髁内侧部和外侧部的“Y”形骨折。
        - 肱骨内侧髁骨折。

3.4 肘关节

摆位

屈曲、伸展和自然的内外侧位（ML）；前后位（CrCd）；后前位（CdCr），可能会导致放大和模糊；前外侧 – 后内侧斜位（CrL–CdMO）；前内侧 – 后外侧斜位（CrM—CdLO）；关节造影。斜位片可通过将肢体内旋或外旋获得。

超声检查

已有犬正常肘关节的超声解剖描述（见参考文献）。

1. 肘关节可见的骨化中心：肱骨远端髁的内侧部和外侧部、肱骨内上髁、肘突、鹰嘴、近端桡骨骨骺；前后位 X 线片上偶尔可见肱骨外上髁小的独立的骨化中心。
2. 肘关节籽骨——犬（主要是大型犬）和猫常见矿化的肘关节籽骨；位于桡骨头外侧，为小的光滑的圆形小体；通常是双侧的。主要在旋后肌内，但也有在环状韧带和外侧副韧带中的报道。鉴别诊断包括关节鼠、碎片骨折；勿与内侧冠状突碎裂混淆。
3. 肱骨远端缺乏滑车上孔——软骨营养不良的小型犬偶尔可见。
4. 猫——髁上孔位于肱骨远端的内侧部，在前后位或前外侧 – 后内侧斜位 X 线片上可见；肱动脉和正中神经穿过此孔。
5. 肱骨髁骨化不完全（图 3–4）——多见于英国史宾格犬和美国可卡犬，也见于其他西班牙猎犬品种和杂交犬，以及其他某些纯种犬；雄性居多；常双侧发生。肱骨髁内侧和

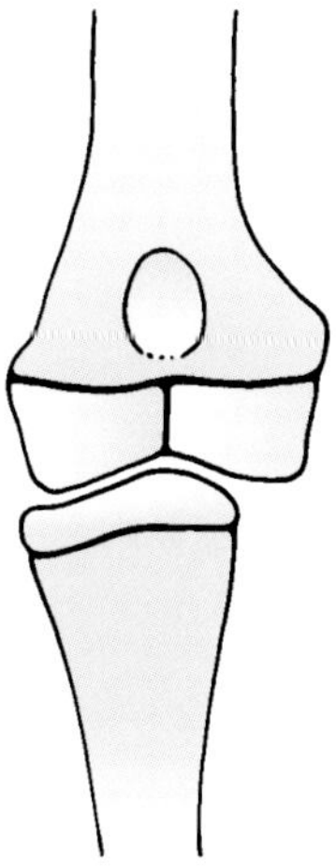

图 3–4 前后位观显示右侧肘关节肱骨髁骨化不完全。可见从关节面延伸至肱骨远端生长板的矢状低密度线。为了清楚起见，去掉了尺骨。

外侧骨化中心融合失败，导致矢状软骨板残留，在临床上不表现症状或由于疾病本身或易于发生髁骨折而引起跛行（见3.4.17和图3-10）。在前后位或前15° 内侧－后外侧斜位上，由于X线束与裂隙平行，使得裂隙显影，从关节面延伸至生长板，有时跨越至滑车上孔。鉴别诊断包括重叠的鹰嘴边缘所引起的马赫效应（见1.9）。

6. 冠状突疾病：尺骨内侧冠状突碎裂（FMCP）（图3-5）——幼年中大型犬肘关节发育不良的一种，特别是拉布拉多犬、金毛寻回猎犬、伯恩山犬、罗威纳犬和纽芬兰犬；雄性居多，常双侧发生。跛行初发年龄为4 ~ 12月龄。在某些病例，初次就诊无跛行表现，特别是双侧发病时，但会在年龄增大时因骨关节病就诊。患犬易发肱桡关节间隙增宽导致的肘关节不协调，会增加内侧冠状突的压力。FMCP和肱骨髁OC的诊断通常是通过识别易感动物的继发性骨关节病，而非通过观察到原发病灶（见3.4.19和图3-11）；不做关节切开术、关节镜或高分辨率CT或MRI时，可能无法进行特异性诊断。内外侧位和前15° 外侧－后内侧斜位X线片的主要征象为冠状突扁平、变圆或可见碎裂；前后位不直接显示冠状突，但或可见更内侧的骨性突起重塑。也可能在肱骨髁相对的关节面上看到“吻样”软骨下病灶；鉴别诊断为肱骨OC（OCD）。

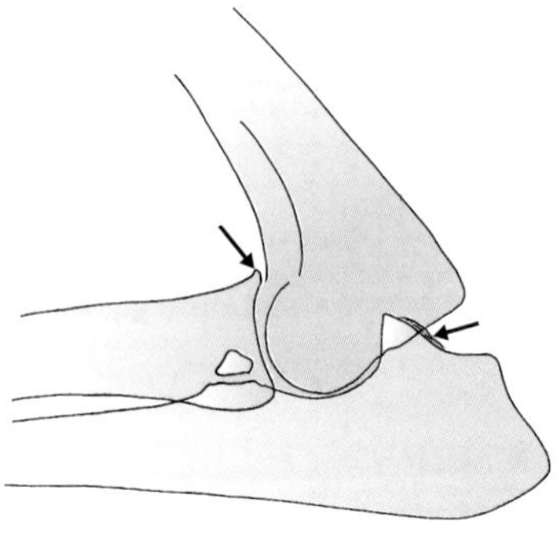

图3-5 内侧冠状突碎裂，伴早期继发性骨关节病：在尺骨内侧冠状突区域附近可见一个小的骨碎片，冠状突扁平。桡骨头和肘突都可见小骨赘（箭头）。

7. 肱骨远端髁内侧部骨软骨病（OCD）（图3-6）——也是主要影响上述犬种的一种肘关节发育不良，无性别倾向性，常双侧发生。原发性病灶在前后位上最易显影，主要征象为软骨下骨扁平或不规则、软骨下硬化 ± 覆盖矿化软骨瓣；严重的病变在内外侧位上也可能看到；鉴别诊断为碎裂的内侧冠状突造成的吻样病灶。骨关节病的发展与FMCP一样。

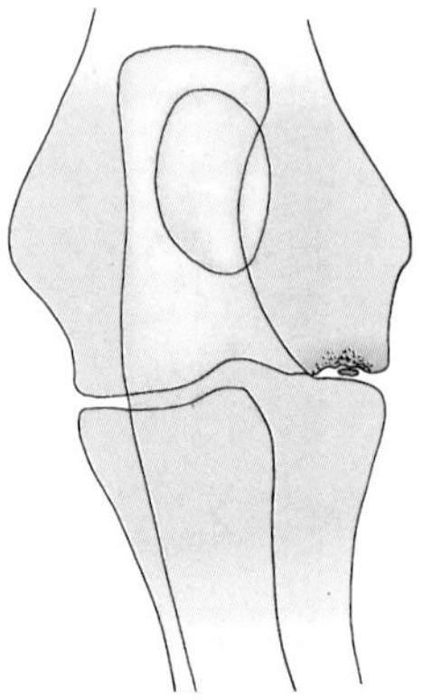

图3-6 肱骨髁分离性骨软骨炎（右侧肘关节前后位观）：在肱骨髁的内侧部可见浅的软骨下缺损，伴周围硬化，其上覆盖小的矿化软骨瓣。

8. 肘突不闭合（图3-7）——也是肘关节发育不良的一种，主要见于德国牧羊犬、爱尔兰猎狼犬、大丹犬、哥顿塞特犬和巴吉度犬；无性别倾向性；常双侧发生。常继发于肘关节不协调，造成尺骨较短或桡骨较长，对肘突施压；但也可能是因为创伤；有些病例是双侧性的。肘突的独立骨化中心通常在3 ~ 5月龄时与尺骨融合，超过这个时间仍持续存在透线性裂隙线提示肘突不闭合。屈曲内外

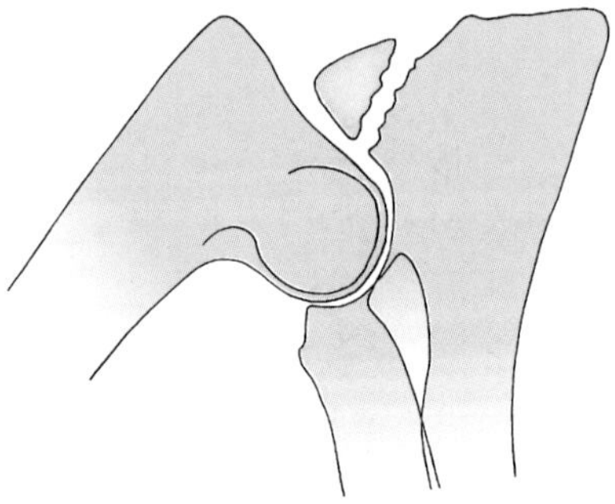

图3-7 肘突不闭合：可见清晰的与尺骨分离的大的三角形骨碎片。

侧位X线片有诊断意义，可见与尺骨相邻的或向近端移位的大的三角形骨碎片征象；慢性病例中可见骨碎片重塑和/或骨关节病的征象。

9. 肘关节不协调——主要见于易于发生肘关节发育不良的品种，特别是伯恩山犬。肱骨、桡骨和尺骨间的不协调会增加内侧冠状突或肘突的压力，可能导致这些骨突的分裂或分离。通常肱桡关节间隙会变宽，最好在前后位X线片评估，因其与摆位息息相关。可能单独发生，或伴发FMCP、OC、肘突不闭合±骨关节病。单纯的肘关节不协调的临床意义尚不明确。

10. 内上髁骨刺（屈肌腱末端骨赘）（图3–8）——常见于大型犬，可能是双侧的，病因和临床意义不明，有些犬是偶然发现。内外侧位X线片可见肱骨内上髁后部向远端突出的骨刺，邻近软组织中偶见线性矿化灶。

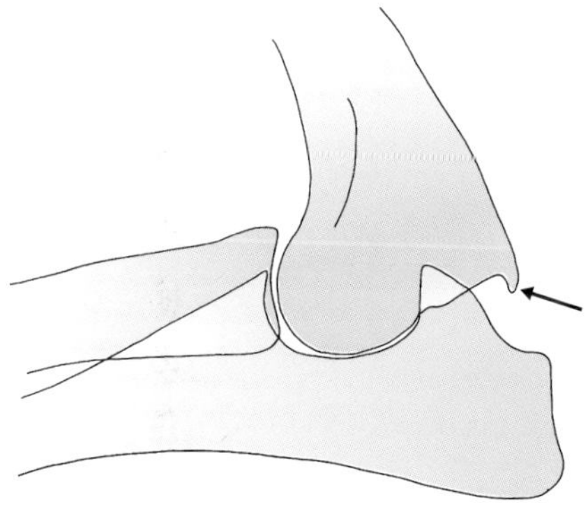

图3–8　内上髁骨刺：起源于肱骨内上髁后部，为小的向远端突出的末端骨赘（箭头）。

11. 内上髁不闭合——不常见；病因不明，但可能是肘关节发育不良的一部分，因其易感犬种相似，主要是年轻的拉布拉多犬；可能是双侧性的。在肱骨内上髁附近的几个部位可见单个或多个不同大小和形状的矿化碎片，有时伴有邻近的骨缺损。继发性骨关节病可能非常轻微。某些病例的X线征象与屈肌腱末端骨赘很相似，但在相同疾病中却可能表现不同的临床症状。

表3–1描述了由国际肘关节工作组推荐的筛查肘关节发育不良的分级系统。

表3–1　国际肘关节工作组肘关节发育不良的分级系统

国际肘关节工作组推荐的筛查肘关节发育不良的分级系统是基于继发性骨关节病的病变程度建立的，从12月龄起：

- 0级—肘关节正常，无骨关节病或原发性病变。
- 1级—轻度骨关节病，骨赘小于2mm。
- 2级—中度骨关节病，骨赘2～5mm。
- 3级—重度骨关节病，骨赘大于5mm。

所描述的原发性病变包括畸形或内侧冠状突碎裂、肘突不闭合、肱骨髁骨软骨病（分离性骨软骨炎）和关节面不协调。不同国家的分级系统在所需拍摄的摆位和对原发病变的分级方面各不相同，至少需要拍摄每个肘关节的屈曲内外侧位X线片。

12. 肘关节半脱位。

a. 严重的肘关节不协调（见3.4.9）。

b. 继发于相对缩短±桡骨或尺骨弯曲，通常是继发于远端生长板的创伤性损伤或软骨发育不全，因此多见于幼年动物（见3.5.4～3.5.7）。尺骨变短会使肱尺关节间隙向远端增加，增大肘突的压力；桡骨变短会使肱桡关节间隙和肱尺关节间隙向近端增加，增大尺骨内侧冠状突的压力。

c. 软骨营养障碍品种的遗传性尺骨远端生长板提前闭合或干骺端软骨性骨发育不全（见3.5.5）。

d. 先天性肱尺关节（半）脱位——主要发生于小型犬（如北京犬），也可见于猫；雄性居多，多为双侧性。畸形严重，伴有明显的肢体功能障碍，早期（3～6周龄）即可发现。尺骨向外侧移位，且有90°的内旋，肱桡关节正常；肘关节保持屈曲，远端肢体向后旋转。在肘关节前后位X线片上，尺骨向外侧移位，滑车切迹面向内侧，并可见其轮廓；受影响部位的骨骼发生重塑，慢性病例继发骨关节病。

e. 桡骨头先天性或发育性移位（图3–9）——常见于大型犬，无性别倾向，可能双侧发生。也可能继发于桡骨和尺骨远端生长紊乱。畸形比肱尺关节半脱位轻微，但仍可能发生进行性变性性关节病。桡骨头外侧或后外侧（半）脱位，并发生重塑；桡骨可能比正常略长。

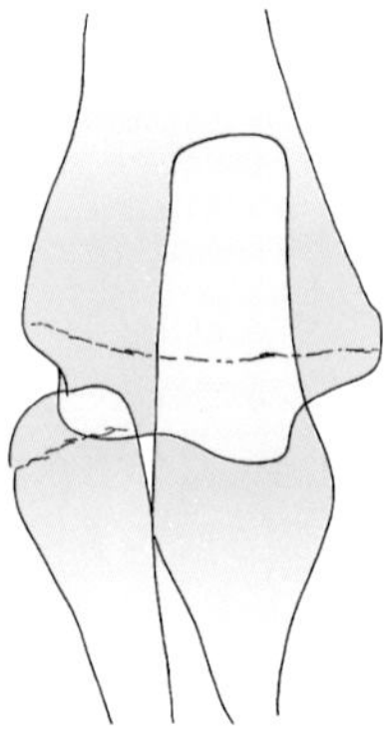

图3–9　桡骨头先天性外侧脱位（右侧肘关节前后位观）：桡骨头重塑明显，不再是与肱骨髁相对的波浪状轮廓。

f. 先天性复杂性肘关节（半）脱位——可能伴发其他畸形，如缺趾和裂爪畸形（见3.7.7）。

13. 肘髌骨——穿过尺骨滑车切迹上的罕见融合缺损，使得鹰嘴和尺骨近端干骺端与其余的尺骨分离并被肱三头肌分开。之所以称为肘髌骨，是因为该骨碎片呈髌骨状。可能双侧发生。鉴别诊断为尺骨近端生长板或滑车切迹的撕脱性骨折。

14. 猫——维生素A过多症；常因过量摄食生鲜肝脏，主要造成脊柱的外生骨疣，但肘关节也是好发部位（见5.4.8和图5.8）。

15. 滑膜肉瘤（偶见其他软组织肿瘤，如组织细胞肉瘤；见2.4.7和图2–4）——肘关节是好发部位，主要见于大型犬；鉴别诊断包括严重的骨关节病（其中重叠的新骨可能误认为骨质溶解）和脓毒性关节炎。已患骨关节病的病例并发肿瘤时，会使诊断更困难。在肿瘤病例中，可在邻近关节处触及或从X线片上见到软组织肿物。

16. 猫——常见肘关节周围的骨软骨外生骨疣，可双侧发生。可能是某种类型的骨软骨瘤（见1.15.2和图1–19）。

17. 累及肘关节的骨折。

a. 肱骨外侧髁骨折（图3–10）——常见于西班牙猎犬和西班牙猎犬杂交犬；通常只是轻微的创伤，可能双侧发生。幼年犬或成年犬均可发生；在成年犬，因为肱骨髁外侧部与桡骨成关节导致与肱骨体联系较弱，所以往往造成肱骨髁内侧部和外侧部之间骨化不全（见3.4.5和图3–4），伴肱骨髁外侧部负荷增加。前后位观显示最佳，但内外侧位也可以见到骨碎片。这是肘关节最常见的骨折类型，因为外侧髁与桡骨成关节，承担大部分负荷，相对脆弱。

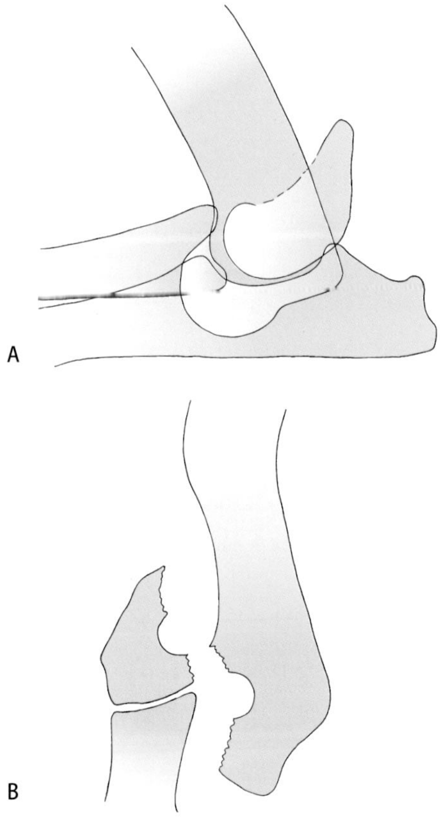

图3–10　肱骨外侧髁骨折：图A为内外侧位观中，肱骨髁的内侧部和外侧部不再重叠；图B为前后位观中（右侧肘关节），可见明显的骨折移位（为了清楚起见，该摆位中省略了尺骨）。桡骨仍与外侧髁碎片成关节，压缩覆盖在肱骨骨干上。

b. 肱骨髁"Y"形骨折——也常见于西班牙猎犬，因肱骨髁骨化不完全而易于发生；骨折线从近端的肱骨髁内侧和外侧之间延伸到肱骨髁上孔，波及内侧和外侧肱骨皮质。前后位观显示最佳。

c. 肱骨内侧髁骨折——不常见；往往是因为肱骨髁的不完全骨化。

d. 骨骼未成熟动物的肱骨远端骨骺 Salter-Harris Ⅰ型骨折——不常见。

e. 鹰嘴骨折——骨骼未成熟动物尺骨近端生长板骨折（非关节骨折）或滑车切迹内骨折（关节骨折），二者均受肱三头肌牵拉；鉴别诊断为肘籽骨（见 3.4.13）。

f. 桡骨近端骨折——不常见；幼年动物偶见生长板 Salter-Harris Ⅰ型骨折。

g. 孟氏骨折——不常见；尺骨近端骨折，伴有桡骨和尺骨远端向前脱位（关节或非关节骨折）。

18. 创伤性肘关节脱位——通常由道路交通事故或肢体悬挂在围栏上导致。内外侧位观上通常正常，但前后位观可以清楚地显示桡骨或尺骨从肱骨上脱位；也可以看到小的撕脱性骨折或碎片骨折。因为肱骨内上髁嵴较大，可以防止内侧脱位，所以通常是桡骨和尺骨外侧脱位。单独的尺骨脱位也有报道。

19. 肘关节骨关节病（图 3-11）——新骨形成，主要在肘突和桡骨头（内外侧位观）与肱骨内上髁和外上髁（前后位观）。尺骨滑车切迹的硬化是由于骨密度增加和骨赘重叠的共同作用，常见于冠状突碎裂的患犬。跛行可能非常严重，但 X 线片征象改变比较轻微。

a. 原发性——老年性改变；X 线检查结果通常很轻微。

b. 继发性——通常继发于肘关节发育不良；X 线检查结果可能很严重。

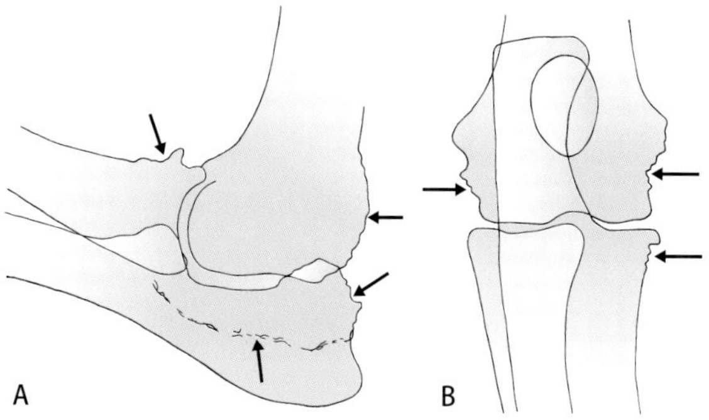

图 3-11　肘关节骨关节病：图 A 为内外侧位；图 B 为前后位（右侧肘关节），显示关节周围新骨形成（箭头）。

3.5　桡骨和尺骨（前臂，前肢）

摆位

内外侧位；前后位。

发育

桡骨——骨干的骨化中心在出生时就会出现；近端骨骺在 3 ~ 5 周龄时出现，5 ~ 11 月龄时与骨干融合；远端骨骺在 2 ~ 4 周龄出现，6 ~ 12 月龄时与骨干融合。尺骨——骨干的骨化中心在出生时就会出现；肘突的骨化中心在 11 ~ 12 周龄出现，大型犬在 3 ~ 5 月龄时与鹰嘴融合；鹰嘴在 8 周龄时出现，5 ~ 10 月龄时与骨干融合；远端骨骺在 2 ~ 4 周龄时出现，6 ~ 12 月龄时与骨干融合。犬的尺远端生长板呈圆锥形，在 X 线片上呈"V"形，在猫是扁平和水平的。

1. 绝育猫的桡骨生长板闭合较晚（雄性——仅远端；雌性——近端和远端）；导致桡骨比未绝育的猫更长。
2. 半肢畸形（桡骨或尺骨发育不全）——成对骨中的一个先天性缺失，通常是桡骨；罕见；通常单侧发生。在桡骨半肢畸形的病例，内侧腕骨和第 1 指也可能缺失；其余的骨骼会有不同程度的形状改变。严重的肢体畸形和残疾在出生时就很明显。可能是遗传性的，已有多窝猫发病的报道。

3. 尺骨远端干骺端软骨核残留（图 3–12）——常见，通常双侧发生，为巨型犬的骨化缺陷，即远端生长板的软骨中央核骨化缓慢，形成伴有轻度硬化边界的烛焰样透线性结构。与发育紊乱有关，但也可能是偶然发现，正常犬也经常见到。

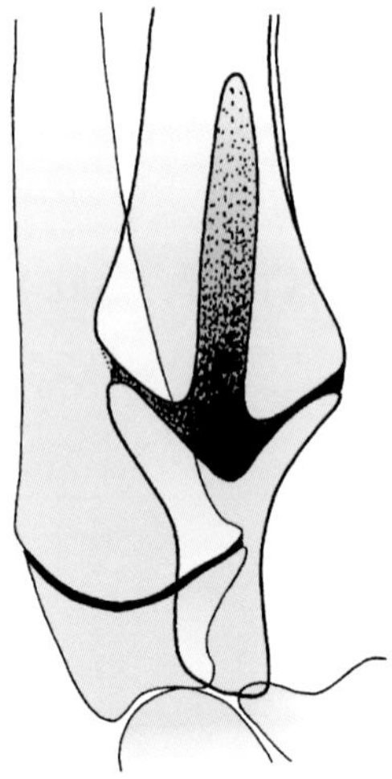

图 3–12 尺骨远端干骺端软骨核残留：可见圆锥形的透线性区域由生长板向近端延伸。

4. 尺骨远端生长板提前闭合（桡骨弯曲综合征）（图 3–13）——幼年巨型犬常见的生长紊乱，导致肢体成角畸形，常双侧发生。病因通常不明，认为是特发性的，但可能的机制如下：
   a. Salter–Harris V 型尺骨远端生长板挤压伤——生长板深圆锥形，阻止向外侧移位，使其易受挤压伤。其他品种可能单侧发生。
   b. 干骺端骨软骨病（OC）或软骨核残留。

拍摄的X线片应包含整个前臂部（包括肘关节和腕关节），可见尺骨缩短和外侧茎状突远离腕骨，桡骨和尺骨前内侧弯曲，并伴有邻近的桡骨和尺骨皮质增厚，腕关节半脱位和桡骨远端重塑，腕关节外翻和足外旋，继发肘关节半脱位，通常是肱尺关节的远端。腕关节外翻也可能是由桡骨或尺骨远端骨折或短桡侧副韧带发育性松弛造成的，X线检查可以区分这些疾病。

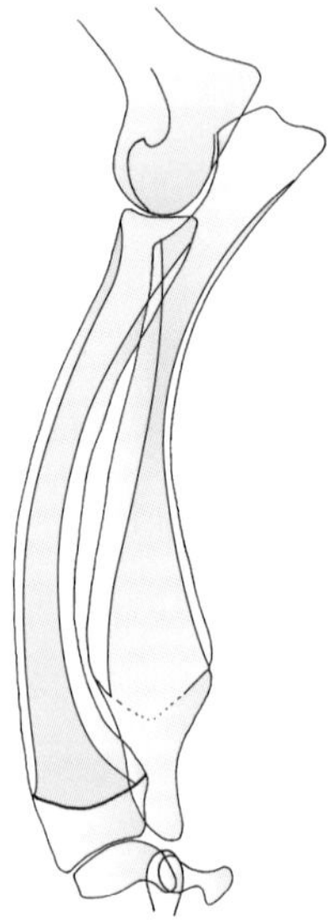

图 3–13 尺骨远端生长板提前闭合：尺骨相对缩短导致前臂部向前弯曲，肘关节和腕关节通常半脱位。相邻的桡骨和尺骨皮质增厚。

5. 遗传性尺骨远端生长板提前闭合或干骺端软骨性骨发育不全——软骨营养障碍品种（如巴吉度猎犬）桡尺骨生长不同步，导致肘关节不协调和疼痛；肱尺关节的远端部分增宽。通常在约12月龄时出现肘关节跛行；可能双侧发生。
6. 桡骨远端生长板提前闭合——生长板或周围的创伤会引起桡骨生长减少，伴有骨骼缩短和肘关节半脱位；肱桡关节增宽 ± 肱尺关节近端间隙增宽。肢体成角畸形通常轻微，主要的临床症状是肘关节疼痛。
   a. 对称性闭合——桡骨短而异常直，尺骨也略短，肘关节半脱位。
   b. 不对称性闭合——桡骨远端重塑。
      - 外侧（更常见）——类似于尺骨远端生长板提前闭合，伴有桡尺骨弯曲和腕关节外翻。
      - 内侧——腕关节内翻。
7. 桡骨近端生长板提前闭合——罕见；推测由创伤引起；X线征象与3.5.6.a相似，但桡骨近端可能出现明显的重塑。桡骨只有30%的生长发生在近端，因此桡骨缩短没有远端生长板受损时严重。

8. 骨软骨发育不良——不同类型的遗传性侏儒症，很多犬种和猫都会发生（见 1.22.7）。桡尺骨远端生长快速，所以病理变化和 X 线征象通常在此部位最严重。主要的异常是尺骨远端生长板生长迟缓，导致前臂缩短和弯曲。X 线征象有时类似于佝偻病（见 1.23.8 和图 1–30）。后肢很少受影响，可能正常。
9. 先天性甲状腺功能减退——造成侏儒症，X 线征象与遗传性骨软骨发育不良相似（见 1.22.9）。
10. 桡尺骨骨性连接（骨融合）导致继发性桡骨头半脱位和足外旋，已有一例患猫的报道，在儿童也有相关报道。桡骨和尺骨在骨间隙近端融合，阻止内转 – 旋后，导致继发性肘关节畸形。也可能发生在前臂骨折后。
11. 挪威纽芬兰犬尺骨远端和 / 或桡骨干骺端骨重塑：在 X 线片上，45％的犬的远端干骺端在 6 月龄时可见由增厚的骨小梁勾勒出的低密度屿状区；这些改变进一步发展到骨干，并持续到 24 月龄。病理发病机制不清。没有临床症状，不要误认为其他病变。
12. 干骺端骨病（同肥大性骨营养不良）——幼年生长快速的大型犬；桡尺骨远端干骺端通常病变最严重（见 1.24.4 和图 1–31）。大量骨膜和皮质周围新骨可能桥接生长板，导致肢体成角畸形。
13. 全骨炎——桡尺骨是好发部位（见 1.13.6 和图 1–17）。
14. 佝偻病（同幼年性骨软化）——断奶后的幼年动物；桡尺骨远端生长板病变通常最严重（见 1.23.8 和图 1–30）。
15. 肥大性（肺性）骨病（同 Marie’s 疾病）——病变的桡尺骨可能出现栅栏样骨膜反应，但肢体远端最先发病（见 1.14.6 和图 1–18）。
16. 颅下颌骨病——罕见，桡尺骨远端周围可见皮质周围新骨形成，类似于干骺端骨病（图 3–14）；虽然是好发品种和年龄，有时却没有典型的头骨病变（见 4.10.1 和图 4–6）。

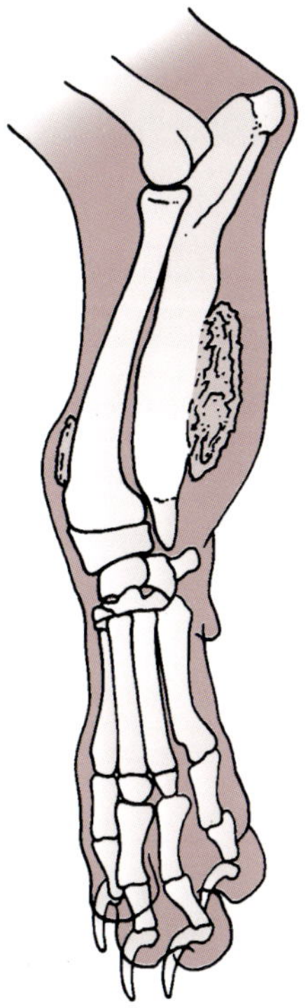

图 3–14 颅下颌骨病时桡尺骨的病变。

17. 犬白细胞黏附缺陷症——爱尔兰雪达犬的遗传性致死性疾病，引起的病变与干骺端骨病和颅下颌骨病相似。
18. 原发性恶性骨肿瘤（骨肉瘤最常见）——桡骨远端干骺端是主要的好发部位，特别在大型犬和巨型犬，如大丹犬、爱尔兰猎狼犬（见 1.20.1 和图 1–27）。
19. 巨细胞瘤（同破骨细胞瘤）——尺骨远端干骺端是好发部位；鉴别诊断为单发性骨囊肿（见 1.19.1 和图 1–25）。
20. 单发性骨囊肿——尺骨远端干骺端是好发部位；鉴别诊断为破骨细胞瘤（见 1.19.2 和图 1–26）。
21. 前臂骨折。
    a. 桡尺骨的横骨折很常见，通常在远端 1/3 处。
    b. 直接创伤后，偶发单骨骨折。
    c. 已有报道，从高处跳下后造成桡骨中段前侧皮质出现裂隙骨折。

d. 桡骨远端（内侧茎状突）骨折通常以短桡侧副韧带撕脱性骨折的形式发生，导致内侧关节不稳定，需要应力位X线检查。

e. 尺骨远端（外侧茎状突）骨折可能伴有短尺侧副韧带起始点的损伤，导致外侧关节不稳定，需要应力位X线检查。

f. 桡腕背侧韧带起始点撕脱——比赛的灵缇犬；桡骨远端背内侧部撕脱性骨折。

22. 桡骨或尺骨骨折的延迟愈合或不愈合——玩具犬常见，由患肢费用导致；X线片显示萎缩性不愈合和失用性骨质减少（见1.9和1.16）。

3.6 腕骨

摆位

内外侧位；屈曲内外侧位；背掌位（DPa）；背外－掌内斜位；背内－掌外斜位；应力位和负重位。应力位可以更准确地诊断韧带损伤，通过在前臂远端和掌部周围用软布系住而不是用手保定获得。腕骨的斜位片对读片很有诊断意义，与健肢相同摆位的X线片对照也很有价值。在屈曲内外侧位X线片上，前臂腕关节屈曲最大，腕中关节有一定程度的屈曲，腕掌关节屈曲相对较少。正常的前臂腕关节允许轻度的过度伸展。

发育

桡骨、尺骨和腕骨的骨化中心在3～4周龄出现；副腕骨体在2周龄出现，其骨骺在7周龄出现，10周龄～5月龄骨化中心融合。

1. 正常的籽骨在第1掌骨近端拇长展肌附着处，在背掌位X线片上显示在桡腕骨内侧；鉴别诊断为陈旧性碎片骨折。
2. 发育性前臂腕关节半脱位——继发于前臂生长紊乱和肢体成角畸形；最常发生在尺骨远端生长板提前闭合与桡骨前侧弯曲，导致桡骨远端和桡腕骨背侧近端边缘成关节以及桡骨远端骨骺重塑（见3.5.4和图3-13）。
3. 腕骨屈曲畸形——骨骼未成熟的犬发生，约6～12周龄，特别是杜宾犬。认为与尺侧腕屈肌相对缩短有关。X线片正常，用于排除骨骼异常。
4. 猫——苏格兰折耳猫骨营养不良；后肢病变更严重（见3.7.8）。
5. 类风湿性关节炎——腕骨和跗骨是好发部位，常双侧发生（见2.4.8和图2-5）。
6. 猫——各种猫多关节炎；腕骨和跗骨是好发部位。
7. 中国沙皮犬发热综合征——又称中国沙皮犬家族性肾脏淀粉样变，主要发生在跗骨，但腕骨也偶尔发生（见3.13.6）。
8. 腕骨骨折——常伴有肌腱或韧带撕脱，轻微的骨折也会引起严重的临床症状。
   a. 副腕骨骨折（图3-15）——尤其是比赛的灵缇犬和其他运动犬；沿逆时针赛跑时，右侧腕骨因负荷过大最常发病；在伸展和屈曲内外侧位X线片上最容易显示。有以下5种类型：
      - 1型——副腕骨基部发生副尺韧带撕脱。
      - 2型——桡尺骨附着处韧带撕脱，在副腕骨近端边缘。
      - 3型——副掌腕韧带附着处撕脱。
      - 4型——尺侧腕屈肌附着处肌腱撕脱。
      - 5型——粉碎性骨折。

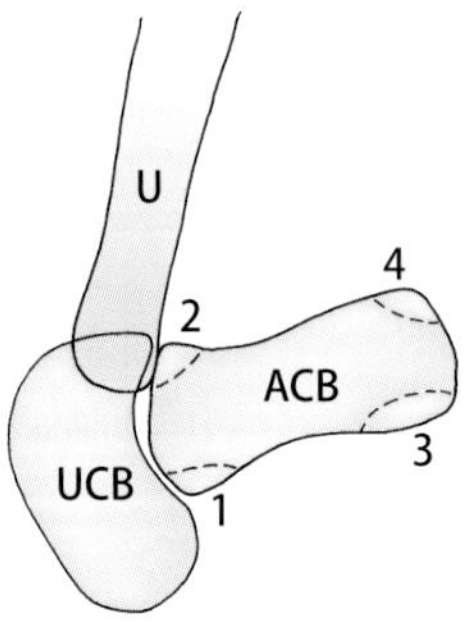

图3-15 1-4型副腕骨骨折的示意图（内外侧位观）。ACB，副腕骨；U，尺骨；UCB，尺腕骨。

1 型、2 型和 5 型是关节内骨折，可能导致副尺关节骨关节病。

b. 桡腕骨骨折——没有明显的创伤也会发生，拳师犬最有代表性；可能双侧发生；可能是因为桡腕骨 3 处胚胎中心骨化融合缺陷（桡骨、中间腕骨和中央腕骨，正常时在出生前融合）。背掌位观最明显，通常为矢状或斜矢状骨折。

c. 尺腕骨骨折——罕见；通常伴有韧带损伤。

d. 其他腕骨骨折——由过度伸展损伤造成的小腕骨背侧的小碎片骨折，但因其较小和腕关节的复杂性，在 X 线片上难以识别。

9. 腕关节脱位和半脱位——腕韧带损伤比骨折更常见，通常是跳跃或跌摔的结果，特别是高楼综合征。过度伸展和内侧或外侧不稳定是最常见的损伤。

a. 腕骨过度伸展性损伤或掌韧带断裂——高处跳下导致；在老年喜乐蒂牧羊犬和柯利犬中潜在发生；可能双侧发生。非应力内外侧位 X 线片通常正常，但对掌侧施压或负重下拍摄 X 线片可以发现 3 个腕关节都有过度伸展。在损伤病例中，桡腕骨背侧可见小碎片骨折。也可见到并发的损伤，如第 2 或第 5 掌骨近端骨折或侧副韧带损伤。慢性病例可见继发性骨关节病。

b. 在骨骼未成熟的大型犬，特别是德国牧羊犬，会因屈肌腱张力较差造成腕骨过度伸展，但不伴有骨骼 X 线征象的改变。

c. 前臂腕关节（半）脱位——腕骨通常向掌侧方向移位；± 韧带损伤和撕脱性骨折；这是一种严重的损伤。

d. 桡腕骨脱位——不常见的损伤，可能是由前臂关节伸展过度和旋转加上短桡侧副韧带和背侧关节囊破裂引起的；桡腕骨向掌侧或掌侧近端移位。

10. 侧副韧带创伤。

a. 侧副韧带断裂（短桡内侧韧带和短尺外侧韧带）——需要拍摄内侧和外侧应力的背掌位 X 线片进行确诊。桡侧（内侧）副韧带损伤更常见，因为正常关节在负重时最多出现 15° 的外翻。慢性病例的 X 线片可见局灶性软组织肿胀和韧带起始与附着处的末端骨赘。

b. 斜直短桡侧副韧带起始处撕脱性骨折——常见于比赛的灵猩犬；背掌位观最易显示。慢性病例可能会出现营养不良性矿化和末端骨赘（见下方描述）。

11. 短桡侧副韧带末端骨赘（图 3–16）——比赛的灵猩犬好发，其他品种有时也会发生，但不一定引起跛行。在小的骨结节处可见重塑和骨赘，形成了桡内侧沟的近端边缘。

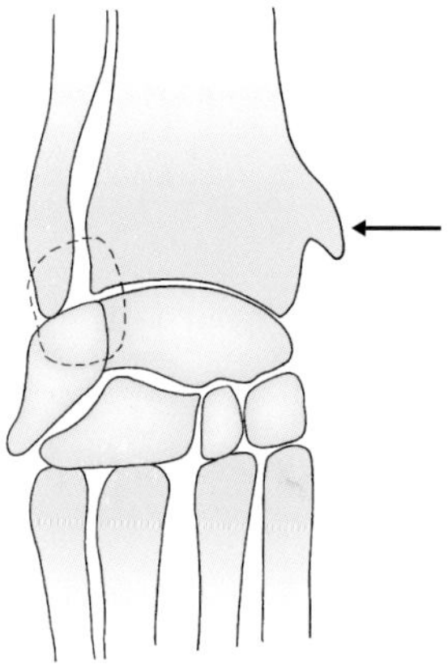

图 3–16　短桡侧副韧带的末端骨赘（箭头）：在比赛的灵猩犬可见小的骨刺；其他大型犬可见伴有腕关节骨关节病的大量新骨形成。

12. 拇长展肌腱鞘炎——不同年龄的患有慢性腱鞘滑膜炎的大型犬，有时会因桡骨远端内侧沟两侧出现的骨赘引起骨性狭窄；X 线征象为沿腱鞘分布的不同程度的软组织肿胀和骨质增生，但与跛行的程度不相关。肌肉起源于桡尺骨骨干的外侧缘，并斜向横过桡骨远端的背侧，穿过桡内侧沟，并附着于第 1 指的短桡侧副韧带之间。

13. 腕关节骨关节病和末端骨赘——老年犬常见，尤其是大型犬；也会在创伤后发生；X 线征象的变化可能远不如临床症状表现的严重。通常在腕关节内侧见到一个局灶性的坚实的软组织肿胀，伴有桡骨远端和第2掌骨近端内侧潜在的末端骨赘。严重病例，关节间隙可能不规则。

3.7 掌骨、跖骨和指骨

摆位

内外侧位；背掌位（Dpa）或背跖位（DPl）；背外-掌内或跖内斜位；背内-掌外或跖外斜位；内外侧位，指/趾用绷带分开（指张开）。

发育

掌骨和指骨骨干的骨化中心在出生时出现，相应的骨骺在4～6周龄出现，4～7月龄时融合。掌骨近端和指骨远端生长板在出生时闭合。掌部或跖部的籽骨在2月龄出现，背侧籽骨在4～5月龄出现。

1. 足部（特别是爪垫间）阻线性污垢产生的伪影。
2. 嵌在爪垫间的阻线性异物（如金属丝、玻璃）。
3. 第1指（悬指）外观的变异，特别是幼年时做过断指术的犬。
4. 籽骨疾病（图3-17）——幼年罗威纳犬多发；掌骨籽骨碎裂（跖骨不常见），主要是第2和第7籽骨（第2和第5指的轴向籽骨）；病因不明，可能是软骨内骨化异常；不同程度的跛行或无跛行，因为籽骨碎裂可能是偶然发现，跛行病例仍需检查其他病因。据报道，闪烁扫描术有助于诊断。鉴别诊断为先天性二分籽骨或多分籽骨；骨折。

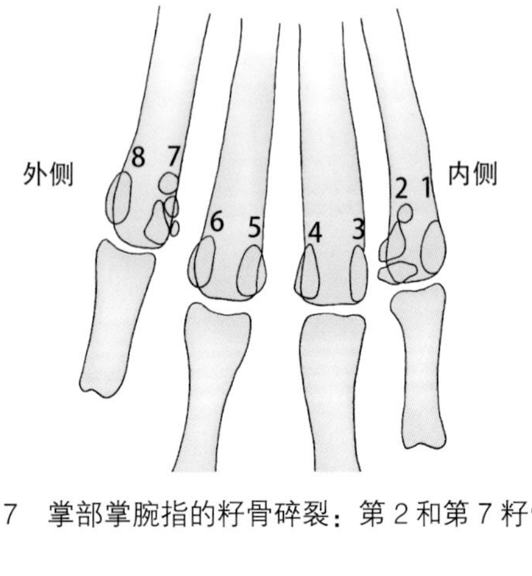

图3-17 掌部掌腕指的籽骨碎裂：第2和第7籽骨。

5. 多指畸形（如六指猫）；可能是遗传性的。
6. 并指畸形——动物出生之前软组织±骨骼之间没有完全分离，导致单肢或多肢的两个或多个指分化不全；可能是遗传性的。也可能并发其他异常。X线征象很明显，可见指骨和掌骨完全或不完全融合，但跛行不常见。
7. 缺指畸形（分裂爪或螯状畸形爪）——在某些犬种和猫中偶发，通常影响一个前肢；不同程度的骨性改变，但爪部可见明显的纵向裂口；猫有遗传性，犬的病因未知。
8. 猫——苏格兰折耳猫骨软骨发育不良——1996年，一只雌性英国短毛猫发生自发性突变的遗传病，从此繁育了一种折耳的新品种。纯合子和较小程度的杂合子都受到影响，造成肢体远端发育畸形、尾巴短粗、不可弯曲。后肢通常更严重。患猫掌骨不一致地缩短和增粗，指/趾骨外展；外生骨疣，强直性多关节病和累及跗关节、腕关节、趾和尾的变性性关节病；偶尔可见骨质溶解和更具有侵袭性的X线征象。
9. 肥大性（肺性）骨病（同Marie’s疾病）——主要影响肢体远端，掌骨和指骨轴外边缘可见明显的骨膜新骨形成（见1.14.6和图1-18）。
10. 外周钙质沉积——可能会影响肢体远端，包括爪垫（见12.2.2和图12-1）。
11. 甲沟炎（甲床感染）和第3指节骨骨髓炎——影响远端指间关节（P2-P3）或第3指节骨（P3）的溶骨型或溶骨-成骨混合型病变；甲沟炎可能会影响多个脚趾，通常表现广泛的骨膜反应；鉴别诊断包括恶性肿瘤、骨内表皮样囊肿（见3.7.13，3.7.14和图3-18）。

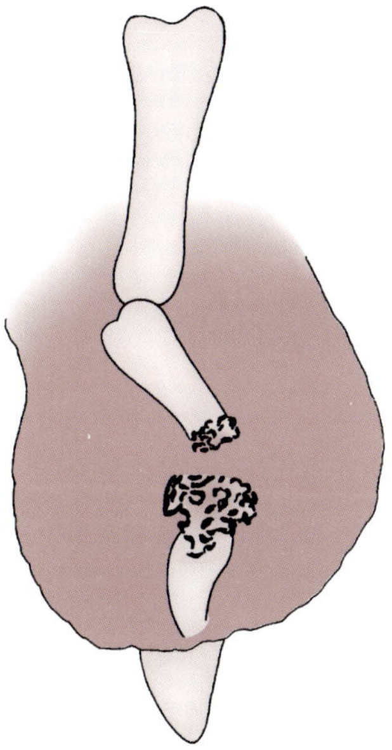

图 3–18 甲沟炎或指肿瘤：第 2 和第 3 指节骨的邻近关节面骨质溶解，伴有周围软组织肿胀。

12. 掌骨和跖骨的恶性肿瘤（如骨肉瘤或软组织肿瘤）——偶尔发生。
13. 指的恶性肿瘤（图 3–18）——溶骨型或溶骨 – 成骨混合型病变，伴有影响第 3 指节骨 ± 第 2 指节骨的软组织肿胀。鉴别诊断包括甲沟炎、骨髓炎、骨内表皮样囊肿。
    a. 甲床鳞状细胞癌——多为大型犬和非色素沉着区域；主要是溶骨型的，通常从远端向近端破坏骨骼。
    b. 恶性黑色素瘤——主要是色素沉着区域。
    c. 猫——源于肺癌的多骨性指转移灶，常影响多个指，主要是负重指。
14. 骨内表皮样囊肿——据报道，影响犬的第 3 指节骨，但皮肤病变更常见；病因不明，在人，指发生病变时，通常继发于创伤。鉴别诊断为甲沟炎、骨髓炎、恶性肿瘤。
15. 掌骨和跖骨骨折。
    a. 常见创伤性损伤，特别是前肢；常多个发生，有移位和微骨痂形成。第 2 和第 5 掌骨（跖骨）近端骨折通常伴有腕关节（跗关节）侧副韧带损伤。
    b. 第 1 指骨折可能会引起跛行，尽管不是负重指。
    c. 比赛的灵猩犬偶见右后肢第 3 跖骨应力性骨折；因为有邻近跖骨支撑，所以移位很轻微。
16. 指间关节半脱位——比赛的灵猩犬，特别是左前肢第 5 指。会自发性减轻，只见软组织肿胀。
    a. 远端指间关节——指外翻，背侧弹性韧带完整。
    b. 近端指间关节。
17. 籽骨骨折——通常发生在掌骨的第 2 和第 7 籽骨；特别是比赛的灵猩犬的右前肢。新伤可见清晰的骨折线；碎片随时间重塑。鉴别诊断为先天性二分或多分籽骨、罗威纳犬的籽骨疾病。
18. 指的骨关节病——单个、少数或多个关节发病，伴不同程度的新骨形成；多为老年的活跃的大型犬，有时很严重，指展开。临床症状各异。

3.8 骨盆和荐髂关节

摆位

腹背位（VD）；侧位；斜侧位，可减少两侧骨盆骨的重叠。在创伤病例中，X 线束向前倾斜 20° 的正切腹背位（腹 20° 前 – 背后斜位）可提供更多的信息。

发育

髂骨、坐骨和耻骨的骨化中心在出生时出现，髋臼骨在 7 周龄出现；髋臼处这四块骨的融合发生在 4 ~ 6 月龄（图 3–19）。坐骨结节在 3 月龄出现，8 ~ 10 月龄与坐骨融合；坐骨后缘通常凹凸不平，特别是大型犬。髂骨嵴在 4 月龄出现，1 ~ 2 岁融合或长期保持开放（其表现各异）。骨盆联合处后部在 7 月龄时偶尔可见三角形的骨化中心。

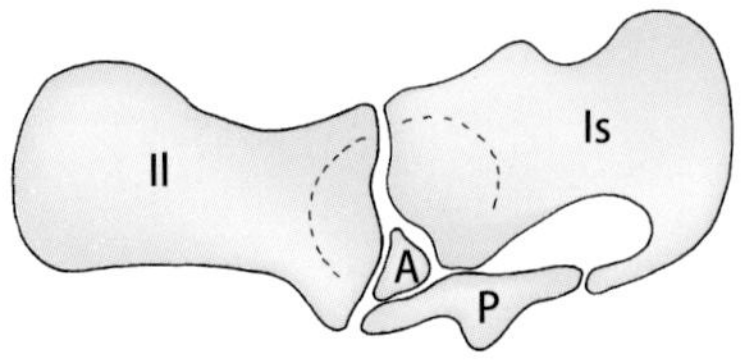

图3-19 骨盆主要的骨化中心（侧位观）。A，髋臼骨；Il，髂骨；Is，坐骨；P，耻骨。

荐髂关节

在人，背部疼痛的原因之一是荐髂关节疾病，但在犬中证据不足。荐髂关节由腹侧和后侧的滑膜关节与背侧粗糙交错的纤维软骨联合组成。后肢轻度向后伸展的腹背位X线片，因荐椎保持水平位置，是显示荐髂关节背侧、中部和腹侧的最佳摆位；而后肢完全伸展的腹背位，荐椎与胶片形成一定的角度，可良好地显示荐髂关节的前部。X线征象包括关节病、硬化、不同程度的矿化导致关节僵硬、肿瘤和骨髓炎。

1. 伪影——腹背位上，因肛囊中气体的重叠，坐骨出现类似骨质溶解的征象。
2. 肌肉萎缩的金毛寻回猎犬，骨盆骨的形状发生形变。
3. 肿瘤。
   a. 骨软骨瘤——特别是髂骨翼，幼年犬（见1.15.2和图1-19）。
   b. 软骨肉瘤——扁平骨易患软骨肉瘤，但骨盆也可能发生其他原发性恶性肿瘤（如骨肉瘤、纤维肉瘤）。
   c. 多发性骨髓瘤（浆细胞骨髓瘤）——骨盆是好发部位（见1.18.2和图1-24）。
4. 骨盆骨折（图3-20）——常见于创伤；通常是多处骨折和移位。并发症包括下泌尿道损伤、荐尾脱位及骨盆畸形愈合导致的便秘和难产。也可能并发胸腔损伤，建议同时拍摄腹部和胸部X线片。
5. 荐髂关节分离（图3-20）——常见的损伤，尤其是猫；单独发生或伴有骨盆骨折。若为双侧性分离或伴有同侧骨盆骨折，骨盆可能发生前方移位。鉴别诊断为在轻度歪斜的腹背位X线片上荐髂关节正常的透线性征象。

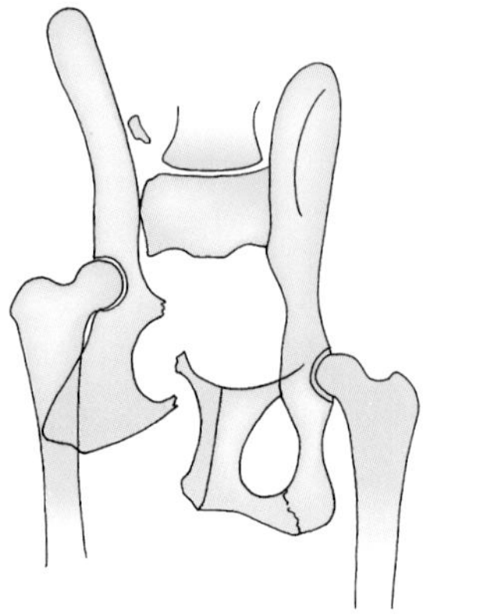

图3-20 猫骨盆骨折和单侧荐髂关节分离。

6. 猫——钝性创伤如车祸，造成耻骨前肌腱撕脱；在某些病例中，耻骨前缘可以见到撕脱的骨碎片。
7. 杜宾犬的血管性血友病异位骨软骨纤维化（见3.9.12）。

3.9 髋关节（髋股关节）

摆位

伸展腹背位；屈曲腹背位（蛙位）；对侧肢体外展的内外侧位；髋关节重叠的骨盆侧位；背侧髋臼缘位；分离腹背位（PennHIP）；对股骨前背侧施加压力的腹背位。

1. 股骨头凹——股骨头圆韧带附着处不规则的局灶性区域；大小不一，在髋关节伸展腹背位X线片上可见股骨头中心扁平；不要误认为是髋关节发育不良的征象。
2. 髋臼前背侧缘的附属骨化中心——偶尔可见，可能是没有融合的；鉴别诊断为髋臼背侧缘的骨软骨病（见3.9.5）。
3. 髋关节发育不良（图3-21）——发育性和部分遗传性因素造成的髋关节松弛，可导致半脱位、骨畸形和继发性变性性病变；临床症状通常局限于大型犬（德国牧羊犬和拉布拉多犬特别普遍），但在小型犬和猫（尤其是缅因猫）也可以见到X线征象。某些国家有X线筛查程序。主要的X线征象包括股骨头半脱位、髋臼窝浅、髋臼前缘扁平、髋臼缘和股骨颈周围新骨形成，严重病例可见股骨头变形和肌肉萎缩。在猫，病变主要影响髋臼，而非股骨头和股骨颈。需要拍摄对称的腹背位片，因为骨盆向一侧倾斜可能导致更靠近摄影床侧的髋关节表现类似半脱位的征象。伸展腹背位也要是标准摆位；有些筛查程序需要拍摄屈曲腹背位。通过测量Norberg角来评估半脱位的程度和髋臼的深度（图3–22）。犬的正常值>105°，猫>95° 。

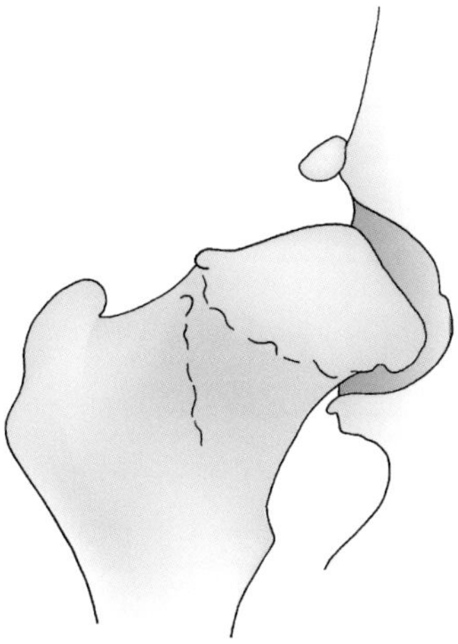

图3–21 严重的髋关节发育不良和继发性骨关节病。股骨头半脱位和重塑，髋臼窝浅和不规则。髋臼窝内、髋臼缘周围、环绕股骨颈及沿干骺端垂直分布的新骨形成。沿干骺端垂直分布的新骨形成又称后外侧曲线骨赘（摩根线）。

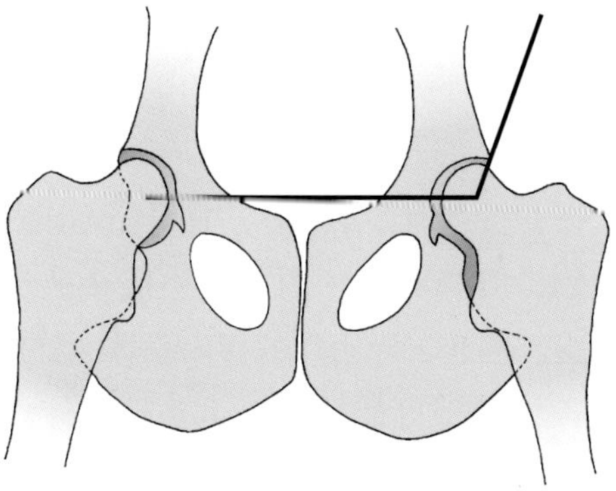

图3–22 Norberg角的测量方法。两个股骨头中心的连接线为基线，然后在每个髋关节画第2条线，从股骨头中心到髋臼前背侧缘。正常的髋关节中，两条线之间的夹角为105° 或更大。Norberg角减少提示股骨头半脱位和/或髋臼窝变浅，与发育不良的程度成正比。

PennHIP方案

在股骨间使用支撑物，施加应力使髋关节分离，与不施加应力时的股骨头中心位置的距离进行比较，定量评估髋关节松弛程度，称为分离指数（DI）（图3–23）。DI = 0表示髋关节协调，不松弛；DI = 1，表示髋关节脱位。DI是髋关节继发性骨关节病的良好的预后指标，DI < 0.3的髋关节很少发生继发性病变。

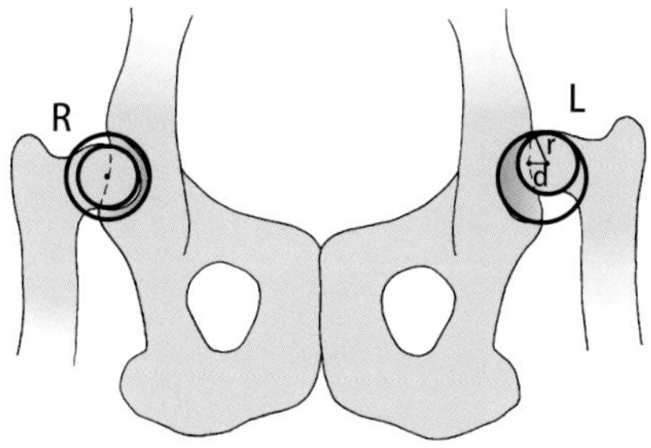

图3–23 计算分离指数（DI）。右侧髋关节在施加应力后仍保持协调，股骨头中心没有移位；DI = 0。左侧髋关节在应力下半脱位，股骨头中心向外侧移位；DI = 股骨头移动距离的直径/半径（Journal of the American Veterinary Medical Association已授权）。

髋臼背侧缘观

用于评估犬骨盆三刀切截骨术的适合性。犬俯卧，后肢向前牵拉，股骨平行于身体，跗骨从摄影床面轻微抬高。该摆位可造成腰荐关节和髋关节的屈曲，导致骨盆形成锐利的角度，髋臼顶正切位投照，有助于评估髋臼背侧缘的斜率。

4. 累–卡–佩氏病（佩氏病；股骨头缺血性坏死）（图3–24）——青春期的小型犬好发，特别是㹴犬；无性别倾向性；通常单侧发生，偶尔为双侧性。缺血性坏死的股骨头由纤维血管组织修复；在某些品种（如西高地白㹴）可能是常染色体隐性基因遗传。X线征象包括股骨头密度不均、股骨头塌陷、关节间隙增宽和不规则、股骨颈内翻畸形、继发性骨关节病和肌肉萎缩。鉴别诊断为髋关节囊内创伤、严重的髋关节发育不良（仅限于非好发品种）、股骨头骨软骨病（OCD）。

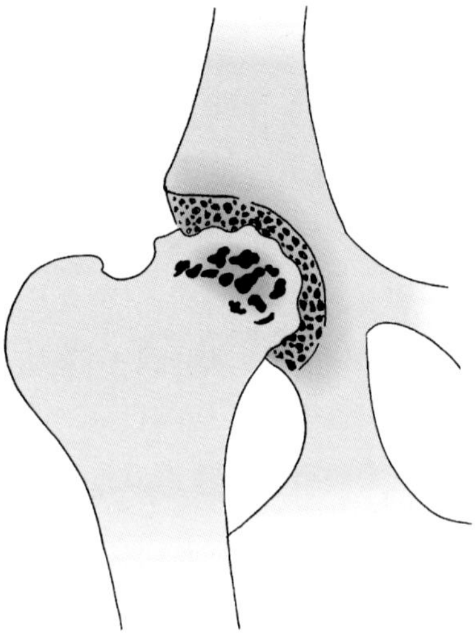

图 3–24　严重的累 – 卡 – 佩氏病：股骨头因骨质溶解显示出虫蚀样透线性区域，而且发生塌陷，导致关节间隙增宽和不规则。

5. 骨软骨病（OCD）——髋关节是非好发部位。
   a. 股骨头——在北京犬、拉布拉多犬和边境牧羊犬中有过报道；局灶性软骨下骨质溶解 ± 矿化瓣形成。鉴别诊断为累 – 卡 – 佩氏病，尽管呈现多灶性病变。
   b. 髋臼背侧缘——鉴别诊断为附属骨化中心（见 3.9.2）。
6. 生长板发育不良，伴有股骨头骨骺脱位（SCFE，又称为自发性股骨头骨骺骨折）（图 3–25）——主要见于猫，偶尔见于犬。不常见，病因不明，可能是因为软骨性生长板缺损，即无明显创伤的股骨头移位。跛行症状隐袭，进行性发展。患猫通常不到 2 岁，主要是室内生活的超重去势雄性猫；患犬通常约 1 岁，也是超重的去势雄性居多，拉布拉多犬和喜乐蒂牧羊犬可能更易感。单侧或双侧发生，或单侧发生时另一侧髋关节随后也发生病变。X 线片显示股骨头不同程度的移位或“滑动”、生长板开放、股骨颈密度改变，在更慢性的病例中因骨吸收（苹果核样外观）而使股骨颈变窄。SCFE 在人医研究透彻，主要见于肥胖的青春期男孩，也见于猪（称为骨骺脱离，认为是生长板骨软骨病）。

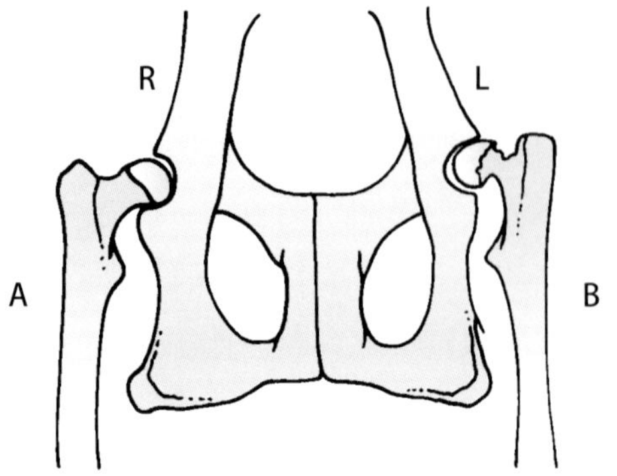

图 3–25　猫股骨头骨骺滑脱：A，早期；B，晚期。A，右侧髋关节，在生长板区域可见一透线性密度线；B，左侧髋关节，股骨颈可见骨质溶解，产生苹果核外观，股骨头与股骨其余部位之间发生位移。

7. 猫——猫股骨颈干骺端骨病；与 SCFE 非常类似，可能是同一疾病的晚期阶段。
8. 黏多糖贮积病或黏脂贮积病——可能会造成髋关节发育不良，尤其是猫。
9. 髋关节脱位——骨骼成熟犬猫常见的创伤性损伤；股骨头通常向前背侧移位。需要侧位和腹背位 X 线片确认移位方向。在髋臼内，可能见到从股骨头圆韧带附着处至股骨头的小的撕脱性骨折。检查确认其他骨盆或股骨骨折、荐髂关节分离和下泌尿道损伤。慢性未复位的髋关节脱位导致髂骨体新骨形成与假关节形成。
10. 累及髋关节的骨折。
   a. 股骨近端生长板骨折——Salter–Harris Ⅰ型或Ⅱ型（骨骺滑脱）：未成年犬猫最常见的股骨头损伤，需要拍摄伸展和屈曲腹背位 X 线片进行诊断，因为在一个摆位下骨折可能会不明显。在骨骼不成熟的动物，股骨头唯一的血液供应是通过关节囊，因此未经治疗的囊内股骨颈骨折或生长板骨折可能导致股骨头缺血性坏死和不愈合，从而导致股骨颈吸收，产生苹果核样外观。
   b. 股骨颈骨折——囊内或囊外均可发生。在骨骼成熟的动物，通过尚存的髓腔提供血液供应，骨吸收可能性不大。

c. 髋臼骨折——股骨头向内侧移位；可能继发骨关节病。

d. 股骨头撕脱性骨折——髋关节脱位时，小骨碎片仍然连接于圆韧带。

e. 生长板发育不良和 SCFE（骨骺脱离——见 3.9.6 和图 3–25）。

11. 钙化性肌腱病。

a. 臀中肌（臀深肌和臀浅肌不常见）——股骨大转子附近的一个或多个圆形矿化体，通常见于大型犬的腹背位髋关节 X 线片；临床上无意义。

b. 髂腰肌——小转子附近的类似征象。

c. 股二头肌——坐骨结节附近。

12. 杜宾犬血管性血友病异位骨软骨纤维化——在髋关节的区域内可见大小不一的矿化组织和 / 或骨膜反应，造成关节活动范围严重减小。一般认为是血管假性血友病因子水平低导致犬微血管出血所致。鉴别诊断为骨肿瘤。

3.10　股骨

摆位

内外侧位；前后位。

发育

骨干的骨化中心出在生时出现。近端和股骨头在 2 周龄出现，大、小转子在 8 周龄出现，与骨干的融合分别在 6 ～ 11、6 ～ 10 和 8 ～ 13 月龄。远端、内侧和外侧股骨髁在 3 周龄出现，6 ～ 11 月龄与骨干融合。

1. 生长停滞线——大型犬髓腔内的细小的、横向的硬化线；无临床意义。鉴别诊断为早期的全骨炎。

2. 代偿性股骨生长过度——因胫骨生长板提前闭合引起胫骨明显缩短，从而与对侧肢体相比，股骨长度增加，这种情况在犬已有相关描述。病理机制可能是负重降低导致的生长板压力减小或血流改变。

3. 全骨炎——股骨是好发部位（见 1.13.6 和图 1–17）。

4. 干骺端骨病（肥大性骨营养不良）——股骨近端和远端干骺端是非好发部位；最明显的病变通常发生在桡骨和尺骨远端（见 1.24.4 和图 1–31）。

5. 肥大性（肺性）骨病（Marie’s 疾病）——股骨是非好发部位（见 1.14.6 和图 1–18）。

6. 肿瘤。

a. 原发性恶性骨肿瘤（骨肉瘤最常见）——股骨近端干骺端是偶发部位，远端干骺端更易感，但是发生率低于前肢。

b. 皮质旁骨肉瘤——股骨远端是好发部位（见 3.11.12 和图 3–29）。

c. 股部浸润性脂肪瘤——股部肿胀，并且因脂肪引起肌腹移位；罕见股骨骨质溶解或新骨形成。

7. 股骨骨折。

a. 骨干——常见，多为粉碎性骨折。

b. 股骨近端（见 3.9.10）。

c. 大转子撕脱性骨折；很少单独发生，常伴有髋关节脱位。

d. 股骨远端（见 3.11.13）。

3.11　膝关节

摆位

不同屈曲程度的内外侧位；前后位或后前位；应力位；屈曲的前侧近端 – 前侧远端斜位，用于显示滑车沟。

发育

髌骨骨化中心在 9 周龄出现，腓肠豆和腘籽骨在 3 月龄出现。

超声检查

超声检查膝关节疾病的应用已有描述（见参考文献）。

1. 腘籽骨未矿化——偶然发现，特别是小型犬。
2. 腓肠豆。
   a. 猫——内侧腓肠豆通常比外侧腓肠豆小，也可能缺失（玩具犬中也偶见）。
   b. 内侧腓肠豆未骨化——偶然发现。
   c. 二分或多分腓肠豆——两个或多个光滑的圆形碎片；鉴别诊断为陈旧性腓肠豆骨折（若在发育阶段则随时间而改变）。
   d. 某个腓肠豆（通常是内侧）远端移位，特别是在西高地白㹴和其他小型㹴犬。
3. 髌骨变异。
   a. 先天性髌骨发育不全——猫有报道。
   b. 猫——正常的髌骨向远端逐渐变细、变尖，不要与新骨混淆。
   c. 二分或多分髌骨——两个或多个平滑的圆形碎片，可能有一定程度的分离；鉴别诊断为陈旧性髌骨骨折（无软组织肿胀，或愈合期内随时间变化）。
   d. 高位髌骨——在某些大型直腿的犬，髌骨位置可能非常高，甚至在滑车沟近端；也可能伴有髌骨内侧脱位。
   e. 低位髌骨——与高位髌骨相反，好发品种类似，可能伴有髌骨外侧脱位。
4. 股骨远端骨软骨病（OC 或 OCD）（图 3-26）——与其他部位 OC（OCD）的好发品种、年龄和性别倾向性类似；已有一例家养短毛猫发病的报道；可能双侧发生；不如前肢 OC（OCD）常见。
   a. 股骨外侧髁（内侧部）最常见。
   b. 股骨内侧髁。
   c. 外侧滑车嵴——罕见；鉴别诊断为未成熟骨 4 月龄前的正常粗糙外观。

膝关节 OC（OCD）的 X 线征象与肩关节 OC（OCD）类似，还包括膝关节积液（见 2.2.1 和图 2-1）、软骨下骨粗糙或扁平及其下方透线性增加、覆盖矿化的软骨瓣、不同位置（包括滑车上囊）的关节鼠和轻度骨关节病。

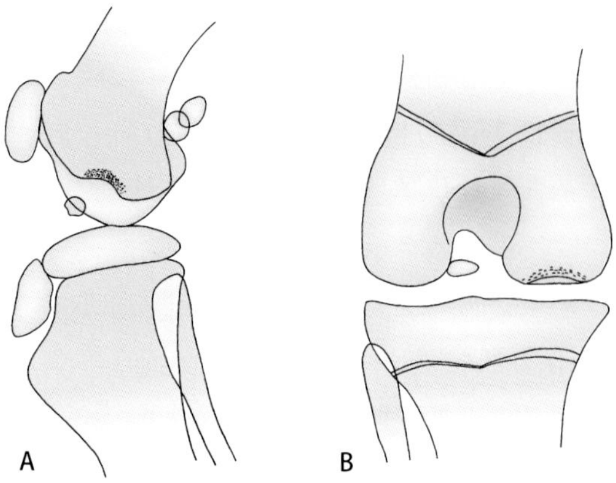

图 3-26　膝关节分离性骨软骨炎，股骨内侧髁发生病变：图 A 为内外侧位观；图 B 为前后位观（右侧膝关节）。内侧股骨髁上可见软骨下骨侵蚀和邻近骨硬化，而且在关节间隙内可见一游离的矿化体。也可能存在关节积液。

5. 髌骨内侧脱位。
   a. 先天性或发育性（图 3-27）——多为玩具犬品种；在猫，不常见，可能是偶然发现，但在德文卷毛猫和埃塞俄比亚猫有遗传倾向。比髌骨外侧脱位更常见；可能单侧发生或双侧发生。通常继发于潜在的股四头肌结构发育性排列紊乱，股骨头和股骨颈前倾减小和髋内翻，导致膝关节外旋（膝内翻或弓形腿）。诊断主要基于触诊，需要确认 4 级系统的严重度分级。X 线片

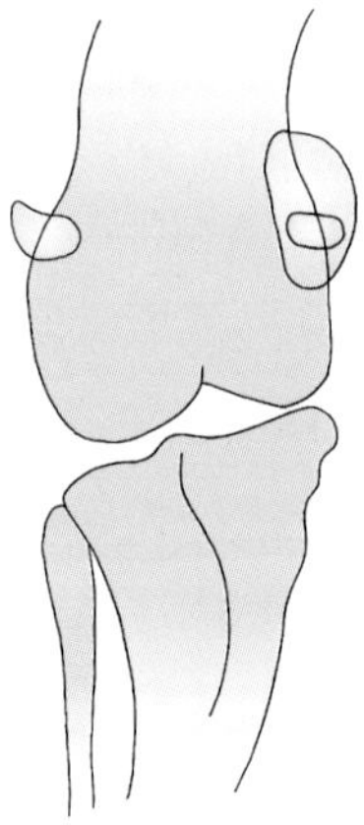

图 3-27　先天性或发育性髌骨内侧脱位（右侧膝关节前后位观）。髌骨内侧移位，并沿其长轴旋转；股骨远端和胫骨近端弯屈，股胫关节间隙倾斜。

有助于显示肢体畸形的程度和继发性骨关节病，轻度病例可能显示正常，但难以区分骨骼畸形的原因和髌骨脱位的结果。X线征象包括髌骨内侧移位（但在拍摄前后位的摆位过程中髌骨可能复位）、股骨远端1/3外侧弯曲和外旋、股胫关节内外侧倾斜、胫骨粗隆内侧移位和重塑、胫骨近端内侧弯曲和胫骨粗隆内旋、滑车沟变浅伴内侧嵴发育不全与股骨内侧髁发育不全（见前侧近端－前侧远端位观）、继发性骨关节病。

b. 获得性——通常是因为创伤和软组织损伤；髌骨移位（可能在X线检查摆位时复位），但骨骼外观可能正常。

6. 髌骨外侧脱位——更少见，常发生在大型品种犬。

a. 由创伤导致股骨远端或胫骨近端的外侧部生长减少造成。

b. 继发于髋关节畸形（前倾增加和髋外翻），导致膝关节内旋（膝外翻）。X线征象与髌骨内侧脱位相反。

7. 股骨远端生长板提前闭合——通常是外侧部，导致膝外翻和髌骨外侧脱位；可能伴有髋关节发育不良。

8. 胫骨近端生长板提前闭合（胫骨平台变形）（图3–28）——多为年轻成年犬，各个品种都可能发生，如粗毛柯利犬和西高地白㹴；可能是因为Salter–Harris Ⅰ型或Ⅴ型骨折导致生长板受损。严重病例，可导致膝关节伸展不稳定（导致后肢蜷缩的姿势）±弓形腿；患犬通常表现继发性前十字韧带断裂的症状。X线征象包括膝关节平台重塑、股胫关节间隙向后远端倾斜、腓骨向后弯曲、十字韧带损伤继发性关节积液和骨关节病。

9. 猫——维生素A过多症；膝关节是除脊柱和肘关节外的好发部位；鉴别诊断为滑膜性骨软骨瘤病（见3.11.18）。

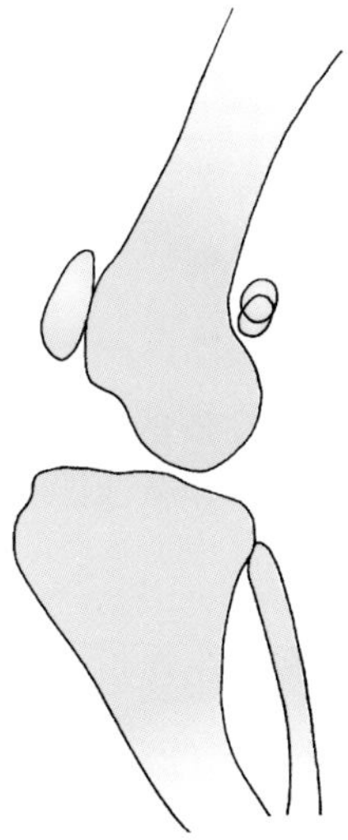

图3–28 胫骨近端生长板提前闭合（胫骨平台畸形）：胫骨近端关节面向后远端倾斜，腓骨弯曲。

10. 特发性渗出性关节炎或幼年性膝关节炎——特别是拳师犬和罗威纳犬，1～3岁，可能双侧发生；特发性关节病可能导致前十字韧带断裂（见3.11.14）。

11. 滑膜肉瘤（偶见其他软组织肿瘤）——膝关节是好发部位（见2.4.7和图2–4）；主要是大型犬。鉴别诊断为严重的骨关节病，其中重叠的新骨可能被误诊为骨质溶解；脓毒性关节炎。最有意义的X线征象为软组织肿物造成髌骨移位。

12. 骨旁骨肉瘤（图3–29；另见1.15.2）——罕见：X线征象和病理学与其他骨肉瘤均不同。骨性肿物，起源于骨膜或骨旁结缔

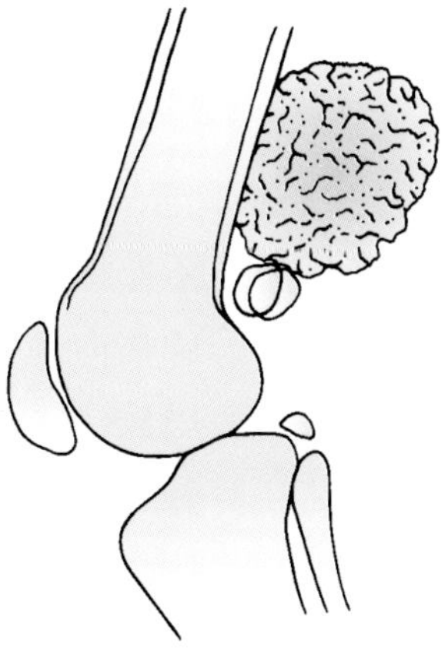

图3–29 骨旁骨肉瘤：股骨远端后侧可见一大的致密的无结构性骨性肿物。没有明显的潜在性骨质溶解，可能会被误诊为良性病变。

组织，生长缓慢，光滑或分叶，非侵袭性，没有或轻微的潜在性骨质溶解；常见于股骨远端后侧的膝关节周围。

13. 累及膝关节的骨折。

a. 股骨远端髁上骨折——骨骼未成熟动物股骨远端生长板的 Salter-Harris Ⅰ型或Ⅱ型骨折，股骨髁通常后旋，可能会畸形愈合。

b. 胫骨粗隆撕脱性骨折（图 3-30）——胫骨粗隆生长板 Salter-Harris Ⅰ型骨折。

- 外源性；外部创伤导致。
- 内源性；无或仅有轻微创伤；灵猩犬和英国或斯塔福牛头㹴好发，可能为双侧性；有一窝动物发生生长板 OC 的报道。

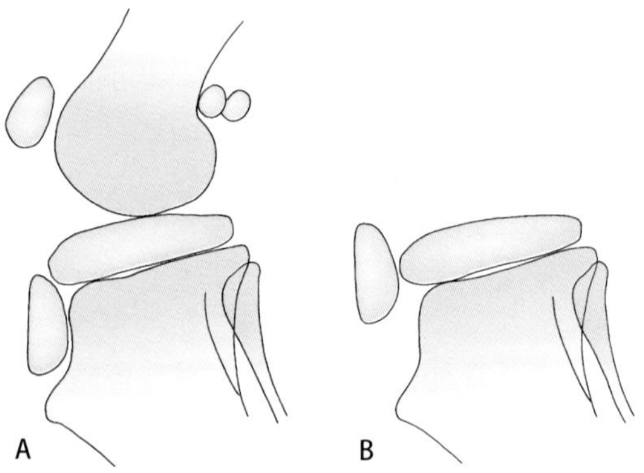

图 3-30 胫骨粗隆撕脱性骨折：图 A 为未融合的正常胫骨粗隆，图 B 为分离的胫骨粗隆，向近端移位。

X 线征象包括胫骨粗隆近端移位或旋转 ± 多灶性小的矿化碎片、软组织肿胀。鉴别诊断包括正常的较宽生长板（与对侧肢相比，除非存在双侧的临床症状）。

c. 胫骨近端生长板骨折——Salter-Harris Ⅰ型或Ⅱ型骨折；胫骨粗隆可能仍相连或分离，胫骨干通常向前移位；可能会畸形愈合（见 3.11.8）。㹴类犬好发胫骨嵴撕脱和胫骨近端生长板 Salter-Harris Ⅱ型骨折，形成后外侧或后内侧干骺端碎片。

d. 髌骨骨折——由直接打击造成，但在患有髌骨硬化的猫可能是自发性的，而且双侧发病。若为横骨折，碎片会分开。伴有碎片重塑的慢性损伤，鉴别诊断为二分或多分髌骨。

e. 腓肠豆骨折——在犬已有外侧腓肠豆自发性骨折的报道，尤其是拉布拉多犬、金毛寻回猎犬和粗毛柯利犬。伴有骨碎片重塑的慢性损伤，鉴别诊断为二分或多分腓肠豆。

14. 十字韧带疾病。

a. 前十字韧带拉伤或断裂——急性创伤或慢性拉伤，尤其是后肢直立的大型犬；多为双侧性。X 线征象包括关节积液、继发性骨关节病（见 2.5.2，3.11.17 和图 2-1，图 2-6）、关节鼠和韧带区域营养不良性矿化、韧带附着处胫骨平台重塑；严重病例中，胫骨相对股骨向前移位。胫骨应力位 X 线片是敏感性较高的检查方法——膝关节屈曲 90°，跗关节最大屈曲，前十字韧带损伤的病例膝关节向前移位、腘籽骨向远端移位。可以测量胫骨平台角（TPA）（图 3-31）；十字韧带疾病的患犬，是否出现角度变小尚有争议，但 TPA 测

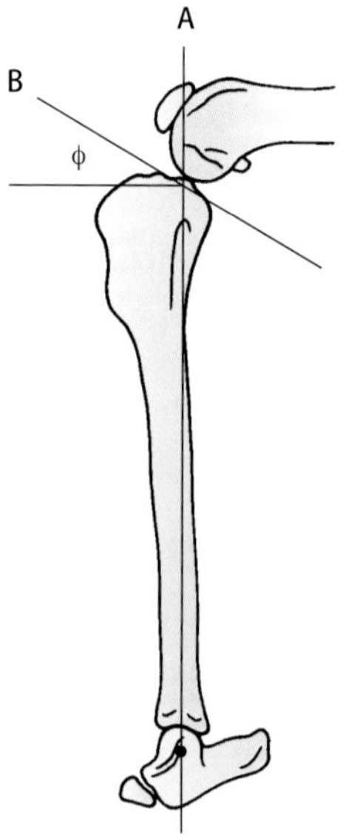

图 3-31 胫骨平台角（TPA）的测量。垂直线“A”穿过胫骨髁间隆起的中心和距骨中心，代表胫骨的功能轴。胫骨平台线“B”连接胫骨平台内侧的前缘和后缘。TPA（Φ）就是“A”线的垂直线与“B”线的角度。

量可用于胫骨平台水平截骨术（TPLO）的规划；TPLO 可使胫骨平台恢复水平，从而减小前十字韧带的压力。

b. 胫骨平台前十字韧带附着处撕脱——小于 2 岁的犬，韧带的强度高于骨骼。X 线征象包括关节积液和关节中央小的矿化碎片。鉴别诊断为 OC（OCD）、继发性骨关节病。

c. 前十字韧带起点的部分撕脱——罕见；股骨远端髁间区域小的矿化碎片和髌下脂肪垫后方的囊内软组织肿胀。

d. 后十字韧带起点或附着处撕脱——通常伴有多种膝关节损伤，单独的损伤很少见。X 线征象包括关节积液、胫骨后移、股骨髁间窝后部或胫骨平台后部的矿化碎片、继发性骨关节病。

15. 肌腱撕脱。

a. 指长伸肌起点撕脱（图 3–32）——多为骨骼未成熟的大型犬；可能无明显创伤。X 线征象包括邻近股骨远端伸肌窝的矿化碎片、内外侧位 X 线片上位于关节中央但在前后位 X 线片上位于外侧的矿化碎片；在伸肌窝处也可见透线性的骨缺损；在某些患犬，仅有软组织病变，无 X 线征象改变。

b. 一个或两个腓肠肌头撕脱（图 3–33）——与跟腱远端损伤相比，不常见；可能双侧发病；可能无明显创伤；若内侧和外侧头都受影响，会导致跖行和跗关节过度屈曲。X 线征象包括相关腓肠豆向远端移位，跗关节屈曲会加重移位；在某些病例中，只见跗关节屈曲；在慢性病例中，肌腱起点处的股骨远端髁上结节可见新骨形成，相关的腓肠豆周围新骨形成，周围软组织营养不良性矿化。

c. 腘肌起点撕脱——创伤导致，可能伴有前十字韧带断裂；前后位 X 线片可能显示股骨外侧髁外侧部撕脱性骨碎片和透线性骨缺损，伴有腘籽骨的远端移位。鉴别诊断为腘肌腱断裂或在前十字韧带损伤病例中拍摄胫骨应力位 X 线片的过程中断裂。

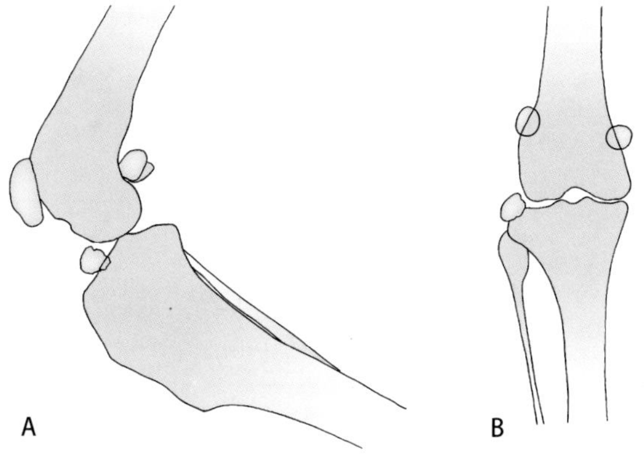

图 3–32　起源于伸肌窝的指长伸肌腱起点的撕脱；在股胫关节间隙的前外侧可见矿化的碎片；图 A 为内外侧位观；图 B 为前后位观（右侧膝关节）。

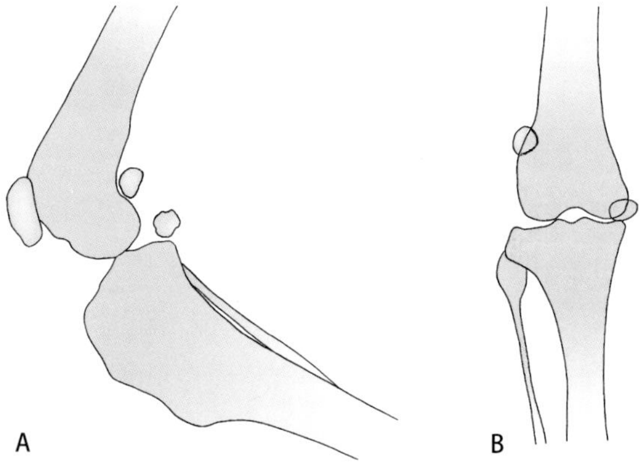

图 3–33　腓肠肌内侧头撕脱，导致内侧腓肠豆远端移位；图 A 为内外侧位观；图 B 为前后位观（右侧膝关节）。

16. 膝关节其他韧带和软组织创伤。

a. 侧副韧带断裂——需要拍摄内侧或外侧施加应力的前后位 X 线片。

b. 髌骨韧带撕脱或断裂——膝关节屈曲会加重髌骨近端移位，髌下脂肪垫前软组织肿胀。可用超声检查肌腱的改变。

c. 膝关节脱位——十字韧带和侧副韧带断裂；猫更常见；胫骨通常向前移位。

d. 股四头肌挛缩——创伤或肌炎导致，造成膝关节过度伸展和髌骨近端移位。

17. 膝关节骨关节病——非常常见的变性性疾病，尤其是大型犬；多为双侧性；通常继发于前十字韧带疾病，但也会继发于OC（OCD）、髌骨脱位、创伤等。X线征象包括关节积液、髌下脂肪垫影像消失、股胫关节后侧筋膜面移位、关节周围多部位（髌骨两极、沿着股骨远端滑车嵴、股骨上髁、股骨外侧髁的伸肌窝、腓肠豆和腘籽骨周围、胫骨平台关节缘周围）新骨形成、关节内矿化或关节游离体、软骨下骨硬化、髁间窝内软骨下囊肿；负重位X线片下，股胫关节间隙狭窄（见2.2.1，2.5.2和图2–1，图2–6）。

18. 滑膜性骨软骨瘤病或滑膜软骨化生——不常见；膝关节是好发部位，特别是在猫和大型犬（见2.8.18和图2–7）。猫的鉴别诊断包括维生素A过多症。
19. 半月板钙化或骨化——不常见，犬猫均可发生；特发性或继发于创伤（通常与前十字韧带断裂有关）；在内侧（更常见）或外侧半月板的前角中有不同大小的矿化体。
20. 钙化性肌腱病。
    a. 股四头肌。
    b. 腓肠肌。
21. 膝关节内或附近的矿化体（见2.8）。
    a. 正常的籽骨。
    b. 骨折的籽骨。
    c. 骨软骨病（OCD）。
    d. 十字韧带损伤。
       - 受损肌腱的营养不良性矿化。
       - 撕脱碎片。
    e. 骨关节病——骨赘或末端骨赘骨折。
    f. 骨折碎片。
    g. 趾长伸肌、腓肠肌或腘肌撕脱。
    h. 半月板钙化或骨化。
    i. 滑膜性骨软骨瘤病。
    j. 假性痛风。
    k. 猫——维生素A过多症。

3.12 胫骨和腓骨

摆位

内外侧位；前后位。

发育

两个骨干的骨化中心都在出生时出现。近端、内侧和外侧胫骨髁在3周龄出现，胫骨粗隆在8周龄出现；胫骨髁在6周龄融合，胫骨粗隆与胫骨髁在6 ~ 8月龄融合，胫骨粗隆与胫骨髁在6 ~ 12月龄与骨干融合。腓骨近端骨骺在9周龄出现，在6 ~ 12月龄与骨干融合。胫骨远端骨骺在3周龄出现，内侧踝在5月龄出现，5 ~ 11月龄发生融合；腓骨骨骺在2 ~ 7周龄出现，5 ~ 12月龄融合。

1. 骨软骨发育不良——犬猫不同类型的遗传性侏儒症（见1.22.7）。胫骨远端是继桡尺骨远端之后的第二好发部位，但是后肢通常比前肢受到的影响程度轻。
2. 内翻足——胫骨远端向内侧弯曲，导致跗骨和趾骨向中线弯曲（内翻畸形）；单侧或双侧发生；在腊肠犬，认为是遗传性的，但也可能是创伤导致。
3. 干骺端骨病（肥大性骨营养不良）——胫骨近端和远端干骺端的病变，但是没有桡尺骨远端病变严重（见1.24.4和图1–31）。
4. 全骨炎——胫骨可能会受到影响（见1.13.6和图1–17）。
5. 佝偻病（幼年骨软化症）——胫骨远端生长板是继桡尺骨远端之后第二好发部位（见1.23.8和图1–30）。
6. 肥大性（肺性）骨病（Marie’s疾病）——胫骨 ± 腓骨可能发生栅栏样骨膜新骨形成，但肢体的远端最先受到影响（见1.14.6和图1–18）。
7. 原发性恶性骨肿瘤（骨肉瘤最常见）——胫骨近端和远端干骺端是好发部位，但是没有肱骨和尺骨常见。
8. 胫骨和腓骨骨折。

a. 胫骨近端（见 3.11.13）。
b. 骨干——胫骨可能旋转或造成不完全的裂隙骨折。
c. 胫骨远端（见 3.13.7）。

3.13 跗骨（跗关节）

摆位

内外侧位；屈曲内外侧位；背跖位；屈曲背跖位，检查滑车嵴；背外侧 – 跖外侧斜位；背内侧 – 跖外侧斜位；应力位和负重位。与腕关节相同，跗关节也是复合关节，骨骼标本或健肢对照的 X 线片有助于诊断。

发育

距骨和跟骨的骨化中心在出生时或在出生后第一周内出现；其他跗骨在 2 ~ 4 周龄出现；跟骨结节在 6 周龄出现，并在 11 周龄至 8 月龄期间与跟骨融合。

超声检查

已经超声检查总跟腱（阿喀琉斯腱）疾病的相关描述（见参考文献）。

1. 胫跗关节的骨软骨病（OCD）——与其他 OC 具有相似的好发品种和年龄，但没有明显的性别倾向；罗威纳犬、拉布拉多犬、英国牛头㹴和斯塔福牛头㹴多发；可能是双侧发生；没有前肢 OC 常见。
   a. 距骨内侧滑车嵴（胫跗骨）（图 3–34），通常发生在近端或跖侧　　目前为止最常见的部位。X 线征象包括关节积液和关节周围软组织肿胀、内侧胫跗关节间隙增宽，滑车嵴扁平和碎裂、关节鼠和明显的继发性骨关节病；背跖位、伸展和屈曲内外侧位征象多变（如果嵴的跖侧发生病变，在内外侧位中更明显；内侧嵴是两者中较小的）。

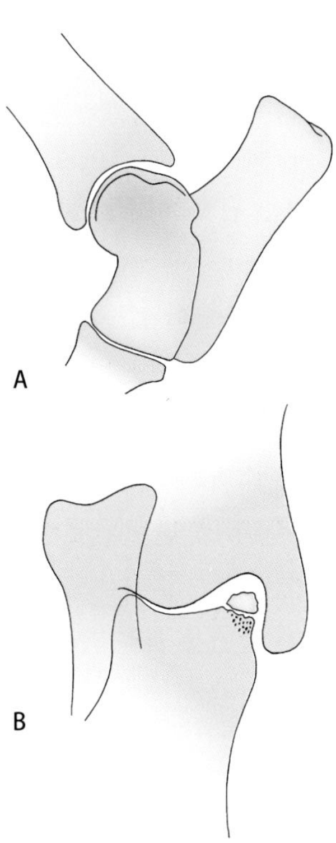

图 3–34　距骨内侧滑车嵴的分离性骨软骨炎：图 A 为内外侧位（ML）；图 B 为背跖位（DPl）（右侧跗关节）。内外侧位上可见其中一个骨嵴变平；背跖位确认为内侧嵴，并可见软骨下透线性区域，并覆盖有骨碎片和关节间隙增大。

   b. 距骨外侧滑车嵴，通常发生在背侧——不常见，难以诊断；罗威纳犬和金毛寻回猎犬好发。斜位和屈曲背跖位有助于诊断，该病变在内外侧位和背跖位不易显示。鉴别诊断为腓距骨韧带撕脱。
   c. 胫骨内侧踝碎裂——不常见；可能是某种骨软骨病，伴有内侧滑车嵴骨软骨病；罗威纳犬好发。
2. 胫骨远端生长板提前闭合——粗毛柯利犬好发；通常生长板的外侧部病变更严重，导致跗骨外翻（牛跗关节样构型）。
3. 猫——苏格兰折耳猫骨营养不良，跗骨和后爪病变最严重（见 3.7.8）。
4. 类风湿性关节炎——腕骨和跗骨是好发部位；经常双侧发生（见 2.4.8 和图 2–5）。
5. 猫——各种猫多关节炎，腕骨和跗骨是好发部位。

6. 中国沙皮犬发热综合征，又称中国沙皮犬家族性肾脏淀粉样变——通常是幼犬；病因不明；发热，常伴发跗关节急性滑膜炎（腕关节不常见）；有些犬发展为肾脏淀粉样变。
7. 跗骨骨折。
   a. 胫骨远端——胫骨远端生长板Salter-Harris Ⅰ型骨折。
   b. 胫骨和腓骨远端的内侧或外侧踝骨折——常伴有胫跗关节间隙的半脱位，可能需要应力位显示半脱位。
   c. 中央跗骨骨折（图3-35）——尤其是比赛的灵猩犬，主要是右侧跗骨，因为逆时针运动时会对内侧关节施加压力。可能与其他跗骨骨折同时发生。有以下5种类型：
      - 1型——无移位的背侧板骨折；在内外侧位上显示最明显。
      - 2型——背侧板移位的骨折。
      - 3型——矢状面骨折；罕见；在背跖位上显示最明显。
      - 4型——背侧面和矢状面联合骨折；最常见的类型。
      - 5型——严重的粉碎性骨折和移位。

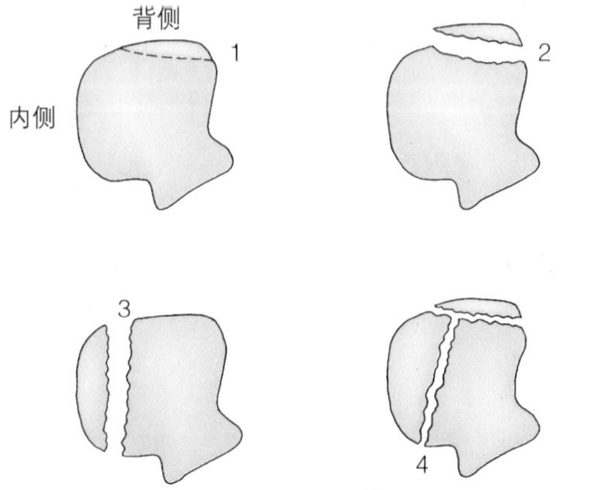

图3-35 中央跗骨骨折的分类：右侧中央跗骨的横断面。

   d. 腓跗骨（跟骨）骨折——特别是比赛的灵猩犬，右侧跗骨好发；通常伴有中央跗骨骨折或近端跗内关节半脱位；骨折位置各不相同，既有简单骨折又有粉碎性骨折。跟骨结节的骨折会被跟腱牵拉开。
   e. 其他跗骨骨折，如胫跗骨（距骨）或第4跗骨；除了比赛的灵猩犬，其他犬罕见，但是猫可能好发距骨颈骨折。
   f. 腓距韧带附着处的距骨外侧嵴撕脱性骨折。
8. 跗关节脱位和半脱位。
   a. 胫跗关节脱位——常伴有胫骨内侧或外侧踝骨折；可能需要应力位X线片（见2.3.19和图2-2）。
   b. 跗关节内和跖跗关节半脱位(图3-36)——创伤导致；在粗毛柯利犬、喜乐蒂牧羊犬和边境牧羊犬隐性发生，可能双侧发生；也可能伴有类风湿性关节炎（见2.4.8和图2-5）或系统性红斑狼疮。X线征象在内外侧位最明显，包括软组织肿胀、半脱位（应力位可能更明显）、新骨形成（尤其在跗关节跖侧）、末端骨赘和营养不良性软组织矿化。

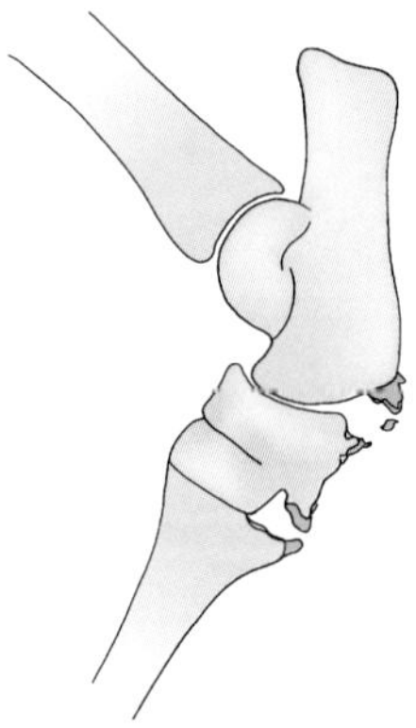
图3-36 慢性跗关节内半脱位，伴有跖侧新骨形成和软组织矿化。

   c. 已有中央跗骨脱位的报道，也可能存在中央跗骨的跖突骨折；边境牧羊犬好发。
   d. 在比赛的灵猩犬，已有因背侧跗关节韧带断裂导致背侧跗骨不稳定的报道。
9. 跟腱（腓肠肌和指浅屈肌的总腱，还有半腱肌、股薄肌和股二头肌）损伤（图3-37）——跟骨结节附着处或其附近的一个或多个腱部紧张、断裂或撕脱；成

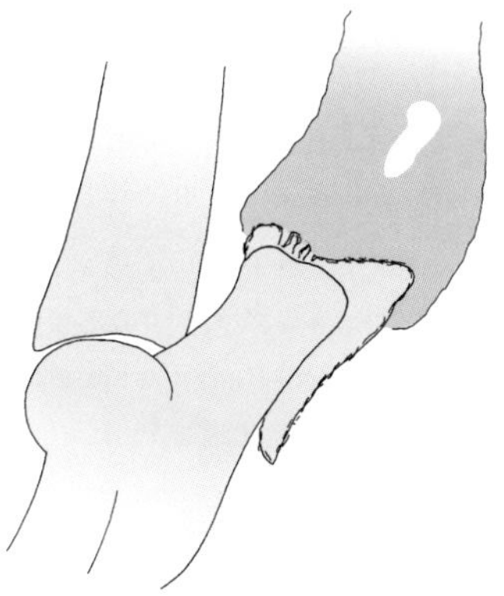

图 3–37 跟腱的慢性紧张：肌腱增厚、营养不良性矿化和跟骨处新骨形成。

年超重的大型犬好发，可能双侧发生。X 线征象包括肌腱和跟骨结节周围的软组织肿胀、跟骨结节上覆盖增殖性新骨形成、撕脱的骨碎片和肌腱营养不良性矿化。肌腱的超声检查有助于显示纤维断裂和矿化区域，其征象为伴有声影的高回声区（见 12.7.4 和图 12.6）。

10. 指浅屈肌腱外侧脱位——因其内侧附着点撕裂，导致肌腱从跟骨结节顶端向外侧移位，背跖位观可以见到该部位的骨骼扁平。X 线片通常仅显示软组织肿胀，无骨骼改变。
11. 跗关节骨关节病——通常继发于 OC（OCD）或其他潜在疾病；X 线片征象的变化可能比临床症状的表现轻微。在中央和第 3 跗骨的背侧可见平滑的新生骨刺，而且关节间隙的透线性消失，与马的飞节内肿类似，在犬通常为偶然发现，但有时伴有跛行。

延伸阅读

Techniques and normal anatomy

[1] Kramer, M., Gerwing, M., Hach, V., Schimke, E., 1997. Sonography of the musculoskeletal system in dogs and cats. Vet. Radiol. Ultrasound 38, 139–149.

[2] Meier, H.T., Biller, D.S., Lora-Michiels, M., Hoskinson, J.J., 2001. Additional radiographic views of the thoracic limb in dogs. Compend. Contin. Educ. Pract. Veterinarian (Small Animal/ Exotics) 23, 818–824.

[3] Meier, H.T., Biller, D.S., Lora- Michiels, M., Hoskinson, J.J., 2001. Additional radiographic views of the pelvis and pelvic limb in dogs. Compend. Contin. Educ. Pract. Veterinarian (Small Animal/Exotics) 23, 871–878.

[4] Muhumuza, L., Morgan, J.P., Miyabayashi, T., Atilola, A.O., 1988. Positive-contrast arthrography – a study of the humeral joints in normal beagle dogs. Vet. Radiol. 29, 157–161.

[5] Slocum, B., Devine, T.M., 1990. Dorsal acetabular rim view for evaluation of the canine hip. J. Am. Anim. Hosp. Assoc. 26, 289–296.

Congenital and developmental diseases; diseases of young animals

[6] Baines, E., 2006. Clinically significant developmental radiological changes in the skeletally immature dog: 1. Long bones. In Pract. 28, 188–199.

[7] Demko, J., McLaughlin, R., 2005. Developmental orthopedic disease. Vet. Clin. North Am. Small Anim. Pract. 35, 1111–1135.

[8] Hubler, M., Volkert, M., Kaser-Hotz, S., Arnold, S., 2004. Palliative irradiation of Scottish fold osteochondrodysplasia. Vet. Radiol. Ultrasound 45, 582–585.

[9] Rochat, M.C., 2005. Emerging causes of canine lameness. Vet. Clin. North Am. Small Anim. Pract. 35, 1233–1239.

[10] Various authors, 1998. Osteochondrosis. Vet. Clin. North Am. Small Anim. Pract. 28 (1).

Scapula

[11] Jerram, R.M., Herron, M.R., 1998. Scapular fractures in dogs. Compend. Contin. Educ. Pract. Veterinarian (Small Animal) 20, 1254–1260.

Shoulder

[12] Anderson, A., Stead, A.C., Coughlan, A.R., 1993. Unusual muscle and tendon disorders of the forelimb in the dog. J. Small Anim. Pract. 34, 313–318.

[13] Barthez, P.Y., Morgan, J.P., 1993. Bicipital tenosynovitis in the dog – evaluation with positive contrast arthrography. Vet. Radiol. Ultrasound 34, 325–330.

[14] Flo, G.L., Middleton, D., 1990. Mineralization of the supraspinatus tendon in dogs. J. Am. Vet. Med. Assoc. 197, 95–97.

[15] Houlton, J.E.F., 1984. Osteochondrosis of the shoulder and elbow joints in dogs. J. Small Anim. Pract. 25, 399–413.

[16] Krieglieder, H., 1995. Mineralization of the supraspinatus tendon: clinical observations in 7 dogs. Vet. Comp. Orthop. Traumatol. 8, 91–97.

[17] Long, C.D., Nyland, T.G., 1999. Ultrasonographic evaluation of the canine shoulder. Vet. Radiol. Ultrasound 40, 372–379.

[18] McKee, M., Macias, C., 2004. Orthopaedic conditions of the shoulder in the dog. In Pract. 26, 118–129.

[19] McKee, M., Macias, C., May, C., Scurrell, E.J., 2007. Ossification of the infraspinatus tendonbursa in 13 dogs. Vet. Rec. 161, 846–852.

[20] Muir, P., Johnson, K.A., 1994. Supraspinatus and biceps brachii tendinopathy in dogs. J. Small Anim. Pract. 35, 239–243.

[21] Siems, J.J., Breur, G.J., Blevins, W.E., Cornell, K.K., 1998. Use of twodimensional real-time ultrasonography for diagnosing contracture and strain of the infraspinatus muscle in a dog. J. Am. Anim. Hosp. Assoc. 212, 77–80.

[22] Stobie, D., Wallace, L.J., Lipowitz, A.J., King, V., Lund, E.M., 1995. Chronic bicipital tenosynovitis in dogs: 29 cases (1985–1992). J. Am. Vet. Med. Assoc. 207, 201–207.

[23] van Bree, H., 1992. Vacuum phenomenon associated with osteochondrosis of the scapulohumeral joint in dogs: 100 cases (1985–1991). J. Am. Vet. Med. Assoc. 201, 1916–1917.

[24] Vandevelde, B., van Ryssen, B., Saunders, J.H., Kramer, M., van Bree, H., 2006. Comparison of the ultrasonographic appearance of osteochondrosis lesions in the canine shoulder with radiography, arthrography and arthroscopy. Vet. Radiol. Ultrasound 47, 174–184.

[25] Wernham, B.G.J., Jerram, R.M., Warman, C.G.A., 2008. Bicipital tenosynovitis in dogs. Compend. Contin. Educ. Veterinarians 30, 537–552.

Elbow

[26] Anderson, A., Stead, A.C., Coughlan, A.R., 1993. Unusual muscle and tendon disorders of the forelimb in the dog. J. Small Anim. Pract. 34, 313–318.

[27] Berry, C.R., 1992. Radiology corner: Evaluation of the canine elbow for fragmented medial coronoid process. Vet. Radiol. Ultrasound 33, 273–276.

[28] Houlton, J.E.F., 1984. Osteochondrosis of the shoulder and elbow joints in dogs. J. Small Anim. Pract. 25, 399–413.

[29] Kirberger, R.M., Fourie, S., 1998. Elbow dysplasia in the dog: pathophysiology, diagnosis and control. J S Afr. Vet. Assoc. 69, 43–54.

[30] Lamb, C.R., Wong, K., 2005. Ultrasonographic anatomy of the canine elbow. Vet. Radiol. Ultrasound 46, 319–325.

[31] Lowry, J.E., Carpenter, L.G., Park, R. D., Steyn, P.F., Schwarz, P.D., 1993. Radiographic anatomy and technique for arthrography of the cubital joint in clinically normal dogs. J. Am. Vet. Med. Assoc. 203, 72–77.

[32] Mason, T.A., Lavelle, R.B., Skipper, S.C., Wrigley, W.R., 1980. Osteochondrosis of the elbow joint in young dogs. J. Small Anim. Pract. 21, 641–656.

[33] May, C., Bennett, D., 1988. Medial epicondylar spur associated with lameness in dogs. J. Small Anim. Pract. 29, 797–803.

[34] Milton, J.L., Montgomery, R.D., 1987. Congenital elbow dislocations. Vet. Clin. North Am. Small Anim. Pract. 17, 873–888.

[35] Miyabayashi, T., Takiguchi, M., Schrader, S.C., Biller, D.S., 1995. Radiographic anatomy of the medial coronoid process of dogs. J. Am. Anim. Hosp. Assoc. 31, 125–132.

[36] Moores, A., 2006. Humeral condylar fractures and incomplete ossification of the humeral condyle in dogs. In Pract. 28, 391–397.

[37] Murphy, S.T., Lewis, D.D., Shiroma, J.T., Neuwirth, L.A., Parker, R.B., Kubilis, P.S., 1998. Effect of radiographic positioning on interpretation of cubital joint congruity in dogs. Am. J. Vet. Res. 59, 1351–1357.

[38] Robins, G.M., 1980. Some aspects of the radiographical examination of the canine elbow joint. J. Small Anim. Pract. 21, 417–428.

Radius and ulna

[39] Clayton-Jones, D.G., Vaughan, L.C., 1970. Disturbance in the growth of the radius in dogs. J. Small Anim. Pract. 11, 453–468.

[40] Ramadan, R.O., Vaughan, L.C., 1978. Premature closure of the distal ulnar growth plate in dogs – a review of 58 cases. J. Small Anim. Pract. 19, 647–667.

[41] Rossi, F., Vignoli, M., Terragni, R., Pozzi, L., Impallomeni, C., Magnani, M., 2003. Bilateral elbow malformation in a cat caused by radio-ulnar synostosis. Vet. Radiol. Ultrasound 44, 283–286.

[42] Trangerud, C., Sande, R.D., Rorvik, A.M., Indrebo, A., Grondalen, J., 2005. A new type of radiographic bone remodeling in the distal radial and ulnar metaphysis in 54 Newfoundland dogs. Vet. Radiol. Ultrasound 46, 108–113.

Carpus

[43] Anderson, A., Stead, A.C., Coughlan, A.R., 1993. Unusual muscle and tendon disorders of the forelimb in the dog. J. Small Anim. Pract. 34, 313–318.

[44] Grundmann, S., Montavon, P.M., 2001. Stenosing tenosynovitis of the abductor pollicis longus muscle in dogs. Vet. Comp. Orthop. Traumatol. 14, 95–100.

[45] Guilliard, M.J., 1998. Enthesiopathy of the short radial collateral ligaments in racing greyhounds. J. Small Anim. Pract. 39, 227–230.

[46] Johnson, K.A., 1987. Accessory carpal bone fractures in the racing greyhound: classification and pathology. Vet. Surg. 16, 60–64.

[47] Li, A., Bennett, D., Gibbs, C., Carmichael, N., Gibson, N., Owen, M., et al., 2000. Radial carpal bone fractures in 15 dogs. J. Small Anim. Pract. 41, 74–79.

[48] Whitelock, R., 2001. Conditions of the carpus in the dog. In Pract. 23, 2–13.

Metacarpus, metatarsus and phalanges

[49] Cake, M.A., Read, R.A., 1995. Canine and human sesamoid disease: a review of conditions affecting the palmar metacarpal/metatarsal sesamoid bones. Vet. Comp. Orthop. Traumatol. 8, 70–75.

[50] Gottfried, S.D., Popovitch, C.A., Goldschmidt, M.H., Schelling, C., 2000. Metastatic digital carcinoma in the cat: a retrospective study of 36 cats (1992–1998). J. Am. Anim. Hosp. Assoc. 36, 501–509.

[51] Homer, B.L., Ackerman, N., Woody, B.J., Green, R.W., 1992. Intraosseous epidermoid cysts in the distal phalanx of two dogs. Vet. Radiol. Ultrasound 33, 133–137.

[52] Muir, P., Norris, J.L., 1997. Metacarpal and metatarsal fractures in dogs. J. Small Anim. Pract. 38, 344–348.

[53] Read, R.A., Black, A.P., Armstrong, S.J., MacPherson, G.C., Peek, J., 1992. Incidence and clinical significance of sesamoid disease in Rottweilers. Vet. Rec. 130, 533–535.

[54] Towle, H.A., Blevins, W.E., Tuer, L.R., Breur, G.J., 2007. Syndactyly in a litter of cats. J. Small Anim. Pract. 48, 292–296.

[55] Voges, A.K., Neuwirth, L., Thompson, J.P., Ackerman, N., 1996. Radiographic changes associated with digital, metacarpal and metatarsal tumors, and pododermatitis in the dog. Vet. Radiol. Ultrasound 37, 327–335.

Pelvis

[56] Brumitt, J.W., Essman, S.C., Kornegay, J.N., Graham, J.P., Weber, W.J., Berry, C.R., 2006. Radiographic features of golden retriever muscular dystrophy. Vet. Radiol. Ultrasound 47, 574–580.

[57] Crawford, J.T., Manley, P.A., Adams, W.M., 2003. Comparison of computed tomography, tangential view radiography, and conventional radiography in evaluation of canine pelvic trauma. Vet. Radiol. Ultrasound 44, 619–628.

[58] Dennis, R., Penderis, J., 2002. Radiology corner – Anal sac gas. Vet. Radiol. Ultrasound 43, 552–553.

[59] Knaus, I., Briet, S., Kunzel, W., 2003. Appearance of the sacroiliac joint in ventrodorsal radiographs of the normal canine pelvis. Vet. Radiol. Ultrasound 44, 148–154.

[60] Knaus, I., Briet, S., Kunzel, W., Mayrhofer, E., 2004. Appearance and incidence of sacroiliac joint disease in ventrodorsal radiographs of the canine pelvis. Vet. Radiol. Ultrasound 45, 1–9.

Hip

[61] Adams, W.M., Dueland, R.T., Meinen, J., O'Brien, R.T., Guiliano, E.K., Nordheim, E.K., 1998. Early detection of canine hip dysplasia: comparison of two palpation and five radiographic methods. J. Am. Anim. Hosp. Assoc. 34, 339–347.

[62] Breur, G.J., Blevins, W.E., 1997. Traumatic injury of the iliopsoas muscle in 3 dogs. J. Am. Vet. Med. Assoc. 210, 1631–1634.

[63] Craig, L.E., 2001. Physeal dysplasia with slipped capital femoral epiphysis in 13 cats. Vet. Pathol. 38, 92–97.

[64] Dueland, R.T., Wagner, S.D., Parker, R.B., 1990. von Willebrand heterotopic osteochondrofibrosis in Doberman Pinschers: five cases (1980–1987). J. Am. Vet. Med. Assoc. 197, 383–388.

[65] Flu¨ ckiger, M.A., Freidrich, G.A., Binder, H., 1999. A radiographic stress technique for evaluation of of coxofemoral joint laxity in dogs. Vet. Surg. 28, 1–9.

[66] Gibbs, C., 1997. The BVA/KC scoring scheme for control of hip dysplasia: interpretation of criteria. Vet. Rec. 141, 275–284.

[67] Hauptman, J., Prieur, W.D., Butler, H.C., Guffy, M.M., 1979. The angle of inclination of the canine femoral head and neck. Vet. Surg. 8, 74–77.

[68] Johnson, A.L., 1985. Osteochondrosis dissecans of the femoral head of a Pekinese. J. Am. Vet. Med. Assoc. 187, 623–625.

[69] Keller, G.G., Reed, A.L., Lattimer, J.C., Corley, E.A., 1999. ip dysplasia: a feline population study. Vet. Radiol. Ultrasound 40, 460–464.

[70] McDonald, M., 1988. Osteochondritis dissecans of the femoral head: a case report. J. Small Anim. Pract. 29, 49–53.

[71] McNicholas, W.T., Wilkens, B.E., Blevins, W.E.,

Snyder, P.W., McCabe, G.P., Applewhite, A.A., et al., 2002. Spontaneous femoral capital physeal fractures in adult cats: 26 cases (1996–2001). J. Am. Anim. Hosp. Assoc. 221, 1731–1736.

[72] Moores, A.P., Owen, M.R., Fews, D., Coe, R.J., Brown, P.J., Butterworth, S.J., 2004. Slipped capital femoral epiphysis in dogs. J. Small Anim. Pract. 45, 602–608.

[73] Nunamaker, D.M., Biery, D.N., Newton, C.D., 1973. Femoral neck anteversion in the dog: its radiographic appearance. J. Am. Vet. Radiol. Soc. 14, 45–48.

[74] Perez-Aparicio, F.J., Fjeld, T.O., 1993. Femoral neck fractures and capital epiphyseal separations in cats. J. Small Anim. Pract. 34, 445–449.

[75] Queen, J., Bennett, D., Carmichael, S., Gibson, N., Li, N., Payne- Johnson, C.E., et al., 1998. Femoral neck metaphyseal osteopathy in the cat. Vet. Rec. 142, 159–162.

[76] Slocum, B., Devine, T.M., 1990. Dorsal acetabular rim radiographic view for evaluation of the canine hip. J. Am. Anim. Hosp. Assoc. 26, 289–296.

[77] Smith, G.K., Biery, D.N., Gregor, T.P., 1990. New concepts of coxofemoral joint stability and the development of a clinical stressradiographic method for quantitating hip joint laxity in the dog. J. Am. Vet. Med. Assoc. 196, 59–70.

Stifle

[78] de Rooster, H., van Bree, H., 1999. Popliteal sesamoid displacement associated with cruciate rupture in the dog. J. Small Anim. Pract. 40, 316–318.

[79] de Rooster, H., van Bree, H., 1999. Use of compression stress radiography for the detection of partial tears of the canine cranial cruciate ligament. J. Small Anim. Pract. 40, 573–576.

[80] de Rooster, H., Van Ryssen, B., van Bree, H., 1998. Diagnosis of cranial cruciate ligament injury in dogs by tibial compression radiography. Vet. Rec. 142, 366–368.

[81] Ferguson, J., 1997. Patellar luxation in the dog and cat. In Pract. 19, 174–184.

[82] Gnudi, G., Bertoni, G., 2001. Echographic examination of the stifle joint affected by cranial cruciate ligament rupture in the dog. Vet. Radiol. Ultrasound 42, 266–270.

[83] Kramer, M., Stengel, H., Gerwing, M., Schimke, E., Sheppard, C., 1999. Sonography of the canine stifle joint. Vet. Radiol. Ultrasound 40, 282–293.

[84] Kramer, M., Gerwing, M., Michele, S., Schimke, E., Kindler, S., 2001. Ultrasonographic examination of injuries to the Achilles tendon in dogs and cats. J. Small Anim. Pract. 42, 531–535.

[85] Lamb, C.R., Duvernois, A., 2005. Ultrasonographic anatomy of the normal canine calcaneal tendon. Vet. Radiol. Ultrasound 46, 326–330.

[86] L'Eplattenier, H., Montavon, P., 2002. Patellar luxation in dogs and cats: pathogenesis and diagnosis. Compend. Contin. Educ. Pract. Veterinarian (Small Animal) 24, 234–239.

[87] Macpherson, G.C., Allan, G.S., 1993. Osteochondral lesion and cranial cruciate ligament rupture in an immature dog stifle. J. Small Anim. Pract. 34, 350–353.

[88] Montgomery, R.D., Fitch, R.B., Hathcock, J.T., LaPrade, R.F., Wilson, M.E., Garrett, P.D., 1995. Radiographic imaging of the canine intercondylar fossa. Vet. Radiol. Ultrasound 36, 276–282.

[89] Muir, P., Dueland, R.T., 1994. Avulsion of the origin of the medial head of the gastrocnemius muscle in a dog. Vet. Rec. 135, 359–360.

[90] Park, R.D., 1979. Radiographic evaluation of the canine stifle joint. Compend. Contin. Educ. Pract. Veterinarian (Small Animal) 1, 833–841.

[91] Prior, J.E., 1994. Avulsion of the lateral head of the gastrocnemius muscle in a working dog. Vet. Rec. 134, 382–383.

[92] Read, R.A., Robins, G.M., 1982. Deformity of the proximal tibia in dogs. Vet. Rec. 111, 295–298.

[93] Reinke, J., Mughannam, A., 1994. Meniscal calcification and ossification in six cats and two dogs. J. Am. Anim. Hosp. Assoc. 30, 145–152.

[94] Robinson, A., 1999. Atraumatic bilateral avulsion of the origins of the gastrocnemius muscle. J. Small Anim. Pract. 40, 498–500.

[95] Skelly, C.M., McAllister, H., Donnelly, W., 1997. Avulsion of the tibial tuberosity in a litter of greyhound puppies. J. Small Anim. Pract. 38, 445–449.

[96] Soderstrom, M.J., Rochat, M.C., Drost, W.T., 1998. Radiographic diagnosis: Avulsion fracture of the caudal cruciate ligament. Vet. Radiol. Ultrasound 39, 536–538.

[97] Sto¨ rk, C.K., Petite, A.F., Norrie, R.A., Polton, G.A., Rayward, R.M., 2009. Variation in position of the medial tabella in West Highland white terriers and other dogs. J. Small Anim. Pract. 50, 236–240.

[98] Tanno, F., Weber, U., Lang, J., Simpson, D., 1996. Avulsion of the popliteus muscle in a Malinois dog. J. Small Anim. Pract. 37, 448–451.

[99] Williams, J., Fitch, R.B., Lemarie, R.J., 1997. Partial avulsion of the origin of the cranial cruciate ligament in a four-year-old dog. Vet. Radiol. Ultrasound 38, 380–383.

Tarsus

[100] Carlisle, C.H., Reynolds, K.M., 1990. Radiographic anatomy of the tarsocrural joint of the dog. J. Small Anim. Pract. 31, 273–279.

[101] Carlisle, C.H., Robins, G.M., Reynolds, K.M., 1990. Radiographic signs of osteochondritis dissecans of the lateral ridge of the trochlea tali in the dog. J. Small Anim. Pract. 31, 280–286.

[102] Dee, J.F., Dee, J., Piermattei, D.L., 1976. Classification, management and repair of central tarsal fractures in the racing greyhound. J. Am. Anim. Hosp. Assoc. 12, 398–405.

[103] Montgomery, R.D., Hathcock, J.T., Milton, J.L., Fitch, R.B., 1994. Osteochondritis dissecans of the canine tarsal joint. Compend. Contin. Educ. Pract. Veterinarian (Small Animal) 16, 835–845.

[104] Mughannam, A.J., Reinke, J., 1994. Avulsion of the gastrocnemius tendon in three cats. J. Am. Anim. Hosp. Assoc. 30, 550–556.

[105] Newell, S.M., Mahaffey, M.B., Aron, D.N., 1994. Fragmentation of the medial malleolus of dogs with and without tarsal osteochondrosis. Vet. Radiol. Ultrasound 35, 5–9.

[106] Ost, P.C., Dee, J.F., Dee, L.G., Hohn, R.B., 1987. Fractures of the calcaneus in racing greyhounds. Vet. Surg. 16, 53–59.

[107] Reinke, J.D., Mughannam, A.J., 1993. Lateral luxation of the superficial digital flexor tendon in 12 dogs. J. Am. Anim. Hosp. Assoc. 29, 303–309.

[108] Reinke, J.D., Mughannam, A.J., Owens, J.M., 1993. Avulsion of the gastrocnemius tendon in 11 dogs. J. Am. Anim. Hosp. Assoc. 29, 410–418.

[109] Rivers, B.J., Walter, P.A., Kramek, B., Wallace, L., 1997. Sonographic findings in canine common calcaneal tendon injury. Vet. Comp. Orthop. Traumatol. 10, 45–53.

[110] Sjo¨ stro¨m, L., Hakanson, N., 1994. Traumatic injuries associated with the short lateral collateral ligaments of the talocrural joint of the dog. J. Small Anim. Pract. 35, 163–168.

第 4 章

头部和颈部

4.1 头骨的 X 线投照技术

头部和颈部基础的 X 线检查包括侧位、背腹位（DV）和 / 或腹背位（VD）投照。背腹位比腹背位通常更容易摆位，因为可以看到面部的标志。投照时应准确摆位，因此通常需要全身麻醉。要使用高分辨率的屏 – 片系统或数字影像算法，不需要滤线栅。使用软绳或塑胶摆位架有助于（c）、（e）和（h）体位的摆位。

为了显示头部某些特定的区域，有时需要其他特殊的摆位。

a. 斜侧位，头骨沿其长轴旋转；为获得左 30° 背 – 右腹斜位或右 30° 背 – 左腹斜位，可将头骨沿其长轴向背腹位旋转；对于左 30° 腹 – 右背斜位或右 30° 腹 – 左背斜位，需将头骨沿其长轴向腹背位旋转。该摆位可以错开头部的对称性结构，如颌骨、齿弓、鼓泡和额窦，但需要每侧各拍一张相同摆位的 X 线片。对于牙齿，最好张开口腔投照以便减少重叠。

b. 斜矢状位（左 20° 吻 – 右后斜位或右 20° 吻 – 左后斜位），动物侧卧，鼻部向上倾斜，显示支撑侧的颞下颌关节（TMJ）（图 4–8）。

c. 闭口吻枕位（RCd），正切投照额窦或头盖骨，或显示鼻腔横断面。动物仰卧，头部屈曲，使用垂直 X 线束，调节遮线器对感兴趣区进行投照。

d. 枕吻位（CdR）水平 X 线投照，显示额窦。动物俯卧，头抬起显示额窦。该摆位可以显示额窦内的液面线。

e. 吻 30° 腹 – 背枕斜位，张口，头部与 X 线束垂直，显示鼓泡［也称为张口吻枕（RCd）位；图 4–9］。

f. 特殊摆位，显示猫的鼓泡（图 4–10）。

g. 口内背腹位（咬合），显示鼻腔、上颌骨和前颌骨。需要使用无屏胶片或薄的可弯曲的片盒。

h. 张口腹背位（腹 20° 吻 – 枕背斜位），张口，硬腭保持水平位置，X 线束朝枕背侧以一定的角度射入，显示鼻腔；（g）的另一种摆位，但可以观察到更靠枕侧的结构，如筛板；在猫尤其有用。在颈部下方放置沙袋有助于摆位（图 4–12）。

i. 口内腹背位（咬合），显示下颌骨。需要使用无屏胶片或薄的可弯曲的片盒。

j. 特殊摆位，显示牙齿（见 p.1）。

k. 以病变进行定位的斜位——正切投照，显示异常区域，如肿胀。

4.2 品种和构型相关的头骨与咽部变异

犬的品种可分为三类：

1. 长头品种，鼻腔比头盖骨长（如爱尔兰雪达犬）。

2. 中头品种，鼻腔与头盖骨的长度基本相同（如拉布拉多犬）。
3. 短头品种，鼻腔非常短（如斗牛犬）。

头骨有显著的构型变异，尤其是在不同的犬种之间；但在不同品种的猫之间，变异程度较小（图 4–1）。短头品种的上颌骨较短，下颌骨相对较长；鼻腔的长度也相应地减小，牙齿拥挤和移位；头盖骨更呈圆拱形，枕骨隆突和额窦没有长鼻品种那么明显；囟门和缝际线可能不闭合。在 CT 和 MRI 图像中，很多短头品种犬都可见脑室扩张，即亚临床型脑积水。短头品种犬也常患有软腭增厚，下颌下软组织肿物增加和舌骨器向后移位。有人描述用头骨、面部和头盖骨指数来表示头骨（面部或头盖骨）宽度占长度的百分比；短头犬的指数高于中头犬和长头犬，尤其是面部区域。

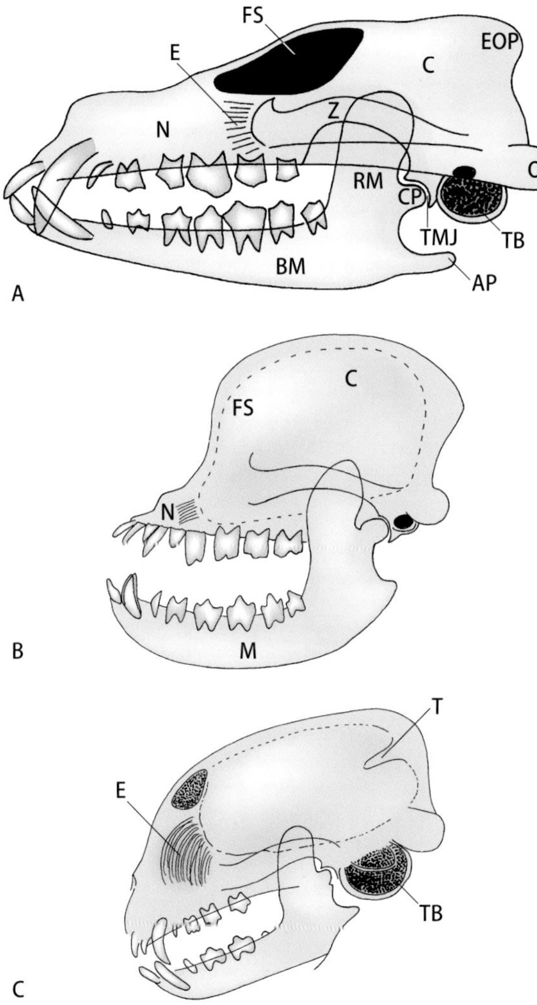

图 4–1　正常的头骨侧位观。图 A 为长头犬（AP，下颌骨角突；BM，下颌骨体；C，头盖骨；CP，下颌骨髁突或关节突；E，筛鼻甲骨；EOP，枕外隆突；FS，额窦；N，鼻腔；OC，枕骨髁；RM，下颌支——其背部是冠状突；TB，鼓泡；TMJ，颞下颌关节；Z，颧弓）。图 B 为短头犬（C，圆拱形头盖骨；FS，缺失或缩小的额窦；M，弯曲的下颌骨体；N，缩小的鼻腔与拥挤的牙齿）。图 C 为猫（E，筛鼻甲骨；T，幕骨；TB，大鼓泡和骨性内壳）。

猫的头盖骨相对较大，而且在大脑半球和小脑之间的幕骨在侧位片上较为突出。鼓泡很大，包含一个特征性的骨性内壳，将鼓泡分为两部分，即腹内侧和背外侧。

颅腔

颅腔由额骨、顶骨、颞骨和枕骨，筛骨的筛状板，以及形成颅底的骨骼（蝶骨和基枕骨）等形成。颅腔的顶部由额骨、顶骨和部分枕骨组成，也称为头盖骨。

摆位

a. 侧位。
b. 背腹位或腹背位。
c. 斜侧位。
d. 吻枕位。
e. 以病变进行定位的斜位。

正常影像

正常的头盖骨密度稍有差异，这是由于脑沟和脑回在头骨的压迹，导致其厚度变化而呈现多凹样的外观。在小型圆头品种中（如吉娃娃犬），囟门和缝际线可能终生不闭合。

4.3　颅腔形状的变化

1. 品种相关性——短头品种犬和猫多为圆拱形头盖骨；很多都有脑室扩张（亚临床型脑积水）。
2. 先天性脑积水（图 4–2）——圆拱形更明显，且头盖骨变薄。头盖骨的密度比正常时更一

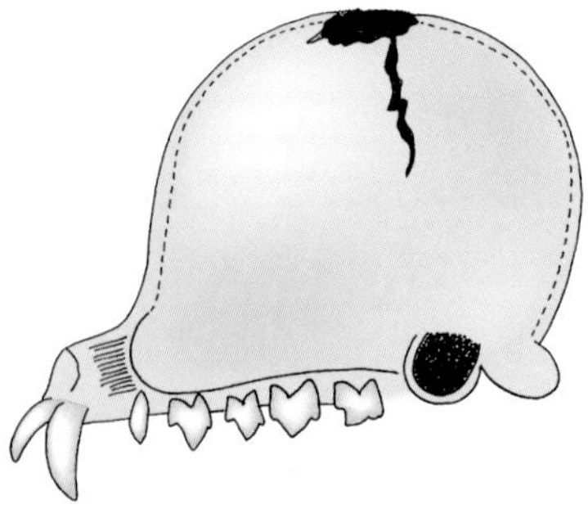

图 4-2　先天性脑积水：头盖骨圆拱形，囟门和缝际线不闭合。

致，缺少通常的多凹样外观，而且囟门和缝际线可能不闭合。

3. 骨性肿物（见 4.6.3 和图 4-3）。
4. 创伤——通常在以病变进行定位的斜位片上可见头盖骨扁平或凹陷；可能见到骨折线。
5. 查理士王小猎犬的后枕部畸形（查理氏综合征）可见枕骨变薄和向后膨出，通常伴发脊髓空洞积水症，需要使用 MRI 诊断。
6. 斗牛獒犬的特发性头盖骨肥厚可见头盖骨的增厚和不规则（见 4.6.2）。

4.4　枕骨大孔形状的变化

1. 枕骨发育不良时可见枕骨大孔向背侧异常延伸（钥匙孔形状）；常见于玩具犬和迷你犬；可能伴有脑积水和/或寰枢椎畸形。在穿透力良好的吻枕位（RCd）X 线片上可以见到。

4.5　头盖骨的密度变化

1. 头盖骨的密度降低。
   a. 广泛性。
      - 甲状旁腺功能亢进——最常继发于慢性肾病，也可能继发于营养失衡或原发性甲状旁腺疾病（见 1.16.4，4.9.5 和图 4-5）。
   b. 局灶性。
      - 外耳道内气体阴影的重叠。
      - 正常的缝际线或血管通道。
      - 骨折线。
      - 肿瘤。
      - 颅腔积气——通常是脑室。
2. 头盖骨的密度增加。
   a. 局灶性。
      - 创伤导致骨膜新骨形成；背嵴区骨膜下血肿，随后矿化。
      - 肿瘤——骨瘤或多小叶性骨肿瘤（MLTB—见 4.6.3 和图 4-3；边界清晰，致密的骨性肿物）；骨软骨瘤或多发性软骨性外生骨疣（在猫，通常累及头骨；圆形，钙化良好的皮质旁肿物）；骨肉瘤（主要为头骨的增生）。
      - 骨折碎片重叠。
      - 异物反应。
      - 脑膜瘤钙化或覆盖的头盖骨肥厚（尤其在猫）。
      - 脑室系统和蛛网膜下腔的脊髓造影检查——脑沟的特征性形态。
   b. 广泛性。
      - 头盖骨增厚导致的密度增加（见 4.6.2）。
      - 颅下颌骨病可能引起头盖骨增厚（见 4.11.1 和图 4-6）。
      - 骨硬化病（见 1.13.15）。
      - 斗牛獒犬的特发性头盖骨肥厚（见 4.6.2）。
3. 混合性或斑驳状的头盖骨密度——通常由骨生成或软组织矿化与骨质溶解同时存在导致。
   a. 肿瘤——原发性骨肿瘤和软组织肿瘤，可能伴有不同比例的骨破坏和骨质增生或软组织矿化，如骨肉瘤和 MLTB（骨软骨肉瘤）。骨肉瘤在该部位以增生为主，但也伴有一定程度的骨破坏；MLTB 是一种伴有斑点状矿化和底层骨轻度溶解的致密性肿物，最常累及颞枕区（见 4.6.3 和图 4-3）。

b. 骨髓炎——尤其是在创伤后，可能与脑膜炎有关。
- 细菌性。
- 真菌性（如隐球菌病*）——主要为溶骨性病变。

4.6　头骨的厚度变化；头骨肿物

1. 头盖骨变薄。
   a. 小型短头犬种中的正常变异，可能是由亚临床脑积水导致。
   b. 脑积水（先天性或幼年发病）——通常有圆拱形的头盖骨、开放的缝际线和囟门以及均匀的“毛玻璃”样影像密度。如果有开放的缝际线，可用超声来检查脑部（见 4.7）。获得性脑积水不太可能产生骨质变化。
   c. 邻近肿物侵蚀。
2. 头盖骨增厚。
   a. 某些品种（如比特犬）属于正常变异。
   b. 骨折愈合。
   c. 颅下颌骨病（可能影响顶骨、额骨、枕骨和颞骨和下颌骨——见 4.11.1 和图 4–6）。
   d. 6 ~ 9 月龄的幼年斗牛獒犬的头盖骨肥厚（增厚和硬化）——通常是自限性的，在骨成熟后消退；病因不明，但可能与颅下颌骨病和人的婴儿骨皮质增生症类似。主要见于雄性，但雌性也有报道，可能具有家族遗传性。曾有一只犬患有股骨骨膜炎。
   e. 猫的脑膜瘤——可能引起肿瘤邻近位置的局灶性骨肥厚；在吻枕位（RCd）X 线片上最易看到。
   f. 猫的肢端肥大症。
   g. 猫的维生素 A 过多症可能引起枕骨的新骨形成（见 5.4.8）。
3. 头盖骨的骨性肿物。
   a. 恶性肿瘤，如骨肉瘤、软骨肉瘤、MLTB（也称为多小叶性骨软骨肉瘤，侵蚀性软骨瘤）。伴不同程度的骨质溶解。MLTB 在犬不常见，几乎只在头骨发生，主要包括头盖骨、上颌骨和下颌骨；生长缓慢，局部侵袭，切除后常复发。可能发生转移。在 X 线片上，呈现致密的结节状或点状矿化肿物，伴不同程度的下方骨质溶解（图 4–3）。

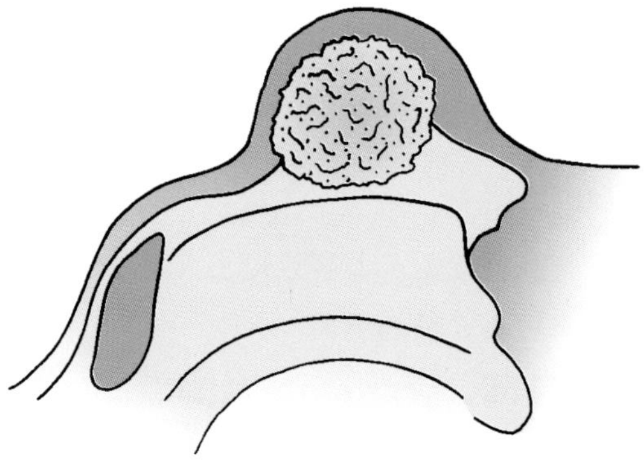

图 4–3　骨的多小叶性肿瘤（多小叶性骨软骨肉瘤）：起源于头盖骨的致密的点状或菜花样矿化肿物。

   b. 良性肿瘤（如骨瘤）——小动物罕见。
   c. 骨软骨瘤（软骨性外生骨疣）——尤其是在猫（见 1.15.2）。
   d. 正在愈合或已愈合的创伤（如骨折、骨膜下血肿）。
   e. 严重的局灶性骨髓炎。

4.7　脑部超声检查

如果囟门开放，可以对脑部进行超声检查，因此通常可以在幼犬中进行，有时也可在成年的短头犬种中进行。大脑本身呈低回声，质地为松散的颗粒状，而颅腔内部由界限清晰的产回声线勾勒出轮廓。有可能会看见小的无回声的侧脑室，其大小、形状和位置通常双侧对称分布。但不管怎样，MRI 和 CT 都是颅内结构成像的最佳技术。

通过小脑延髓池可以评估基底动脉（由彩色多普勒定位）的血流。如果有开放的囟门，也可以测量位于腹侧的大脑吻侧动脉或大脑中动脉的血流。由于绝对的血流可能受到入射超声波和动脉之间角度的影响，因此更常见的是测量阻力指数（*RI*），即收缩期峰值流速和舒张末期流速之差（分别为 V_s 和 V_d）与收缩期峰值流速的比值：

$$RI=\frac{(V_s - V_d)}{V_s}$$

犬基底动脉正常的 *RI* = 0.56 ~ 0.75。*RI* 与颅内压密切相关，因此 *RI* 增加可反映颅内压升高。在全身麻醉或患心血管疾病的动物，应小心判读 *RI*。

1. 侧脑室增大。
   a. 与品种相关；大多数短头犬种的侧脑室比非短头犬种的更大。
   b. 脑积水。
      - 先天性。
      - 获得性，由阻塞性病变（如肿瘤）导致脑脊液产生增加或向后流动受阻导致。
2. RI 增加。
   a. 脑积水。
   b. 颅内肿物病变。
   c. 颅内出血。
   d. 脑水肿。
   e. 炎性脑病。
   f. 收缩压升高。

上颌骨和前颌骨

摆位

a. 侧位（右侧和左侧重叠）。
b. 斜侧位。
c. 口内背腹位。
d. 口内背腹位，X线束投向外侧，显示上颌齿。
e. 张口腹背位（腹 10° 吻 - 背枕斜位）（图 4–12）。

4.8 上颌骨和前颌骨的骨质增生或硬化

1. 骨髓炎——通常是骨质增生和骨质破坏的混合型。
   a. 继发于牙齿疾病。
   b. 继发于慢性泪囊炎，可能伴有鼻泪管的囊性扩张；需要进行鼻泪管造影术（见 4.38）。
   c. 细菌性。
   d. 真菌性。
2. 肿瘤——通常以溶骨型病变为主（见下文），但也可能是增生型的；某些肿瘤只有增生表现，如 MLTB（见 4.6.3 和图 4–3）。在侧位 X 线片上，鼻腔肿瘤可能会导致上颌骨的密度明显增加。
3. 正在愈合或已愈合的上颌骨或前颌骨骨折。

4.9 上颌骨和前颌骨的骨质破坏或疏松

1. 恶性肿瘤——所有类型都可能表现一定程度的骨质增生，但有些主要是溶骨型的。骨质溶解可能是局灶性和边缘锐利的，也可能为弥散性的；该区域的牙齿可能会移位、侵蚀或缺失。X 线检查不能判断肿物的组织学性质。
   a. 鳞状上皮细胞癌（图 4–4）；猫最常见的口腔肿瘤。
   b. 恶性黑色素瘤；犬最常见的口腔肿瘤。
   c. 纤维肉瘤。
   d. 原发性骨肿瘤，主要为骨肉瘤。
   e. 其他口腔肉瘤（如平滑肌肉瘤）。
   f. 鼻腔肿瘤，侵蚀周围骨骼。
2. 非恶性、牙源性肿瘤——这些肿瘤不转移，但是具有局部侵袭性，因此在 X 线片上通常无法与恶性肿瘤区分。
   a. 棘皮瘤型成釉细胞瘤（棘皮瘤型牙龈瘤、基底细胞癌、釉质瘤）——只发生在犬身上。
   b. 成釉细胞瘤。
   c. 产淀粉样蛋白的牙源性肿瘤。

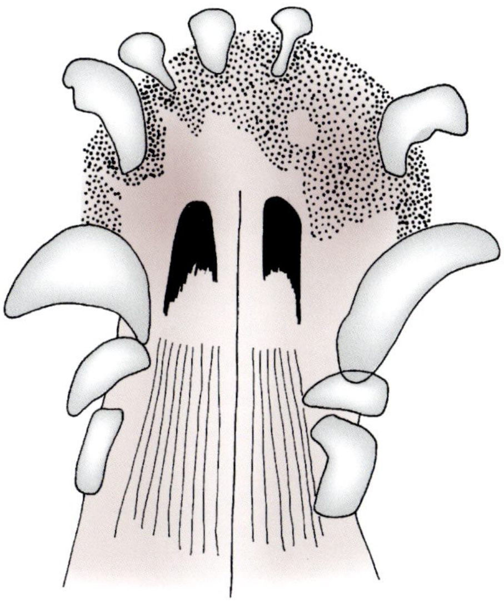

图 4–4　前颌骨的鳞状上皮细胞癌：主要是溶骨型病变，伴有牙齿的移位、缺失和侵蚀。

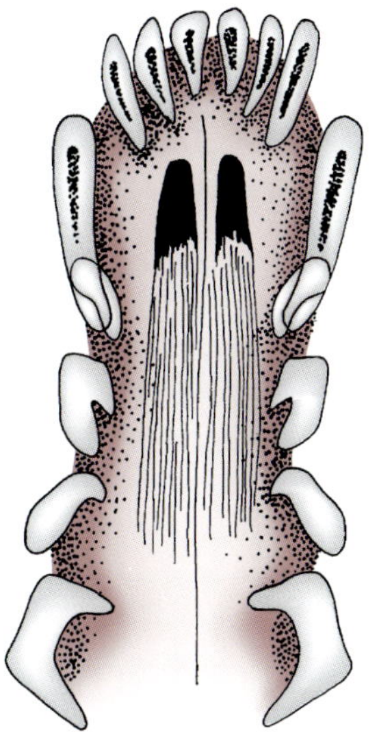

图 4–5　肾性继发性甲状旁腺功能亢进：骨质疏松，导致牙齿周围产生界限不清晰的低密度带，使牙成为浮齿。

d. 混合性和组合性牙瘤——包括排列正常和排列紊乱的牙齿组织（见 4.12.2 和图 4–7）。

e. 其他罕见的牙源性肿瘤。

3. 含牙囊肿或非萌出性囊肿——膨胀的含有牙组织的透线性病变。
4. 牙周病和牙脓肿——病变的齿根周围因骨质溶解而形成的低密度带（见 4.30.1，4.30.2 和图 4–17）。
5. 肾性继发性甲状旁腺功能亢进（橡皮颌、纤维性骨营养不良）（图 4–5）——继发于慢性肾脏疾病的骨质减少，尤其是幼年动物的肾脏发育不良。主要影响头骨，骨质减少，骨小梁呈蕾丝状，鼻甲和软组织结构（如软腭）突出。牙齿周围的骨矿丢失特别明显，表现为界限不清的低密度带，使牙成为浮齿。成年动物的原发性或营养性继发性甲状旁腺功能亢进可引起相同的征象，只是这种情况很罕见。
6. 鼻泪管囊肿——伴有细的硬化边缘的独立的低密度结构，鼻泪管造影可见与鼻泪管连通（见 4.38）。
7. 上颌骨胆固醇性肉芽肿——与鼻泪管囊肿征象相同，但与鼻泪管不连通。
8. 上颌骨上皮囊肿——独立的溶骨型病变，主要见于幼犬，与鼻泪管不连通。
9. 上颌骨巨细胞肉芽肿——独立的溶骨型病变，主要见于幼犬，与鼻泪管不连通。
10. 骨折——检查牙齿，特别是幼年动物的恒齿牙胚。

4.10　上颌骨和前颌骨的增生 – 溶骨混合型病变

1. 牙周病和牙脓肿——齿根周围因骨质溶解而形成的低密度带和周围硬化。
2. 肿瘤——骨质溶解和新骨形成的混合型病变；牙源性肿瘤也包含高度阻线性的牙组织。

下颌骨

摆位

a. 侧位（下颌骨相互重叠）。

b. 背腹位或腹背位（被上颌骨部分遮挡）。

c. 斜侧位。

d. 口内腹背位。

e. 口内背腹位，X 线束投向外侧，显示下颌牙齿。

正常影像

短头品种的下颌骨在侧位片上可见明显的弯曲，表明切齿更接近前颌骨，下颌骨的长度缩短（图 4–1b）。在老年猫，下颌联合在口内 X 线片上看起来是不规则的。

4.11 下颌骨的骨质增生或硬化

1. 颅下颌骨病（图 4–6）——明显的骨膜新骨形成，随时间发生重塑；见于未成年犬，主要是小型犬，如西高地白㹴、凯恩㹴和苏格兰㹴犬，但偶尔也见于大型犬；通常累及下颌骨和 / 或鼓泡，有时也影响头盖骨和额骨。新骨主要表现为栅栏状外观（见 1.6“连续骨膜反应”），没有骨质溶解。临床症状多变，通常为发热和下颌骨肿胀；如果新骨侵袭至颞下颌关节，会出现进食困难。

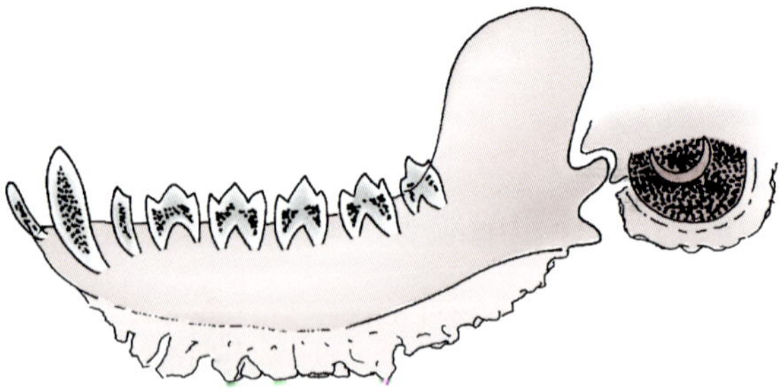

图 4–6 颅下颌骨病：影响下颌骨和鼓泡的明显的骨膜新骨形成。

2. 骨髓炎——通常是骨质增生和破坏的混合型。
   a. 继发于牙齿疾病或骨折。
   b. 细菌性。
   c. 真菌性。
3. 肿瘤——通常以溶骨型为主（见下文），但也可能是增生型的；某些肿瘤只有增生表现（如骨瘤）。对于 MLTB，参见 4.6.3 和图 4–3。
4. 正在愈合或已愈合的下颌骨骨折。
5. 犬白细胞黏附缺陷——幼年的爱尔兰雪达犬（见 1.24.9）。
6. 肢端肥大症（猫）。

4.12 下颌骨的骨质破坏或疏松

1. 恶性肿瘤——与上颌骨的一样（见 4.9.1 和图 4–4）。
2. 非恶性、牙源性肿瘤（见 4.9.2）（图 4–7）。

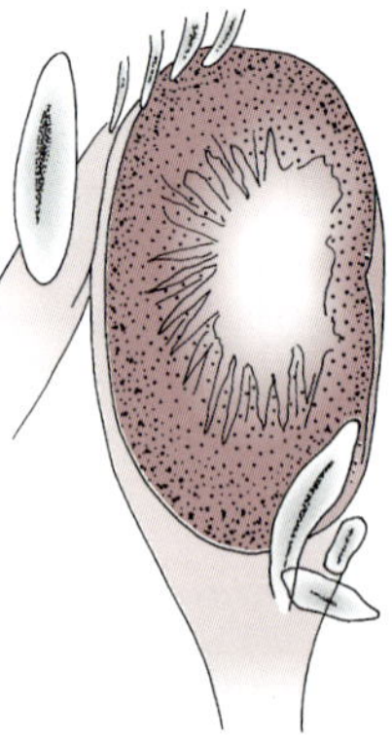

图 4–7 牙源性肿瘤：幼年犬的混合性牙瘤，呈包含牙齿密度物的膨胀性溶骨性骨病变。

3. 含牙囊肿或非萌出性囊肿；尤其影响第一前臼齿（PM1），伴有单侧或双侧局灶性下颌骨质溶解；拳师犬易发。
4. 牙周病和牙脓肿——病变的齿根周围因骨质溶解而形成的低密度带（见 4.30.1 和图 4–17）。严重病例可能会导致下颌骨病理性骨折。
5. 肾性继发性甲状旁腺功能亢进（橡皮颌）——继发于慢性肾脏疾病的骨质减少（见 4.9.5 和图 4–5）。
6. 下颌骨巨细胞肉芽肿——主要见于幼犬的独立的溶骨性病变。

4.13 下颌骨骨折

1. 创伤。
   a. 下颌联合损伤——最常见于猫；高空综合征（从高处坠落）通常导致下颌联合分离和硬腭裂，并伴肢体骨折和软组织损伤。
   b. 下颌骨体骨折——检查牙齿，特别是幼年动物的恒齿牙胚。
   c. 下颌支骨折（也可能是颧弓的凹陷性骨折影响到下颌支，从而引起不能张口）。

d. 累及颞下颌关节的骨折；随后可能导致颞下颌关节僵硬，特别是猫。

2. 病理性骨折。

a. 严重的牙周病或牙脓肿处的骨折，特别是在玩具犬。

b. 溶骨型肿瘤，如鳞状上皮细胞癌、黑色素瘤、淋巴瘤（尤其是猫）。

c. 肾性继发性甲状旁腺功能亢进。

4.14 下颌骨的增生 – 溶骨混合型病变

见 4.10。尤其是在猫，难以将下颌骨骨髓炎与肿瘤区分开，因为两者都可能产生骨质溶解（有时伴有病理性骨折）、硬化、骨膜新骨形成和牙齿侵蚀。

颞下颌关节（TMJ）

颞下颌关节是在下颌骨髁突和颞骨下颌窝之间形成的横向细长的髁状滑膜关节。该下颌窝向后腹侧延伸形成关节后突，可防止关节向后脱位。颞下颌关节并不是真正横向的，而是从枕外侧稍微向吻内侧倾斜。颞下颌关节的准确方向在不同品种和个体之间有相当大的差异，在短头品种中更为倾斜。由于这些解剖结构的差异和其他结构的重叠，通过 X 线片准确地显示关节是具有挑战性的。

摆位

a. 斜矢状位（张口和闭口，图 4–8）。在中头和长头品种中，鼻部向上倾斜 10° ～ 30° 以及在短头品种中倾斜 20° ～ 30° 被认为是最佳的。稍微向外侧旋转约 10° 也可有助于防止与颅底的重叠。

b. 腹背位或背腹位。

正常影像

在斜矢状位 X 线片上，下颌骨髁突应为平滑、圆形的，紧密地嵌入关节窝内（颞骨岩部中的平滑凹陷），恰好位于鼓泡吻侧。

4.15 颞下颌关节不清晰

1. 摆位不正确，特别是在斜侧位（用于投照鼓泡）而不是斜矢状位时，因为 X 线束不能穿过关节间隙。

2. 技术因素。

a. 曝光不足。

b. 显影不足。

3. 创伤。

a. 骨折。

b. 脱位或半脱位。

4. 关节周新骨。

a. 正在愈合或已愈合的骨折。

b. 骨关节炎。

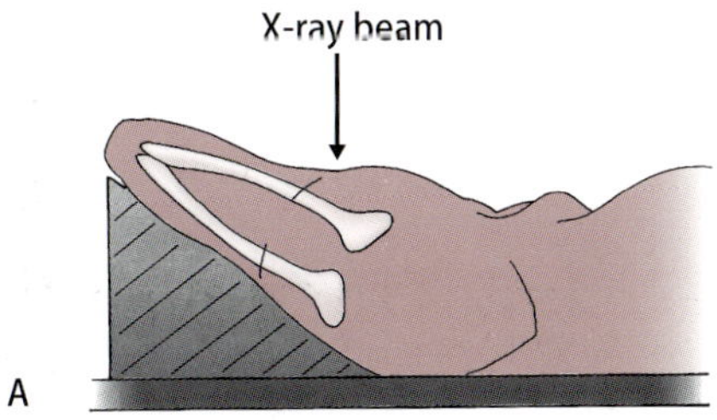

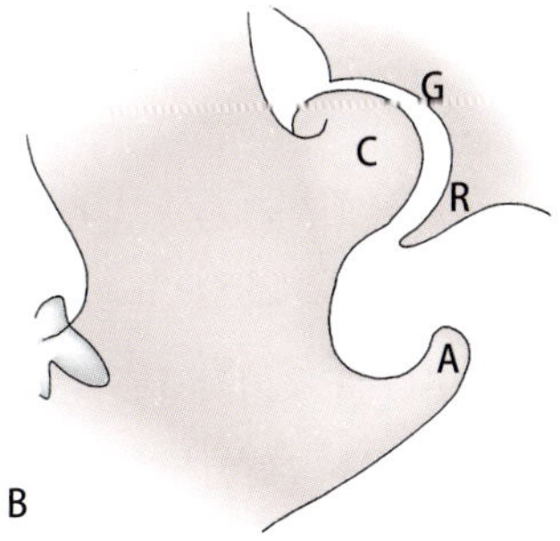

图 4–8 图 A 为颞下颌关节（TMJ）斜矢状位的摆位：动物侧卧，鼻部向上倾斜 10° ～ 30°，倾斜度取决于头部构型（短头品种倾斜度更大）。图 B 为斜矢状位观上正常的 TMJ 外观（A，下颌骨角突；C，髁突；G，颞骨关节窝或下颌窝；R，关节后突）。

c. 创伤后关节僵硬——尤其是下颌骨创伤的患猫；可能双侧发生。也可能因关节积血引起纤维化而导致出现没有影像学改变的假性僵硬。

d. 颅下颌骨病（见4.11.1和图4–6）；通常沿下颌支和鼓泡上的变化最明显，但可能继发性病变累及TMJ。

e. 犬白细胞黏附缺陷（幼年的爱尔兰雪达犬——见1.23.7）。

5. 关节面破坏。

a. 感染——可能来自外耳或中耳的感染或来自耳周的脓肿或伤口。

b. 肿瘤——原发性骨肿瘤或侵袭软组织的肿瘤；可见不同程度的新骨。

4.16 颞下颌关节异常

1. 关节面不规则。

a. 创伤。

- 骨折；可能导致由关节积血或骨痂继发的关节僵直，尤其是在猫。
- 脱位或半脱位；通常是单侧的，髁突向吻侧移位，而下颌骨向对侧偏移；罕见关节后突骨折导致的后方脱位。

b. 骨关节炎——关节间隙宽度减小，也可见关节周骨赘。

c. 感染——可能来自外耳或中耳的感染或来自耳周的脓肿或伤口。

d. 肿瘤——原发性骨肿瘤或侵袭软组织的肿瘤；也可见不同程度的新骨。

2. 颞下颌关节发育不良——在某些情况下，可见关节面扁平±成角异常以及关节后突缺失；特别是巴吉度猎犬和爱尔兰雪达犬。在某些犬可能不表现临床症状，尤其是查理士王小猎犬。在张口腹背位片上，可见下颌骨冠状突影响颧弓，导致张口性下颌闭锁。如果是单侧发病，受侵犯的冠状突位于TMJ发育不良的对侧。通过比较开口和闭口的斜矢状位X线片，有时可见下颌骨髁突的半脱位。

耳

摆位

a. 背腹位或腹背位，用于显示外耳道和鼓泡（背腹位通常更容易获得对称性摆位，因为可以看到面部标志）。颞骨岩部和头盖骨与鼓泡重叠，但可以比较右侧和左侧的差异。

b. 斜侧位，正切投照支撑侧的鼓泡。

c. 张口吻枕位，用于显示鼓泡（图4–9）。

d. 在猫，有一个特殊摆位，吻10° 腹–背枕斜位，用于显示鼓泡（图4–10），从技术角度看，比犬的张口吻枕位更容易。

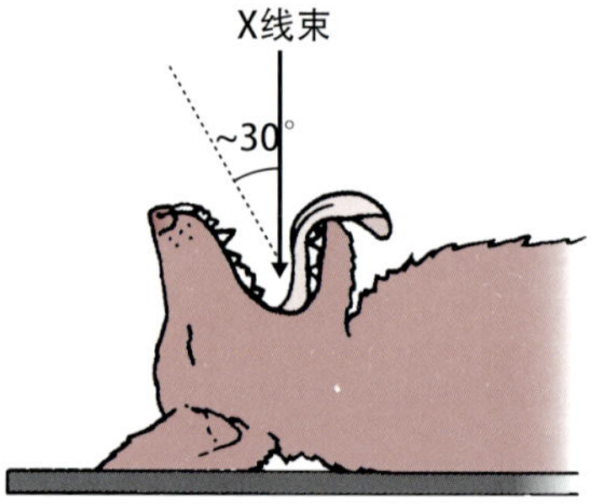

图4–9 张口吻枕位的摆位，用于显示鼓泡。硬腭与垂直X线束线呈约30° 角，精确的倾斜角度与头骨构型有关。曝光时通常需要移除气管插管。图中未显示摆位辅具。

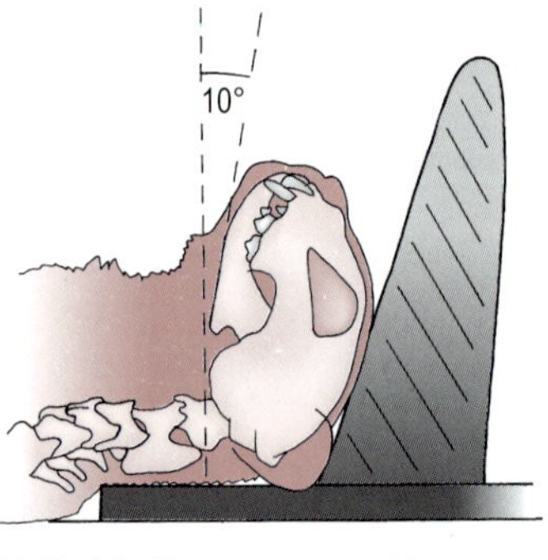

图4–10 猫的特殊摆位，用于显示鼓泡。

正常影像

正常外耳道位于鼓泡外侧，呈气体密度的带状影像。在侧位和斜位X线片上，外耳道和耳廓可能会产生令人混淆的阴影。鼓泡壁呈薄而有规则的骨性结构，在猫的鼓泡内还有一个骨性中隔，将鼓泡不完全地划分成腹内侧和背外侧部分。

耳道阳性造影

使用阳性造影剂评估鼓膜完整性和耳道狭窄已有相关描述。将少量非离子型造影剂（如碘海醇）滴入耳道并按摩。如果造影剂出现在鼓泡中，提示鼓膜破裂，但可能会因炎性碎屑堵塞耳道而产生假阴性结果。

瘘管造影

如果存在伴有引流管的耳周脓肿，可以使用瘘管造影来寻找与耳的连接。

4.17　外耳道异常

1. 外耳道不可见。
   a. 曝光过度、显影过度或胶片严重模糊。
   b. 先天性耳道缺失（闭锁）。
   c. 耳蜡、碎屑或脓性物堵塞耳道。
   d. 创伤性耳道分离，通常在环状软骨和耳廓软骨之间；可能会引起中耳炎和耳周脓肿 ± 窦道形成。
   e. 之前做过耳道切除手术。
   f. 耳道内部或外部的软组织肿物阻塞耳道。
      - 肿瘤。
      - 炎性息肉。
      - 耳周脓肿。
2. 外耳道狭窄。
   a. 耳道内膜肥厚和 / 或炎症——由急性或慢性外耳炎导致。
   b. 耳周肿物或肿胀压迫耳道。
3. 外耳道钙化。
   a. 正常——耳道周围少量排列有序的钙化软骨，在老年犬可能是正常的。
   b. 慢性外耳炎后遗症。
   c. 耳道闭锁后遗症；可能伴有耳周脓肿和引流窦道。
   d. 创伤性耳道分离的后遗症；可能伴有耳周脓肿和引流窦道。

4.18　鼓泡壁变化

1. 鼓泡壁增厚。
   a. 在某些短头品种属正常变异，如查理士王小猎犬，其鼓泡较小，壁相对较厚。
   b. 中耳炎（中耳疾病；图 4–11）。

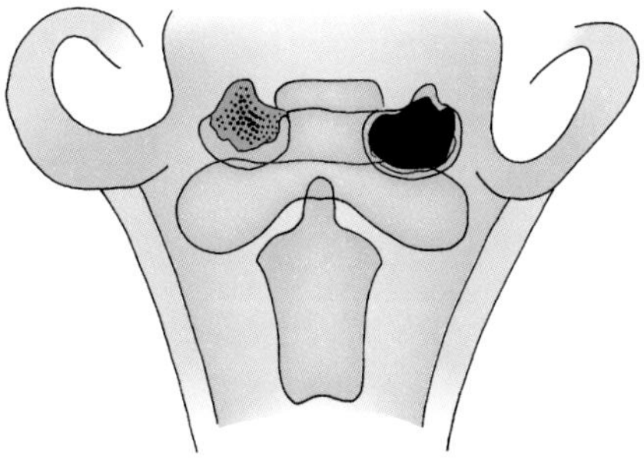

图 4–11　中耳炎：在张口吻枕位 X 线片上可见鼓泡壁增厚，鼓泡腔内密度升高。

   c. 炎性息肉——也要检查鼻咽息肉，特别是猫。
   d. 颅下颌骨病（见 4.11.1 和图 4–6）。
   e. 肿瘤（通常伴有骨质溶解）。
      - 鳞状上皮细胞癌。
      - 腺癌。
   f. 犬白细胞黏附缺陷（幼年爱尔兰雪达犬；见 1.24.9）。
2. 鼓泡壁变薄或破坏。
   a. 肿瘤
      - 鳞状上皮细胞癌。
      - 腺癌。
      - 淋巴瘤。
   b. 伴有骨髓炎的严重中耳炎。
   c. 继发于外耳道闭锁的残留耵聍碎屑。
   d. 之前做过鼓泡切除术。

4.19　鼓泡密度升高

1. 张口吻枕位摆位不良或与舌重叠导致的伪影。
2. 鼓泡密度升高——可能是由于鼓泡内空气消失和 / 或鼓泡壁增厚。

a. 在MRI上，鼓泡积液是短头犬种的常见表现，但在这些病例中，并无相关的X线征象描述。

b. 鼓泡积液也可能是咽鼓管功能障碍（如三叉神经病变或上腭缺陷）的结果。

c. 中耳炎，通常伴鼓泡壁增厚。

d. 炎性息肉，通常伴鼓泡壁增厚；可延伸到外耳道或鼻咽部。

e. 肿瘤（见上文）。

f. 继发于外耳道闭锁的残留的耵聍碎屑。

g. 胆固醇性肉芽肿。

h. 胆脂瘤。

i. 耳石病——鼓泡腔内出现不连续的矿化密度阴影，可能是由现发或既往的中耳炎引起的坏死物质的矿化导致；可能为偶然发现。

3. 骨性的鼓泡壁增厚导致的密度升高（见4.18.1和图4–11）。

注意：X线检查对于诊断中耳疾病的敏感度不高，X线片正常不能排除发生病变。MRI（金标准）和CT是首选的检查技术。

4.20 鼓泡的超声检查

超声检查可用于检查鼓泡内的液体，在这方面比X线检查的敏感性和特异性都好。存在液体时，鼓泡腔内呈无回声，可见到远场的鼓泡壁，但是当鼓泡内充满空气时，声波从浅表鼓泡壁上的骨–空气界面反射回来，由此产生混响伪影，所以看不到鼓泡腔。为显示鼓膜，可以向耳道内注入生理盐水作为声窗。

鼻腔

摆位

a. 口内背腹位（咬合）。

b. 张口腹20° 吻–背枕斜位（张口腹背位）（图4–12）。

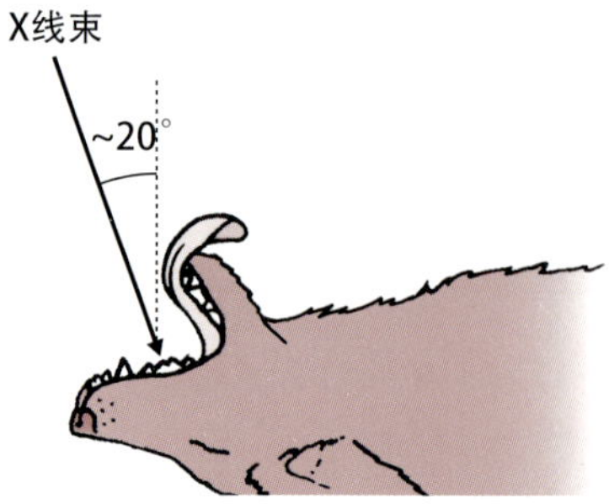

图4–12 用于显示鼻腔的张口腹背位摆位。X线束约以偏离垂直线20° 的角度投照。通常不需要移除气管插管。图中未显示摆位辅具。

c. 背腹位或腹背位（下颌骨与鼻腔的外侧部重叠）。

d. 侧位（右侧和左侧相互重叠，但这种摆位有助于显示覆盖的鼻骨和额窦的变化）。

e. 斜侧位。

f. 以鼻孔为投照中心的吻枕位。

使用硫酸钡或含碘造影剂进行鼻腔阳性造影已有相关描述，但未被广泛使用。若条件允许，MRI和CT仍是更佳的检查技术。

正常影像

在比较左、右侧鼻腔时，鼻甲骨的形状应显影清晰，且大致对称。鼻腔吻侧1/3的鼻甲骨为细线形。在中间1/3处，鼻甲骨交织成不规则的蜂窝状，从外侧可见卵圆形的上颌隐窝。在枕侧1/3处，鼻甲骨又变回线形。鼻中隔的骨质部分（犁骨）将鼻腔分为左、右两部分。在短头犬和猫，犁骨和鼻中隔偏曲或偏离是正常的。在吻侧可见成对的腭裂。在使用低曝光条件拍摄的X线片上，也可以评估鼻孔的软组织结构。

犬的鼻腔X线片可能高度提示某种特定疾病，但在猫往往不具有特异性，通常需要进行活检。鼻部疾病，尤其是鼻腔肿瘤，可能伴有一个或两个额窦的变化，因此X线拍摄方案应包括适当的额窦投照。

4.21 鼻腔的形状变化

1. 品种变异。

2. 先天性畸形。
3. 创伤。
4. 黏多糖贮积病——家养短毛猫、暹罗猫和暹罗杂交猫的遗传性疾病；表现为上颌骨宽短、额窦减小或缺失、鼻甲异常和舌骨发育不良（见 1.22.11 和 5.4.9）。

4.22　鼻腔的密度升高

1. 下层鼻甲骨形态保留的密度增加——通常是双侧的，偶尔单侧发生（图 4–13）。

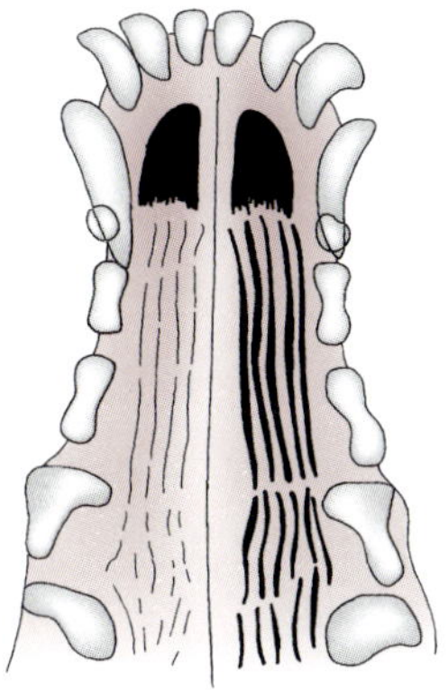

图 4–13　单侧鼻炎：与正常侧相比，鼻甲形态变得模糊，整体密度增加。如果双侧都发生病变，则难以确诊。A，病变侧；N，正常鼻腔。

a. 曝光不足。
b. 显影不足。
c. 近期鼻漏。
d. 炎性鼻炎（如淋巴浆细胞性、嗜酸性粒细胞性、嗜中性粒细胞性、异物），但正常的 X 线片不能排除鼻炎。
e. 增生性鼻炎。
f. 爱尔兰猎狼犬的鼻炎 – 支气管肺炎综合征——病因未知；可能是免疫介导性的或原发性纤毛缺陷，可能具有遗传性。大多数患犬在出生后会表现出不同严重程度的暂时性或持久性黏蛋白样或黏液脓性鼻分泌物，伴有支气管肺炎的发作。
g. 与牙科疾病相关的鼻炎（见 4.28–4.30）。
h. 鼻出血（凝血病、创伤、免疫介导性疾病）。
i. 小或近期的鼻腔异物（单侧）。
j. 卡塔格内氏综合征（或不动纤毛综合征；通常伴有内脏易位和支气管炎或支气管扩张，见 6.12.8）。
k. 原发性纤毛运动障碍（见 6.12.7）。
l. 隐球菌病 *——特别是猫。
m. 毛细线虫病 *——很少引起鼻炎。
n. 犬肺刺螨 *——鼻螨。
o. 继发于甲状旁腺功能亢进的纤维性骨营养不良（见 1.16.4）。

2. 下层鼻甲骨形态丢失的密度增加——初期通常是单侧的（也可能破坏犁骨和 / 或周围的骨骼）。需要注意的是，未见鼻甲骨影像并不一定就是发生了溶解；完整的鼻甲骨可能被相邻的组织遮蔽，特别是在鼻淋巴瘤的患猫中。

a. 肿瘤（图 4–14）——癌症最常见；也可见肉瘤，包括软骨肉瘤和淋巴瘤（特别是猫）。猫的鼻淋巴瘤可能与肾脏淋巴瘤有关。肿瘤也可能从额窦或眼眶延伸到鼻腔。鼻肿瘤通常见于中老年动物，短头犬比中头或长头犬更少见。肿瘤通常起源于鼻腔的后或中间 1/3 处，一般在靠近裂齿的地方。最初是单侧性的，但随后常会延伸到对侧鼻腔，中间的犁骨或鼻中

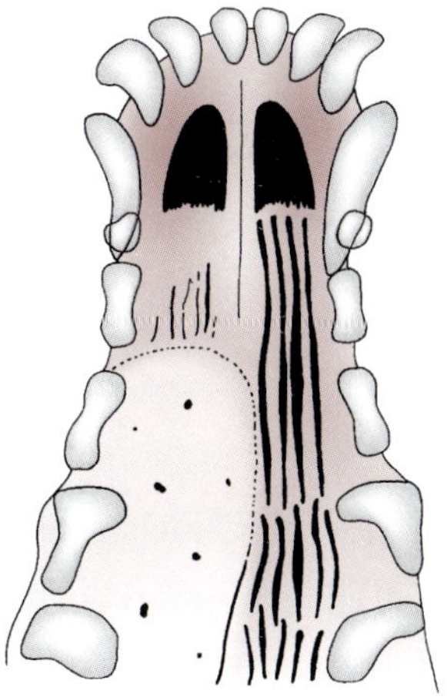

图 4–14　鼻腔肿瘤：软组织密度的肿物破坏鼻甲骨，鼻中隔或犁骨影像偏离和中断；也可能发生周围骨骼（上颌骨、鼻骨和上颚）的骨质溶解。

隔中断。鼻腔肿瘤通常伴有分泌物堆积，导致额窦密度升高，而这种征象在鼻炎不常见。严重的病例会出现周围骨骼（鼻、上颌骨、上腭）的侵蚀。

b. 鼻息肉——猫 > 犬。在猫也称为筛鼻甲骨息肉，因为它们是起源于筛鼻甲骨的炎性息肉；通常发生在上呼吸道感染之后，主要见于6 ~ 24月龄的猫。单侧或双侧鼻腔感染。大多数病例报道来自意大利。

c. 真菌性鼻炎，特别是曲霉菌病*，通常整体密度降低，但如果存在明显残留的坏死物或真菌性肉芽肿，则可见斑驳状的密度增加——见下文。单侧或双侧，不同程度的影响鼻中隔或犁骨和额窦，在严重病例可见周围骨骼的骨髓炎。

d. 其他炎性鼻炎（如淋巴浆细胞性鼻炎）可引起轻度至中度鼻甲骨破坏；单侧或双侧。

e. 慢性鼻腔异物；单侧。

f. 纤维发育不良；双侧。

3. 鼻腔内矿化。

a. 肿瘤矿化（如骨肉瘤、软骨肉瘤）。

b. 真菌肉芽肿矿化。

c. 异物矿化。

d. 移位齿——先天性，创伤性。

4.23 鼻腔密度降低

1. 下层鼻甲骨形态保留的密度降低——双侧。

a. 曝光过度。

b. 显影过度。

c. 胶片严重雾影。

2. 下层鼻甲骨形态破坏的密度降低——单侧或双侧；可能散在界限不清的密度增加的斑块。在鼻中隔附近可见一个不清晰的、朝向吻侧的低密度管道；这是由鼻甲骨破坏造成总鼻道扩大导致。

a. 真菌性鼻炎（图4-15）——特别是曲霉菌属*，也可见于青霉菌、隐球菌和其他种属；也可能存在异物。主要幼年的长头和中头品种犬；猫和短头犬种不常见。单侧或双侧，通常起源于鼻腔的吻侧部分，不累及筛鼻甲骨。鼻中隔或犁骨阴影可能会或不会中断。在某些情况下，可能会看到由骨髓炎或真菌性肉芽肿引起的额窦变化。

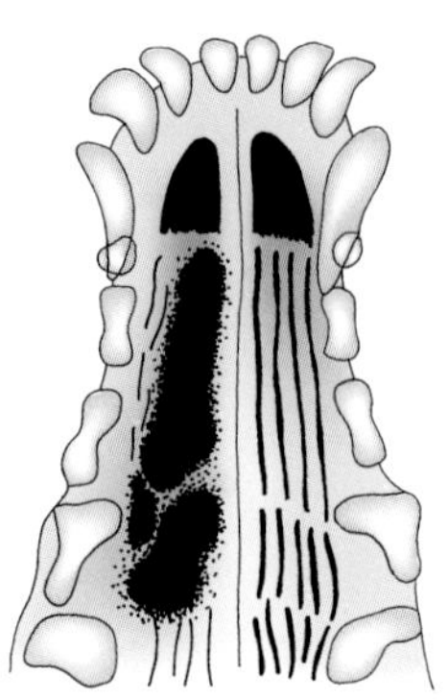

图4-15 破坏性鼻炎（曲霉菌病）：鼻甲骨形态缺失，伴边界不清和斑块样的密度增加，而非广泛性鼻腔密度升高。

b. 病毒性鼻炎，导致慢性破坏性细菌性鼻炎（猫）。

c. 淋巴浆细胞性鼻炎。

d. 鼻腔异物。

e. 如果鼻腔肿瘤侵蚀周围的骨骼，则会破坏支撑侧的上颚或上颌骨；可能是小的点状低密度区或更大的区域。

f. 硬腭先天性缺陷。

g. 有鼻切开术史。

h. 鼻肿瘤已碎裂，并经打喷嚏喷出或经鼻腔冲洗移位。

额窦

摆位

a. 吻枕位（垂直X线投照）或枕吻位（水平X线投照）。

b. 斜侧位。

c. 侧位（右侧和左侧额窦重叠）。

d. 背腹位或腹背位（额窦与后部鼻腔和吻侧头盖骨部分重叠）。

正常影像

额窦充满空气，可以勾勒出额窦壁的光滑的骨褶。大型犬和猫的额窦比小型犬的更明显；在某些短头犬中可能消失。额窦在出生时很小，随着年龄而增大。额窦内衬是黏膜骨膜。

额窦的病变多由鼻腔疾病继发，X 线检查通常需要同时拍摄额窦和鼻腔。

4.24　额窦的形状变化

1. 品种和头骨构型的变异——在某些巨型犬中，额窦可能非常大和明显，如圣伯纳犬，而在短头品种犬中可能很小或缺失。
2. 创伤。
   a. 窦壁骨折，通常是凹陷性骨折导致窦腔凹陷。
   b. 由鼻额骨折引起的引流阻塞，导致额窦分泌物积聚和鼻窦扩张，伴有上覆的额骨变薄（额窦黏液囊肿）。
3. 累及额骨的肿瘤；骨质溶解和 / 或新骨形成，通常伴有明显的软组织肿胀。
4. 累及额骨的骨髓炎；病变通常没有肿瘤严重；可能产生斑驳状的密度阴影。最常继发于曲霉病（见 4.23.2 和图 4–15）。
5. 颅下颌骨病可能会影响额骨，导致额窦容积向内减少并向外侧变形，可能导致眼球突出（见 4.11.1 和图 4–6）。
6. 发育不全——猫的黏多糖贮积病。

4.25　额窦密度升高

额窦密度升高可能是由额窦内存在液体或软组织或与新骨或软组织肿胀重叠导致。

1. 鼻窦炎。
   a. 细菌性。
   b. 真菌性——特别是曲霉菌属*；有些病例可能发展为额骨骨髓炎，使骨骼产生斑驳状的密度阴影；也可能发生真菌性肉芽肿。通常以鼻腔变化为主（见 4.23.2 和图 4–15）。
   c. 与鼻炎相关(如特发性淋巴浆细胞性鼻炎)。
   d. 过敏性。
   e. 病毒性呼吸系统疾病的后遗症。
   f. 卡塔格内氏综合征（见 6.12.8）。
2. 额窦的引流阻塞，导致黏液滞留。
   a. 创伤——因骨折引起额窦口闭塞，导致分泌物聚集和额窦黏液囊肿。
   b. 后部鼻腔肿物，通常为肿瘤（见 4.22.2 和图 4–14）。
3. 肿瘤（注意：在 X 线片上无法区分肿瘤组织和残留的液体，二者都会引起额窦密度升高）。
   a. 鼻或眼眶肿瘤扩散至额窦。
   b. 起源于额骨或额窦内的软组织或骨肿瘤。
      - 癌——软组织密度；溶骨型。
      - 骨肉瘤——混合型骨病变。
      - 骨瘤或 MLTB；主要是增生型（见 4.6.3 和图 4–3）。
4. 创伤后出血（通常也伴有骨的变化）。
5. 颅下颌骨病——可能发生额骨增厚和额窦容积减少，通常伴有其他典型部位的新骨形成（见 4.11.1 和图 4–6），但有时也会单独发生。
6. 犬白细胞黏附缺陷——幼年爱尔兰雪达犬（见 1.24.9）。

4.26　额骨厚度变化

1. 额骨厚度增加或骨性肿物。
   a. 正在愈合或已愈合的骨折。
   b. 继发于真菌性鼻窦炎。
   c. 累及额骨的肿瘤（见上文）。
   d. 颅下颌骨病（见 4.11.1 和图 4–6）。
   e. 斗牛獒犬的头盖骨肥厚（见 4.6.2）。
   f. 犬白细胞黏附缺陷（幼年爱尔兰雪达犬；见 1.24.9）。

g. 肢端肥大症（猫）。

2. 额骨厚度减少或骨质溶解。
   a. 累及额骨的肿瘤（见上文）。
   b. 累及额骨的骨髓炎。
   c. 邻近肿物的侵蚀。
   d. 继发于额窦黏液囊肿——可能是膨胀性的。
3. 骨性肿物——见4.6.3（头盖骨肿物），读片原则相同。

牙

摆位

a. 斜侧位。

b. 上颌骨和下颌骨的口内背腹位和腹背位。

c. 角平分线投照技术（切齿、犬齿、上颌前臼齿和臼齿）。

d. 口内平行技术（下颌前臼齿和臼齿）。

e. 近乎平行的投照，用于显示猫的裂齿（108，208）。

正常影像

每颗正常的牙齿都有边界清晰的牙冠和一个或多个界限清晰的牙根（图4-16）。大多数牙齿由牙本质及覆盖在牙根上方的牙骨质和牙冠表面的牙釉质组成。血管和神经位于牙髓腔内。牙釉质、牙本质和牙骨质是不透射线的，而内部的牙髓腔是相对透射线的。有时，牙釉质比下面的牙本质密度更高。未成年动物的牙髓腔更宽，具有开放的牙根尖孔；而成年动物的牙髓腔窄，牙根尖孔闭合。牙根嵌入下颌骨、

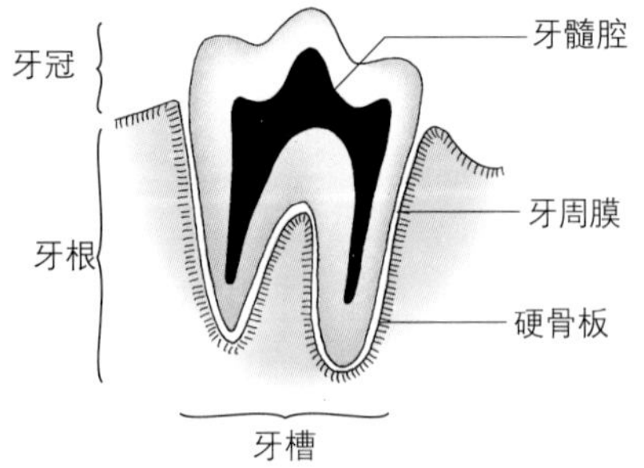

图4–16 正常牙齿的解剖。

上颌骨或前颌骨的牙槽骨中，被牙周膜形成的低密度带环绕，并由细的高密度线（即硬骨板）勾勒出来。有些恒齿牙胚在子宫内即开始形成。

犬和猫的正常齿式如下（注：I，切齿；C，犬齿；PM，前臼齿；M，臼齿）。

未成年（乳齿）

- 犬：2×I3/3 C1/1 PM3/3=28
- 猫：2×I3/3 C1/1 PM3/2=26

成年

- 犬：2×I3/3 C1/1 PM4/4 M2/3=42
- 猫：2×I3/3 C1/1 PM3/2 M1/1=30

使用改良Triadan系统对每个牙齿分别用一个数字进行编号：右侧（前颌）上颌齿编号为1，左侧（前颌）上颌齿为2，左下颌为3和右下颌为4；如，成年犬的左上颌PM4是208。

4.27 牙齿数量变化

1. 牙齿数量减少（牙齿发育不全）。
   a. 先天性。
      - 先天性无齿症（完全没有牙齿）——非常罕见。
      - 孤立性牙齿发育不全（少牙）——牙齿数量减少；可能是对称性的或非对称性的；常见于凯利蓝㹴、牛头㹴品种、拉布拉多犬和金毛寻回猎犬。
      - 外胚层发育不良——起源于外胚层的结构的品种缺陷（如墨西哥无毛犬、中国冠毛犬）。
   b. 获得性的。
      - 有拔牙史。
      - 由严重的牙周疾病或破坏性肿瘤引起的牙齿缺失。
      - 牙齿融合。
2. 牙齿数量增加（牙过多）。
   a. 乳齿未脱（假性多牙）。
   b. 先天性多牙——通常是单侧的，且上颌较下颌更常见；主要是额外的切齿或前臼齿；正常牙数以外的多生牙称为额外牙。

c. 双生牙——牙齿不完全分裂成 2 个牙齿可能使一个牙齿出现 2 个牙冠，可能被误认为 2 个单独的牙齿。

4.28　牙齿形状变化

1. 牙冠形状改变。
   a. 牙冠骨折。
   b. 牙冠异常磨损（如咀嚼石头），导致牙尖变平。
   c. 牙冠去除；残留一个或多个牙根。
   d. 双生和 / 或融合致使牙齿的牙冠异常（见 4.27.2）。
   e. 多生的下颌第 4 前臼齿的牙冠可能呈锥形，而不是正常的三角形。
2. 牙根形状变化。
   a. 牙周疾病导致牙根畸形或侵蚀，尤其是猫的破牙细胞再吸收病变，引起牙龈线下方的周围侵蚀，可能导致牙冠骨折。
   b. 相邻肿物引起的变形或移位。
   c. 相邻恶性肿瘤引起的溶解。
   d. 弯曲牙——牙根出现方向的突然变化，通常为 90° 左右。

4.29　牙齿结构或密度变化

1. 齿折。
2. 龋齿——牙冠的透线性缺损。
3. 牙髓腔增宽。
   a. 未成年动物的牙齿（所有牙齿外观相似）。
   b. 死牙（其他活牙具有较窄的牙髓腔）。
   c. 牙髓腔的炎症。
      - 继发于齿折。
      - 继发于牙周疾病。
      - 与牙脓肿有关。
4. 牙本质发育不全——牙本质层变薄，导致多发性骨折；有时可见成骨不全症（见 1.16.13）。

4.30　牙周低密度带

1. 牙周疾病——牙槽骨破坏以及相邻牙齿之间牙槽嵴的重吸收；可能延伸至牙根周围形成低密度带，这在下颌骨中可能会导致病理性骨折。
2. 牙根尖脓肿——牙髓坏死引起根尖周的炎症和 / 或感染（图 4–17）。

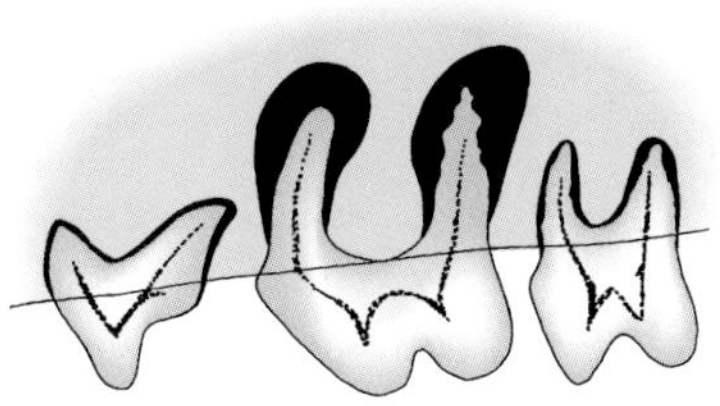

图 4–17　牙根尖脓肿：受累牙齿周围的低密度带（裂齿、上颌 PM4），其中一个牙根不规则。此处的牙脓肿有时称为颧部脓肿，可能伴有面部肿胀 ± 引流窦道。

3. 肿瘤（见 4.9.1，4.9.2 和图 4–4，图 4–7）。
4. 原发性或继发性甲状旁腺功能亢进（骨密度的广泛性丢失，但肾性继发性甲状旁腺功能亢进引起的变化在牙根周围通常是最严重的；见 4.9.5 和图 4–5）。

4.31　牙齿移位和位置异常

1. 短头品种前颌骨和上颌骨牙齿的正常拥挤——由于上颌骨缩短，前臼齿需要旋转，以便占用较少的空间；PM3 首先受到影响。
2. 额外牙可能位于异常的位置（如上颚额外的切齿）。
3. 发育性——含牙囊肿或齿根囊肿；异常位置的正常或略微变形的牙齿；可能被低密度的囊性区域所包围。
4. 起源于牙周韧带的纤维性牙龈瘤——犬，罕见于猫；主要位于短头犬种的犬齿和裂齿周围。牙齿移位，但没有骨质溶解。
5. 肿瘤——肿瘤肿物导致牙齿移位；存在骨质溶解，也可能有牙齿缺失（见 4.9.1 和图 4–4）。牙根的微小移位可能是颌骨肿瘤的早期征象。

6. 创伤（如上颌牙齿可能会嵌入鼻腔中）。

咽部和喉部

摆位

a. 侧位。没有气管插管的标准侧位对咽部的评估是至关重要的。

b. 腹背位或背腹位：由于头骨和脊柱的重叠，所以评估意义有限。

正常影像

咽部被软腭分为口咽部和鼻咽部，软腭向后延伸至会厌的尖端，喉部上方的咽部区域为喉咽部（图 4–18）。喉部通常位于颈椎 C3 的腹侧。犬喉软骨的矿化是非常正常的，通常从 2 ~ 3 岁时开始（大型犬或软骨营养障碍品种会更早）。

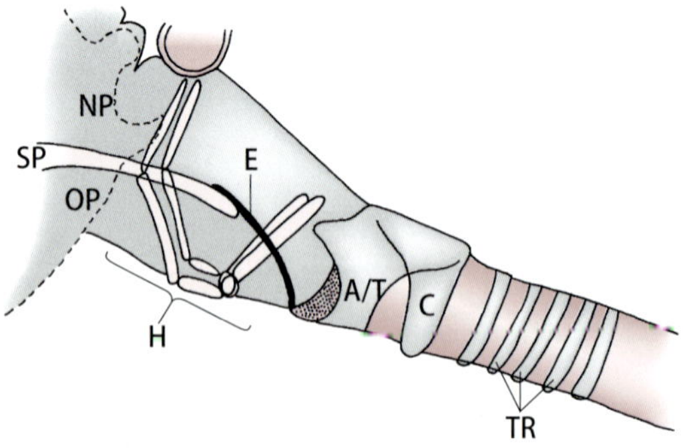

图 4–18　正常咽部侧位观。A/T，喉部的杓状软骨和甲状软骨；C，喉部的环状软骨；E，会厌；H，舌骨器；NP，鼻咽；OP，口咽；SP，软腭；TR，气管环。

4.32　咽部变化

1. 充气的鼻咽部减少或消失。

a. 鼻咽部软组织肿物。

- 鼻咽息肉（炎性，可能伴有中耳炎的 X 线征象，即鼓泡腔的密度升高和鼓泡壁增厚）（图 4–19）。
- 肿瘤（犬最常见的是癌，猫最常见的是淋巴瘤）。

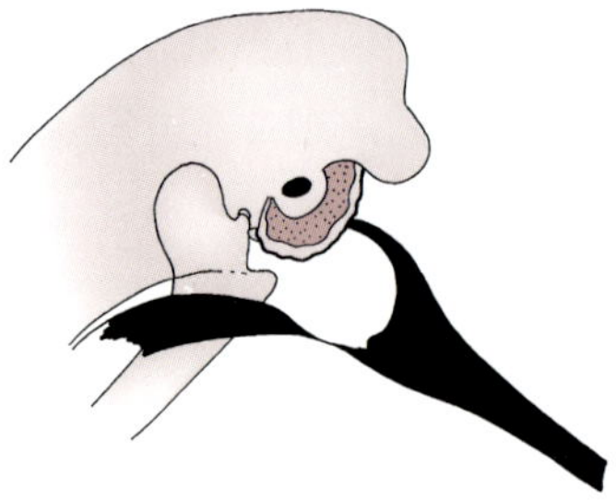

图 4–19　猫的鼻咽息肉：在鼻咽部可见软组织肿物，压迫软腭。其中一个鼓泡存在骨性变化。

- 脓肿或异物反应。
- 肉芽肿。
- 囊肿——鼻咽表皮样囊肿或拉特克囊的囊性残迹（囊壁可能矿化）。

b. 软腭增厚。

- 短头品种气道阻塞综合征的一部分。
- 腭部肿物——肿瘤、囊肿或肉芽肿。

c. 咽部组织过多——短头品种气道阻塞综合征的一部分。

d. 鼻咽部异物——由空气衬托出来。

e. 咽后肿胀。

- 咽后淋巴结增大（如淋巴瘤）。
- 咽后脓肿。
- 咽后肿瘤（如甲状腺）。

f. 鼻咽狭窄；膜或纤维网。

- 先天性狭窄，通常影响吻侧鼻咽部（如后鼻孔闭锁）。
- 狭窄性鼻咽发育不良——特别是腊肠犬；腭咽肌先天性增厚使咽内口缩窄至窄缝样。侧位 X 线片显示从软腭末端区域延伸至喉咽部后背侧的软组织厚带。
- 获得性，在猫，继发于创伤或以前的上呼吸道疾病；可见绳索状的软组织密度或软腭向背侧轻微偏离。

g. 肥胖。

2. 咽部充气。

a. 咽麻痹。

b. 呼吸道阻塞或呼吸窘迫。

c. 咽憩室，可能与创伤有关。

3. 咽内高密度阴影。

a. 重叠的耳道和耳廓阴影。

b. 舌骨（见 4.35 和图 4–18）。

c. 喉软骨矿化（见 4.33.3 和图 4–18）。

d. 高密度异物。

e. 肿物内营养不良性钙化。

f. 肿物内骨化。

g. 重叠的唾液腺结石。

4. 其他。

a. 在犬，已有舌头脓肿的报道，X 线片上可见舌根部软组织肿胀 ± 中央充满气体，超声检查时可见充满液体的腔。

4.33　喉部变化

1. 喉部和近端气管向腹侧移位。

a. 在短头犬属正常情况。

b. 拍摄 X 线片时头颈部屈曲。

c. 一侧或双侧咽后淋巴结增大。

d. 一侧或双侧甲状腺增大。

e. 咽后组织的蜂窝织炎、脓肿或异物。

f. 累及咽后组织的肿瘤。

2. 喉部和近端气管向后移位。

a. 在短头犬属正常情况。

b. 极度呼吸困难。

c. 喉麻痹。

d. 因创伤（如咬伤、项圈损伤）或肿瘤，造成舌骨器或舌骨和喉部之间的肌肉断裂。

3. 喉软骨矿化。

a. 正常老化。

b. 继发于喉部肿瘤（矿化通常较为广泛，不太有序）。

c. 继发于喉软骨炎。

4. 喉部气道减少或消失。

a. 肿瘤——可见不连续的软组织密度或喉部结构边缘减少。

- 在犬，最常见的是癌。
- 在猫，最常见的是淋巴瘤。

b. 炎症。

c. 淋巴样增生。

d. 出血（如创伤）。

e. 异物。

f. 喉囊肿。

g. 喉肉芽肿。

4.34　喉部超声检查

从喉部腹侧检查可见甲状软骨和环状软骨，其内部中央的空气柱可产生混响伪影。声带和楔状突在呼吸过程中可外展和内收。

1. 没有楔状突的运动。

a. 呼吸暂停。

b. 喉麻痹（双侧）。

2. 楔状突运动不对称。

a. 切面不对称。

b. 喉麻痹（单侧）。

3. 中央空气柱的扭曲或移位。

a. 喉肿瘤。

b. 喉囊肿。

c. 由于外伤或继发于严重的气道阻塞性疾病而引起的喉部塌陷。

4. 喉部软组织增厚。

a. 喉肿瘤。

b. 喉囊肿。

c. 炎症。

d. 水肿。

4.35　舌骨器的变化

1. X 线拍摄时摆位不良，导致出现舌骨间半脱位的假象。

2. 在短头品种犬（如斗牛犬和巴哥犬），软组织肿物使舌骨器向后移位是正常的，这些软组织肿物是突出的咬肌。

3. 骨折——项圈损伤或其他直接创伤。

4. 个别舌骨之间的位置关系异常——悬吊损伤。

5. 骨质增生和 / 或骨破坏。

a. 骨髓炎。

b. 肿瘤（如甲状腺癌）。

6. 舌骨发育不良——黏多糖贮积病；主要见于猫（见5.4.9和图5.8）。

头颈部软组织

4.36 头颈部软组织增厚

通过正常结构（如气管）的移位或筋膜面的移位或缺失可判断异常。钡剂造影可能有助于显示食道的位置。如果确定了肿胀区域，可以通过超声检查获得关于其性质的进一步信息，而且也可以用超声引导避开血管，进行细针抽吸或活组织检查。

1. 头颈部软组织局部增厚。
   a. 唾液腺囊肿。
   b. 软组织肿瘤；猫的注射部位肉瘤。
   c. 脓肿，有时继发于异物穿透伤；邻近椎体可能会见到骨质改变。
   d. 血肿。
   e. 肉芽肿。
   f. 囊肿。
   g. 近期颈部皮下补液。
2. 头颈部软组织广泛性增厚。
   a. 肥胖（脂肪的密度比其他软组织低）。
   b. 蜂窝织炎。
   c. 水肿。
   d. 弥散性肿瘤。

4.37 头颈部软组织密度变化

1. 软组织密度降低。
   a. 软组织内含有气体。
      - 食道气体：通常可在近端食道内见到少量气体，尤其在动物全身麻醉或呼吸困难时。
      - 继发于咽或食道穿孔。
      - 继发于气管穿孔。
      - 窦道或瘘管；最有可能与异物有关，如木棍。几何形状的线性气体阴影可能会勾勒出异物的轮廓。进一步检查可包括用水溶性碘造影剂进行瘘管造影或进行超声检查。慢性病例可能会引起邻近椎骨的骨膜新骨形成或骨髓炎。
      - 继发于纵隔积气（气体从胸部沿颈部筋膜面向前延伸）。
      - 脓腔。
      - 皮肤刺穿或撕裂，导致皮下气肿。
   b. 软组织内含有脂肪。
      - 正常的皮下脂肪和筋膜脂肪。
      - 肥胖。
      - 脂肪瘤或脂肪肉瘤。
2. 软组织密度升高。
   a. 伪影（如湿毛、脏物）。
   b. 矿化。
      - 局限性钙质沉着症（圆形的不定型的矿化沉积物）（见12.2.2和图12.1）。主要见于大型幼年犬，尤其是德国牧羊犬。
      - 皮肤钙质沉着症（继发于肾上腺皮质功能亢进；可见筋膜上的线性纹理或近皮肤表面的颗粒沉积）。
      - 肿瘤、血肿、脓肿、肉芽肿或在之前局部注射部位的营养不良性钙化。
   c. 食道或软组织内的高密度异物。
   d. 涎石病，如果在与唾液腺或唾液管相符的位置。
   e. 微芯片——有特征性的形态。
   f. 硫酸钡从咽或食道的撕裂部位泄漏至软组织中。

4.38 鼻泪管造影检查

鼻泪管造影不常用，用于显示慢性溢泪动物的鼻泪管堵塞，检测鼻泪管有无泄露，以及评估已知病变是否与鼻泪管相连或对鼻泪管造成影响。在造影之前，应先对患病动物进行麻醉和拍摄平片。然后将细导管插入上或下眼睑的泪点中，同时使用手指和纱布堵住其他泪点，将1 ~ 1.5mL的水溶性含碘造影剂缓慢注入鼻泪管中。也可从位于鼻孔后侧的鼻泪管吻侧开口以逆行方式进行注射。然后立即拍摄侧位 X 线片。正常的阻线性鼻泪管在侧位片上显示为一条狭窄、轻度波浪样的线形结构，大约在硬腭和鼻背之间的中间位置穿过上颌骨。在口内背腹位 X 线片上，鼻泪管位于臼齿的内侧。

1. 造影剂未充盈鼻泪管。
   a. 技术不佳。
      - 造影剂从一个或两个泪点处泄漏。
      - 造影剂剂量不足。
   b. 鼻泪管不通畅。
      - 鼻泪管部分发育不全。
      - 异物、黏液、脓性物质、炎症、狭窄或肿瘤造成鼻泪管阻塞。
2. 鼻泪管造影剂形状不规则。
   a. 造影剂与黏液或脓性物质混合。
   b. 造影剂勾勒出鼻泪管中异物的轮廓。
   c. 鼻泪管炎症。
   d. 累及鼻泪管的肿瘤。
3. 造影剂从鼻泪管泄漏。
   a. 鼻泪管破裂。
   b. 造影剂进入鼻泪管囊肿。
   c. 从鼻泪管的吻侧开口流出的造影剂可能会回流至鼻腔，勾勒出鼻甲的轮廓，形成鼻泪管破裂的假象；这种情况可以通过保持鼻部低于头部后侧来避免。

4.39 眼和眼眶的超声检查

眼部的 X 线检查价值有限，因此当肉眼检查受限时，超声检查越来越多地被用于对该区域成像，如眼睑肿胀、角膜或晶状体浑浊或眼内出血等。最好在动物清醒时进行检查，此时眼球处于正常的位置；在麻醉状态下，眼球常常会回缩并在腹侧旋转。在局部麻醉和涂抹耦合凝胶后，将高频（≥ 7.5MHz）扇形或凸阵探头直接放在角膜或瞬膜上。增距垫有利于检查角膜和前房。眼球的冠状面（水平）和矢状面（垂直）均应检查，同时注意扫查整个眼球和球后结构。通过闭合眼睑扫查获得的影像质量非常差。在剃除毛发后，从眶韧带附近的外侧扫查（颞部入路），也可以获得眼球横切面的图像。

眼球近似球形，直径约 2cm，具有光滑、薄而边界清晰的壁（图 4–20）。眼房中的房水和玻璃体一般是无回声的。利用增距垫扫查，角膜的前侧和后侧呈一对短而平行的产回声线。巩膜、视网膜和脉络膜的分层通常难以识别。在眼球的后面可以看见一个小的凹陷或凸起，为视神经盘。晶状体的前表面和后表面仅在入射声束垂直于晶状体表面的那些点处呈短的曲线结构；在其他位置，晶状体表面的平滑曲线散射来自探头的回声。组成晶状体的物质是无回声的。在晶状体两侧可见高回声的睫状体和虹膜。

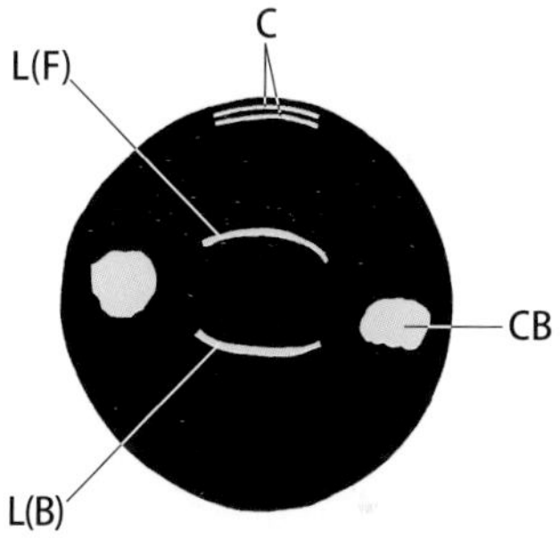

图 4–20 正常眼睛的声像图。C，角膜前侧和后侧；CB，睫状体；L（B），晶状体后侧；L（F），晶状体前侧。

眼眶疾病的影像学变化仅在阻线性异物和广泛的眼眶肿瘤且累及鼻腔和 / 或额窦的情况下才可见（见 4.22.2 和 4.25.3）。因此，眼眶的超声检查是一种有价值的诊断技术，尤其是在不易获得 MRI 或 CT 的情况下。将眼球作为声窗进行扫查。球后组织在眼球后方形成有序排列的锥形；球后肌肉是低回声的，而球后脂肪是高回声的。眶韧带后方的颞部扫查也可用于检查包括视神经在内的球后结构。

1. 眼球体积增大（超声检查有助于区分眼球体积增大和眼球突出，二者在临床表现上类似）。
   a. 品种相关（双侧对称）。
   b. 青光眼——眼积水。

2. 眼球体积减小。
 a. 品种相关（双侧对称），如苏格兰牧羊犬。
 b. 先天性小眼球。
 c. 眼球痨。
  ▪ 创伤后。
  ▪ 继发于炎性疾病。
  ▪ 青光眼末期。
3. 眼球壁增厚。
 a. 广泛性增厚。
  ▪ 巩膜炎。
  ▪ 脉络膜视网膜炎。
 b. 局灶性增厚。
  ▪ 肿瘤。
  ▪ 视网膜下出血。
  ▪ 肉芽肿（见下文）。
  ▪ 视神经炎——视神经盘上的视神经乳头突出。
4. 眼房内产回声性。
 a. 广泛性回声增强。
  ▪ 增益不恰当得过高。
  ▪ 玻璃体粘连——玻璃体变性，导致液性小袋形成，眼球运动时可见其移动或回旋；在一些犬可能是自然老化过程。
  ▪ 出血（继发于创伤、肿瘤、凝血病、高血压、慢性青光眼）。
  ▪ 炎性渗出物（眼内炎）。
  ▪ 玻璃体“飞蚊症”。
  ▪ 星状玻璃体变性（钙磷脂颗粒悬浮在相对固体化的玻璃体中）。
  ▪ 闪辉性玻璃体液化（胆固醇颗粒悬浮在液化的玻璃体中）。
 b. 局部肿物效应。
  ▪ 血凝块。
  ▪ 炎症细胞碎屑。
  ▪ 眼内肿瘤——黑色素瘤（通常来自睫状体）；睫状体腺瘤或腺癌；淋巴瘤（通常是双侧的，可能与眼内出血有关）；转移性肿瘤。
  ▪ 眼内肉芽肿——芽生菌病*（通常起源于脉络膜）；球孢子菌病*；隐球菌病*；组织胞浆菌病*；猫传染性腹膜炎；弓形虫病*。
  ▪ 视网膜下出血。
  ▪ 虹膜囊肿——与虹膜相连或自由浮动；中心无回声。
  ▪ 视网膜脱落——偶尔引起肿物效应，但更多见引起产回声性曲线（见下文）。
  ▪ 眼内异物——可能有声影，若为金属物质，可见彗星尾状伪影。
 c. 产回声线性或曲线形结构。
  ▪ 视网膜脱落（图4-21）——完全脱落时，呈“海鸥的翅膀”样，并与视神经盘和睫状体相连。部分脱落时，在玻璃体内可见线性或曲线形产回声结构。视网膜脱落通常随着眼球运动而移动。

图4-21 超声检查显示视网膜完全脱落。

  ▪ 后玻璃体脱落——外观类似于脱落的视网膜，但不与视神经盘相连。
  ▪ 玻璃膜或牵引带——有时继发于血凝块的纤维束；可导致牵引性视网膜脱落。
  ▪ 异物刺入后的炎症通道。
  ▪ 永存原始玻璃体增生症——从晶状体后极到视神经乳头的线性结构；彩色多普勒可用于检查玻璃体动脉的通畅性。
5. 晶状体位置的变化——脱位或半脱位。晶状体可能前移或后移。
 a. 创伤。
 b. 遗传倾向。
 c. 邻近肿物使其移位。
 d. 青光眼。

6. 由于白内障形成导致晶状体内回声增强。回声增强可能是广泛性的或局灶性的，可能呈囊状和 / 或位于晶状体体内。
   a. 原发性遗传性——见于许多品种，其外观和发病年龄有品种特异性。
   b. 继发于其他可能具有遗传性的眼科疾病。
      - 葡萄膜炎——各种原因。
      - 进行性视网膜萎缩。
      - 视网膜发育不良。
      - 青光眼。
      - 晶状体脱位。
      - 永存玻璃体动脉和永存原始玻璃体增生症。
      - 多房缺陷。
   c. 其他原因。
      - 老年（与年龄有关）。
      - 创伤。
      - 糖尿病。
      - 毒素。
      - 辐射。
7. 睫状体增大。
   a. 炎症。
   b. 肿瘤。
      - 黑色素瘤。
      - 腺瘤。
      - 腺癌。
      - 淋巴瘤——尤其在猫，可能双侧发生。
8. 球后组织的变化。
   a. 弥散性紊乱——回声和质地不均。
      - 蜂窝织炎。
      - 广泛性或弥散性肿瘤。
   b. 实质性肿物——回声各不相同，但通常呈低回声，并可能使眼球后方变形。
      - 肿瘤（淋巴瘤——通常双侧发生；其他原发性或转移性肿瘤；鼻或额窦肿瘤扩散）。
      - 眼外肌肌炎，尤其是内直肌。
      - 颧骨唾液腺炎。
   c. 腔性肿物。
      - 球后脓肿（细菌、真菌、寄生虫或继发于异物）。
      - 黏液肉瘤——可能产生类似于唾液的黏液小袋。
      - 颧骨黏液囊肿。
   d. 局灶性产回声性 ± 声影。
      - 球后异物（注：金属异物可能产生彗星尾状伪影）。
      - 营养不良性钙化。
      - 起源于眼眶骨骼的骨性增生，提示侵袭性肿瘤延伸至眼眶外。
   e. 视神经增大 ± 神经盘突出。
      - 视神经炎（各种原因包括肉芽肿性脑膜脑炎、弓形虫病*、隐球菌病*、犬瘟热、芽生菌病*、传染性腹膜炎、创伤）。

4.40　唾液管和唾液腺造影检查（涎管造影术）

涎管造影术偶尔可用于头颈部周围肿胀的进一步检查。将细导管插入合适的开口：

- 腮腺（位于上颌第 4 前臼齿后缘对面的黏膜嵴上）。
- 颧腺（位于腮腺开口后方约 1cm 处）。
- 下颌腺（位于舌系带上的舌肉阜的外侧面）。
- 舌下腺（可能与下颌腺为同一开口，或位于其后方 1 ~ 2mm 处）。

向开口缓慢注射 1 ~ 2mL 水溶性含碘造影剂，注意避免造影剂逆流至导管周围，立即拍摄头颈部适当部位的 X 线片。

1. 唾液管未充盈。
   a. 技术不当。
      - 造影剂过少。
      - 造影剂逆流泄露至导管周围。
   b. 唾液管阻塞。
      - 涎石病；平片上可见阻线性的矿化物质，通过涎管造影术可以确认其在唾液腺或唾液管内的位置。

- 狭窄。
- 异物。
- 邻近肿物压迫唾液管。

2. 造影剂外渗至周围软组织。
   a. 唾液管破裂。
   b. 唾液腺黏液囊肿。
3. 唾液管充盈不规则。
   a. 炎症。
   b. 肿瘤。
   c. 涎石病。
   d. 异物。
4. 唾液腺充盈不均匀。
   a. 造影剂剂量不足。
   b. 唾液腺脓肿。
   c. 唾液腺肿瘤（如腺癌）。
   d. 唾液腺囊肿。
   e. 唾液腺梗死。
   f. 邻近肿物压迫唾液腺。

4.41 唾液腺的超声检查

下颌腺是唯一始终可显影的唾液腺。很浅表，位于下颌角后方。在超声检查中呈边界清晰的卵圆形低回声结构，并伴有回声更强的包膜。在腺体实质内可见产回声的细条纹阴影。

1. 唾液腺内低回声或无回声灶。
   a. 唾液腺囊肿。
   b. 唾液腺脓肿。
   c. 肿瘤。
2. 唾液腺内产回声灶——涎石病（常伴有声影）。
3. 唾液腺内回声不均的病灶。
   a. 肿瘤。
      - 良性乳头状肿瘤。
      - 癌。
   b. 唾液腺脓肿。
   c. 异物反应（如唾液管中的草籽）。

4.42 甲状腺和甲状旁腺的超声检查

需要使用高频探头。甲状腺的两叶位于气管两侧的背外侧，喉部后方和同侧颈总动脉的内侧。偶尔，特别是在短头犬，两叶的后部之间存在狭窄的连接或峡部，横过气管的腹侧。甲状腺叶是光滑、界限清晰且质地细腻的，在纵切面上呈梭形至椭圆形，在横切面上呈圆形、卵圆形或三角形。与周围的肌肉相比，通常呈高回声，但也可能是等回声或低回声。中型犬的正常甲状腺的每叶长2.5～3cm，宽0.4～0.6cm，与体重和体表面积相关。在猫，正常长约2cm，宽0.2～0.3cm。正常的甲状旁腺有时可见，为直径2～4.6mm的低回声或无回声灶；每个甲状腺内有2个甲状旁腺，但并非都可以显影。

1. 甲状腺内的结节——可能是各种回声质地。
   a. 甲状腺肿瘤。
      - 腺瘤。
      - 癌。
   b. 甲状旁腺肿瘤。
      - 腺瘤。
      - 癌。
   c. 甲状旁腺增生。
   d. 甲状腺囊肿（在甲状腺功能亢进的患猫中，可见具有高回声分隔的边缘不规则的囊肿）。
2. 甲状腺增大。
   a. 边界清晰、低回声——甲状腺腺瘤。
   b. 边界不清、不均质的肿物——甲状腺癌；可能侵袭颈总动脉和/或颈静脉，并累及局部淋巴结。
3. 甲状腺减小。
   a. 获得性甲状腺机能减退；通常伴有回声降低，包膜轮廓不规则及形状异常。

4.43 颈动脉和颈静脉的超声检查

颈外静脉位于颈部腹外侧的沟中。颈总动脉位于颈静脉深处，在头部附近分支为颈外动脉和颈内动脉。静脉壁薄且可压缩，其内容物呈无回声，而动脉具有较厚的壁，并且不可压缩。多普勒超声可用于确定血流的动脉或静脉性质。

1. 颈动脉或颈静脉腔内肿物。
   a. 血栓。
   b. 邻近肿瘤的侵袭。
2. 与颈动脉或颈静脉相关的多个异常血管。
   a. 侧支血管。
      - 继发于正常血管的阻塞。
      - 为异常肿物供血。
   b. 动静脉畸形。
      - 继发于创伤。
      - 继发于肿瘤。
      - 先天畸形。

4.44 头颈部淋巴结的超声检查

犬和猫的头颈部淋巴结大多都很小（直径 < 5mm），不是总能在超声上显影。基于对人的研究，如果头颈部的淋巴结直径超过 1cm，则被认为是增大的。增大的淋巴结通常仍是低回声的，但也可能回声不均，尤其是在出现空洞时。在人上，反应性淋巴结倾向于保持其卵圆形或扁平的形状，而肿瘤性淋巴结更可能变成圆形。目前还不清楚这是否适用于小动物。

1. 淋巴结增大。
   a. 反应性。
   b. 肿瘤。
      - 淋巴瘤。
      - 转移性肿瘤。

4.45 颈部食道

与胸段食道相比，颈部食道疾病较为少见，但读片原则同样适用——见第 8 章。

4.46 鼻类皮窦囊肿

类皮窦是指在胚胎发育过程中，皮肤和神经管分离不完全导致的神经管缺陷。在犬，类皮窦的典型部位是颈部和背中线处，罗得西亚脊背犬易感。鼻类皮窦最近已被认识，从中线背侧开口延伸至鼻腔内。平片通常不明显，可通过窦道造影来显示，从而帮助制订手术计划。

延伸阅读

General

[1] Dernell, W.S., Straw, R.C., Cooper, M. F., Powers, B.E., LaRue, S.M., Withrow, S.J., 1998. Multilobular osteochondrosarcoma in 39 dogs: 1979–1993. J. Am. Anim. Hosp. Assoc. 34, 11–18.

[2] Gibbs, C., 1976. Radiological refresher: The head part I –Traumatic lesions of the skull. J. Small Anim. Pract. 17, 551–554.

[3] Johnston, G.R., Feeney, D.A., 1980. Radiology in ophthalmic diagnosis. Vet. Clin. North Am. Small. Anim. Pract. 10, 317–337.

[4] Konde, L.J., Thrall,M.A., Gasper, P., Dial, S.M., McBiles, K., Colgan, S., et al., 1987. Radiographically visualized skeletal changes associated with mucopolysaccharidosis VI in cats. Vet. Radiol. 28, 223–228.

Cranial cavity

[5] Garosi, L.S., Penderis, J.P., Brearley, M. J., Brearley, J.C., Dennis, R., Kirkpatrick, P., 2002. Intraventricular tension pneumocephalus as a complication of transfrontal craniectomy: diagnosis and surgical management.Vet. Surg. 31, 226–231.

[6] Hudson, J.A., Cartee, R.E., Simpson, S. T., Buxton, D.F., 1989. Ultrasonographic anatomy of the canine brain. Vet. Radiol. 30, 13–21.

[7] Hudson, J.A., Simpson, S.T., Buxton, D. F., Cartee, R.F., Steiss, J.E., 1990. Ultrasonographic diagnosis of canine hydrocephalus. Vet. Radiol. 31, 50–58.

[8] McConnell, J.F., Hayes, A.M., Platt, S. R., Smith, K.C., 2006. Calvarial hyperostosis syndrome in two bullmastiffs. Vet. Radiol. Ultrasound 47, 72–77.

[9] Muir, P., Dubielzig, R.R., Johnson, K. A., Shelton, D.G., 1996. Hypertrophic osteodystrophy and calvarial hyperostosis. Compend. Contin. Educ. Pract. Veterinarian (Small Animal) 18, 143–151.

[10] Pastor, K.F., Boulay, J.P., Schelling, S. H., Carpenter, J.L., 2000. Idiopathic hyperostosis of the calvaria in five young bullmastiffs. J. Am. Anim. Hosp. Assoc. 36, 439–445.

[11] Spaulding, K.A., Sharp, N.J.H., 1990. Ultrasonographic imaging of the lateral cerebral ventricles in the dog. Vet. Radiol. 31, 59–64.

Maxilla and premaxilla

[12] Featherstone, H., Llabres Diaz, F., 2003. Maxillary bone epithelial cyst in a dog. J. Small Anim. Pract. 44, 541–545.

[13] Frew, D.G., Dobson, J.M., 1992. Radiological assessment of 50 cases of incisive or maxillary neoplasia in the dog. J. Small Anim. Pract. 33, 11–18.

Mandible

[14] Gibbs, C., 1977. Radiological refresher: The head part II –Traumatic lesions of the mandible. J. Small Anim. Pract. 18, 51–54.

[15] Watson, A.D.J., Adams, W.M., Thomas, C.B., 1995. Craniomandibular osteopathy in dogs. Compend. Contin. Educ. Pract. Veterinarian (Small Animal) 17, 911–921.

Temporomandibular joint

[16] Gemmill, T., 2008. Conditions of the temporomandibular joint in dogs and cats. In Pract. 30, 36–43.

[17] Lane, J.G., 1982. Disorders of the canine temporomandibular joint. Vet. Ann. 22, 175–187.

[18] Meomartino, L., Fatone,G., Brunetti,A., Lamagna, F., Potena, A., 1999. Temporomandibular ankylosis in the cat: a review of seven cases. J. Small Anim. Pract. 40, 7–10.

[19] Sullivan, M., 1989. Temporomandibular ankylosis in the cat. J. Small Anim. Pract. 30, 401–405.

Ear

[20] Benigni, L., Lamb, C., 2006. Diagnostic imaging of ear disease in the dog and cat. In Pract. 28, 122–130.

[21] Bischoff, M.G., Kneller, S.K., 2004. Diagnostic imaging of the canine and feline ear. Vet. Clin. North Am. Small. Anim. Pract. 34, 437–458.

[22] Eom, K.D., Lee, H.C., Yoon, J.H., 2000. Canalographic evaluation of the external ear canal in dogs. Vet. Radiol. Ultrasound 41, 231–234.

[23] Garosi, L.S., Dennis, R., Schwarz, T., 2003. Review of diagnostic imaging of ear diseases in the dog and cat. Vet. Radiol. Ultrasound 44, 137–146.

[24] Gibbs, C., 1978. Radiological refresher: The head part III – Ear disease. J. Small Anim. Pract. 19, 539–545.

[25] Hofer, P., Meisen, N., Bartholdi, S., Kaser-Hotz, B., 1995. Radiology corner – A new radiographic view of the feline tympanic bulla. Vet. Radiol. Ultrasound 36, 14–15.

[26] Hoskinson, J.J., 1993. Imaging techniques in the diagnosis of middle ear disease. Semin. Vet. Med. Surg. 8, 10–16.

[27] Trower, N.D., Gregory, S.P., Renfrew, C.R., Lamb, C.R., 1998. Evaluation of the canine tympanic membrane by positive contrast ear canalography. Vet. Rec. 142, 78–81.

[28] Ziemer, L.S., Schwarz, T., Sullivan, M., 2003. Otolithiasis in three dogs. Vet. Radiol. Ultrasound 44, 28–31.

Nasal cavity and frontal sinuses

[29] Coulson, A., 1988. Radiology as an aid to diagnosis of nasal disorders in the cat. Vet. Ann. 28, 150–158.

[30] Galloway, P.E., Kyles, A., Henderson, J.P., 1997. Nasal polyps in a cat. J. Small Anim. Pract. 38, 78–80.

[31] Gibbs, C., Lane, J.G., Denny, H.R., 1979. Radiological features of intra-nasal lesions in the dog: a review of 100 cases. J. Small Anim. Pract. 20, 515–535.

[32] Goring, R.L., Ticer, J.W., Gross, T.L., 1984. Contrast rhinography in the radiographic evaluation of diseases affecting the nasal cavity, nasopharynx, and paranasal sinuses in the dog. Vet. Radiol. 25, 106–123.

[33] Kirberger, R.M., Fourie, S.L., 2002. An investigation into the usefulness of a rostrocaudal nasal radiographic view in the dog. J. S. Afr. Vet. Assoc. 73, 171–176.

[34] Lamb, C.R., Richbell, S., Mantis, P., 2003. Radiographic signs in cats with nasal disease. J. Feline. Med. Surg. 5, 227–235.

[35] O'Brien, R.T., Evans, S.M., Wortman, J.A., Hendrick, M.J., 1996. Radiographic findings in cats with intranasal neoplasia or chronic rhinitis: 29 cases (1982–1988). J. Am. Vet. Med. Assoc. 208, 385–389.

[36] Sturgeon, C., 2008. Nasal dermoid sinus cyst in a shih tzu. Vet. Rec. 163, 219–220.

[37] Sullivan, M., Lee, R., Jakovljevic, S., Sharp, N.J.H., 1986. The radiological features of aspergillosis of the nasal cavity and frontal sinuses of the dog. J. Small Anim. Pract. 27, 167–180.

[38] Sullivan, M., Lee, R., Skae, C.A., 1987. The radiological features of sixty cases of intra-nasal neoplasia in the dog. J. Small Anim. Pract. 28, 575–586.

Teeth

[39] DeForge, D.H., Colmery, B.H. (Eds.), 2000. An Atlas of Veterinary Dental Radiology. Iowa, State University Press, Ames. Eisner, E.R., 1998. Oral-dental radiographic examination technique. Vet. Clin. North Am. Small. Anim. Pract. 28, 1063–1087.

[40] Gibbs, C., 1978. Radiological refresher: The head part IV –Dental disease. J. Small Anim. Pract. 19, 701–707.

[41] Gorrel, C., 1998. Radiographic evaluation. Vet. Clin. North Am. Small. Anim. Pract. 28, 1089–1110.

[42] Harvey, C.E., Flax, B.M., 1992. Feline oral-dental radiographic examination and interpretation. Vet. Clin. North Am. Small. Anim. Pract. 22, 1279–1295.

[43] Hooft, J., Mattheeuws, D., van Bree, P., 1979. Radiology of deciduous teeth resorption and definitive teeth eruption in the dog. J. Small Anim. Pract. 20, 175–180.

[44] Lommer, M.L., Verstraete, F.J.M., Terpak, C.H., 2000. Dental radiographic technique in cats. Compend. Contin. Educ. Pract. Veterinarian (Small Animal) 22, 107–117.

[45] Zontine, W.J., 1975. Canine dental radiology: radiographic technique, development and anatomy. Vet. Radiol. 16, 75–83.

Pharynx, larynx and other soft tissues of the neck

[46] Bray, J.P., Lipscombe, V.J., White, R.A.S., Rudorf, H., 1998. Ultrasonographic examination of the pharynx and larynx of the normal dog. Vet. Radiol. Ultrasound 39, 566–571.

[47] Gallagher, J.G., Boudrieau, R.J., Schelling, S.H., Berg, J., 1995. Ultrasonography of the brain and vertebral canal in dogs and cats: 15 cases (1988–1993). J. Am. Vet. Med. Assoc. 207, 1320–1324.

[48] Gelatt, K.N., Cure, T.H., Guffy, M.M., Jessen, C., 1972. Dacryocystorhinography in the dog and cat. J. Small Anim. Pract. 13, 381–397.

[49] Gibbs, C., 1986. Radiographic examination of the pharynx, larynx and soft tissue structures of the neck in dogs and cats. Vet. Ann. 26, 227–241.

[50] Glen, J.B., 1972. Canine salivary mucocoeles: results of sialographic examination and surgical treatment of fifty cases. J. Small Anim. Pract. 13, 515–526.

[51] Harvey, C.E., 1969. Sialography in the dog. J. Am. Vet. Radiol. Soc. 10, 18–27.

[52] Hudson, J.A., Finn-Bodner, S.T., Steiss, J.E., 1998. Neurosonography. Vet. Clin. North Am. Small Anim. Pract. 28, 943–972.

[53] Kirberger, R.M., Steenkamp, G., Spotswood, T.C., Boy, S.C., Miller, D.B., van Zyl, M., 2006. Stenotic nasopharyngeal dysgenesis in the dachshund: seven cases (2002–2004). J. Am. Anim. Hosp. Assoc. 42, 290–297.

[54] Llabres Diaz, F., 2006. Practical contrast radiography 5. Other techniques (for dacryocystorhinography). J. Small Anim. Pract. 28, 32–40.

[55] Moore, D., Lamb, C., 2007. Ocular ultrasonography in companion animals: a pictorial review. In Pract 29, 603–610.

[56] Rudorf, H., 1997. Ultrasonographic imaging of the tongue and larynx in normal dogs. J. Small Anim. Pract. 38, 439–444.

[57] Rudorf, H., 1998. Ultrasonography of laryngeal masses in six cats and one dog. Vet. Radiol. Ultrasound 39, 430–434.

[58] Rudorf, H., Herrtage, M.E., White, R. A.S., 1997. Use of ultrasonography in the diagnosis of tracheal collapse. J. Small Anim. Pract. 38, 513–518.

[59] Solano, M., Penninck, D.G., 1996. Ultrasonography of the canine, feline and equine tongue: normal finding and case history reports. Vet. Radiol. Ultrasound 37, 206–213.

[60] Stuhr, S.M., Scagliotti, R.H., 1996. Retrobulbar ultrasound in the mesaticephalic and dolichocephalic dog using a temporal approach. Vet. Comp. Ophthalmol. 6, 91–99.

[61] Von Doernberg, M.C., Peeters, M.E., Ter Haar, G., Kirpensteijn, J., 2008. Lingual asbcesses in three dogs. J. Small Anim. Pract. 49, 413–416.

[62] Williams, J., Wilkie, D.A., 1996. Ultrasonography of the eye. Compend. Contin. Educ. Pract. Veterinarian (Small Animal) 18, 667–676.

[63] Wisner, E.K., Nyland, T.G., 1998. Ultrasonography of the thyroid and para-thyroid glands. Vet. Clin. North Am. Small. Anim. Pract. 28, 973–992.

[64] Wisner, E.R., Mattoon, J.S., Nyland, T.G., Baker, T.W., 1991. Normal ultrasonographic anatomy of the canine neck. Vet. Radiol. 32, 185–190.

[65] Wisner, E.R., Nyland, T.G., Mattoon, J.S., 1994. Ultrasonographic examination of cervical masses in the dog and cat. Vet. Radiol. Ultrasound 35, 310–315.

[66] Wisner, E.R., Penninck, D., Biller, D. S., Feldman, E.C., Drake, C., Nyland, T.G., 1997. High resolution parathyroid sonography. Vet. Radiol. Ultrasound 38, 462–466.

[67] Yakely, W.L., Alexander, J.E., 1971. Dacryocystorhinography in the dog. J. Am. Vet. Med. Assoc. 159, 1417–1421.

第 5 章

脊 柱

5.1 脊柱的 X 线投照技术

动物镇静或全身麻醉后以可减少运动性模糊，并有助于精确摆位，从而可以获得理想的 X 线片。

应通过使用摆位辅具，确保标准的侧位和腹背位（VD）摆位（图 5-1A ~ 图 5-1D）。腰荐结合处的屈曲腹背位 X 线片也会有一定帮助。颈椎的斜位投照有利于显示椎间孔、齿突和枕骨髁。当怀疑动物有严重的脊柱不稳定或骨折时，应拍摄水平腹背位，避免操作时造成进一步损伤。优先选择高细节的增感屏；如果组织厚度大于 10cm，要使用滤线栅。封闭的准直器也能通过减少散射线来提高图像清晰度。如果存在神经功能缺陷或怀疑椎间盘疾病，则应以疑似病灶为中心进行投照。

脊髓造影术曾经是用于评估脊髓或马尾的最常用的造影技术，但是如今在许多医院中正在被断层成像技术所取代。脊髓造影术将在第 5.14 节进一步讨论。硬膜外造影术、椎间盘造影术和腰荐静脉造影术有时仍被用于评估马尾，但也已经过时。线性断层扫描可用于评估胸椎和腰荐椎区域，以分别排除肋骨和髂骨翼的重叠。通过 CT 和 MRI 可获得横断面图像；CT 可以提供更好的骨骼和关节异常的显影，而 MRI 可提供更高的软组织对比度，是平片未见明显异常时的理想检查方式，如脊髓肿瘤、早期感染和韧带异常。CT 脊髓造影可提供更多关于脊髓大小变化的信息。偶尔也可使用闪烁显像来确定炎症或肿瘤的位置，但解剖细节很少。

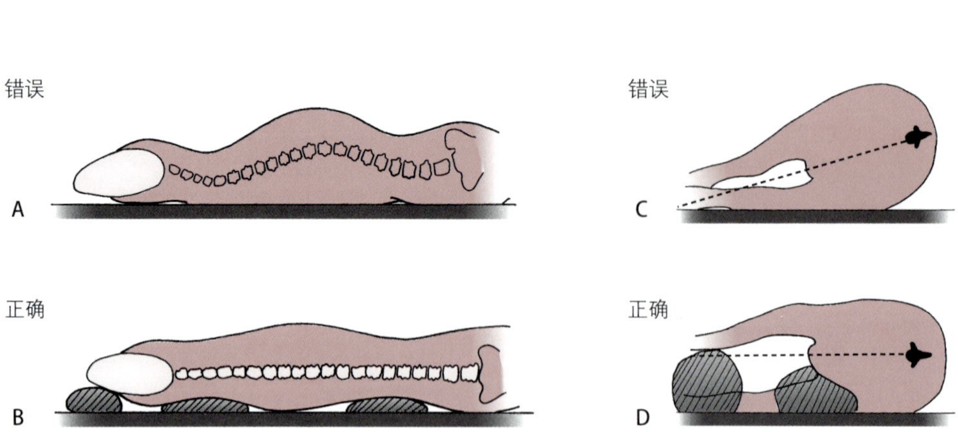

图 5-1 使用泡沫楔获得准确摆位。

对脊柱X线片的最佳解读需要系统评估，包括评估X线片的质量和投照技术、脊椎外软组织结构、脊椎骨性结构、椎间隙和相邻的椎体终板、椎间孔以及关节面等。每个椎体、椎间隙和椎间孔都要与相邻的进行比较。由于原射线束的发散，胶片外围的椎间隙通常显得更窄。

椎体生长板在38周龄时闭合，前部生长板比后部生长板闭合早。齿突的尖部和体部具有独立的骨化中心，在25周龄时完全骨化。

5.2 椎骨数量改变

正常情况下，犬和猫有7个颈椎、13个胸椎、7个腰椎、3个荐椎和数目不等的尾椎。可能只是单纯的数量改变，也可能是伴有可导致椎体数量明显变化的其他先天性脊椎异常（移行椎——见5.3.2）。

1. 6个或8个腰椎（特别是腊肠犬）。
2. 4个荐椎——可能会见到退化的椎间隙。
3. 12个胸椎。
   a. 12个真正的胸椎和7个腰椎。
   b. T13缺少肋骨，造成12个胸椎和8个腰椎。
4. 14个胸椎——通常是由于L1上存在肋骨样的结构，而不是真正的数量增加。
5. 曼岛猫（“粗短”）和某些犬种的遗传性短尾，如彭布鲁克威尔士柯基犬、布列塔尼猎犬、法兰德斯牧牛犬、瑞典瓦汉德犬和波兰低地牧羊犬。在曼岛猫，往往也并发其他脊柱畸形。
6. 遗传性无尾；特别是曼岛猫（“无尾”），也并发其他脊柱畸形（见5.3.20）。
7. 躯干不全畸形——罕见的神经骨骼先天性缺陷，存在腰荐脊髓和椎骨发育不全，伴后肢畸形；主要发生在牛，但在犬也有报道。

5.3 椎骨大小和形状改变：先天性或发育性

可能存在多种畸形。

1. 正常变异。
   a. 玩具品种犬的C1神经弓通常较短。
   b. C7和L7可能比相邻的椎骨更短。
   c. L3和L4椎体的腹侧缘通常边界不清晰，因为这里是膈脚的起始处，骨质粗糙。
2. 移行椎——具有相邻两个部位椎骨的解剖特征。移行椎常见，可能还伴有椎体数量的异常；除了腰荐结合处之外，其他部位的移行椎通常没有临床意义。移行部位可能会出现单侧或双侧的变化。
   a. 最后腰椎荐椎化（图5-2A）——单侧或两侧横突与荐骨翼融合，也可能与髂骨成关节。非对称性和对称性移行椎发生率大致相同。这种情况可能促发腰荐椎不稳定和椎间盘变性，继发马尾综合征。如果出现旋转准直异常，也可能促发单侧髋关节发育不良，并导致在评估髋关节发育不良拍摄X线片时，无法获得对称性的骨盆结构；特别是在单侧荐椎化时更常见。德国牧羊犬常见，但也可见于杜宾犬、罗得西亚脊背犬、大瑞士山地犬和布列塔尼猎犬。
   b. S1荐椎腰椎化，即S1未能与其他荐椎融合（图5-2A）；X线征象与上述类似，只能通过计数正常相邻椎骨的数量来鉴别。
   c. S3与Cd1部分或完全融合；猫很常见，特别是缅甸猫。可能存在横突的假关节。通常与（b）同时存在，可能会见到机体试图修复3个荐椎段的征象。
   d. T13移行椎（图5-2B）——肋骨发育成横突；残留的肋骨表现为软组织中的钙化线。
   e. L1移行椎——横突延长并发育成为肋骨样的结构；猫也常见。
   f. C7移行椎——横突延长并发育成为肋骨样的结构。
   g. 寰椎枕骨化。
3. 半椎体（图5-3）——椎体畸形；胸椎和尾椎区域的常见畸形，尤其是在螺旋尾品种和德国短毛波音达犬。猫罕见。通常影响多个

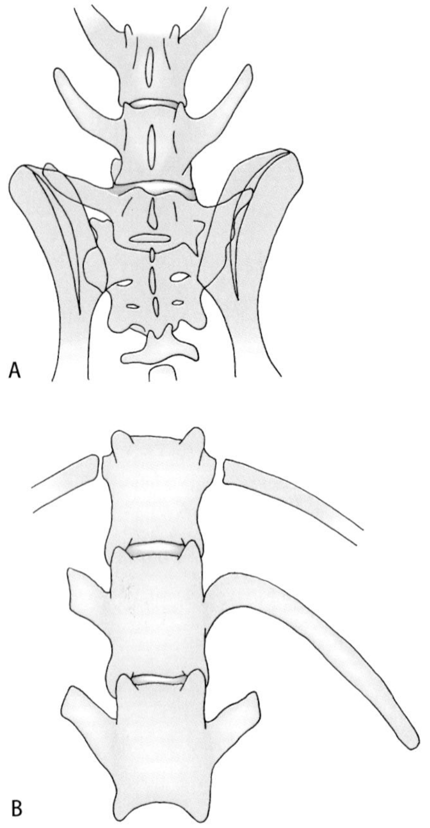

图 5-2　移行椎：图 A 为在腰荐椎结合处，一侧有横突，另一侧与髂骨成关节；图 B 为在胸腰椎结合处，一侧是肋骨，另一侧是横突。

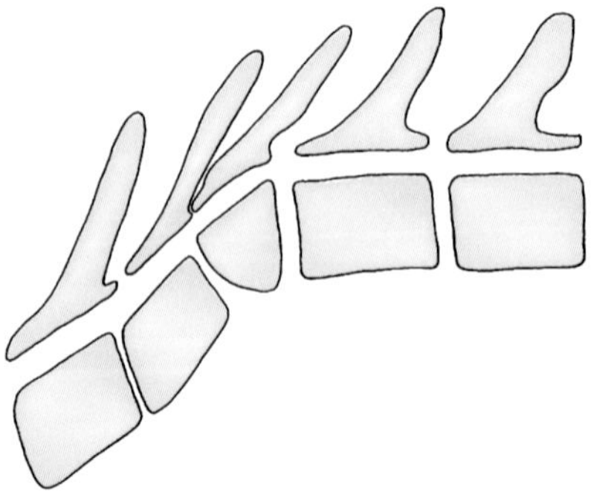

图 5-3　典型的胸椎中段半椎体：楔形椎体，导致脊柱背凸和椎管狭窄。

椎骨。临床症状（脊髓压迫引起的神经缺陷）不常见，通常发生在第 1 年内的生长阶段。

a. 背侧半椎体——腹侧一半未发育，导致脊柱背凸。

b. 偏侧半椎体——左侧或右侧一半未发育，导致脊柱侧凸。

c. 腹侧半椎体——背侧一半未发育，导致脊柱腹凸。

4. 融合椎——通常只有 2 个，罕见 3 个椎体融合——椎体长度正常，椎间隙减小或缺失。融合程度各异。相邻椎间隙的压力上升使其随后更易患椎间盘疝出。鉴别诊断包括陈旧性创伤、愈合的椎间盘脊椎炎。

a. 腰椎区域。

b. 颈椎区域。

5. 蝴蝶椎（图 5-4）——尤其是短头品种犬，猫罕见。一般不引起临床症状。在腹背位 X 线片上，尤其是在后段胸椎和后段腰椎区域，可见因椎体部分矢状开裂导致椎体前侧和后侧终板凹陷。

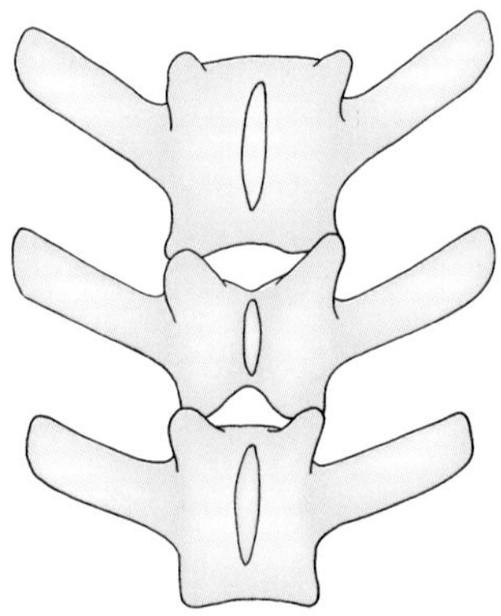

图 5-4　腹背位观上的蝴蝶椎。

6. 荐椎段不完全融合。

7. C2- 齿突畸形。

a. 发育不全、发育不良或未融合导致寰枢椎不稳定（见 5.5.5）。

b. 齿突背侧成角。

c. 猫——黏多糖贮积病中可能出现发育不全、发育不良或不规则骨化（见 5.4.9）。

8. 颈椎脊髓病（摇摆综合征；见 5.4.20 和图 5-5）——尤其是杜宾犬。后段颈椎畸形，通常是犁状椎体和楔形椎间隙；神经弓也可能向前腹侧成角，这些都造成椎管狭窄。由于脊椎不稳定，屈曲颈部时会造成脊髓压迫更严重，形成动态损伤。然而，只有狭窄严重时，才能在幼年动物看到神经症状。有关获得性变化的描述，请参阅 5.4.14。

9. 椎管狭窄——需要脊髓造影或 MRI 来确定脊髓受压迫的程度。
   a. 继发于半椎体或融合椎。
   b. 颈椎脊髓病（摇摆综合征；图 5–5）。
   c. 胸椎狭窄。
      - T3–T6 通常没有脊髓压迫——杜宾犬。
      - 单个胸椎——斗牛犬。
   d. 中小型犬先天性腰荐狭窄。

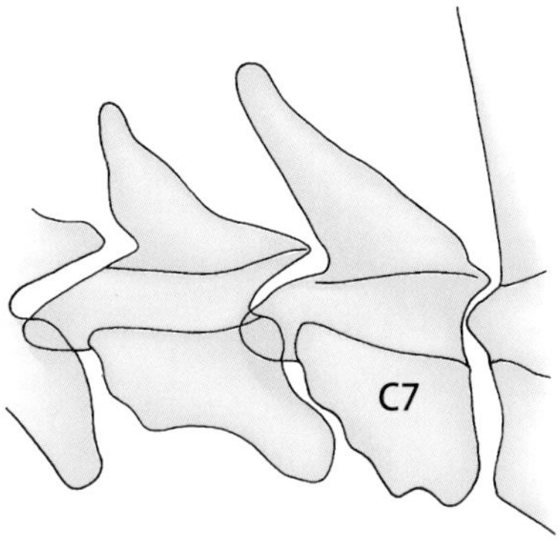

图 5–5 颈椎脊髓病（摇摆综合征）时典型的椎体畸形：椎体畸形和向上倾斜，加之神经弓低位，导致椎管狭窄。颈部屈曲时可能发生半脱位。

10. 荐椎骨软骨病——临床症状通常直到骨骼发育成熟时才明显（见 5.4.16 和图 5–8）。
11. 幼年时影响椎骨的先天性代谢性疾病。
   a. 垂体性侏儒症——特别是德国牧羊犬；匀称的侏儒症 ± 骨骺发育不全。
   b. 先天性甲状腺功能减退——尤其是拳师犬；不匀称的侏儒症，伴有骨骺发育不全，导致脊椎终板骨化和生长板闭合延迟；终板可能表现出特征性的腹侧突起。未闭合的生长板发生病理性骨折的情况已有报道。长骨也可能发生变化（见 1.22.9）。
12. 背侧棘突融合。
13. 脊柱裂——导致背侧棘突开裂或缺失或椎板缺失，最常见于后段腰椎区域；尤其多见于斗牛犬，猫罕见。侧位片上可见椎管增宽。可能伴有脊髓闭合不全，即神经管的闭合缺陷。需要脊髓造影来评估软组织的变化。
   a. 隐性脊柱裂——脊髓正常，皮肤完好。常见于短尾品种。
   b. 脑脊膜膨出——脑脊膜疝出，皮肤完好。
   c. 脊髓脊膜膨出——脊髓和脑脊膜疝出，皮肤完好。
   d. 显性脊柱裂——脊髓和脑脊膜疝出，暴露在外。
   e. 囊肿性脊柱裂——脊髓和脑脊膜疝出，高出皮肤。
14. 皮样（藏毛）窦——若窦道延伸至硬膜，则可能伴有背侧棘突或神经弓的缺陷（见 5.7.4）。
15. 枕寰枢椎畸形——包括枕骨发育不良、寰枕融合、寰椎神经弓短、齿突变形和寰枢椎半脱位；临床症状取决于脊髓压迫的程度，有些可能没有临床症状。
16. 其他偶见的复杂性椎体异常，特别是在颈椎区域。
17. 关节面发育不全。
   a. 颈椎。
   b. 胸腰椎，常伴有邻近关节面的增生。
18. 苏格兰㹴的特发性多灶性骨病（见 1.18.7）；可能发生部分椎骨缺失，尤其是在颈椎背侧。
19. 躯干不全畸胎——严重的脊柱缩短。
20. 猫——荐尾部发育不全；从脊柱裂到完全的发育不全都有可能。尤其是在曼岛猫中，可能同时伴有其他异常，如颈椎缩短、蝴蝶椎、腰椎融合椎和脑脊膜（脊髓）膨出。
21. 猫——黏多糖贮积病——先天性溶酶体贮积病，但症状可能到以后才表现（见 5.4.9）。

5.4 椎骨大小和形状改变：获得性

关节面的变化见 5.11。

椎骨增大

1. 变形性脊椎关节强硬——腹侧和外侧大小各异的骨刺，可能桥连椎间隙（图 5–6）。

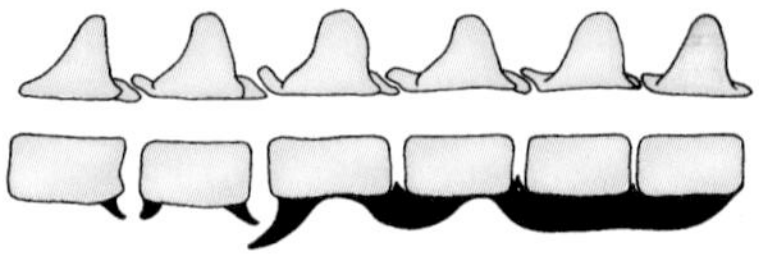

图5-6 不同程度的脊椎关节强硬：从小骨刺的新骨发展为关节僵硬。

除非发生特别广泛的累及神经根的病变，否则几乎没有临床症状；在腰荐结合处时，可能伴有马尾综合征和其他病理状态。

a. 初期由纤维环变性引发——偶然发现，最早可见于2岁，非常常见，发病率随年龄增加而升高；猫不常见，一般很轻微。

b. 继发于：
- 慢性椎间盘疝出。
- 颈椎脊髓病（摇摆综合征）。
- 椎间盘开窗术。
- 椎间盘脊椎炎。
- 半椎体。
- 骨折或脱位损伤。

c. 骨化性韧带炎——腹侧纵韧带的广泛性骨化——幼年拳师犬。

2. 骨折和因骨痂形成造成的椎骨增大。

a. 创伤。

b. 病理性骨折（没有广泛性骨痂）。
- 营养性继发性甲状旁腺功能亢进（幼年骨质疏松症——见1.16.4）。
- 溶骨型肿瘤（如浆细胞骨髓瘤）。
- 骨囊肿（见1.19.2和1.19.3）。

3. 肿瘤。

a. 良性肿瘤或骨骼发育异常。
- 单发性骨软骨瘤或多发性软骨性外生骨疣，通常在幼年动物引起背侧棘突的膨胀性病变。在犬骨骼发育成熟后停止生长，但在猫积极生长阶段过后仍可能继续生长（见1.15.2）。恶化成骨肉瘤或软骨肉瘤的情况已有报道。

b. 恶性肿瘤。
- 骨肉瘤。
- 其他原发性或转移性肿瘤。

c. 后肢及臀部软组织肿瘤，导致后段腰椎和荐椎腹侧发生骨膜反应（图5-7；鉴别诊断为椎间盘脊椎炎——见下文，但肿瘤性病变通常更靠尾侧）。新骨并不一定是肿瘤，而是对局部恶性病变的反应。
- 前列腺肿瘤——产生这种新骨最常见的原因。
- 膀胱或尿道肿瘤。
- 肛周肿瘤。
- 乳腺肿瘤。

4. 脊椎炎（图5-7）——通常表现为椎体的骨膜反应，尤其是在腹侧，可能发展为椎体骨髓炎。骨髓炎也可能起源于椎体的血源性感染，并向外周扩散。应当注意的是，L3和L4的腹侧缘通常边界不清晰，因为这里是膈脚起始处形成的骨性粗糙，不能误认为是脊椎炎。

a. 细菌性。
- 植物移行——尤其是在L1–L3（T13–L4）的腹侧。中、大型犬可能吸入植物（如草芒），这些异物经过肺和膈移行至L3和L4的膈脚起始处；另一种可能的途径是穿透胃肠道。可能伴有椎旁脓肿，超声检查可能见到相关病变（见5.13）。
- 其他异物。
- 血源性感染。
- 咬伤。
- 医源性原因，如手术并发症。

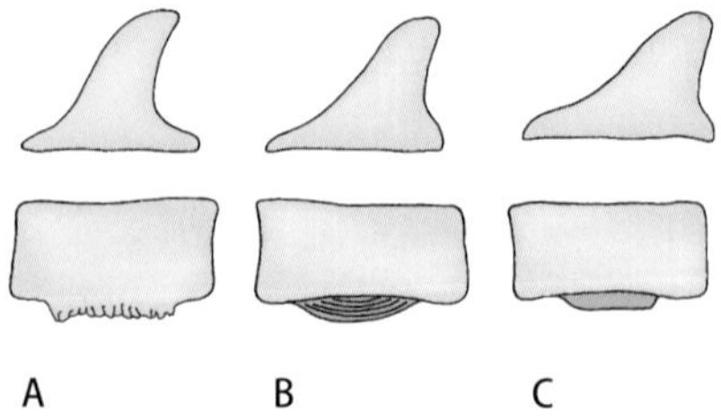

图5-7 局部肿瘤（通常在L5–L7）或椎间盘脊椎炎（通常在L1–L3）导致的椎体腹侧缘新骨，新骨可能是图A所示的刷状、图B所示的层面状或图C所示的坚实状。骨膜反应的更多描述请参见1.6。

b. 寄生虫性。
- 狼旋尾线虫*——胸椎中段（T5–T11）脊椎炎；伴有后纵隔（食道）肿物（见 8.19.5）。

c. 真菌性。
- 放线菌病*。
- 球孢子菌病*。
- 曲霉菌病*，尤其是在德国牧羊犬。

d. 原虫性。
- 肝簇虫病*——可能有广泛的新骨形成，包括其他部位的骨骼（见 1.14.2）。

5. 弥散性特发性骨肥厚——类似于同名的人类疾病，见于大型和巨型犬；主要变化在脊柱，为椎体腹侧和外侧缘及韧带附着处的波浪样的新骨形成；也可见四肢关节周围新骨形成和末端骨赘。病因不明，但可能是对刺激的过度反应；因为刺激正常时只会诱发很小的新骨形成，所以被认为可能是骨化素质。
6. 巴斯特鲁普（氏）病（Baastrup's disease）——背侧棘突之间的骨质增生。大型犬好发，尤其是拳师犬。
7. 动脉瘤样骨囊肿（见 1.19.3）。
8. 猫——维生素 A 过多症；颈椎和前段胸椎广泛性新骨形成，后段罕见。主要在腹侧，类似于严重的脊椎关节强硬，但也可能累及脊椎的背侧及两侧。也可见于长骨关节的软组织附着部，尤其是在肘关节和膝关节。病变的四肢及脊柱可能出现关节僵硬。多见于 2 ~ 9 岁饲喂生肝脏的猫；鉴别诊断为黏多糖贮积病。
9. 黏多糖贮积病；溶酶体贮积病，引起椎体新骨形成，导致脊椎融合和终板发育不良，也可见到侏儒症、面部畸形、漏斗胸、髋关节发育不良和骨骺发育不良及继发性骨关节病。猫更常见，尤其是有暹罗血统的品种；犬罕见；鉴别诊断为维生素 A 过多症。已有德国牧羊犬黏多糖贮积病Ⅶ型的报道，可引起椎体缩短和椎体骨骺不规则及不成比例的侏儒症。

椎骨变小

10. 骨折——压缩性骨折导致椎骨缩短。

a. 创伤。

b. 病理性骨折。
- 营养性继发性甲状旁腺功能亢进（幼年骨质疏松症）（见 1.16.4）。
- 溶骨型肿瘤（如浆细胞骨髓瘤）；可能只有轻微变化，要与相邻椎骨比较。
- 严重的脊椎炎。

11. 椎间盘脊椎炎——椎体终板骨溶解，最终导致椎体缩短，伴有继发性变形性脊椎关节强硬，后期甚至发生融合（见 5.9.1 和图 5–10）。
12. 锯齿状椎体终板。

a. 椎间盘疝出（许莫氏结节）——尤其在 L7 和 / 或 S1；中、大型犬好发，尤其是德国牧羊犬。

b. 营养性继发性甲状旁腺功能亢进（幼年骨质疏松症）——终板的中央部分被髓核挤压成锯齿状，而骨骼是柔软的，所以会终身存在。

13. 黏多糖贮积病；椎骨可能发生缩短或畸形，因为侏儒症和骨骺发育不良可能是其特征（见 5.4.9）。

椎骨形状改变

14. 颈椎脊髓病（摇摆综合征）——先天性畸形 ± 颈椎不稳定，后期可能伴有获得性病变，如椎体重塑、终板硬化、脊椎关节强硬和继发性椎间盘疝出。尤其见于杜宾犬（见 5.3.8 和图 5–5）。大多数病例会在中年因继发性椎间盘疝出而表现症状，部分病例年轻时会因严重畸形而表现神经症状。若无法进行 MRI 检查，可以通过脊髓造影显示获得性软组织病变及定量评估因原发性骨畸形、继发性椎间盘疝出、关节面骨关节病或黄韧带肥大或冗余引起的脊髓压迫的程度（见5.16.3～5.16.5，5.16.7，和5.16.8）。

15. 骨折——可能因畸形愈合或非对称性压缩导致椎骨畸形。
    a. 创伤。
    b. 病理性骨折。
        - 营养性继发性甲状旁腺功能亢进（幼年骨质疏松症）。
        - 溶骨型肿瘤（如浆细胞骨髓瘤）。
        - 骨囊肿（见1.19.2和1.19.3）。
        - 椎体生长板炎。
16. 荐椎骨软骨病（图5-8）——S1前背侧和L7后背侧（罕见）重塑（成角、唇形变、骨缺损、软骨下骨硬化）± 骨软骨碎片；主要见于幼年的雄性德国牧羊犬，也见于拳师犬和罗威纳犬。在腹背位X线片上，通常见于正中旁或双侧，而非正中线位置。脊髓造影可显示硬膜囊移位或压迫。虽然是发育性疾病，但通常直到18月龄以上才会出现临床症状。
17. 肿瘤（见5.4.3）。
18. 黏多糖贮积病（见5.4.9）。

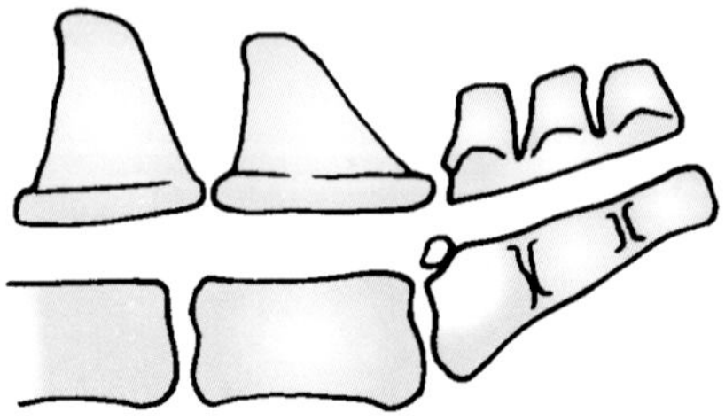

图5-8 荐椎骨软骨病：荐骨终板的前背侧可见重塑和硬化，上覆骨软骨碎片。

椎管变化

19. 椎管增宽。
    a. 在颈椎（C5-T2）和腰椎（L2-L5）膨大处是正常的。
    b. 慢性病导致的脊髓增大。
        - 肿瘤（如生长缓慢的星形细胞瘤、室管膜瘤、脑膜瘤）。
        - 脊髓空洞症，尤其在C2水平；常见于查理士王小猎犬。
    c. 脊髓蛛网膜假囊肿。
20. 椎管狭窄。
    a. 颈椎脊髓病（摇摆综合征）。
        - 侧位观：病变椎体的前端呈背腹向狭窄。
        - 腹背位观：后段椎管的根部向内侧偏移，尤其见于大丹犬和南非獒犬。
    b. 邻近骨的膨胀性或愈合性病灶。
    c. 腰荐椎狭窄。
    d. 大丹犬幼犬的磷酸钙沉积病——C7向背侧移位，关节面变形。

5.5 椎骨排列变化

相邻椎骨的椎管底部应形成一条连续平直的或轻度弯曲的直线。排列不齐在平片上可能是持续可见的，也可能是间断性的，需要对病变部位屈曲或伸展（应力位X线片）后拍摄X线片，以显示不稳定性。

1. 脊柱侧凸（侧向弯曲）。
    a. 肌肉痉挛。
    b. 先天性脊椎畸形，如半椎体（见5.3.3和图5-3）。
    c. 病理性骨折。
    d. 脊髓异常导致功能性脊柱侧凸。
        - Dandy-Walker综合征。
        - 脊柱神经管闭合不全——威玛猎犬。
        - 脊髓空洞症；尤其是查理斯王小猎犬。
2. 脊柱前凸（腹侧弯曲）。
    a. 正常的构型变异。
    b. 肌肉痉挛。
    c. 先天性脊椎畸形，如半椎体（见5.3.3和图5-3），但脊柱背凸更常见。
    d. 纤维化椎骨支持缺乏——老年或体重较大的犬。
    e. 病理性骨折。
    f. 营养性继发性甲状旁腺功能亢进（幼年骨

质疏松症），特别是后段腰椎（见 1.16.4）。

3. 脊柱背凸（背侧弯曲）。
   a. 正常的构型变异。
   b. 肌肉痉挛。
   c. 先天性脊椎畸形，如半椎体（见 5.3.3 和图 5-3）。
   d. 胸腰段椎间盘疾病。
   e. 椎间盘脊椎炎。
   f. 病理性骨折。
   g. 营养性继发性甲状旁腺功能亢进（幼年骨质疏松症）（见 1.16.4）。
4. 创伤：可用三室模型评估脊柱骨折的稳定性。每个椎骨可分为背侧室（关节突、棘突、椎板、椎弓根、支持性软组织）、中间室（背侧纵韧带、背侧纤维环、背侧椎体）和腹侧室（椎体和纤维环的其余部分、髓核、腹侧纵韧带）。若三室中的两者发生损伤，骨折即为不稳定的。CT 比 X 线检查能够更可靠地评估骨折程度。需注意的是，受伤时的骨骼移位很可能比 X 线片上所显示的更严重，这是由于肌肉痉挛使骨折部分复位所致。受伤后骨痂的形成可能会进一步恶化神经功能的缺陷。由于软组织附着处的撕脱伤，也可能见到小的碎片骨折。
   a. 骨折。
   b. 半脱位。
   c. 脱位。
   d. 未成年动物椎体生长板的 Salter-Harris Ⅰ型或Ⅱ型骨折，伴有骨骺移位。
5. 寰枢椎半脱位（图 5-9）——C2（枢椎）相对于 C1（寰椎）排列异常，导致 C1 神经弓和 C2 棘突前腹侧面之间的椎间隙增宽，颈部轻度屈曲可使其更明显（需注意的是，正常动物屈曲时，该间隙也会出现轻度增宽）。也可能发生 C2 的背侧半脱位。必须避免过度弯曲，因为在不稳定的情况下可能会导致脊髓损伤。寰枢椎半脱位通常是因齿突缺陷所致，最好在颈部的斜位或腹背位片上评估。也可用张口吻枕位 X 线片评估齿突，但在不稳定时可能造成脊髓损伤。临床表现为颈部疼痛和不同程度的运动功能障碍。
   a. 先天性寰枢椎不稳定——年轻的迷你和玩具品种犬（尤其是约克夏㹴、玩具贵宾犬、吉娃娃犬、博美犬和马尔济斯犬），大型犬罕见。可能在后期因小创伤才出现临床症状。
      - 齿突缺失。
      - 齿突发育不全。
      - 齿突与 C2 未融合（通常在 6 月龄时融合）。
      - 齿突韧带缺失。
      - 猫——由于黏多糖贮积病导致齿突发育不全（见 5.4.9）。
   b. 获得性。
      - 齿突或 C2 前部骨折。
      - 寰椎横韧带断裂，该韧带正常情况下将齿突固定在寰椎的底部。
6. 颈椎脊髓病（摇摆综合征）（见 5.3.8 和图 5-5）——主要发生于杜宾犬。
   a. 静态——后段颈椎畸形，一个或多个椎骨

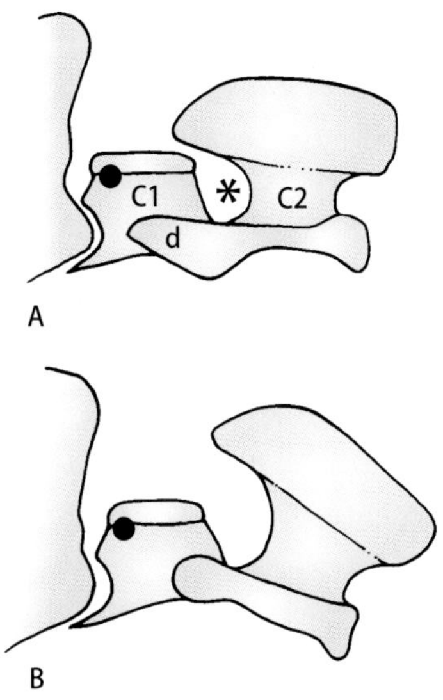

图 5-9 寰枢椎半脱位。图 A 为正常脊柱的侧位片上，C2 的棘突悬在 C1 椎弓上，形成一个“逗号”状的椎间孔（*）；屈曲时没有显著变化。图 B 为在寰枢椎不稳定时，寰枢关节发生异常弯曲，椎间孔增宽。该病例中，C2 缺少齿突。

前背侧脱位（倾斜）和前段椎管开口的背腹侧狭窄。通常伴有椎间隙狭窄或呈楔形和脊椎关节强硬。

b. 动态——颈部腹侧屈曲时，椎骨排列不齐会加重。

7. 腰荐椎不稳定——最后腰椎与第1荐椎之间形成“台阶”。可能仅在应力位X线片上看到。常见于德国牧羊犬，腰荐部的移行椎易发生不稳定；可能发展为变性性腰荐狭窄和马尾综合征（见5.16.6和图5-17）。

8. 大丹犬幼犬的磷酸钙沉积病——C7向背侧移位，关节面变形。

5.6 椎骨密度弥散性变化

椎骨密度广泛性降低（见1.16，骨质减少）

1. 椎骨密度广泛性降低的假象。
   a. 曝光过度。
   b. 长灰阶曝光技术（高kV，低mAs）。
   c. 动物肥胖或体型过大产生大量散射线，特别是未使用滤线栅或准直器调节不当时。
   d. 过度显影。
   e. 胶片灰雾（各种原因）。
2. 代谢性骨病。
   a. 继发性甲状旁腺功能亢进。
   b. 原发性甲状旁腺功能亢进。
   c. 皮质类固醇过量。
      - 肾上腺皮质功能亢进——库欣综合征。
      - 医源性——长期使用皮质类固醇。
   d. 甲状腺功能亢进。
   e. 糖尿病。
   f. 先天性甲状腺功能减退——特别是拳师犬；椎骨生长板延迟闭合和终板发育不全。
   g. 假性甲状旁腺功能亢进；恶性高钙血症。
   h. 成骨不全症——通常主要是长骨变化。
3. 老年骨质疏松症——尤其是老年猫。
4. 肿瘤。
   a. 浆细胞骨髓瘤（多发性骨髓瘤）——真性骨质疏松及多灶性溶骨型病变（见1.18.2）。
5. 猫——维生素A过多症（饲喂生肝脏）；但主要是增生性骨质变化，从而掩盖了骨质减少（见5.4.8）。
6. 猫——黏多糖贮积病；同维生素A过多症（见5.4.9）。

椎骨密度广泛性增加（也见1.13，骨密度升高）

7. 椎骨密度广泛性增加的假象。
   a. 曝光不足。
   b. 显影不足。
8. 骨硬化病——骨硬化综合征——在巴辛吉犬具有遗传性。
9. 氟中毒。
10. 猫——与猫白血病病毒相关的骨髓硬化。

5.7 椎骨密度局灶性变化

一个或多个椎骨的局灶性密度降低（也见1.18，溶骨型病灶和1.19，膨胀性溶骨型病灶）

1. 椎骨密度局灶性降低的假象。
   a. 皮肤缺损的重叠，旋转的侧位或腹背位片上肠道内或肺内气体的重叠。
   b. 皮下气体的重叠。
2. 椎体终板的密度降低。
   a. 椎间盘脊椎炎——终板不规则，在慢性病例中可见硬化（见5.9.1和图5-10）。
   b. 肿瘤（见下文）。
   c. 椎间盘疝出（许莫氏结节）——特别在L7和/或S1；中大型品种，尤其是德国牧羊犬。
3. 不规则或不连续的透线性阴影——累及单个或多个椎骨的单发或多发性低密度区域，可能伴有骨生成。可能发生病理性骨折。

a. 原发性肿瘤——通常仅累及一个椎骨；较四肢骨的肿瘤少见；通常主要是溶骨型。
- 骨肉瘤。
- 纤维肉瘤。
- 软骨肉瘤。
- 血管肉瘤。
- 孤立性浆细胞骨髓瘤——特征为凿除状外观，伴少量周围反应。
- 其他。

b. 转移性或多灶性肿瘤——可能累及多个椎骨或其他骨骼；通常主要是溶骨性的。
- 多发性骨髓瘤（浆细胞骨髓瘤）。
- 淋巴瘤。
- 组织细胞肉瘤（恶性组织细胞增生症）——尤其是罗威纳犬、伯恩山犬、金毛寻回猎犬、平毛寻回猎犬。
- 来自前列腺、乳腺、甲状腺癌的转移瘤；骨肉瘤。

c. 浸润性软组织肿瘤——可能累及多个椎骨，或一个椎骨及其邻近骨（肋骨、骨盆）；可见明显的邻近软组织肿物。
- 血管肉瘤。
- 淋巴瘤。
- 纤维肉瘤。
- 横纹肌肉瘤。
- 其他。

d. 良性肿瘤——骨软骨瘤或多发性软骨性外生骨疣可能引起膨胀性溶骨型病变（见1.15.2）。

e. 严重的脊椎炎——系统性曲霉菌病*时可见骨溶解和病理性骨折。

f. 动脉瘤样骨囊肿。

g. 皮样或表皮样囊肿。

h. 术后（如半椎板切除术后的骨缺损）。

4. 线形透线性阴影。

a. 骨折。

b. 椎体生长板增宽。
- 骨骼未发育成熟的动物的Salter-Harris生长板骨折。
- 脊椎生长板炎——幼年犬的血源性感染，主要影响血流缓慢的后段腰椎生长板；可能伴有门体分流。
- 先天性甲状腺功能减退——椎骨生长板延迟闭合和终板发育不全；尤其是拳师犬（见1.22.9和5.3.11）。

c. 皮样（藏毛）窦通常从背中线延伸至颈椎或前段胸椎；尤其在幼年的罗得西亚脊背犬中，为常染色体隐性遗传；偶见于其他品种。窦道的深度各异，某些情况下穿过弓间隙或通过神经弓缺损延伸到硬膜囊中，后者表现为线形的透线性阴影。若窦道累及脑膜和/或发生感染，则发生临床症状。使用非离子型造影剂进行窦道造影可探查窦道的深度。

一个或多个椎骨密度局灶性升高

5. 椎骨密度局灶性增加的假象。

a. 重叠的结构（如突出的、矿化的椎间盘物质重叠在神经弓之上）。

b. 组织较厚的区域曝光不足。

6. 炎症或骨髓炎——可能无法区分究竟是骨本身密度的增加（硬化）还是骨膜的新骨重叠所致。

a. 脊椎关节强硬。

b. 椎间盘脊椎炎。

c. 脊椎炎。

7. 肿瘤——虽然主要是骨溶解，但也有可能出现密度升高的区域，某些会肿瘤发生真性硬化。

a. 成骨型骨肉瘤。

b. 软骨肉瘤。

c. 骨软骨瘤或多发性软骨性外生骨疣（见1.15.2）。

d. 已有脊索瘤的报道，为脊髓内的矿化肿物，在平片上类似于椎间盘突出。

8. 骨折。

a. 压缩性骨折。

b. 骨折愈合。

9. 椎体终板硬化。

a. 伴椎间隙塌陷。

- 陈旧性椎间盘疝出，尤其在腰荐结合处。
- 陈旧性椎间盘开窗术。

b. 与椎骨骨质减少相比，相对的硬化（原因见 1.16）。

c. 慢性椎间盘脊椎炎（见 5.9.1 和图 5-10）。

d. 半椎体。

e. 邻近荐椎骨软骨病；尤其在德国牧羊犬中（见 5.4.16 和图 5-8）。

10. 骨化性硬脑膜炎（硬膜骨化生；见 5.10.1 和图 5-11D）。

11. 椎骨血管瘤病——发生在 1 ~ 2 岁猫的胸椎处；罕见血管畸形导致椎弓根的膨大和硬化。

12. 铅中毒——干骺端硬化。

13. 椎骨中的矿化密度。

a. 子弹和气枪子弹。

b. 芯片放置位置不当。

c. 外科植入物。

一个或多个椎骨的混合型密度

14. 肿瘤。

a. 原发性。

b. 转移性。

c. 邻近软组织肿瘤浸润。

15. 骨髓炎或脊椎炎。

a. 细菌性。

b. 真菌性。

5.8 椎间隙异常

1. 椎间隙增宽。

a. 正常变异。

- 腰椎间隙比胸椎间隙宽。
- 腰荐椎间隙可能比相邻的腰椎间隙宽。

b. 假性增宽——应力位拍摄时的牵引。

c. 由于椎体终板侵蚀导致明显增宽。

- 椎间盘脊椎炎（见 5.9.1 和图 5-10）。
- 相邻椎体的溶骨型肿瘤。
- 椎间盘疝出（许莫氏结节）——尤其在 L7 和/或 S1；中大型犬多发，尤其是德国牧羊犬。

d. 创伤。

- 半脱位。
- 脱位。

e. 邻近半椎体。

f. 先天性甲状腺功能减退，由于骨骺发育不全所致；尤其在拳师犬（见 5.3.11 和 1.22.9）。

g. 猫——黏多糖贮积病，由于椎体缩短所致（见 5.4.9）。

2. 椎间隙变窄或宽度不规则。

a. 在 T10–T11（背斜结合处；T11 通常是直棘胸椎）处正常。

b. 假性狭窄。

- 由于原发 X 线束的发散，胶片外围的椎间隙会显得更窄。
- 肌肉痉挛或摆位不当导致脊柱未与片盒平行；尤其在颈椎中段，这个区域如果未使用透线性的泡沫楔正确支撑，在侧卧时会下垂（图 5-1A 和图 5-1B）。
- 在腹背位，椎间隙与原发 X 线束不平行（如颈椎间隙和腰荐结合处）。

c. 猫的老龄化——通常可见多个椎间隙狭窄和轻微的脊椎关节强硬，尤其在胸椎处。

d. 椎间盘疝出——慢性病变可见脊椎关节强硬（需要注意的是，平片对于准确定位严重的椎间盘疾病是不可靠的，因为常见假阳性和假阴性结果，临床症状可能偏向压迫性病变的对侧；手术前需要进行脊髓造影、CT 或 MRI 检查）。

- 汉森 I 型椎间盘疾病——软骨样化生的

髓核变性，伴有钙化，发生于中年软骨营养障碍犬种，特别是腊肠犬；纤维环破裂和钙化的椎间盘物质突出进入椎管而发生急性的脊柱疼痛或神经症状。猫罕见。

- 汉森Ⅱ型椎间盘疾病——纤维性化生的髓核变性，见于其他品种的老年犬；临床症状通常由于进行性肥大和纤维环背侧突出 ± 背纵韧带肥大而呈渐进性发展。老年猫尸检时常见偶然发现，但通常不表现临床症状。
- 复合型，突出的纤维环变脆弱，进而髓核物质突出。
- 创伤——急性发作；通常是不同量的非变性椎间盘物质突出。

e. 伴有后段颈椎畸形的颈椎脊髓病（摇摆综合征）；畸形椎骨前侧的椎间隙通常呈楔形，尖端朝向腹侧。

f. 开窗术后。

g. 与严重的脊椎关节强硬相关。

h. 创伤引起的半脱位（正交体位可显示出更大的移位）。

i. 椎间盘脊椎炎（见 5.9.1 和图 5–10）。

- 椎体终板发生骨溶解前的早期阶段。
- 愈合期。

j. 相邻椎骨肿瘤引起的椎间隙塌陷。

k. 脊椎分节不全或椎骨融合中出现的变窄的椎间隙残迹（见 5.3.4）。

l. 邻近半椎体。

m. 椎间盘疝出（许莫氏结节）——尤其在 L7 和 / 或 S1；中大型犬，尤其是德国牧羊犬。

3. 椎间隙密度升高。

a. 密度升高的假象。

- 侧位片上与肋骨或横突重叠。
- 斜位投照显示的椎体终板。

b. 软骨营养障碍品种的髓核矿化，有时开始于 1 岁以内，主要在胸腰椎结合处；其他品种的老年犬不常见（通常是偶然发现，尤其是有圆形背侧缘时）。

c. 椎间盘造影时造影剂的沉积。

4. 椎间隙密度降低。

a. 真空现象导致的气体影像——提示椎间盘变性。

- 可能持续存在。
- 可能仅在牵引时存在。

5.9 椎体终板不规则

1. 椎间盘脊椎炎（图 5–10）——椎间盘及其邻近椎体终板的感染或炎症，有时因蜂窝织炎或脓肿导致邻近软组织肿胀；犬较猫多发，尤其是雄性大型犬。感染通常是血源性的，要找出感染源（如膀胱炎、前列腺炎或增殖性心内膜炎）。椎体终板的骨质溶解造成椎间隙的边缘不规则，可能变窄或增宽，并且可能发生轻度半脱位。在早期阶段，终板密度可能降低，但随后硬化，并伴有周围的脊椎关节强硬。在腰荐结合处，早期的椎间盘脊椎炎必须与椎间盘疝出（许莫氏结节，见 5.9.6）相区分。可能累及多个椎间隙，因此应拍摄脊柱其余部位的侧位平片。通过脊髓造影或 MRI 检查，有时可见轻度脊髓压迫。在严重的已愈合的病例中，相邻的椎骨可能融合在一起。

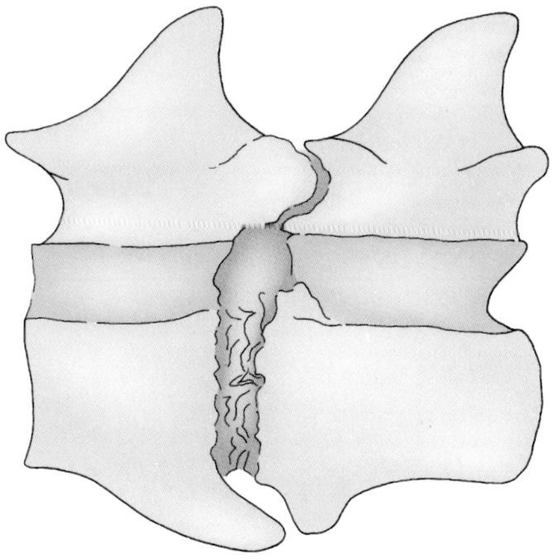

图 5–10 椎间盘脊椎炎：由于相邻椎体终板的侵蚀导致椎间隙不规则；继发脊椎关节强硬性新骨生成和小关节的关节病。

a. 细菌性——金黄色葡萄球菌最常见；也可见中间葡萄球菌、大肠杆菌、白喉棒状杆菌、多杀性巴氏杆菌、犬布氏杆菌（主要在美国）、链球菌属、星状诺卡氏菌。可能继发于犬细小病毒感染时的短暂免疫抑制。

b. 真菌性——特别是曲霉菌属*，见于免疫功能低下的德国牧羊犬。

c. 医源性——椎间盘手术或椎间盘造影的并发症。

2. 老年猫——常见多个终板的凹陷，尤其在胸椎。

3. 先天性甲状腺功能减退——椎骨骨骺发育不全，伴有特征性的脊椎腹侧突起，尤其在拳师犬（见 1.22.9）。

4. 黏多糖贮积病，由于骨骺发育不良所致；特别是猫（见 5.4.9）。

5. 压缩性骨折。

a. 创伤。

b. 营养性继发性甲状旁腺功能亢进（幼年骨质疏松症）（见 1.16.4）。

6. 许莫氏结节——椎间盘物质突出至相邻的椎体终板；在人，能够很好地识别，主要引起下背疼痛而非神经症状。在犬由于软骨下骨更厚，所以较少见；主要发生在腰荐结合处。椎体终板可见边界清楚的凹陷，有时伴有硬化边缘和椎间隙的真空现象（见 2.2.13）。推测是纤维软骨栓塞的原因。在猫未见报道，但可能是上文 5.9.2 的原因。鉴别诊断为椎间盘脊椎炎，但许莫氏结节更加局限性，且边界更清晰。

7. 营养性继发性甲状旁腺功能亢进之后的椎骨重塑。

8. 荐椎骨软骨病（见 5.4.16 和图 5–8）——前背侧荐椎终板不规则。

5.10 椎间孔异常

腰椎椎间孔在侧位片上很容易看到，但胸椎椎间孔大部分都被肋骨遮挡。颈椎椎间孔的开口位于腹外侧，在常规侧位片上，除了 C2–C3 可见有限的椎间孔外，其余均不可见。评估这些椎间孔的最好办法是将脊柱向左或右侧倾斜 45° 后，拍摄腹背位 X 线片。

1. 椎间孔密度升高。

a. 正常——胸腰段副突的重叠（图 5–11A）。

b. 伪影。

- 肋骨结节重叠在胸椎上。
- 皮肤上阻线性结构的重叠。

c. 矿化的椎间盘物质突出（图 5–11B）。

- 向背侧进入椎管，因此在侧位片上可见与椎间孔重叠，但在腹背位上很难看到。
- 向外侧进入椎间孔，压迫神经根；在腹背位片上的椎间孔中可见。

d. 钙化的纤维环向背侧膨出（图 5–11C）。

e. 腰荐结合处的分离性骨软骨病的骨软骨碎片（见 5.4.16 和图 5–8）。

f. 骨化性硬脑膜炎（硬脑膜骨质化生）——腹侧或背侧的细的、水平的线形阴影，在椎间隙最明显；通常是老年大型犬的偶然发现（图 5–11D）。

g. 相邻椎骨的增生性骨性病变（如脊椎背外侧硬化、小关节的骨关节病）。

h. 已有幼犬 C1–C2 和 T2–T3 处脊髓背侧局限性钙质沉着症的报道（见 12.2.2 和图 12–1）。

i. 子弹、气枪子弹或其他弹片。

2. 椎间孔增大。

a. 神经根肿瘤（图 5–11E）。

- 神经纤维肉瘤。
- 神经鞘瘤。
- 脑膜瘤。

b. 手术后。

- 椎间孔切开术或椎弓根切除术。

c. 创伤。

- 相邻椎骨骨折。
- 椎骨半脱位。

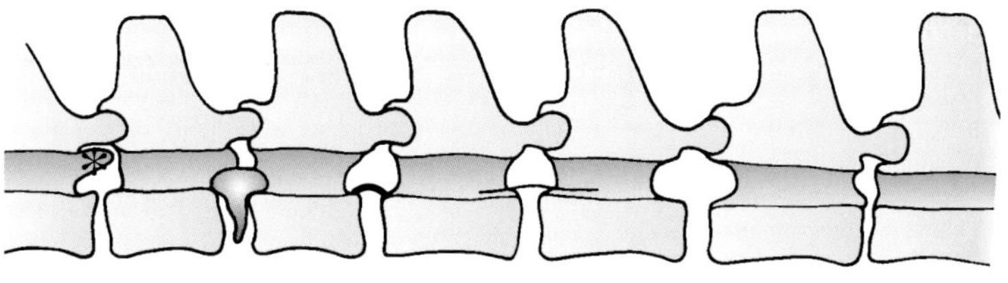

图 5-11　椎间孔异常：图 A 为正常椎间孔与副突（*）；图 B 为突出的矿化髓核位于或覆盖在椎间孔中；图 C 为背侧膨出的矿化的纤维环；图 D 为骨化性硬脑膜炎；图 E 为神经根肿瘤导致的椎间孔增大；图 F 为继发于椎间盘疝出和椎间隙塌陷的小椎间孔。

d. 寰枢椎半脱位（见 5.5.5 和图 5–9）——C1 和 C2 间正常“逗号状”的椎间孔增宽。

e. 血管异常导致椎动脉血流代偿性增加，使椎间孔增大。

3. 椎间孔减小。

a. 椎间孔不透明导致的伪影（见 5.10.1）。

b. 椎间盘疝出伴椎间隙狭窄（图 5–11F）。

c. 相邻椎骨的骨质增生性肿瘤。

d. 小关节的骨关节病（见 5.11.3）。

e. 创伤。

- 相邻椎骨骨折。
- 半脱位。
- 愈合中或已愈合的椎骨骨折的骨痂。

f. 脊椎分节不全（见 5.3.4）。

5.11　关节面异常

1. 关节间隙增宽。

a. 脊柱腹侧弯曲时正常。

b. 半脱位。

c. 关节积液。

d. 严重的脊柱背凸。

e. 小关节发育不全（见下文）。

2. 关节间隙宽度减小。

a. 与椎间隙和椎间孔狭窄相关。

- 椎间盘疝出。
- 伴有（半）脱位的创伤。

b. 脊椎关节病（见下文）。

3. 关节间隙不规则。

a. 小关节骨关节病（脊椎关节病）——关节面滑膜关节的变性性病变，伴有骨赘形成、软骨下硬化和偶见桥接；已有相关的滑膜囊肿的报道。最常见于胸腰段，偶见于颈椎段。骨质变化在侧位片上较为明显，但需要腹背位片来判断是单侧还是双侧受到影响。伴发的软组织肥大在平片上不可见。可能因关节病或神经根压迫而引起疼痛；严重病例显示神经功能缺损，在脊髓造影、MRI 或 CT 检查上可见脊髓压迫。

- 特发性——老年犬的单个或多个关节。
- 颈椎脊髓病（摇摆综合征）——在幼年的大丹犬、南非獒犬和獒犬，由于关节面畸形和错位，常常会表现出继发性关节病。
- 家族性：幼年夏伊洛牧羊犬的 T11–L2；苏格兰猎鹿犬的 C2–C3。

b. 继发于创伤——通常为单个关节。

c. 感染——在某些椎间盘脊椎炎的情况下可见关节面不规则。

d. 黏多糖贮积病——尤其是猫。最终可能发生小关节的融合（见 5.4.9）。

4. 关节面增大和/或硬化——骨关节病（见上文）。

5. 关节面缺失。

a. 关节面发育不全。

- 颈椎。
- 胸腰椎——后侧关节面缺失，伴有相邻的前侧关节面和黄韧带的代偿性肥大，已有关于继发性关节病和脊髓压迫症的报道；德国牧羊犬可能更易感。也可能发生关节面发育不良，且临床上可能无症状。

b. 脊柱手术后。

5.12 椎旁软组织病变

脊柱周围的软组织变化提示可能存在累及脊柱的创伤、肿瘤或感染性变化。

1. 椎旁软组织内积气。
   a. 开放性创伤。
   b. 产气菌感染。
2. 金属异物。
   a. 微芯片。
   b. 子弹、气枪子弹和其他弹片。
   c. 可能已经被吞入和穿出肠道的针等。
3. 椎旁软组织肿胀——更可能见于腰下和腰荐部区域，通常使降结肠向腹侧移位。
   a. 反应性淋巴结。
   b. 肿瘤。
      - 骨性。
      - 软组织。
   c. 脓肿。
   d. 肉芽肿。
   e. 血肿。
4. 椎旁软组织矿化。
   a. 肿瘤中的营养不良性矿化。
   b. 局限性钙质沉着症——C1–C2 和 C5–C6 区域的软组织，偶尔见于脊柱附近的其他部位。尤其多见于幼年的德国牧羊犬（见 12.2.2 和图 12–1）。

5.13 椎旁软组织的超声检查

椎旁软组织的超声检查最容易从背侧或外侧进行。若将探头置于外侧，紧靠腰下肌肉的腹侧缘，将声束朝向背侧，或经腹部通路，可见颈椎和腰椎椎体的腹侧部分。在椎间盘脊椎炎的病例中，可在超声引导下抽吸病变的后段腰椎间隙。

1. 椎体边缘不规则。
   a. 脊椎关节强硬（见 5.4.1）。
   b. 脊椎炎（见 5.4.4）。
   c. 肿瘤（见 5.4.3）。
   d. 已愈合或正在愈合的骨创伤。
   e. 与近期骨性创伤相关的骨不连续。
   f. 弥散性骨肥厚（见 5.4.5）。
   g. 维生素 A 过多症（特别是猫；见 5.4.8）。
   h. 黏多糖贮积病（见 5.4.9）。
2. 椎旁肌肉正常纤维排列的紊乱。
   a. 挫伤和/或肌肉纤维撕裂伤（如髂腰肌拉伤）。
   b. 有手术史。
   c. 蜂窝织炎和/或脓肿形成，常怀疑是异物移行所致。
   d. 肿瘤。
3. 椎旁软组织内的产回声灶。
   a. 异物（常被少量液体包围）。
   b. 骨碎片。
   c. 椎旁软组织矿化。
      - 慢性炎症病灶内。
      - 肿瘤内。
      - 继发于创伤。
      - 皮肤钙质沉着症（见 12.2.2）。
      - 局限性钙质沉着症（见 12.2.2）。
   d. 气体。
      - 皮下气肿。
      - 窦道内。
4. 椎旁软组织积液。
   a. 血肿。
   b. 脓肿 ± 异物。
   c. 腹膜后腔积液，通常为炎性渗出液、血液或尿液。
   d. 椎间盘脊椎炎的腹侧椎间隙。
5. 腰下淋巴结，尤其是髂内淋巴结和下腹部淋巴结。

5.14 脊柱造影检查：技术和正常影像

脊髓造影

脊髓造影是指向蛛网膜下腔内注入非离子型含碘造影剂；可通过颈椎或腰椎通路进行。一般认为腰椎通路对动物更安全，但操作相对更难。可以通过在靠近疑似病变的部位注射造影剂提高检查结果的可靠性。

动物麻醉后，注射部位无菌准备。使用浓度为 300mg I/mL 的碘帕醇或碘海醇，正常剂量率为 0.3mL/kg，猫和小型犬最低注射剂量为 2mL。在注射造影剂之前要采集脑脊液（CSF）。造影剂要加热，以便降低黏稠度。

注射造影剂后，常规拍摄脊柱的侧位和腹背位 X 线片，确认造影剂在脊髓内流动的情况。如果发现造影柱有变化，加拍斜位片，以便显示脊髓背外侧和腹外侧的轮廓。分别拍摄右侧位和左侧位片对显示单侧病变是有益的，病变位于支撑侧时，造影剂可以更好地勾勒出轮廓。在颈胸段，背腹位优于腹背位，因为在背腹位时，造影剂聚集在该区域，而不是流走。侧卧时，通过抬高病变区的身体前侧和后侧也会使造影剂汇聚于病变区。颈部和腰荐区域的应力位（屈曲、伸展和牵引）X 线片可能有助于识别动态病变，但应小心操作，以免加重神经压迫。

颈椎（小脑延髓池）脊髓造影

助手将犬的头部与颈部固定成直角，鼻子和头部的正中矢状面与摄影床平行。脊髓穿刺针必须在头骨的枕骨外侧隆突与寰椎翼前缘之间连线的中点处穿透皮肤，这些解剖标记可以通过触诊确定。

对于小型犬和猫，可使用 4 ~ 5cm 长的 22G 脊髓穿刺针；刺透皮肤后，拔出管心针，然后缓慢推进穿刺针。对于较大的犬，需要使用 6 ~ 9cm 长的脊髓穿刺针，在感受到寰枕背韧带所产生的阻力或穿透韧带之前，都不要拔出管心针。一旦穿刺针进入蛛网膜下腔，CSF 将从穿刺针内流出，可以收集进行分析。穿刺针要牢牢地固定在入口位置，防止连接注射器时移动。推注要缓慢，约 1min。

腰椎脊髓造影

患病动物侧卧或俯卧注射造影剂，许多操作者喜欢屈曲脊柱扩大穿刺针进入椎管的椎弓间隙。犬的注射部位通常在 L5–L6，猫通常在 L6–L7（图 5–12）。后段脊椎的背侧棘突位于髂骨翼连线的前侧，脊髓穿刺针垂直于脊柱长轴，平行或垂直于操作台面（取决于动物的体位）从其前缘进针，直到感觉到椎管底部骨质的阻力。要穿透脊髓，进入更大的腹侧蛛网膜下腔。穿透马尾神经时，一般会引发后肢及臀部的肌肉痉挛或肛门抽动，表明穿刺针的位置正确。如果穿刺针未进入椎管，就要微调方向。当针尖到达椎管时，拔出管心针。CSF 的自由流出证实了穿刺针的位置正确，但所获得的 CSF 量通常远少于颈部穿刺，而且没有 CSF 流出并不一定表示穿刺针位置错误。

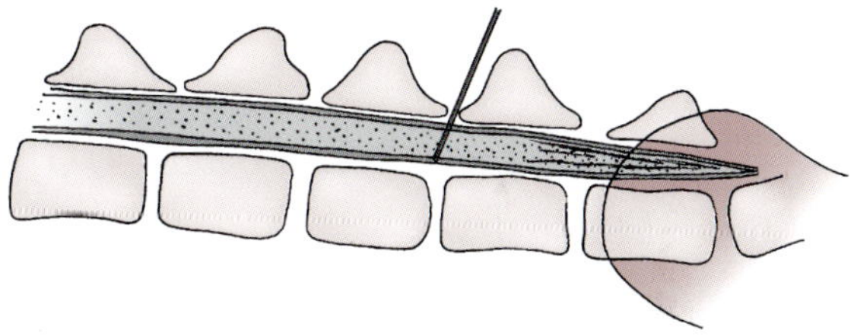

图 5–12 正常的腰椎脊髓造影，脊髓穿刺针位置正确，在 L5–L6。

如果怀疑严重的脊髓压迫或肿胀，必须快速注射造影剂 10s 以上，然后立即曝光，并在 30s 后再次曝光。第一次曝光可以显示病变的后缘，第二次曝光显示病变的前缘。

正常的脊髓造影影像

在侧位 X 线片上，可见背侧和腹侧造影柱；在腹背位或背腹位片上，可见两侧的造影柱。除了前部的 C1 和 C2 因小脑延髓池导致扩张外，其他沿着椎管的造影柱宽度都应是均匀的。背侧造影柱通常比腹侧柱略宽。腹侧造影柱通常在椎间隙（尤其是 C2–C3）上有轻微凹陷，但对脊髓的直径没有影响。脊髓在造影柱之间形成一条透射线带，在颈（C5–C7）和腰（L3–L4）膨大部有轻度的弥散性增大。在小型犬和猫中，脊髓与椎管的大小相比相对较大；在大型犬中则相对较小。从腰中部开始，脊髓逐渐变细，并被形成马尾的神经包围，形成一个汇聚的条纹状外观。硬膜囊尾端的形状是可变的，可能是尖锐的或钝的。终止位置在不同犬之间是不同的；在大多数犬中，硬膜囊穿过腰荐椎间隙进入荐椎，但在有些犬中，其终止位置更靠前。猫的脊髓和硬膜囊比犬向更尾侧延伸。

造影柱的变化包括变细、中断、阻塞、向外或向内移位、扩张和分裂。

脊髓造影的并发症

1. 癫痫发作，尤其是造影剂进入颅腔时。
2. 第一天内可能出现临床症状加重——与摆位时的操作有关。
3. 延髓池穿刺时注射速度太快，可能会引发呼吸暂停。
4. 延髓池造影时，穿刺针穿透脊髓或脑干——可能导致死亡。
5. 后侧枕骨畸形（查理样畸形；主要是查理士王小猎犬）的患犬在进行延髓池造影时可能穿透小脑蚓部。
6. 根据注射的造影剂量，造影剂注射到脊髓中央管可能引起严重的轻瘫或瘫痪。这种不当注射常发生在L5–L6前的腰椎穿刺（图5–14）。
7. 据报道，腰椎穿刺后可能产生血肿，可能是因为损伤了脊椎静脉窦。

硬膜外腔造影

硬膜外腔造影主要用于检查马尾综合征。患犬俯卧或侧卧。脊髓穿刺针自荐尾结合处或在第1和第2或第2和第3尾椎之间进入硬膜外腔。正常情况下要避免在腰荐结合处穿刺，因为病变通常位于该部位。在大型犬，注射约4 ~ 8mL的造影剂，然后立即拍摄侧位和背腹位或腹背位X线片。

正常的硬膜外腔影像呈现波浪状或扇贝样外观，腹侧造影柱在每个椎间隙处抬高，但在椎间隙之间向腹侧下垂。硬膜外腔造影比脊髓造影更难判读。

椎间盘造影

椎间盘造影偶尔用于检查腰荐结合处的椎间盘变性。正常的髓核很难注射，但变性的椎间盘可容纳更多的造影剂，可能出现背侧泄漏。使用带图像增强功能的透视检查有助于放置穿刺针。然而，椎间盘造影正被CT和MRI检查所取代。

5.15 脊髓造影时的技术错误

脊髓造影：技术错误（图5–13和图5–14）

1. 单个或多个直径1 ~ 3mm的透线性充盈缺损——注射过程中经注射器注入的气泡。
2. 造影剂出现在注射部位背侧的软组织中——造影剂泄漏至针道中。

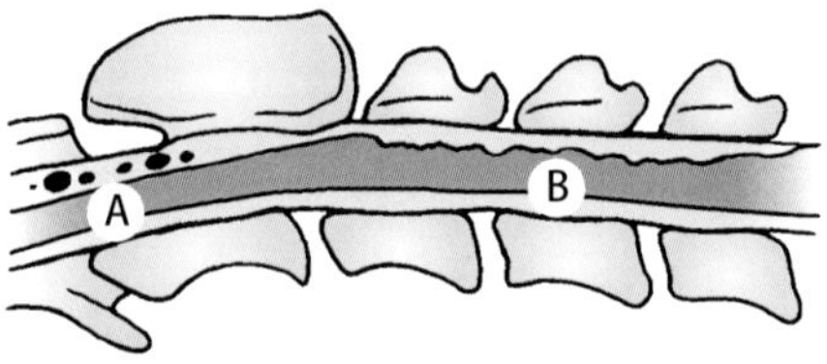

图5–13 颈椎脊髓造影中出现的技术错误：A，造影剂中的气泡；B，造影剂注射至硬膜下腔。

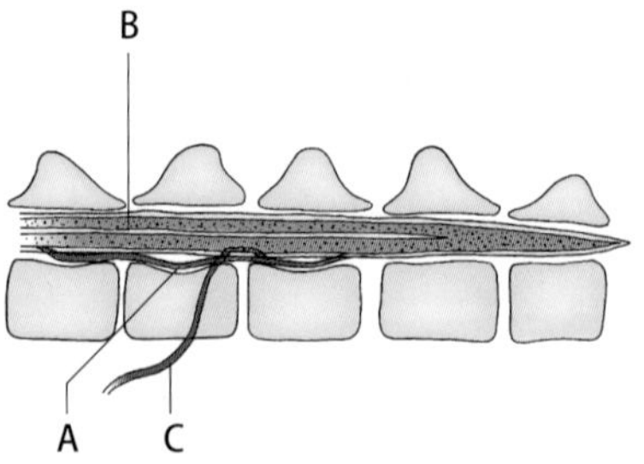

图5–14 腰椎脊髓造影中出现的技术错误：A，造影剂泄漏至硬膜外腔；B，脊髓中央管内的造影剂；C，造影剂泄漏至血管内。

颈椎脊髓造影：技术错误

3. 蛛网膜下腔造影剂分布欠佳，导致脊髓造影影像不均或异常；鉴别诊断包括严重的脑膜炎、弥散性肿瘤（如淋巴瘤）。
   a. 蛛网膜下腔造影剂剂量不足。
      - 初始剂量不足。
      - 明显的硬膜外注射或泄漏（见下文）。
   b. 造影剂未加热至体温；与CSF混合不佳。
   c. 造影剂注射过于缓慢。
4. 造影剂注射至硬膜下腔或泄漏。
   - 造影剂主要位于背侧，密度较高，内缘呈波浪样、扇贝样，且末端呈匕首样；鉴别诊断为脊髓蛛网膜假性囊肿。
5. 造影剂注入中央管。
   a. 中央管宽度 > 2mm 。
      - 意外注入有脊髓空洞积水症的脊髓。很少引起额外的神经症状。
   b. 中央管宽度为0.5 ~ 2mm。
      - 脊髓穿刺针意外穿透脊髓，并穿过中央管或其附近，引起造影剂回流至中央管。
6. 造影剂意外注入脊髓实质——动物存活的预后与剂量有关。
7. 造影剂未通过阻塞性病灶（反而可能会进入颅腔）——尝试进一步抬高头部和颈部，使造影剂在重力作用下通过阻塞部位。
   a. 小脑延髓池处注射压力不足，使造影剂无法通过完全阻塞蛛网膜下腔的病灶。要加做腰椎穿刺脊髓造影。
   b. 造影剂剂量不足。
   c. 在腹背位片上，如果造影剂没有勾勒出后段颈椎区域的轮廓，拍摄背腹位片可使造影剂在该区域积聚。

腰椎脊髓造影：技术错误

8. 造影剂呈扇贝样外观。
   a. 硬膜外注射。
      - 在椎管腹侧部位时，针尖进入太深。
      - 多次穿刺硬脑膜，使造影剂泄漏至蛛网膜下腔外。
      - 针尖处于硬膜外肿物病变的内部。
9. 硬膜下注射造影剂或泄漏——比小脑延髓池穿刺少见。
10. 造影剂充盈椎间孔和神经根周围——硬膜外注射。
11. 硬膜外注射后，造影剂位于腰下血管、淋巴管和淋巴结中。
12. 造影剂位于中央管——穿刺针在L5–L6椎弓间隙前进针时更易发生。
   a. 中央管宽度为0.5 ~ 2mm。
      - 脊髓穿刺针穿过中央管或其附近时，造影剂回流至中央管。
      - 因肿瘤、椎间盘疝出或髓核软化导致的蛛网膜下腔与中央管的异常连通。
   b. 中央管宽度 > 2mm。
      - 直接注射引起的中央管的医源性扩张。根据扩张的程度，患犬可能会出现呼吸或心脏骤停，并出现神经功能障碍，随着时间可能会改善，也可能不会改善。
      - 脊髓空洞积水症——在查理士王小猎犬中常伴有查理样畸形；在小脑延髓池注射时可能意外出现椎管造影。
13. 造影剂注入脊髓实质；鉴别诊断为造影剂泄漏至脊髓软化区域。

5.16 脊髓造影上硬膜外脊髓压迫

脊髓通常在某个体位上较窄，但在正交体位上增宽（图5–15）。造影柱发生偏移、变细或中断。在肿瘤、椎间盘物质或血肿围绕脊髓时，偶尔可见沙漏状的压迫。局灶性的硬膜外压迫在正切投照时偶尔可显示为造影柱分裂，可能误诊为硬膜内病变。

1. 正常变异——蛛网膜下腔的轻度压迫，无对侧造影柱或脊髓的变薄。
   a. C2–C3椎间隙的腹侧造影柱。
   b. C3–C4–C5–C6–C7关节的背侧造影柱。

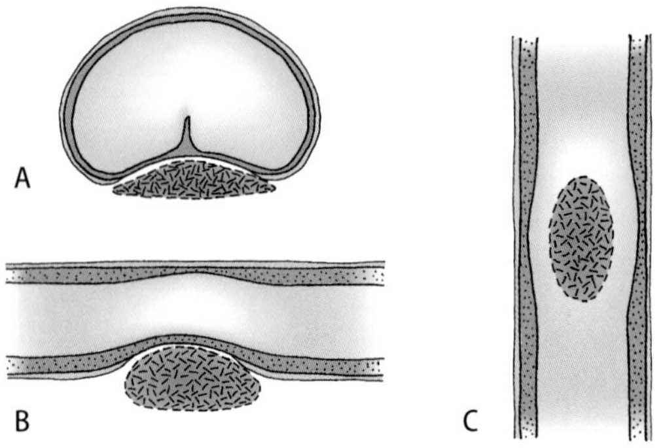

图 5-15 硬膜外病变示意图：图 A 为肿物位置，位于硬膜外；图 B 为脊髓造影切线投照病变，显示脊髓压迫；图 C 为正交体位上可见的脊髓明显增宽。

c. 其他椎间隙的腹侧造影柱，尤其是在大型犬中。

2. 伪影——腰椎穿刺后存在于硬膜外腔腹侧的造影剂；在每个椎间隙上方产生一条较粗的波浪线（图 5-14）。

3. 椎间盘脱出（汉森 Ⅰ 型椎间盘疾病；图 5-16）。脊髓压迫可能来自任何方向，也不一定位于椎间隙水平。

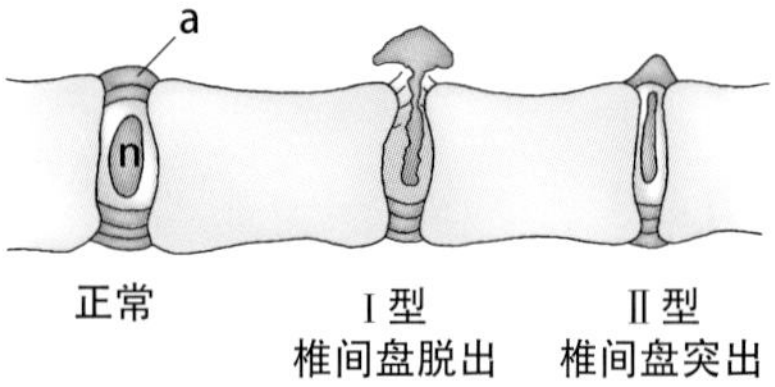

图 5-16 正常椎间盘（a，纤维环；n，髓核）、Ⅰ型椎间盘疾病（脱出）和Ⅱ型椎间盘疾病（突出）。

a. 胸腰椎区域（T11-L3），尤其是软骨营养障碍品种；更后段的腰椎间隙通常很少受影响。脱出的椎间盘物质导致脊髓压迫，可能来自腹侧、腹外侧、外侧、背外侧，偶见背侧，或者同时存在。斜位片有助于定位椎间盘物质，椎间盘物质通常位于病变椎间隙上方或其前侧。T1-T10 处的椎间盘病变不常见，因为肋骨头之间存在小头间韧带。猫罕见。

b. 任何品种犬的颈椎区域（C2-C7），主要是小型犬。C2-C3 是小型犬最常见的部位，C6-C7 是大型犬的最常见部位。主要的临床症状通常是颈部疼痛，而不是神经功能受损。椎间盘物质通常位于腹侧或腹外侧。猫罕见。

c. 颈椎脊髓病（摇摆综合征）——大型犬的后段颈椎区域，尤其是杜宾犬和罗威纳犬。主要在腹侧。颈部牵引或向腹侧弯曲对压迫影响较小。然而，在继发于后段颈椎畸形的椎间盘疾病中，突出比脱出更常见（见下文）。

d. 腰荐椎间盘疾病，多见于大型犬，如德国牧羊犬（图 5-17）。腰荐移行椎的患犬好发。位于椎管腹侧部分的椎间盘物质，引起马尾神经压迫。同样地，突出比脱出更常见。

e. 邻近畸形的椎骨或硬化部分的脊柱（如半椎体、脊椎分节不全和强直性脊柱炎的区域）。

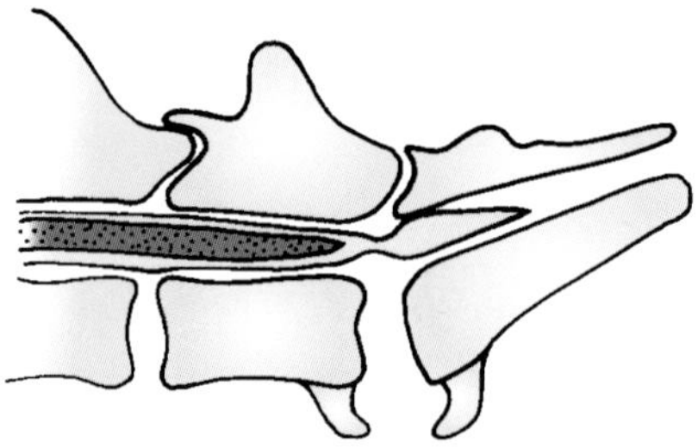
图 5-17 脊髓造影显示的马尾神经压迫（马尾综合征）：腰荐不稳定、椎间盘疾病、骨性狭窄和背侧软组织肥大的各种不同组合导致变性性腰荐狭窄。

4. 纤维环肥大或椎间盘突出 ± 背侧纵韧带肥大（汉森 Ⅱ 型椎间盘疾病；图 5-16）——脊髓的腹侧或腹外侧压迫（慢性压迫可能导致脊髓萎缩，在脊髓造影中显示为脊髓直径减小，蛛网膜下腔清晰，没有压迫的征象）。

a. 犬常见，大型犬的后段颈椎和胸腰椎多发；可能是多发性的。老年猫尸检也很常见，但很少引起临床症状。

b. 颈椎脊髓病（摇摆综合征）——后段颈椎区域，大型犬好发，尤其是杜宾犬、罗威纳犬和大麦町犬。颈部牵引或向腹侧弯曲可以使肿胀的软组织变平而减少压迫。

c. 马尾综合征，尤其见于较大体型的犬，如德国牧羊犬（图 5-17）。应力位有助于诊断，因为硬膜囊受压的程度往往在伸展时比弯曲时更大，腰荐结合处在伸展时的不适感也更严重。

5. 黄韧带（弓间韧带）的肥厚或冗余——脊髓或马尾神经的背侧压迫。
   a. 颈椎脊髓病（摇摆综合征）——大型犬。颈部向腹侧弯曲可以减少压迫；向背侧弯曲则会加重压迫。尤其在大丹犬的 C5-C7，罗威纳犬的 C2-C3；伴有后段颈椎畸形的其他病变。
   b. 腰荐不稳定；变性性腰荐狭窄。
6. 相邻椎骨的不稳定。
   a. 寰枢椎半脱位（见 5.5.5 和图 5-9）。
   b. 后段颈椎，尤其是 C6-C7，见于颈椎脊髓病（摇摆综合征）（见 5.3.8 和图 5-5）。
   c. 腰荐结合处，易于发生变性性腰荐狭窄和马尾综合征（图 5-17）。
   d. 创伤和脊柱骨折或半脱位。
7. 硬膜外肿瘤，伴或不伴骨性变化。
   a. 周围骨的原发性或转移性肿瘤——通常是溶骨型病变，可能伴有病理性骨折。
      - 成年动物的各种组织型，例如骨肉瘤、组织细胞肉瘤（特别是伯恩山犬和罗威纳犬）、关节面黏液肉瘤。
      - 在幼年动物，考虑骨软骨瘤或多发性软骨性外生骨疣（见 1.15.2）。
      - 老年猫的骨肉瘤。
   b. 起源于椎管内的软组织。
      - 神经纤维瘤。
      - 黏液瘤或黏液肉瘤。
      - 脑膜瘤。
      - 淋巴瘤。
      - 脂肪瘤、血管脂肪瘤或髓脂肪瘤。
      - 血管肉瘤。
   c. 来自脊柱周围软组织的椎旁肿瘤。
      - 嗜铬细胞瘤，通常在前段腰椎区域。
      - 脊神经肿瘤（也可能产生硬膜内 - 髓外和髓内的病变）。
   d. 猫——淋巴瘤最早见于 6 月龄猫，雄性多见。检测猫白血病病毒和寻找其他器官的淋巴瘤。
8. 硬膜外骨性病变。
   a. 肿瘤（见上文）。
   b. 先天性椎骨畸形（见 5.3）。
   c. 创伤。
      - 骨折；急性骨折或伴有骨痂形成的骨折愈合。
      - 脊柱脱位或半脱位。
   d. 颈椎脊髓病（摇摆综合征）。
      - 椎管狭窄导致的腹侧或背侧压迫——后段颈椎；尤其在杜宾犬（见 5.3.8 和图 5-5）。
      - 椎管狭窄导致的背侧压迫——前段颈椎；尤其是巴吉度犬。
      - 背外侧压迫——关节面畸形，主要在后段颈椎；尤其是大丹犬、南非獒犬和獒犬。
      - 来自内侧汇聚的后段颈椎椎弓根的外侧压迫，仅在腹背位上可见；尤其是大丹犬、南非獒犬。
   e. 腰荐椎排列不齐或不稳定。
   f. 腰荐骨软骨病；通常在 S1 的前背侧缘；尤其是德国牧羊犬（见 5.4.16 和图 5-8）。
   g. 猫——维生素 A 过多症——偶尔引起脊髓压迫（见 5.4.8）。
9. 关节面病变（见 5.11.3）——外侧或背外侧压迫，在腹背位或斜位片上最易看到。
   a. 颈椎脊髓病（摇摆综合征）——主要见于后段颈椎区域关节面的增大、错位和关节病，尤其在大丹犬和獒犬。
   b. 老年犬的关节面疾病；通常在胸腰段。
   c. 近关节囊肿。
      - 滑膜囊肿；幼年犬的颈部为多发病变，尤其是大丹犬、南非獒犬和獒犬；老年犬的胸腰椎多为单发病变，尤其是德国牧羊犬。

- 神经节囊肿，通常在颈椎或腰荐区域。

10. 硬膜外血肿或出血。

a. 创伤。

- 外伤（如交通事故）。
- 由于急性椎间盘突出或硬膜撕裂造成的内部创伤，特别是当椎骨静脉窦撕裂时；可能是广泛性的。
- 术后出血。
- 脊椎穿刺针引起的医源性出血。

b. 凝血病。

- A 型血友病，尤其是幼年的雄性德国牧羊犬。
- 抗凝剂中毒。
- 血小板减少症。
- 血管性血友病；尤其是杜宾犬。

c. 出血，继发于：

- 肿瘤。
- 血管畸形。
- 寄生虫移行，尤其是狼旋尾线虫*。
- 脑膜炎。
- 坏死性血管炎——伯恩山犬、德国短毛猎犬和比格犬。

d. 脊椎骨膜下血肿。

11. 硬膜外感染或炎症过程、肉芽肿、局灶性脓肿或弥散性积脓。

a. 血源性感染。

- 细菌性。
- 真菌性（如猫的组织胞浆菌病*）。

b. 邻近软组织感染的直接蔓延。

c. 椎间盘脊椎炎的扩散(见 5.9.1 和图 5–10)。

- 细菌性。
- 真菌性，尤其是猫的隐球菌病*。

d. 脊椎炎的扩散（见 5.4.4 和图 5–7）。

- 细菌性。
- 真菌性，尤其是猫的隐球菌病*。
- 寄生虫性（如狼旋尾线虫*）。

e. 脂肪组织炎——硬膜外脂肪的炎症。

12. 膜性疾病（硬膜外瘢痕化）——椎板或偏侧椎板切除术后数周至数月。

13. C2–C3 弓间（黄）韧带纤维化导致背侧脊髓压迫，已有 2 例幼年罗威纳犬的报道。

14. 寄生虫。

a. 狼旋尾线虫*幼虫在后段胸椎区域的异常移行形成肉芽肿；可能表现为急性的后肢轻瘫，类似于椎间盘突出。

b. 犬心丝虫（犬恶丝虫*）的异常移行。

15. 血管异常。

a. 静脉窦的动脉瘤。

b. 伴有椎骨静脉丛扩张的主动脉腔静脉瘘。

16. 局限性钙质沉着症——据报道位于硬膜外（如 C1–C2 处）；尤其是幼年的德国牧羊犬。

17. 硬膜外异物（如咽部刺伤后的木头碎片）；可能是急性的或在损伤后数月发生。

18. 术后血清肿。

19. 硬膜外浸润性脂肪瘤。

20. 椎间盘或累及脊柱内韧带的囊肿。

5.17 脊髓造影上硬膜内髓外脊髓压迫

造影柱分裂（高尔夫球座征）或增宽（泪珠状），通常表现为突然终止（图 5–18）。在正交体位片上，脊髓可能会由于硬膜内病变的压迫而增宽。

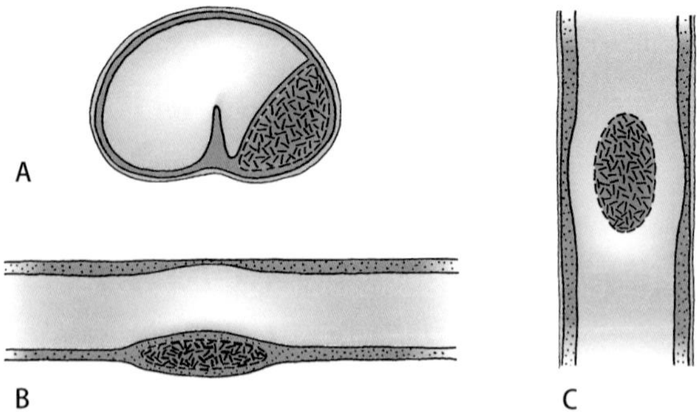

图 5–18 髓外硬膜内病变示意图。图 A 为肿物位于脊膜内，但在脊髓外；图 B 为脊髓造影正切投照显示脊髓压迫和造影柱分裂，分裂通常会终止；图 C 为正交体位上可见的由于其他方向上的脊髓压迫造成明显的脊髓增宽。

1. 由于硬膜外造影剂泄漏勾勒出硬膜外病变，呈现高尔夫球座征的假象。
2. 由于局灶性的中央、腹侧的硬膜外病变使脊髓呈锯齿样而且蛛网膜下腔下垂至两侧，或腹外侧硬膜外病变，出现造影柱分裂的假象（通常在侧位片上）：斜位片有助于鉴别真正的硬膜内病变。
3. 脊柱蛛网膜假囊肿（软脑膜或脑膜囊肿）——现已确定 2 种不同的类型。
   a. 背侧蛛网膜下腔球状或泪珠状膨大，伴下方脊髓变薄（图 5–19A）。最常出现于 C2–C3（通常为大型犬）、T8–T10（通常为中小型犬）或胸腰区域（猫）。幼年的雄性动物多发，但病因不明；可能的原因包括遗传因素、炎症和创伤，可能会导致粘连性蛛网膜炎，引起脑脊液动力学的改变。这些病变通常朝向后侧。
   b. 最近，在 C2–C3 或 C5–C6–C7 发现了一种不同的病变形态，罗威纳犬多见（图 5–19B）；在背侧和腹侧均有造影剂积聚，且邻近病变的脊髓局部肿胀。这些病变通常朝向后侧，但有些是朝向前侧。
   c. 由于腰椎脊髓造影注射时的压力引发假定的腰椎脊髓空洞症的塌陷，导致腰椎假性囊肿的误诊。

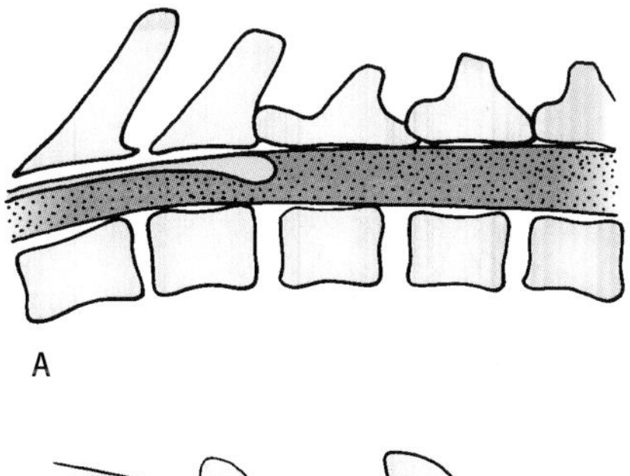

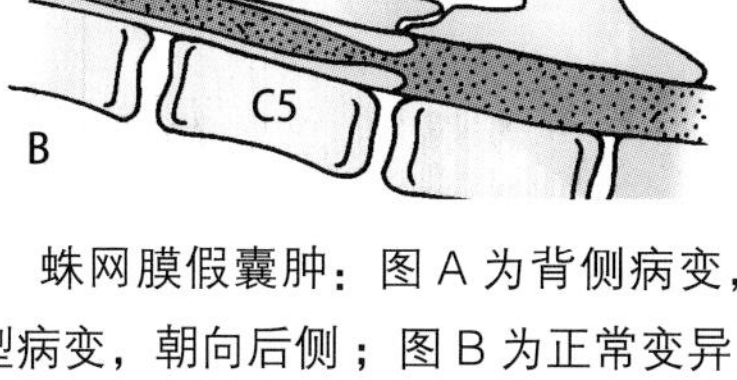

图 5–19 蛛网膜假囊肿：图 A 为背侧病变，大部分品种的典型病变，朝向后侧；图 B 为正常变异，罗威纳犬最常见，其他大型犬偶见；见于颈椎区域，可能朝向前侧或后侧。

4. 肿瘤——累及脊神经根的肿瘤可能导致平片上可见的椎间孔增大，也会造成脊髓造影上硬膜外压迫或髓内肿胀，而不是呈现硬膜内－髓外病变的征象。然而，若造影剂未进入椎管，X 线片则显示无异常，需要 MRI 进行诊断。
   a. 脊膜瘤——主要发生在后段颈椎，靠近椎间孔处。
   b. 外周神经鞘肿瘤（如神经纤维瘤、神经纤维肉瘤和神经鞘瘤）——主要发生在后段颈椎。
   c. 肾母细胞瘤（神经上皮瘤、威尔姆氏瘤）——见于 6 月龄至 3 岁犬的后段胸椎至前段腰椎（T10–L3）；多发于雄性和德国牧羊犬。可能浸润脊髓，在脊髓造影上表现为髓内病变。
   d. 黏液瘤或黏液肉瘤。
   e. 室管膜瘤。
   f. 淋巴瘤——尤其是猫（但多为硬膜外或髓内）。检测猫白血病病毒，并排查其他器官的淋巴瘤。
5. 椎间盘疝出导致硬膜破裂。
6. 硬膜内血肿或出血（见 5.16.10 脊髓出血的原因）。
7. 腰荐或荐尾结合处背侧的皮下脑脊膜膨出或脊髓脊膜膨出内的硬膜内脂肪瘤；常见于患有脊柱裂或荐尾发育不全的斗牛犬和曼岛猫。

5.18 脊髓造影上髓内脊髓增大

在所有摆位的 X 线片上均可见脊髓增宽，伴有造影柱的分散和变薄，以及该区域内造影剂密度的广泛性降低（图 5–20）。

1. 正常的脊髓增大。
   a. 颈部膨大——后段颈椎区域。
   b. 腰部膨大——中段腰椎区域。
   c. 猫和小型犬的脊髓－椎管比值比大型犬的大。

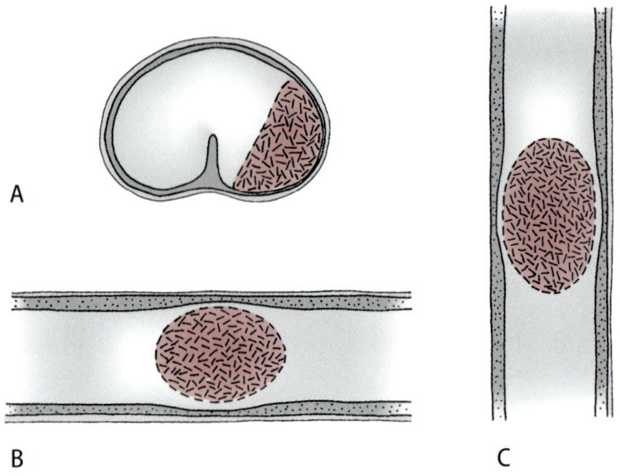

图5-20 髓内病变示意图。图A为肿物位于脊髓内；图B和图C各个摆位的脊髓造影X线片均可见脊髓增宽。

2. 肿瘤——最常见于颈胸结合处和胸腰结合处。
   a. 原发性脊髓肿瘤。
      - 星形细胞瘤。
      - 少突胶质细胞瘤。
      - 室管膜瘤。
      - 神经纤维瘤。
      - 淋巴瘤；尤其是幼年至中年的公猫；检测猫白血病病毒，并排查其他器官的淋巴瘤。
      - 肾母细胞瘤（见5.17.4）。
      - 脊索瘤（见5.7.7）。
   b. 转移性脊髓肿瘤。
   c. 硬膜内－髓外肿瘤浸润脊髓（如神经根肿瘤）。
3. 脊髓出血和/或水肿。
   a. 急性脊髓损伤。
      - 外伤（如交通事故）。
      - 急性椎间盘疝出导致的脊髓水肿或挫伤；脊髓肿胀可能会导致造影剂无法到达和勾勒出潜在病变的轮廓。
      - 严重的脊髓损伤导致的脊髓软化症；造影剂进入脊髓实质。
      - 髓内椎间盘突出——突出的椎间盘物质进入脊髓实质；罕见。
      - 脊髓的术后并发症。
   b. 凝血病。
      - A型血友病，尤其是幼年的雄性德国牧羊犬。
      - 抗凝剂中毒。
      - 血小板减少症。
   c. 出血，继发于：
      - 肿瘤。
      - 血管畸形。
      - 寄生虫移行。
4. 纤维软骨栓塞或脊髓梗死——偶尔导致脊髓轻度肿胀，但是诊断通常基于典型的超急性病史、无脊髓造影异常及排除椎间盘问题。常见于中大型犬，猫罕见。
5. 肉芽肿性脑膜脑脊髓炎——很少引起脊髓肿胀；诊断一般基于临床症状和脑脊液分析。
6. 脊髓空洞积水症——脊髓弥散性增宽，在颈部尤其明显，在查理士王小猎犬常伴有查理样畸形；在延髓池注射时可能会意外出现椎管造影。
7. 皮样或表皮样囊肿，常见于幼年动物；罕见。被认为是发育畸形或畸胎瘤。
8. 真菌性肉芽肿。
9. 狼旋尾线虫*幼虫异常移行至脊髓。

5.19 其他脊髓造影表现

1. 无外侧压迫的脊髓狭窄。
   a. 慢性压迫导致的脊髓萎缩（如Ⅱ型椎间盘突出的位置）。
   b. 进行性出血性脊髓软化症——常见于非反应性急性椎间盘疝出。造影剂滞留于受损的脊髓组织内。
   c. 神经管闭合不全——威玛猎犬。
2. 脊髓软化症——造影剂漏至液化的脊髓组织中。
3. 脊柱裂——在腰荐或荐尾结合处，硬膜囊内的造影剂向背侧延伸至脊柱，并进入皮下的脑脊膜膨出或脊髓脊膜膨出，且可能存在硬膜内脂肪瘤；尤其是斗牛犬和曼岛猫（见5.3.13）。

4. 硬膜外造影剂泄露。
   a. 硬膜上的穿刺部位。
   b. 伴硬脑膜撕裂的脑膜创伤，通常由于创伤性椎间盘突出、剧烈运动或其他创伤所致。
   c. 脑膜病理学变化造成脑膜通透性增加。

5.20 X线平片上可能无意义的变化

1. 脊椎关节强硬。
   a. 正常变性；拳师犬常出现明显病变。
   b. 继发于椎体不稳定。
      - 椎间盘开窗术后。
      - 陈旧性椎间盘疝出。
2. 原位的椎间盘矿化。
3. 数量改变。
4. 蝴蝶椎。
5. 骨骼发育成熟犬的半椎体。
6. 骨化性硬脑膜炎（硬膜骨性化生；见5.10.1和图5-11D）。
7. 胸腰椎结合处或颈胸椎结合处的移行椎（在腰荐结合处的移行椎往往伴有变性性腰荐狭窄和马尾综合征，若为非对称性，则伴有单侧髋关节发育不良）。
8. 脊柱裂最简单的类型，仅背侧棘突有分裂。

5.21 正常平片和脊髓造影时累及脊髓或近端神经根的神经功能缺陷

确保临床症状不是由骨科问题、肌病、肌肉营养不良、神经肌肉传导障碍、外周神经病或传染源（如犬瘟热、弓形虫病或猫传染性腹膜炎）引起的。有些疾病可能会出现MRI可以见到的病变。

先天性或遗传性疾病

犬

1. 神经轴突营养不良——罗威纳犬在1岁后开始发病，蝴蝶犬则为6周龄后。
2. 巨轴索神经病——在14月龄后开始发病。可能会出现巨食管症——德国牧羊犬。
3. 中枢外周神经病——2月龄后开始发病——拳师犬。
4. 脊髓性肌肉萎缩症——6周龄后发病——瑞典拉普兰德犬、布列塔尼猎犬、德国牧羊犬、罗威纳犬和英国指示猎犬。
5. 球样细胞脑白质营养不良——4月龄后发病。西高地白㹴、凯恩㹴、贵宾犬、博美犬、比格犬和巴吉度猎犬。
6. 脊髓发育不良，包括神经管闭合不全——威玛猎犬。
7. 遗传性脊髓病——6～13月龄发病——阿富汗猎犬。
8. 遗传性共济失调——2～6月龄发病——猎狐犬和杰克罗素㹴。
9. 进行性神经元病——5月龄以上发病——凯恩㹴。
10. 感觉神经病——3～8月龄——英国指示猎犬。
11. 遗传性肥大性神经病——7～12周龄——西藏獒犬。
12. 脊髓空洞积水症。
13. 查理样畸形（后侧枕骨畸形综合征），伴继发性脊髓空洞积水症；主要见于查理士王小猎犬。
14. 非矿化的椎孔内（背外侧）椎间盘突出引起的神经根压迫。

猫

15. 溶酶体贮积病。
16. 末梢多发性神经病——6周龄以上发病——伯曼猫。
17. 球样细胞脑白质营养不良——家养短毛猫。

18. 神经轴突营养不良——6周龄发病。

获得性疾病

犬

1. 变性性脊髓病——6岁以上发病——常见于德国牧羊犬和德国牧羊犬杂交品种。
2. 纤维软骨栓塞（脊髓梗死），伴有继发性坏死性脊髓病——常见于中年的中大型犬。
3. 急性特发性多神经根神经炎——任何品种的成年犬。
4. 猎浣熊犬瘫痪——浣熊咬伤后的急性多神经根神经炎——任何品种的成年犬。
5. 肉芽肿性脑膜脑脊髓炎——1岁后发病——常见于小型犬，贵宾犬更常见。
6. 皮质类固醇反应性脑膜炎（无菌性脑膜炎）——常见于幼年中大型犬。
7. 继发于狂犬疫苗接种——疫苗接种后的7 ~ 10天。
8. 后部主动脉栓塞引起的缺血性神经肌病。
9. 白质性脑脊髓病——1.5 ~ 4岁发病——罗威纳犬。
10. 猎犬共济失调——2 ~ 7岁发病——猎狐犬、猎兔犬和比格犬。
11. 继发于坏死性血管炎的伴有轴突变性的脑膜纤维化——5 ~ 13月龄发病——伯恩山犬、德国短毛波音达犬和比格犬。
12. 慢性复发性特发性多神经根神经炎。
13. 脱髓鞘性脊髓病——2 ~ 4月龄发病——迷你贵宾犬。
14. 脊髓空洞积水症。

猫

15. 后部主动脉栓塞引起的缺血性神经肌病——继发于心脏病。
16. 纤维软骨栓塞，伴继发性坏死性脊髓病；罕见。
17. 嗜酸性脑膜炎。
18. 继发于狂犬疫苗接种——疫苗接种后的7 ~ 10天。
19. 猫脑脊髓灰质炎——6月龄以上发病。
20. 变性性脊髓病。
21. 慢性复发性特发性多神经根神经炎。
22. 脊髓空洞积水症。

延伸阅读

General

[1] Dennis, R., 1987. Radiographic examination of the canine spine. Vet. Rec. 121, 31–35.

[2] Marioni-Henry, K., Vite, C.H., Newton, L., van Winkle, T.J, 2004. Prevalence of diseases of the spinal cord of cats. J Vet. Intern. Med. 18, 851–858.

[3] McKee, M., 1993. Differential diagnosis of cauda equina syndrome. In Pract. 15, 243–250.

[4] McKee, M., 1996. Cervical pain in small animals. In Pract. 18, 169–184.

[5] McKee, M., Dennis, R., 2003. Radiology corner – Lumbosacral radiography. Vet. Radiol. Ultrasound 44, 655–657.

[6] Morgan, J.P., Bailey, C.S., 1990. Cauda equina syndrome in the dog: radiographic evaluation. J. Small Anim. Pract. 31, 69–77.

Congenital and developmental diseases; diseases of young animals

[7]Bailey, C.S., Morgan, J.P., 1992. Congenital spinal malformations. Vet. Clin. North Am. Small Anim. Pract. 22, 985–1015.

[8] Braund, K.G., 1994. Pediatric neuropathies. Semin. Vet. Med. Surg. (Small Animals) 9, 86–98.

[9] Damur-Djuric, N., Steffen, F., Hassig, J.P., Morgan, J.P., Fluckiger, M.A., 2006. Lumbosacral transitional vertebrae in dogs: classification, prevalence and association with sacroiliac morphology. Vet. Radiol. Ultrasound 47, 32–38.

[10] Drost, W.T., Lehenbauer, T.W., Reeves, J., 2002. Mensuration of cervical vertebral ratios in Doberman pinschers and Great Danes. Vet. Radiol. Ultrasound 43, 124–131.

[11] Fluckiger, M.A., Damur-Djuric, N., Hassig, J.P.,

Morgan, J.P., Steffen, F., 2006. A lumbosacral transitional vertebra in the dog predisposes to cauda equina syndrome. Vet. Radiol. Ultrasound 47, 39–44.

[12] Hanna, F.Y., 2001. Lumbosacral osteochondrosis: radiological features and surgical management in 34 dogs. J. Small Anim. Pract. 42, 272–278.

[13] Hay, C.W., Dueland, R.T., Dubielzig, R.R., Bjorenson, J.E., 1999. Idiopathic multifocal osteopathy in four Scottish terriers (1991–1996). J. Am. Anim Hosp. Assoc. 35, 62–67.

[14] James, C.C.M., Lassman, L.P., Tomlinson, B.E., 1969. Congenital anomalies of the lower spine and spinal cord in Manx cats. J. Pathol. 97, 269–276.

[15] Kloc, P.A., Scrivani, P.V., Barr, S.C., Reese, C.J., Trotter, E.J., Forest, T.W., et al., 2001. Vertebral angiomatosis in a cat. Vet. Radiol. Ultrasound 42, 42–45.

[16] Konde, L.J., Thrall, M.A., Gasper, P., Dial, S.M., McBiles, K., Colgan, S., et al., 1987. Radiographically visualized skeletal changes associated with mucopolysaccharidosis VI in cats. Vet. Radiol. 28, 223–228.

[17] Lang, J., Haeni, H., Schawalder, P.,1992. A sacral lesion resembling osteochondrosis in the German Shepherd dog. Vet. Radiol. Ultrasound 33, 69–76.

[18] Morgan, J.P., 1999. Transitional lumbosacral vertebral anomaly in the dog: a radiographic study. J. Small Anim. Pract. 40, 167–172.

[19] Newitt, A., German, A.J., Barr, F.J., 2008. Congenital abnormalities of the feline vertebral column. Vet. Radiol. Ultrasound 49, 35–41.

[20] Penderis, J., Schwarz, T., McConnell, J.F., Garosi, L.S., Thomson, C.E., Dennis, R., 2005. Dysplasia of the caudal vertebral articular facets in four dogs: results of radiographic, myelographic and magnetic resonance imaging investigations. Vet. Rec. 156, 601–605.

[21] Sharp, N.J.H., Wheeler, S.J., Cofone, M., 1992. Radiological evaluation of 'wobbler' syndrome– caudal cervical spondylomyelopathy. J. Small Anim. Pract. 33, 491–499.

[22] Werner, T., McNicholas, W.T., Kim, D.K., Baird, D.K., Breur, G.J., 2004. Aplastic articular facets in a dog with intervertebral disk rupture of the 12th to 13th thoracic vertebral space. J. Am. Anim. Hosp. Assoc. 40, 490–494.

Metabolic diseases (some overlap with above)

[23] Konde, L.J., Thrall, M.A., Gasper, P., Dial, S.M., McBiles, K., Colgan, S., et al., 1987. Radiographically visualized skeletal changes associated with mucopolysaccharidosis VI in cats. Vet. Radiol. 28, 223–228.

[24] Lieb, A.S., Grooters, A.M., Tyler, J. W., Partington, B.P., Pechman, R.D., 1997. Tetraparesis due to vertebral physeal fracture in an adult dog with congenital hypothyroidism. J. Small Anim. Pract. 38, 364–367.

[25] Polizopoulou, Z.S., Kazakos, G., Patsikas, M.N., Roubies, N., 2005. Hypervitaminosis A in the cat: a case report and review of the literature. J. Feline Med. Surg. 7, 363–368.

Infective and inflammatory conditions

[26] Du Plessis, C.J., Keller, N., Millward, I.R., 2007. Aberrant extradural spinal migration of Spirocerca lupi: four dogs. J. Small Anim. Pract. 48, 275–278.

[27] Dvir, E., Kirberger, R.M., Mallaczek, D., 2001. Radiographic and computed tomographic changes and clinical presentation of spirocercosis in the dog. Vet. Radiol. Ultrasound 42, 119–129.

[28] Dvir, E., Perl, S., Loeb, E., Shklar-Hirsch, O., Chat, O., Mazaki-Tovi, M., et al., 2007. Spinal intramedullary aberrant Spirocerca lupi migration in 3 dogs. J Vet. Intern. Med. 21, 860–864.

[29] Frendin, J., Funquist, B., Hansson, K., Lo¨nnemark, J., Carlsten, J., 1999. Diagnostic imaging of foreign body reactions in dogs with diffuse back pain. J. Small Anim. Pract. 40, 278–285.

[30] Jimenez, M.M., O'Callaghan,M.W., 1995. Vertebral physitis: a radiographic diagnosis to be separated from discospondylitis. Vet.Radiol.Ultrasound36, 188–195.

[31] Kornegay, J.N., Barber, D.L., 1980. Discospondylitis in dogs. J. Am. Vet. Med. Assoc. 177, 337–341.

[32] Lavely, J.A., Vernau, K.M., Vernau, E.J., Herrgesell, E.J., Lecouteur, R.A., 2006. Spinal epidural empyema in seven dogs. Vet. Surg. 35, 176–185.

Neoplasia

[33] Gilmore, D.R., 1983. Intraspinal tumours in the dog. Compend. Contin. Educ. Pract.Veterinarian 5, 55–64.

[34] Green, E., Adams, W.M., Steinberg, H., 1999. Malignant transformation of solitary spinal osteochondroma in two mature dogs. Vet. Radiol. Ultrasound 40, 634–637.

[35] Levy, M.S., Kapatkin, A.S., Patnaik, A.K., Mauldin, G.E., 1997. Spinal tumours in 37 dogs: clinical outcome and long-term survival (1987–1994). J. Am. Anim. Hosp. Assoc. 33, 307–312.

[36] Macri, N.P., Alstine, W.V., Coolman, R.A., 1997. Canine spinal nephroblastoma. J. Am. Anim. Hosp. Assoc. 33, 302–306.

[37] Morgan, J.P., Ackerman, N., Bailey, C.S., Pool, R.R.,

1980. Vertebral tumors in the dog: a clinical, radiologic, and pathologic study of 61 primary and secondary lesions. Vet. Radiol. 21, 197–212.

[38] Pease, A.P., Berry, C.R., Mott, J.P., Peck, J.N., Calderwood, M.B., Hinton, D., 2002. Radiographic, computed tomographic and histopathologic appearance of a presumed spinal chordoma in a dog. Vet. Radiol. Ultrasound 43, 338–342.

[39] Schultz, R.M., Puchalski, S.M., Kent, P.F., Moore, P.F., 2007. Skeletal lesions of histiocytic sarcoma in nineteen dogs. Vet. Radiol. Ultrasound 48, 539–543.

Trauma

[40] Anderson, A., Coughlan, A.R., 1997. Sacral fractures in dogs and cats: a classification scheme and review of 51 cases. J. Small Anim. Pract. 38, 404–409.

[41] Hay, C.W., Muir, P., 2000. Tearing of the dura mater in three dogs. Vet. Rec. 146, 279–282.

[42] Kinns, J., Mai, W., Seiler, G., Zwingenberger, V., Johnson, V., Caceres, A., et al., 2006. Radiographic sensitivity and negative predictive value for acute canine spinal trauma. Vet. Radiol. Ultrasound 47, 563–570.

[43]Roush, J.K., Douglass, J.P., Hertzke, G.A., Kennedy, G.A., 1992. Traumatic dural laceration in a racing greyhound. Vet. Radiol. Ultrasound 33, 22–24.

[44] Yarrow, T.G., Jeffery, N.D., 2000. Dura mater laceration associated with acute paraplegia in three dogs. Vet. Rec. 146, 138–139.

Disc disease and fibrocartilaginous embolism (spinal infarcts)

[45] Cauzinille, L., Kornegay, J.N., 1996. Fibrocartilagenous embolism of the spinal cord in dogs: review of 36 histologically confirmed cases and retrospective study f 26 suspected cases. J Vet. Intern. Med. 10, 241–245.

[46] Dyce, J., Houlton, J.E.F., 1993. Fibrocartilaginous embolism in the dog (review). J. Small Anim. Pract. 34, 332–336.

[47] Gaschen, L., Lang, J., Haeni, H., 1995. Intravertebral disc herniation (Schmorl's nodes) in five dogs. Vet. Radiol. Ultrasound 36, 509–516.

[48] Gibbons, S.E., Macias, C., de Stefani, G.L., Pinchbeck, G.L., McKee, W.M., 2006. The value of oblique versus ventrodorsal myelographic views for lesion lateralization in canine thoracolumbar disc disease. J. Small Anim. Pract. 47, 658–662.

[49] Kirberger, R.M., Roos, C.J., Lubbe, A. M., 1992. The radiological diagnosis of thoracolumbar disc disease in the dachshund. Vet. Radiol. Ultrasound 33, 255–261.

[50] Lamb, C.R., 1994. Common difficulties with myelographic diagnosis of acute intervertebral disc prolapse in the dog. J. Small Anim. Pract. 35, 549–558.

[51] Lamb, C.R., Nicholls, A., Targett, M., Mannion, P., 2002. Accuracy of survey radiographic diagnosis of intervertebral disc protrusion in dog. Vet. Radiol. Ultrasound 43, 222–228.

[52] McKee, M., 2000. Intervertebral disc disease in the dog 1. Pathophysiology and diagnosis. In Pract. 22, 355–369.

[53] Munan, K.R., Olby, N.J., Sharp, N.J.H., Skeen, T.M., 2001. Intervertebral disk disease in 10 cats. J.Am.Anim. Hosp. Assoc. 37, 384–389.

[54] Squires Bos, A., Brisson, B.A., Holmberg, D.L., Nykamp, S., 2007. Use of the ventrodorsal myelographic view to predict lateralization of extruded disk material in small-breed dogs with throacolumbar intervertebral disk extrusion: 104 cases (2004–2005). J. Am. Vet. Med. Assoc. 230, 1860–1865.

Miscellaneous conditions

[55]Chrisman, C.L., 1992. Neurological diseases of Rottweilers:neuroaxonal dystrophy and leucoence-phalomalacia. J. Small Anim. Pract. 33, 500–504.

[56] Dickinson, P.J., Sturges, B.K.,Berry, W.L., Vernau, K.M.,Koblik, P.D., Lecouteur, R.A., 2001. Extradural spinal synovial cysts in nine dogs. J. Small Anim. Pract. 42, 502–509.

[57] Dyce, J., Herrtage,M.E.,Houlton, J.E.F., Palmer, A.C., 1991. Canine spinal 'arachnoid cysts'. J. Small Anim. Pract. 32, 433–437.

[58] Galloway, A.M., Curtis, N.C., Sommerland, S.F., Watt, P.R., 1999. Correlative imaging findings in seven dogs and one cat with spinal arachnoid cysts. Vet. Radiol. Ultrasound 40, 445–452.

[59] Gnirs, K., Ruel, Y., Blot, S., Begon, D., Rault, F., Delisle, F., et al., 2003. Spinal subarachnoid cysts in 13 dogs. Vet. Radiol. Ultrasound 44, 402–408.

[60] Goncalves, R., Hammond, G., Penderis, J., 2008. Imaging diagnosis: Erroneous localization of spinal arachnoid cyst. Vet. Radiol. Ultrasound 49, 460–463.

[61] Hannel, R.M., Graham, J.P., Levy, J.K., Buergelt, C.D., Creamer, J., 2004. Generalized osteosclerosis in a cat. Vet. Radiol. Ultrasound 45, 318–324.

[62] Jurina, K., Grevel, V., 2004. Spinal arachnoid pseudocysts in 10 Rottweilers. J. Small Anim. Pract. 45, 9–15.

[63] Kirberger, R.M., Jacobson, L.S., Davies, J.V., Engela, J.,

1997. Hydromyelia in the dog. Vet. Radiol. Ultrasound 38, 30–38.

[64] Lewis, D.G., Kelly, D.F., 1990. Calcinosis circumscripta as a cause of spinal ataxia. J. Small Anim. Pract. 31, 36–38.

[65] Morgan, J.P., Stavenborn, M., 1991. Disseminated idiopathic skeletal hyperostosis (DISH) in a dog. Vet. Radiol. 32, 65–70.

[66] Webb, A.A., Pharr, J.W., Lew, L.J., Tryon, K.A., 2001. MR imaging findings in a dog with lumbar ganglion cysts. Vet. Radiol. Ultrasound 42, 9–13.

Contrast radiography of the spine

[67] Kirberger, R.M., 1994. Recent developments in canine lumbar myelography. Compend. Contin. Educ. Pract. Veterinarian (Small Animal) 16, 847–854.

[68] Kirberger, R.M., Wrigley, R.H., 1993. Myelography in the dog: review of patients with contrast medium in the central canal. Vet. Radiol. Ultrasound 34, 253–258.

[69] Lang, J., 1988. Flexion–extension myelography of the canine cauda equina. Vet. Radiol. 29, 242–257.

[70]Llabres Diaz, F., 2005. Practical contrast radiography 4. Myelography. In Pract. 27, 502–510.

[71] Lu, D., Lamb, C.R., Targett, M.P., 2002. Results of myelography in seven dogs with myelomalacia. Vet. Radiol. Ultrasound 43, 326–330.

[72] Matteucci, M.L., Ramirez III, O., Thrall, D.E., 1999. Radiographic diagnosis: Effect of right versus left lateral recumbency on myelographic appearance of a lateralized extradural mass. Vet. Radiol. Ultrasound 40, 351–352.

[73] McKee, M., Penderis, J., Dennis, R., 2000. Radiology corner – Obstruction of contrast medium flow during cervical myelography. Vet. Radiol. Ultrasound 41, 342–343.

[74] Penderis, J., Sullivan, M., Schwarz, T., Griffiths, I.R., 1999. Subdural injection of contrast medium as a complication of myelography. J. Small Anim. Pract. 40, 173–176.

[75] Ramerez III, O., Thrall, D.E., 1998. A review of imaging techniques for cauda equina syndrome. Vet. Radiol. Ultrasound 39, 283–296.

[76] Roberts, R.E., Selcer, B.A., 1993. Myelography and epidurography. Vet. Clin. North Am. Small Anim. Pract. 23, 307–328.

[77] Scrivani, P.V., 2000. Myelographic artefacts. Vet. Clin. North Am. Small Anim. Pract. 30, 303–314.

[78] Scrivani, P.V., Barthez, P.Y., Leveille, R., 1996. Radiology corner: The fallibility of the myelographic 'double line' sign. Vet. Radiol. Ultrasound 37, 264–265.

[79] Stickle, R., Lowrie, C., Oakley, R., 1998. Radiology corner: Another example of the myelographic 'double line' sign. Vet. Radiol. Ultrasound 39, 543.

[80] Weber, W.J., Berry, C.R., 1994. Radiology corner: Determining the location of contrast medium on the canine lumbar myelogram. Vet. Radiol. Ultrasound 35, 430–432.

第 6 章

下呼吸道

6.1 胸部 X 线投照技术与摆位的影响

精确的摆位需要借助人工辅具，而且要向前牵拉双前肢，避免遮挡前胸部，以获得标准的侧位和背腹位（DV）或腹背位（VD）X 线片。侧卧时，由于非倒卧侧肺通气量相对增加，所以显影更好。而倒卧侧肺会受到纵隔器官（尤其是心脏）和膈脚的压迫，变得通气不足，尤其是在麻醉状态下的犬，所以倒卧侧肺叶的病变通常不可见。麻醉引起的肺不张在诱导麻醉后可能会迅速出现，尤其是在大型犬或肥胖犬，所以应优先拍摄 DV 位 X 线片，以防将侧卧导致的肺不张误认为吸入性肺炎。在仰卧拍摄的 VD 位 X 线片中，心影向前移位，可以更大程度地显示副叶；X 线束的发散性和膈的形状也使肺野后部更多地显影。然而，DV 位比 VD 位更适合评估心脏大小和形态。

至少需要拍摄两个正交体位来构建三维图像，包括右侧位或左侧位和 DV 位或 VD 位。有些放射医生喜欢使用左侧位（LLR）和 VD 位做胸部整体评估，使用右侧位（RLR）和 DV 位评估心脏；使用相同的投照技术进行比较可能更重要。怀疑肿瘤转移或小的界限不清的肺部病变时，建议拍摄右侧位、左侧位和 / 或腹背位 X 线片。对于严重呼吸困难的患病动物，禁止使用 VD 位投照，建议先进行动物非倒卧的水平 X 线投照。水平投照技术在重力作用下可以突显某些病变，如纵隔肿物、腔性肿物液面和少量的游离液体或气体。怀疑肺气肿时，可将疑似病变的肺叶置于下方，进行侧卧水平 X 线投照，以显示肺叶是否会在心脏的压迫下塌陷。

常规胸片拍摄时应在最大吸气时曝光；当怀疑气管或支气管塌陷、不完全支气管阻塞、隐性肺大疱、肺小疱或肺气肿及少量气胸时，需加拍呼气相 X 线片。

DR 要选用适当的算法，以获取良好的分辨率和对比度。传统 X 线胶片摄影应选用快速屏 – 片系统，以减少运动性模糊；对于胸部厚度 >12cm 或较小的肥胖犬，应使用滤线栅。长阶对比技术（高 kV、低 mAs）会减少胸部自然的高对比度，增加肺部细节的可见度，同时降低曝光时间。应在最大吸气末曝光，优化对比度；在麻醉的患病动物（考虑到辐射安全），必要时可以人工通气。

胸部 X 线片的理想评估需要系统性方法，包括评估 X 线投照技术、胸外结构（软组织、骨骼、胸膜腔入口和膈）和胸内结构，然后根据临床病史再次评估异常区域。胸内结构的评估也可基于系统进行：呼吸系统、心血管系统、淋巴系统、胸膜腔和纵隔（包括食道）。在观看胸部 X 线片时，侧位片摆放的习惯是将胸膜腔入口处置于观察者左侧；背腹位和腹背位片的摆放习惯是将胸膜腔入口置于顶侧，患病动物的左侧在电脑显示屏或观片灯右侧。最后还要结合动物年龄、体况、品种和呼吸周期进行影像的判读。（见表 6–1，8.26 和图 8–16。）

表 6-1 摆位对正常犬胸部结构的影响

解剖区域	右侧位	左侧位
膈	右膈脚在前；膈脚平行	左膈脚在前；膈脚在背侧交叉
心脏	与胸骨接触更多	与胸骨接触更少：心尖从胸骨抬高，心脏看起来更圆
肺	任何可见的病变很可能位于左肺	任何可见的病变很可能位于右肺
纵隔	前腹侧纵隔比在左侧位上更明显 胸骨淋巴结的胸膜外征象比在左侧位上更明显	
主动脉		较右侧位更明显
食道远端	不可见	大型犬有时可见
	背腹位	**腹背位**
膈	单一的圆弧形结构	常见三个穹窿样结构（两个膈脚和中央膈顶）
心脏	通常与膈接触 位置固定 不对称的卵圆形；右边缘更弯曲	通常不与膈接触 通常向前倾斜，偏向右侧 右心房可能突出，心影有轻微成角的轮廓 肺动脉在 1—2 点处膨出
后腔静脉		更长，更明显
肺	后叶血管更明显 主支气管分支角度小 副叶可见性差	 主支气管分支角度大 副叶可见性更好
胸椎椎间隙	后段椎间隙更清晰	前段椎间隙更清晰
胸宽	宽	窄

6.2 胸部超声检查技术

正常充气的肺不能传导超声波，但在有肺部疾病或游离的胸膜腔积液时，超声检查会很有用。可用扇形探头检查胸内结构。在保证足够的组织穿透力的前提下，应选择尽可能高频率的探头（如猫和小型犬选用 7.5 MHz，中大型犬选用 5 MHz）。选择覆盖在病变区上方的声窗，避开骨骼结构和充气肺的干扰。一般来说，探头可以放在适当的肋间隙，但经肝脏的前腹部通路或胸膜腔入口通路也可扫查到部分胸膜腔。当患病动物侧卧时，倒卧侧肺叶受压迫，此时从胸部下方扫查可减少肺充气的干扰。当需要利用重力作用对胸内游离液体或气体重新分布时，可以改变动物体位。游离液体可充当良好的声窗，要在胸膜腔穿刺前进行胸部超声扫查。

声窗部位应仔细准备，包括剃毛、使用医用酒精清洁皮肤去除污垢和油脂，并涂抹大量超声耦合剂。

可以使用 22G 脊髓穿刺针在超声引导下对贴近胸壁的浅表病变进行细针抽吸。

6.3 胸内超声检查显示度差

可能由以下因素共同造成：

1. 扫查部位准备不足。
2. 皮肤与探头接触不良。
3. 探头和病变区之间有肋骨干扰。
4. 探头和病变区之间有过多的膨胀肺干扰。
5. 胸膜腔内游离气体。
6. 皮下气肿。
7. 肥胖。
8. 胸内结构钙化足够大，产生声影。

6.4 与老年相关的胸部影像学变化

1. 肋骨肋软骨接合处和肋软骨钙化。
   a. 老年犬的肋骨肋软骨接合处呈玫瑰花结样。
   b. 老年猫钙化的肋软骨呈碎裂样。
2. 气管环钙化——尤其是软骨营养障碍品种。
3. 支气管壁钙化——尤其是软骨营养障碍品种。
4. 脊椎关节强硬和胸骨新骨生成。
5. 胸膜增厚。
6. 老年大型犬的肺性骨瘤（异位骨形成）和胸膜钙化斑；数量不等的直径 2 ~ 4mm、轮廓轻微不规则的结节，密度很高，在整个肺野呈弥散性分布，但在腹侧通常数量更多；大量存在时，需要与粟粒状肿瘤相鉴别。
7. 小的、弥散性、网状或网状结节性的肺间质型。
8. 老年猫心脏更加水平，主动脉弓向前凸出，有时可见降主动脉明显的起伏。

6.5 胸部的边界隐藏

当病理性软组织或液体密度与正常胸部软组织结构直接接触时，就会出现边界隐藏（以前称为轮廓征象）（图 6–1A）。常存在于两个结构之间的气体消除后，会产生单一密度的阴影，从而使各个结构相邻边缘的可见度消失。边界隐藏可以影响心脏轮廓、血管纹理和膈影，可能是广泛性的或局灶性的。相反，如果可以见到两个重叠的软组织结构的边界，这就意味着这两个结构彼此不接触，中间有充气的肺存在（图 6–1B）。注意不要将边界隐藏与位于软组织附近的脂肪沉积物（胸膜、心包和心外膜）混淆。聚积的脂肪密度比软组织密度更低，可以在高质量的 X 线片上区分出来。

1. 技术因素导致的边界隐藏伪影。
   a. 组织穿透力不足（kV 太低）导致曝光不足。
   b. 胶片显影不足。
   c. 肺充气不足。
2. 胸膜腔或纵隔积液。

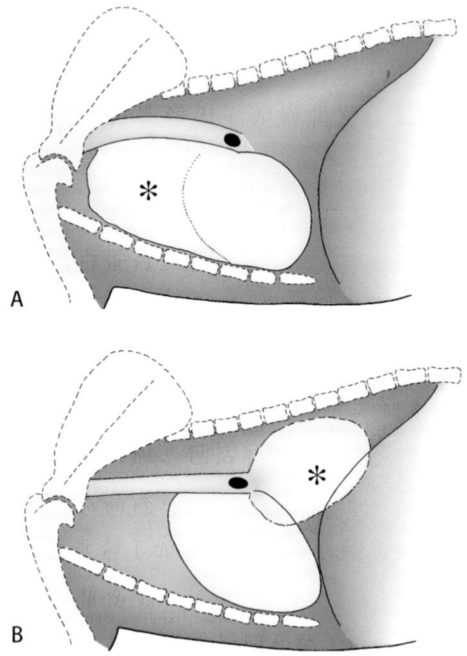

图 6–1 图 A 为纵隔肿物（*）导致心脏前缘隐藏；肿物与心脏接触，二者之间没有充气的肺。图 B 为肺后叶大肿物（*）没有造成心脏或膈的边界隐藏，表明其间有充气的肺。

3. 胸膜腔肿物。
4. 肺泡型。
5. 严重的肺间质型。
6. 肺部肿物。
7. 膈破裂或膈疝。
8. 纵隔大肿物。

6.6 气管移位

气管的正常位置如图 6–2A 和图 6–2E 所示。

1. 气管背侧移位。
   a. 假象。
      - 呼气相；胸内结构前移。
      - 侧位时身体旋转。
   b. 构型（斗牛犬和约克夏㹴犬）。
   c. 整段气管抬高（图 6–2B）。
      - 全心肥大（见 7.5）。
      - 右心增大（见 7.11 和 7.12）。
      - 左心增大（见 7.8 和 7.9）。
      - 前纵隔大肿物（见 8.11.1 和图 8–10）。
      - 大量纵隔积液。

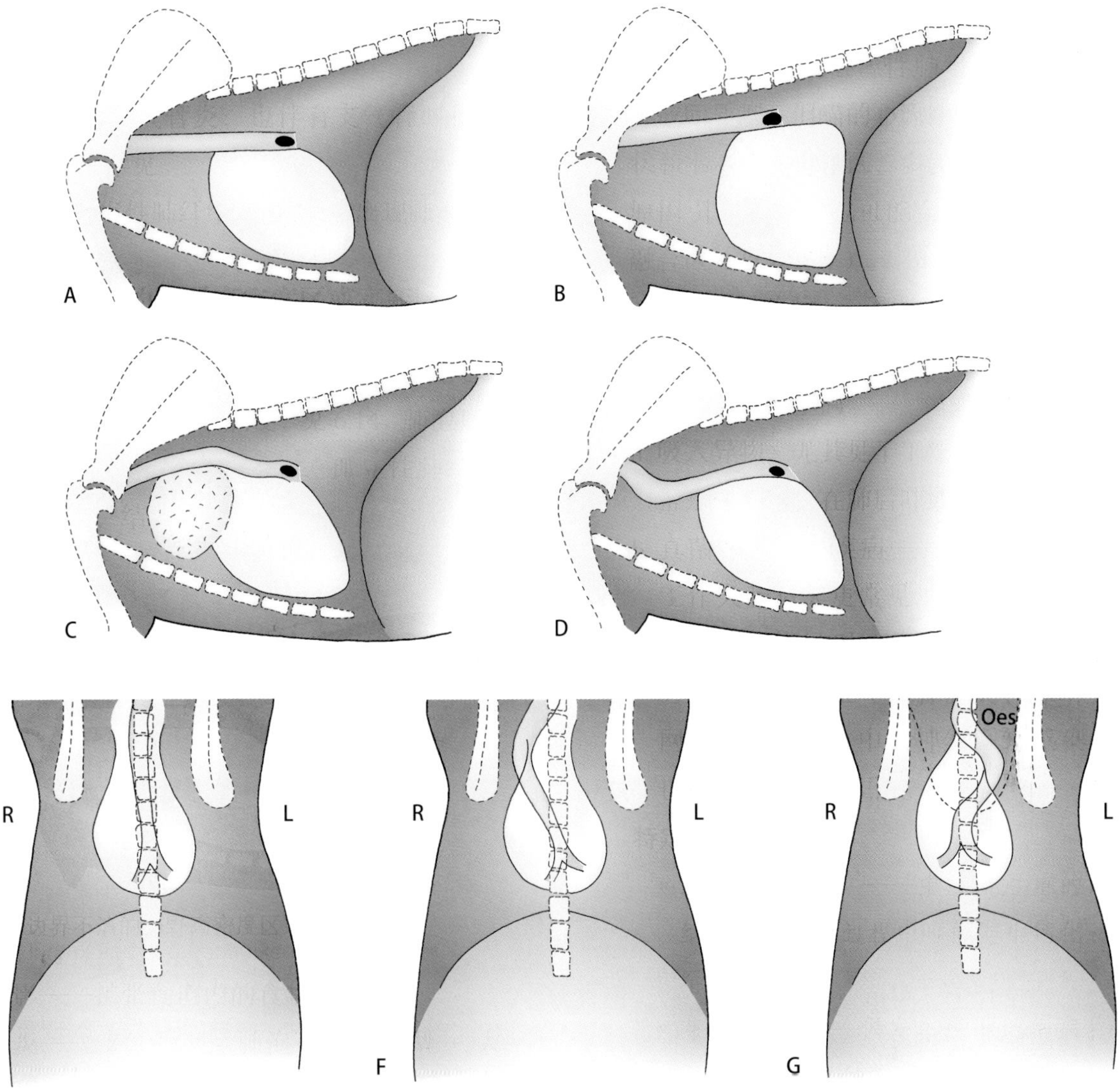

图6-2 图A为正常气管位置（侧位观）。在大多数品种的犬和猫，气管轻微偏离脊椎；图B为由于全心肥大，气管整段抬高；图C为由于前纵隔肿物，心脏前方气管抬高，但隆突位置正常；图D为气管腹侧移位；图E为正常气管位置（背腹位观）；在胸膜腔入口处，气管稍向右弯曲，尤其是在软骨营养障碍品种犬；图F为气管向外侧移位，通常朝向右侧；图G为因为食道扩张，气管末端向左外侧移位，也可见前纵隔增宽。

- 膈破裂致腹腔内容物前移。

d. 前段胸内气管抬高，隆突位置正常（图6-2C）。
- 假象，颈部屈曲所致。
- 前纵隔肿物（见8.11.1和图8-10）。
- 前纵隔和气管支气管淋巴结病（见8.11.3和图8-10）。
- 右心房增大（见7.11和图7-7）。
- 心基部肿瘤（见7.16.2）。
- 肺叶扭转（见6.17.5和图6-11）。

2. 气管腹侧移位（图6-2D）。

a. 食道扩张（见8.17和图8-11）。

b. 食道异物（见8.20）。

c. 心脏前方严重的腹侧移位。
- 持久性右位主动脉弓，伴食道后锁骨下动脉。
- 双主动脉弓。

d. 气管支气管淋巴结病（见8.11.3和图8-10）。

e. 前背侧纵隔肿物或局灶性积液（见8.11.2和图8-10）。

f. 大量的颈胸段脊椎关节强硬或其他骨性肿物。

g. 主动脉缩窄远端的狭窄后扩张（见 7.10.1）。

3. 气管右侧移位（图6-2F）；气管通常向右侧移位，因为主动脉阻止其向左侧移位。
   a. 假象。
      - 头颈向腹侧屈曲。
      - 呼气相；胸内结构前移。
      - 背腹位或腹背位时身体旋转。
   b. 在软骨营养障碍品种犬属正常影像，尤其是肥胖动物。
   c. 前纵隔肿物（见8.11.1，8.11.2和图8-10）。
   d. 食道扩张（见8.17）。
   e. 前纵隔移位（见8.8）。
   f. 膈破裂致腹腔内容物前移。
   g. 心基部肿瘤（见7.16.2）。
4. 气管末端向左外侧移位（图6-2G）。
   - 持久性右位主动脉弓；也可见前纵隔增宽。

6.7 气管直径变化

在侧位片上，可测量胸膜腔入口处气管直径与胸膜腔入口深度的比值，在正常的非短头品种犬，该比值不小于0.20（图6-3）。在短头品种犬，该比值不小于0.16，但在斗牛犬，可能低至0.13。

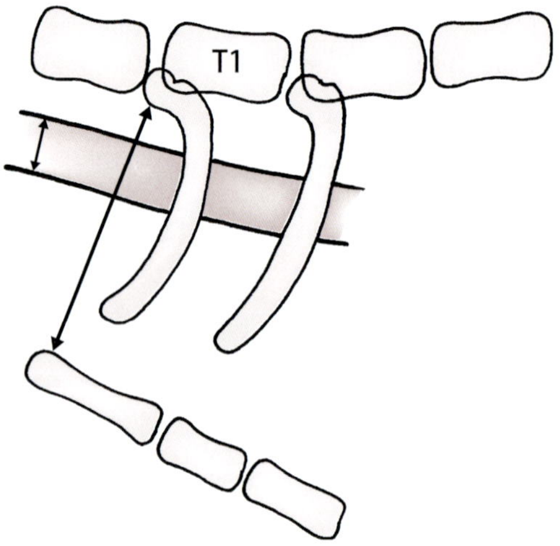

图6-3 胸膜腔入口处气管直径的测量：在非软骨营养障碍品种犬，气管直径通常至少为胸膜腔入口处深度的20%。

1. 气管狭窄。
   a. 假象。
      - 在胸膜腔入口处或其前方，与颈长肌或食道重叠。
      - 颈部过度伸展。
      - 胸段气管与胸内结构重叠（如狭窄后扩张的肺动脉、因气纵隔导致显影的前纵隔血管、或肺结节）。
   b. 先天性发育不全——斗牛犬和其他短头品种犬、斗牛獒犬常见；拉布拉多犬、德国牧羊犬、威玛猎犬、巴吉度猎犬和猫偶见。可能并发其他先天性异常、巨食管症和继发性吸入性支气管肺炎。
   c. 气管塌陷综合征——与气管软骨环畸形和气管背膜内陷有关。通常存在吸气时颈段气管和呼气时胸段气管的动态狭窄。诊断气管塌陷时，胸膜腔入口处的正切位投照比侧位更可靠（图6-4）。X线透视和内窥镜检查也是有效的辅助诊断技术。
      - 先天性——约克夏㹴犬和吉娃娃犬；可能到老年才会表现。
      - 获得性——肥胖、老年、小型和迷你犬种（博美犬和玩具贵宾犬），常继发于慢性支气管炎；大型犬和猫罕见。
   d. 黏膜增厚。
      - 呼吸道病毒感染性气管炎；吸入气体、烟雾和灰尘；过敏；细菌性和寄生虫性感染。

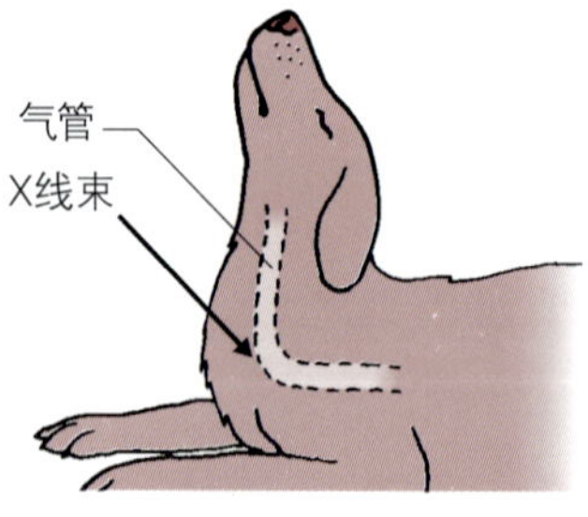

图6-4 胸膜腔入口处的正切位投照，显示气管的横断面。正常气管的横断面呈圆形或背侧略扁平；根据塌陷的程度，气管背侧会更加扁平或呈新月形。可使用软绳或塑胶摆位架辅助摆位；图中未显示摆位辅具。

- 黏膜下出血 - 抗凝剂中毒或外伤。
- 猫——猫传染性腹膜炎（FIP）。

e. 外部压迫——气管环很硬，受压迫后更易发生移位而不是狭窄。

- 前纵隔肿物（见 8.11.1 和图 8-10）。
- 肺门肿物（见 8.11.3 和图 8-10）。
- 食道异物（见 8.20）。
- 食道扩张（见 8.17）。
- 血管环异常，伴异常处前方食道扩张。

f. 气管狭窄或节段性狭窄。

- 陈旧性创伤。
- 插管时间长，套囊压力过高。
- 先天性。
- 猫——胸内气管撕裂伴断端狭窄；常见于钝性创伤 2 ~ 3 周后。在胸段气管上方也可见一个环形气体密度区，为充气性气管假性憩室。

g. 气管壁局灶性肿物（见 6.8.2 ~ 6.8.6）。

h. 猫——继发于上呼吸道阻塞的动态气管塌陷（如鼻或喉肿瘤）。

2. 气管增宽。

a. 在软骨营养障碍品种是正常变异。

b. 存在喉或近端气管病变，吸气时前段气流阻塞所致。

c. 邻近气管塌陷处或在呼吸反相期间。

d. 邻近气管的瘢痕化。

e. 猫——胸内气管撕裂，撕裂段之间的局灶性增宽。

6.8 气管腔密度升高

1. 假象。

a. 胸内结构重叠在胸内气管上。

2. 吸入异物。

3. 奥斯勒类丝虫*（以前称为奥氏类丝虫）- 气管末端和主支气管底壁上的软组织结节。常见于幼年犬；不发生于猫。

4. 气管黏膜的脓肿或肉芽肿。

a. 传染性。

b. 嗜酸性。

c. 外伤。

d. 医源性（如气管切开术后）。

5. 肿瘤。

a. 骨软骨瘤——幼年的大型犬，可能矿化。

b. 错构瘤——可能矿化。

c. 软骨肉瘤——可能矿化。

d. 骨肉瘤——可能矿化。

e. 肥大细胞瘤。

f. 平滑肌瘤。

g. 浸润性肿瘤（如甲状腺癌）。

h. 纤维肉瘤。

i. 髓外浆细胞瘤。

j. 淋巴瘤——尤其是猫。

k. 腺癌——尤其是猫。

6. 气管息肉。

7. 阳性造影剂——矿物质密度。

a. 胃肠道造影时意外吸入。

b. 在吞咽困难的动物口服造影剂。

c. 胃肠道造影，同时存在气管食道或支气管食道瘘。

6.9 气管壁可见度变化

气管壁是与前纵隔周围结构接触的软组织密度影像，因此通常不可见。

1. 软骨环矿化——正常的年龄变化，尤其在软骨营养障碍品种犬。
2. 气管条纹征——当食道内存在气体时，气管背侧壁和邻近的食道腹侧壁重叠并显影——常见于食道扩张（见 8.17 和图 8–11，图 8–12）。
3. 气纵隔（见 8.9.1 ~ 8.9.6）。

6.10 气管超声检查

由于气管是充气的，因此超声检查的应用受限，但可评估颈段气管的气柱形状。

1. 颈段气管气柱扁平。

a. 动态性，颈部过度伸展。
- 气管塌陷综合征。

b. 静态性。
- 创伤性狭窄。
- 先天性狭窄。
- 气管壁肿物病变（见 6.8.2 ~ 6.8.5）。

6.11 主支气管变化

在侧位片上，主支气管是隆突后方一小段重叠的充气结构，在背腹位片上，两侧主支气管夹角约为 60° ~ 90°（图 6–5A ~ 图 6–5C）。

1. 主支气管移位。

a. 假象。
- 侧位时身体旋转（图 6–5B）。
- 主支气管的夹角在 VD 位 X 线片上比在 DV 位上更宽。

b. 左心房增大（见 7.8）（图 6–5B 和图 6–5D）。

c. 肺门淋巴结病（见 8.12.1 ~ 8.12.6 和图 6–5B，图 6–5D）。

d. 大的食道后段肿物（如狼旋尾线虫 * 肉芽肿）。

e. 肺叶扭转——可能导致气管分叉轴向旋转（见 6.17.5 和图 6–11）。

2. 主支气管狭窄。

a. 左心房增大、肺门淋巴结病或食道肿物等外部压迫，也可能移位。

b. 经常可观察到与气管塌陷综合征相关的支气管壁硬度的丧失导致动态气道塌陷和继发性慢性阻塞性肺病（见 6.7.1）。

c. 严重黏膜增厚。

d. 肺叶扭转（见 6.17.5 和图 6–11）。

3. 主支气管密度升高——类似于气管和支气管树的其余部分（见 6.8 和 6.12）。

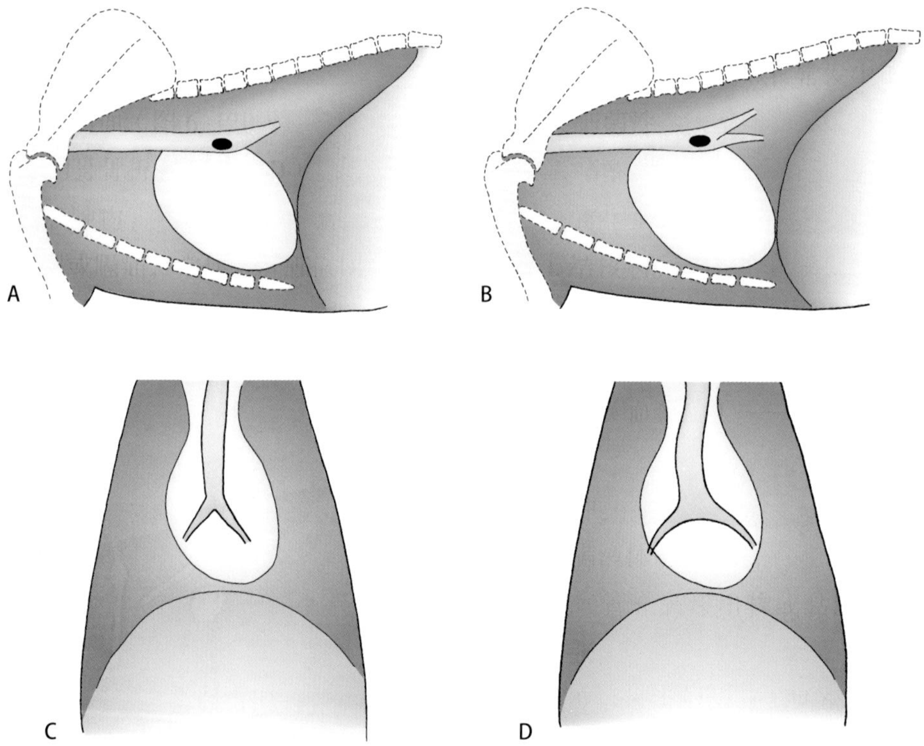

图 6–5 图 A 为侧位片上正常重叠的主支气管。图 B 为侧位片上主支气管的移位或“分叉”。图 C 为 DV 位片上正常的主支气管，夹角为 50° ~ 60°。图 D 为 DV 位片上主支气管夹角变大。

6.12 支气管型

在正常肺的 X 线片上，血管清晰可见，但支气管壁一般只能在支气管较大的肺门区见到（图 6–6）。支气管型意味着支气管树的可见度增加，这可能伴随着支气管腔的大小和形状的变化以及相邻血管结构的可见度降低（图 6–7）。然而，支气管型不一定是由原发性气道疾病造成的，它可能与腔内渗出物、支气管黏膜增厚或支气管周围袖套状浸润有关，并且常常伴有肺间质型。在幼年动物，只能见到矿化的主支气管壁。随着动物年龄的增长，这种矿化可能沿着支气管树向周围延伸，并可能伴有肺纤维化。

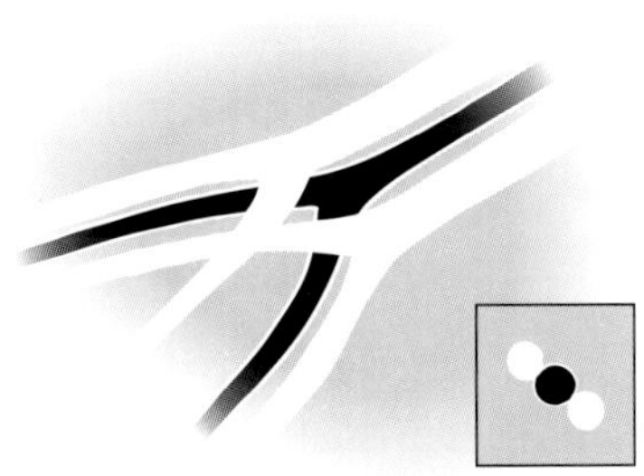

图 6–6 正常肺型：支气管位于动脉和静脉之间，几乎看不见（插图显示横断面）。

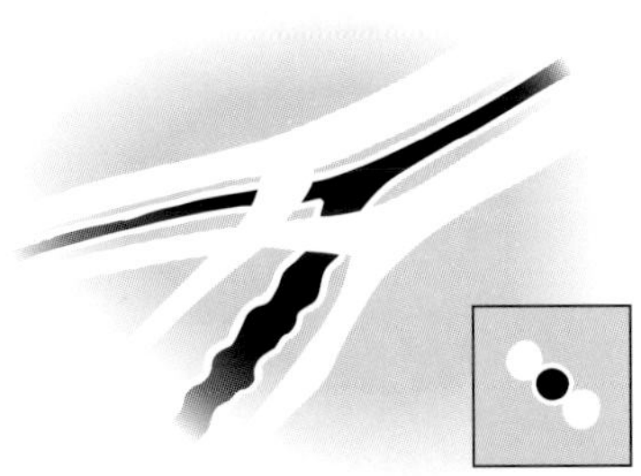

图 6–7 支气管型，产生“双轨征”和“袖套征”。支气管扩张导致支气管增宽或不规则，如图所示（与图 6–6，正常肺型比较）。

支气管壁可见度增加

1. 在老年和软骨营养障碍品种犬是正常征象 – 壁薄、矿化。
2. 慢性支气管炎——黏膜炎症、支气管周围袖套状浸润，导致管壁增厚，呈软组织密度阴影（急性支气管炎通常缺乏 X 线征象）。通常是支气管肺炎的征象之一（见 6.14.2）。
   a. 细菌性。
      - 非特异性细菌感染。
      - 爱尔兰猎狼犬：为遗传性鼻炎——支气管炎综合征；幼犬常因原发性免疫缺陷而反复出现临床症状。
   b. 病毒性。
   c. 过敏性。
      - 嗜酸性支气管肺病（肺嗜酸性粒细胞浸润）。
      - 猫——猫支气管哮喘。
   d. 真菌性（见 6.15.5）。
   e. 寄生虫性；常表现为肺泡型，但有时主要为支气管型（见 6.14.2e 寄生虫列表）。
   f. 原虫性。
      - 弓形虫病*。
   g. 继发于原发性纤毛运动障碍；主要见于幼年的纯种犬，尤其是比熊犬、纽芬兰犬和罗威纳犬。可能伴有内脏逆位（胸腹部结构镜像转位）。
   h. 严重的小气道疾病。
3. 肿瘤。
   a. 淋巴瘤，伴有弥散性或网状结节性肺间质型和纵隔淋巴结病。
   b. 支气管癌，可能伴有肺结节或肿物。
4. 支气管壁水肿——可能是肺泡或间质水肿的一部分（病因见 6.14.1 和 6.1.7）。
5. 支气管扩张（见下文）。
6. 肾上腺皮质功能亢进（库欣综合征）或长期使用皮质类固醇；支气管壁薄而矿化，也可见肝大、骨质疏松和软组织矿化。
7. 特发性肺纤维化——伴间质型（犬）或间质或肺泡型（猫）。

支气管扩张

8. 支气管扩张——通常在前腹侧；犬不常见，猫罕见。囊状或柱状。
   a. 先天性因素。

- 爱尔兰猎狼犬：遗传性鼻炎－支气管炎综合征；幼犬常因原发性免疫缺陷而反复出现临床症状。
- 原发性纤毛运动障碍——遗传性纤毛功能障碍导致慢性鼻炎和严重肺炎 ± 支气管扩张；尤其是幼年的比熊犬、纽芬兰犬和罗威纳犬。
- 卡塔格内氏综合征——遗传性疾病如上所述，但也与内脏逆位（心脏和腹部内脏镜像转位）和鼻炎相关。

b. 获得性支气管扩张——常见于患有慢性炎性气道疾病的中年患病动物。

支气管腔密度升高

9. 边界不清的高密度阴影：因肺炎（见6.14.2）或支气管扩张产生的黏液或渗出物。
10. 单一的吸入性异物，尤其是工作犬吸入的草芒——主要在后叶，通常见于右侧支气管。慢性病例可见继发性大叶性支气管肺炎。
11. 奥斯勒类丝虫*（原奥氏类丝虫）——主支气管中的结节，通常也伴有气管内结节。幼犬更常见；猫不会发生。
12. 闭塞性细支气管炎——罕见。
13. 猫－支气管微石症——罕见。

6.13 肺野密度假性升高

以下因素都可能引起肺野密度假性升高，导致假阴性或假阳性诊断。

1. 肺充气不足。
   a. 呼气时曝光。
   b. 侧卧后，尤其是麻醉时。
   c. 喉麻痹或其他上呼吸道阻塞。
   d. 腹部膨胀。
2. 肥胖。
3. 运动模糊。
4. 曝光不足。
5. 显影不足。
6. 前胸——双前肢未向前拉，导致肌肉组织重叠。
7. 绷带。
8. 被毛潮湿或脏。
9. 幼年动物（尤其是猫）的胸腺——在侧位片上可见心脏前缘模糊的软组织密度阴影。

6.14 肺泡型

肺泡通过充满液体和/或细胞（肺泡实变）或塌陷（肺不张）而失去气体。肺泡型通常以界限不清、划分不良的浸润为特征，表现为斑驳状的密度升高；但更均匀的浸润可能会形成毛玻璃样的外观。在更严重的病例，肺泡型可能会进一步发展为更加严重的肺密度升高，伴空气支气管征和边缘隐藏（见6.5和图6-8）。病变可能呈广泛性或肺叶性分布。严重的肺泡型可形成单个或多个边界不清的肺部肿物样征象或实变区域，如第6.15节所述。肺泡的变化相当不稳定，可能需要频繁拍摄X线片来监测疾病的进程。肺泡型可由间质型引起，也可发展为间质型（见6.22和6.24）。

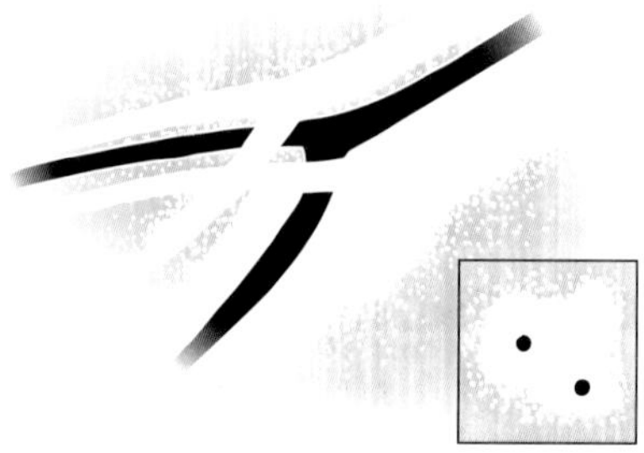

图6-8　肺泡型，伴正常的肺细节模糊或缺失、斑驳状或弥散性密度升高和空气支气管征（与图6-6正常肺型比较）。

1. 心源性肺水肿——通常与心脏肥大，尤其是左心房扩张有关，可能是多血管型（见6.23.1～6.23.4）。然而，当发生急性心力衰竭时，心脏可能变化并不显著。
   a. 犬：肺门周围，呈对称性分布。
   b. 猫：由肺门周围向外周分布；常为斑驳状的不对称融合区；可能仅影响右后叶。

2. 肺炎。
   a. 支气管肺炎——不对称的，主要影响前腹侧肺叶；从外周开始向内扩散。常影响右中叶。通常由病毒感染（如气管支气管炎和犬瘟热）或支原体引发，然后并发细菌感染。通常也会表现明显的支气管型。
      - 爱尔兰猎狼犬：遗传性鼻炎－支气管炎综合征；幼犬常因原发性免疫缺陷而反复出现临床症状。
      - 纽芬兰犬和罗威纳犬：纤毛运动障碍（见 6.12.8）。
      - 猫不常见。
   b. 吸入性肺炎——沿支气管树分布，腹侧区域更常见。继发于：
      - 反流和呕吐，尤其当存在食道扩张时。
      - 医源性吸入——强饲、药物治疗、麻醉和口服造影剂。
      - 吞咽障碍。
      - 虚弱和乏力。
      - 腭裂。
      - 气管食道瘘或支气管食道瘘。
      - 胃支气管瘘。
   c. 吸入异物性肺炎，通常是工作犬吸入禾草和麦芒——后叶的后背侧区域，通常只影响单个肺叶。局灶性肺泡型或间质型，慢性病例也可见更广泛的支气管型。可能伴有气胸、胸膜腔积液和胸膜增厚。
   d. 真菌性肺炎（见 6.15.5）；常伴有纵隔淋巴结病。
      - 在免疫力低下的患犬，卡氏肺孢子虫*感染也可表现为弥散性真菌性肺炎；尤其是幼年的迷你腊肠犬和查理王小猎犬。
   e. 寄生虫性肺炎。
      - 犬恶丝虫*（心丝虫）；伴右心增大、肺主动脉膨出和动脉多血管型；肺实质病变通常在后叶表现最严重。
      - 脉管圆线虫*（法国犬恶丝虫）；幼年犬；常为特征性的多灶性或外周肺部病变，通常无血管变化；可能发生凝血障碍，而非呼吸道症状。
      - 肺丝虫*和米氏类丝虫*：常见于繁殖基地的比格犬。
      - 狐环体线虫*感染（狐狸肺线虫）——可能主要为支气管型。
      - 猫圆线虫病*（猫肺线虫）——常见于幼年猫多，但大多数无症状；起初为肺泡型或支气管肺泡型，后发展为粟粒状结节型。
   f. 脂性或类脂性肺炎（外源性或内源性）——尤其是猫。
   g. 继发于原发性纤毛运动障碍或作为卡塔格内氏综合征的一部分——尤其是纽芬兰犬和罗威纳犬（见 6.12.8）。
   h. 放射性肺炎，辐射后 1 ~ 2 个月发生——局限于肺部受辐射区域。
   i. 结核病——常伴有空洞性肺部病变、纵隔淋巴结病和 / 或胸膜腔积液。
   j. 弗朗西斯氏菌属（土拉巴氏杆菌）*（土拉菌病）——非常罕见，可能与啮齿动物接触有关。
3. 肺出血——通常是不对称分布，且比心源性肺水肿更不均匀。
   a. 创伤——也可见肋骨骨折和皮下气肿。
   b. 凝血障碍。
      - 弥散性血管内凝血（DIC）。
      - 抗凝剂中毒。
      - 血友病、血管性血友病（von Willebrand’s 病，杜宾犬多见）和其他遗传性凝血病。
      - 免疫介导性疾病。
      - 骨髓抑制。
4. 在 DV 位或 VD 位 X 线片上见到纵隔移位，即为肺不张（肺叶通气减少）（见 8.8）。只有在中度至重度的肺塌陷时，才能见到空气支气管征。

a. 吸入麻醉时，倒卧侧肺叶迅速塌陷，尤其是心脏区域（主要的鉴别诊断是吸入性肺炎）。

b. 肺叶受外部压迫。

- 长期侧卧。
- 严重的气胸。
- 严重的胸膜腔积液。
- 大的胸膜腔、肋骨或软组织肿物。

c. 慢性支气管炎引起的小气道阻塞——尤其是肺中叶和前叶。

d. 大气道阻塞——任何单一的肺叶；通常无空气支气管征。

- 异物或肿瘤阻塞支气管引起的腔内阻塞。
- 压迫引起的腔外阻塞。

e. 慢性胸膜和肺部疾病引起的瘢痕化。

f. 粘连性肺不张——表面活性剂缺乏；气道通畅。

- 新生动物。
- 急性肺损伤或急性呼吸窘迫综合征（见下文6.14.7）。

g. 肺叶扭转（见6.17.5）。

h. 猫——猫支气管哮喘时，常见右中叶肺不张；通常伴有支气管间质型和肺过度膨胀。

5. 过敏性肺病——嗜酸性粒细胞性支气管肺病（肺嗜酸性粒细胞浸润）；偶见肺泡型，更常见间质型或结节型 ± 支气管型。

6. 肿瘤。

a. 原发性肺肿瘤——在弥散性细支气管-肺泡癌的病例中，偶可见肺泡型或间质型，可能影响多个肺叶；罕见空气支气管征。

b. 组织细胞肉瘤（恶性组织细胞增多症）——中年大型犬，雄性多发；主要见于伯恩山犬，也可见于罗威纳犬和金毛寻回猎犬或平毛寻回猎犬。

c. 肺淋巴瘤样肉芽肿——罕见的肿瘤性疾病；常伴有肺结节或肿物和肺门淋巴结病。

7. 非心源性肺水肿。

a. 肺门周围到外周——更常发生于后背侧区域，通常为不对称的，右侧更严重。

- 气道阻塞（常见于斗牛犬，也可见于窒息或喉麻痹）。
- 神经源性病因（如癫痫发作后、电击、颅脑损伤）。
- 溺水——咸水比淡水更严重。
- 低白蛋白血症。
- 多系统性炎性和非炎性疾病（如尿毒症、急性胰腺炎和败血症）。
- 不断吠叫的猎犬，瑞典报道较多。
- 过敏反应，包括静脉注射造影剂。
- 吸入高渗造影剂。
- A毒素（如二烷基硫脲、蛇毒和内毒素、蜂蜇伤）。
- 吸入刺激物（如烟和磷）。
- 气胸治疗后的复张性肺水肿等。

b. 对称性——全肺。

- 急性肺损伤或急性呼吸窘迫综合征（或肺休克）。原因包括创伤、感染、过敏反应、严重的巴贝斯虫病*、胰腺炎、吸入、弥散性血管内凝血、摄入毒素和医源性病因（如氧气治疗、水合过度、心脏复律和药物反应）。初始为间质型，逐渐发展到斑驳状的肺泡型，并伴肺容量减少。

c. 一单侧胸。

- 长期侧卧或麻醉导致坠积性充血。
- 肺门肿物阻塞肺引流机制。

d. 肺门周围。

- 肺门肿物阻塞肺引流机制。
- 静脉输液导致医源性水合过度。

8. 创伤性肺挫伤；通常也伴有其他创伤症状（见8.28）。

a. 道路交通事故。

b. 高处坠落综合征——损伤三联征：肺挫伤和/或气胸、面部损伤和肢体骨折。

9. 肺血栓栓塞——偶见局灶性肺泡型（见6.23.6）。

10. 肺叶扭转（见6.17.5）。

11. 肺泡蛋白沉积症（肺泡磷脂沉着症）——罕见，幼年犬。
12. 闭塞性细支气管炎，也伴有支气管型和间质型——罕见。
13. 猫——特发性肺纤维化，可能会出现肺泡型。

6.15 边界不清的肺野高密度区或实变区

病变可能是单发或多发的，直径一般大于4cm（图6-9）。对于较小病变，见6.14，肺泡型；对于边界清晰的病变，见6.19，孤立性肺结节或肿物和6.20，结节型。

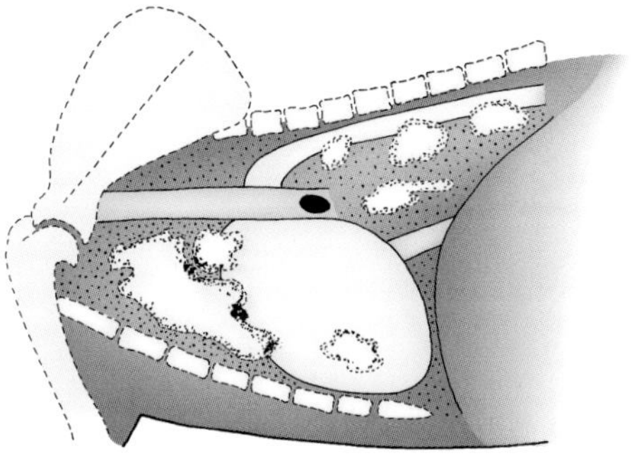

图6-9 边界不清的肺野高密度区或实变区。

1. 伪影——扩张食道内的食物。
2. 肺炎——支气管型-肺泡型的混合型 ± 大面积实变区，或边界不清的肺野高密度区（见6.14.2）。
3. 肿瘤——可能形成空洞或钙化。
   a. 原发性肺肿瘤。
      - 支气管癌最常见——可能是单个结节或多中心结节，但多边界清晰或呈叶状，有时边界不清。
      - 腺癌和鳞状上皮细胞癌——尤其是猫（可能与多指/趾转移相关，见3.7.11和图3-18）。
   b. 转移性肺肿瘤——一个单一的转移结节通常比原发肿瘤小；此外，边界多清晰，或不清晰但小；当诊断时通常已为多灶。
   c. 组织细胞肉瘤（恶性组织细胞增多症）——中年大型犬，雄性多发，主要见于伯恩山犬，也可见于罗威纳犬和金毛寻回猎犬及平毛寻回猎犬。
4. 肺水肿——犬的心源性肺水肿通常为肺泡性或间质型，但猫的心源性肺水肿常为斑驳状和不对称的融合区，多发于右后叶；其他原因引起的水肿也可能会产生边界不清的融合区（见6.14.7）。
5. 肺肉芽肿性疾病——细胞炎症反应，而非渗出性炎症反应，常伴有胸部淋巴结病。肉芽肿可能会形成空洞。
   a. 吸入异物，尤其见于工作犬吸入草芒；通常是单发的，在肺后叶或中叶。
   b. 真菌和真菌样疾病——见于流行区域，工作犬和猎犬更常见。无典型的影像学表现，可能呈现结节型至间质型。可能会有其他感染灶（如骨髓炎、脉络膜视网膜炎、皮炎、中枢神经系统感染）。也可能有胸膜腔积液。

特定病原菌

- 组织胞浆菌病*——中度至严重的淋巴结病，在愈合过程中可能发生钙化；猫罕见。
- 芽生菌病*——偶发中度淋巴结病；猫罕见，更常见结节型。
- 球孢子菌病*——中度至严重的淋巴结病；猫罕见。
- 隐球菌病*——犬不常见，但是猫最常见的真菌感染。常伴有胸骨淋巴结病。

机会性感染

- 放线菌病*——严重或轻度胸膜腔积液。更常见胸膜、纵隔和肺脓肿；猫罕见。
- 诺卡氏菌病*——不常见。常见于幼年犬和猫；可能与植物移行有关。严重或轻度胸膜腔积液以及中度淋巴结病。
- 曲霉菌病*——常见于免疫不全的动物，德国牧羊犬易感。
- 孢子丝菌病*——罕见。

   c. 外源性脂性或类脂性肺炎——吸入矿物油或植物油。

d. 寄生虫。
- 犬恶丝虫*（心丝虫）；伴右心增大，肺主动脉膨出和多血管型。
- 脉管圆线虫*（法国心丝虫）；幼年犬；常为特征性的多灶性或外周肺部病变，通常无血管变化。
- 肺并殖吸虫*（肺吸虫）；在肺后叶出现的无定形的融合区发展成为薄壁的囊肿，可能有分隔。
- 弓形虫*——通常见于幼猫。
- 幼虫迁移，变化很轻微。
- 毛细线虫病*——罕见。
- 肺丝虫*和米氏类丝虫*；常见于繁殖基地的比格犬。
- 猫——圆线虫病*（猫肺线虫）——起初为支气管肺泡型，后发展为结节型。

e. 嗜酸性粒细胞性肺肉芽肿病——常有明显的肺门淋巴结病。

f. 肺淋巴瘤样肉芽肿——罕见的肿瘤疾病，常伴有间质肺泡型和肺门淋巴结病。

g. 细菌性肉芽肿性疾病。
- 结核病，因牛结核病发病率的降低而罕见。感染源包括人或鸟。在犬可发生胸膜腔积液和淋巴结病；猫较少见胸膜腔积液，也较轻度，更常见结节型。
- 棒状杆菌。

6. 过敏性肺病——尤其在猫；常表现为支气管间质型伴肺过度膨胀。

7. 血栓栓塞性肺炎——常发于后叶的外周区域。

a. 来源于非呼吸道的脓肿或感染。

b. 在免疫抑制的动物。
- 淋巴瘤。
- 免疫抑制治疗。
- 与自体免疫溶血性贫血相关。

c. 来源于细菌性心内膜炎。

d. 在不明原因发热的动物。

e. 来源于炎性关节疾病。

8. 肺栓塞的其他原因（见 6.23.6）——与血栓栓塞性肺炎分布相似。

9. 肺泡蛋白沉积症（肺泡磷脂沉着症）——罕见，幼年犬。

6.16 肺泡充盈区域超声检查

如果肺泡充盈区域位于胸壁、心脏或膈附近，则可以进行超声检查。明亮的回声斑点提示存在残余空气。无回声管状结构可能是肺血管或充满液体的支气管。后者管壁回声更强，但使用彩色或能量多普勒可以更好地区分。浅表的肺部病变可以进行超声引导的细针抽吸（见 6.2）。有关肺泡充盈的鉴别诊断，请参见 6.14 和 6.15。

6.17 单个肺叶密度升高

肺叶密度升高，肺血管可见度降低，相邻组织结构边界隐藏。可能存在空气支气管征（见 6.14 和图 6–8）。如果肺叶的大小正常，可能是实变；如果肺叶变小，则发生塌陷（肺不张）。高密度肺叶的体积增大提示肿瘤或扭转。

1. 假象。

a. 纵隔肿物与肺部病变混淆（如狼尾旋线虫肉芽肿可能与肺副叶肿物混淆）。

b. 膈疝，疝入的肝脏与肺后叶肿物混淆。

2. 大叶性肺炎——常为右中叶，在 DV 位或 VD 位 X 线片上更易见（图 6–10）。

3. 肺不张（塌陷）——较小的肺叶，有凹面的肺叶易发；纵隔向患侧移位。下呼吸道疾病的猫多发，常见于右中叶（图 6–10）。

4. 肿瘤——原发性肺肿瘤；受影响的肺叶可能会增大，伴凸面朝向对侧，纵隔向对侧移位。

a. 上皮癌最常见。
- 细支气管肺泡癌。
- 支气管癌。
- 表皮样癌（鳞状细胞癌）。
- 支气管腺癌。
- 未分化癌。

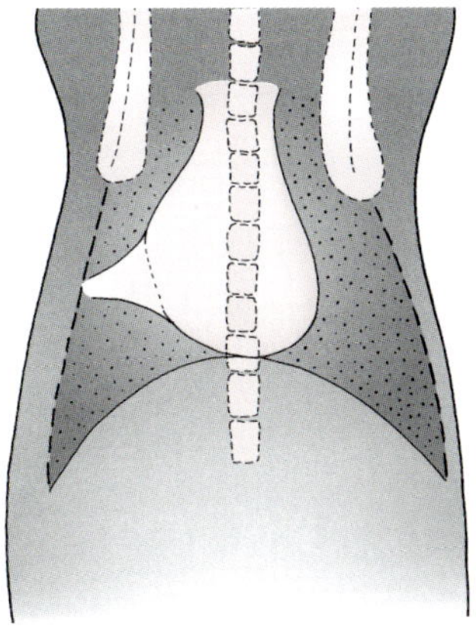

图 6–10　在 DV 位 X 线片上可见单个实变或塌陷的肺叶；右中叶最常受影响，尤其是在猫。肺不张（塌陷）导致肺叶变小，但如果肺叶只是实变，没有塌陷，其大小不变；如果发生肿瘤和肺扭转，肺叶增大。

b. 软骨瘤、软骨肉瘤、骨肉瘤——可能矿化。

- 错构瘤——罕见——可能矿化。

5. 肺叶扭转（图 6–11）——最常见于左前或右前叶或右中叶；较少影响后叶；罕见于副叶。肺叶起初增大，伴肺血管结构或空气支气管征（如果可见）沿异常方向延伸。支气管可能会移位、变窄或似乎突然终止。在实变的肺叶中可见特征性的多孔状气体结构。通常会并发胸膜腔积液。经支气管镜检查和开胸手术可确诊。

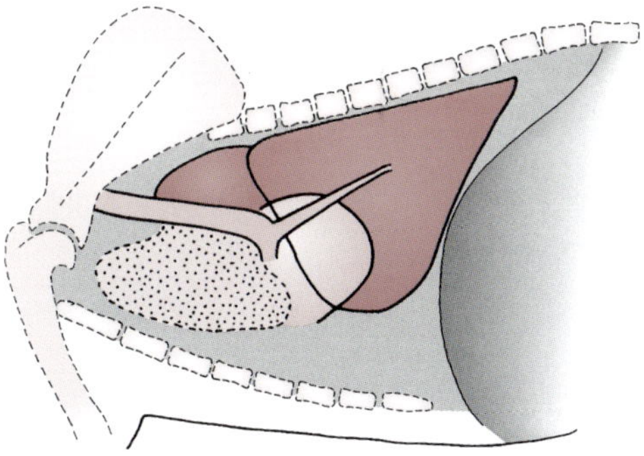

图 6–11　肺叶扭转，显示肺前叶实变和肺气肿及明显的胸膜腔积液。气管末端向腹侧移位，前叶支气管闭塞。部分心脏轮廓不可见。

a. 自发性——最常见于大型犬或深胸犬的右中叶和小型软骨营养障碍品种犬（如巴哥犬）的左前叶前部。

b. 有胸膜腔积液时易发。一般难以确定积液为原发的还是继发的。猫常见严重的血性积液。

c. 急性创伤——罕见，小型品种。

6. 支气管阻塞。

a. 吸入异物。

b. 腔内肿物或腔外压迫。

c. 气管内插管放置错误。

7. 肺血栓栓塞（见 6.23.6）。

8. 骨折后发生脂肪栓塞。

6.18　实变肺叶的超声检查

实变的肺叶通常为等回声、边界清晰的结构，可追溯到肺门区。在肺门周围区域的实变肺组织内，通过彩色多普勒可见主要肺血管内的血流。具有产回声壁及其内有静态无回声内容物的管状结构为充满液体的支气管。肺叶内的高回声灶，伴或不伴声影，通常提示剩余的充气区域。

1. 均匀低回声的肺叶、边缘平滑并有尖端；回声质地与肝脏相似。

a. 肺不张，由于：

- 邻近的胸部肿物。
- 胸膜腔积液。
- 气道阻塞。

b. 大叶性肺炎。

c. 肺叶出血。

d. 肺叶扭转（通常伴有胸膜腔积液）。

2. 回声不均，正常形状消失，其内缺乏肝样结构。

a. 肺叶肿瘤。

b. 脓肿。

3. 肺叶异位。

a. 肺叶扭转。

b. 邻近肿物或腹腔脏器导致肺叶移位。

6.19　单发肺结节或肿物

结节是指边界清晰、均匀的圆形病变，直

径≤ 4cm。肿物的边界清晰，比结节大；其轮廓可能平滑或不规则。结节或肿物直径越大，其密度应越高。可能会见到矿化区域。

单发病灶如果很小或在肺门周围区域、前胸部、肋膈隐窝或椎旁沟内时，会很容易被忽略。应将单发病灶与由多个小结节合并或重叠组成的复合肿物区分开来。无法通过 X 线片区分病因，建议 3 ~ 4 周后重复拍摄 X 线片。如果结节或肿物增大，则建议尽可能进行活检。如果没有增大，应再过 3 ~ 4 个月后重复拍摄 X 线片。

结节和肿物可能会形成空洞，特别是在它们快速生长时。在这些情况下，可以见到病灶中心低密度的充气区域。有关更全面的描述和病因列表，请参见第 6.27 节和图 6–16。

1. 伪影。
   a. 重叠的软组织结构，尤其是位于腹侧的乳头，通常成对分布；也可见蜱和疣（见 8.21.4 和图 6–12A）。如果临床检查发现有可疑的体表结节，可在结节表面涂抹阻线性的造影剂后再次拍摄 X 线片区分。
   b. 肋骨肋软骨结合处（图 6–12B）。
   c. 单个血管横断面（图 6–12B）。
   d. 已愈合的肋骨骨折（图 6–12D）。
   e. 邻近的胸膜肿物。
   f. 小的膈破裂或膈疝，常伴有肝脏嵌闭：位于心脏和膈之间（图 6–12E）。
   g. 膈膨出（见 8.26.1）。

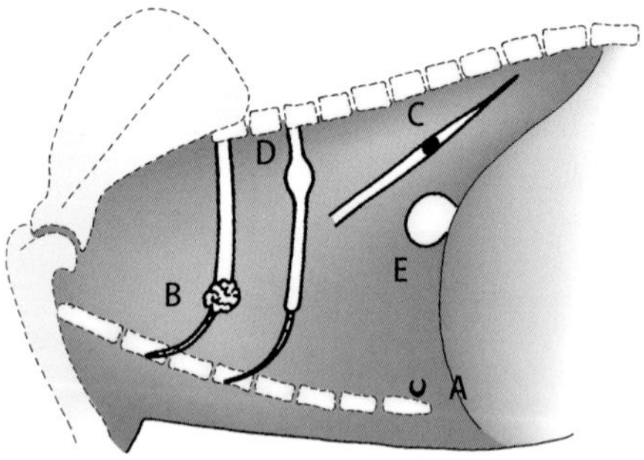

图 6–12　肺结节伪影：A，乳头；B，老年犬突出的肋骨肋软骨结合处；C，血管横断面；D，已愈合的肋骨骨折；E 小的膈破裂。

2. 肿瘤。
   a. 原发性肺肿瘤——常起源于肺门周围区域，体积一般较大，部分边缘不规则。继发性变化包括形成空洞（充满气体）、钙化、扩散到局部淋巴结、压迫邻近支气管或胸膜腔积液。犬的肿瘤易转移至胸内，而在猫，75% 会转移至其他位置，如指 / 趾（见 3.7.13 和图 3–18）。
      - 腺癌。
      - 支气管癌。
      - 鳞状上皮细胞癌。
      - 组织细胞肉瘤（恶性组织细胞增多症）——中年大型犬，雄性多发；主要见于伯恩山犬，也可见于罗威纳犬和金毛寻回猎犬或平毛寻回猎犬。
   b. 单个肺转移——多涉及肺野中部或外周，常为结节状；通常很快出现其他转移灶。
3. 肉芽肿（见 6.15.5）——可能会形成空洞。
   a. 异物——尤其见于工作犬吸入草芒。
   b. 真菌性——通常为多发的、边界不清和形状各异的病灶；常发生于肺门周围。
   c. 细菌性。
   d. 嗜酸性。
   e. 寄生虫性。
   f. 结核病。
4. 脓肿——多见于幼年患病动物，常发于肺门周围或外周肺野；可能会形成空洞。
5. 血肿（血囊肿）——有创伤史，随时间会消退。
6. 囊肿。
7. 充满液体的肺大疱。
8. 支气管充满渗出物或黏液或局灶性支气管扩张。
9. 实变区域类似结节（见 6.15）。

6.20 结节型

结节的直径至少 3mm 以上才能看到，除非发生矿化或多个结节重叠（图 6–13）。关于空

图6-13　结节型。两个或两个以上的病灶重叠时可明显增加结节的密度。可能会伴发网状间质型(图6-14C)。(与图6-6，正常肺型相比。)

洞性结节的鉴别诊断，可参见6.26。结节型有时与肺泡浸润有关，或被其掩盖，需要用无呼吸性模糊的高分辨率影像来检查。

1. 乳头、老年犬肋骨肋软骨结合处或胸壁结节的重叠（见8.21.4）。
2. 正常血管横断面（表6-2）——密度较高、很圆且边缘清晰，向外周逐渐变小，并与相邻的纵向血管有关。如果存在可见血管增多的肺型（见6.23），血管横断面会变大，数量会更多。

表6-2　血管横断面与转移性结节的鉴别

特征	血管横断面	转移性结节
大小	向外周逐渐变小；与其他局部血管大小一致	任何大小；与在胸内的位置无关
位置	可能与纵向血管重叠	与血管无关
密度	比结节密度高	比血管横断面密度低
边界	边界清晰	通常不清楚

3. 严重的支气管疾病，伴支气管变厚，呈袖套征；或支气管横断面存在黏液栓子或渗出物——尤其在猫。
4. 老年性结节（偶然发现）。
   a. 老年大型犬的肺骨瘤（异位骨形成）（见6.4.6）。
   b. 胸膜钙化斑——看起来完全相同(见6.4.6)。
   c. 纤维结节。
5. 多个小的肺结节，直径为3 ~ 5mm(见表6-2)。
   a. 粟粒样结节——大量小的弥散分布的结节，可能总体密度增加，表现为大面积聚集。它们是由病原体或肿瘤细胞的广泛性血源性和/或淋巴散播造成的，可能伴有肺门淋巴结病。
      - 转移性肿瘤（如乳腺癌、甲状腺癌、血管肉瘤）；也可见于多发性骨髓瘤（罕见）。
      - 肺淋巴瘤——常伴有间质型和纵隔淋巴结病。
      - 血源性细菌性肺炎。
      - 真菌性肺炎（见6.15.5）。
      - 弥散性血管内凝血。
      - 分枝杆菌性肺炎——罕见。
   b. 吸入高密度物形成肺泡结节。
      - 吸入钡剂。
      - 尘肺病。
   c. 嗜酸性支气管肺病(肺嗜酸性粒细胞性浸润)——可能有间质型伴边界不清的结节型。
   d. 寄生虫——结节数量少；可能会钙化（见6.15.5）。
      - 幼虫移行症。
      - 恶丝虫感染导致的嗜酸性肉芽肿病。
      - 肺丝虫*和米氏类丝虫*。
      - 猫——圆线虫*感染（猫肺线虫），起初为支气管肺泡型，但老年猫在疾病消退时会出现结节型。
   e. 原虫。
      - 弓形虫*。
   f. 特发性矿化（见6.27.5）。
   g. 钩端螺旋体病——通常是网状结节型。
   h. 弗朗西斯氏菌属（土拉巴氏杆菌）*（土拉菌病）——非常罕见，可能与接触啮齿动物有关。
6. 多个中等大小的肺结节，直径为5 ~ 40mm。
   a. 转移性肿瘤——通常为“炮弹样”结节；随机分布，边界清晰，不合并但可融合；尤其是来源于原发性骨肉瘤时。迅速生长的转移灶可能会形成空洞，并充满气体；

主要的鉴别诊断包括空洞性脓肿或肉芽肿。

b. 肺淋巴瘤——常伴有肺间质型和纵隔淋巴结病。

c. 真菌性肉芽肿或脓肿（见 6.15.5）。

- 组织胞浆菌病结节通常边界清晰，可能会钙化。

d. 多中心型原发性肿瘤。

e. 组织细胞肉瘤（恶性组织细胞增多症）——中年大型犬，雄性多发；主要见于伯恩山犬，也可见于罗威纳犬、金毛寻回猎犬和平毛寻回猎犬。

f. 细菌性肉芽肿或脓肿。

g. 异物性肉芽肿。

- 吸入矿物油或植物油导致形成多个小结节。

h. 血管横断面增大（见 6.23.1 ~ 6.23.4）。

i. 充满黏液或渗出液的支气管或支气管扩张病变。

j. 血肿（血囊肿）。

k. 液性囊肿。

- 先天性。
- 包虫。

l. 弥散性血管内凝血。

m. 肺淋巴瘤样肉芽肿——罕见的肿瘤性疾病；常伴有间质肺泡型及肺门淋巴结病。

n. 寄生虫。

- 肺并殖吸虫*（肺吸虫）；犬罕见结节，多见囊性病灶（见 6.26.5），但猫更常见结节性肉芽肿型。
- 猫圆线虫*感染（猫肺线虫；见 6.20.5）。

o. 猫传染性腹膜炎。

6.21 肺结节或肿物的超声检查

肺结节或肿物只有在靠近胸壁、心脏或膈，或存在胸膜腔积液衬托时，才能进行超声检查。

1. 边界清晰、壁薄的结节或肿物，其内容物呈无回声或低回声（存在气体时，可在其中看见高回声灶）。
   a. 囊肿。
   b. 血肿。
   c. 脓肿。
2. 边界多变、壁厚或不规则的结节或肿物，其内容物呈无回声或低回声（存在气体时，可在其中看见高回声灶）。
   a. 脓肿。
   b. 空洞性肿瘤。
   c. 组织血肿。
3. 实质的、均匀的结节或肿物。
   a. 肿瘤细胞类型均匀，很少坏死。
   b. 肺泡实变或塌陷类似肿物（鉴别诊断列表见 6.14 ~ 6.18）。
4. 实质的、不均匀的结节或肿物。
   a. 肿瘤细胞类型不均匀和 / 或坏死、出血或钙化区域。
   b. 组织血肿。
   c. 脓肿。
   d. 肉芽肿。

6.22 肺间质型

病变主要发生在间质组织（肺泡壁及支持气道和血管的结缔组织），而非含空气的腔隙，但受影响的肺的空气含量可能会因此而减少。间质型可分为 3 种类型。弥散性非结构性间质型可见半透明的、广泛性或局部的肺野密度升高，伴肺血管结构的可见度降低（图 6–14A）。与肺泡型（密度不均匀和中央最明显）不同，通常在整个受累区域具有相似的密度。没有边界隐藏，但结构轮廓会变模糊。在严重病例可能会出现空气支气管征。线性或网状间质型与弥散性非结构性间质型相似，但并非所有肺泡壁都受到影响，由随机排列的线性纹理组成，在外周更明显（图 6–14B）。这种肺型通常也被描述为网状（网状组织）阴影；伴发小结节时，形成网状结节间质型（图 6–14C）。

其他肺型可能会同时出现，例如，支气管型和肺泡型通常也会一起出现。

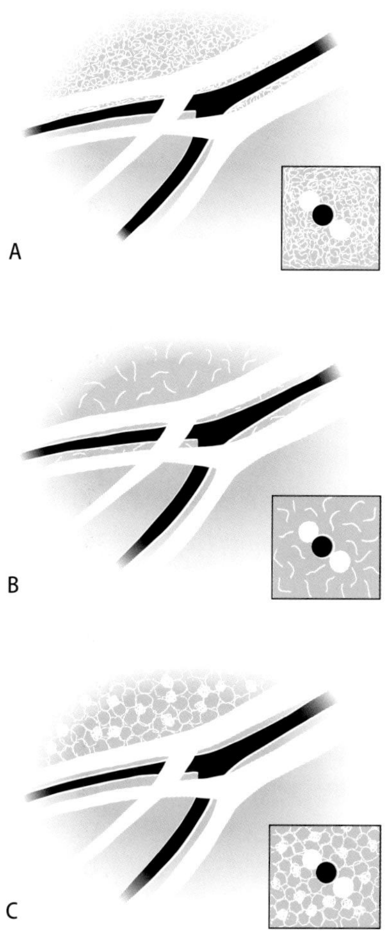

图6-14 图A为弥散性非结构性间质型。图B为线性或网状间质型。图C为网状结节间质型。（与图6-6，正常肺型相比。）

1. 肺间质型伪影（见6.13）。
2. 年龄相关的肺间质型。
   a. 在非常幼年的动物，间质组织中含水量增加。
   b. 在老年动物，年龄老化会出现肺间质纤维化；通常呈网状。
3. 感染性因素——肺炎。
   a. 细菌性。
      - 爱尔兰猎狼犬：遗传性鼻炎－支气管炎综合征；幼犬常因原发性免疫缺陷而反复出现临床症状。
   b. 病毒性（如犬瘟热）——常影响后背侧肺叶，除非并发细菌感染，否则变化很小。
   c. 真菌性——常伴纵隔淋巴结病（见6.15.5）；可能为网状。
      - 组织胞浆菌病*。
      - 隐球菌病*。
      - 芽生菌病*。
      - 球孢子菌病*。
      - 卡氏肺囊虫*——免疫抑制动物，尤其是幼年迷你腊肠犬和查理士王小猎犬。
   d. 支原体感染。
   e. 落基山斑疹热（立克次氏体感染*）。
   f. 巴贝斯虫病*。
   g. 弓形虫病*——肺后叶；特别是猫。
   h. 钩端螺旋体病——网状结节型。
   i. 猫－圆线虫*感染（猫肺线虫）——肺后叶，多见于小于1岁的猫；随时间推移可能从支气管肺泡型发展为结节型。
   j. 猫——猫传染性腹膜炎。
   k. 猫——猫结核病。
4. 水肿——间质水肿先于肺泡水肿出现，其病因是类似的（见6.14.1和6.14.7）。
   a. 心源性——在犬，肺门周围对称分布，随着心力衰竭发展向外周延伸；在猫，多为斑驳状或外周分布；对称性、不对称或仅影响右后叶。
   b. 非心源性——后背侧肺叶，通常不对称（见6.14.7）。
5. 肺出血。
   a. 创伤——也可见肋骨骨折和皮下气肿。
   b. 凝血障碍。
      - 弥散性血管内凝血。
      - 抗凝剂中毒。
      - 血友病，血管性血友病（尤其是杜宾犬）和其他遗传性凝血病。
      - 免疫介导性疾病。
      - 骨髓抑制。
   c. 转移性血管肉瘤。
   d. 钩端螺旋体病——由于血管炎所致；常为网状结节型。
6. 肿瘤。
   a. 原发性肿瘤。

- 肺淋巴瘤（可能是网状结节型）；也常伴明显的纵隔淋巴结病。
- 细支气管肺泡癌；可能影响多个肺叶，引起严重的间质型或肺泡型。

b. 转移性肿瘤。

- 由间变性乳腺硬癌引起的肺泡间隔转移——罕见；通常是网状的。

c. 肺淋巴瘤样肉芽肿——罕见的肿瘤性疾病；也伴肺结节或肿物和肺门淋巴结病。

7. 过敏性——嗜酸性支气管肺病（肺嗜酸性粒细胞性浸润）；存在边界不清的结节型和支气管征。
8. 寄生虫性。

a. 犬恶丝虫*（心丝虫）——伴有肺泡型和多血管型，通常在肺后叶最严重；同时可见右心增大，肺动脉扩张和肺动脉多血管型。

b. 脉管圆线虫*（法国心丝虫）——多灶性或外周肺泡型（见6.23.1）。

c. 肺丝虫*和米氏类丝虫*。

d. 猫——圆线虫*感染（猫肺线虫）——肺后叶，常见于小于1岁的猫；随时间也可由支气管肺泡型发展为结节型。

9. 肺血栓栓塞（见6.23.6）。
10. 肺纤维化（常为网状）。

a. 特发性——中老年㹴犬，尤其是西高地白㹴犬和斯塔福斗牛㹴犬，在猫近期也有报道；也可能伴支气管型。

b. 慢性纤维性间质性肺炎。

c. 继发于任何慢性呼吸道疾病。

d. 尘肺病（见下文）。

11. 吸入异物，尤其是工作犬吸入草或麦芒，常在肺后叶表现出局灶性肺泡型或间质型。可伴有气胸、胸膜腔积液或胸膜增厚。
12. 吸入有毒或刺激性物质引发的肺炎——急性病例表现为弥散性间质密度升高，慢性病例表现为肺纤维化（尘肺病）。

a. 烟。

b. 碳氢化合物（如防水喷雾）。

c. 粉尘。

- 二氧化硅。
- 石棉。
- 柴油机废气。

13. 肾上腺皮质功能亢进（库欣综合征）或长期使用糖皮质激素，可能导致间质钙化（罕见），伴有支气管壁钙化、肝大、骨质疏松和软组织钙化。
14. 毒素——百草枯、敌草快和伐草快（除草剂）中毒；也常伴有纵隔积气。
15. 脂性或类脂性肺炎（外源性或内源性）——尤其是猫。
16. 急性肺损伤或急性呼吸窘迫综合征（或休克肺）——由起初的间质型发展斑驳状肺泡型，伴肺体积减小（病因见6.14.7）。
17. 尿毒症——罕见。
18. 胰腺炎。
19. 辐射性肺炎，暴露后2～24个月——局限于受照射的肺区；可能是网状的。
20. 慢性抗原暴露。
21. 氧气治疗。
22. 药物不良反应（如博来霉素）。

6.23 血管型

肺血管的可见度取决于肺内空气量。肺动脉和肺静脉在相应支气管的两侧伴行，可通过位置来相互区分。在侧位片上，前叶动静脉平行，动脉位于背侧。在DV位或VD位片上，后叶动脉在其相应支气管和静脉的前外侧。静脉位于相应支气管内侧，并位于主支气管分叉内。犬的动脉在正常情况下与静脉大小一致或略粗。在犬的侧位X线片上，肺前叶动脉的宽度为第4肋骨近端1/3处直径的0.73±0.24，而在猫，这个比值为0.70±0.13。在DV位或VD位X线片上，在第10肋骨处的肺动脉宽度不应超过肋骨的宽度（图6–15A和图6–15B）。

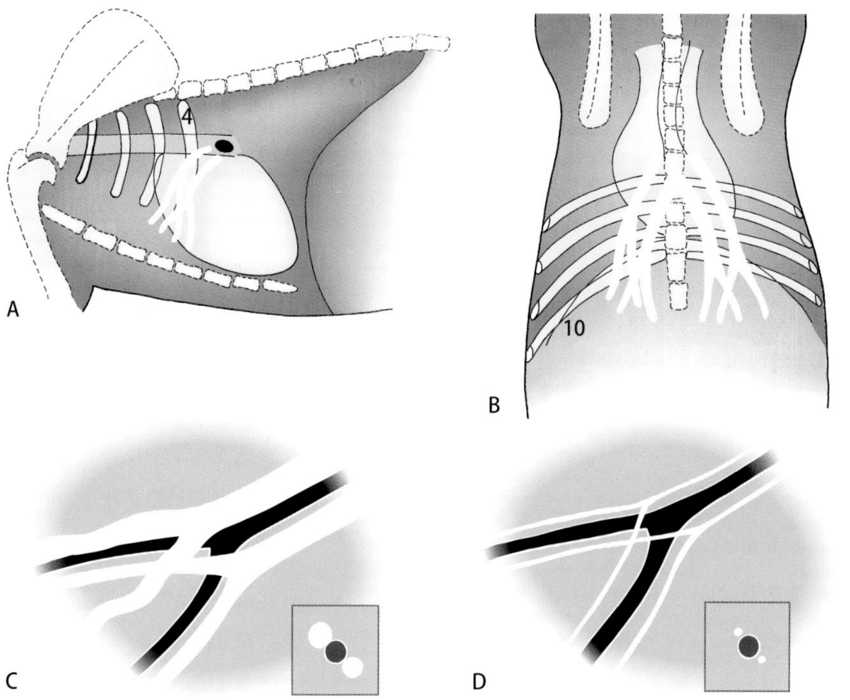

图 6–15 图 A 为侧位片上的肺左前叶血管——约为第 4 肋骨直径的 75%。图 B 为 DV 位片上的肺后叶血管——不超过第 10 肋骨的宽度。图 C 为多血管型——受影响的血管（在此图中为动脉）增粗，可能变得扭曲。图 D 为少血管型——血管变细，呈线样。（与图 6–6，正常肺型相比。）

通过肺血管数量、大小、形状或密度的变化来判断是否存在异常血管型（图 6–15C 和图 6–15D）。

1. 动脉大于静脉（图 6–15C）。
   a. 犬恶丝虫*感染（心丝虫）——扩张的动脉通常变得缩短和扭曲。可能伴右心增大和肺主动脉膨出及支气管肺炎或嗜酸性支气管肺病（肺嗜酸性粒细胞性浸润）。
   b. 大的左向右分流。
      - 动脉导管未闭。
      - 室间隔或房间隔缺损。
      - 心内膜垫缺损。
   c. 肺血栓栓塞（见 6.23.6）——有时受影响的动脉在轻度扩张后突然变细。
   d. 肺动脉高压，原因较多——常伴右心增大（肺心病）。
   e. 外周动静脉瘘。
   f. 脉管圆线虫*（法国心丝虫）与犬恶丝虫*引起的变化类似，但常为轻度或无多血管型，以肺泡型或间质型为主。
   g. 猫——圆线虫病*（猫肺线虫），与动脉炎和动脉增生相关；随着时间的推移，由起初的支气管肺泡型变成结节型。
2. 静脉大于动脉。
   a. 左心衰竭。
   b. 右向左分流，因为动脉相对较小（如法洛四联症）。
   c. 左向右分流——在某些病例中，薄壁的静脉比动脉扩张更严重（如室间隔和房间隔缺损）。
   d. 病变限制肺静脉回流（如二尖瓣狭窄、左侧三房心）。
3. 广泛性肺血管增多——血管数量和直径增加，进一步向外周延伸。
   a. 肺被动充血——左心衰竭。
   b. 肺主动充血——在肺炎之前出现。
   c. 左向右分流。
      - 动脉导管未闭。
      - 室间隔和房间隔缺损。
      - 心内膜垫缺损（大的室间隔和房间隔缺

损融合，完全性房室通道）。
- 主动脉－肺动脉间隔缺损（主动脉－肺动脉窗）。

d. 医源性水合过度。

4. 血管密度增加。

a. 左心衰竭，扩张的静脉的密度可能比动脉更高。

b. 血管壁矿化——罕见，病因不明。
- 肾上腺皮质功能亢进（库欣综合征）或长期使用糖皮质激素。
- 慢性肾功能衰竭。
- 猫——继发于高血压。

5. 广泛性肺血管密度降低——肺野密度下降，外周血管变细，数量变少，不能到达外周区域。

a. 麻醉期间正压通气过度。

b. 肺灌注不足（可能伴有心脏变小、后腔静脉变细和代偿性过度充气）。
- 休克。
- 严重脱水。
- 失血。
- 肾上腺皮质功能减退（阿迪森病）。

c. 其他原因造成的肺部过度充气（见6.25.4 ~ 6.25.6）。

d. 心包疾病，右心排血量减少。
- 心包积液伴心包填塞。
- 限制性心包炎。

e. 右心衰竭。

f. 先天性心脏病伴右向左分流。
- 法洛四联症。
- 动脉导管未闭的反转性分流。
- 室间隔和房间隔缺损的反转性分流。

g. 严重的肺动脉狭窄。

6. 肺血管型局灶性减少。

a. 肺血栓栓塞；尽管出现严重的呼吸困难，但X线片通常是正常的，这一表现本身就提示肺血栓栓塞；如果存在X线征象，可见受影响的肺动脉不规则或突然变细；偶尔可见中央区域轻度扩张，DV位最适合评估血管。也可见外周灌注不足、回流静脉小或缺失、斑驳状、楔形或肺泡型及少量胸膜腔积液。右肺较左肺多见，尤其是后叶。
- 自体免疫性溶血性贫血。
- 肾脏淀粉样变性、肾小球疾病和肾病综合征。
- 肾上腺皮质功能亢进（库欣综合征）或长期使用皮质类固醇。
- 糖尿病。
- 红细胞增多症。
- 术后血栓栓塞。
- 右心疾病的血栓。
- 犬恶丝虫*和脉管圆线虫*（见6.23.1）。
- 弥散性血管内凝血。
- 创伤。
- 败血症。
- 胰腺炎。

b. 肺叶气肿压迫血管。

6.24 混合型

许多异常肺型由两种、三种甚至四种肺型组合形成。然而，通常会以一种肺型为主，并由此解释病因。肺泡型和间质型可能难以区分，经常共存。血管形成不足通常是患病或脱水动物的偶然发现。

以下列举一些常见的混合型：

1. 支气管型为主。

a. 由于老龄化出现支气管型，同时伴老龄化间质型和/或其他疾病过程。

b. 支气管型和肺泡型 ± 间质型。
- 各种肺炎，尤其是在消退时。
- 爱尔兰猎狼犬：为遗传性鼻炎——支气管炎综合征。
- 猫：特发性肺纤维化。

c. 由于肾上腺皮质功能亢进（库欣综合征）或长期服用糖皮质激素导致支气管型，同时伴其他疾病进程——支气管明显钙化。

2. 肺泡型为主。
   a. 肺泡型和支气管型 ± 间质型。
      - 各种肺炎。
      - 心源性肺水肿。
      - 肺出血。
3. 多血管型为主。
   a. 多血管型和肺泡型。
      - 心源性肺水肿（先天性或获得性心脏病）。
   b. 多血管型，肺泡型 ± 支气管型和间质型。
      - 犬恶丝虫*（心丝虫），较少见的脉管圆线虫*（法国心丝虫）。
4. 间质型为主。
   a. 严重老龄化的间质型同时伴其他疾病进程。
   b. 间质型和支气管型。
      - 严重的慢性支气管炎。
      - 嗜酸性支气管肺病（肺嗜酸性粒细胞性浸润）。
      - 严重的小气道疾病。
      - 特发性肺纤维化。
   c. 淋巴瘤；常伴纵隔淋巴结病。
   d. 百草枯中毒：常伴有气纵隔。
   e. 细支气管肺泡癌。
   f. 钩端螺旋体病。

6.25 广泛性肺野密度降低

影响两个或多个肺叶。

1. 假性肺野密度降低。
   a. 曝光过度、显影过度或胶片灰雾。
   b. 麻醉期间正压通气过度。
   c. 深吸气（如呼吸困难）。
   d. 消瘦。
   e. 在DV位或VD位片上，由于胸部旋转导致单侧性肺野密度降低。
2. 肺外密度降低区域类似肺野密度降低。
   a. 气胸。
   b. 充满气体的巨食管症。
   c. 膈肌破裂，充气膨胀的胃肠道进入胸膜腔。
   d. 皮下气肿。
   e. 纵隔积气。
3. 肺灌注不足（血管形成不足、循环不良；见6.23.5）。
   a. 休克。
   b. 严重脱水。
   c. 肾上腺皮质功能减退（阿迪森病）。
   d. 心脏压塞。
   e. 先天性心脏病伴右向左分流。
   f. 法洛四联症。
   g. 动脉导管未闭的反转性分流。
   h. 室间隔和房间隔缺损的反转性分流。
   i. 严重的肺动脉瓣狭窄。
4. 由于呼气性阻塞导致空气滞留而造成肺部充气过度：膈变平，伴呼吸动作幅度小。
   a. 气管或支气管异物。
   b. 慢性支气管炎。
   c. 过敏性支气管炎，尤其是猫的支气管哮喘。
   d. 上呼吸道阻塞（如鼻咽息肉）。
5. 代偿性充气过度。
   a. 肺叶切除术后。
   b. 继发于其他肺叶的肺不张。
   c. 继发于先天性肺叶闭锁或发育不全。
6. 肺气肿——膈可能向后移位和扁平，显示其在肋弓的附着处，肋骨呈横向放置，且心脏轮廓变小。应拍摄最大吸气相和呼气相的X线片，如果肺野密度与膈位置差异不大，则可确诊为肺气肿。或者，使用水平投照的DV位或VD位片，动物侧卧保定，病变侧肺在下，可见即使在心脏重力的作用下，该肺仍无塌陷的征象。
   a. 获得性原发性肺气肿——罕见。
   b. 先天性大叶性肺气肿——可影响一个或多个肺叶；可能压迫相邻肺叶，并出现纵隔移位（如西施犬和杰克罗素㹴犬）——通常见于幼犬。

6.26 局灶性肺野密度降低（包括空洞病变）

在呼气相X线片和患侧肺位于重力侧的X线片上，由于病变周围的肺野密度升高，使得局部的肺野密度降低更容易看到。对于囊肿和空洞病变，使用水平X线投照可显示液平面和壁的厚度；稀薄的液体内容物会产生水平的气-液交界面，而黏稠的内容物会显示弯曲或不规则的界面（图6–16）。

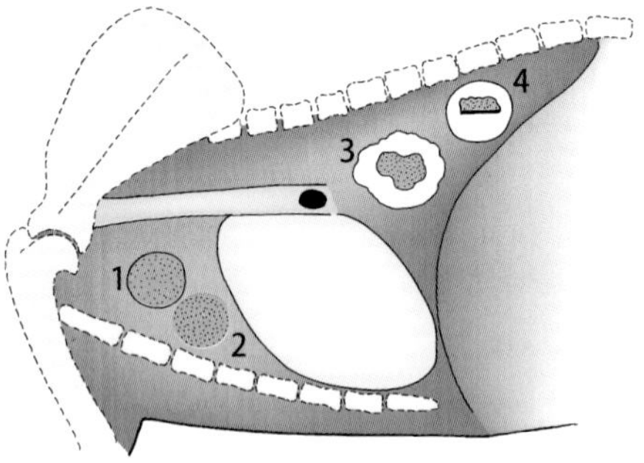

图6–16 局灶性肺野密度降低：1，囊肿；2，肺大疱；3，空洞病变；4，使用水平X线投照技术可见含有液体的空洞病变。

1. 假性局灶性肺野密度降低。
   a. 肺内。
      - 弯曲的支气管壁、肺血管、叶间裂隙可导致类似环形阴影的征象，尤其在DV位或VD位片上。
   b. 肺外。
      - 在左侧位X线片上，充满气体的胃底位于左膈脚后方，与后背侧肺叶重叠。
      - 食道气体。
      - 充气的胃或肠袢疝入胸膜腔或肋弓内（详见8.2.3和图8–3，膈破裂）。
      - 重叠的皮下、胸膜腔、胸膜下或纵隔积气。
      - 泡沫性气胸（并发气胸和胸膜腔积水）。
      - 胸膜粘连伴气胸。
      - 膨胀性肋骨溶解。
2. 正常-在侧位片上，胸骨上缘可见左前叶尖端的轮廓，可能会显得比周围肺组织密度低。
3. 支气管横断面。
   a. 老年性突出的支气管。
   b. 慢性支气管炎。
   c. 支气管扩张。
4. 低密度结构，壁缺失或几乎不可见；可能破裂并引起自发性或复发性气胸。
   a. 肺大疱（Bulla）——球形局灶性肺气肿区域，通常较小，有时大；可能多发。通常由外伤引起，也可为先天性。
   b. 肺小疱（Bleb）——为胸膜下大疱，位于外周区域，除非引起气胸，否则难以发现，但此时通常已发生塌陷。
5. 壁薄且规则的低密度结构——囊肿或囊肿样结构；可能破裂并引发自发性或复发性气胸。先天性或获得性。
   a. 支气管囊肿——光滑，薄壁；幼年动物。
   b. 肺囊肿或假囊肿。
      - 肺膨出（继发于肺炎或创伤的肺组织）（注：肺膨出和肺大疱常被视为同义词，因为通过X线片往往无法区分）。
      - 囊内积血——创伤性肺膨出，其内含血性内容物。
      - 薄壁已愈合的脓肿。
      - 肺并殖吸虫*（肺虫）——在犬多为分离或聚集的，壁薄而光滑，或呈离心的月牙形；在猫更常见固体结节肉芽肿。
      - 包虫囊。
6. 壁厚且不规则或空洞性病变的透线性结构（异常肺组织内含有充气区）；可能由固体结节或肿物发展而来（病因见6.17）。有时存在多个腔，尤其是肿瘤。罕见于猫。
   a. 脓肿或肉芽肿。
      - 细菌性。
      - 真菌性——通常为薄壁，并有肺门淋巴结病。
      - 寄生虫性。
      - 肺结核。
   b. 异物，尤其在工作犬吸入草芒；常见于肺后叶。可伴有气胸、胸膜腔积液或胸膜增厚。

c. 肿瘤。

- 原发性——各种癌症。
- 转移性——快速生长的转移瘤（如继发于乳腺肿瘤、前列腺肿瘤和甲状腺腺癌）。

d. 外源性脂性或类脂性肺炎（矿物油吸入等）。

e. 腔梗死——罕见。

7. 肺气肿（由于壁破裂引起的永久性肺泡扩张）——通常为多发性低密度灶，伴肺过度充气：受累的肺叶可能明显扩张，使其他结构移位。
   - 幼年动物的先天性肺气肿；最常见于右中叶。
   - 多灶性先天性大疱性肺气肿也有报道。
   - 获得性肺气肿，见于引起肺空气滞留的疾病（如肺炎、猫哮喘）。
8. 大叶性囊状气体影像——肺叶扭转（见6.17.5和图6-11）。
9. 肺血栓栓塞周围局灶性密度降低，无过度充气征象。
10. 胸膜腔入口处前缘的动态颈部肺疝；继发于呼吸频率加快、做功增加或慢性咳嗽。

6.27 胸内矿化密度

1. 假象：组织密度重叠（见8.20和8.21）。
2. 偶见老年性矿化。

a. 老年大型犬的肺骨瘤（异位骨形成）（见6.4.6）。

b. 胸膜钙化斑——与肺骨瘤表现相同（见6.4.6）。

c. 气管环和支气管钙化，多见于软骨营养障碍品种。

3. 食道异物。
4. 肺泡或肺门淋巴结内出现吸入的造影剂（钡剂）。
5. 肺病理性矿化。

a. 痊愈的真菌疾病。

- 组织胞浆菌病*——多发性小钙化结节，与肺骨瘤相似，伴有肺门淋巴结钙化。

b. 转移肿瘤来自：

- 骨肉瘤。
- 软骨肉瘤。
- 成骨性乳腺肿瘤。

c. 寄生虫性结节。

d. 原发性肺肿瘤，尤其在猫。

e. 气管或支气管错构瘤。

f. 慢性感染性疾病。

g. 转移性钙化。

- 肾上腺皮质功能亢进（库欣综合征）或长期使用糖皮质激素；主要为支气管壁钙化，但偶尔可发展为间质钙化。
- 原发性和继发性甲状旁腺功能亢进。
- 维生素D过多症。
- 慢性尿毒症。

h. 特发性矿化——多为弥散性和广泛性。

- 肺泡或支气管微石症。
- 肺钙化。
- 肺骨化。

i. 猫——肺结核（可能也有骨骼病变；见1.20.2）。

j. 猫——支气管周黏液腺钙化，偶见于慢性支气管疾病。

6. 病理性纵隔矿化。

a. 淋巴结。

- 组织胞浆菌病*，尤其在愈合阶段。
- 肺结核。

b. 食道狼尾旋线虫*肉芽肿向骨肉瘤转化。

c. 胸腺肿瘤。

d. 转移性纵隔肿瘤。

7. 心血管矿化。

a. 主动脉（见7.10.4）。

b. 冠状血管（偶然发现）——从主动脉弓出向后腹侧移行。在侧位片上更易观察，可见短波样矿化线。

c. 心脏瓣膜。

- 特发性。
- 细菌性心内膜炎。

d. 肿瘤矿化（如肺动脉软骨肉瘤）。

6.28 肺门肿物

肺门肿物常导致心基部附近呈现边界不清的高密度区。在这个位置的肺部增厚提示弥散性肺部病变，可能会导致肺门肿物的假象。真正的肺门肿物通常位于纵隔内（详见8.11.3）。

6.29 肺或肺叶边缘的可见度增加

肺在正常情况下可延伸至胸膜腔外围，单个肺叶或肺叶边缘一般不可见，除了2个位置：（a）在侧位X线片上，纵隔在前腹侧胸膜腔斜向延伸，勾勒出左前叶前部的轮廓（见8.7和图8-7）；（b）在侧位X线片上，某些犬因胸内脂肪可能会出现圆齿状的肺腹侧缘。

肺或肺叶边缘的密度增高可能与肺内疾病、胸膜增厚或胸膜腔疾病有关（详见8.2，8.3和8.6）。

6.30 下呼吸道临床症状但X线片正常

有些动物可能表现出呼吸困难或咳嗽，但没有明显的X线征象。如果这种情况没有缓解，并且仍怀疑可能存在肺部结构性疾病时，建议在24小时后再次拍摄X线片。

1. 由于投照技术不当导致病灶不明显，或解读时忽略了病灶。
2. 来源于上呼吸道疾病的呼吸道症状（如鼻、鼻咽或前段气管疾病）。
3. 气管炎。
4. 急性支气管炎或支气管痉挛。
5. 急性肺炎或局灶性肺炎（如病毒或支原体）。
6. 早期特发性肺纤维化。
7. 肺血栓栓塞。
8. 百草枯中毒早期，在发展为肺纤维化之前（前2～3天）。
9. 小的或透线性异物早期。
10. 贫血。
11. 酸中毒。
12. 中枢神经系统疾病。
13. 发热或中暑。
14. 呼吸肌无力。
15. 过敏性反应。
16. 疼痛。
17. 恐惧。

延伸阅读

Miscellaneous

[1] Avner, A., Kirberger, R.M., 2005. The effect of the various thoracic views on the appearance of selected thoracic viscera. J. Small Anim. Pract. 46, 491–498.

[2] Berry, C.R., Gallaway, A., Thrall, D. E., Carlisle, C., 1993. Thoracic radiographic features of anticoagulant rodenticide toxicity in fourteen dogs. Vet. Radiol. Ultrasound 34, 391–396.

[3] Berry, C.R., Ackerman, N., Monce, K., 1994. Pulmonary mineralization in four dogs with Cushing's syndrome. Vet. Radiol. Ultrasound 35, 10–16.

[4] Brinkman, L.E., Biller, D., Armbrust, L., 2006. The clinical usefulness of the ventrodorsal versus dorsoventral thoracic radiograph in dogs. J. Am. Anim. Hosp. Assoc. 42, 440–449.

[5] Clerx, C., Reichler, I., Peeters, D., McEntee, A., German, A., Dubois, J., et al., 2003. Rhinitis/bronchopneumonia syndrome in Irish Wolfhounds. J. Vet. Intern. Med. 17, 843–849.

[6] Cohn, L.A., Norris, C.R., Hawkins, E.C., Dye, J.A., Johnson, C.A., Williams, K.J., 2004. Identification and characterization of an idiopathic pulmonary fibrosis-like condition in cats. J. Vet. Intern. Med. 18, 632–641.

[7] Coleman, M.G., Warman, C.G.A., Robson, M.C., 2005. Dynamic cervical lung hernia in a dog with chronic airway disease. J. Vet. Intern. Med. 19, 103–105.

[8] Corcoran, B.M., Thoday, K.L., Henfrey, J.I., Simpson, J.W., Burnie, A.G., Mooney, C.T., 1991. Pulmonary infiltrate with eosinophils in 14 dogs. J. Small Anim. Pract. 32, 494–502.

[9] D'Anjou, M., Tidwell, A.S., Hecht, S., 2005. Radiographic diagnosis of lung lobe torsion. Vet. Radiol. Ultrasound 46, 478–484.

[10] Egenvall, A., Hansson, K., Sa¨ teri, H., Lord, P.F., Jo¨nsson, L., 2003. Pulmonary oedema in Swedish hunting dogs. J. Small Anim. Pract. 44, 209–217.

[11] Godshalk, C.P., 1994. Common pitfalls in radiographic interpretation of the thorax. Compend. Contin. Educ. Pract. Veterinarian (Small Animal) 16, 731–738.

[12] Guglielmini, C., De Simone, A., Valbonetti, A., Diana, A., 2007. Intermittent cranial lung herniation in two dogs. Vet. Radiol. Ultrasound 48, 227–229.

[13] Hayward, N.J., Baines, S.J., Baines, E.A., Herrtage, M.E., 2004. The radiographic appearance of the pulmonary vasculature in the cat. Vet. Radiol. Ultrasound 45, 501–504.

[14] Jones, D.J., Norris, C.R., Samii, V.F., Griffey, S.M., 2000. Endogenous lipid pneumonia in cats: 24 cases (1985–1998). J. Am. Vet. Med. Assoc. 216, 1347–1440.

[15] Kirberger, R.M., Avner, A., 2006. The effect of positioning on the appearance of selected cranial thoracic structures in the dog. Vet. Radiol. Ultrasound 47, 61–68.

[16] Lobetti, R.G., Milner, R., Lane, E., 2001. Chronic idiopathic pulmonary fibrosis in five dogs. J. Am. Anim. Hosp. Assoc. 37, 119–127.

[17] Lora-Michiels, M., Biller, D.S., Olsen, J.J., Hoskinson, J.J., Kraft, S.L., Jones, J.C., 2003. The accessory lung lobe in thoracic disease: a case series and anatomical review. J. Am. Anim. Hosp. Assoc. 39, 452–458.

[18] Lord, P.F., Gomez, J.A., 1985. Lung lobe collapse: pathophysiology and radiologic significance. Vet. Radiol. 26, 187–195.

[19] Norris, C.R., Griffey, S.M., Samii, V.F., 1999. Pulmonary thromboembolism in cats: 29 cases (1987–1997). J. Am. Vet. Med. Assoc. 215, 1650–1654.

[20] Park, R.D., 1984. Bronchoesophageal fistula in the dog: literature survey, case presentations, and radiographic manifestations. Compend. Contin. Educ. Pract. Veterinarian (Small Animal) 6, 669–677.

[21] Pechman, R.D., 1987. Effect of dependency versus nondependency on lung lesion visualization. Vet. Radiol. 28, 185–190.

[22] Schultz, R.M., Zwingenberger, A., 2008. Radiographic, computed tomographic, and ultrasonographic findings with migrating intrathoracic grass awns in dogs and cats. Vet. Radiol. Ultrasound 49, 249–255.

[23] Stafford-Johnson, M., Martin, M., 2008. Investigation of dyspnoea in dogs. In Pract. 30, 558–566.

[24] Watson, P.J., Herrtage, M.E., Peacock, M.A., Sargan, D.R., 1999. Primary ciliary dyskinesia in Newfoundland dogs. Vet. Rec. 144, 718–725.

[25] Winegardner, K., Scrivani, P.V., Gleed, R.D., 2008. Lung expansion in the diagnosis of lung disease. Compend. Contin. Educ. Veterinarians 30, 479–489.

[26] Wood, E.F., O'Brien, R.T., Young, K.M., 1998. Ultrasound-guided fine-needle aspiration of focal parenchymal lesions of the lung in dogs and cats. J. Vet. Intern. Med. 12, 338–342.

Trachea

[27] Buchanan, J.W., 2004. Tracheal signs and associated vascular anomalies in dogs with persistent right aortic arch. J. Vet. Intern. Med. 18, 510–514.

[28] Coyne, B.E., Fingland, R.B., 1992. Hypoplasia of the trachea in dogs: 103 cases (1974–1990). J. Am. Vet. Med. Assoc. 201, 768–772.

[29] Fujita, M., Miura, H., Yasuda, D., Orima, H., 2004. Tracheal narrowing secondary to airway obstruction in two cats. J. Small Anim. Pract. 45, 29–31.

[30] Jakubiak, M.J., Siedleccki, C.T., Zenger, M.L., Matteucci, M.L., Bruskiewicz, K.A., Rohn, D.A., et al., 2005. Laryngeal, laryngotracheal, and tracheal masses in cats: 27 cases (1998–2003). J. Am. Anim. Hosp. Asoc. 41, 310–316.

[31] Rudorf, H., Herrtage, M.E., White, R.A.S., 1997. Use of ultrasonography in the diagnosis of tracheal collapse. J. Small Anim. Pract. 38, 513–518.

[32] White, R.N., Milner, H.R., 1995. Intrathoracic tracheal avulsion in three cats. J. Small Anim. Pract. 36, 343–347.

Lung patterns

[33] Dennis, R., 2008. Radiological assessment of lung disease in small animals 1. Bronchial and vascular patterns. In Pract. 30, 182–189.

[34] Dennis, R., 2008. Radiological assessment of lung disease in small animals 2. Alveolar, interstitial and mixed lung patterns. In Pract. 30, 262–270.

[35] Gadbois, J., d'Anjou, M.A., Dunn, M., Alexander, G., Beauregard, G., D'Astous, J., et al., 2009. Radiographic

abnormalities in cats with feline bronchial disease and intra- and interobserver variability in radiographic interpretation. J. Am. Vet. Med. Assoc. 234, 367–375.

[36] Kramer, R.W., 1992. Radiology corner: The nodular pulmonary opacity – is it real? Vet. Radiol. Ultrasound 33, 187–188.

[37] Myer, W., 1979. Radiography review: The alveolar pattern of pulmonary disease. J. Am. Vet. Radiol. Soc. 20, 10–14.

[38] Myer, C.W., 1980. Radiography review: The vascular and bronchial patterns of pulmonary disease. Vet. Radiol. 21, 156–160.

[39] Myer, W., 1980. Radiography review: The interstitial pattern of pulmonary disease. Vet. Radiol. 21, 18–23.

[40] Myer, W., Burt, J.K., 1973. Bronchiectasis in the dog: its radiographic appearance. J. Am. Vet. Radiol. Soc. 14, 3–12.

[41] Nykamp, S.G., Scrivani, P.V., Dykes, N.L., 2002. Radiographic signs of pulmonary disease: an alternative approach. Compend. Conin. Educ. Pract. Veterinarian (Small Animal) 24, 25–35.

[42] Silverman, S., Poulos, P.W., Suter, P.F., 1976. Cavitary pulmonary lesions in animals. J. Am. Vet. Radiol. Soc. 17, 134–146.

Lung neoplasia

[43] Ballegeer, E.A., Forrest, L.J., Stephen, R.L., 2002. Radiographic appearance of bronchoalveolar carcinoma in nine cats. Vet. Radiol. Ultrasound 43, 267–271.

[44] Barr, F., Gruffydd-Jones, T.J., Brown, P.J., Gibbs, C., 1987. Primary lung tumours in the cat. J. Small Anim. Pract. 28, 1115–1125.

[45] Forrest, L.J., Graybush, C.A., 1998. Radiographic patterns of pulmonary metastasis in 25 cats. Vet. Radiol. Ultrasound 39, 4–8.

[46] Koblik, P.D., 1986. Radiographic appearance of primary lung tumours in cats: a review of 41 cases. Vet. Radiol. 27, 66–73.

[47] Miles, K.G., 1988. A review of primary lung tumors in the dog, cat. Vet. Radiol. 29, 122–128.

[48] Thrall, D.E., 1979. Radiographic diagnosis of metastatic pulmonary tumours. Compend. Contin. Educ. Pract. Veterinarian (Small Animal) 1, 131–139.

Infectious

[49] Baumann, D., Flu¨ ckiger, M., 2001. Radiographic findings in the thorax of dogs with leptospiral infection. Vet. Radiol. Ultrasound 42, 305–307.

[50] Boag, A.G., Lamb, C.R., Chapman, P.S., Boswood, A., 2004. Radiographic findings in 16 dogs infected with Angiostrongylus vasorum. Vet. Rec. 154, 426–430.

[51] Bolt, G., Monrad, J., Koch, J., Jensen, A.L., 1994. Canine angiostrongylosis: a review. Vet. Rec. 135, 447–452.

[52] Burk, R.L., Corley, E.A., Corwin, A., 1978. The radiographic appearance of pulmonary histoplasmosis in the dog and cat: a review of 37 case histories. J. Am. Vet. Radiol. Soc. 9, 2–6.

[53] Kirberger, R.M., Lobetti, R.G., 1998. Radiographic aspects of Pneumocystis carinii pneumonia in the miniature dachshund. Vet. Radiol. Ultrasound 39, 313–317.

[54] Millman, T.M., O'Brien, T.R., Suter, P.F., Wolf, A.M., 1979. Coccidioidomycosis in the dog: its radiographic diagnosis. J. Am. Vet. Radiol. Soc. 20, 50–65.

[55] Schmidt, M., Wolvekamp, P., 1991. Radiographic findings in ten dogs with thoracic actinomycosis. Vet. Radiol. 32, 301–306.

[56] Shaiken, L.C., Evans, S.M., Goldschmidt, M.H., 1991. Radiographic findings in canine malignant histiocytosis. Vet. Radiol. 32, 237–242.

[57] Walker, M.A., 1981. Thoracic blastomycosis: a review of its radiographic manifestations in 40 dogs. Vet. Radiol. 22, 22–26.

第 7 章

心血管系统

7.1 心脏的正常影像学表现

心脏轮廓由心包、心包液、心肌（包括心外膜和心内膜）、大血管起始部及其中的血液组成；心影大小随心动周期发生改变，并且在呼气时可能比在吸气时略大；心脏外观在左、右侧位及仰卧位和俯卧位略有不同，因此要采用一致的投照技术。心脏病的 X 线征象包括心脏大小或形状的改变及右侧或左侧心力衰竭的征象。心脏轮廓大小或形状的改变可由心脏任意部分的增大引起，X 线平片检查有一定的局限性，常需借助血管造影或超声检查来鉴别。斗牛犬、约克夏㹴、腊肠犬等桶状胸犬，胸部构型是造成心脏明显增大的最重要原因，在侧位片上可见心脏相对较大和气管抬高。金毛寻回猎犬在侧位 X 线片上心脏呈方形，也相对较大。在犬，可通过椎体心脏比分（Vertebral Heart Scale, VHS）来评估全心增大（图 7–1）；在侧位 X 线片上，从气管隆嵴到心尖的距离记为心脏的长轴，而垂直于长轴的心脏最大宽度记为心脏的短轴。从第 4 胸椎椎体的头侧开始测量，记录长、短轴的椎体数目，二者之和即为 VHS（以椎体单位 v 表示）。100 只临床健康成年犬的 VHS 平均值为 9.7 ± 0.5v。VHS > 10.6v 时，即可判定为心脏增大，但在某些品种（如拉布拉多猎犬、金毛寻回猎犬、拳狮犬、查理士王小猎犬、灵猩犬、惠比特犬、勒车犬等），其 VHS 大于正常值。已有文献给出常见品种犬的 VHS 正常范围。在猫，我们用相同方法测得 VHS 平均值为 7.5 ± 0.3v，超过 8.1v 则被判定为心脏增大。心脏的局部增大可用“表盘法”进行描述（图 7–2）。

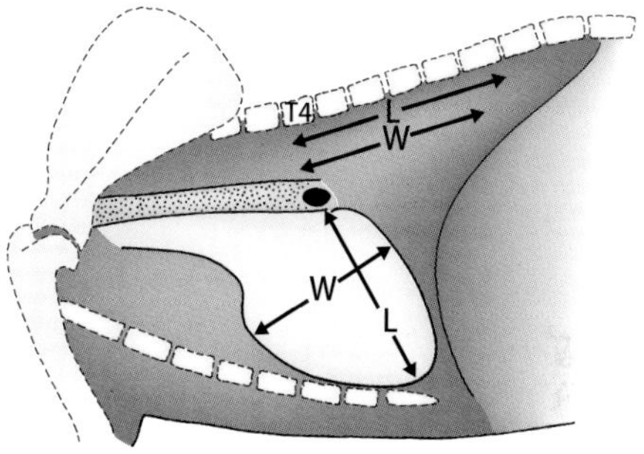

图 7–1　应用椎体心脏比分系统（VHS）进行心脏测量。L：心脏长轴；T4：第 4 胸椎椎体；W：心脏短轴

应该注意的是，X 线检查不是诊断心脏病（尤其是先天性心脏病）的敏感方法，是相对不准确的；超声心动图检查是具有更高的准确性和可靠性。然而，X 线检查是评估心力衰竭时肺部征象的十分重要的方法。

7.2 具有正常心脏轮廓的心脏病

某些严重的心脏病也可能存在正常的心脏轮廓；超声心动图和心电图是全面评估心脏的不可或缺的检查方法。

1. 传导紊乱和心律失常。
2. 过度治疗的心脏病（如过度使用利尿剂）。
3. 向心性心室肥厚。

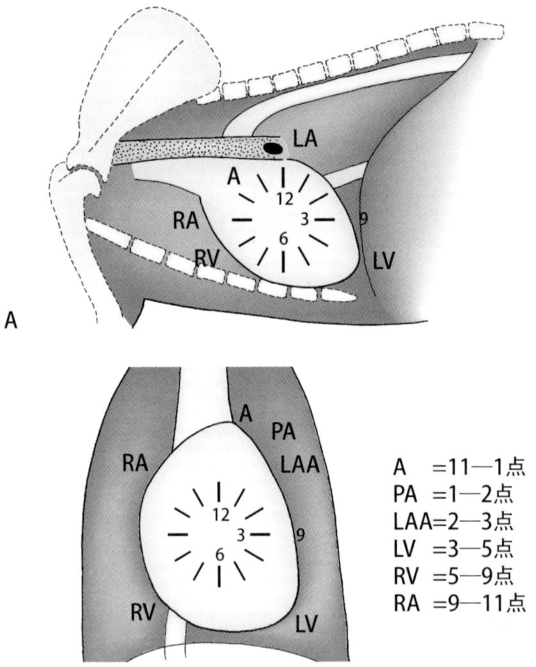

图 7–2 图 A 为心脏解剖的“表盘法”描述（侧位观）；图 B 为心脏解剖的“表盘法”描述（背腹位观）。A，主动脉；LA，左心房；LAA，左心耳；LV，左心室；PA，肺主动脉；RA，右心房；RV，右心室

a. 继发于先天性心脏病。
- 主动脉瓣（下）狭窄（左心室肥厚）。
- 肺动脉瓣狭窄（右心室肥厚）。

b. 获得性。
- 犬猫特发性肥厚型心肌病。
- 继发于老年猫甲状腺功能亢进的肥厚型心肌病。
- 系统性高血压或肺动脉高压。

4. 小的分流。
   a. 小的房间隔缺损（ASDs）和室间隔缺损（VSDs）。
   b. 小的动脉导管未闭（PDA）。
5. 心内膜炎。
6. 急性心肌衰竭。
7. 心包疾病。
   a. 缩窄性心包炎。
   b. 急性创伤性心包积血。
8. 急性腱索断裂。
9. 心肌肿瘤。
10. 早期或轻度心肌炎。

7.3 心脏异位

专业术语

左位心——心脏位于正常的左侧位置（图 7–3A）。

右位心——心脏主要位于右侧胸膜腔，心尖朝向右侧（图 7–3B）。

内脏正位——胸部和腹部器官在正常位置。

内脏转位——正常的胸部和腹部器官位置反转，即镜像位（图 7–3C）。

右位心

1. 伪影 – 背腹位（DV）或腹背位（VD）X 线片标注错误；检查后腔静脉（CdVC）和降主动脉的位置，或前腹部胃内气体和脾脏的位置。
2. 宽胸犬的正常变异；猫偶见。
3. 右位心的获得性病因。
   a. 伴有左心增大的心脏病。
   b. 纵隔移位（见 8.8）。
4. 先天性心外异常。
   a. 漏斗胸（见 8.23.1 和图 8–15）。
   b. 脊椎畸形导致胸廓异常增宽和变浅。
5. 先天性心脏异常。
   a. 伴内脏转位的原发性右位心（图 7–3C）——心尖、左心室、主动脉弓和胃底都位于右侧，后腔静脉位于左侧。
      - 卡塔格内氏综合征的部分表现（还包括鼻窦炎和因纤毛运动障碍导致的支气管扩张）。
   b. 伴内脏正位的右位心——心腔正常，但心尖朝向中线右侧。
   c. 伴部分腹部器官转位的左位心也有报道。

心脏背侧移位

6. 心包或腹侧纵隔内脂肪过多。
7. 胸骨异常（见 8.23）。

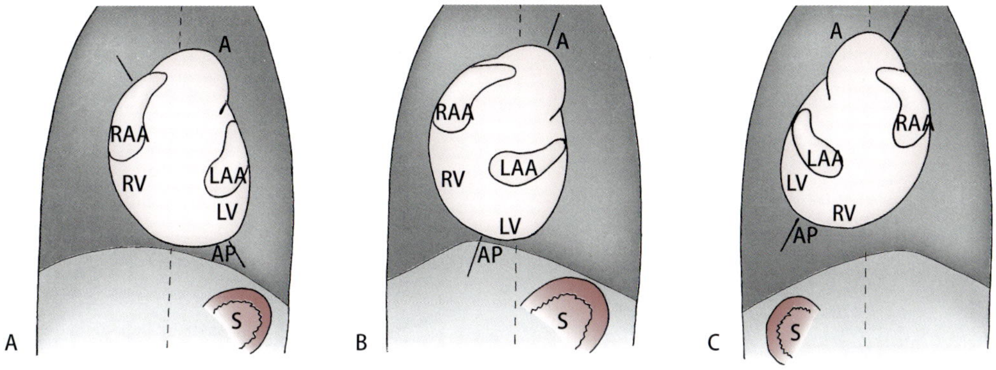

图 7–3　图 A 为正常的心脏位置（背腹位观）；图 B 为右位心；图 C 为伴有内脏转位的右位心。A，主动脉；AP，心尖；LAA，左心耳；LV，左心室；RAA，右心耳；RV，右心室；S，胃。

8. 侧位片上的气胸（见 8.2.2）。
9. 纵隔移位（见 8.8）。
10. 胸部前腹侧肿物（见 8.11.1）。

心脏也可能由于腹部脏器疝入或各种占位性肿物或骨骼畸形而向前、向后、向腹侧或更偏向左侧移位。

7.4　心脏轮廓变小：心脏缩小

心脏轮廓异常变小和变尖，心室变窄，且心尖与胸骨接触减少。胸部血管可能变细，肺野密度下降（见血管形成不足，6.23.5），后腔静脉的直径也减小（图 7–4）。

1. 心脏轮廓假性缩小。
   a. 深胸犬——心脏窄、直立，后缘较直。
   b. 深吸气。
   c. 肺脏过度通气（见 6.25.4 和 6.25.6）。
   d. 心脏远离胸骨。
      - 气胸。
      - 纵隔移位。

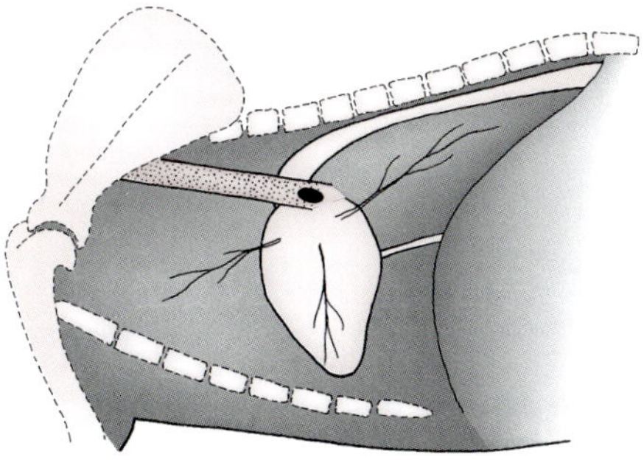

图 7–4　心脏缩小，肺脏灌注不足、后腔静脉变细。

2. 低血容量。
   a. 休克。
   b. 脱水。
   c. 肾上腺皮质功能减退（阿迪森病）——可能伴巨食管症。
3. 肌肉量减少。
   a. 消瘦 。
      - 慢性系统性疾病。
      - 营养不良。
   b. 肾上腺皮质功能减退（阿迪森病）。
   c. 萎缩性肌病。
4. 缩窄性心包炎。
5. 开胸术后。

7.5　心脏轮廓的广泛性增大

以下某些疾病可能只会引起轻微的心脏增大，或仅在疾病后期才会出现心脏增大。X 线检查无法区分心腔扩张和心壁肥厚，通过二维和 M 型超声心动图可以更容易地诊断心肌病变。

由于通过 X 线检查很难区分心脏的左侧和右侧，因此那些局限于一侧的疾病在 X 线片上可能表现为全心增大（见 7.8、7.9、7.11 和 7.12）；以下列表仅包括真正影响右侧和左侧的疾病。肺血管的评估在心脏病的 X 线诊断中也很重要（见 6.23）。

1. 正常。
   a. 运动型品种（如灵猩犬和其他视觉猎犬）。
   b. 某些幼年动物。
2. 伪影。
   a. 心包内和纵隔脂肪（见 7.6.1）。
   b. 呼气相 X 线片。
3. 液体过负荷。
4. 心动过缓（如镇静后），造成舒张期心脏充盈增加。
5. 二尖瓣关闭不全导致的左心衰竭末期。
   a. 房室瓣黏液瘤样变性（心瓣膜病变）。
   b. 瓣膜发育不良。
   c. 细菌性心内膜炎。
6. 先天性心脏病（见 7.8, 7.9, 7.11 和 7.12）——尽管某一腔室可能异常增大，但更常见全心增大。
7. 非炎性心肌疾病。
   a. 病因不明。
      - 特发性扩张型心肌病——见于大型和巨型犬，雄性多发，2 ~ 7 岁，尤其是杜宾犬、大丹犬、爱尔兰猎狼犬、苏格兰猎鹿犬、拳狮犬、大麦町犬和西班牙猎犬；葡萄牙水猎犬也可发生幼年性扩张型心肌病。偶见于猫。
      - 肥厚型心肌病——犬罕见（罗威纳犬、大麦町犬和德国牧羊犬可能易发），常见于成年公猫。
      - 限制型心肌病——幼年猫，罕见；鉴别诊断为心内膜弹力纤维增生症，一种见于暹罗猫和缅甸猫幼猫及 1 岁以下的猫的先天性疾病。
   b. 继发于已知病因。
      - 二尖瓣关闭不全末期。
      - 营养缺乏（如肉毒碱）。
      - 毒素（细胞毒性药物，如阿霉素）、重金属和毒血症。
      - 代谢紊乱，如继发于甲状腺功能亢进（特别是老年猫）和肾上腺皮质功能亢进的肥厚型心肌病。
      - 致心律失常性右室心肌病——拳狮犬，有遗传性；也见于猫：右心极度扩张。
      - 猫——扩张型心肌病；见于营养物质（如牛磺酸）的缺乏，现因在日粮中添加而少见。
      - 猫——扩张型心肌病在暹罗猫、缅甸猫和阿比西尼亚猫可能有遗传性。
      - 猫——肥厚型心肌病在缅因猫有遗传性。
      - 猫——肢端肥大症（生长激素分泌过多）可能会引起肥厚型心肌病，偶尔可导致扩张型心肌病。
      - 猫——肥大性猫肌营养不良症；也可能出现膈的病变。
      - 神经肌肉疾病。
      - 淀粉样变性。
      - 脂质沉积症。
      - 黏多糖贮积症。
      - 浸润性疾病（如肿瘤或糖原贮积病）。
      - 物理因素（如高温和创伤）。
      - 老年动物。
8. 并发二尖瓣和三尖瓣闭锁不全。
   a. 房室瓣黏液瘤样变性（心瓣膜病变）。
   b. 瓣膜发育不良。
   c. 细菌性心内膜炎。
9. 炎性心肌疾病。
   a. 感染性。
      - 病毒性（如幼犬的细小病毒）。
      - 细菌性。
      - 支原体。
      - 原虫（如锥虫病*）。
      - 寄生虫性。
      - 真菌性。
   b. 非感染性。
      - 免疫介导性（如类风湿性关节炎）。
10. 缺血性心肌疾病。
   a. 大冠状动脉分支的动脉硬化和血栓。
   b. 冠状动脉壁内的动脉硬化、淀粉样变性或透明变性。

c. 继发于先天性心脏病的血管病变。

11. 慢性贫血。
12. 高黏滞综合征（如多发性骨髓瘤）。
13. 嗜铬细胞瘤 – 因儿茶酚胺分泌过多。
14. 心包疾病（见 7.6）。

7.6　心包疾病

在 X 线片上，心包疾病很难与全心增大区分。其主要差异在于，大多数全心增大都会伴有左心房增大，而心包积液则表现为整个心脏轮廓增大呈球形，缺乏特定腔室增大的征象（图 7–5）。另外，由于心脏搏动造成的运动模糊减少，心脏轮廓的边缘可能会很明显。心包积液也可以通过所导致的心衰类型与全心增大区分，心包积液常导致右心衰竭，而全心增大、心肌病最常见左侧心衰或全心衰竭。超声检查是评估心包病变的首选方法（见 7.7）。

1. 心包积液的假象——肥胖动物可能存在大量的心包内和纵隔脂肪，会被误认为心脏轮廓增大和心包积液。脂肪的密度比心肌等软组织要低，而且在高质量的 X 线片上可以区分心包脂肪与心肌；使用低千伏曝光技术可以增强二者的对比度。正常的心包脂肪通常有助于显示胸膜腔积液患病动物的心脏轮廓，否则心脏轮廓会被积液掩盖。
2. 心包积液——常见于 6 岁以上及体重超过 20kg 的公犬。

a. 非炎性心包积液。

- 特发性良性积液，特别是在圣伯纳犬和金毛寻回猎犬；常为出血性。
- 低白蛋白血症。
- 右心充血性心力衰竭，特别是猫的肥厚型心肌病。
- 毒血症。
- 尿毒症。
- 创伤。
- 心基部淋巴管和血管的肿瘤性阻塞。
- 与腹膜心包膈疝相关。

b. 炎性心包积液。

- 特发性良性积液。
- 异物。
- 有时继发于贯穿伤的败血性、化脓性过程。
- 肺结核。
- 球孢子菌病 *。
- 脂肪组织炎。
- 猫——猫传染性腹膜炎是最常见的原因。

c. 肿瘤性心包积液——通常为出血性（罕见于猫）。

- 右心房血管肉瘤，特别是在德国牧羊犬，常与肺脏、脾脏、肝脏血管肉瘤有关。
- 心基部肿瘤（见 7.16.2）
- 间皮细胞瘤。
- 转移性肿瘤。
- 淋巴瘤，尤其是猫。
- 甲状腺癌。

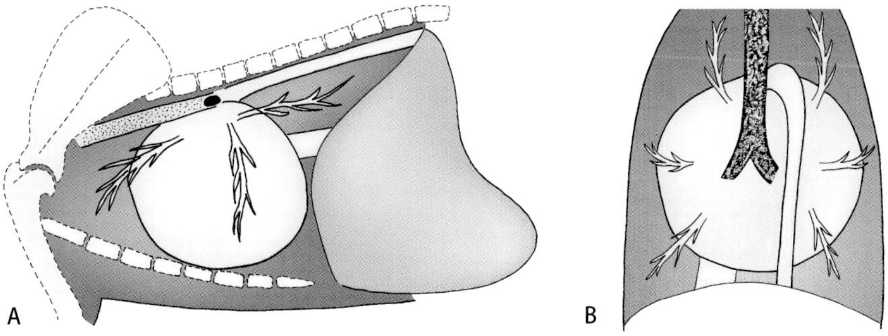

图 7–5　心包积液 – 心脏轮廓增大，形状很圆：图 A 为侧位观；图 B 为背腹位观。在腹膜心包膈疝的病例中，在心包轮廓内也可能见到充气的胃肠道影像。

- 横纹肌肉瘤。

d. 心包积血。

- 出血性肿瘤。
- 创伤（如枪伤、咬伤或心包穿刺术后）。
- 由二尖瓣关闭不全引起的严重喷射损伤导致左心房破裂，尤其见于腊肠犬、贵宾犬和可卡犬。
- 凝血障碍。

e. 乳糜性心包积液——非常罕见，且病因不详。

3. 先天性腹膜心包膈疝（PPDH）——可能伴有胸骨畸形和脐疝。在心脏轮廓中可能见到充气的肠袢或粪便；也可能存在胸骨畸形。该病通常在晚期才被诊断出来。
4. 心包积气——罕见，常与创伤相关，无临床表现；也有报道称继发于正压通气及与肺大疱连通。
5. 心包内囊肿——罕见。若囊肿较大，会表现为心包积液的假象，可能会引起心包填塞。见于幼年动物；可能与腹膜心包膈疝相关。
6. 心包肿瘤——罕见；可能向外延伸（如脂肪瘤）。

7.7 心包疾病的超声检查

1. 心包积液（见上文7.6.2）。通常是无回声或低回声的液体。液体中的漩涡回声提示存在大量细胞、碎片或气泡。如果液体是炎性的，则心包可能增厚和变形。检查是否存在继发于液体积聚的心包填塞是很重要的；在早期阶段，表现为收缩期右心房壁的塌陷，在更严重的病例可见右心室游离壁的异常运动（图7–6）。然而，在严重的胸膜腔积液的病例中也可能出现类似于心包积液引起的右心房塌陷的影像。
2. 心包内肿物。

a. 肿瘤。

- 右心房血管肉瘤；在右侧长轴四腔切面观更易观察到，通常位于心房心室交界处，并延伸到心包囊内（图7–6）。
- 心基部肿瘤；在右侧短轴切面观更易观察到，刚好位于主动脉瓣的背侧。
- 其他肿瘤列于7.6.2c中。

b. 血栓。

c. 腹膜心包膈疝内的腹腔脏器。

d. 心包内囊肿。

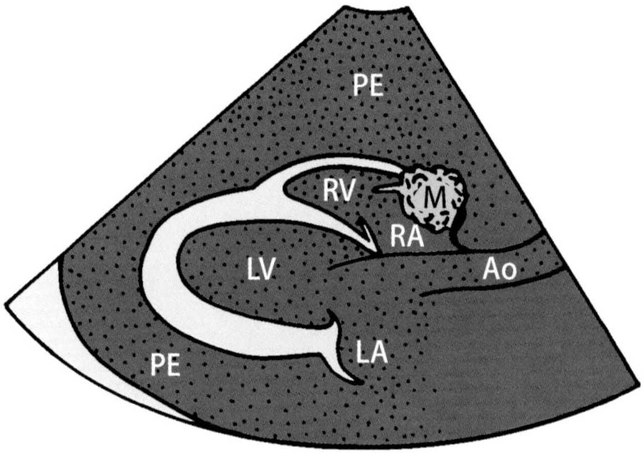

图7–6 心包积液时右侧胸骨旁长轴声像图，显示心包囊内无回声至低回声的液体积聚，伴收缩期右心房壁的塌陷（心包填塞）。在右心房和右心室交界处也可见一肿物，很可能是血管肉瘤。Ao，主动脉；LA，左心房；LV，左心室；M，肿物；PE，心包积液；RA，右心房；RV，右心室。

3. 心外膜或心包增厚——可能导致心搏受限，从而防止各腔室的完全充盈。

a. 间皮细胞瘤。

b. 反应性或炎性变化。

7.8 左心房增大

在侧位片上，可见12–2点位置心脏轮廓膨出，伴左主支气管受压和上抬；心脏后缘异常竖直，甚至向后背侧倾斜，心脏后腰消失（图7–7A）。在背腹位片上，增大的左心房将主支气管向两侧推开（左右主支气管夹角 > 60°），且在2—3点处左心耳增大膨出（图7–7B）。增大的左心房密度升高，在侧位和背腹位片上都可能被误认为是淋巴结病或肺肿物。可能出现因血管充血或肺水肿等继发的肺部病变（见6.14和6.24）。

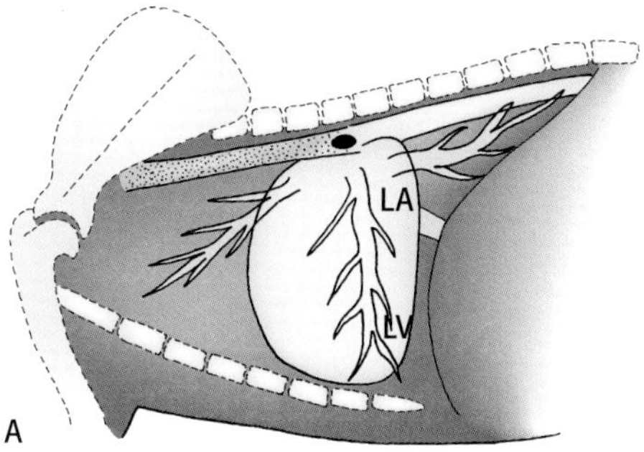

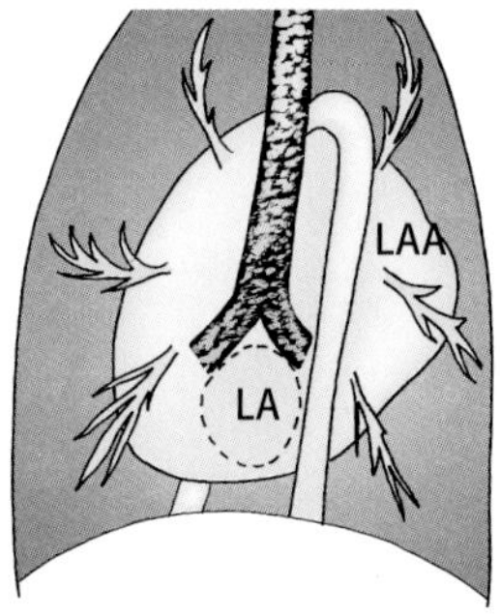

图 7–7　左心增大：图 A 为侧位观显示心脏变高，左心房增大；图 B 为背腹位观显示 2—3 点处左心耳增大，在主支气管间可见左心房增大，呈肿物征象。由于左心室显著增大，导致心尖朝向右侧。有时也可见左心衰竭（肺脏过度灌注和肺水肿）的征象。

容量过负荷

1. 二尖瓣关闭不全。
   a. 房室瓣黏液瘤样变性（心瓣膜病变）——见于老年小型犬。
   b. 当增大的心室导致环孔扩张（如扩张型心肌病）时，继发于左心室衰竭。
   c. 细菌性心内膜炎。
   d. 左心室腱索断裂。
   e. 先天性二尖瓣发育不良——特别是大丹犬、德国牧羊犬、牛头㹴和猫。
   f. 乳头肌断裂。
2. 左心室舒张期功能不全导致左心房内血液淤积。
3. 动脉导管未闭，伴左到右分流——特别是在德国牧羊犬、西班牙猎犬、边境牧羊犬、荷兰毛狮犬、博美犬、迷你贵宾犬和爱尔兰长毛猎犬。大约 25% 的病例在背腹位 X 线片中表现为典型的主动脉、肺动脉和左心耳膨出的三联征（图 7–8）。
4. 室间隔缺损，伴左到右分流——特别是在边境牧羊犬、史宾格犬、西高地白㹴、比格犬、斗牛犬、德国牧羊犬、荷兰毛狮犬、獒犬、西伯利亚哈士奇和猫。
5. 主动脉——肺动脉间隔缺损，伴左到右分流。
6. 心内膜弹力纤维增生症——见于暹罗猫和缅甸猫幼猫。

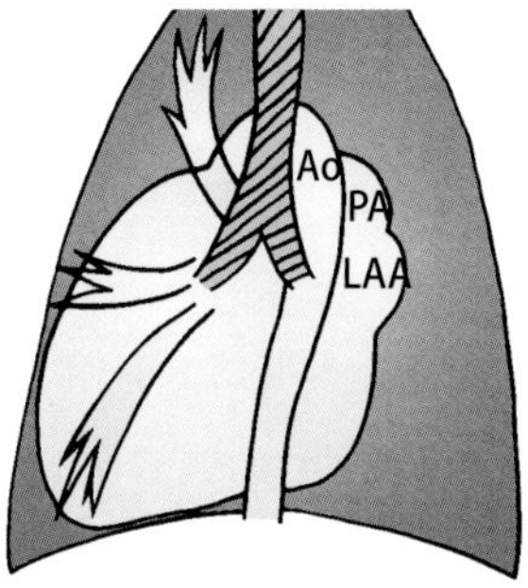

图 7–8　动脉导管未闭的心脏背腹位观，显示 3 个位置膨出的典型三联征，分别是增大的主动脉弓（Ao，11—1 点处）、增大的肺主动脉（PA，1—2 点处）和增大的左心耳（LAA，2—3 点处）。左心室增大导致心尖朝向右侧。同时存在肺脏过度灌注。

压力过负荷

7. 左心室肥厚导致二尖瓣关闭不全。
   a. 主动脉瓣（下）狭窄——特别是在拳狮犬、金毛寻回猎犬、德国牧羊犬、纽芬兰犬、波音达犬、罗威纳犬、斗牛犬和牛头㹴。
   b. 肥厚型心肌病。
      - 罕见于犬；在猫，由于心房增大，心脏在背腹位 X 线片上呈“爱心型”。
      - 特发性肥厚型心肌病；见于犬和猫。
      - 在老年猫，继发于甲状腺功能亢进的肥厚型心肌病。
   c. 猫限制型心肌病——心脏在背腹位 X 线片上呈“爱心型”。

8. 先天性二尖瓣狭窄——尤其在纽芬兰犬和牛头㹴；猫罕见。
9. 左侧三房心——左心房内有膜性间隔。
10. 心房或心室肿瘤干扰经瓣膜的血流——罕见。

7.9 左心室增大

在侧位X线片上，在2—5点或6点处可见心脏增大，心脏变高及气管上抬（图7-7A），通常也可见左心房增大。在背腹位X线片上，心脏可能拉长，并在3—5点处增大；在严重病例中，心尖朝向右侧（图7-7B）（在DV位片上，由肺动脉狭窄引起的右心增大会使心尖更偏左，误认为左心增大）。

容量过负荷

1. 二尖瓣关闭不全（见7.8.1）。
2. 主动脉瓣闭锁不全。
3. 动脉导管未闭，伴左到右分流——犬最常见的先天性心脏病，猫较为少见。
4. 室间隔缺损，伴左到右分流。
5. 心内膜垫缺损（持久性房室通道）。
6. 主动脉－肺动脉间隔缺损。
7. 动静脉瘘。

压力过负荷

压力过负荷会导致心脏向心性肥厚，通常不引起心室轮廓增大。

8. 主动脉瓣（下）狭窄。
9. 系统性高血压。
   a. 慢性肾衰，尤其在猫。
   b. 甲状腺功能亢进。
   c. 肾上腺皮质功能亢进（库欣综合征）。
10. 肥厚型心肌病——罕见于犬。在猫，由于心房增大，心脏在背腹位X线片上呈"爱心型"。
   a. 特发性肥厚型心肌病；见于犬和猫。
   b. 在老年猫，继发于甲状腺功能亢进的肥厚型心肌病。
   c. 猫肢端肥大症。
11. 主动脉缩窄——非常罕见。

心肌衰竭（见7.5）

12. 扩张型心肌病。
13. 心肌炎。
14. 心肌肿瘤（见7.16）。

其他

15. 心室壁瘤——左心室局灶性突出。
16. 由于肌营养不良症导致的心壁增厚——见于金毛寻回猎犬和猫。

7.10 主动脉异常

1. 主动脉弓或降主动脉增大。在侧位X线片上，可在11—12点处见到增大的主动脉弓，并伴心脏前腰变细或消失（图7-9A）。在DV位X线片上，可在11—1点处见到主动脉膨出，纵隔增宽，且心脏的前后径显著增加（图7-9B）。
   a. 主动脉瓣狭窄后扩张——整段主动脉弓。
   b. 由于主动脉循环血量增加和遗传性主动脉壁无力，导致动脉导管未闭大的左到右分流——主要见于降主动脉弓。
   c. 动脉瘤。
      - 继发于犬狼旋尾线虫*移行或肉芽肿——在DV位或VD位X线片上可见波浪状的降主动脉。
      - 特发性，伴主动脉夹层。
      - 导管动脉瘤或导管憩室。
      - 继发于缩窄（左锁骨下动脉和动脉导管起始处之间的主动脉峡部狭窄）。
   d. 主动脉体肿瘤（化学感受器瘤）。
   e. 猫系统性高血压。
   f. 主动脉缩窄，并伴狭窄后扩张。
2. 主动脉冗长（扭曲或膨出）。
   a. 短头品种，尤其是斗牛犬。
   b. 某些老年犬。

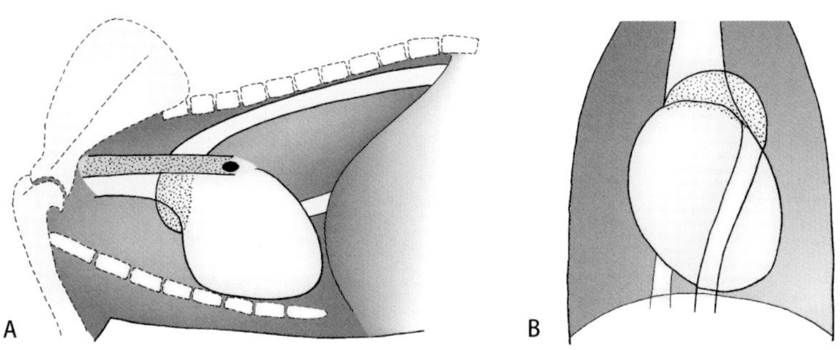

图 7–9　增大的主动脉弓的位置：图 A 为侧位观；图 B 为背腹位观。

c. 先天性甲状腺功能低下。

d. 猫系统性高血压。

e. 老年猫常见，同时伴心脏更加水平——主动脉向前向左膨出。

3. 右主动脉。

a. 先天性持久性右主动脉弓；血管环异常，伴继发性食道扩张（见 8.17 和图 8–12）。

b. 内脏转位（图 7–3C）。

4. 主动脉钙化或矿化——不常见，通常是偶然发现。CT 图像上更易见。

a. 特发性疾病。见于主动脉球、主动脉瓣或冠状动脉，多为老年犬，尤其是罗威纳犬。

b. 淋巴瘤。

c. 肾功能衰竭。

d. 原发性或继发性甲状旁腺功能亢进。

e. 动脉硬化。

f. 肾上腺皮质功能亢进（库欣综合征）。

g. 犬狼旋尾线虫 * 幼虫移行——降主动脉。

h. 维生素 D 过多症。

7.11　右心房增大

在侧位片上，在 10—11 点处可见心脏轮廓的膨出，并伴心脏前后径的增大和气管末端的抬高，在严重病例可能会见到心脏前腰的缺失。后腔静脉可能会因静脉充血而增粗（图 7–10A）。在背腹位 X 线片上，在 9—11 点处可见心脏膨出（图 7–10B）。肥胖猫右心房的轮廓在腹背位 X 线片上可能呈方形或有一定角度，这与心包脂肪相关，而不是心腔增大。

容量过负荷

1. 三尖瓣闭锁不全。

a. 房室瓣黏液瘤样变性（心瓣膜病变）。

b. 先天性三尖瓣发育不良——猫比犬常见，也见于拉布拉多犬和德国牧羊犬。

c. 当增大的心室导致环孔扩张时，继发于右心室衰竭。

d. 三尖瓣下移畸形——瓣叶变形，瓣膜附着

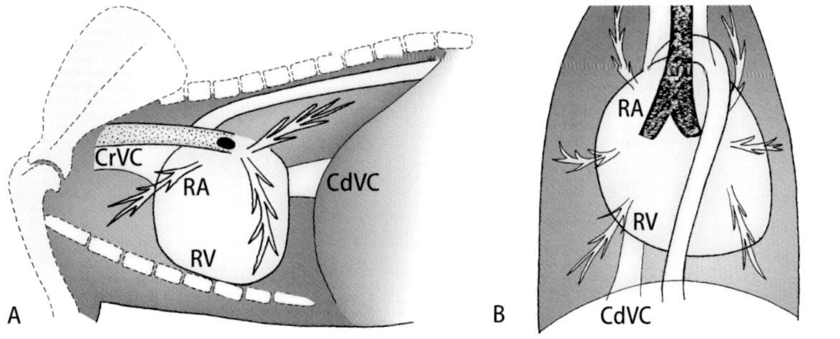

图 7–10　右心增大。图 A 为侧位观，可见圆形的心脏前界，心脏与胸骨接触面积增大；图 B 为背腹位观，由于右心边界变圆而使心脏轮廓呈“倒 D 形”。此时也可能出现右心衰竭（腔静脉增粗、肝肿大和腹水）的征象。CdVC，后腔静脉；CrVC，前腔静脉；RA，右心房；RV，右心室。

处向右心室移位；可见于三尖瓣发育不良。

e. 细菌性心内膜炎——更常见于左心。

f. 右心室腱索断裂。

g. 肺静脉引流异常。

h. 慢性右心室压力增加。

2. 房间隔缺损，伴左到右分流——英国古代牧羊犬、萨摩耶犬和拳狮犬好发。

3. 机体其他部位的动静脉瘘。

压力过负荷

4. 右心室肥厚导致三尖瓣闭锁不全。

a. 肺动脉狭窄——可能导致继发性的三尖瓣闭锁不全。多见于拳狮犬、查理士王小猎犬、可卡犬、拉布拉多犬、斗牛犬、西高地白㹴、约克夏㹴、猎狐㹴、吉娃娃、迷你雪纳瑞犬、比格犬和荷兰毛狮犬；罕见于猫。

b. 单支右冠状动脉导致左冠状动脉环肺收缩——斗牛犬。

c. 法洛四联症——尤其是荷兰毛狮犬。

5. 心房或心室肿瘤干扰经瓣膜的血流（见 7.16）。

6. 肺心病（见 7.12.9）。

7. 先天性三尖瓣狭窄——罕见。

8. 右侧三房心——右心房内有膜性间隔。

其他因素

9. 假象——纵隔、肺部或心基部肿物重叠。

10. 右心房肿瘤——血管肉瘤，多见于德国牧羊犬，并常与肺脏、脾脏或肝脏血管肉瘤有关。

11. 致心律失常性右室心肌病（见 7.5.7）。

12. 经心包缺损引起的右心耳动脉瘤样扩张。

13. 据报道一只患有多肌炎和心肌炎的金毛寻回猎犬也患有右心房扩张。

7.12 右心室增大

在左侧位 X 线片上可见假性右心室增大，表现为心脏与胸骨接触范围增大、心脏轮廓变圆及心尖远离胸骨抬高。在背腹位片上，胸骨向右倾斜也可造成假性的右心增大。在侧位 X 线片上，右心室增大导致心脏轮廓向 5/6—9/10 点方向膨出，同时伴心脏前后径增大，且在深胸犬心脏与胸骨的接触范围超过 2.5 个胸骨，在宽胸犬超过 3.5 个胸骨。心脏前腰可能更加明显（图 7–10A）。在背腹位片上，在 5—9 点方向可见心脏增大，且右心室过度变圆，使心脏轮廓呈“倒 D 形”（图 7–10B）。幼犬通常有明显的右心室。右心衰竭的影像学表现包括后腔静脉增粗、肝肿大和腹水（猫常见胸膜腔积液）。

容量过负荷

1. 三尖瓣闭锁不全（见 7.11.1）。

2. 肺动脉瓣闭锁不全。

3. 室间隔缺损。

4. 房间隔缺损。

5. 心内膜垫缺损（房室管永存）——更常见于猫。

6. 机体其他部位的动静脉瘘。

压力过负荷

压力过负荷会导致心脏向心性肥厚，从而比容量过负荷更少引起心脏轮廓增大。

7. 继发于左心衰竭或二尖瓣疾病（见 7.8）。

8. 肺动脉狭窄。

9. 肺动脉高压（肺心病）。

a. 恶丝虫*（心丝虫）或脉管圆线虫*（法国心丝虫）感染——伴多血管型和继发性支气管肺炎。

b. 严重的肺部病变，包括：

- 血管栓塞。
- 原发性肺动脉高压。
- 慢性阻塞性肺病。
- 高原病。
- 肺动静脉瘘。
- 肺血管炎。

c. 多种先天性心脏病。
- 室间隔缺损。
- 动脉导管未闭（左到右分流，伴反循环；由于肺动脉高压引起右到左分流）。
- 二尖瓣发育不良。
- 主动脉肺动脉间隔缺损。
- 左侧三房心。

d. 继发于慢性上呼吸道阻塞。

10. 艾森曼格综合征——肺血流阻塞或肺动脉高压导致血液沿先天旁路血管右到左分流（如动脉导管未闭或间隔缺损），并引起发绀。

a. 间隔缺损伴有肺动脉狭窄。
- 法洛四联症——犬最常见的引起发绀的心脏病，尤其见于荷兰毛狮犬、英国斗牛犬和猫。
- 法洛三联症或五联症。
- 右心室双出口——可能难以与法洛四联症区分。
- 猫的永存动脉干。

11. 单支右冠状动脉导致继发性压缩性肺动脉狭窄。
12. 先天性双腔右心室——尤其在猫。
13. 原发性漏斗状狭窄——尤其是金毛寻回猎犬和阿拉斯加雪橇犬。
14. 肺动脉肿瘤——见血管肉瘤和软骨肉瘤的描述。

心肌衰竭

15. 扩张型心肌病。

a. 常与左心室同时发生。

b. 致心律失常性右室心肌病（见 7.5.7）。

16. 心肌炎。
17. 心肌肿瘤（见 7.16）。

其他因素

18. 心室壁瘤——右心室局灶性突出。

7.13 肺动脉干异常

在侧位 X 线片上，除非肺动脉增粗非常明显，否则可能难以看到，因为膨出可能与气管末端重叠。在背腹位片上，在 1—2 点方向可见肺动脉膨出（图 7-11）。在腹背位片上，由于心脏向侧面倾斜，在正常动物也常见肺动脉膨出。

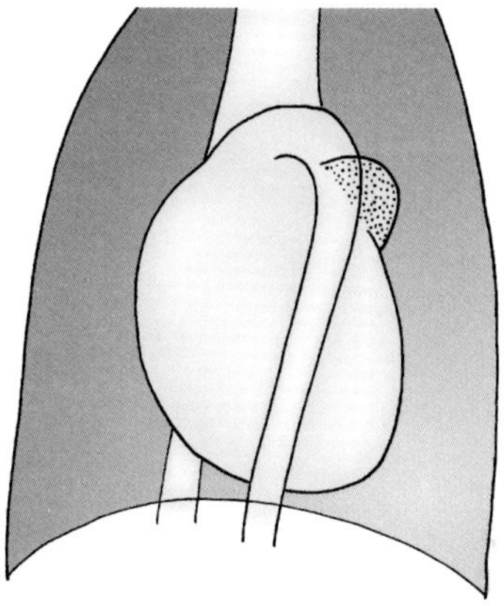

图 7-11 肺动脉段增大的位置；在背腹位片上，1—2 点方向可见肺动脉膨出。

1. 伪影。

a. 在心室收缩末期拍摄的 X 线片，特别是在深胸犬。

b. 胸部旋转。

c. 腹背位投照，导致心脏倾斜。

2. 肺动脉狭窄后扩张。
3. 循环血量增加，伴大的左到右分流。

a. 动脉导管未闭。

b. 房间隔缺损。

c. 室间隔缺损。

4. 肺动脉高压（肺心病）继发肺动脉压力升高（见 7.12.9）。
5. 犬恶丝虫 * 或管圆线虫 * 大量聚集。
6. 伴有矿化的肺动脉软骨肉瘤。

7.14 肺动脉和肺静脉异常

见 6.23 肺的血管型。

7.15 后腔静脉异常

CdVC 直径的暂时性变化是常见的偶然发现，可能是由于胸膜腔和腹腔的压力变化及心脏或呼吸循环的差异导致。可以计算同一肋间隙的最大 CdVC 直径与主动脉直径的比值。比值小于 1.0 表示正常的 CdVC；大于 1.5 则表示 CdVC 异常增宽。

后腔静脉持久性增宽

布加 - 查理综合征在人医上被定义为由于下（后）腔静脉阻塞引起的肝上门静脉高压；最常见的原因包括血栓、肿瘤和存在阻塞膜(如，由于右侧三房心）。这种情况也可发生于犬，在 X 线片上表现为 CdVC 的显著增宽。可能会出现右侧心力衰竭的症状。

1. 右心衰竭。
2. 三尖瓣闭锁不全。
   a. 先天性发育不良。
   b. 房室瓣黏液瘤样变性（心瓣膜病变）。
   c. 心内膜炎。
3. 心包积液导致心包填塞。
4. 缩窄性心包炎。
5. 右心房或右心室梗阻。
   a. 肿瘤（见 7.16）。
   b. 血栓。
6. 肿瘤浸润后腔静脉。
   a. 嗜铬细胞瘤。
   b. 其他来源于右心房、肝脏和肾脏的侵袭性肿瘤。
7. 犬恶丝虫 * 大量聚积。
8. 肺动脉高压（见 7.12.9）。
9. 右侧三房心——右心房内的膜性间隔。
10. 特发性后腔静脉狭窄。
11. 后腔静脉血栓。

后腔静脉狭窄

常伴发于心脏缩小、肺循环不良及严重情况下的主动脉过小。

12. 休克。
13. 严重脱水。
14. 肺过度充气（见 6.25.4 ~ 6.25.6）。
15. 肾上腺皮质功能减退（阿迪森病）。

后腔静脉缺失

16. 非常罕见的先天性畸形——腹腔血液通过极度扩张的奇静脉回流。

后腔静脉出现气体影像

17. 气体栓塞（如使用牙科高速气钻后）——气体也可能见于前腔静脉、右心和腹部血管内，可能导致心搏骤停和猝死。

7.16 心脏肿瘤

不常见；除非肿瘤体积很大或已经导致心包积液，否则心脏轮廓一般没有明显变化（见 7.6）。心基部的肿瘤可能使气管末端上抬。大多数有临床意义的肿瘤可用超声检查来诊断。

右心房壁肿瘤

1. 血管肉瘤——尤其是德国牧羊犬（原发或转移）。可能伴有心包积液和 / 或肺脏、脾脏或肝脏的血管肉瘤。

心基部肿瘤

2. 主动脉体肿瘤（化学感受器瘤）——更常见于老年雄性的短头犬，特别是拳狮犬和波士顿㹴；在猫非常罕见。
3. 异位甲状腺肿瘤。
4. 异位甲状旁腺肿瘤。

右心腔肿瘤

5. 黏液瘤。
6. 血管肉瘤——常见心包积液。
7. 纤维瘤。

8. 异位甲状腺癌。
9. 纤维肉瘤。
10. 黏液肉瘤。
11. 软骨肉瘤。
12. 浸润性化学感受器瘤。
13. 脂肪瘤。
14. 转移性肿瘤。

左心腔肿瘤

在犬和猫非常罕见，肿瘤类型与右心相同。

心肌肿瘤

15. 转移性肿瘤。
16. 血管肉瘤。
17. 横纹肌肉瘤。
18. 淋巴瘤——尤其是猫。

心外膜肿瘤

常见心包积液。

19. 间皮瘤。
20. 转移性肿瘤。

血管造影

以前，很多疾病需要血管造影才能诊断，如今借助超声心动检查即可完成。选择性血管造影需要使用高压注射器和高速换片器，在许多兽医学校和专业转诊中心仍有使用。

非选择性血管造影在私人诊所中可以很容易地施行。将允许的最大型号导管插入外周静脉内或借此进入右心房或前腔静脉或后腔静脉末端。以1 ~ 2mL/kg的剂量率快速注入水溶性含碘造影剂，并使用暗盒通道以1 ~ 2 s的间隔立即拍摄2 ~ 6张侧位X线片。此过程需进行镇静或全身麻醉，以防止运动，并减少人工保定。前4 ~ 5 s内的X线片通常显示右心腔，5 ~ 6 s后的X线片显示左心腔。

7.17 血管造影：左心

升主动脉选择性造影：异常情况

1. 主动脉扩张。
   a. 升主动脉扩张。
      - 狭窄后扩张。
   b. 近端降主动脉扩张。
      - 动脉导管未闭。
      - 动脉导管未闭导管憩室；先天性或手术后。
      - 主动脉缩窄的远端扩张。
   c. 远端降主动脉扩张。
      - 犬狼旋尾线虫*。
2. 造影剂进入肺血管——动脉导管未闭伴左到右分流（常见）。
3. 造影剂反流进入左心室——主动脉闭锁不全。
4. 瓣膜缺损。
5. 瓣上狭窄。
6. 主动脉中断——主动脉起始段缺失，伴有椎副动脉供应后段降主动脉。
7. 主动脉弓异常分支。
8. 冠状动脉异常。

左心室选择性造影：异常情况

9. 造影剂反流进入左心房。
   a. 二尖瓣关闭不全。
   b. 导管机械作用。
   c. 注射造影剂时出现室性期前收缩。
10. 左心室壁增厚，心腔变小。
    a. 压力过负荷（见7.9.8 ~ 7.9.11）。
    b. 肥厚型心肌病。
       - 特发性肥厚型心肌病；罕见于犬，常见于猫。
       - 老年猫继发于甲状腺功能亢进的肥厚型心肌病。
       - 猫的肢端肥大症。

11. 左心室壁变薄，心腔增大——容量过负荷（见7.9.1～7.9.7）。
12. 主动脉瓣（下）狭窄。
13. 左心室内充盈缺损。
   a. 血栓。
   b. 压力过负荷导致乳头肌肥大（见7.9.8～7.9.11）。
   c. 肿瘤——罕见。
14. 主动脉充盈不良——心肌收缩力不足。
15. 左心室和肺动脉同时充盈。
   a. 室间隔缺损伴左到右分流。
   b. 法洛四联症。

左心房选择性造影：异常情况

16. 左心房增大（见7.8）。
17. 右心房同时充盈——房间隔缺损伴左到右分流。
18. 左心房充盈缺损。
   a. 血栓。
   b. 肿瘤——非常罕见。
19. 二尖瓣缺损。

7.18 血管造影：右心

静脉非选择性造影，或右心房、右心室或肺动脉选择性造影：异常情况

1. 右心房、右心室或肺动脉充盈缺损。
   a.压力过负荷导致乳头肌肥大（见7.12.7～7.12.14）。
   b. 犬恶丝虫*或管圆线虫*。
   c. 血栓。
   d. 肺叶动脉血栓栓塞。
   e. 肿瘤（见7.16）。
2. 右心室壁变厚，心腔变小——压力过负荷（见7.12.7～7.12.14）。
3. 右心室腔增大，室壁变薄——容量过负荷（见7.12.1～7.12.6）。
4. 左心房同时充盈——房间隔缺损伴右到左分流。
5. 左心室同时充盈。
   a. 室间隔缺损伴右到左分流。
   b. 法洛四联症。
6. 经心室放置导管后造影剂进入右心房。
   a. 三尖瓣闭锁不全。
   b. 导管的机械作用。
   c. 注射造影剂时出现室性期前收缩。
7. 三尖瓣和肺动脉瓣缺损。
8. 肺动脉瓣狭窄。
9. 心房壁显著增厚——限制型心包炎。
10. 艾森曼格综合征（见7.12.10）。
11. 肺动脉弓扩张——狭窄后扩张。
12. 肺动脉和主动脉同时充盈——动脉导管未闭伴右到左分流（不常见）。
13. 经肺动脉放置动脉导管后造影剂进入右心室。
   a. 肺动脉瓣闭锁不全。
   b. 导管的机械作用。

心脏超声检查

二维超声心动检查是评估心脏内部结构最理想的影像诊断方式。通过一个带洞的特制桌子或检查台从支撑侧扫查可以获得最佳图像。因为此时心脏下降到支撑侧，使邻近的肺远离心脏，从而形成一个良好的声窗。用M型超声心动图可以更准确地测量心腔大小和心壁厚度。血流异常可通过多普勒超声心动图或M型上瓣膜运动异常来检测。现已有正常超声心动图的测量参考值，但与VHS类似，也需要考虑品种相关的差异。

7.19 二维和M型超声心动图：左心

在正常动物的右侧胸骨旁长轴切面观上，左心腔大小和心室壁厚度应为右心室的2～3倍。

左心房异常

在右侧胸骨旁长轴 M 型超声图上，若犬的左心房与主动脉直径之比 > 0.95，猫的比值在 1 ~ 2 之间，则判定为左心房增大（图 7-12A）；或者，在二维右侧胸骨旁短轴观上，当犬的比值 > 1.5，猫 > ≈ 1.6 时，也可判定为左心房增大（图 7-12B）。

1. 左心房增大——容量过负荷（见 7.8.1 ~ 7.8.6）。
   a. 二尖瓣关闭不全——瓣膜异常。
      - 收缩期瓣膜闭合不全。
      - 瓣膜增生或结节：房室瓣黏液瘤样变性（心瓣膜病变）和细菌性心内膜炎。
      - 先天性瓣膜畸形——二尖瓣发育不良。
      - 腱索无力导致瓣膜反流（瓣膜向心房脱垂）。
      - 腱索或乳头肌断裂导致瓣膜连枷（瓣膜向心房脱垂）。
   b. 房间隔缺损——间隔壁的邻近边缘通常会增厚。
2. 左心房增大——压力过负荷（见 7.8.7 ~ 7.8.10）。
   a. 二尖瓣狭窄。
      - 瓣叶呈圆顶样改变。
      - 瓣叶增厚。
      - 瓣叶不完全分离。
   b. 左侧三房心——左心房内有隔膜。
3. 左心房腔异常。
   a. 血栓——低回声，可自由漂浮或附着在心壁上，特别是在心耳的位置；可形成球瓣样血栓。
   b. 肿瘤——非常罕见，低回声至强回声（见 7.16）。
   c. 腱索断裂——在瓣膜区域可见薄的线状条纹。
   d. 心房内有隔膜——左侧三房心。

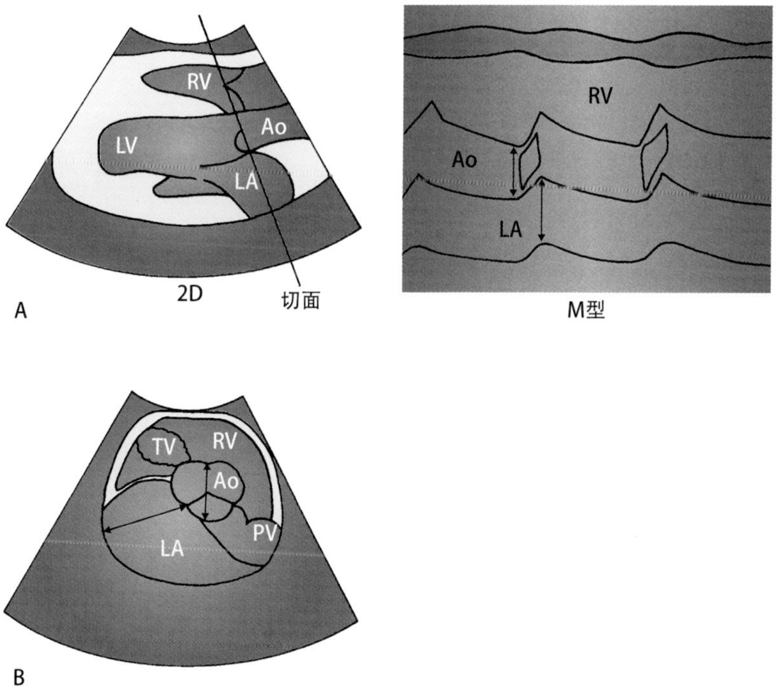

图 7-12　左心房测量：图 A 为右侧胸骨旁长轴观 M 型，图 B 为二维模式短轴观。Ao，主动脉；LA，左心房；LV，左心室；PV，肺动脉瓣；RV，右心室；TV，三尖瓣。

二尖瓣异常（图7-13）

4. E点到室间隔的距离（EPSS）增加。
   a. 二尖瓣运动正常。
      ■ 由于缩短分数降低导致心肌衰竭（如扩张型心肌病）。
      ■ 容量过负荷（如PDA）(见7.8.1～7.8.6和7.9.1～7.9.7)。
   b. 二尖瓣运动受限。
      ■ 主动脉瓣闭锁不全。
      ■ 二尖瓣狭窄。
   c. 二尖瓣运动减小。
      ■ 心排血量降低。
5. E点到室间隔的距离（EPSS）减小。
   a. 缩短分数增加。
      ■ 二尖瓣关闭不全。
      ■ 主动脉瓣闭锁不全。
      ■ 交感神经过度刺激。
      ■ 高海拔。
      ■ 严重贫血。
   b. 二尖瓣增生。
      ■ 房室瓣黏液瘤样变性（心瓣膜病变）。
      ■ 细菌性心内膜炎。
   c. 病理性室间隔增厚。
      ■ 主动脉瓣（下）狭窄。
      ■ 肥厚型心肌病。

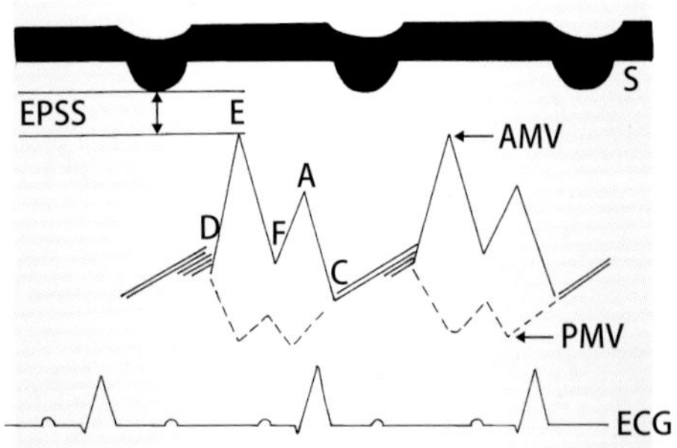

图7-13　右侧胸骨旁长轴观正常M型二尖瓣运动的示意图。A，心房收缩时二尖瓣最大开放；AMV，二尖瓣前叶；C，心室收缩初期二尖瓣完全闭合；D，心室收缩末期；E，心脏舒张早期二尖瓣最大开放；ECG，心电图；EPSS，E点到室间隔的距离；F，心脏舒张初期二尖瓣最低点；PMV，二尖瓣后叶；S，室间隔。

      ■ 甲状腺功能亢进。
      ■ 浸润性心脏疾病。
      ■ 系统性高血压。
   d. 生理性室间隔增厚。
      ■ 运动型犬种。
6. 二尖瓣瓣叶增厚。
   a. 房室瓣黏液瘤样变性（心瓣膜病变）。
   b. 细菌性心内膜炎。
   c. 瓣膜发育不良。
   d. 瓣膜狭窄。
7. 心脏舒张末期（A峰）二尖瓣开张不良。
   a. 心房纤颤。
   b. 交替脉——每隔一次搏动，A峰缺失一次，见于英国可卡犬。
8. 舒张期二尖瓣前叶扑动——主动脉瓣闭锁不全。
9. 收缩期二尖瓣扑动——二尖瓣关闭不全。
10. 收缩期二尖瓣位置异常。
   a. 瓣膜脱垂。
      ■ 继发于房室瓣黏液瘤样变性（心瓣膜病变）。
      ■ 腱索伸长。
      ■ 小腱索断裂。
      ■ 高动力状态造成腱索冗长。
   b. 收缩期二尖瓣前向运动。
      ■ 主动脉瓣（下）狭窄。
      ■ 肥厚型心肌病。
      ■ 左心室肥大。
      ■ 肌痉挛。
   c. 瓣膜连枷——大腱索断裂。
11. 舒张期二尖瓣位置异常。
   a. 瓣叶尖端指向彼此，瓣膜呈圆顶样——二尖瓣狭窄。
12. EF斜率下降。
   a. 二尖瓣狭窄（舒张期前后瓣叶运动一致）。
   b. 左心室舒张期功能不全（如肥厚型心肌病）。
   c. 经过二尖瓣的血流减少。
13. 正常的E峰和A峰后仅出现一个或多个A峰——Ⅱ度或Ⅲ度房室传导阻滞。

14. E 峰和 A 峰之比改变（见 7.22）。
15. 交替脉——舒张期二尖瓣运动模式交替——见于患有扩张型心肌病的英国可卡犬。

左心室异常

16. 左心室增大（见 7.9）。
  a. 品种差异（如灵缇犬）。
  b. 二尖瓣关闭不全——瓣膜异常。
    - 见左心房部分（见 7.19.1 和 7.19.2）。
    - 乳头肌和腱索移位。
  c. 主动脉瓣闭锁不全——瓣膜异常。
    - 舒张期主动脉瓣闭锁不全。
    - 瓣膜增生或结节：房室瓣黏液瘤样变性（心瓣膜病变）或细菌性心内膜炎。
    - 瓣膜位置异常。
  d. 室间隔近端缺损。
17. 舒张期左室壁和 / 或室间隔增厚。
  a. 品种差异（如灵缇犬）。
  b. 由于脱水伴心腔相对缩小所致的伪影。
  c. 压力过负荷，伴乳头肌突出和心腔过小（见 7.9.8 ~ 7.9.11）。
  d. 肥厚型心肌病。
    - 特发性肥厚型心肌病；罕见于犬，常见于猫。可能是广泛性肥厚，或心室壁、室间隔或乳头肌的局灶性肥厚。在猫，二维模式下舒张期室壁厚度 > 6mm 可以确诊。
    - 老年猫继发于甲状腺功能亢进的肥厚型心肌病。
    - 猫的肢端肥大症。
  e. 拳狮犬心肌病。
  f. 心肌肿瘤（见 7.16）。
  g. 甲状腺功能亢进。
  h. 猫——轻度限制型心肌病。
  i. 猫——肥厚型肌营养不良症。
18. 回声变化。
  a. 心内膜呈强回声，可能包括乳头肌。
    - 主动脉瓣（下）狭窄。
    - 猫的限制型心肌病。
  b. 心肌。
    - 慢性心肌梗死——强回声且心肌变薄。
    - 心肌肿瘤——强回声且心肌增厚。
    - 心肌挫伤——回声性质不定。
19. 左心室缩短分数变化。
  a. 增加（运动功能亢进）。
    - 二尖瓣关闭不全。
    - 主动脉瓣（下）狭窄和 / 或主动脉瓣闭锁不全。
    - 容量过负荷但心肌功能保存——室间隔缺损或房间隔缺损。
    - 交感神经刺激。
    - 甲状腺功能亢进。
    - 高海拔。
    - 严重贫血。
  b. 降低（运动功能减退或运动障碍）。
    - 伴心肌衰竭（见 7.5）。
    - 左心衰末期。
    - 药物，包括全身麻醉。
20. 室间隔矛盾运动——室间隔在收缩期向右心室移动，导致在右侧胸骨旁短轴观上呈扁平状。
  a. 右心室压力过负荷——见 7.12。
  b. 右心室容量过负荷——见 7.12。
21. 心腔异常。
  a. 见左心房部分（见 7.19.3）。
  b. 线状产回声横线——节制索，罕见于左心室。
22. 先天性膜性室间隔动脉瘤——有一层薄膜从室间隔缺损边缘凸向右心室内，缺损可能闭合或仍然通畅。

主动脉和主动脉瓣异常

23. 主动脉瓣狭窄。
  a. 瓣叶增厚。
  b. 瓣叶呈圆顶样改变。
  c. 瓣膜扭曲或融合。

24. 瓣叶增厚或瓣膜增生。
  a. 房室瓣黏液瘤样变性（心瓣膜病变）——通常较小。
  b. 细菌性心内膜炎——可能较大并出现钙化。
25. M型心脏收缩期扑动。
  a. 主动脉瓣或瓣下狭窄。
  b. 意外发现。
  c. 肥厚型梗阻性心肌病。
26. M型心脏舒张期扑动——主动脉瓣闭锁不全。
27. 瓣膜脱垂 - 高位室间隔缺损。
28. 主动脉偏移减少。
  a. 心肌衰竭末期。
  b. 心排血量减少。
29. 正常开口，随后逐渐闭合。
  a. 心肌衰竭。
  b. 严重的二尖瓣关闭不全。
30. 心脏收缩早期瓣膜闭合。
  a. 主动脉狭窄。
  b. 血流动态梗阻。
31. 主动脉根部增宽（主动脉窦或之后）。
  a. 猫的系统性高血压。
  b. 动脉瘤。
32. 四叶式主动脉瓣（4个瓣叶）。

7.20 二维和M型超声心动图：右心

在正常动物的右侧胸骨旁长轴切面观上，右心腔大小和室壁厚度应为左心室的1/3 ~ 1/2。

右心房异常

1. 右心房增大——容量过负荷（见7.11.1 ~ 7.11.3）。
  a. 三尖瓣闭锁不全——瓣膜异常。
    - 收缩期瓣膜闭合不全。
    - 瓣膜增生或结节：房室瓣黏液瘤样变性（心瓣膜病变）和细菌性心内膜炎。
    - 先天性瓣膜畸形——三尖瓣发育不良。
    - 腱索无力导致瓣膜反流（瓣膜向心房脱垂）。
    - 腱索或乳头肌断裂导致瓣膜连枷（瓣膜向心房脱垂）。
    - 瓣膜位置异常：三尖瓣下移畸形。
    - 犬恶丝虫*或管圆线虫*感染。
  b. 房间隔缺损；间隔壁的邻近边缘通常会增厚。
  c. 动静脉瘘。
2. 右心房增大——压力过负荷（见7.11.4 ~ 7.11.8）。
  a. 三尖瓣狭窄——临床罕见。
    - 瓣叶呈圆顶样改变。
    - 瓣叶增厚。
    - 瓣叶不完全分离。
    - 致心律失常性右室心肌病（见7.5.8）；同时伴右心室扩张、运动功能减退和室间隔矛盾运动。
  b. 右侧三房心——右心房内有隔膜。
3. 右心房壁异常。
  a. 右心房壁异常摆动——心包积液或严重的双侧胸膜腔积液导致心包填塞；舒张期心壁向内塌陷。
  b. 低回声肿物——血管肉瘤。
4. 右心房腔异常。
  a. 血栓——低回声肿物；可自由漂浮或附着在心壁上，特别是在心耳的位置。
  b. 肿瘤——低回声至强回声（见7.16）。
  c. 间隔2mm的产回声短平行线——犬恶丝虫*或管圆线虫*。
  d. 心房内有隔膜——右侧三房心。
  e. 在瓣膜区域的薄的线状条纹——腱索断裂。

三尖瓣异常

5. 三尖瓣增厚。
  a. 房室瓣黏液瘤样变性（心瓣膜病变）。
  b. 细菌性心内膜炎——比左心少见。
  c. 三尖瓣发育不良。
  d. 三尖瓣狭窄。
6. 舒张期三尖瓣扑动——肺动脉瓣闭锁不全。
7. 收缩期三尖瓣扑动。

a. 三尖瓣闭锁不全。

b. 室间隔缺损——仅在排除三尖瓣闭锁不全后才可判定。

8. 收缩期瓣膜位置异常。

a. 瓣膜脱垂。

- 继发于房室瓣黏液瘤样变性（心瓣膜病变）。
- 腱索伸长。
- 小腱索断裂。

b. 瓣膜连枷——大腱索断裂。

9. 其他线性强回声——犬恶丝虫*或管圆线虫*。

右心室异常

10. 右心室腔扩张（见 7.12）。

a. 三尖瓣闭锁不全——瓣膜异常。

- 见右心房部分（见 7.20.1 和 7.20.2）。
- 乳头肌和腱索移位。
- 三尖瓣位置异常：三尖瓣下移畸形。

b. 肺动脉瓣闭锁不全——瓣膜异常。

- 舒张期瓣膜闭合不全。
- 瓣膜增生或结节：房室瓣黏液瘤样变性（心瓣膜病变）或细菌性心内膜炎。
- 瓣膜位置异常。

c. 室间隔缺损。

d. 致心律失常性右室心肌病（见 7.5.8）；同时伴有右心房扩张、运动功能减退和室间隔矛盾运动。

11. 右室游离壁及室间隔增厚，心腔变小，常伴有乳头肌增粗——压力过负荷（见 7.12.7 ~ 7.12.14）。

a. 肺动脉狭窄。

b. 肺动脉高压。

c. 心肌肿瘤（见 7.16）。

12. 在新生儿可见右室壁增厚和右心室增大。

13. 心肌回声性质改变（见 7.19.18）。

14. 右心室壁异常摆动——心包积液导致心包填塞。

15. 室间隔矛盾运动——压力过负荷（见 7.12.7 ~ 7.12.14）。

16. 先天性膜性室间隔动脉瘤——有一层薄膜从室间隔缺损边缘凸向右心室内，缺损可能闭合或仍然通畅。

17. 右心室腔畸形。

a. 见右心房部分（见 7.20.4）。

b. 线状产回声横线——节制索。

c. 由于先天性双腔右心室，心室中部有异常肌束从室间隔连接到游离壁。尤其在猫。

d. 原发性漏斗部狭窄，尤其在金毛寻回猎犬和阿拉斯加雪橇犬。

18. 异位主动脉——法洛四联症。

肺动脉瓣和肺动脉异常

19. 肺动脉狭窄。

a. 瓣叶增厚。

b. 瓣叶呈圆顶样改变。

c. 瓣膜扭曲或融合。

20. 瓣膜脱垂——动脉导管未闭。

21. 肺动脉扩张——狭窄后扩张。

7.21 超声心动造影检查：右心

无回声的血液可暂时被多个小的产回声斑点所取代；可以通过快速注入搅动的生理盐水来实现；其操作方法是将两个 20mL 注射器用三通阀连接，其中一个注射器装满 20mL 生理盐水，来回重复转移后，将其注入外周静脉内。产回声斑点应迅速通过右心并在肺血管内被吸收。

1. 邻近间隔的右心房或心室内的产回声云絮状内可见脉动的充盈缺损——分别为左到右分流的房间隔缺损或室间隔缺损。
2. 左心房或左心室内同时出现回声斑点——分别为右到左分流（罕见）的房间隔缺损或室间隔缺损。
3. 右心房和右心室内持续存在产回声斑

点——三尖瓣闭锁不全。

4. 右心室内持续存在产回声斑点——肺动脉瓣闭锁不全。
5. 左心和升主动脉回声正常，腹主动脉内出现产回声斑点——动脉导管未闭伴右到左分流（不常见）。
6. 左心回声正常，升主动脉内出现产回声斑点——法洛四联症（主动脉弓骑跨）。

7.22 多普勒血流异常：二尖瓣

1. 心室舒张期向前的血流增加。
   a. 血容量增加导致层流。
      - 二尖瓣关闭不全。
      - 动脉导管未闭伴左到右分流。
      - 房间隔缺损伴右到左分流。

   b. 湍流——二尖瓣狭窄——罕见。
2. 心室舒张期向前的血流减少。
   a. 房间隔缺损伴左到右分流。
   b. 低血容量。
      - 休克。
      - 脱水。

   c. 药物导致血压下降。
   d. 心输出量不足。
   e. 左心室舒张功能障碍；A峰（主动舒张期血流）可能高于E峰（被动第一次舒张期血流）。
      - 主动脉瓣（下）狭窄。
      - 肥厚型心肌病。
      - 系统性高血压。
      - 限制型心肌病。

   f. 每隔一个心动周期血液流入减少——交替脉；见于患有扩张型心肌病的英国可卡犬。
3. 心室E/A比值改变（正常犬的比值应该在1～2之间）。
   a. E/A减小。
      - 左心室舒张功能障碍（见上文7.22.2e）。
      - 高海拔导致A峰增大。
4. 心房舒张期向前的血流增加——血容量增加导致层流（见7.22.1）。
5. 心房湍流，收缩期高速反流——二尖瓣关闭不全。
   a. 瓣膜后轻度的可检测的湍流——生理性。
   b. 房室瓣黏液瘤样变性（心瓣膜病变）。
   c. 细菌性心内膜炎。
   d. 左心室扩张伴继发的环孔扩张。
   e. 二尖瓣发育不良。
6. 心房湍流，舒张期低速反流——二度和三度房室传导阻滞。
7. 交替脉——反流速度改变；见于患有扩张型心肌病的英国可卡犬。

7.23 多普勒血流异常：主动脉瓣

1. 主动脉收缩期向前的血流增加。
   a. 伪影——经肋下扫查的血流通常比经心尖或右侧胸骨旁长轴扫查的要高。
   b. 血容量增加导致层流。
      - 动脉导管未闭伴左到右分流。
      - 房间隔缺损或室间隔缺损伴右到左分流。
      - 严重的主动脉瓣闭锁不全。

   c. 湍流、高流速。
      - 通常为瓣膜下狭窄，峰值流速接近收缩中期流速，导致形成更加对称的血液流态。
      - 肥厚型心肌病——通常收缩末期流速最高，伴有凹形的半月形血流加速。
2. 主动脉收缩期向前的血流减少。
   a. 室间隔缺损或房间隔缺损伴左到右分流。
   b. 低血容量。
      - 休克。
      - 脱水。

   c. 药物导致血压下降。
   d. 心排血量不足。

3. 心室收缩期向前的血流增加——血容量增加导致层流（见上文7.23.1）。
4. 心室舒张期反向湍流——主动脉瓣闭锁不全。
   a. 瓣膜后方轻微湍流——生理性。
   b. 伴发的瓣膜狭窄。
   c. 细菌性心内膜炎。
   d. 特发性。
   e. 主动脉瓣连枷。
   f. 四叶式主动脉瓣（4个瓣叶）。
5. 交替脉——主动脉流出道搏出量改变——见于伴有扩张型心肌病的英国可卡犬。

7.24 多普勒血流异常：三尖瓣

1. 心室舒张期向前的血流增加。
   a. 血容量增加导致层流。
      - 三尖瓣闭锁不全。
      - 房间隔缺损伴左到右分流。
   b. 湍流——三尖瓣狭窄——罕见。
2. 心室舒张期向前的血流减少。
   a. 房间隔缺损伴右到左分流（罕见）。
   b. 低血容量。
      - 休克。
      - 脱水。
   c. 药物导致血压下降。
   d. 心排血量不足。
   e. 右心室舒张功能障碍；A峰（主动舒张期血流）可能高于E峰（被动第一次舒张期血流）。
      - 肺动脉狭窄。
      - 肺动脉高压。
3. 心房舒张期向前的血流增加——血容量增加导致层流（见上文7.24.1）。
4. 心房湍流，收缩期高速反流——三尖瓣闭锁不全。
   a. 瓣膜后轻度的可检测的湍流——生理性。
   b. 房室瓣黏液瘤样变性（心瓣膜病变）。
   c. 细菌性心内膜炎。
   d. 右心室扩张伴继发的环孔扩张。
   e. 继发于肺动脉狭窄。
   f. 三尖瓣发育不良。

7.25 多普勒血流异常：肺动脉瓣

1. 肺动脉收缩期向前的血流增加。
   a. 血容量增加导致层流。
      - 房间隔缺损或室间隔缺损伴左到右分流。
      - 严重的肺动脉瓣闭锁不全。
   b. 高海拔导致层流。
   c. 高速湍流。
      - 瓣膜狭窄导致周围湍流。
      - 肺动脉闭锁导致远端开始湍流。
      - 流出道受压迫（如心基部肿物）。
2. 肺动脉侧向前或向后的（根据光标位置）舒张期低速到中速湍流——动脉导管未闭伴左到右分流或主动脉肺动脉间隔缺损。
3. 肺动脉收缩期向前的血流减少。
   a. 房间隔缺损或室间隔缺损伴右到左分流（罕见）。
   b. 低血容量。
      - 休克。
      - 脱水。
   c. 药物导致血压下降。
   d. 心排血量不足。
   e. 肺动脉高压。
4. 在射血期三分之一时肺动脉收缩期达到峰速（正常情况下，达到峰速时间为收缩期射血时间的一半，图7–14A）：加速时间/血流时间之比降低（图7–14B）。
   a. 肺动脉高压。
   b. 右心内存在犬恶丝虫*或管圆线虫*。
5. 收缩期肺血流在1/3时达到血流峰速，并出现锯齿状减速。
   a. 严重的肺动脉高压（图7–14C）。
6. 心室收缩期向前的血流增加。
   a. 血容量增加导致层流（见7.25.1）。

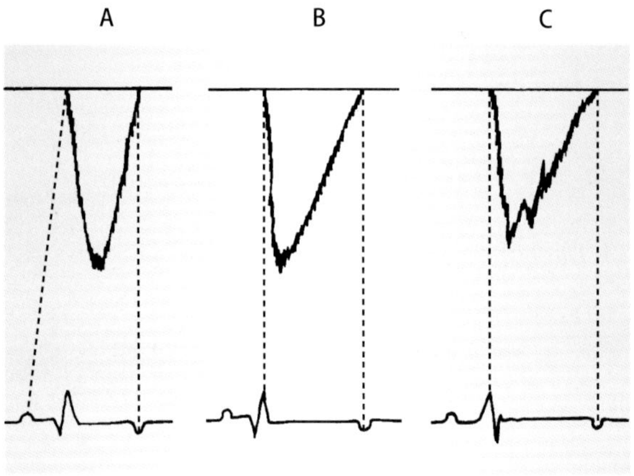

图 7-14　收缩期肺动脉多普勒血流模式：图 A 为犬正常肺动脉压力下的圆顶状血流；图 B 为肺动脉压力升高时血流峰值提前；图 C 为肺动脉压力严重升高时血流峰值提前并出现锯齿状减速。

b. 猫的右心室动态流出道梗阻导致湍流。

7. 心室舒张期反向湍流——肺动脉瓣闭锁不全。

a. 瓣膜后方轻度湍流——生理性。

b. 特发性。

c. 伴发瓣膜狭窄。

延伸阅读

Radiology and general

[1] Brummitt, J.W., Essman, S.C., Kornegay, J.N., Graham, J.P., Webere, W.J., Berry, C.R., 2006. Radiographic features of golden retriever muscular dystrophy. Vet. Radiol. Ultrasound 47, 574–580.

[2] Buchanan, J.W., 2000. Vertebral scale system to measure heart size in radiographs. Vet. Clin. North Am. Small Anim. Pract. 30, 379–394.

[3] Buchanan, J.W., Bucheler, J., 1995. Vertebral scale system to measure canine heart size in radiographs. J. Am. Vet. Med. Assoc. 206,194–199.

[4] Cobb, M.A., Brownlie, S.E., 1992. Intrapericardial neoplasia in 14 dogs. J. Small Anim. Pract. 33, 309–316.

[5] Douglass, J.P., Berry, C.R., Thrall, D.E., Malarkey, D.E., Spaulding, K.A., 2003. Radiographic features of aortic bulb/valve mineralization in 20 dogs. Vet. Radiol. Ultrasound 44, 20–27.

[6] Godshalk, C.P., 1994. Common pitfalls in radiographic interpretation of the thorax. Compend. Contin. Educ. Pract. Veterinarian (Small Animal) 16, 731–738.

[7] Guglielmini, C., Pietra, M., Cipone, M., 2001. Aorticopulmonary septal defect in a German shepherd dog. J. Am. Anim. Hosp. Assoc. 37, 433–437.

[8] Herrtage, M.E., Gorman, N.T., Jefferies, A.R., 1992. Coarctation of the aorta in a dog. Vet. Radiol. Ultrasound 33, 25–30.

[9] Lamb, C.R., Boswood, A., 2002. Role of survey radiography in diagnosing canine cardiac disease. Compend. Contin. Educ. Pract. Veterinarian (Small Animal) 24, 316–326.

[10] Lamb, C.R., Wikeley, H., Boswood, D.U., Pfeiffer, D.U., 2001. Use of breed-specific ranges for the vertebral heart scale as an aid to the radiographic diagnosis of cardiac disease in dogs. Vet. Rec. 148, 707–711.

[11] Lehmkuhl, L.B., Bonagura, J.D., Biller, D.S., Hartman, W.M., 1997. Radiographic evaluation of caudal vena cava size in dogs. Vet. Radiol. Ultrasound 38, 94–100.

[12] Litster, A.L., Buchanan, J.W., 2000. Radiographic and echocardiographic measurement of the heart in obese cats. Vet. Radiol. Ultrasound 41, 320–325.

[13] Litster, A.L., Buchanan, J.W., 2000. Vertebral scale system to measure heart size in radiographs of cats. J. Am. Vet. Med. Assoc. 216, 210–214.

[14] Martin, M., 1999. Pericardial disease in the dog. In Pract. 21, 378–385.

[15] Moon, M.L., Keene, B.W., Lessard, P., Lee, J., 1993. Age related changes in the feline cardiac silhouette. Vet. Radiol. Ultrasound 34, 315–320.

[16] Myer, C.W., Bonagura, J.D., 1982. Survey radiography of the heart. Vet. Clin. North Am. Small Anim. Pract. 12, 213–237.

[17] Rishniw, M., 2000. Radiography of feline cardiac disease. Vet. Clin. North Am. Small Anim. Pract. 30, 395–426.

[18] Schwarz, T., Sullivan, M., Sto¨ rk, C.K., Willis, R., Harley, R., Mellor, D.J., 2002. Aortic and cardiac

mineralization in the dog. Vet. Radiol. Ultrasound 43, 419–427.
[19] Schwarz, T., Willis, R., Summerfield, N. J., Doust, R., 2005. Aneurysmal dilatation of the right auricle in two dogs. J. Am.Vet. Med. Assoc. 226, 1512–1515.
[20] Shaw, S.P., Rush, J.E., 2007. Canine pericardial effusion: pathophysiology and cause; diagnosis, treatment and prognosis. Compend. Contin. Educ. Vet. 29, 400–403 and 405–410.
[21] Stafford-Johnson, M., 2006. Decision making in suspected congenital heart disease in dogs and cats. In Pract. 28, 538–543.
[22] Thrall, D.E., Losonsky, J.M., 1979. Dyspnoea in the cat: Part 3 –radiographic aspects of intrathoracic causes involving the heart. Feline Pract. 9, 36–49.
[23] Tilley, L.P., Bond, B., Patnaik, A.K., Liu, S.K., 1981. Cardiovascular tumors in the cat. J. Am. Anim. Hosp. Assoc. 17, 1009–1021.
[24] Warman, S., Pearson, G., Barrett, E., Shelton, D.G., 2008. Dilatation of the right atrium in a dog with polymyositis and myocarditis. J. Small Anim. Pract. 49, 302–305.
[25] Webster, N., Adams, V., Dennis, R., 2009. The effect of manual lung inflation vs. spontaneous inspiration on the cardiac silhouette in anesthetized dogs. Vet. Radiol. Ultrasound 50, 172–177.

Echocardiography

[26] Bonagura, J.D., 1983. M mode echocardiography: basic principles. Vet. Clin. North Am. Small Anim. Pract. 13, 299–319.
[27] Bonagura, J.D., Herring, D.S., 1985. Echocardiography: congenital heart disease. Vet. Clin. North Am. Small Anim. Pract. 15, 1195–1208.
[28] Bonagura, J.D., Herring, D.S., 1985. Echocardiography: acquired heart disease. Vet. Clin. North Am. Small Anim. Pract. 15, 1209–1224.
[29] Bonagura, J.D., Pipers, F.S., 1981. Echocardiographic features of pericardial effusion in dogs. J. Am. Vet. Med. Assoc. 179, 49–56.
[30] Bonagura, J.D., O'Grady, M.R., Herring, D.S., 1985. Echocardiography: principles of interpretation. Vet. Clin. North Am. Small Anim. Pract. 15, 1177–1194.
[31] Boswood, A., Lamb, C., 2005. Doppler ultrasound examination in dogs and cats. 3. Assessment of cardiac disease. In Pract. 27, 286–292.
[32] Darke, P.G.G., 1992. Doppler echocardiography. J. Small Anim. Pract. 33, 104–112.
[33] Darke, P.G.G., 1993. Transducer orientation for Doppler echocardiography in dogs. J. Small Anim. Pract. 34, 208.
[34] Jacobs, G., Knight, D.H., 1985. M-mode echocardiographic measurements in nonanesthetized healthy cats: effect of body weight, heart rate, and other variables. Am. J. Vet. Res. 46, 1705–1711.
[35] Kirberger, R.M., 1991. Mitral valve E point to septal separation in the dog. J S Afr. Vet. Assoc. 62, 163–166.
[36] Kirberger, R.M., Bland-van den Berg, B., Daraz, B., 1992. Doppler echocardiography in the normal dog. Part I, Velocity findings and flow patterns. Vet. Radiol. Ultrasound 33, 370–379.
[37] Kirberger, R.M., Bland-van den Berg, R.J., Grimbeek, R.J., 1992. Doppler echocardiography in the normal dog. Part II, Factors influencing blood flow velocities and a comparison between left and right heart blood flow. Vet. Radiol. Ultrasound 33, 380–386.
[38] Koffas, H., Luis Fuentes, V., Boswood, D.J., Connolly, D.J., Brockman, D.J., Bonagura, J.D., et al., 2007. Double chambered right ventricle in 9 cats. J. Vet. Intern. Med. 21, 76–80.
[39] Lange, E., Beaudu-Lange, C., 2009. Septal myocardial abscess in a male great Anglo-French hound. J. Small Anim. Pract. 50, 311–316.
[40] Lombard, C.W., 1984. Echocardiographic and clinical signs of canine dilated cardiomyopathy. J. Small Anim. Pract. 25, 59–70.
[41] Luis Fuentes, V., 1992. Feline heart disease: an update. J. Small Anim. Pract. 33, 130–137.
[42] Luis Fuentes, V., 1993.Cardiomyopathy in cats. In Pract. 15, 301–308.
[43] Lusk, R.H., Ettinger, S.J., 1990. Echocardiographic techniques in the dog and cat. J. Am. Anim. Hosp. Assoc. 26, 473–488.
[44] Miller, M.W., Knauer, K.W., Herring, D.S., 1989. Echocardiography: principles of interpretation. Semin. Vet. Med Surg. (Small Anim.) 4, 58–76.
[45] Minors, S.L., O'Grady, M.R., Williams, R.M., O'Sullivan, M.L., 2006. Clinical and echocardiographic features of primary infundibular stenosis with intact ventricular septum in dogs. J. Vet. Intern. Med. 20, 1344–1350.
[46] Moise, N.S., 1989. Doppler echocardiographic evaluation of congenital heart disease. J. Vet. Intern. Med. 3, 195–207.
[47] Nelson, O.L., Reidesel, E., Ware, W.A., Christensen, W.F., 2002. Echocardiographic and radiographic changes associated with systemic hypertension in cats. J. Vet. Intern. Med. 16, 418–425.

[48] O'Grady, M.R., Bonagura, J.D., Powers, J.D., Herring, D.S., 1986. Quantitative cross-sectional echocardiography in the normal dog. Vet. Radiol. 27, 34–49.

[49] Rishniw, M., Thomas, W.P., 2002. Dynamic right ventricular outflow obstruction: a new cause of murmurs in cats. J. Vet. Intern. Med. 16, 547–552.

[50] Shober, K.E., Baaded, H., 2006. Doppler echocardiographic prediction of pulmonary hypertension in West Highland white terriers with chronic pulmonary disease. J. Vet. Intern. Med. 20, 912–920.

[51] Soderberg, S.F., Boon, J.A., Wingfield, W.E., Miller, C.W., 1983. M-mode echocardiography as a diagnostic aid for feline cardiomyopathy. Vet. Radiol. 24, 66–73.

[52] Spotswood, T.C., Kirberger, R.M., Koma, L.M.P.K., Thompson, P.N., Miller, D.B., 2006. Changes in echocardiographic variables of left ventricular size and function in a model of canine normovolaemic anemia. Vet. Radiol. Ultrasound 47, 358–365.

[53] Thomas, W.P., 1984. Twodimensional, real-time echocardiography in the dog: technique and anatomic validation. Vet. Radiol. 25, 50–64.

[54] Thomas,W.P., 2005. Echocardiographic diagnosis of congenital membranous ventricular septal aneurysm on the dog and cat. J.Am. Anim. Hosp. Assoc. 41, 215–220.

[55] Thomas, W.P., Sisson, D., Bauer, T.G., Reed, J.R., 1984. Detection of cardiac masses in dogs by twodimensional echocardiography. Vet. Radiol. 25, 65–72.

[56] Thomas, W.P., Gaber, C.E., Jacobs, G. J., Kaplan, P.M., Lombard, C.W., Moise, N.S., Moses, B.L., 1993. Recommendation for standards in transthoracic two-dimensional echocardiography in the dog and cat. J. Vet. Med. 7, 247–252.

第 8 章

其他胸部结构：胸膜腔、纵隔、胸段食管和胸壁

胸膜腔

8.1 胸膜腔的解剖与 X 线检查

胸膜腔是指位于脏层胸膜和壁层胸膜之间及每个肺叶周围的潜在腔隙（图 8-1）。胸膜腔内仅含有少量的浆液，通常不可见。脏层胸膜附着于肺的表面；壁层胸膜内衬于胸壁，并形成纵隔。犬的后腹侧纵隔胸膜有连接左右胸膜腔的开孔，因此更容易发生双侧胸膜腔疾病。而猫的纵隔胸膜通常是完整的，所以更常见单侧胸膜腔疾病。单侧或不对称性胸膜腔病变可能会导致纵隔移位，使心脏和相关结构移向另一侧（见 8.8）。

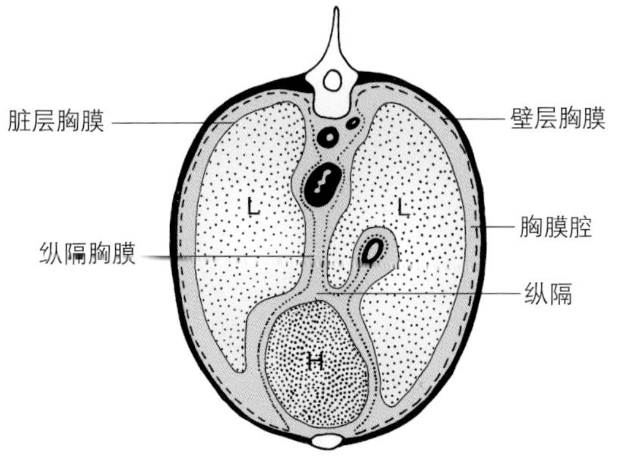

图 8-1 胸部横断面示意图，显示胸膜腔和纵隔腔。H，心脏；L，肺脏。

疑似胸膜腔疾病进行 X 线检查时，应始终拍摄正交体位的影像（侧位和背腹位，DV 或腹背位，VD）。可以使用位置性 X 线投照（如水平投照 VD 和 DV），这种摆位不加重动物窘迫状态，有助于区分胸膜腔与其他胸部病变，并判断液体是自由移动的还是局限性的。通常，导致胸膜腔病变的原因只有在移除胸膜腔内的液体或气体后才能确定，因此，在进行胸膜腔穿刺术后应再次拍摄 X 线片。腹膜腔阳性造影和胃肠道造影有助于诊断膈破裂。对于患有乳糜胸的动物，可使用淋巴管造影术辅助胸导管结扎：借助开腹术或腹膜腔镜，将造影剂注射到肠系膜淋巴结或淋巴管内；另一种侵入性较小的技术是经皮将造影剂注射到腘淋巴结内，必要时可用超声引导。胸膜腔造影检查现在已经很少使用。如果有诊断超声，应在排出胸膜腔积液前进行（见 8.5）。

8.2 胸膜腔透线性增加

胸膜腔透线性增加通常与胸膜腔内气体有关。邻近的肺组织会不同程度地塌陷，使其边缘可见，因为游离气体比肺的空气－间质组织的密度更低。由于空气含量减少，肺的密度会升高。

1. 胸膜腔透线性假性升高——需要使用强光仔细检查，在怀疑有游离气体的区域可见肺血管。

   a. 胶片过度曝光、过度显影或灰雾。

b. 数字X线片上的反向伪影（光晕伪影、回弹效应）。

c. 在DV位上，与腋下皮褶重叠，深胸犬中尤为明显；这些皮褶线通常可延伸至胸膜腔外（所谓的假性气胸——图8-2A）。

d. 肺脏过度充气（见6.25）。

e. 深吸气。

f. 低血容量和肺循环不良。

g. 皮下气肿。

h. 肺叶气肿。

2. 气胸——肺脏从胸壁和脊柱处出现不同程度的回缩，伴周围气体密度及肺脏的密度相应增加（图8-2B）；在侧位片上，心尖将与胸骨分离，这是由于心脏失去了肺脏的支持，在重力作用下，落向支撑侧胸膜腔（区别于心脏缩小——见7.4，和肺气肿——见6.25.6；在这两种情况下，由于不同的原因，心尖也可能与胸骨分离）。呼气相X线片和左侧位投照对于检测少量游离气体更敏感；也可使用站立侧位投照或使用水平X线投照的VD位片——游离气体会分别聚集在脊柱或胸廓的最上方。气胸通常是双侧对称性的；局部的气体聚集通常提示潜在肺叶病变。膈扁平和向后移位、肋间软组织向外侧膨胀提示张力性气胸，需要及时治疗。

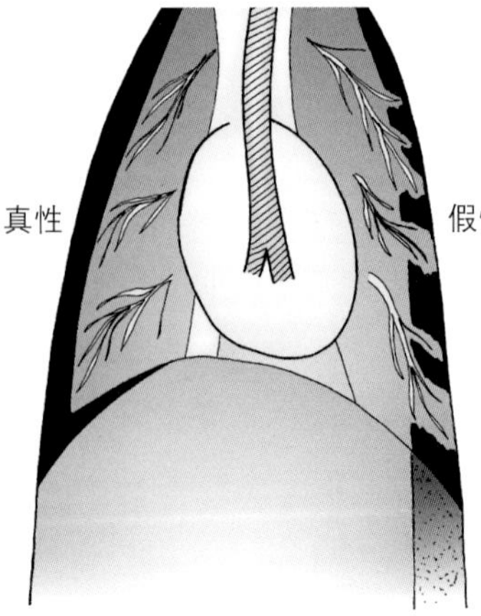

图8-2 在背腹位片上可见A侧假性气胸和B侧真性气胸。假性气胸时，通过强光检查可见肺血管纹理延伸至外周区域，且皮褶也延伸至胸膜腔外。

a. 穿透性损伤。
- 肺和脏层胸膜。
- 胸壁和壁层胸膜。

b. 自发性气胸——常为复发性，可能危及生命；尤其是大型犬或深胸犬。一般可分为原发性（无潜在肺病的胸膜下肺大疱或肺小疱破裂）或继发性（既存性肺病）。X线片通常很难发现潜在原因，只有在手术或尸检时才能确诊。CT检查可能更有价值。
- 先天性或获得性肺大疱（脏层胸膜之间）或肺小疱（脏层胸膜内层下）破裂，常见于肺脏尖端。
- 大疱性肺气肿，最常见的潜在病因。
- 肺囊肿破裂。
- 与猫的小气道疾病相关。
- 细菌性肺炎。
- 肺脓肿。
- 肿瘤。
- 胸膜粘连。
- 寄生虫感染（并殖吸虫属*、奥斯勒属*和恶丝虫属*）。
- 肺内异物移行（如草芒）。

c. 穿孔。
- 食管。
- 气管。
- 支气管。
- 空洞性肿物。

d. 医源性。
- 肺脏抽吸。
- 开胸术。
- 胸膜腔穿刺术。
- 颈部手术。
- 剧烈的心脏按压。
- 使用呼吸机进行人工通气。

e. 继发于肺叶扭转；机制不明（见6.17.5和图6-11）。

f. 产气菌感染。

g. 纵隔积气的蔓延（见 8.9.1 ~ 8.9.6）。

3. 膈破裂——移位和充气的胃肠道使胸膜腔局部透线性增加（图 8-3）。由于有胃肠内气体和肠壁外肺内气体的衬托，可清晰看到胃壁或肠壁，也可见摄入的矿化碎片。

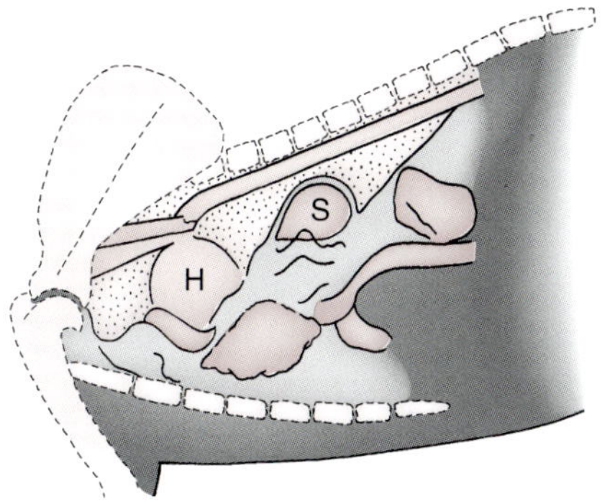

图 8-3　膈破裂：心影和膈影不清，胸膜腔内密度不均匀增加，可见一些充气的肠袢。腹部器官前移。腹膜心包膈疝可能看起来类似，但腹部脏器均局限在心包囊内。在背腹位片上，可见类似变化，且纵隔向对侧移位。H，心脏（向背侧移位，大部分被遮挡）；S，充气胃底。

a. 胸膜腔左侧大的透线性区域——疝入的扩张的胃。

b. 小的管状透线性区域——疝入的小肠；可能因为阻塞或嵌闭而导致扩张（也可见于腹膜心包疝，小肠位于心包囊内）。

4. 液气胸——动物侧卧进行水平 X 线投照，拍摄腹背位 X 线片——通常可见液体量比气体量多。

a. 脓气胸——最常见。

- 肺脓肿破裂，并伴随支气管胸膜瘘。
- 食管异物或犬狼旋尾线虫*肉芽肿导致穿孔。

b. 血气胸。

- 创伤后。
- 胸膜腔穿刺后的医源性损伤。

8.3　胸膜腔阻线性增加

肺的边缘远离胸壁，且由于外周软组织密度和中央充气肺密度的差异而变得可见（图 8-4A ~图 8-4C）。胸膜腔的密度增加必须与肺密度的假性或真正增加区分开来（见 6.13，6.14 和 6.22）。在胸膜腔严重积液时，心脏由于边界隐藏变得不可见，尤其在侧位 X 线片上。然而，在某些动物中仍可看到心包脂肪线，由此可确定心脏的位置和大小，并有助于判断是否存在心脏增大。

1. 脂肪密度——肥胖动物的胸骨上大量脂肪垫和较薄的胸膜下脂肪层可能看似积液。脂肪也可积聚在心包囊内。仔细检查时可见脂肪比邻近的心影和膈影密度低，且裂隙线不可见。

2. 胸膜腔积液——胸膜腔积液导致出现叶间裂隙线（见 8.6.2 和图 8-4A），肺脏腹侧边缘呈扇贝样，肺从胸壁回缩，心脏轮廓和膈影消失。在 DV 位片上可见叶间裂隙线、心脏轮廓和膈影消失（图 8-4B 和图 8-4C）；而在 VD 位片上，肋膈角处肺边缘变圆，心脏仍可能会看到，因为液体流至胸膜腔背侧（支撑侧）（图 8-4D 和图 8-4E）。少量积液在呼气相 X 线片上最易看到，因为此时胸膜腔容积变小，或在水平 X 线投照的 VD 位片上，患侧在下，以下方的胸廓为中心来投照。液体量增加会导致心影和膈影消失范围增多，且邻近液体的肺由于肺叶塌陷和含气量减少而密度升高。液体可能是游离的，随重力分布，也可能积于某处。在单个肺叶周围积聚的液体可能提示潜在的肺叶病变。所有液体的 X 线密度是一致的，需要胸膜腔穿刺鉴别液体的类型；在排出液体后，应重复拍摄 X 线片，评估液体清除的程度，以及更加彻底地评估肺、纵隔和胸壁的情况。同时存在胸膜腔和腹膜腔积液，一般提示预后较差。

a. 胸膜腔密度假性升高。

- 肥胖犬和猫的脂肪干扰，见上文。
- 在侧位片上，正常猫的后背侧肺缘与胸椎被胸内腰肌隔开。
- 软骨营养障碍品种的肋骨肋软骨接合处

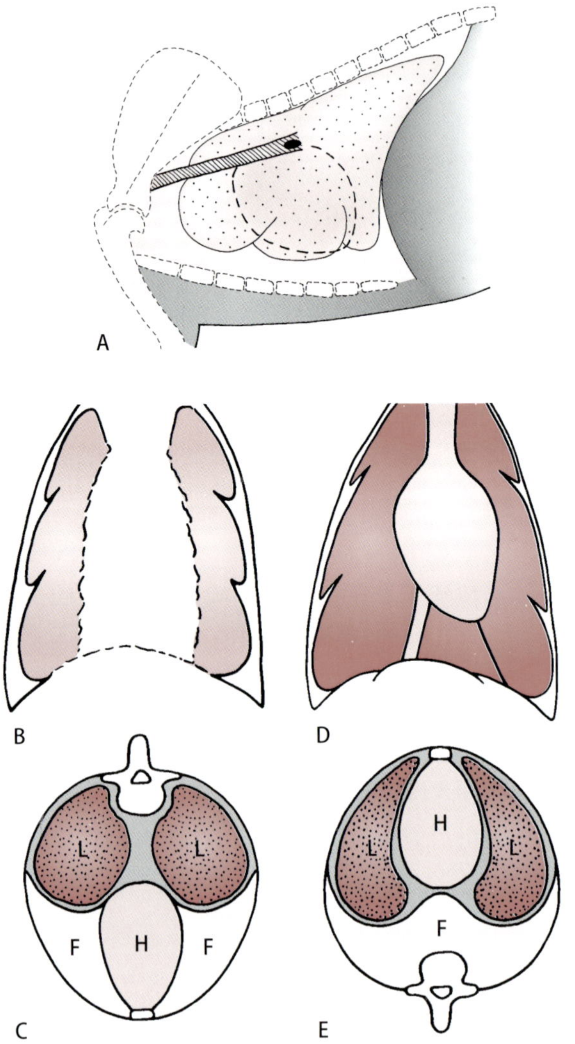

图8-4 胸膜腔积液和摆位对心脏显示度的影响。图A为侧位：心脏轮廓模糊，部分肺叶塌陷，周围呈弥散性的软组织密度。图B为DV位：液体聚集于狭窄的胸膜腔腹侧区域，心脏轮廓不清。图C为DV位投照时胸膜腔的横断面影像。图D为VD位，液体聚集于更宽的椎旁区域：充满气体的肺脏围绕在心脏周围，使其轮廓可见。图E为VD位投照时胸膜腔的横断面影像。F，胸膜腔积液；H，心脏；L，肺脏。

向内凹陷，在DV或VD位片上可能与胸膜腔积液混淆。

b. 漏出液或改性漏出液；多为双侧发生。

- 心力衰竭（尤其在猫）。
- 肿瘤，特别是淋巴瘤和间皮瘤；也可能与犬的卵巢肿瘤有关。
- 膈破裂造成肝叶嵌闭。
- 特发性积液。
- 无菌性异物。
- 肺炎。
- 低白蛋白血症（肾病综合征、蛋白丢失性肠病、慢性肝衰竭）。
- 肺叶扭转。
- 肾小球肾炎。
- 肺血栓栓塞——轻度。
- 蛛网膜下腔-胸膜瘘（罕见）。
- 膈破裂导致肾脏移位继发尿胸。
- 猫——甲状腺功能亢进，伴或不伴心力衰竭。
- 猫——继发于肾周假性囊肿。

c. 渗出液；多为单侧或不对称性，常与炎症有关。

- 脓胸。
- 肺脓肿。
- 异物（如移行的草芒）。
- 诺卡氏菌病*。
- 放线菌病*——常并发纵隔或肺部肿物±肋骨骨髓炎。
- 结核病。
- 肺炎。
- 真菌性积液。
- 自身免疫性疾病（如系统性红斑狼疮或类风湿性关节炎）——积液量通常较少。
- 肿瘤；最常见间皮瘤（也可见肋骨和胸骨病灶）。
- 胆汁性胸膜炎——创伤（如枪击）或继发于胆囊炎，但后者的机制不明；继发于膈破裂时的胆汁性腹膜炎。
- 猫——猫传染性腹膜炎（FIP）。

d. 乳糜——导致右心静脉压升高或淋巴回流受阻的疾病；也会引发渗出性反应。

- 右心衰竭，尤其是猫（可能导致限制性胸膜炎）。
- 心肌病。
- 先天性心脏病。
- 心包积液。
- 创伤，胸导管破裂。

- 前纵隔肿物。
- 肿瘤。
- 肺叶扭转。
- 血栓形成。
- 纤维化。
- 先天性（如胸导管末端异常）。

e. 出血。

- 创伤伴血管破裂，常伴有前段肋骨骨折。
- 凝血病。
- 出血性血管肉瘤或侵袭血管的其他肿瘤。
- 自身免疫性疾病。
- 之前胸膜腔手术的并发症。
- 肺叶扭转。
- 主动脉瘤破裂——通常致命。
- 犬狼旋尾线虫*幼虫异常移行导致的血管破裂——通常致命。
- 犬恶丝虫*感染导致的血栓性动脉炎。
- 与脉管圆线虫*感染有关，由于凝血病或肺破裂。
- 幼犬退化胸腺的自发性出血。

f. 胸膜腔积液也可能继发于腹膜腔积液，可能通过淋巴管越过膈造成。

- 继发于肝脏疾病的漏出液。
- 继发于胰腺炎的渗出液。

3. 膈破裂——肝脏、脾脏、充满液体的胃肠道或子宫疝入导致胸膜腔内密度增加（见 8.2.3 和图 8–3）。

8.4　胸膜和胸膜外的结节和肿物

1. 由于软组织重叠或骨质变化引起的假象（见 8.21 和 8.22）。
2. 胸膜外肿物——这些肿物从胸壁的壁侧突向胸膜腔，形成胸膜外征象，表现为边界清晰的凸起轮廓，前后缘逐渐变细（图 8–5）。这些病灶通常会向内生长，使邻近肋间隙变宽，并累及肋骨。在透视或超声检查时可发现，它们不会随肺的呼吸运动而移动。除非疾病过程蔓延到胸膜腔，否则不会（或极少）产生胸膜腔积液。可能需要特殊的斜位投照来勾勒病变的轮廓。

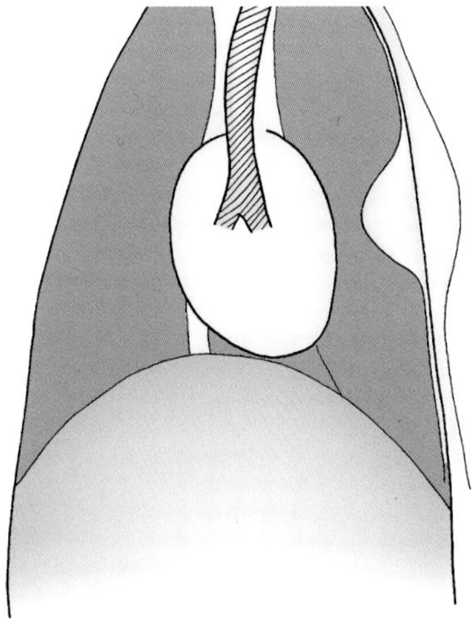

图 8–5　在 DV 位片上可见胸膜外征象，提示来源于胸膜外的肿物病变，而非来源于肺内。另见图 8–14（肋骨肿瘤）。

a. 肋骨肿瘤（见 8.22.5）。

b. 炎性疾病。

- 胸壁骨质结构的骨髓炎。
- 脓肿。
- 肉芽肿。
- 异物反应。

c. 软组织肿瘤。

- 脂肪瘤——通常存在明显的脂肪密度。
- 血管肉瘤。
- 纤维肉瘤。
- 横纹肌肉瘤。

d. 胸骨淋巴结病（见 8.12.7 ~ 8.12.11）。

e. 血肿——与创伤和肋骨骨折相关。

3. 小的膈破裂、膈疝和膈膨出——有时为偶然发现（见 8.26.1）。
4. 胸膜肿瘤——仅在胸膜腔引流后和肿物足够大时可见。
   a. 间皮瘤——通常为多发性或弥散性。
   b. 转移性癌病——弥散性。
5. 胸膜脓肿或肉芽肿（如继发于异物）。
6. 包裹性或局限性胸膜腔积液——不随重力移动。

7. 病变肺叶周围积聚的胸膜腔积液。
8. 胸膜腔引流后的纤维蛋白残留物。

8.5 胸膜和胸膜外病变的超声检查

在检查胸膜腔疾病时，超声检查与 X 线检查是互补的，尤其是存在游离液体时，而且也可通过超声引导抽吸液体或小的病灶。检查时可采用肋间、胸骨旁、经肝和胸膜腔入口处通路。从不同的通路扫查患病动物很有必要，包括腹侧通路，因为在重力作用下，液体会聚集在腹侧从而产生有用的声窗。

1. 胸膜腔积液——胸膜腔积液的超声表现多样，但通常为低回声至无回声。液体包围肺叶，使肺叶彼此或与胸壁分离，并且形成有用的声窗，便于检查其他胸部结构。液体内的回声通常提示存在细胞、组织碎片和 / 或气泡，但仍需要胸膜腔穿刺来确定液体的性质。另外，液体还有助于呈现通常不易见到的胸内结构，如前纵隔内的大血管。胸膜表面的产回声物质和沉积物说明存在渗出物、血液、乳糜或弥散性肿瘤（如间皮瘤）。间皮瘤也可形成菜花样的肿物，特别是在胸膜腔背侧。炎性积液可能会形成分隔征。8.3.2 列出了胸膜腔积液的可能原因。严重的胸膜腔积液可能导致右心房塌陷，看起来像继发于心包积液的心包填塞。
2. 低回声或无回声，边界清晰的区域。
   a. 局部积聚的液体。
   b. 胸膜脓肿。
   c. 血肿。
   d. 胸骨淋巴结病。
   e. 均质性软组织肿瘤，伴随少量出血或坏死。
   f. 肝脏异位或部分肝脏通过膈撕裂孔脱出。
3. 非均质区域。
   a. 肋骨或胸骨肿瘤。
   b. 非均质性软组织肿瘤和 / 或纤维性、钙化、坏死或出血。
   c. 炎性疾病。
      - 脓肿。
      - 肉芽肿。
      - 异物反应。
4. 腹膜腔脏器进入胸膜腔——超声上发现胸膜腔内出现腹膜腔脏器（如肝脏、脾脏、胃肠道）是膈破裂更明确的指征，而不是发现膈缺损。也可见不定量的胸膜腔积液。
   a. 镜像伪影，导致经肝脏扫查时可见胸内肝脏的影像（见附录）。
   b. 心包内不含内脏——创伤性膈破裂。
   c. 心包内明显存在内脏——先天性腹膜心包膈疝。

8.6 胸膜增厚：肺叶边缘可见度增加

肺叶通常会延伸到胸膜腔的外围，正常情况下每个肺叶的边界是不可见的，除了以下 2 个位置：

- 在侧位 X 线片上的前腹侧胸膜腔，纵隔斜行，可见左前叶前部的轮廓（见 8.7 和图 8–7A）。
- 某些犬由于存在胸内脂肪，在侧位 X 线片上，可见肺腹侧缘呈扇形。

1. 肺叶回缩使边缘可见。
   a. 伪影。
      - 腋下皮褶或放置在胸骨下的泡沫楔导致的皮褶——皮褶线可延伸至胸廓外，并且在该线的周边仍见到肺血管纹理。
      - 在软骨营养障碍品种中，尤其是腊肠犬和巴吉度犬，其肋骨肋软骨交界处内移，造成 DV 位片上胸膜腔积液的假象。
   b. 胸内脂肪。
   c. 气胸。
   d. 胸膜腔积液。
   e. 继发于脓胸或乳糜胸的缩窄性胸膜炎。
   f. 肺不张。
2. 叶间裂隙——沿肺叶边缘的细的高密度线（图 8–6A 和图 8–6B）。

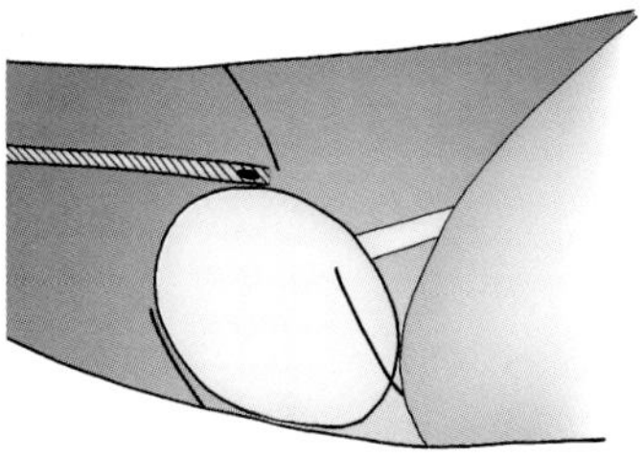

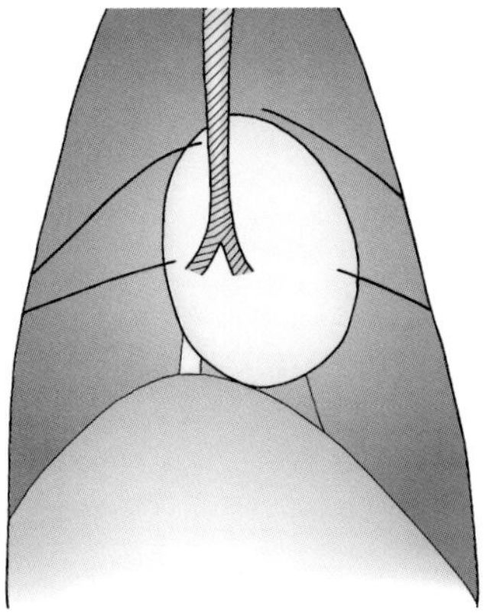

图 8-6　图 A 所示右侧位和图 B 所示背腹位 X 线片上胸膜叶间裂隙的位置。

a. 伪影。
- 细的矿化的肋软骨（在 DV 位片上，这些软骨向前凹陷，而叶间裂隙向后凹陷）。
- 肩胛冈或其边缘。

b. 偶然发现——大型犬左侧位 X 线片上偶尔可见心脏上方一条细的叶间裂隙。

c. 轻度胸膜腔积液——外周的叶间裂隙比中央区域宽。

d. 继发于脓胸或乳糜胸的纤维素性胸膜炎——尤其在猫。由于胸膜腔穿刺后肺叶不能完全复张，可见细的高密度线勾勒出肺的圆形边界。

e. 胸膜纤维化或瘢痕化——宽度均匀的细线。
- 老年性和已痊愈的疾病。
- 真菌性疾病（如球孢子菌病 * 和诺卡氏菌病 *）。
- 寄生虫性疾病（如肺丝虫和米氏类丝虫 *）。

f. 左心衰竭引起胸膜水肿。

g. 干性胸膜炎（如工作犬的胸膜腔内草芒迁移）。

h. 纵隔积液——在 DV 位或 VD 位片上，可见叶间裂隙，在中央区域比在外周区域宽（见 8.10 和图 8-9）。

3. 外周的肺叶实变或塌陷突出显示与充气肺叶相邻的界面。

纵隔

8.7　纵隔的解剖结构与 X 线检查

纵隔是位于两个胸膜囊之间的空间，由两层纵隔胸膜组成。纵隔将胸膜腔分为两个部分。纵隔内容纳许多结构，包括心脏、大血管、气管、食管和淋巴结，都大致位于中线上（图 8-1 和图 8-7A，图 8-7B）。在解剖学上，纵隔可分为前纵隔（心前区）、中纵隔（心区）和后纵隔（心后区）三部分。前纵隔位于胸膜腔入口处和心脏之间，内含大血管、气管、食管、淋巴结、迷走神经和胸腺。中纵隔内容纳心脏和大血管、气管末端和气管支气管淋巴结。后纵隔位于心脏和膈之间，内含降主动脉、后腔静脉（CdVC）和食管。纵隔向前与颈部筋膜面相连，向后通过主动脉裂孔与腹膜后腔相连。在心脏前侧、背侧和中央可见大量软组织密度阴影，这是由前胸血管、食管、气管和淋巴结等形成的。在 DV 位或 VD 位 X 线片上，犬的前纵隔宽度通常不超过椎体宽度的 2 倍。在腹侧区域，前纵隔形成一个薄的软组织皱褶，在侧位片上从前背侧向后腹侧斜向延伸。在 DV 或 VD 位片上，它从前内侧向后外侧方向延伸至左侧，将右前肺叶和左前肺叶分隔开。这个皱褶内含有腹侧的胸骨淋巴结和幼年动物的胸腺。后纵隔区域在 DV 位或 VD 位片上可见腹侧纵隔皱褶被肺副叶移向左侧胸膜腔。在猫的 DV 位或 VD 位片上，前背侧纵隔的宽度应小于重叠的胸椎的宽度，且难以看到前腹侧皱褶。

除了被空气围绕的心脏、主动脉、CdVC 和气管外，纵隔结构不能被一一区分，它们具有相似的软组织密度，并且彼此接触。令人意外的是，

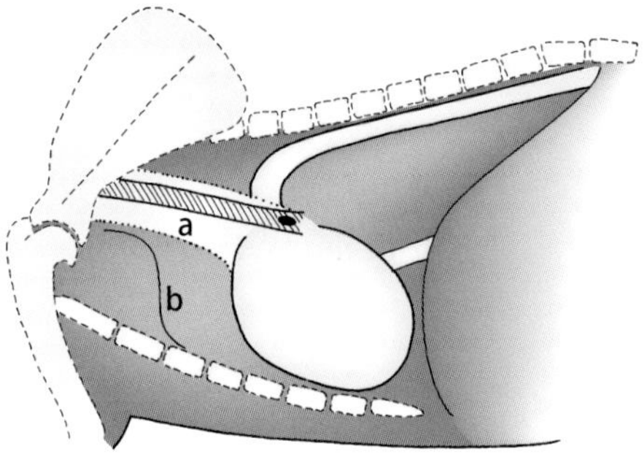

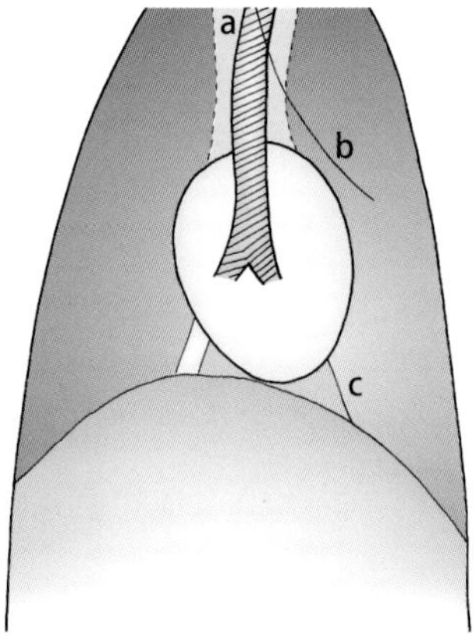

图 8-7　图 A 所示的侧位和图 B 所示的背腹位或腹背位 X 线片上的纵隔位置。a，前纵隔结构（血管、食管、气管和淋巴结）；b，前腹侧纵隔皱褶；c，后腹侧纵隔皱褶。

后段食管也很少可见。对于纵隔疾病的检查（纵隔积气除外），DV 位或 VD 位通常比侧位能提供更多的信息，但大多数情况下都应获得两个体位的 X 线片。对于胸膜腔疾病，获得两个正交体位投照的 X 线片是很重要的，8.1 所述的位置性 X 线投照也可能有助于判断是否存在纵隔和 / 或胸膜腔积液。

8.8　纵隔移位

在摆位良好的 DV 位或 VD 位 X 线片上，可通过评估心脏、气管、主支气管、主动脉弓和腔静脉的位置来诊断纵隔移位。

1. 伪影。
   a. DV 位或 VD 位的斜位投照。
2. 单侧病变导致两侧胸膜腔膨胀不均。

纵隔向患侧胸膜腔移位

a. 单侧肺不张。
- 全身麻醉和侧卧（可能在诱导后数分钟内发生，尤其在大型犬）。
- 重症状态的长期侧卧。
- 插管错误——气管插管插入一侧支气管中。
- 肿物或异物阻塞支气管。
- 猫——猫的支气管哮喘伴肺叶支气管阻塞。

b. 肺叶扭转。
c. 肺叶切除术。
d. 肺不发育或发育不全。
e. 放射性肺纤维化和肺不张。
f. 粘连。
g. 单侧膈神经麻痹。

纵隔向健侧胸膜腔移位

h. 单侧或非对称性气胸和张力性气胸。
i. 单侧或非对称性胸膜腔积液。
j. 膈破裂或膈疝（见 8.2.3 和图 8-3）。
k. 大的肺脏、胸膜或胸壁肿物。
l. 大叶性或不对称的肺气肿。

3. 慢性胸膜腔疾病伴粘连。
4. 对侧胸壁病变伴肿物效应（见 8.21 和 8.22）。
5. 胸骨和椎体畸形（见 8.23，8.24 和图 8-15）。
6. 内脏转位——在 DV 位片上，心尖和后纵隔位于中线右侧（见 7.3.5 和图 7-3C）。

8.9　纵隔密度的变化

大多数纵隔的变化是软组织密度改变，但纵隔也可能由于脂肪或空气的存在而导致密度下降，或由于矿化而导致密度升高。

空气导致纵隔密度下降：纵隔积气

广泛性纵隔积气使纵隔内结构被气体衬托而区分开来，如血管、气管壁和食管（图 8–8）。气体可延伸至颈部的筋膜面，形成皮下气肿；也可延伸至腹膜后腔和心包内（罕见）。偶尔可见局灶性纵隔积气形成纵隔内气泡。充气的巨食管也会产生气体密度的纵隔增宽的影像，并使背侧气管壁可见（见 8.17），不要误认为纵隔积气。纵隔积气可导致气胸，但气胸不会导致纵隔积气。静脉结构受压可能会导致循环衰竭。

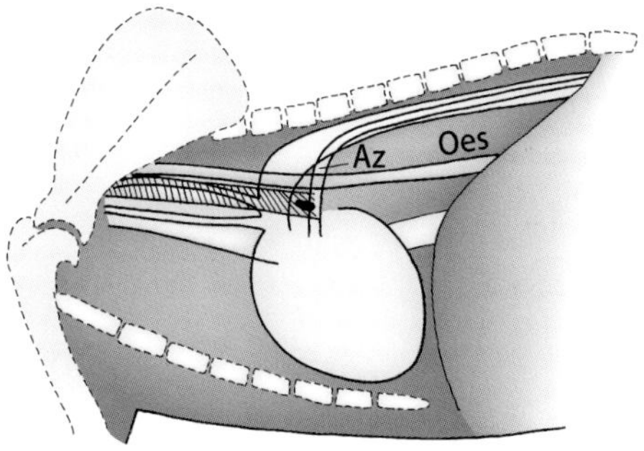

图 8–8　纵隔积气：纵隔结构的可见度增加。通常不可见的奇静脉（Az）和食管（Oes）已可见。前纵隔血管也明显可见，气管壁比正常状态下更明显。

1. 伪影——充气的巨食管与前纵隔血管重叠。
2. 医源性纵隔积气。
   a. 经气管抽吸后。
   b. 肺脏抽吸后。
   c. 正压通气期间肺脏过度膨胀。
   d. 内窥镜检查后。
   e. 气管插管导致的损伤。
   f. 在猫，发生于气管插管的套囊过度充气。
3. 颈部气体蔓延。
   a. 头部或颈部开放性的软组织创伤。
   b. 颈部气管穿孔。
   c. 颈部食管穿孔。
   d. 咽部穿孔。
   e. 颈静脉穿刺。
   f. 软组织感染并产生气体。
4. 支气管和肺内的气体蔓延；空气延血管周围或支气管周围外膜分布。
   a. 支气管或肺破裂。
      - 肺大疱、肺小疱或肺囊肿破裂。
      - 支气管寄生虫病。
      - 压迫性损伤。
      - 肺叶扭转。
      - 肺叶气肿。
   b. 自发性纵隔积气——比赛的灵缇犬。
5. 胸内气管穿孔。
6. 胸内食管穿孔。
7. 继发于严重的呼吸困难——特别是百草枯中毒，伴肺间质型（见 6.22.14）。
8. 气肿性纵隔炎。
9. 腹膜后腔积气的蔓延。

纵隔密度下降：脂肪

10. 肥胖——尤其是在软骨营养障碍的犬种。

纵隔密度升高，高于软组织密度

11. 医源性。
    a. 静脉或动脉内导管。
    b. 气管插管。
    c. 饲管。
    d. 食管听诊器。
12. 扩张的食管中的食物——见 8.18。
13. 矿化。
    a. 矿化的食管异物（见 8.20）。
    b. 摄入的矿化碎片积聚在扩张的食管中（如继发于血管环异常）。
    c. 肿瘤。
       - 犬狼旋尾线虫 * 肉芽肿转变为骨肉瘤。
       - 胸腺肿瘤。
       - 淋巴瘤。
       - 转移性纵隔肿瘤。
    d. 慢性感染性淋巴结侵袭（见 8.12）（如组织胞浆菌病 * 或结核病）。
    e. 心血管矿化——主动脉、冠状血管和心脏瓣膜（见 6.27.7）。

14. 金属。
  a. 子弹等金属异物。
  b. 造影剂。
    - 从食管穿孔处漏出。
    - 膈破裂时腹膜腔阳性造影。
    - 之前误吸的钡餐积聚在肺门淋巴结中。

8.10 纵隔增宽

广泛性纵隔增宽可能与脂肪或液体积聚相关。纵隔积液可能会形成反向叶间裂隙，因为液体是从肺门区域进入肺叶间的。反向叶间裂隙在中央较宽，向外周渐窄（图 8–9），注意不要与膨胀不全的肺叶相混淆，尤其是右中叶的塌陷，表现为小的三角形结构（见 6.17.3 和图 6–10）。胸膜腔积液也可能出现反向叶间裂隙，但在这些动物中，液体会大面积分布，从而掩盖这种表现。局灶性的液体积聚会形成类似纵隔肿物的假象（见 8.11）。纵隔积液可蔓延至胸膜腔内，反之则不会。

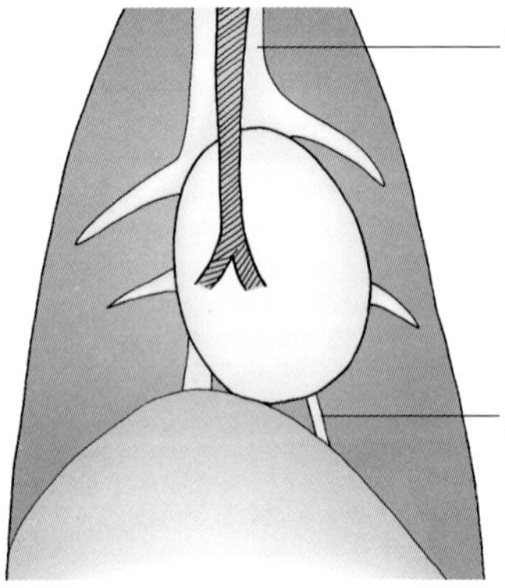

图 8–9　在 DV 位片上，由于纵隔积液而形成的反向叶间裂隙。纵隔也是增宽的。

1. 偶见的纵隔增宽。
  a. 斗牛犬的 DV 位或 VD 位片上通常可见前纵隔增宽。气管位置正常，稍偏中线右侧。
  b. 在肥胖动物，尤其是小型和迷你犬种，大量的脂肪沉积会导致前纵隔增宽，边界平滑。气管位置正常，稍偏中线右侧。
  c. 在幼年动物 DV 位或 VD 位片上，可见肺右前叶和左前叶之间的胸腺"帆征"。
2. 纵隔肿物（见 8.11）。
3. 食管扩张（见 8.17）。
4. 出血（原因列表详见 8.3.2）。
5. 纵隔炎或纵隔脓肿继发于：
  a. 食管或气管穿孔。
  b. 淋巴结炎、胸膜炎、心包炎、肺炎或深层颈部创伤的扩散。
  c. 犬狼旋尾线虫*。
  d. 猫——纵隔性猫传染性腹膜炎。
6. 水肿或漏出液（通常也伴有胸膜腔积液）。
  a. 急性系统性疾病。
  b. 外伤。
  c. 低蛋白血症。
  d. 右心衰竭。
  e. 肿瘤，尤其是猫的前纵隔肿物。
7. 纵隔乳糜症。
8. 继发于后腔静脉与奇静脉延续的奇静脉扩张（± 门腔静脉分流）——在 VD 位片上可见后纵隔增宽。

8.11 纵隔肿物

纵隔肿物会引起邻近结构的移位，尤其是气管，前纵隔肿物可能会导致继发性的食管梗阻。食管造影检查、血管造影检查、水平 X 线投照、胸膜腔造影检查、超声和 CT 等技术可提供关于肿物位置和性质的进一步信息（图 8–10）。纵隔肿物需要与局灶性积液（见 8.10）、肺和胸壁肿物相区分。

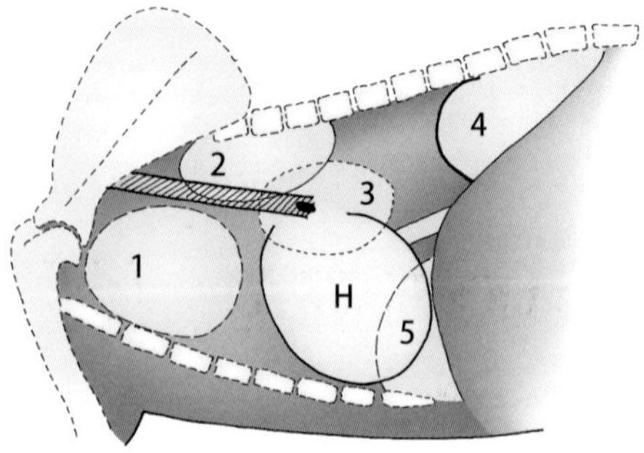

图 8–10　侧位片上纵隔肿物的位置。H，心脏；1，前腹侧肿物；2，前背侧肿物；3，肺门及周围肿物；4，后背侧肿物；5，后腹侧肿物。

1. 前腹侧纵隔肿物（心前区）——可能抬高 ± 压迫气管和食管。
   a. 伪影。
      - 颈部屈曲导致胸内气管向背侧弯曲（图 6-2C）。
      - 在 DV 位或 VD 位片上，胸内气管向右侧弯曲，这在软骨营养障碍犬种中是正常表现（图 6-2F）。
      - 肺前叶尖端的肿物可能会与纵隔接触，使其边界消失，易混淆为前纵隔肿物。
      - 胸膜腔积液常聚集在肺前叶周围，遮挡心脏轮廓，易混淆为纵隔肿物，尤其在猫。
      - 肥胖动物的纵隔内脂肪，尤其是软骨营养障碍的犬种。
   b. 正常的胸腺——在幼年犬的前腹侧纵隔褶中可见胸腺“帆征”，在 DV 位或 VD 位片上朝向左后外侧，不应与反向叶间裂隙相混淆。
   c. 肿瘤——常伴有胸膜腔积液，需要通过超声检查或胸膜腔穿刺后重复拍片来得出诊断。偶尔会引起前腔静脉综合征：肿瘤压迫、侵袭和形成血栓阻塞前腔静脉，引起头、颈和四肢的水肿——通过非选择性血管造影或超声检查可得出诊断。
      - 淋巴瘤；猫最常见的病因——多见于猫白血病病毒阳性、幼年的东方品种猫。
      - 胸腺——可能伴发重症肌无力和巨食管症，尤其是德国牧羊犬。
      - 恶性组织细胞增多症——中年、大型犬，雄性多发；主要是伯恩山犬，但也可见于罗威纳犬、金毛寻回猎犬和平毛寻回猎犬。
      - 异位甲状腺或甲状旁腺肿瘤。
      - 肋骨肿瘤——也需查找骨性变化（见 8.22.5 和图 8-14）。
      - 胸骨肿瘤。
      - 其他肿瘤（如脂肪瘤和纤维肉瘤）。
   d. 继发于血管环异常的食管扩张（见 8.17.6 和图 8-12）。
   e. 胸骨淋巴结病（见 8.12.7 ~ 8.12.11）；注意胸骨淋巴结增大可提示腹膜腔内病变。如果为淋巴瘤，那么也可能存在其他淋巴结病或腹部器官肿大。
   f. 纵隔脓肿或肉芽肿。
      - 异物反应（如穿透胸骨的尖锐物体）。
      - 诺卡氏菌病*。
      - 放线菌病*。
   g. 纵隔血肿。
   h. 纵隔囊肿——多见于老年猫，常为偶然发现。
      - 胸腺鳃裂囊肿。
      - 甲状旁腺囊肿。
      - 甲状舌管囊肿。
      - 胸膜囊肿。
      - 特发性囊肿。
   i. 右心耳通过心包缺损形成动脉瘤样扩张。
2. 前背侧纵隔肿物（心前区）——可能下压 ± 压迫气管和食管。
   a. 食管病变。
      - 扩张（见 8.17）。
      - 异物（见 8.20）。
      - 巨食管中的食物。
      - 食管脓肿或肉芽肿。
      - 食管肿瘤——罕见（见 8.19.6）。
   b. 主动脉扩张，如狭窄后扩张、动脉瘤（见 7.10.1）。
   c. 心基部肿瘤（见 7.16.2）。
   d. 与椎体病变有关。
      - 肿瘤。
      - 严重的脊椎关节强硬。
      - 骨髓炎。
   e. 纵隔脓肿、肉芽肿或蜂窝织炎。
      - 异物穿透食管后。
      - 异物移行的反应（如草芒）。
      - 诺卡氏菌病*。

- 放线菌病*。
- 继发于颈部创伤（如咬伤、刺伤）。

f. 肋骨近端肿瘤。

g. 胸腺瘤。

h. 淋巴结病。

i. 血肿。

- 犬狼旋尾线虫*幼虫畸变导致血管穿孔。
- 凝血病（如继发于脉管圆线虫*感染、血友病）。

j. 椎旁神经鞘瘤。

3. 肺门和肺门周肿物——通常为心基部边界不清的肿物。邻近的气管和主支气管可能会移位或受到压迫（图 6-5B 和图 6-5D）。

a. 气管支气管（肺门）淋巴结病——通常伴有相关的肺或胸膜病变及其他系统性症状（见 8.12.1 ~ 8.12.6）。

b. 淋巴结肿瘤（如淋巴瘤、恶性组织细胞增多症）。

c. 食管病变。

- 食管异物（见 8.20）。
- 犬狼旋尾线虫*肉芽肿。
- 食管肿瘤，常继发于犬狼旋尾线虫*肉芽肿。
- 巨食管中的食物。

d. 心基部肿瘤（见 7.16.2）。

e. 看似肿物的心血管结构（见 7.8，7.10，7.11 和 7.13）。

- 左 / 右心房扩大。
- 肺门周肺水肿。
- 主动脉或肺动脉狭窄后扩张。
- 肺动脉增粗。
- 主动脉瘤。

f. 纵隔脓肿或肉芽肿。

g. 异位甲状腺肿物。

h. 邻近肺或支气管肿物。

4. 后纵隔肿物（心后区）。

a. 伪影——肺副叶肿物，胸膜腔中部至背侧。

b. 食管病变（见 8.19 和 8.20）；胸膜腔中部至背侧。

- 异物。
  - 食管肉芽肿或脓肿（如由于犬狼旋尾线虫*或之前的异物所致）。
- 食管肿瘤（如继发于犬狼旋尾线虫*肉芽肿的骨肉瘤或纤维肉瘤、平滑肌瘤或平滑肌肉瘤）。
- 食管裂孔疝——可能与严重的呼吸用力有关；可并发于破伤风。
- 食管旁疝。
- 胃食管套叠。
- 食管憩室或局灶性扩张。
- 巨食管中的食物。

c. 纵隔肉芽肿或脓肿（如异物移行）。

d. 纵隔血肿。

e. 与椎体病变有关。

f. 腹膜心包膈疝；位于胸膜腔腹侧（见 7.6.3）。

g. 真正的膈疝。

h. 膈膨出（见 8.26.1）。

i. 膈脓肿或肉芽肿（如异物移行）。

j. 膈肿瘤。

k. 纵隔囊肿——较前纵隔少见。

l. 主动脉瘤。

m. 肝脏疝入。

- 通过膈破裂孔。
- 通过后腔静脉裂孔。

n. 胸膜腔内胆囊。

o. 异位肾。

- 先天性。
- 通过膈破裂孔发生移位；在猫有报道。

p. 继发于后腔静脉与奇静脉延续的奇静脉扩张（± 门腔静脉分流）——在 DV 或 VD 位 X 线片上可见后纵隔增宽。

8.12 纵隔淋巴结病

气管支气管（肺门）、支气管和纵隔的淋巴结肿大都可产生边界不清的肺门肿物（图 8-10）。这些通常会伴有相关的肺或胸膜病变及其他系统性症状。胸膜外征象可能是右侧位 X 线片上胸骨淋巴结区域的正常表现，尤其是在大型犬，不要误诊为胸骨淋巴结病，特别是在左侧位 X 线片上没有看到的时候。

肺门区淋巴结病

1. 真菌感染。
   a. 球孢子菌病*——幼犬，猫罕见。
   b. 组织胞浆菌病*——主要在犬，猫罕见；在恢复期可能会钙化。
   c. 芽生菌病*——主要在犬，猫罕见。
   d. 隐球菌病*——更常见于猫，犬不常见。
2. 肿瘤。
   a. 淋巴瘤——常伴有肺间质型。
   b. 恶性组织细胞增多症——中年、大型犬，雄性多发；主要是伯恩山犬，但也可见于罗威纳犬、金毛寻回猎犬和平毛寻回猎犬。
   c. 来源于肺和其他身体部位的转移性肿瘤。
3. 细菌感染或肉芽肿。
   a. 结核病。
   b. 诺卡氏菌病*——主要见于年轻犬。
   c. 放线菌病*。
4. 肺嗜酸性肉芽肿病。
5. 肺淋巴瘤样肉芽肿病——也伴肺泡型和肺结节或肿物。
6. 胸膜或肺部感染消退后。

胸骨淋巴结病

7. 伪影，尤其是仅在大型犬的右侧位 X 线片上见到时。
8. 肿瘤。
   a. 淋巴瘤——也常伴肺间质型（见 6.22.6）。
   b. 恶性组织细胞增多症（见 8.12.2）。
   c. 转移性肿瘤，来源于：
      - 乳腺肿瘤。
      - 前腹部肿瘤。
9. 细菌感染（见 8.12.3）。
10. 真菌感染（见 8.12.1）；尤其是猫的隐球菌病*。
11. 胸膜或肺部感染消退后。
12. 继发于腹部炎性或肿瘤性疾病，因为胸骨淋巴结收纳来自腹膜腔的淋巴液。

8.13　纵隔的超声检查

与胸膜腔疾病类似，超声检查和 X 线检查通常是诊断纵隔疾病的互补工具（见 8.5）。当 X 线片显示游离的胸膜腔积液时，可使用超声检查潜在的纵隔肿物，并区分纵隔囊肿和实质性软组织肿物。当存在胸膜腔积液时，纵隔胸膜可能表现为产回声带，而且也可能见到纵隔内血管和淋巴结。当肿物内出现伴有振铃伪影或混响伪影的高回声灶时，提示存在小的气泡，此时应考虑是肺部肿物，而不是纵隔肿物。

1. 前纵隔肿物——可选择右侧或左侧肋间通路、胸膜腔入口通路或经食管通路（如果有内镜超声）来评估前纵隔。
   a. 低回声至无回声，回声均匀。
      - 纵隔积液。
      - 脓肿或肉芽肿，可能存在厚的产回声壁。
      - 囊肿或囊性肿瘤——单腔或多腔的，囊壁薄且规则。
      - 血肿。
      - 淋巴结病。
      - 均质细胞的肿瘤（如淋巴瘤）。
      - 异位甲状腺组织。
   b. 产回声或回声混杂。
      - 脓肿或肉芽肿。
      - 血肿。
      - 非均质细胞的肿瘤和 / 或纤维化、钙化、囊性区域、坏死或出血。
2. 后纵隔肿物——后纵隔一般通过前腹部通路经肝脏扫查可获得清晰的影像。如果肺充气良好，并且没有胸膜腔或纵隔积液，小的纵隔肿物可能很难成像。
   a. 低回声至无回声，回声均匀。

- 纵隔积液。
- 脓肿或肉芽肿。
- 囊肿。
- 血肿。
- 均质细胞的肿瘤。
- 肝脏位于腹膜心包疝内。
- 异位肝。

b. 产回声及回声混杂。

- 脓肿或肉芽肿。
- 血肿。
- 非均质细胞的肿瘤和/或纤维化、钙化、坏死或出血。
- 腹膜腔脏器（位于腹膜心包膈疝内或通过创伤性膈破裂孔）。
- 食管肿物（见8.19），包括犬狼旋尾线虫*肉芽肿。

3. 肺门和肺门周肿物——如果无法进行经食管超声检查，那么最好的方法是通过心脏扫查肺门肿物。先扫查心脏短轴切面，然后将探头向背侧倾斜以呈现心基部影像。随后再扫查心脏长轴切面，尤其要注意出入心脏和心房的大血管。

a. 心腔或大血管的增大。

- 左心房增大（见7.19.1和7.19.2）。
- 主动脉或肺动脉狭窄后扩张。
- 右心房增大（见7.20.1和7.20.2）。

b. 侵袭心腔或大血管的实质性肿物（可能伴有心包积液）。

- 心基部肿瘤——通常邻近或围绕主动脉流出道的低回声至高回声肿物。
- 血管肉瘤——通常会侵袭右心房壁的低回声肿物。

c. 心基部背侧的实质性肿物（以心脏作为声窗或经食管扫查）。

- 淋巴结病（见8.12）。
- 肺部肿物（见6.19）。
- 食管肿物（见8.19）。
- 食管异物（见8.20）。

胸段食管

8.14 胸段食管的正常影像学表现

正常排空的食管在X线平片上一般很难看到。偶尔在犬和猫的左侧位X线片上，在CdVC的背侧可见一个边界不清的软组织密度带。在清醒犬，通常可在心脏的前方观察到少量的腔内气体，尤其是在呼吸困难或挣扎时。麻醉状态下常见食管的广泛性扩张。在纵隔积气的动物中，食管也是可见的（图8–8）。

8.15 食管造影检查：技术和正常影像

食管造影检查可用于检查疑似食管疾病或颈部和胸部肿物的性质。不需要特殊的患病动物准备。但患病动物必须得是清醒的，暴躁的动物可能需要轻度镇静。通常可使用硫酸钡混悬液或钡糊，但疑似食管扩张或狭窄时需要使用“钡餐”（钡剂与食物混合），因为钡糊或混悬液可能会产生假阴性结果。侧位X线片通常比DV位或VD位更有意义，而且需要配有记录装置的荧光透视检查来评估功能障碍。

钡糊或硫酸钡混悬液食管造影

如果只需要很少量的造影剂，可选用注射器连接结实的橡胶管给动物饲喂钡剂。将适量造影剂注入臼齿和颊部之间，并给予足够的时间吞咽。注意避免误吸钡剂。也可使用胃管或导管通过放在犬齿后方的开口器到达颈部食管中段，然后通过胃管或导管缓慢注入钡剂混悬液。

钡餐

1份混悬液与3份肉类食物混合后，患病动物自主进食，必要时手动喂食。幸运的是，多数需要做造影检查的患犬都因为持续性反流而感到饥饿。猫通常不会吃钡餐，可能需要静脉注射地西泮促使进食。

碘剂食管造影

如果怀疑食管穿孔（如在移除食管异物后），必须给予 5 ~ 10 mL 的低渗水溶性含碘造影剂，避免钡剂泄露进入纵隔引起并发症（粘连和肉芽肿形成）。

犬的食管由横纹肌组成，在给予钡剂后，部分钡剂残存在食管黏膜皱褶内，在 X 线片上显示为纵向的线性纹理。而猫食管的后 1/3 是平滑肌，在阳性造影检查时呈现条纹状的“鲱鱼骨状”外观。

8.16　食管造影检查的异常征象

1. 食管腔的偏移。
   a. 正常——颈部食管位于气管背侧，在胸膜腔入口处食管绕到气管右腹侧，进入胸膜腔后又回到背侧。
   b. 胸膜腔入口处食管冗余或折叠——正常变异，尤其是斗牛犬。
   c. 颈部或胸内肿物引起食管移位。
   d. 食管壁肿物引起的管腔移位（见 8.19.5 和 8.19.6）。
   e. 食管裂孔疝（见 8.19.3）。
2. 扩张（巨食管症）——广泛性或局灶性（见 8.17）。
3. 食管腔狭窄，可能需要钡餐确定。
   a. 正常，黏膜光滑。
      - 蠕动——透视检查或重复曝光。
      - 心基部背侧。
   b. 异物周围明显的管腔狭窄。
   c. 炎性狭窄，也可见黏膜不规则，需要与弥漫性肿瘤鉴别。
      - 全身麻醉时胃酸反流。
      - 吞咽热或腐蚀性物质。
      - 由其他原因引起的食管炎。
   d. 肿瘤；也可见黏膜不规则——如果是弥漫性肿瘤，不一定存在肿物病变；需与食管炎鉴别。
   e. 肉芽肿，例如犬狼旋尾线虫*（见 8.19.5 和图 8-13）。
   f. 血管环异常——心基部（见 8.17.6 和图 8-12）。
   g. 脓肿，如异物后（见 8.20）。
   h. 胃食管套叠（见 8.19.2）。
4. 充盈缺损。
   a. 伪影。
      - 食物（如果给予钡餐）。
      - 气泡（尤其是给予混悬液后）。
   b. 食管肿物（见 8.19）。
   c. 食管异物（见 8.20）。
5. 黏膜不规则。
   a. 猫食管后 1/3 的正常“鲱鱼骨状”外观。
   b. 伪影——钡剂混合食物。
   c. 食管炎。
   d. 肿瘤。
6. 造影剂外渗。
   a. 伪影——造影剂在患病动物被毛、片盒或摄影床上。
   b. 误吸（如由于吞咽困难），喉部也可见造影剂。
   c. 食管穿孔（如继发于异物）——通常并发纵隔积气和 / 或纵隔炎（图 8-8 和图 8-9）。
   d. 支气管食管瘘或气管食管瘘。
7. 食管运动障碍——在透视检查下可见全部或部分食管活动减弱，但在 X 线片上无巨食管征象；常见于幼年㹴犬；可能会反流或无症状。

8.17　食管扩张

扩张的食管可能会充满食物、液体或空气（最常见）。当充满空气时，由于食管内的空气和邻近肺部或气管内空气的衬托，食管壁会变得可见。对于后者，气管壁和食管壁会共同形成阴影，即气管条纹征。扩张的食管可能会使气管向腹侧移位（图 8-11A 和图 8-11B）。慢性食管扩张伴反流可能会导致吸入性支气管肺炎（见 6.14.2）。

广泛性食管扩张（图8-11）

巨食管症是由于中枢神经系统疾病或神经肌肉疾病引起的食管运动障碍。猫较犬少见。

1. 暂时性巨食管症。
   a. 重度镇静或全身麻醉。
   b. 严重的呼吸道感染（如急性气管支气管炎）。
   c. 滑动性食管裂孔疝。
   d. 膈破裂修补后。
2. 先天性或遗传性巨食管症。
   a. 血管环异常（主要为持久性右主动脉弓）——导致狭窄前方局灶性扩张，但小部分病例也会出现狭窄后扩张的情况，最终导致广泛性扩张。如果食管内充满气体即可见到狭窄处。德国牧羊犬、拉布拉多犬和爱尔兰长毛猎犬好发。
   b. 遗传性巨食管症——刚毛猎狐㹴和迷你雪纳瑞犬。
   c. 家族遗传——德国牧羊犬、大丹犬、纽芬兰犬、沙皮犬和金毛寻回猎犬；暹罗猫。
   d. 先天性重症肌无力——杰克罗素㹴、史宾格犬和平毛猎狐㹴。
   e. 犬糖原贮积病——幼年的拉普兰犬。
   f. 遗传性肌病——幼年的拉布拉多犬。
   g. 犬巨轴索神经病——幼年的德国牧羊犬。
3. 获得性巨食管症。
   a. 特发性。
   b. 免疫介导性肌肉疾病和神经病。
      - 多发性肌炎——大型犬。
      - 获得性重症肌无力；广泛性肌肉疾病或选择性食管肌肉疾病——可能与胸腺瘤有关。
      - 急性多神经根神经炎。
      - 系统性红斑狼疮。
      - 多神经炎。
      - 皮肌炎。
   a. 代谢性神经病和脊髓病。
      - 肾上腺皮质功能减退（阿迪森病），常伴有心脏缩小。
      - 甲状腺功能减退。
      - 皮质类固醇诱发的多肌病。
      - 糖尿病。
      - 高胰岛素血症。
      - 尿毒症。
   d. 中毒性神经病。
      - 有机磷酸酯类。
      - 重金属，尤其是铅，也包括锌、镉和铊。
      - 氯化烃类。
      - 抗胆碱酯酶。
      - 除草剂。
      - 丙烯酰胺。
      - 肉毒梭菌。

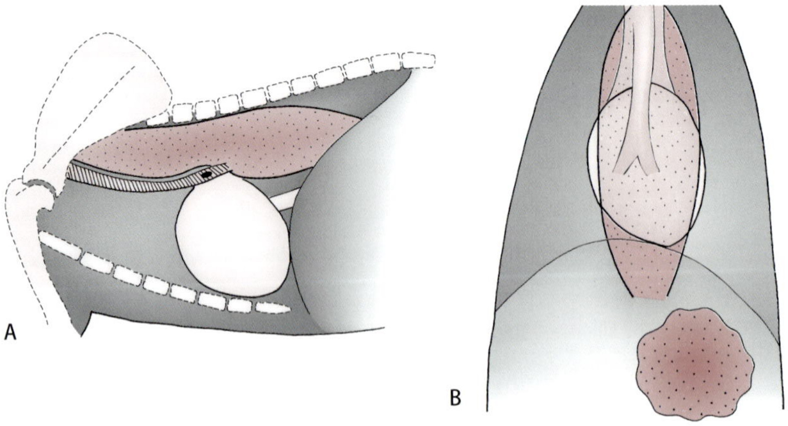

图8-11 图A所示的侧位和图B所示的背腹位或腹背位X线片上充气的巨食管。在侧位片上，食管壁和气管壁重叠，形成气管条纹征。气管向腹侧移位。

- 破伤风。

e. 继发于：

- 反流性食管炎，尤其是由轴向食管裂孔疝所致（见 8.19.3）。
- 食管远端异物。
- 急性胃扩张扭转综合征。
- 脑干疾病（如肿瘤）。
- 猫——幽门功能障碍。
- 蛇咬伤。

f. 犬家族性自主神经异常。

g. 猫家族性自主神经异常（Key-Gaskell 综合征）。

h. 肥厚性肌营养不良症。

i. 硫胺素缺乏。

局灶性食管扩张

4. 暂时性局灶性食管扩张。

a. 呼吸困难。

b. 吞气症。

c. 正常吞咽。

5. 食管冗余，多见于造影检查时，胸膜腔入口处食管的腹侧偏移。主要见于短头品种（如斗牛犬），在猫也有报道。通常无临床意义。

6. 先天性局灶性食管扩张。

a. 通常为血管环异常（图 8-12），伴心脏前方食管扩张；猫不常见。

- 95% 为持久性右主动脉弓，在 DV 位或 VD 位 X 线片上可见气管末端左移（图 6-2G），多见于德国牧羊犬、波士顿㹴和爱尔兰长毛猎犬；猫的主要发病类型。
- 双主动脉弓——常伴有气管压迫和咳嗽。
- 右主动脉弓伴异位右锁骨下动脉。
- 正常主动脉伴异位右锁骨下动脉。
- 持久性右动脉导管或动脉韧带。

b. 先天性局灶性狭窄前方扩张。

c. 节段性食管功能减退——可能为先天性的；见于沙皮犬和纽芬兰犬。

d. 先天性食管憩室。

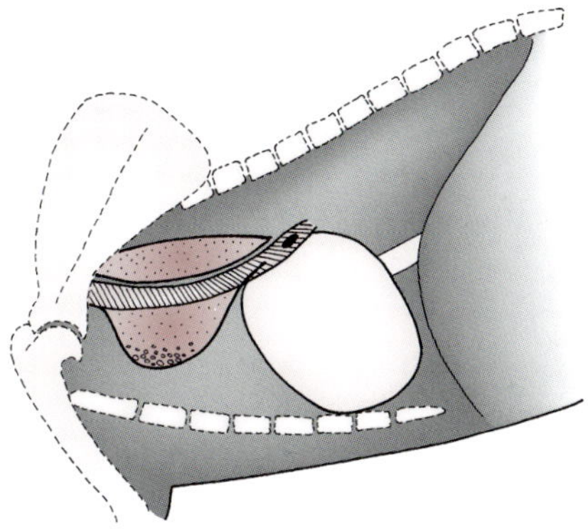

图 8-12 血管环异常：心基部前方严重的食管扩张，其中常可见留存的食物残渣。气管向腹侧移位，可见气管条纹征。在某些情况下，食管远端也可能扩张。

7. 食管裂孔疝或胃食管套叠前方扩张。

8. 邻近食管异物处扩张。

9. 全身麻醉后医源性节段性狭窄（消化性食管狭窄）；狭窄前方扩张。

10. 狭窄前方起因于：

a. 大的外部肿物（如前纵隔肿瘤）压迫食管。

b. 瘢痕组织（如移除异物或摄入热的或腐蚀性的物质后）。

c. 肉芽肿。

d. 黏膜粘连。

e. 先天性局灶性狭窄。

f. 食管肿瘤。

11. 局灶性重症肌无力。

12. 严重的食管炎。

13. 食管憩室——常见于中小型犬。

a. 内压性憩室——常伴动力障碍。

b. 牵引性憩室——常继发于食管周围炎症。

8.18 食管密度变化

1. 食管密度降低——气体。

a. 少量。

- 正常吞气，尤其是当动物挣扎或呼吸困难时。
- 局部扩张。
- 胸膜腔入口处食管冗余。

b. 大量。

- 全身麻醉。

- 巨食管症（见8.17）。

2. 软组织密度的食管。
   a. 左侧位片上食管远端或重叠在颈胸段气管背侧的非扩张的软组织密度——正常。
   b. 单次X线片可见少量，后续软组织密度消失——正常，食管内一过性液体。
   c. 大量——巨食管中的食物和液体(见8.17)。
   d. 非矿化性异物（见8.20）。
   e. 食管软组织肿物（见8.19）。
3. 矿化密度的食管。
   a. 骨头——食管异物（见8.20）。
   b. 犬狼旋尾线虫*肉芽肿转变为骨肉瘤。
   c. 血管环异常时，心前区食管扩张不蠕动并有食物积聚；通常位于心脏前面(见8.17.6和图8-12）。
   d. 含有高原子序数元素的固体药物通过延迟，如经口给予铋盐（如抗酸剂或肠溶片剂）。

8.19 食管肿物

食管肿物按发病部位可分为管腔内、壁内或管腔外。

管腔内食管肿物

1. 异物（见8.20）。
2. 胃食管套叠——胃和其他可能的腹膜腔器官嵌入食管，常继发于巨食管症；多见于德国牧羊犬幼犬。
3. 轴向食管裂孔疝——疝入的胃在平片上与食管肿物类似，钡剂造影检查发现这是胃的一部分；通常为滑动性的，伴有继发性反流性食管炎和巨食管症。
   a. 在沙皮犬为先天性疾病；也有关于同时伴有肝脏疝入并压迫后腔静脉，发生布加-查理样综合征的报道。
   b. 严重的呼吸窘迫，尤其是上呼吸道来源或破伤风。
   c. 金毛寻回猎犬先天性肌营养不良症，伴膈和骨盆的改变。
   d. 慢性膈破裂修补的后遗症。
4. 食管憩室内含有液体或食物。

食管壁内肿物

5. 食管肉芽肿。
   a. 犬狼旋尾线虫*——肉芽肿起于食管背侧壁，因此钡剂仅能从肿物腹侧通过（图8-13）。由于会转变为骨肉瘤，所以可能含有边界不清的矿化灶，而且还可能存在肺转移；也可见胸椎脊椎炎、主动脉瘤和肥大性骨病（见7.10.1和1.14.6）。
   b. 食管壁异物或感染。

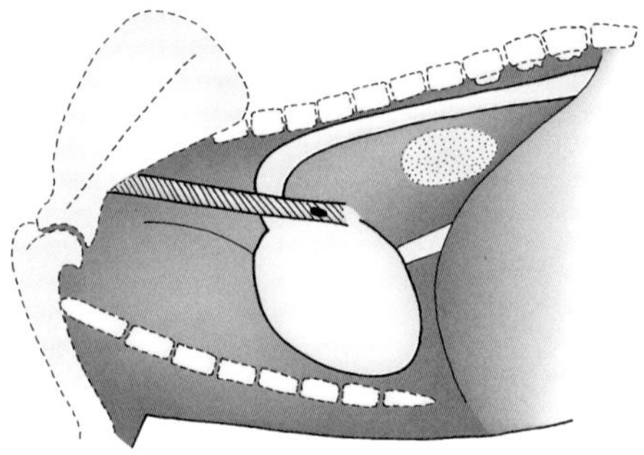

图8-13　食管远端犬狼旋尾线虫*肉芽肿。也可见典型的椎体病变。

6. 食管肿瘤。
   a. 继发于犬狼旋尾线虫*肉芽肿。
      - 骨肉瘤。
      - 纤维肉瘤。
   b. 转移性或浸润性食管肿瘤。
      - 罕见，通常来源于甲状腺癌。
   c. 原发性食管肿瘤——罕见。
      - 平滑肌瘤或平滑肌肉瘤。
      - 鳞状细胞癌。

食管管腔外肿物

7. 食管裂孔旁疝——胃底±其他器官通过食管裂孔旁的膈缺损发生移位。
8. 食管旁脓肿（如食管穿孔后）。

8.20　食管异物

食管异物可能为高密度（如骨头和鱼钩）或软组织密度（如软骨）。后者可能需要通过食管造影来确定；如果存在食管穿孔，可选择空气造影，因为空气比阳性造影剂更安全。食管异物最常见于胸膜腔入口处、心基部上方和膈前。食管后段的异物可能与犬狼旋尾线虫*肉芽肿类似，只是造影剂很可能会通过腔内异物的周围。犬狼旋尾线虫*肉芽肿的肿物效应也会造成继发性的食管异物积聚。食管异物可能会使相邻的结构发生移位，尤其是气管，在异物前方或其周围可见少量气体。猫的食管异物常见鱼骨和带线的缝针。

并发症通常见于慢性病例。

1. 继发于反流的吸入性肺炎。
2. 局部炎症反应。
   a. 食管炎。
   b. 食管周围炎症。
   c. 局灶性纵隔炎。
3. 食管穿孔——应通过给予少量的水溶性含碘造影剂而不是钡剂来确认，因为钡剂进入纵隔会引起肉芽肿性反应。如果穿孔区域已通过粘连或纤维化导致部分或完全闭合，则食管造影的 X 线片上可能看不到明显的泄漏。食管穿孔的并发症包括：
   a. 气胸。
   b. 纵隔积气。
   c. 纵隔炎或纵隔脓肿。
   d. 胸膜炎和胸膜腔积液。
   e. 食管支气管瘘。
   f. 食管气管瘘。
4. 继发性食管狭窄。
   a. 黏膜瘢痕化和食管狭窄。
   b. 食管周围纤维化导致狭窄。

胸壁

完整的胸部 X 线检查应包括胸外结构的评估。通过检查两个正交投照体位，一般可以确定疑似病变在胸外的位置。

8.21　胸壁软组织结构的变化

1. 胸壁增宽——软组织密度。
   a. 弥散性增宽。
      - 蜂窝织炎。
      - 水肿。
      - 注射电解质溶液。
   b. 局灶性增宽。
      - 软组织肿瘤。
      - 肋骨病变伴轻微的骨质改变。
      - 脓肿或肉芽肿。
      - 囊肿。
      - 血肿。
      - 肋旁疝。
      - 胸膜或胸膜外的结节和肿物（见 8.4）。
2. 胸壁增宽——脂肪密度。筋膜面的脂肪不要误认为皮下气肿；脂肪的密度略低于软组织密度，从而可以突出显示肌肉和筋膜面。
   a. 肥胖。
   b. 胸壁脂肪瘤。
3. 胸壁增宽——气体密度。皮下气体主要是由于：
   a. 创伤后（如咬伤和肋骨骨折）。
   b. 感染。
   c. 纵隔积气——通过筋膜面蔓延。
   d. 肋旁疝，疝内容物为充气的肠管——更常见于猫。
4. 结节状、线性和其他局灶性密度阴影。
   a. 软组织密度——容易与肺、胸膜或胸膜外结节混淆。如果不确定明显的肺结节是否是由乳头等体表结构所致的，可以使用少量钡剂涂抹乳头后重复拍摄 X 线片。

- 由于片盒和增感屏不干净或辅助摆位的泡沫楔潮湿和/或有污渍所致的伪影。
- 肌肉附着在肋骨上——在肥胖动物的DV位或VD位X线片上可见被脂肪分开；在胸部两侧呈对称性的线性软组织密度影像。
- 乳头。
- 皮肤肿物。
- 吸饱血的雌蜱。
- 潮湿的被毛，尤其是沾有血迹的长毛品种。
- 从腋下向后延伸的皮褶。
- 重叠的脚垫——在拍摄DV位X线片时后肢摆位不良。
- 人工保定时，未做好辐射安全措施，手指与投照部位重叠。
- 绷带、导管、心电图贴片。

b. 矿化密度。

- 片盒和增感屏不干净导致的伪影。
- 老年犬肋骨软骨交界处的矿化。
- 软骨营养障碍品种的肋骨软骨交界处增宽。
- 邻近骨性结构的骨折。
- 犬打架后嵌入的牙齿。
- 砂子、污物或玻璃碎片。
- 肿瘤矿化（如肋骨或乳腺肿瘤）。
- 乳头钙化。
- 软组织病变的营养不良性钙化。
- 包含矿化的胎儿或胃肠道内容物的肋旁疝。
- 囊壁钙化——蛋壳状外观。
- 肾上腺皮质功能亢进（库欣综合征）的皮肤钙质沉着症。

c. 金属密度。

- 植入的芯片。
- 患病动物或片盒上洒了造影剂。
- 绷带夹、心电图附属装置。
- 子弹和弹丸。
- 针、图钉、箭头等。

8.22 肋骨的变化

当拍摄胸部X线片时，骨性结构的曝光条件或对比度可能会不合适，因此，如果怀疑有骨骼病变，应选择合适的曝光条件、摆位和投照中心重新拍摄患处的X线片。

1. 肋软骨矿化——开始于幼年时期——从后侧开始，在幼犬常呈颗粒状，随着年龄的增长变得更加硬化和不规则。在老年犬的肋骨软骨交界处周围可形成矿化的玫瑰花征。老年猫的肋软骨可能会有较短节段的明显矿化，看起来像骨折。
2. 肋骨骨折——可能伴有气胸、皮下气肿等（见8.28）。
   b. 直接创伤；常为多灶性。
   c. 与严重呼吸窘迫（如猫哮喘）有关——常见于第8～12肋骨的近端；可能伴有获得性的漏斗胸。
3. 肋间隙宽度改变。
   a. 伪影——摆位不良、脊柱弯曲。
   b. 肋骨或脊柱骨折。
   c. 肋骨或软组织肿瘤。
   d. 肋间肌肉撕裂。
   e. 肺膨胀不均。
   f. 张力性气胸。
   g. 胸壁疼痛。
   h. 开胸术后。
   i. 先天性肋骨或脊椎畸形，尤其是半椎体，导致肋骨头聚集。
   j. 胸膜腔疾病。
   k. 大的胸壁肿物。
4. 胸膜腔构型改变。
   a. 桶状胸。
      - 品种特征（如巴吉度犬、斗牛犬、波士顿㹴）。
      - 严重的胸膜腔疾病。
      - 胸膜腔内大肿瘤。
      - 张力性气胸。

▪ 肺过度膨胀。

b. 扁平胸（平胸的幼年犬猫，尤其是缅甸猫）——胸膜腔的高度减小，在肋骨软骨交界处呈锐角结构；可能与漏斗胸有关（见 8.23.1 和图 8-15）。

5. 肋骨骨溶解 ± 骨生成（图 8-14）。

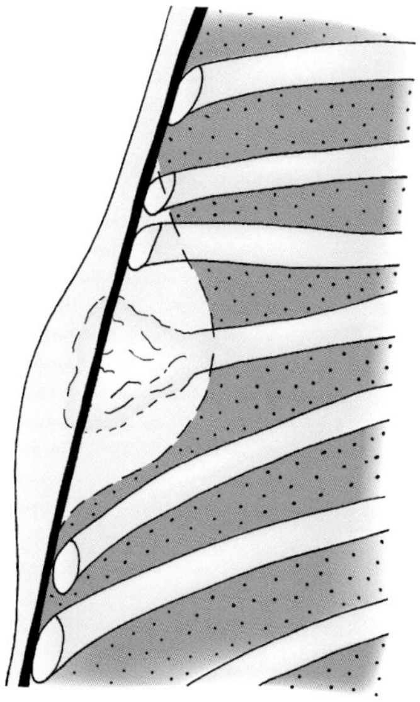

图 8-14 在 DV 位或以病变定向的斜位 X 线片上可见肋骨肿瘤。图中可见混合型、溶骨型和成骨型病变，伴邻近肋骨的移位和相关软组织肿胀。内部可见胸膜外征象（见 8.4.2 和图 8-5）。

a. 原发性骨肿瘤——常为混合型的侵袭性骨病灶。

▪ 骨肉瘤——最常见；常发于肋骨远端。

▪ 软骨肉瘤。

▪ 血管肉瘤。

▪ 纤维肉瘤。

▪ 多发性骨髓瘤——通常是溶骨型的，可能是多发性的。

▪ 骨软骨瘤（软骨性外生骨疣）——见于幼犬；可能单发或多发。

▪ 骨瘤。

▪ 多小叶性骨肿瘤。

b. 骨髓炎。

c. 转移性肿瘤——通常更小和多发性，主要为溶骨型的。

d. 累及骨骼的软组织肿瘤，包括间皮瘤（也存在胸膜腔积液）。

6. 肋骨上新骨形成。

a. 骨折愈合处——新生骨光滑和坚实。

b. 肥大性骨折不愈合——常见，主要由于连续的呼吸运动所致。在患过敏性支气管炎（哮喘）的猫可自发产生，与呼吸困难同时伴发漏斗胸有关。

c. 骨软骨瘤（软骨性外生骨疣）——见于幼犬；可能单发或多发（见 1.15.2 和图 1-19）。

d. 由邻近肋骨或软组织肿物刺激引起的骨膜反应，如间皮瘤（也存在胸膜腔积液）。

e. 犬狼旋尾线虫 * 幼虫异常移行。

7. 先天性肋骨变异——单侧或双侧；在移行椎上（见 5.3.2 和图 5-2B）。

a. 肋骨残迹。

▪ L1。

▪ C7。

b. 由漏斗胸引起的肋骨异常弯曲（见 8.23.1 和图 8.15）。

c. 第 1 和 / 或第 2 肋骨外展。

d. 第 1 和第 2 肋骨远端融合。

8. 第 4 ~ 8 肋骨近端后缘出现切迹，发生于主动脉缩窄的患病动物，继发于供应侧支循环的肋间动脉扩张——非常罕见。

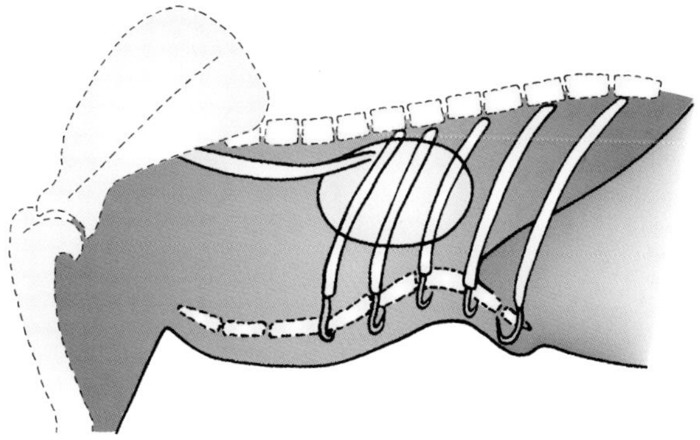

图 8-15 漏斗胸：胸骨后部向背侧移位，使心脏上抬并严重缩小胸膜腔深度。胸骨畸形导致肋骨、肋软骨和膈腹侧发生扭曲。

8.23 胸骨的变化

1. 胸骨数量和/或排列的变化。
   a. 常见胸骨排列不齐，尤其是剑突可能呈半脱位或脱位状态；临床意义一般不大。
   b. 漏斗胸（漏斗胸、先天性肋软骨胸骨凹陷，图 8-15）——胸骨向背侧偏离进入胸膜腔，使心脏、肺和肋骨移位；短头品种更常见；也可见气管发育不全和肺部病变。该畸形可以用椎体指数和额矢状指数比值来量化评估。在平胸的幼年犬猫中（扁平胸综合征）也可见漏斗胸。
   c. 鸡胸——胸骨向后腹侧过度成角，可能与先天性心脏病（如动脉导管未闭）导致心脏肥大有关。
   d. 胸骨缺失、分裂（胸骨闭合不全）或畸形，可能与腹膜心包膈疝有关（见 6.7.3）。
2. 胸骨间软骨矿化和胸骨关节强硬——正常的老年变化，尤其是在大型犬。
3. 溶骨型和/或成骨型胸骨病变 ± 病理性骨折和邻近的软组织肿胀。
   a. 由于异物穿刺、创伤或胸骨切开术、血源性传播或不明原因导致的骨髓炎。
   b. 肿瘤。
      - 软骨肉瘤。
      - 骨肉瘤。
      - 纤维肉瘤。
      - 转移瘤。
      - 浆细胞（多发性）骨髓瘤——溶骨型（见 1.18.2 和图 1-24）。
      - 间皮瘤（也可能存在胸膜腔积液，很可能影响多个胸骨和肋骨）。

8.24 胸椎的变化

另见第五章，脊柱。此处只列出可能影响胸部的疾病。

1. 先天性脊柱畸形。
2. 由于胸部创伤导致的椎体骨折、脱位或半脱位。
3. 椎体肿瘤，伴胸部侵袭或肺部转移。
4. 胸椎后段的脊椎炎——食管远端犬狼旋尾线虫*肉芽肿的示病症状。沿着受影响椎骨的整个腹侧边缘形成的新骨可将其与椎关节强硬和椎间盘脊椎炎区分开。

8.25 胸壁的超声检查

1. 超声检查胸壁弥漫性增厚。
   a. 回声增强或图像质量差。
      - 肥胖。
      - 皮下气肿。
   b. 回声正常或降低。
      - 肥胖。
      - 皮下水肿。
      - 出血。
      - 蜂窝织炎。
      - 皮下注射电解质溶液且液体散开。
2. 超声检查胸壁局部肿胀。
   a. 积液（无回声至低回声）。
      - 脓肿。
      - 血肿。
      - 囊肿。
      - 术后血清肿。
      - 近期注射电解质溶液。
   b. 软组织（低回声至高回声）。
      - 脓肿。
      - 肉芽肿。
      - 肿瘤。
3. 伴有声影的高回声区。
   a. 正常肋骨——多个、间距规则。
   b. 皮下气肿。
   c. 异物。
   d. 肋旁疝，疝内容物为充气的肠管。
   e. 营养不良性钙化。
   f. 肋骨肿瘤。

8.26 膈外观变化

膈由背侧的左、右膈脚和前腹侧的膈顶组成。后腔静脉在右膈脚上穿过腔静脉裂孔。在犬的侧位 X 线片上，支撑侧的膈脚被腹膜腔内容物向前挤压（图 8–16A ～ D）。如果后腔静脉穿过前面的膈脚，且两侧膈脚平行，则犬处于右侧卧；如果后腔静脉穿过前膈脚和膈脚分叉处，与后面的膈脚相连，则处于左侧卧。在 DV 位和 VD 位 X 线片上，由于 X 线束方向和受重力影响的腹膜腔内容物的压力不同，膈顶和两个膈脚的影像变化很大。在 DV 位片上，膈顶清晰可见，呈单个圆顶状，右膈脚常比左膈脚更靠前。在 VD 位片上，可以看到三个凸起：中间的膈顶和两个相邻的靠后的膈脚。在小型犬和猫，膈形状随摆位的变化不明显。

1. 膈向前移位——单侧或双侧。
   a. 腹部原因。
      - 肥胖。
      - 气体或食物引起胃扩张。
      - 严重的腹膜腔积液。
      - 严重的器官肿大（尤其是肝脏和脾脏）。
      - 大的腹部肿物。
      - 妊娠后期或子宫积脓。
      - 剧烈疼痛。
      - 严重的气腹。
   b. 胸部原因。
      - 呼气。
      - 老年患病动物的肺纤维化。
      - 胸膜粘连。
      - 肺不张。
      - 剧烈疼痛。
      - 放疗引起的肺纤维化和肺不张。
      - 肺叶切除术。
      - 膈麻痹（用透视和超声检查可确诊；如果由创伤所致，则可能是一过性的）。
      - 膈肿瘤。
      - 漏斗胸（见 8.23.1 和图 8–15）。
   c. 膈破裂，伴膈瓣移位、松动（见 8.2.3 和图 8–3）。

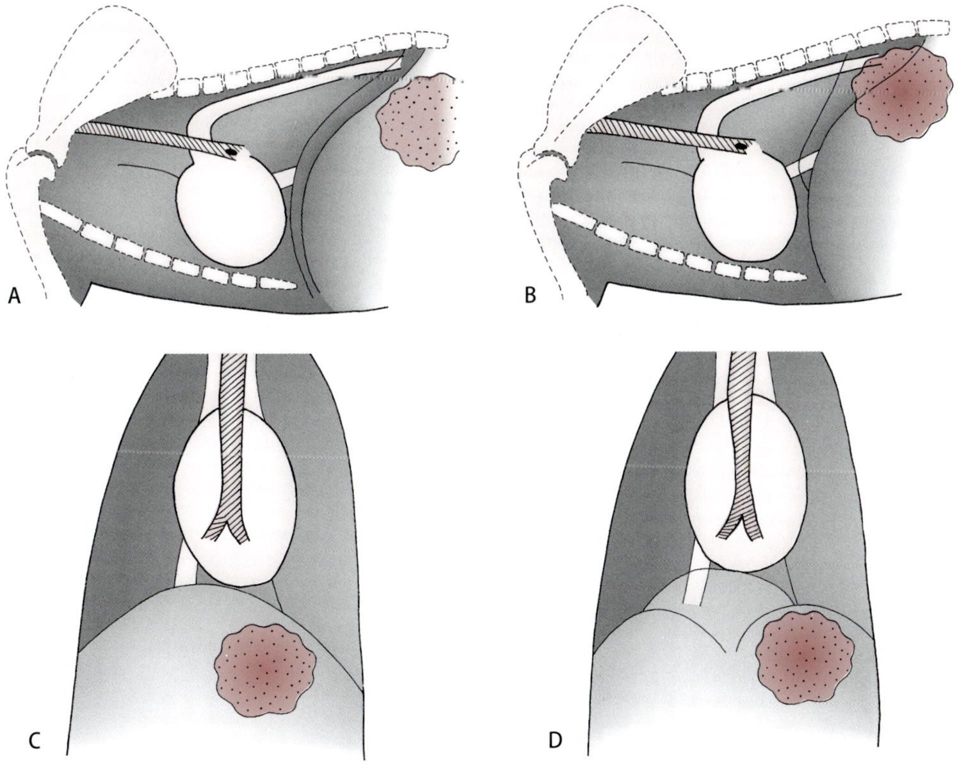

图 8–16　膈形状随摆位的变化而变化。图 A 为右侧位：膈脚平行且右膈脚在前。图 B 为左侧位：膈脚在背侧交叉，充气的胃底与后背侧肺野重叠。图 C 为背腹位：膈平滑弯曲，膈顶位于中线右侧。图 D 为腹背位：膈脚与膈顶分别隆起。

d. 膈膨出——单侧膈变得薄弱，伴肌肉组织缺失或萎缩，膈向前突向胸膜腔；鉴别诊断包括真性膈疝、胸部肿物接触膈、膈或肝脏肿物及膈麻痹等。通常无相关临床症状。

e. 肌营养不良症——单侧。

2. 膈向后移位——单侧或双侧。

a. 腹部原因。

- 消瘦。
- 腹内脏器通过大的腹壁疝或体壁破裂向腹侧或向后移位。

b. 胸部原因——可能伴有“隆起”，表示胸壁的膈附着物，在DV位或VD位X线片上可以看到是源于膈轮廓的尖锐突起。

- 用力或深吸气。
- 呼吸困难（如代谢性酸中毒）。
- 胸内肿物。
- 胸膜腔积液。
- 严重的闭合性气胸。
- 张力性气胸。
- 慢性支气管炎。
- 慢性阻塞性肺病。
- 获得性肺气肿。
- 先天性肺叶气肿。
- 猫支气管哮喘。

3. 膈影边界不清。

a. 胸膜腔积液。

b. 获得性膈破裂——通常见于腹侧（见8.2.3和图8-3）。可能需要额外的检查来得出诊断，包括超声检查、位置性X线检查、口服阳性造影剂和腹膜腔阳性造影检查等。在肥胖的动物可见镰状韧带前方的膈影边界消失。

c. 膈疝——腹膜腔内脏通过扩大的解剖开口发生移位，通常是食管裂孔。

- 食管裂孔疝，包括滑动性食管裂孔疝、食管旁疝、静脉旁疝和主动脉旁疝；口服阳性造影剂有助于诊断（见8.19.2和8.19.3）。
- 腹膜心包膈疝——与增大的“心脏”轮廓相连；上述额外的检查可能有用；可能伴有腹壁疝和胸骨畸形。

d. 邻近肺的肺泡型。

e. 后纵隔肿物（见8.11.4和图8-10）。

f. 与膈接触的胸膜外肿物。

4. 部分膈显影。

a. 正常——如果邻近胃底充气，则可见左膈脚背侧，产生膈与胃壁条纹征（图8-16B）。

b. 气腹（见9.7）。

c. 腹膜后腔积气；通常来源于纵隔积气——显示膈背侧轮廓（见9.11）。

5. 膈轮廓改变。

a. 膈隆起（见8.26.2）。

b. 较小的膈破裂或膈疝。

c. 膈肿瘤（如横纹肌肉瘤）。

d. 金毛寻回猎犬肌营养不良症——膈不对称或呈波浪状，± 食管裂孔疝或骨盆形状改变。

e. 猫的肥大性肌营养不良——膈腹侧呈扇形。

f. 胸膜和胸膜外结节或肿物（另见8.4）。

- 转移性或侵袭性纵隔或胸膜肿瘤。
- 肉芽肿。

8.27 膈超声检查

膈的超声检查可从前腹部以肝脏作为声窗进行扫查，此时大部分膈基本垂直于超声束，可以呈现出最好的视野。

1. 膈可见度增加。

a. 胸膜腔和纵隔内积液。

b. 腹膜腔积液。

c. 后胸部肿物有助于声束通过。

d. 肺后叶实变有助于声束通过。

2. 膈影不规则。

a. 结节性肝病。

b. 后胸部不规则肿物。

c. 小的膈疝。

d. 膈的炎性沉积（纤维蛋白沉积、肉芽肿）。

e. 膈肿瘤（转移瘤、纵隔或胸膜肿瘤）。

f. 猫肥大性肌营养不良。

3. 膈增厚且产回声。

a. 金毛寻回猎犬先天性肌营养不良症。

4. 膈影完整性消失。

a. 膈破裂；可见肝脏 ± 腹膜腔器官移位至胸膜腔；注意与镜像伪影鉴别（见附录）。

b. 先天性腹膜心包膈疝——可能并发心脏缺陷。

其他

8.28 胸部创伤

胸部创伤后可能存在多处病变，所以系统性的影像学评估对于发现可能危及生命的疾病的原因和程度及优先处理至关重要。在紧急处理后，应追踪拍摄 X 线片以检查治疗的有效性及初始 X 线片正常但未能按预期恢复甚至恶化的患病动物。请参阅具体的器官检查，了解更多信息。

1. 胸壁软组织。

a. 积气——皮下气肿。

b. 肿胀——水肿或出血。

c. 异物。

d. 肋骨旁疝——更常见于猫。

2. 骨骼结构。

a. 单个或多处肋骨骨折，常伴有气胸、血肿、胸膜腔积液或肺挫伤。当两个或以上相邻的肋骨出现多处骨折，或幼犬出现肋骨软骨交界处松动时，则会发生连枷胸。

b. 肋间肌撕裂导致肋间隙增宽。

c. 胸骨、脊椎、肩胛骨和长骨骨折和 / 或脱位。

d. 犬猫高空坠落综合征时的面部、四肢和胸部创伤（肺挫伤和气胸）三联征。

3. 前腹部。

a. 由后胸部损伤导致的器官创伤；临床症状和影像学变化可能会延迟出现（如膈破裂时腹部器官嵌闭，见 8.2.3 和图 8–3）。

4. 胸膜腔——某一肺叶周围胸膜腔气体或液体积聚或不对称性分布时，提示该肺叶异常，且比其他肺叶塌陷更严重。

a. 气胸。

- 闭合性气胸。
- 开放性气胸。
- 张力性气胸，膈向后移位且变平。

b. 膈破裂。

c. 胸膜腔积血。

d. 胸膜下血肿。

e. 气血胸。

f. 脓胸——迟发性。

g. 乳糜胸——迟发性。

h. 胆汁胸——非常罕见。

5. 肺。

a. 挫伤——边界不清的间质型或肺泡型浸润，数天后恢复。

b. 血肿——挫伤后出现，呈圆形，需数周恢复。

c. 囊肿和肺大疱。

d. 撕裂伤。

e. 肺不张。

f. 水肿——头部创伤后。

g. 肺炎——迟发性。

h. 急性呼吸窘迫综合征（肺休克）——通常延迟发生（见 6.14.7）。

6. 心血管系统。

a. 休克征象。

- 心脏缩小。
- 肺纹理减少。
- 后腔静脉和主动脉变细。

b. 心包积血伴心脏压塞。

- 急性，如果只有少量，X 线检查很难看到。
- 可能会延迟数天或数周，常见于枪伤或气枪子弹伤后。

c. 心包积气——心耳轮廓可见；通常无临床意义。

d. 创伤性心脏移位。

- 心包韧带断裂。
- 心包膜破裂，心脏离开心包膜。
- 继发于纵隔移位（见 8.8）。

7. 纵隔。

a. 纵隔积气。

b. 纵隔出血。

c. 纵隔水肿。

d. 纵隔乳糜症。

8.29 胸部创伤超声检查

超声检查通常用于进一步评估胸部 X 线片上发现的异常或可疑区域。请参阅具体的器官检查了解更多信息。

1. 胸壁软组织。

a. 积液（血肿）。

b. 异物。

c. 腹部脏器位于皮下。

2. 胸膜腔。

a. 胸膜腔内游离液体。

b. 膈破裂。

3. 肺——中等或广泛性的肺塌陷或肺实变。

4. 心脏。

a. 休克征象（心动过速）。

b. 心脏移位（如由于腹部脏器通过膈破裂孔进入胸膜腔所致）。

c. 心包出血 ± 心包填塞。

d. 心肌功能障碍（如缺血、挫伤）。

5. 纵隔——积液（如出血）。

6. 膈（见 8.27）。

延伸阅读

General

[1] Avner, A., Kirberger, R.M., 2005. Effect of various thoracic radiographic projections on the appearance of selected throacic viscera. J. Small Anim. Pract. 46, 491–498.

[2] Berry, C.R., Gallaway, A., Thrall, D.E., Carlisle, C., 1993. Thoracic radiographic features of anticoagulant rodenticide toxicity in fourteen dogs. Vet. Radiol. Ultrasound 34, 391–396.

[3] Blackwood, L., Sullivan, M., Lawson, H., 1997. Radiographic abnormalities in canine multicentric lymphoma: a review of 84 cases. J. Small Anim. Pract. 38, 62–69.

[4] Brinkman, E.L., Biller, D., Armbrust, L., 2006. The clinical usefulness of the ventrodorsal versus dorsoventral thoracic radiograph in dogs. J. Am. Anim. Hosp. Assoc. 42, 440–449.

[5] Brumitt, J.W., Essman, S.C., Kornegay, J.N., Graham, J.P., Webere, W.J., Berry, C.R., 2006. Radiographic features of golden retriever muscular dystrophy. Vet. Radiol. Ultrasound 47, 574–580.

[6] Godshalk, C.P., 1994. Common pitfalls in radiographic interpretation of the thorax. Compend. Contin. Educ. Pract. Veterinarian (Small Animal) 16, 731–738.

[7] Gordon, L.E., Thacher, C., Kapatkin, A., 1993. High-rise syndrome in dogs: 81 cases (1985–1991). J. Am. Anim. Hosp. Assoc. 202, 118–122.

[8] Kirberger, R.M., Avner, A., 2006. The effect of positioning on the appearance of selected cranial thoracic structures in the dog. Vet. Radiol. Ultrasound 47, 61–68.

[9] Schmidt, M., Wolvekamp, P., 1991. Radiographic findings in ten dogs with thoracic actinomycosis. Vet. Radiol. 32, 301–306.

[10] Vignoli,M., Toniato, M., Rossi, F., Terragni, M., Manzini,M., Franchi, A., et al., 2002. Transient post-traumatic hemidiaphragmatic paralysis in two cats. J. SmallAnim. Pract. 43, 312–316.

[11] Whitney, W.O., Mehlhaff, C.J., 1987. High-rise syndrome in cats. J. Am. Anim. Hosp. Assoc. 191, 1399–1403.

Pleural cavity

[12] Aronson, E., 1995. Radiology corner: Pneumothorax: ventrodorsal or dorsoventral view – does it make a difference? Vet. Radiol. Ultrasound 36, 109–110.

[13] Holtsinger, R.H., Beale, B.S., Bellah, J. R., King, R.R., 1993. Spontaneous pneumothorax in the dog: a

retrospective analysis of 21 cases. J. Am. Anim. Hosp. Assoc. 29, 195–210.

[14] Lipscomb, V.J., Hardie, R.J., Dubielzig, R.R., 2003. Spontaneous pneumothorax caused by pulmonary blebs and bullae in 12 dogs. J. Am. Anim. Hosp. Assoc. 39, 435–445.

[15] Naganobu, K., Ohigashi, Y., Akiyoshi, M., Hagio, M., Miyamoto, I., Yamaguchi, I., 2006. Lymphangiography of the thoracic duct by percutaneous injection of iohexol into the popliteal lymph node of dogs: experimental study and clinical application. Vet. Surg. 35, 377–381.

[16] Packer, R.A., Frank, P.M., Chambers, J.N., 2004. Traumatic subarachnoid fistula in a dog. Vet. Radiol. Ultrasound 45, 523–527.

[17] Stork, C.K., Hamaide, A.J., Schwedes, C.M., Clercx, C.M., Snaps, F.R., Balligand, M.H., 2003. Hemiurothorax following diaphragmatic hernia and kidney prolapse in a cat. J. Feline Med. Surg. 5, 91–96.

[18] Thrall, D.E., 1993. Radiology corner: Misidentification of a skin fold as pneumothorax. Vet. Radiol. Ultrasound 34, 242–243.

Mediastinum

[19] Fischetti, A.J., Kovak, J., 2008. Imaging diagnosis: Azygous continuation of the caudal vena cava with and without portacaval 226 Handbook of Small Animal Radiology and Ultrasound shunting. Vet. Radiol. Ultrasound 49, 573–576.

[20] Griffiths, L.G., Sullivan, M., Lerche, P., 1998. Intrathoracic tracheal avulsion and pseudodiverticulum following pneumomediastinum in a cat. Vet. Rec. 142, 693–696.

[21] Kirberger, R.M., Dvir, E., van de Merwe, L.L., 2009. The effect of positioning on the radiographic appearance of caudodorsal mediastinal masses in the dog. Vet. Radiol. Ultrasound 50, 630–634.

[22] Myer, W., 1978. Radiography review: The mediastinum. J. Am. Vet. Radiol. Soc. 19, 197–202.

[23] Rossi, F., Gaschen, L., Lang, J., 2003. Radiographic diagnosis: Intrathoracic gall bladder in a dog. Vet. Radiol. Ultrasound 44, 652–654.

[24] Scrivani, P.V., Burt, J.K., Bruns, D., 1996. Radiology corner: Sternal lymphadenopathy. Vet. Radiol. Ultrasound 37, 183–184.

[25] Van den Broek, A., 1986. Pneumomediastinum in seventeen dogs: aetiology and radiographic signs. J. Small Anim. Pract. 27, 747–757.

[26] Zekas, L.J., Adams, W.M., 2002. Cranial mediastinal cysts in nine cats. Vet. Radiol. Ultrasound 43, 413–416.

Oesophagus

[27] Bexfield, N.H., Watson, P.J., Herrtage, M.E., 2006. Esophageal dysmotility in young dogs. J. Vet. Intern. Medic. 20, 1314–1318.

[28] Buchanan, J.W., 2004. Tracheal signs and associated vascular anomalies in dogs with persistent right aortic arch. J. Vet. Intern Med. 18, 510–514.

[29] Detweiler, D.A., Biller, D.S., Hoskinson, J.J., Harkin, K.R., 2001. Radiographic findings of canine dysautonomia in twentyfour dogs. Vet. Radiol. Ultrasound 42, 108–112.

[30] Dvir, E., Kirberger, R.M., Malleczek, D., 2001. Radiographic and computed tomographic changes and clinical presentation of spirocercosis in the dog. Vet. Radiol. Ultrasound 42, 119–129.

[31] Elwood, C., 2006. Diagnosis and management of canine oesophageal disease and regurgitation. In Pract. 28, 14–21.

[32] Galatos, A.D., Rallis, T., Raptopoulos, D., 1994. Post anaesthetic oesophageal stricture formation in three cats. J. Small Anim. Pract. 35, 638–642.

[33] Hardie, E.M., Ramirez III, O., Clary, E.M., Kornegay, K.N., Corea, M.T., Feimster, R.A., et al., 1998. Abnormalities of the thoracic bellows: stress fractures of the ribs and hiatal hernia. J. Vet. Intern. Med. 12, 279–287.

[34] Mears, E.A., Jenkins, C.C., 1997. Canine and feline megaesophagus. Compend. Contin. Educ. Pract. Veterinarian (Small Animal) 19, 313–326.

[35] Pearson, H., Gaskell, C.J., Gibbs, C., Waterman, A., 1974. Pyloric and oesophageal dysfunction in the cat. J. Small Anim. Pract. 15, 487–504.

[36] Pratschke, K.M., Hughes, J.M.L., Skelly, C.R., Bellenger, C.R., 1998. Hiatal herniation as a complication of chronic diaphragmatic herniation. J. Small Anim. Pract. 39, 33–38.

[37] Sickle, R.L., Love, N.E., 1989. Radiographic diagnosis of esophageal disease in dogs and cats. Semin. Vet. Med. Surg. (Small Animal) 4, 179–187.

[38] van der Merwe, L.L., Kirberger, R.M., Clift, M., Williams, M., Keller, N., Naidoo, V., 2008. Spirocerca lupi infection in the dog: a review. Vet. J. 176, 294–309.

[39] van Gundy, T., 1989. Vascular ring anomalies. Compend. Contin. Educ. Pract. Vet. (Small Animal) 11, 35–45.

Thoracic wall

[40] Berry, C.R., Koblik, P.D., Ticer, J.W., 1990. Dorsal peritoneopericardial mesothelial remnant as an aid to

the diagnosis of feline congenital peritoneopericardial diaphragmatic hernia. Vet. Radiol. 31, 239–245.

[41] Brumitt, J.W., Essman, S.C., Kornegay, J.N., Graham, J.P., Weber, W.J., Berry, C.R., 2006. Radiographic features of golden retriever muscular dystrophy. Vet. Radiol. Ultrasound 47, 574–580.

[42] Choi, J., Kim, H., Kim, M., Yoon, J., 2009. Imaging diagnosis – Positive contrast peritoneographic features of true diaphragmatic hernia. Vet. Radiol. Ultrasound 50, 185–187.

[43] Dennis, R., 1993. Radiographic diagnosis of rib lesions in dogs and cats. Vet. Annu. 33, 173–192.

[44] Fagin, B., 1989. Using radiography to diagnose diaphragmatic hernia. Vet. Med. 7, 662–672.

[45] Fossum, T.W., Boudrieu, R.J., Hobson, H.P., 1989. Pectus excavatum in eight dogs and six cats. J. Am. Anim. Hosp. Assoc. 25, 595–605.

[46] Hardie, E.M., Ramirez III, O., Clary, E.M., Kornegay, K.N., Corea, M.T., Feimster, R.A., et al., 1998. Abnormalities of the thoracic bellows: stress fractures of the ribs and hiatal hernia. J. Vet. Intern. Med. 12, 279–287.

[47] Sullivan, M., Lee, R., 1989. Radiological features of 80 cases of diaphragmatic rupture. J. Small Anim. Pract. 30, 561–566.

[48] Williams, J., Leveille, R., Myer, C.W., 1998. Imaging modalities used to confirm diaphragmatic hernia in small animals. Compend. Contin. Educ. Pract. Veterinarian (Small Animal) 20, 1199–1208.

Ultrasonography

[49] Barrett, R.J., Mann, F.A., Aronson, E., 1993. Use of ultrasonography and secondary wound closure to facilitate diagnosis and treatment of a cranial mediastinal abscess in a dog. J. Am. Vet. Med. Assoc. 203, 1293–1295.

[50] Reichle, J.K., Wisner, E.R., 2000. Non-cardiac thoracic ultrasound in 75 feline and canine patients. Vet. Radiol. Ultrasound 41, 154–162.

[51] Spattini, G., Rossi, F., Vignoli, M., Lamb, C.R., 2003. Use of ultrasound to diagnose diaphragmatic rupture in dogs and cats. Vet. Radiol. Ultrasound 44, 226–230.

[52] Tidwell, A.S., 1998. Ultrasonography of the thorax (excluding the heart). Vet. Clin North Am. Small Anim. Pract. 28 (4), 993–1016.

第 9 章

腹部其他结构：腹壁、腹膜腔和腹膜后腔、实质器官

9.1 腹部 X 线检查技术和摆位的影响

拍摄腹部X线片时应尽量保证胃肠道空虚，如果胃内充满食物或结肠内充满粪便会严重影响 X 线片的判读。标准的投照体位为侧位和腹背位（VD）。选择左侧位（LLR）还是右侧位（RLR），可以根据个人喜好而定，但最终选择何种侧位摆位应保持一致，以便医生熟悉这一摆位的影像特点。左、右侧位投照的不同点见表 9–1。投照范围包括整个膈至盆腔入口的部分。如果动物患有尿道梗阻，投照范围应包括会阴部和尿道；大型犬可能需要拍摄 2 张 X 线片。应在呼气末拍摄，以避免影像模糊。左侧卧的 X 线片有助于检查腹部游离气体（见 9.7）。

表 9–1　摆位对正常犬腹部结构的影响

解剖部位	右侧位	左侧位
胃内气体	气体位于胃底和胃体；液体因重力作用位于支撑侧的幽门部，为圆形的软组织密度，可能误认为异物或肿物	气体位于幽门部
十二指肠近端内的气体	不可见	常见
肾脏	少量重叠	更多重叠
肝脏	较左侧位更小	较右侧位更大
脾脏	通常可见	罕见

使用数字 X 线摄影时，应选择恰当的算法，获得良好的对比度和分辨率。对于传统 X 线摄影，应选择快速屏 – 片系统，以保证最小的运动模糊，如果腹部厚度超过 10 cm 或小型肥胖犬应使用滤线栅。使用低灰阶对比技术（低 kV、高 mAs）可以提高腹部器官天然的低对比度。最大限度地分开腹部器官可以增加腹部器官的细节。这可以通过仰卧位而非俯卧位，使双后肢垂直于脊柱，在呼气末曝光来实现。

腹部 X 线片的判读需要系统的方法，包括投照技术、动物信息（品种、年龄、性别、体况）、腹外结构（浅表软组织、骨性结构、后侧胸膜腔和膈）和腹内结构，在获得病史和体格检查之后再次评估异常结构和区域。腹内评估以系统为单位进行：胃肠道、泌尿道、生殖道、实质器官（肝脏和脾脏）、内分泌器官（肾上腺和胰腺）、腹膜腔和腹膜后腔，以及淋巴系统（腰椎附近淋巴结）。另外，也可使用四象限法进行判断。对腹部的 X 线片判断，约定俗成的方式是，侧位片上将膈置于左侧，腹背位片上将膈置于上方，动物的左侧置于显示屏或观片灯的右侧。小型犬或猫的脂肪可以使腹膜腔器官的轮廓更加清晰，因为较低的脂肪密度和腹膜腔内大部分器官的软组织密度之间可形成较好的对比度。然而，肥胖的大型犬没有这个优势，因为即使使用滤线栅，仍然有大量的散射线降低影像质量。

如果正常情况下应显影的器官在一张质量良好的X线片中没有显影，则提示可能存在病变。相同的，如果正常情况下不可见的器官却有一部分或全部显影，也预示着疾病的发生。腹部X线片上，正常时可见和不可见的腹部结构详见专栏9–1。犬和猫腹部X线解剖的差异见表9–2。

9.2 腹部超声检查技术

凸阵或扇形探头最适合腹内结构的扫查，有时也可使用线阵探头。在可满足适当组织穿透力的前提下尽可能选择高频探头（如猫和小型犬使用7.5MHz，中大型犬使用5MHz）。

对所选定的声窗进行仔细准备，需要外科理念进行剃毛和清洁皮肤，并涂抹适量耦合剂。一般而言，最好将每个动物进行全面的腹部检查而非局限于单个器官系统的检查。需要系统的检查方式以免遗漏某些器官。精细的检查顺序并不是很重要，但是从简单的器官开始检查有利于动物适应检查过程。动物是侧卧还是仰卧取决于个人习惯。动物的体位根据需要可以改变，以确定充满气体的肠道在重力作用下的变化，或评估充满液体的结构内高回声结构的运动性。

使用22G针头或对更深的组织选择脊髓穿刺针进行超声引导穿刺十分容易操作。随着技术的提高，可对较小的病变区域进行引导穿刺。在凝血功能正常时，也可以进行超声引导活检。

对所选的声窗进行无菌准备，并仔细清洁探头。必要时，可以使用无菌的探头套。对病变组织或器官进行扫查，调整探头位置使即将穿刺的区域图像清晰，而且要在探头附近留出能够以恰当的角度安全进针的空间。

为了抽出液体，需要引入穿刺针，直到在液体内清楚地看到针尖。必要时，可能轻轻地扇动探头以确定针的位置。位置确认后，抽出液体，随后退出针头。

对实质器官的细针抽吸，可按照上述方法穿刺入病变组织内。当针尖穿刺进入所需的位

专栏9–1 犬正常时可见或不可见的腹部结构

正常时可见

- 腹侧肝叶
- 右侧位观的脾脏
- 胃
- 小肠
- 盲肠
- 结肠
- 肾脏
- 膀胱
- 前列腺（不包括幼犬）
- 腹膜腔
- 腹膜后腔

正常时不可见

- 胰腺
- 肾上腺
- 胆囊
- 输尿管
- 尿道
- 卵巢
- 非妊娠期子宫
- 淋巴结
- 血管

表9–2 正常犬和猫腹部X线解剖的差异

解剖部位	犬	猫
腹背位中胃和十二指肠的位置	• 横向位于肋弓内，降十二指肠靠近右侧体壁	• 幽门位于腹中线，形成锐利切迹，降十二指肠位于腹中线偏右侧
胃壁分层	• 不可见	• 由于壁内脂肪沉积或可见
肾脏	• 常见整个左肾和右肾后极	• 两个肾脏都可见；肥胖猫可见肾盂中的脂肪
膀胱位置	• 膀胱颈位于耻骨前	• 由于尿道较长，位置更加靠前
脾脏	• 右侧位时容易显影	• 侧位片上在腹部腹侧不常见
盲肠	• 右侧中腹部的充气结构	• 不可见
肾上腺	• 不可见	• 偶尔可见矿化的肾上腺
腹部脂肪	• 可能存在	• 通常存在大量脂肪，为腹部提供了良好的对比度

置，将穿刺针轻轻地来回抽动，然后退出。如果没有采到样本，可以重复以上操作，当针尖穿刺进入所需组织时轻轻抽吸。

活检时，将穿刺针按照上述方式进针，从病变中央和周围采集组织样本。

腹壁

腹壁由前侧的膈和胸廓、腹侧和外侧的腹壁肌肉、背侧的腰下肌肉与后侧的腹膜组成。

9.3 腹壁形状变化

1. 腹壁广泛性膨胀。
   a. 肥胖——脂肪衬托出良好的内脏影像；大的镰状韧带。
   b. 肌张力减弱造成腹部结构下垂。
      - 老年。
      - 库欣综合征（肾上腺皮质功能亢进）——自然发生或医源性。
   c. 大的腹部肿物，尤其是脾脏。
   d. 食物或气体导致胃扩张（见 10.3.4，10.3.5 和图 10–2）。
   e. 小肠扩张（见 10.21.3 和图 10–10，如低位肠梗阻）。
   f. 严重的粪便潴留（见 10.40 和 10.41.4）。
   g. 雌性动物的子宫扩张。
      - 妊娠的中后期。
      - 大的子宫积脓。
      - 大的子宫积液、子宫积血或子宫积水。
   h. 严重的腹膜腔积液。
      - 右心衰竭。
      - 肝脏疾病。
      - 肾病综合征。
      - 其他原因造成的低蛋白血症。
      - 后腔静脉（CdVC）阻塞。
      - 膀胱破裂。
      - 腹膜腔内出血。
      - 猫——传染性腹膜炎（FIP）。
   i. 严重的气腹。
2. 腹壁局灶性膨胀。
   a. 脐疝。
   b. 腹股沟疝（图 9–1）。

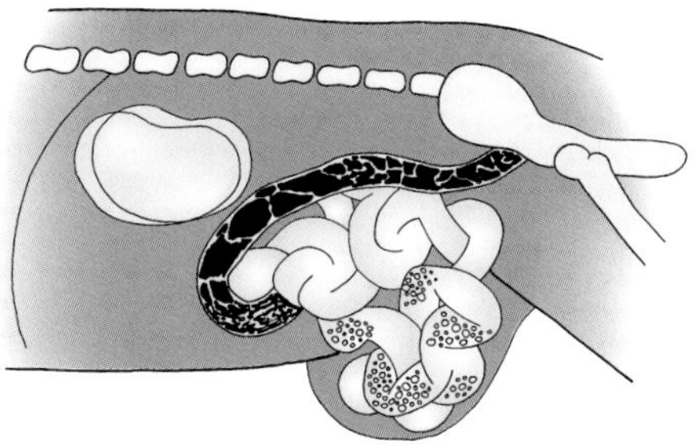

图 9–1 腹股沟疝：内脏超出正常腹壁边界，腹壁的连续性缺失。

   c. 腹壁或肋间肌肉的创伤性破裂。
   d. 手术伤口开裂。

   在（a）~（d）中，局部膨胀的腹壁内可能含有内脏（若平片无法确定，可进行造影或超声检查）。

   e. 腹壁脓肿。
   f. 腹壁血肿。
   g. 腹壁血清肿。
   h. 腹壁肿瘤。
   i. 脂肪瘤——脂肪密度。
3. 腹壁向内移位。
   a. 消瘦。
   b. 膈破裂，伴腹部内脏疝入胸腔内。
   c. 腹膜心包膈疝，腹部器官进入心包囊内。
   d. 严重的吸气困难。
4. 腹壁增厚。
   a. 开腹术之后。
   b. 创伤——挫伤、出血或破裂。

9.4 腹壁密度变化

在营养状况良好的成年动物中，脂肪分布于筋膜面之间，可以使各层肌肉显影。

1. 软组织密度增加，腹壁肌肉分层不清。
   a. 创伤，伴软组织水肿或出血。
   b. 腹壁肿瘤。

c. 皮下注射大量液体。

d. 蜂窝织炎。

e. 开腹术恢复期。

2. 腹壁呈矿化密度。

a. 皮肤金属缝线或皮钉的重叠。

b. 潮湿或脏乱的被毛或皮肤上超声耦合剂的重叠，类似于矿化密度。

c. 与肾上腺皮质功能亢进有关的皮肤钙质沉着（库欣综合征）。

d. 浅表皮肤肿物的矿化。

e. 异物（如弹道、被毛内的脏物）。

f. 用于皮肤上的含有阻线性成分的药膏或洗液（如碘、锌）。

3. 腹壁密度降低。

a. 脂肪——脂肪瘤或脂肪肉瘤。

b. 气体。

- 皮肤局灶性撕裂或缺损。
- 其他部位的创口延伸来的皮下气肿。
- 来源于纵隔积气或腹膜后腔积气的气体沿着筋膜面分布。
- 近期的手术创口。
- 疝内容物有含气的小肠。

9.5 腹壁的超声检查

腹壁超声检查的判读与胸壁软组织超声检查类似（见8.24）。

腹膜腔

腹膜腔由腹膜围成，在主要器官和肠管之间的区域称为腹膜腔（图9-2）。在正常的成年动物，腹膜腔脏器的浆膜细节由腹膜腔内脂肪来显影。

9.6 腹膜腔密度增加和/或腹部器官影像丢失

所有引起腹内密度增加的原因都可通过掩盖腹内脂肪而导致浆膜细节丢失，而脂肪在正常情况下可为软组织提供对比度。腹内密度广

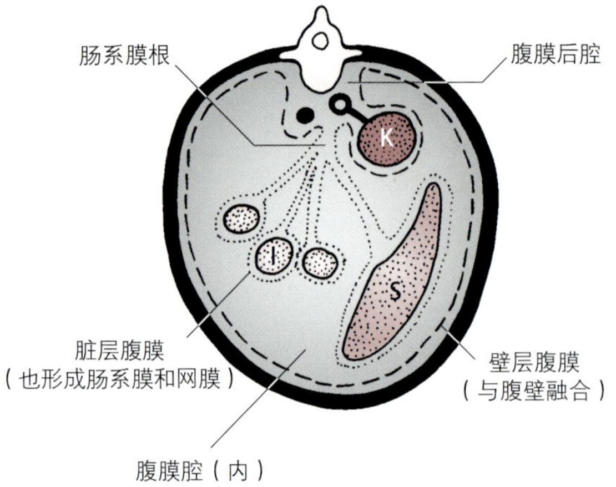

图9-2 中腹部横断面示意图，显示腹膜腔和腹膜后腔。I，小肠；K，肾脏；S，脾脏。

泛而均匀的增加且浆膜细节丢失有时称为毛玻璃样外观，通常是由游离的腹膜腔液所致。密度的增加也可能是不均匀的或斑驳状的。

1. 腹膜腔密度广泛性且均匀的增加。

a. 正常动物——X线片质量不佳。

- 曝光不足。
- 显影不足。
- kVp过高，导致对比度下降。
- 厚腹部没有使用滤线栅，从而产生较多的散射线。

b. 广泛性的被毛潮湿。

c. 正常的幼猫或幼犬——年龄小，缺少腹部脂肪。

d. 消瘦和缺少腹部脂肪——腹壁向内凹陷。

e. 腹膜腔积液——也常见腹部膨胀。

- 腹水（腹膜腔积液；图9-3）：右心衰竭、肝脏疾病、门静脉高压、低蛋白血症、后腔静脉阻塞（见9.16.1）、肿瘤（特定器官、间皮瘤或癌扩散）、其他原因。
- 腹膜腔积血：腹膜腔肿瘤破裂，尤其是脾脏血管肉瘤（特别是德国牧羊犬）；凝血病（华法林中毒、血小板减少症、弥散性血管内凝血、先天性出血性疾病、管圆线虫病*）；创伤、血管畸形破裂、肝脏淀粉样变性的自发性破裂（特别是东方猫）。

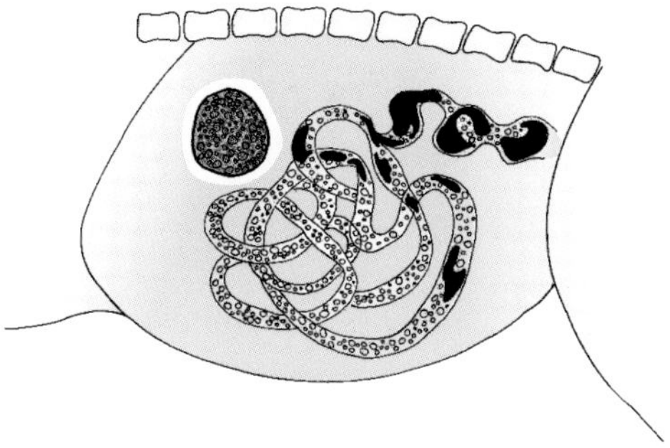

图 9-3 腹水：腹腔浆膜细节丢失，广泛性的软组织密度（液体），只有肠内气体、食糜和粪便显影。腹部通常是膨胀的（即消瘦）。

- 尿腹——膀胱或尿道破裂。
- 胆汁性腹膜炎——胆囊或胆管破裂。
- 乳糜性积液——可能由于肿瘤或肝门静脉阻塞所致。
- 猫——传染性腹膜炎。

f. 腹膜透析或其他腹膜腔内注射液体之后。

2. 腹膜腔密度广泛性但不均匀的增加。

a. 潮湿或脏乱的被毛重叠所致的伪影。

b. 腹膜炎。

- 近期开腹术。
- 肠破裂——也可见肠袢扩张和腹膜腔内游离气体；这些征象提示需立即开腹探查。
- 创伤（如贯穿伤）。
- 胃肠道内异物的移行（如烧烤木扦）。
- 胰腺炎。
- 胆汁性腹膜炎或尿腹。

c. 少量腹膜腔积液——见上文提到的可能原因（超声比 X 线对检测少量积液更敏感）。

d. 腹膜癌扩散（多为转移性）——由肿瘤结节和游离液体所致。

e. 猫——脂肪组织炎——大量斑驳状的密度增加的腹内脂肪。

- 维生素 E 缺乏。
- 鱼类饮食。

3. 腹膜腔密度局灶性增加——多为不均匀性。

a. 伪影——潮湿或脏乱的被毛重叠，超声耦合剂附于被毛上，含有阻线性成分的药膏或洗液。

b. 腹部淋巴结病，常见于肿瘤。

c. 腹部局部创伤。

d. 肠系膜包裹了穿孔的肠道。

e. 胰腺炎——位于右前腹部。

f. 胆囊破裂——位于右前腹部。

g. 邻近肿瘤肿物的腹膜转移。

h. 被包裹的脓肿。

i. 前列腺炎。

j. 遗留的手术纱布。

4. 腹膜腔内的矿化密度——常见的原因（更加详细的原因列表见 9.41）。

a. 肠道内矿化的食物。

b. 肠道内矿化的异物。

c. 腹膜腔内游离的异物。

d. 尿石症。

e. 怀孕。

f. 胆石症。

g. 前列腺旁囊肿；壁通常矿化，呈蛋壳征象。

h. 软组织营养不良性或转移性矿化（见 12.2.2）。

- 肿瘤。
- 慢性血肿或脓肿。
- 甲状旁腺功能亢进。
- 与遗留的手术纱布有关。
- 结节性脂肪坏死——常见于老年肥胖猫。

i. 钡或碘造影剂从穿孔的胃肠道或泌尿道泄漏。

9.7 腹膜腔密度降低

1. 脂肪密度——腹内脂肪瘤；脂肪瘤会使内脏移位。

2. 气体密度——站立侧位投照或左侧卧腹背位的水平投照对少量游离气体的检查最为精确。在这两个体位中，患病动物在维持某个体位几分钟后，气体都会上升到腹膜腔的最高点。如果有大量游离气体，肝脏和膈会分离，从而勾勒出膈的轮廓，并增加肠管和其他器官浆膜面的清晰度。

a. 医源性。
- 开腹术之后。
- 腹膜透析之后。
- 腹膜腔穿刺之后（少量气体）。
- 膀胱充气造影时膀胱过度膨胀，特别在猫患有特发性膀胱炎时。
- 遗留的手术纱布——小的含气灶。
- 空气栓塞——气体位于血管内。
- 气腹造影。

b. 空腔器官穿孔（创伤、肿瘤、溃疡）——也可能由于腹膜炎或游离液体而密度增加。
- 胃穿孔——大量气体造成腹部扩张和自发性气腹。
- 小肠或大肠穿孔。
- 在破裂的膀胱进行膀胱充气造影。

c. 气体从气肿性器官泄漏（如胃、膀胱、结肠或子宫）。

d. 气体从完整的、扩张的胃壁泄漏（如胃扩张扭转，GDV）。

e. 气体从腹壁进入。
- 贯穿伤。
- 腹膜腔引流管或饲管周围。

f. 产气微生物感染。

g. 脓肿内的气体（水平投照时可能会看见气液交界面）。

h. 伴有膈破裂的气胸。

i. 死后12h内出现的大血管变化。

9.8 腹膜腔的超声检查

1. 腹膜腔积液——液体（漏出液或改性漏出液）通常呈无回声，但也可能产回声（渗出液），主要取决于液体中的细胞含量或存在组织碎片或小气泡。液体围绕着腹部器官并将其分离，通常会增加这些器官的可见度。检查腹部的支撑侧，有助于确认少量的液体；少量液体可能会聚集在肝叶之间、肝脏与膈之间，以及膀胱周围。超声检测少量游离液比X线更敏感（图9–4）。腹膜腔积液的鉴别诊断详见9.6.1。

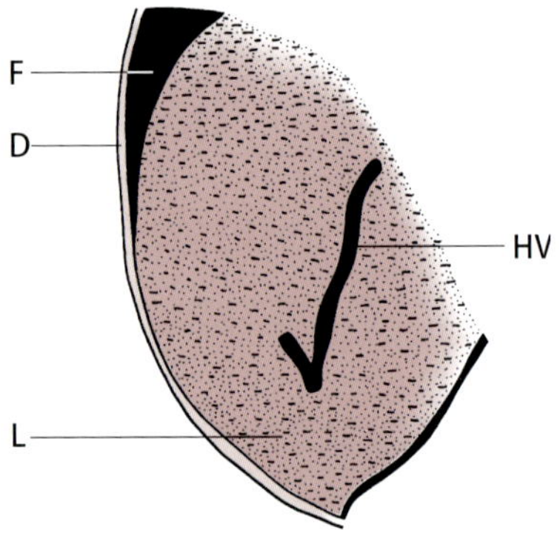

图9–4 超声显示少量腹水：肝脏和膈之间可见少量的无回声液体。D，膈；F，肝脏和膈之间的游离液体；HV，肝静脉；L，肝实质。

2. 游离气体——气体会造成图像质量差和多重伪影（声影和混响伪影）。这种游离气体对图像质量的影响可以通过改变动物的姿势和从支撑侧扫查来减少。对于少量腹膜腔内游离气体的检查，X线比超声更敏感；气体会上升到最高点；动物仰卧时，气体会在胸骨区域见到。引起游离气体病因的鉴别诊断见9.7.2。

3. 腹膜肿物。

a. 癌扩散——壁层和脏层腹膜的肿物和游离液体；也可见腹部器官的原发性或转移性肿物和增大的腹部淋巴结。

b. 肉芽肿——可能在遗留的手术海绵或纱布、不可吸收线或其他异物周围发生；呈低回声肿物，中央声影较强。

c. 脓肿——壁厚和内容物回声强度不定。

d. 囊肿——在犬和猫的腹膜绦虫病中，在腹部器官和网膜的腹膜面可见薄壁的分隔性的囊肿；在疾病后期，可能会有腹膜腔积液和腹膜增厚。

腹膜后腔

腹膜后腔是脊柱腹侧和肠管背侧的腹部区域，位于腹膜腔之外（图 9–2）。肾脏和前列腺从腹膜后腔凸向腹膜腔，部分被腹膜覆盖。腹膜后脂肪勾勒出肾脏和脊柱腹侧肌肉组织的轮廓。在肥胖动物后段腰椎的腹侧可见旋髂深动脉的断面，易被误认为是输尿管结石等矿化密度的影像。在肥胖动物偶尔也可见主动脉、后腔静脉和输尿管穿过腹膜后腔，但肾上腺和淋巴结等其他腹膜后腔结构在正常情况下是不可见的。腹膜后腔的整体密度与腹膜腔相似。

9.9 腹膜后腔增大

1. 脂肪密度的腹膜后腔广泛性增大；肾脏和腰下肌肉组织正常显影；肠管向腹侧移位。
   a. 正常，见于肥胖动物；肾脏清晰可见，偶尔可见血管和输尿管。
   b. 腹膜后腔脂肪瘤。
2. 软组织密度的腹膜后腔广泛性增大；肾脏和腰下肌肉组织不可见；肠管向腹侧移位（图 9–5）。

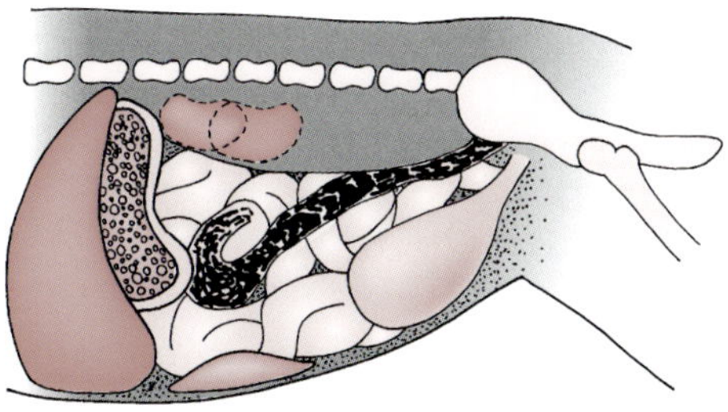

图 9–5 腹膜后腔广泛性增大：肾脏轮廓消失（虚线所示），腹内脏器向腹侧移位。

   a. 腹膜后出血。
      - 肾脏或腹膜后血管的创伤（使用彩色多普勒确认肾动脉和血管结构是完整的）。
      - 凝血病。
      - 腹膜后肿瘤的出血（特别是肾上腺肿瘤）。
      - 血管畸形破裂。
   b. 腹膜后积尿。
      - 输尿管创伤（破裂，或从肾脏或膀胱撕裂）；静脉尿路造影显示尿液泄漏，但不一定能确定泄漏的位置。
   c. 炎症或脓肿。
      - 异物（如草芒）移行；腰椎腹侧边缘，特别是 L3 和 L4 可见骨膜反应（鉴别诊断为膈脚附着处的椎体腹侧缘的正常模糊——见 5.4.4 和图 5–7）。
      - 贯穿伤（如咬伤）。
      - 子宫卵巢切除术的术后并发症。
      - 继发于胰腺炎的脂肪坏死。
   d. 肿瘤。
      - 继发于腰椎肿瘤（骨性变化见 5.4.3 和图 5–7）。
      - 腰下肌肉。
      - 其他腹膜后器官或软组织。
3. 软组织密度的腹膜后腔局灶性增大。
   a. 肾脏肿物（见 9.39.3，10.2.3，10.2.4 和图 9–18）。
   b. L6–L7 腹侧的髂内（腰下）淋巴结增大；降结肠向腹侧移位 ± 压迫。
      - 淋巴瘤（常伴肝脾肿大）。
      - 后躯恶性肿瘤的转移：前列腺、膀胱、直肠和肛周区域、盆腔、骨盆骨、后肢和尾巴。
      - 反应性，继发于后躯的炎症过程。
   c. 输尿管创伤和囊内尿液外漏所引起的尿性囊肿（输尿管旁或输尿管假性囊肿）。
   d. 肾上腺肿物；肿物位于同侧肾脏的内侧或前内侧；可能有细微的矿化。
      - 腺癌。
      - 腺瘤。
      - 肾上腺嗜铬细胞瘤。
   e. 腹膜后软组织或腰下肌肉的脓肿或局灶性炎症。
   f. 腹膜后软组织或腰下肌肉的原发性或转移性肿瘤。

g. 与腰椎或荐椎病变有关的软组织肿胀——寻找骨骼病变。
- 脊椎炎。
- 脊柱创伤。
- 肿瘤。

9.10 腹膜后腔密度增加和 / 或腹膜后结构显影缺失

1. 腹膜后腔软组织密度，肾脏和腰下肌肉组织显影缺失。
   a. 严重腹膜腔积液的重叠。
   b. 腹膜后出血（见 9.9.2）。
   c. 腹膜后积尿（见 9.9.2）。
   d. 炎症或脓肿（见 9.9.2）。
   e. 腰椎或腰下肌肉的肿瘤（见 9.9.2）。
2. 腹膜后腔局灶性矿化密度。
   a. 血管横断面形成的伪影。
   b. 肠道内容物的重叠。
   c. 老年动物偶见肾上腺矿化，猫更常见（双侧，哑铃状）。
   d. 输尿管结石；需静脉尿路造影确定位于输尿管的位置，但造影剂的渗透性利尿作用可能会将结石冲到膀胱内。
   e. 肿瘤矿化（如肾上腺肿瘤）；尤其在犬（单侧性，细微的或斑点状的矿化）。
   f. 椎骨病变，伴形成的新骨延伸至腰下软组织。
   g. 主要动脉的矿化。
   - 慢性肾功能衰竭。
   - 维生素 D 中毒。
   - 原发性甲状旁腺功能亢进。
   - 恶性肿瘤引起的高钙血症。
   - 猫——高血压和继发性动脉硬化。

9.11 腹膜后腔密度降低

膈的背部和腹膜后结构将显影。

1. 腹膜后腔内的脂肪密度。
   a. 肥胖动物中过多的腰下脂肪。
   b. 腹膜后腔脂肪瘤。
2. 腹膜后腔内的气体密度（腹膜后腔积气）。
   a. 纵隔积气通过主动脉裂孔蔓延至腹膜后腔。
   b. 会阴部尿道造口术后或放置导尿管造成的尿道穿孔。
   c. 贯穿伤。

9.12 腹膜后腔的超声检查

腹膜后腔可以从腹部腹侧或外侧进行扫查。应使用高频探头（≥ 7.5 MHz）。

1. 腹膜后腔积液——液体一般呈无回声，但是当液体中存在细胞、组织碎片和 / 或气泡时，可能产生回声。液体可能聚集于整个或局部腹膜后腔。少量的液体会沿着腹膜后腔的自然平面延伸，形成花边状。腹膜后腔积液病因的鉴别诊断见 9.9.2 和 9.9.3。移行的异物在积聚的液体中可能呈伴或不伴声影的高回声结构（见 12.6.3 和图 12-5）。
2. 腹膜后腔肿物。
   a. 肿瘤。
   - 肾脏。
   - 肾上腺。
   - 其他。
   b. 肉芽肿。
   c. 脓肿。
   d. 血肿。
   - 创伤性。
   - 凝血病。
   - 来自腹膜后腔肿瘤或血管畸形的出血。
   e. 淋巴结增大（见 9.13）。

9.13 腹膜后腔淋巴结的超声检查

髂内淋巴结位于腹主动脉和后腔静脉近尾部分叉处附近。在正常动物可见呈边界清晰的细长的低回声结构。腰下淋巴结沿着腰椎旁组织延伸，但通常只有增大时才能超声扫查到。很难区分恶性和反应性淋巴结。肿瘤性淋巴结通常为圆形低回声结构，可能是不均质的。多普勒血流信号有助于鉴别，血流主要在淋巴结门处时强烈提示为良性过程。

1. 淋巴结增大——增大时一般更圆，但也可能形状不规则和回声不均匀。
   a. 后躯炎性病变导致的反应性增大。
   b. 多中心淋巴瘤，或其他骨髓增生性异常。
   c. 后躯恶性肿瘤转移。

9.14　腹主动脉和后腔静脉的超声检查

主动脉位于腹膜后腔的背侧和后腔静脉的左侧。由于后腔静脉受腹主动脉搏动的影响，所以两个血管的搏动可能都比较明显。后腔静脉在探头的压力下更容易变扁。多普勒超声能明确地区分二者。

1. 血管腔内肿物。
   a. 血栓或栓子，继发于：
      - 心脏病。
      - 肿瘤侵袭。
      - 犬狼旋尾线虫*幼虫移行引起的动脉瘤。
   b. 邻近组织肿瘤的侵袭，特别是肾上腺。
2. 血管变窄。
   a. 后腔静脉，由于探头施压。
   b. 肿物的外部压迫。
3. 血管畸形。
   a. 门体分流（见 9.24）。
   b. 动静脉瘘。
   c. 其他异常（如后腔静脉的奇静脉延续）。

肝脏

肝脏 X 线检查的意义一般不大，因为正常情况下，胆囊、胆管和肝脏血管在 X 线平片上是不可见的，只有存在明显的局灶性或广泛性肝脏体积增大或缩小时，才会怀疑肝实质的病变。超声扫查对于评估肝脏结构很有意义，闪烁扫描术可用于肝脏功能包括门体分流的检测。

肝脏的大小最好通过右侧位 X 线片上胃轴的位置来评估，肝脏的厚度可以通过测量膈与肝脏后侧腹部器官的距离来确定。大多数品种的犬和猫的胃轴与第 10 肋骨平行，但在深胸犬，胃轴可能与第 10 肋骨垂直甚至向前腹侧倾斜。左外侧肝叶的后腹侧边缘在侧位片上非常清晰，在肋弓附近形成锐角（肝角）。深胸犬的肝角位于肋弓前侧，而在其他品种的犬猫，肝角从肋弓延伸出一段距离(最多约为 L2 长度的 2 倍)。在腹部下垂的犬或由于胸部扩张导致肝脏向后移位的情况下，肝角可能更靠后。

9.15　肝脏移位

1. 肝脏向前移位。
   a. 膈完整性丧失。
      - 膈破裂或膈疝。
      - 腹膜心包膈疝。
   b. 其他腹部器官增大，包括怀孕后期。
   c. 严重的腹水。
2. 肝脏向后移位——胸部扩张。
   a. 拍摄胸片时肺医源性过度膨胀。
   b. 呼吸困难。
   c. 肺气肿。
   d. 大量胸腔积液。
   e. 胸腔内大肿物。
3. 单个肝叶的移位——可能被腹膜腔积液掩盖。
   a. 肝叶破裂。
   b. 肝叶扭转——常见于大型犬。

9.16　肝脏大小变化

肝脏大小的广泛性变化可以从胃的位置来推断（见 10.2）。肝脏增大可能由原发性肝脏疾病或其他器官系统的疾病继发所致；一般而言，如果在 X 线片上发现征象，就意味着肝脏病变已经很严重和/或很广泛了。在侧位片上，广泛性的肝肿大使肝脏腹侧部分进一步超过肋弓，胃轴向后背侧移位，肝角随肝脏边缘变圆而增大。通过膈、胃和脾脏的位置可以评估左侧肝脏的大小。在侧位片上很难评估右侧肝脏的大小，但肝脏广泛性增大时，会使幽门、十二指肠前段和右肾向后移位。右侧肝脏的增大在腹背位片上更容易评估，会使胃向左侧移位。

肝脏体积的缩小可能难以与深胸犬的正常结构区分。肝脏缩小的征象包括胃轴和横结肠向前移位，胃与膈之间的距离减小以及肝角消失。

X 线片上肝脏大小正常并不能排除明显的肝脏疾病。

1. 肝脏广泛性增大——肝肿大（通常导致胃向左侧和向后移位）（图 9–6）。
   a. 伪影。
      - 肥胖动物，腹部下垂。
      - 胸部扩张使肝脏向后移位。
      - 浅胸犬，肝脏超出肋弓外。
      - 左侧位 X 线片。
      - 脾脏与肝角接触，被误认为肝脏。
   b. 幼年动物——肝脏相对于体重，比成年犬的更大。
   c. 静脉充血。
      - 右心衰竭（见 7.12 和图 7–10）。
      - 心包积液或缩窄性心包炎，造成右心房充盈减少（心包填塞）（见 7.6.2 和图 7–5）。
      - 布加 – 查理综合征（后腔静脉综合征）；后肝窦静脉、肝后后腔静脉或右心房的机械性梗阻造成肝肿大和高蛋白性腹水。后腔静脉阻塞有各种原因：膈破裂或膈疝的压迫、肝前后腔静脉的粘连或扭结（如创伤后）、后腔静脉血栓或肿瘤侵袭、心丝虫、胸部肿物的压迫、心脏肿瘤、先天性心脏异常、心包疾病和异物移行等。
   d. 肾上腺皮质功能亢进（库欣综合征）——自发性或医源性；也可见部分或全部支气管矿化、由于肌肉无力导致腹部呈壶腹状、骨质减少、皮肤钙质沉着和肾上腺肿物。

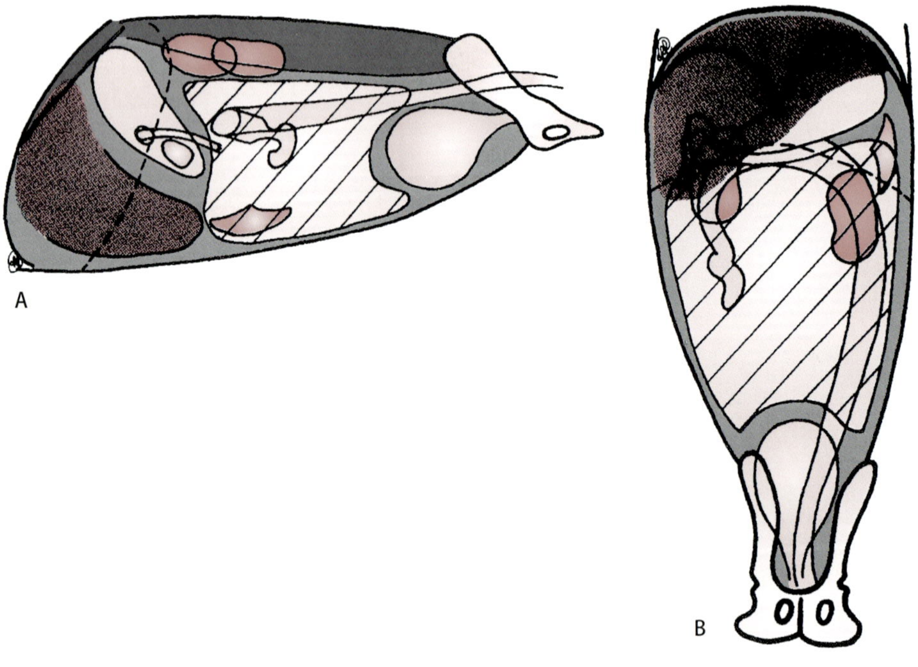

图 9–6　肝脏广泛性增大：图 A 所示的侧位和图 B 所示的腹背位。胃体和幽门向背侧、后侧和左侧移位，腹侧肝角钝圆。在严重的病例中，其他器官也可能向后侧移位。［经允许转自 Thrall, D.E. (ed.) (1998) Textbook of Veterinary Diagnostic Radiology, 4th edition. Philadelphia: Saunders］

e. 糖尿病。

f. 肿瘤。

- 淋巴瘤（常伴脾脏 ± 淋巴结增大，特别是腰下淋巴结；也可见间质性肺型和胸部淋巴结病）。
- 肥大细胞浸润（常伴脾脏和淋巴结增大）。
- 血管肉瘤（也可能有脾脏增大 ± 游离液体）。
- 其他原发性和转移性肿瘤。
- 恶性组织细胞增多症——特别是伯恩山犬、金毛寻回猎犬和平毛寻回猎犬，以及罗威纳犬，± 肺脏和肝脏肿物和淋巴结病。

g. 严重的结节性增生。

h. 肝炎。

i. 肝硬化——早期可见肝脏肿大。

j. 胆汁淤积。

k. 贮积病。

l. 淀粉样变性。

m. 真菌感染 *。

n. 肝泡型棘球蚴病 *。

o. 猫——肝脏脂质沉积症。

p. 猫——猫传染性腹膜炎。

q. 猫——淋巴细胞性胆管炎。

r. 猫——肢端肥大症。

s. 猫——猫的肥大性肌营养不良。

2. 局灶性的肝脏增大（图 9–14 和图 9–15）。

a. 局灶性肿瘤。

- 肝细胞瘤——可能有蒂，且位于胃后侧。
- 各种癌（如肝细胞癌、胆管细胞癌、腺癌）。
- 血管肉瘤。
- 淋巴瘤。
- 恶性组织细胞增多症——尤其是伯恩山犬、金毛寻回猎犬和平毛寻回猎犬和罗威纳犬；同淋巴瘤一样，其他器官也会受到影响。
- 转移性肿瘤。
- 胆管囊腺瘤；尤其见于猫。

b. 肝内脓肿。

c. 胆管或肝实质囊肿——可能与猫的多囊肾有关。

d. 大面积的增生性或再生性结节形成。

e. 血肿。

f. 肉芽肿。

g. 肝泡型棘球蚴病 *（犬）。

h. 肝叶扭转。

i. 胆汁瘤（胆道假囊肿）——通常继发于肝脏实质的创伤或医源性损伤。

j. 肝脏动静脉瘘。

3. 肝脏缩小——小肝（图 9–7）。

a. 深胸犬的正常 X 线征象。

b. 伪影。

- 肥胖猫大量的镰状脂肪将肝脏抬高。
- 膈破裂或膈疝使肝脏进入胸腔。

c. 门体分流（见 9.19.1 和图 9–8，图 9–9）——常诊断于幼年动物，由与肝门静脉相关的血管发育异常所致；少数是由慢性肝脏疾病引起门脉高压所致的获得性疾病。也可能存在肾肿大、尿路结石和骨髓炎。注：患有门体分流的猫肝脏大小一般正常。

d. 肝脏微血管发育不良。

e. 慢性肝炎——各种原因。

f. 慢性肝硬化——通常并发有腹水。

g. 特发性肝纤维化——幼年犬，特别是德国牧羊犬——常见腹水。

h. 低血容量（如阿迪森病）。

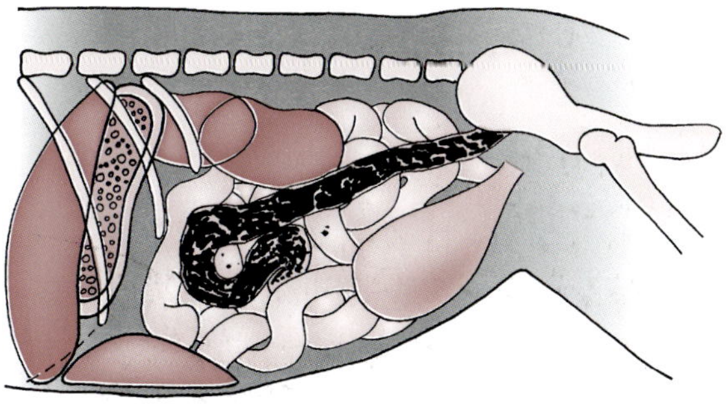

图 9–7　肝脏缩小：胃轴向前移位，也可能向前腹侧倾斜。其他内脏的位置也更靠前，尤其是脾脏和小肠。

9.17 肝脏形状变化

1. 肝脏后腹侧缘（肝角）变钝圆。
   a. 动物外侧旋转。
   b. 任何造成肝脏广泛性增大的疾病（见9.16.1和图9–6）。
2. 肝脏边缘不规则。
   a. 正常猫充盈的胆囊可能突出于肝脏腹侧边缘，并在镰状韧带的衬托下呈光滑的圆形结构。
   b. 任何造成肝脏局灶性增大的疾病（见9.16.2）。
   c. 任何靠近肝脏表面的病变。
   d. 肝硬化和再生性结节（鞋钉状肝）。
   e. 淀粉样变性。

9.18 肝脏密度变化

1. 肝脏内分支样矿化密度。
   a. 胆总管结石（胆管树矿化）。
   b. 偶发肝脏矿化——主要见于老年肥胖犬，特别是约克夏㹴（可能是慢性肝病所致）。
2. 肝脏内局灶性非结构性或贝壳状矿化密度。
   a. 胆石症（胆结石）——右前腹部肝脏阴影；胆总管内的结石通常位于十二指肠幽门结合处。
   b. 慢性胆囊炎、胆囊肿瘤或胆囊壁囊性增生。
   c. 慢性肝病。
   d. 矿化的肿瘤（如骨外骨肉瘤）。
   e. 慢性脓肿、肉芽肿或血肿。
   f. 矿化的再生性结节。
   g. 囊肿（寄生性或发育性）。
   h. 肝泡型棘球蚴病*——空洞型肿物。
3. 肝脏内金属密度——吞下的针或金属线可能穿过胃壁并嵌入肝脏；通常为偶然发现。
4. 肝脏内脂肪密度——肝叶间或胆囊周围形成的脂肪瘤。
5. 肝脏内分支、线性或圆形的气体密度。
   a. 气体位于胆管树中（胆道积气）。
      - 做过胆囊手术。
      - 由于Oddi括约肌机能不全导致气体从十二指肠反流。
      - 慢性胆道阻塞侵袭到十二指肠。
      - 继发于糖尿病或梭菌感染的气肿性胆囊炎或胆管炎。
   b. 气体位于肝门脉系统中（预后不良）。
      - 继发于GDV。
      - 坏死性胃肠炎。
      - 梭菌感染。
      - 继发于功能性肠梗阻。
      - 继发于膀胱充气造影或气腹造影的空气栓塞。
      - 死后12h内发生的变化。
6. 肝脏内局灶性、斑驳状或条纹状的气体密度（气肿性肝炎）。
   a. 肝脓肿。
      - 贯穿伤。
      - 血源性感染。
   b. 产气微生物感染。
      - 气肿性胆囊炎——位于胆囊区域。
      - 血源性感染。
      - 从邻近器官扩散。
      - 由于肝叶嵌闭或扭转造成的血管损伤。

9.19 肝脏造影检查

肝脏造影检查在很大程度上已被超声检查所替代。门体分流也可用闪烁扫描来筛查；有时也可使用CT和MRI的血管造影。门静脉造影术诊断门体分流仍是使用最广泛的肝脏造影技术。数字减影有助于肝脏造影检查。

门静脉造影术（术中肠系膜门静脉造影）

该技术用于诊断门体分流（绕过肝脏的异常血管通路）。开腹后，将无菌的静脉导管置于脾静脉或大的肠系膜静脉中，并导向肝脏。在推注1 mL/kg体重的含碘造影剂后立即拍摄左侧位腹部 X 线片。此时可良好显示分流血管的轮廓，而正常肝血管的密度稀疏或不显影。再次推注造影剂并拍摄腹背位片可以更加准确地确定分流的位置。分流血管的后端若位于 T12–T13 椎间隙前通常为肝内分流，如果位于其后则可能是肝外分流。单一的肝外分流可以通过外科手术直接部分结扎；而肝内分流的手术矫正就困难得多。在部分或完全结扎分流血管后，可以再次进行造影检查以评估肝内门静脉血流的变化，从而有助于判断预后。结扎后的造影检查还可确认结扎了正确的血管，并排除不止一处分流的可能性。肝门静脉循环减少（门静脉发育不全）可继发于先天性门体分流导致的血流减少。肝硬化和弥漫性肝血管疾病也会导致肝内门脉循环的减少，并最终形成大量扭曲的侧支肠系膜血管。

门体分流的类型（图 9–8）

1. 肝内门体分流（图 9–9）——大部分进入肝内门静脉的血液通过分流血管直接进入后腔静脉；常见于大型犬（如爱尔兰猎狼犬和金毛寻回猎犬）；猫不常见。

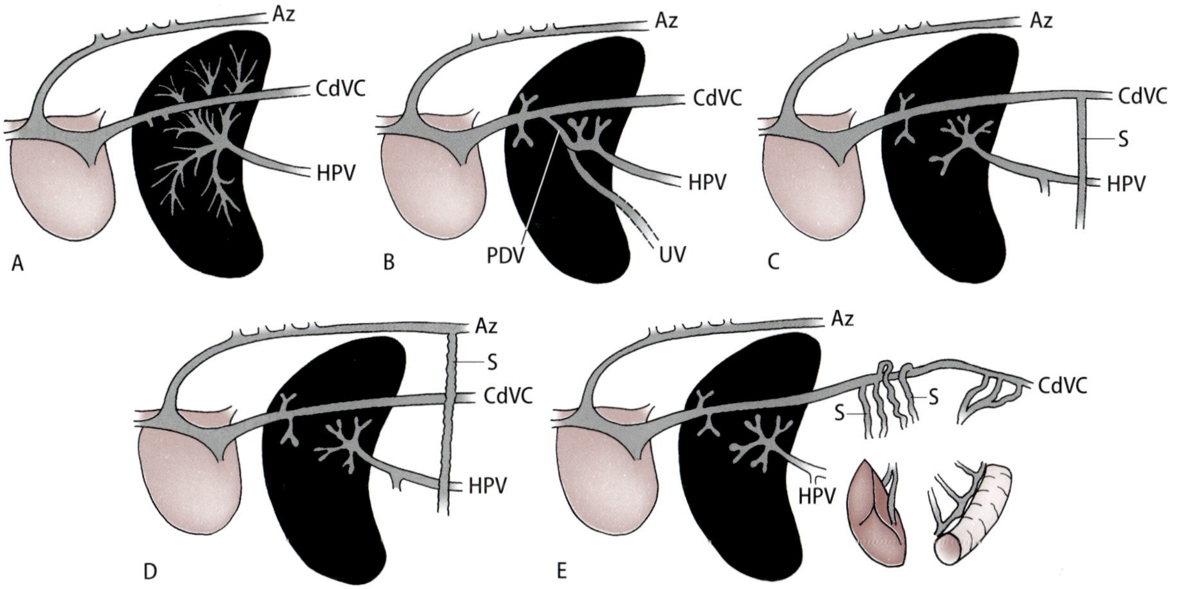

图 9–8　门体分流类型：图 B、图 C 和图 D 所示的是先天性的，图 E 所示的是获得性的。图 A 为正常的门静脉造影：肝门静脉进入肝脏，并在实质内广泛分布。图 B 为肝内门体分流，在此图为静脉导管未闭。图中所指为胎儿脐静脉产生静脉导管的位置。图 C 为肝外门体分流。图 D 为门静脉奇静脉分流。图 E 为多个获得性肝外门体分流，通常靠近肾脏。（Az，奇静脉；CdVC，后腔静脉；HPV，肝门静脉；PDV，静脉导管未闭；S，分流血管；UV，胎儿脐静脉，出生后萎缩）

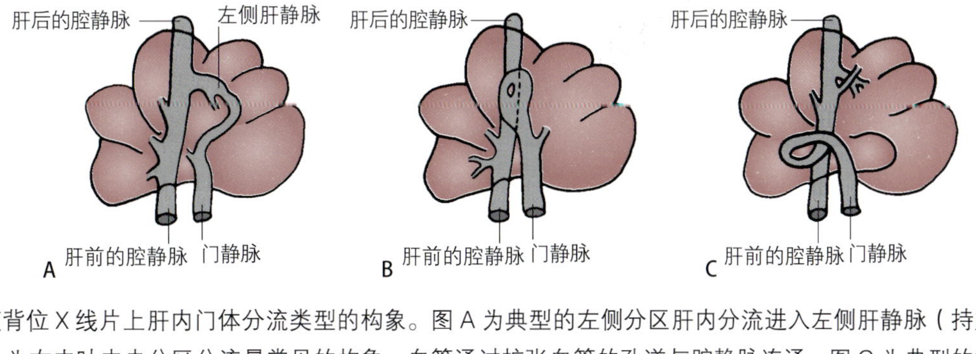

图 9–9　腹背位 X 线片上肝内门体分流类型的构象。图 A 为典型的左侧分区肝内分流进入左侧肝静脉（持久性静脉导管）。图 B 为右内叶中央分区分流最常见的构象；血管通过扩张血管的孔道与腔静脉连通。图 C 为典型的右侧分区分流，看似一个环路穿过右外叶。（经允许转自 White, R.N., Burton, C.A. and McEvoy, F.J. (1998) Surgical treatment of intrahepatic portosystemic shunts in 45 dogs. Veterinary Record 142, 358–365）

a. 左侧分区——通常为持久性静脉导管。

b. 中央分区。

c. 右侧分区。

2. 肝外门体分流——异常血管将肝外门静脉或门静脉分支（通常来自胃十二指肠的、脾脏的或结肠的）中的血液直接引入后腔静脉中，绕过肝内门静脉和肝脏；常见于小型犬（如约克夏㹴、迷你雪纳瑞）和猫。鉴别诊断是造影剂逆流进入支路静脉。

3. 门静脉奇静脉分流——来自肝外门静脉的异常血管进入奇静脉，而不是后腔静脉；在胸部侧位X线片上可能见到明显的奇静脉。

a. 后腔静脉正常。

b. 肝后的后腔静脉中断。

4. 多发性获得性肝外分流——持续性门静脉高压（通常由于肝脏疾病所致）促使在肠系膜中开放通常无功能的门静脉腔静脉和门静脉奇静脉的连接，这些连接现在是阻力最小的路径，从而使血流绕过肝脏。常见腹水。动物可能由于先天性或发育性肝脏疾病在幼年时即有表现，或在老年时由于获得性肝脏疾病而出现症状。获得性分流比先天性类型少见，在猫更罕见。已有同时患有先天性和后天性分流的报道。

a. 先天性门静脉发育不全或闭锁。

b. 肝脏动静脉瘘。

c. 幼年型或特发性肝纤维化。

d. 品种相关性肝病。

e. 肝硬化。

f. 其他引起门静脉高压的肝病。

g. 肝后后腔静脉阻塞（如布加－查理综合征）。

脾门静脉造影术

这是检查门体分流的另一种方法。通过开腹或经皮（最好有超声引导）将造影剂直接注入脾实质内；然而，这项技术的成功率比经空肠肠系膜静脉门静脉造影术低。门脉血管可能显影不良，尤其是当造影剂没有完全注入脾实质内时。

胆囊造影术

胆囊造影术可以显影胆囊和胆总管，并能评估胆总管的通畅性。造影剂可以通过口服、静脉注射或在超声引导下经皮注入胆囊，但如今已很少使用。

腹膜腔造影术

该技术的主要适应证是用于在腹部细节较差时评估肝脏及膈的完整性。腹膜腔造影术使用阴性或阳性造影剂，可进行常规摆位的X线投照和站立位水平投照。如果膈不完整，禁止使用大量空气作为造影剂。

腹膜腔或肠系膜前动脉造影

主要用于检查动静脉畸形。

9.20 肝脏的超声检查

动物在进行肝脏超声检查前应禁食，但可自由饮水。肝脏一般采用腹部腹侧通路扫查；将探头置于剑状软骨后，朝向前背侧扫查肝脏。至少需要对肝脏进行2个切面底扫查。如果肝脏很小，最好从外侧肋间入路扫查，但很难确保可以检查到整个肝脏。右背侧入路对于评估后腔静脉和门静脉，以及检查异常分流的血管特别有用。超声评估肝脏的大小不如X线检查，尤其是镰状脂肪和肝脏回声类似时。

超声造影技术

超声造影时，需要注入由稳定外壳保护的惰性气体的微气泡悬液（这些气体微气泡能够通过毛细血管）。大多数市售的超声造影剂中，气泡直径均小于10 μm。这些气泡为轻度产回声物质。但是，在受到1 ~ 3 MHz的低频声波作用时，气泡的直径会有节奏地发生改变，并产生基波和谐波信号。谐波部分可大大增强反向散射的信号。

当静脉注射超声造影剂 15 ~ 60 s 后，正常犬肝脏的造影增强达到峰值，这与门静脉峰值血流量一致。大多数造影剂保留在血管内，但由于细胞内造影剂的摄取，某些造影剂会产生迟发性的造影增强。根据使用的造影剂种类，迟发阶段可持续 1h 至数天不等。

超声造影技术可用于改善肝脏结节的显影，有助于区分良性和恶性结节。当周围正常肝脏达到造影增强的峰值时，恶性结节往往呈低回声。而良性结节倾向于与肝脏等回声，因此显影不太明显。

9.21　肝脏的正常超声表现

正常的肝脏为等回声、质地呈均匀的颗粒状（图 9–10）。肝叶轮廓平滑，肝尖锐利。胆囊位于腹中线的右侧，呈圆形或梨形，具体与扫查的切面有关。胆囊壁薄而光滑，内容物通常呈无回声。可见胆囊管从胆囊延伸出来，在猫尤为明显。胆总管向后延伸，位于门静脉腹侧，但在正常动物一般不可见。如果可见，正常犬的胆总管直径可达 3 mm，正常猫的可达 4 mm。正常动物的肝内胆管一般不可见。

门静脉从肝门进入肝脏，并在这里向外分支。肝内静脉呈无回声的管状结构；门静脉具有产回声的壁，而大部分肝静脉的壁不显影。沿着较大的肝静脉扫查，可以看到其与背侧的后腔静脉的连接处。除非使用彩色血流多普勒，否则在正常动物一般看不到肝内动脉。

9.22　肝脏实质的异常超声表现

1. 超声上肝脏边缘不规则。
   a. 任何造成肝脏局灶性增大的疾病（见 9.16.2）。
   b. 纤维化（不考虑原发病因）。
   c. 任何靠近肝脏表面的病变。
2. 超声上肝脏局灶性病变（单一病变或多灶性）。

肝脏局灶性病变在超声上有很多种表现，而这些声像特征一般并不特指某一特定的疾病过程。因此，下面所列出的是根据超声表现的最可能的鉴别诊断。

a. 无回声。
- 胆道囊肿、假囊肿或囊腺瘤。
- 实质囊肿（可能与猫的多囊肾有关）。
- 肝紫癜病——随机分布，多灶性的积血空洞。
- 肝泡型棘球蚴病*。

b. 低回声（图 9–11）。
- 原发性肝肿瘤或转移性肿瘤。
- 淋巴瘤。
- 肥大细胞病。

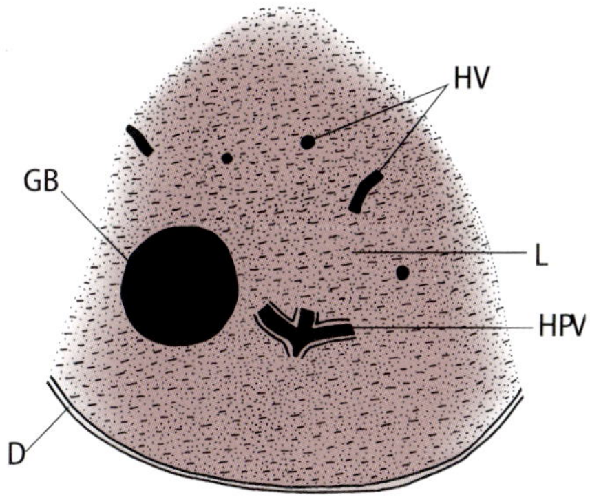

图 9–10　正常肝脏的超声影像（见文中描述）。D，膈；GB，胆囊；HPV，肝门处具有产回声壁的肝门静脉；HV，肝静脉；L，正常肝实质，呈低回声和粗糙的颗粒状质地。

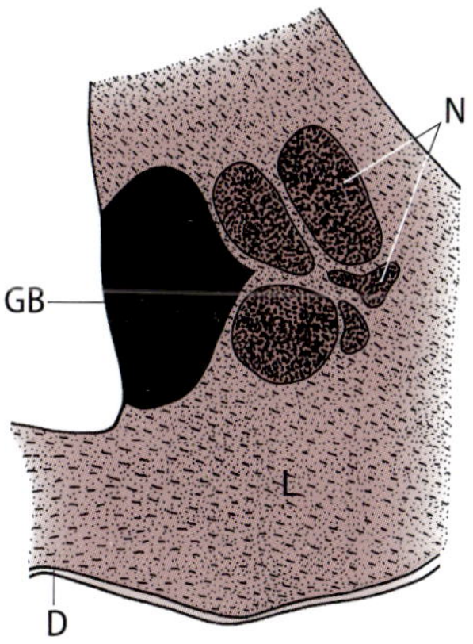

图 9–11　肝脏局灶性低回声结节的超声表现。D，膈；GB，邻近结节使胆囊变形；L，正常肝实质；N，低回声肝脏结节。

- 组织细胞肿瘤。
- 结节性增生。
- 脓肿。
- 肉芽肿。
- 坏死或急性梗死。
- 肝皮综合征。

c. 等回声或高回声。
- 原发性肝肿瘤或转移性肿瘤。
- 组织细胞肿瘤。
- 结节性增生。
- 脓肿。
- 肉芽肿。
- 组织梗死。
- 急性实质出血。

d. 靶样病变——中央呈等回声或高回声，边缘呈低回声。
- 多灶性病变更可能为恶性。
- 良性的靶样病变包括结节性增生、脓性肉芽肿性肝炎、肝硬化和慢性活动性肝炎。

e. 混杂回声。
- 出血性或感染性囊肿。
- 原发性肝肿瘤或转移性肿瘤。
- 组织细胞肿瘤。
- 脓肿。
- 组织血肿。
- 肝泡型棘球蚴病*——大的空洞性肿物，伴或不伴壁矿化。
- 毛细血管扩张。
- 肝叶扭转——可形成回声混杂的较大肿物，伴有与肝脏相连的多灶性囊性区域。

3. 超声上肝脏弥漫性变化——为了确认肝脏回声的弥漫性变化，应在同一组织深度和同样的机器设置下，将肝脏和肾皮质与脾脏进行比较。正常肝脏的回声强度与肾皮质一致或稍强，比正常脾脏的稍弱。

a. 回声增强，结构正常（门静脉边缘可能不清晰，声波衰减可能增加）。
- 脂肪浸润。
- 类固醇性肝病。
- 纤维化（不考虑原发病因）。
- 淋巴瘤。
- 犬的肥大细胞浸润。

b. 回声降低，结构正常（门静脉边缘可能增强）。
- 急性肝炎。
- 弥漫性浸润性疾病（如淋巴瘤）。
- 淀粉样变性。
- 被动充血（通常可见肝静脉扩张）。

c. 回声正常，结构正常。
- 正常。
- 急性肝炎。
- 中毒性肝病。
- 弥漫性浸润性疾病。

d. 结构异常。
- 原发性肝脏肿瘤或广泛性转移性肿瘤。
- 伴有再生性结节的纤维化。
- 猫淀粉样变性。
- 肝皮综合征——瑞士干酪状或花边状。

9.23 胆道的异常超声表现

1. 超声上胆囊壁增厚——正常犬的胆囊壁厚度可达3mm。若猫的胆囊壁厚度超过1mm，则提示存在胆囊疾病，但是厚度小于1 mm也无法排除轻度或慢性炎症的可能性。

a. 平滑。
- 胆囊收缩。
- 由于充血性心力衰竭或低白蛋白血症所致的水肿。
- 胆囊炎。

b. 不规则。
- 黏膜增生（中年或老年犬的偶然发现）。
- 肿瘤。

2. 超声上胆囊腔内产回声。

a. 层面厚度伪影。

b. 胆泥（位于胆囊重力侧）。

- 常见于正常犬。
- 禁食后。
- 胆汁淤积。
- 胆囊炎。

c. 胆结石（位于胆囊重力侧；不同的矿物质成分会出现不同程度的声影）。

d. 黏膜增生。

e. 黏液囊肿——典型的猕猴桃征。

f. 肿瘤。

3. 超声上胆道扩张——胆道阻塞首先出现的征象是胆囊和胆囊管扩张，随后胆总管扩张，最后是肝内外胆管扩张。即使移除阻塞物后，胆总管仍可能持续扩张。如果猫的胆总管直径超过 5 mm，则强烈提示出现阻塞。阻塞可能会导致胆囊破裂。

a. 仅胆囊扩张。
- 禁食或厌食。
- 早期肝外胆道阻塞。
- 黏液囊肿。

b. 胆囊和胆道的其他部分。
- 肝外胆道阻塞（如由于胰腺炎、胰腺肿瘤、胆结石、淋巴结病、胆道闭锁等所致）。

4. 双胆囊——猫；通常为偶然发现。

5. 继发于先天性胆道闭锁的肝脏囊肿——有过一例猫的病例报道。

6. 胆囊发育不全——有过一例犬的病例报道。

9.24　肝脏血管系统的异常超声表现

1. 肝静脉和后腔静脉扩张（通常伴发腹水）。

a. 充血性心力衰竭。

b. 肝脏与心脏之间后腔静脉阻塞。
- 血栓。
- 肿瘤。
- 粘连。

c. 大部分门腔静脉分流；在分流血管末端的后腔静脉内可见湍流。

2. 肝门静脉扩张。

a. 继发于肝脏疾病的门静脉高压（可能出现继发的分流血管和腹水；多普勒模式下可见门静脉血流减少或回流）。

b. 肝门附近门静脉阻塞。
- 血栓。
- 肿瘤。
- 粘连。

c. 肝脏动静脉瘘。

3. 肝门静脉变小——测量门静脉与主动脉直径的比值是有用的。犬的比值≤ 0.6，可能存在肝外门体分流或特发性非硬化性门静脉高压；而比值≥ 0.8，则提示这些疾病的可能性不大。

a. 先天性肝外门体分流。

b. 特发性非硬化性门静脉高压。

c. 远离肝门处的门静脉阻塞。

4. 超声上血管异常。

a. 位于肝实质内。
- 先天性肝内门体分流。
- 肝脏动静脉瘘。

b. 位于肝实质外。
- 先天性肝外门体分流。
- 获得性门体分流（通常出现多个血管）。
- 动静脉瘘。

脾脏

脾脏为条形器官，横断面大致呈三角形。犬的脾脏占腹膜腔的比例比猫大。脾头位于左前腹部，在胃底和左肾之间（如果肝脏很小，而且胃是空的，脾脏可能紧靠膈）。脾脏在犬和猫的 VD 位 X 线片上均呈紧贴左侧腹壁的三角形结构，在侧位片上也常见于左肾前方。腹侧部分为脾体和脾尾，其位置更加多变。在犬的侧位片上，在腹部通常可见脾脏的横断面，位于肝脏后侧，呈三角形或卵圆形结构，尤其是在右侧位片上更明显。在某些情况下，如果脾脏和肝脏接触，很难区分。猫的脾体和脾尾除非出现增大，否则在侧位片上一般不可见。

脾脏的边缘应该是平滑和界限清晰的。脾脏大小在X线片上变化很大，所以对脾脏大小的评估是非常主观的；某些麻醉药也会使脾脏增大。猫的脾脏疾病比犬的少见。

9.25 脾脏影像缺失

1. 侧位片上的正常变化（犬和猫的脾头在VD位片上通常可以见到）。
   a. 猫的脾体和脾尾在侧位片上通常不可见。
   b. 右侧位时，犬的脾体和脾尾的显影度比左侧位好。
2. 曾做过脾脏切除术。
3. 脾脏减小（如低血容量），在犬的侧位片上可能看不见脾脏的腹侧部分。
4. 脾脏肿物或扭转，未辨认出脾脏。
5. 膈或体壁破裂或疝导致移位。
6. 腹部器官转位，忽视了右侧的脾脏。

9.26 脾脏位置的变化

脾头通过胃脾韧带与胃相连，一般不会出现移位，除非发生韧带断裂、胃扩张或移位。脾体和脾尾在侧位片显示为三角形或卵圆形阴影，游离性较大。

1. 脾脏腹侧部分向前移位。
   a. 在深胸犬属正常变化。
   b. 腹膜腔后侧脏器增大导致脾脏移位。
   c. 肝脏缩小导致脾脏前移。
   d. 膈破裂。
   e. 腹膜心包膈疝。
2. 脾脏向后移位。
   a. 胃扩张（见10.3.4和10.3.5）。
   b. 肝大。
   c. 胃部肿物。
3. 脾脏向腹侧移位。
   a. 腹底壁破裂。
   b. 胃扩张扭转。
4. 脾脏向背侧或对侧移位。
   a. 脾扭转。
      - 单纯性脾扭转。
      - 伴发于胃扩张扭转（GDV）。

9.27 脾脏大小和形状变化

由于正常脾脏的大小在解剖学和生理学上变化较大，所以只有当脾脏出现实质性变化后，才考虑是异常的。大小的变化也可能与方向改变有关，因为脾体和脾尾是游离的。异位脾组织是一种偶然的变异，导致脾窗呈分段状。

1. 脾脏广泛性增大，形态正常，轮廓平滑。
   a. 正常变化；尤其是在德国牧羊犬和灵猩犬中。
   b. 被动性脾脏充血（脾脏可能会被腹水掩盖）。
      - 右心衰竭。
      - 门静脉高压。
      - 镇静剂、安定药和麻醉药的使用，尤其是巴比妥类和吩噻嗪类药物。
      - 累及脾脏的胃扩张扭转（脾脏位置也会改变）。
      - 单纯性脾扭转（脾脏呈“C”形或位置改变）；主要见于大型深胸犬，如德国牧羊犬和大丹犬；急性或慢性症状。
      - 脾脏血栓形成。
   c. 肿瘤。
      - 淋巴瘤（也常见肝脏±淋巴结增大——见9.16.1和图9-6）。
      - 恶性组织细胞增多症；尤其是伯恩山犬、金毛寻回猎犬和平毛寻回猎犬和罗威纳犬，±肺脏和肝脏肿物和淋巴结病。
      - 急性和慢性白血病。
      - 系统性肥大细胞增多症。
      - 骨髓增生性疾病。
      - 血管瘤、血管肉瘤或转移性肿瘤，通常导致脾脏轮廓不规则。

d. 炎性脾肿大——许多病因，包括：
- 贯穿伤。
- 异物移行。
- 败血症和菌血症。
- 弓形虫病 *。
- 沙门氏菌病。
- 分枝杆菌病。
- 布鲁氏菌病。
- 利士曼病 *。
- 真菌感染 *。
- 艾利希体病 *。
- 巴贝斯虫病 *。
- 血巴尔通体病。
- 犬传染性肝炎。
- 猫——猫传染性腹膜炎。

e. 慢性贫血或溶血——脾脏增生。
f. 慢性感染——脾脏增生。
g. 严重的结节性淋巴样增生（肝脏边缘可能平滑或不规则）。
h. 髓外造血。
i. 毒血症。
j. 淀粉样变性。
k. 系统性红斑狼疮。
l. 猫——嗜酸性粒细胞增多综合征。
m. 猫——猫的肥大性肌营养不良。

2. 脾脏弥散性增大，呈“C”形。
   a. 脾扭转——腹水可能会掩盖脾脏影像，也可能出现脾脏气肿。
3. 脾脏局灶性或不规则增大或脾脏肿物（见 9.39.2 和图 9–17）。
   a. 肿瘤。
   - 血管肉瘤（尤其是德国牧羊犬）；脾脏影像可能因脾脏出血所致的腹膜腔积液而模糊不清；高度转移性（如转移至肝脏、肠系膜、肺、右心房和心包囊等）。
   - 血管瘤——如上。
   - 恶性组织细胞增多症；尤其是伯恩山犬、金毛寻回猎犬和平毛寻回猎犬和罗威纳犬；也可能同时出现肺脏和肝脏肿物及淋巴结病。
   - 平滑肌肉瘤。
   - 纤维肉瘤。
   - 其他原发性和转移性肿瘤。

   b. 结节性淋巴样增生。
   c. 脾脏血肿。
   - 自发性。
   - 创伤性。
   - 继发于脾脏肿瘤。

   d. 脾脏脓肿。
   e. 脾脏错构瘤。
   f. 炎性假瘤——原因不明的良性肿瘤样炎性修复性病变，罕见。
   g. 将有蒂的肝脏肿物或肝叶扭转误认为脾脏肿物。
4. 脾脏缩小。
   a. 严重的脱水。
   b. 严重的休克。
5. 其他。
   a. 副脾——生长于可见的结节内的异位脾组织，发育性或继发于脾脏创伤（脾组织植入）。鉴别诊断为转移性肿瘤，尤其是血管肉瘤。

9.28　脾脏密度的变化

脾脏密度的变化比较罕见。

1. 脾脏矿化。
   a. 慢性血肿或脓肿的矿化——可能出现贝壳样边缘矿化。
   b. 组织胞浆菌病 *。
   c. 骨外骨肉瘤。
2. 脾脏内气体密度。
   a. 由于产气微生物导致的脾脏气肿，继发于脾扭转。
   b. 脾脏脓肿或脾炎。
   c. 死后 12h 内发生的变化。

9.29 脾脏的超声检查技术

脾脏位于腹部较浅表的位置，因此可以使用高频探头（≥ 7.5 MHz）。脾头位于左前腹部，靠近胃底处。脾体和脾尾可以沿着左侧腹部或斜向穿过腹底部扫查。

超声造影技术可用于增强脾脏的显影，并有助于鉴别良性和恶性病变。超声造影技术的基本原理见9.20。在开始注入造影剂30 s后，脾脏局灶性恶性病变显示比周围脾脏回声低。恶性病变时还可见弯曲的供养血管。良性病变往往具有与周围脾脏相同的灌注方式。

9.30 脾脏的正常超声表现

脾脏应轮廓平滑，质地致密且均匀。在相同的组织深度和机器设置下，脾脏的回声通常比肝脏的强。在脾门处可见脾静脉离开脾脏。

9.31 脾脏的异常超声表现

1. 脾脏局灶性实质病变（图9-12）——局灶性病变可能单发或多发，通常会造成脾脏边缘变形。它们具有非常多变的超声表现，这些征象很少特指某一特定的疾病过程。因此，下文仅列出最可能的鉴别诊断。

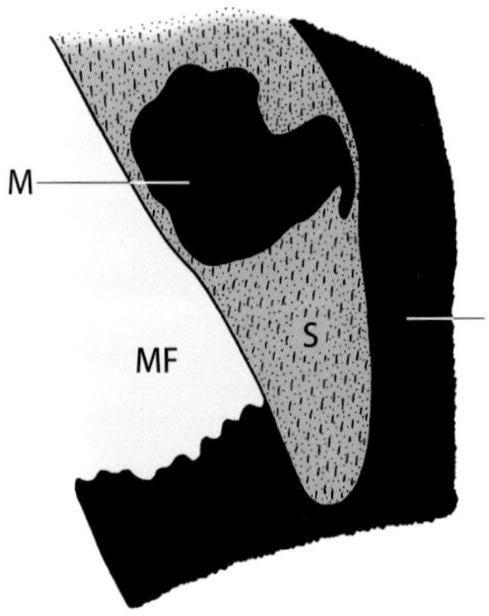

图9-12 脾脏肿物和腹水的超声表现：在X线片上，脾脏轮廓可能被腹腔积液掩盖，但这反而有利于超声检查。F，游离的腹腔积液；M，局灶性脾脏肿物，使脾脏轮廓轻度变形；MF，肠系膜脂肪；S，脾尾。

a. 局灶性无回声、低回声或等回声病变。
- 原发脾脏肿瘤。
- 转移性肿瘤。
- 淋巴瘤。
- 肥大细胞病。
- 组织细胞肿瘤。
- 结节性淋巴样增生。
- 髓外造血，尤其是在贫血后（如自体免疫性溶血性贫血和巴贝斯虫病）。
- 小的脾血肿。
- 坏死或急性梗死——边界清楚，多普勒检查血流减少或缺失。
- 脾脓肿。
- 肉芽肿（如组织胞浆菌病*）。
- 脾囊肿（少见）。

b. 局灶性高回声病变。
- 脾门静脉周围的正常脂肪。
- 原发性脾脏肿瘤。
- 肥大细胞瘤（少见）。
- 转移性肿瘤。
- 髓脂肪瘤——外周或邻近血管。
- 含有气体的脾脓肿。
- 含有钙化灶的肉芽肿。
- 组织梗死。
- 急性实质内出血。
- 脾门处位于脾实质和脾静脉之间的三角形高回声区域，连接高回声的肠系膜——与急性脾扭转有关，但也见于弥漫性的肿瘤浸润。
- 气泡，伴继发于脾扭转的气肿。

c. 混杂回声病变。
- 原发性脾脏肿瘤。
- 转移性肿瘤。
- 淋巴瘤（不常见）。
- 脾血肿。
- 脾脓肿。
- 毛细血管扩张。

d. 靶样病变——中央呈等回声或高回声，

边缘呈低回声。靶样病变的鉴别诊断与肝脏的一样（9.22.2d）。

2. 脾脏弥漫性实质变化。
   a. 回声降低或正常，结构正常。
      - 脾脏被动充血（鉴别诊断见 9.27.1）。
      - 急性系统性炎性疾病。
      - 弥漫性肿瘤浸润（如淋巴瘤、肥大细胞浸润、组织细胞肿瘤）。
      - 动脉血栓。
   b. 回声增强，结构正常。
      - 慢性充血。
      - 慢性炎性疾病。
      - 慢性肉芽肿性疾病（如组织胞浆菌病*）。
      - 猫的肥大细胞瘤（少见）。
   c. 结构紊乱——低回声。
      - 淋巴瘤——多个低回声小结节，呈瑞士干酪状外观。
      - 肥大细胞病——在猫呈弥散性斑点状阴影。
      - 脾扭转——最初可见脾脏渐进性增大，伴血流减少；随后可见实质呈低回声，伴短的线性回声呈花边状，即所谓的“满天星”征象；在脾血管内也可能见到血栓。
      - 动脉血栓。
      - 结节性增生。
      - 髓外造血。

胰腺

9.32　胰腺的 X 线检查

正常胰腺由于体积较小而在 X 线片上不可见，但是有经验的超声医生可以使用超声来检查胰腺。X 线检查对于胰腺疾病的检查很不敏感，经常会出现假阴性结果，但却有助于排除其他引起急性腹痛的病因。

严重的炎性或肿瘤性胰腺疾病在 X 线片上表现为右前腹的局灶性腹膜炎，伴或不伴轻度的肿物效应。邻近的降十二指肠可能向外侧移位，并表现出局灶性、积气性肠梗阻，有时呈“C”形，并伴肠壁增厚和呈波浪状（图 9-13）。胃和结肠也可能移位，但是不建议使用钡剂造影，因为钡剂可能通过刺激胰酶分泌而加重临床症状。可能出现继发性的腹膜腔积液。

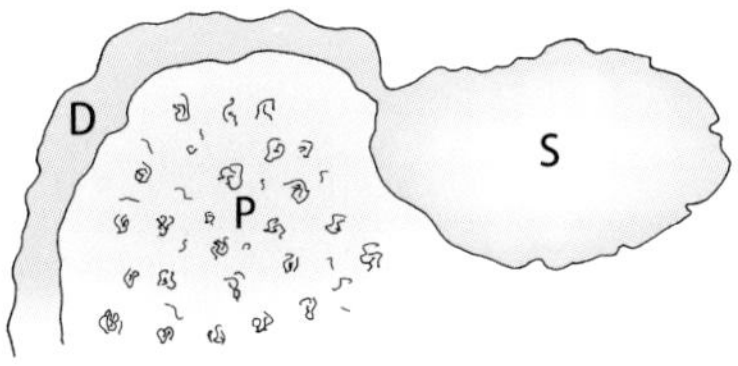

图 9-13　胰腺疾病：腹背位片（细节）。十二指肠扩张并痉挛，呈弯曲的“C”形。胰腺区域的斑驳状密度提示有腹膜炎。D，十二指肠；P，胰腺；S，胃。

1. 右前腹局灶性浆膜细节缺失（由于周围肠系膜的炎症所致）。
   a. 胰腺炎。
   b. 胰腺肿瘤，通常为（腺）癌。
      - 继发性胰腺炎。
      - 局部转移。
2. 局灶性肿物效应。
   a. 胰腺炎。
   b. 胰腺炎的后遗症。
      - 胰腺假囊肿。
      - 胰腺坏死。
      - 胰腺脓肿。
   c. 胰腺肿瘤。
   d. 胰腺假囊肿。
   e. 胰腺结节性增生——通常由于太小而在 X 线片上不可见。
3. 胰腺矿化——罕见。
   a. 慢性胰腺炎。
   b. 胰腺肿瘤。
   c. 脂肪坏死。

9.33　胰腺的超声检查技术

理想情况下，动物在超声检查前应禁食一

夜，以确保胃是排空的，但可自由饮水。急性病例通常有呕吐症状，所以胃内一般都是空虚的。胰腺的超声扫查应在钡剂造影之前进行，因为钡剂会干扰声束的通过。

为了获得胰腺的影像，需要使用高频（≥ 7.5MHz）探头。可以将动物右侧卧，以促使气体上升，从而远离右前腹部的病变区域；有些操作者喜欢在动物仰卧时检查。应将胃、降十二指肠和右肾作为定位标志。胰腺右叶位于降十二指肠的背内侧和右肾的腹侧，而胰腺左叶位于胃的后侧和横结肠的前侧。门静脉位于胰体的背侧和左侧。猫的胰腺左叶一般比右叶更大，也更容易显影。相反，犬的胰腺右叶通常更容易显影，因为左叶可能被邻近的胃或横结肠内的气体所遮挡。

9.34 胰腺的正常超声表现

胰腺的边界并不清晰，如果成像条件不佳，可能难以识别。胰腺呈中等回声，其回声强度介于肝脏和脾脏之间，质地均匀。穿过胰腺右叶长度的胰十二指肠静脉可能有助于识别胰腺。

一篇对正常猫的研究表明，胰腺右叶的平均厚度为4.5 mm；胰体的平均厚度为6.6 mm；胰腺左叶的平均厚度为5.4 mm。猫的胰腺左叶可以见到胰管，但在犬看不到。正常胰管的宽度为0.8 ~ 2.4 mm；老年猫会更宽；尚未发现胰腺疾病和胰管宽度之间的关系。

9.35 胰腺的异常超声表现

1. 超声检查未见胰腺。
   a. 成像系统分辨率过低。
   b. 操作者经验不足。
   c. 动物因素如肥胖、胃肠道气体、气喘、腹壁紧张或疼痛（如存在胰腺炎）。
   d. 胰腺萎缩。
   e. 腹膜腔积气（如开腹术后）。
2. 局灶性胰腺病变。
   a. 炎性假囊肿——无回声或低回声，伴后方回声增强。
   b. 先天性囊肿或滞留囊肿——与假囊肿征象相似。
   c. 胰腺脓肿——可能类似于囊肿，含有无回声或低回声内容物，或类似于实质性肿物，含有产回声内容物。
   d. 小的肿瘤（如胰岛素瘤）。
   e. 继发于慢性胰腺炎的结节性病变。
   f. 结节性增生——老年犬猫的偶然发现；为界限清晰的低回声至等回声结节。
3. 弥漫性胰腺回声紊乱——通常包括胰腺增大，回声与质地不均匀。周围脂肪可能由于皂化反应而呈高回声。可能伴发腹膜腔积液、邻近胃和降十二指肠壁增厚和运动性降低、十二指肠呈波浪状（见10.34）和/或出现胆道阻塞。仅通过超声征象无法鉴别炎症和肿瘤。
   a. 胰腺炎。
      - 急性坏死性胰腺炎——由于胰腺和周围组织的出血和坏死而出现不规则低回声灶。
      - 亚急性或慢性活动性胰腺炎——边界清晰的低回声结构被高回声的肠系膜包围；可见不规则边缘和矿化灶。
   b. 胰腺肿瘤。
      - 腺癌——低回声结节或肿物；若这些结节或肿物变大，则可能压迫胆总管，侵袭邻近的胃和十二指肠，并扩散至肝脏和引流的淋巴结。
      - 胰岛素瘤——单发性或多发性结节，或呈回声异常的界限不清的区域；结节直径通常≤ 2.5 cm。
   c. 胰腺水肿——胰腺增大，胰腺小叶之间出现低回声线；可能与胰腺炎、低白蛋白血症或低血压有关。

肾上腺

9.36　肾上腺的 X 线检查

肾上腺位于同侧肾脏内侧或前内侧的腹膜后腔内。正常的肾上腺太小，在X线片上不可见；肾上腺疾病的X线检查通常无意义，而超声检查、CT 和 MRI 则更有帮助。有时在同侧肾脏的前侧可见较大的肾上腺肿物，同时该侧肾脏可能向后侧或外侧移位（见 9.38.4 和图 9–16），静脉尿路造影可能有助于区分肾上腺和肾脏。也可能存在弥漫性的腹膜后腔病变（见 9.9 和 9.10）。继发于垂体肿瘤的肾上腺增生在 X 线片上通常不显影，但可能会观察到肾上腺皮质功能亢进的非特异性继发症状（腹部下垂、肝肿大、支气管和肺脏矿化、皮肤钙质沉着、腹部软组织矿化和骨质减少等）。在疑似垂体或肾上腺肿瘤的病例中，还应检查是否出现转移。患有肾上腺皮质功能亢进的动物易出现肺血栓栓塞（见 6.23.6）。肾上腺的功能成像可以使用闪烁扫描术来检查。

1. 肾上腺肿物——肾上腺肿瘤可侵袭局部血管，并促使血栓形成；后腔静脉造影术或其他成像技术有助于制订手术计划。肾上腺肿瘤的破裂可能会造成腹膜后腔或腹膜腔内出血。
   - a. 腺瘤或腺癌——皮质。
   - b. 嗜铬细胞瘤——髓质；常见局部侵袭。
   - c. 转移性肿瘤。
   - d. 神经母细胞瘤、神经节细胞瘤、髓脂肪瘤——髓质。
   - e. 出血。
   - f. 增生。
   - g. 炎症或感染。
   - h. 囊肿。
2. 肾上腺矿化。
   - a. 老年猫常见的偶然发现，通常为双侧性。
   - b. 肿瘤——犬肾上腺矿化的常见原因。

9.37　肾上腺的超声检查技术

肾上腺的超声检查一般需要使用高频探头（≥ 7.5 MHz），而且操作者需要熟知腹膜后腔的血管解剖结构。可采用腹部腹侧或腹外侧入路扫查。

犬的左侧肾上腺为双叶状或细长的椭圆形，位于主动脉腹外侧，在左肾动脉和肠系膜前动脉起始处之间。右侧肾上腺通常呈三角形，位于右侧肾门附近的后腔静脉背外侧。猫的两侧肾上腺均为扁平的椭圆形。肾上腺通常呈低回声，但偶尔可见皮质呈低回声，而髓质回声相对较高。正常犬的肾上腺大小不定，且与体重不成比例。犬肾上腺后极的最大直径似乎是评估肾上腺大小的最可靠指标，正常时的最大直径为 7.4mm，敏感性与特异性均较合理。正常猫的肾上腺长 10 ~ 11mm，直径可达 4.3 ± 0.3mm。

1. 超声检查未见肾上腺。
   - a. 成像系统分辨率过低。
   - b. 图像质量差（如肠道气体、肥胖、喘气）。
   - c. 操作者经验不足。
   - d. 肾上腺萎缩（如功能性对侧肾上腺肿瘤）。
   - e. 曾做过肾上腺切除术。
   - f. 使用外源性皮质醇药物。
   - g. 肾上腺皮质功能减退（阿迪森病）。
2. 肾上腺增大——仅通过肾上腺的形态无法鉴别肾上腺依赖性和垂体依赖性肾上腺皮质功能亢进。原发性肾上腺肿瘤可能为单侧性或双侧性，回声性质不定。超声检查有无邻近血管的侵袭是十分重要的；尤其是右侧肾上腺肿物可能会侵袭后腔静脉。如果肾上腺内的结节直径超过 2cm，则肿瘤比增生的可能性更大；如果直径超过 4cm，则恶性病变的概率比良性病变的更大。
   - a. 基本形态正常。
     - 继发于垂体疾病的肾上腺增生；双侧，通常为低回声。
     - 小的肾上腺肿瘤。

- 使用曲洛斯坦。

b. 失去正常基本形态。

- 继发于垂体肿瘤的严重的肾上腺增生。
- 使用曲洛斯坦。
- 肾上腺肿瘤（腺瘤、腺癌、嗜铬细胞瘤、转移性肿瘤）。

3. 高回声斑点 ± 声影。

a. 偶然发现，尤其在猫。

b. 肾上腺肿瘤矿化。

4. 肾上腺缩小。

a. 单侧——功能性对侧肾上腺肿瘤。

b. 双侧——肾上腺皮质功能减退（阿迪森病）。

腹部肿物

X线检查判断腹部肿物的起源主要是基于肿物的位置、邻近器官的移位或压迫，以及缺乏正常器官的影像。使用特殊的摆位（如水平投照、腹部加压和X线造影技术）可以获得进一步的信息，但超声检查通常是下一步进行的操作。如果某些正常的器官组织与肿物相连，则使用超声可以很容易得出诊断；如果整个器官都是异常的，那么诊断可能是基于未扫查到给定的器官。如果怀疑肿瘤，还应拍摄胸部X线片。

腹部肿物可能伴发腹膜腔积液。这可能会掩盖肿物的X线影像，但可以通过其他器官的移位推测出肿物的存在。存在游离的腹膜腔积液时，可有助于超声检查。

胃、膀胱和子宫会出现生理性的增大，应与某些疾病过程相鉴别。下文旨在介绍腹部各部位肿物的可能性器官来源；确定可能的器官后，应查阅第9章、第10章或第11章的相关章节，寻找可能的病因。

9.38 前腹部肿物（大部分位于肋弓内）

1. 肝脏——腹部最靠前的器官，紧靠膈后方。钡剂造影有助于显示胃的精确位置，从而推断出肝脏的后缘。

a. 广泛性肝脏增大（见9.16.1和图9–6）。

侧位片：

- 幽门向后背侧移位；胃轴向水平方向倾斜。
- 十二指肠前曲向后背侧移位。
- 脾脏和小肠向后侧移位。
- 腹部膨胀，呈壶腹样外观。

腹背位片：

- 幽门向后侧和内侧（左侧）移位。
- 小肠向后侧移位。

b. 右外叶或右内叶增大（图9–14）。

侧位片：

- 幽门、小肠和升结肠向后背侧移位。
- 如果肿物较大且有蒂，肿物可能位于胃部后方，呈现脾脏肿物的假象。

腹背位片：

- 幽门、小肠和升结肠向后侧和内侧（左侧）移位。
- ± 右肾向后侧移位。

c. 左外叶或左内叶增大（图9–15）。

侧位片：

- 胃底向背侧移位。
- 小肠向后背侧移位。
- 侧位片上征象可能与右侧增大非常相似，但在腹背位片上不同。

腹背位片：

- 胃底和小肠向后侧和内侧（右侧）移位。
- 脾头向后侧移位。
- ± 左肾向后侧移位。

d. 中叶增大。

侧位片：

- 胃体向后背侧移位，并出现压痕。

腹背位片：

- 与侧位片相同。

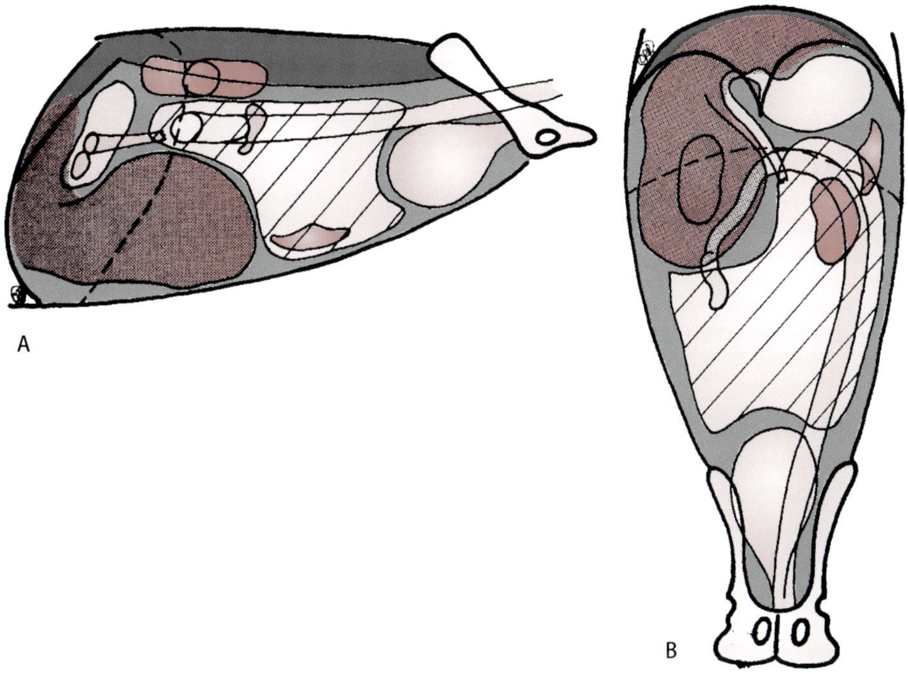

图 9–14　右侧肝脏增大：图 A 所示的侧位片和图 B 所示的腹背位片。［经允许转自 Thrall, D.E. (ed.) (1998) Textbook of Veterinary Diagnostic Radiology, 4th edition. Philadelphia: Saunders］

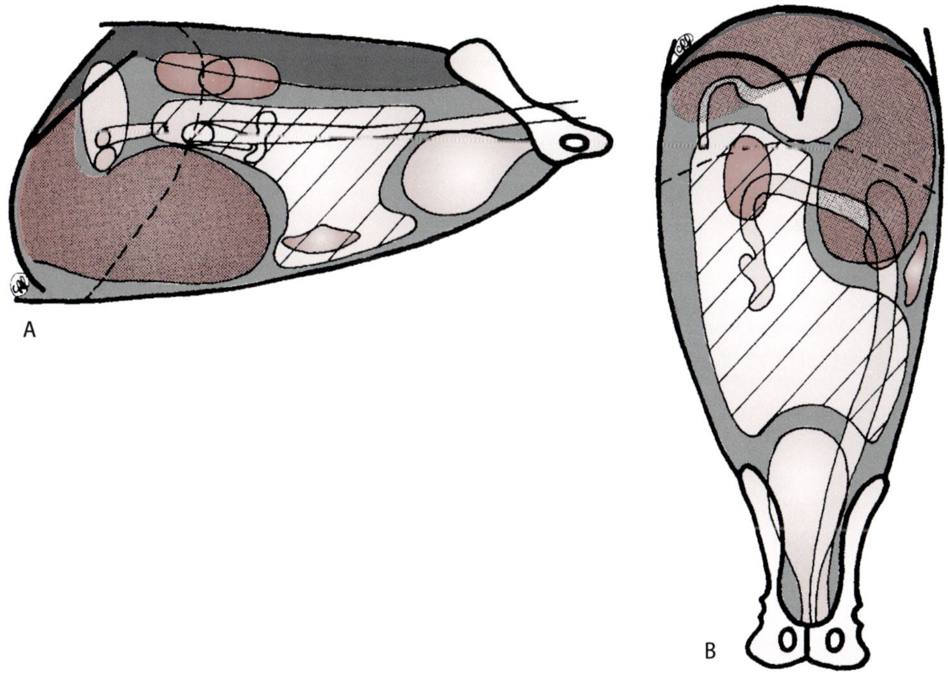

图 9–15　左侧肝脏增大：图 A 所示的侧位片和图 B 所示的腹背位片。［经允许转自 Thrall, D.E. (ed.) (1998) Textbook of Veterinary Diagnostic Radiology, 4th edition. Philadelphia: Saunders］

2. 胃——紧靠肝脏后方，并受肝脏支撑。

侧位片：

- 小肠、横结肠和脾脏向后侧移位。
- 如果病因是后侧胃壁增厚，则胃腔和横结肠之间的距离会增加。
- 如果出现胃扭转，则脾脏也可能向其他方向移位。

腹背位片：

- 与侧位片相同。

3. 胰腺——胰腺肿物很少呈独立的软组织结构，但是可以通过相邻器官的移位或局部腹膜腔细节的缺失来推断胰腺增大（图9–13）。

a. 胰腺右叶。

侧位片：

- 十二指肠向腹侧移位。

腹背位片：

- 十二指肠向外侧（右侧）移位。
- 幽门向前侧及内侧（左侧）移位。
- 幽门和十二指肠可能形成宽的、固定的“C”形。

b. 胰腺左叶或胰体。

侧位片：

- 十二指肠向腹侧移位。

腹背位片：

- 胃壁后方出现压痕。
- 小肠和横结肠向后侧移位。

4. 肾上腺——位于腹膜后腔内同侧肾脏的前内侧。在X线片上可见的肾上腺肿物很可能是肿瘤，且通常出现矿化。

侧位片：

- 同侧肾脏向后侧移位，且其前极向腹侧移位。
- 小肠和大肠向腹侧移位。

腹背位片：

- 同侧肾脏前极向后外侧移位，因此左肾看似呈顺时针旋转，右肾呈逆时针旋转，这取决于哪侧肾上腺增大（图9–16）。

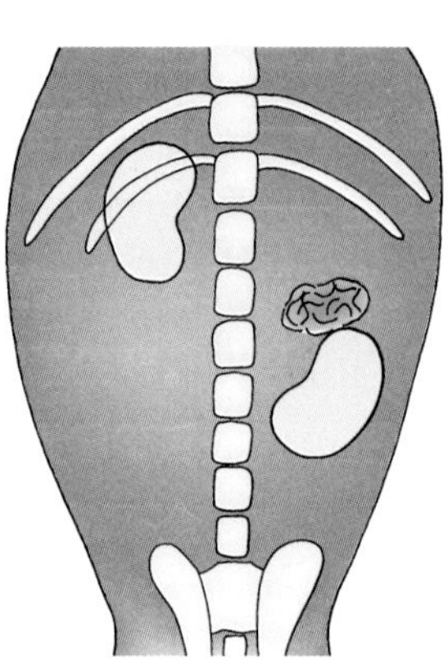

图 9–16 腹背位片上的肾上腺肿物：同侧肾脏向后移位，同时其前极向外侧旋转。

9.39 中腹部肿物

1. 肝脏——肝脏腹侧的局灶性肿物偶尔可能会延伸至中腹部，使胃向前侧移位，形成其他中腹部肿物（如脾脏病变）的假象。

2. 脾脏。

a. 脾头（近端）——由于存在脾胃韧带，所以位置相对固定。

侧位片：

- 胃底向前侧移位。
- 左肾向后侧移位。
- 小肠可能向腹侧或背侧移位，主要取决于肿物在脾脏上的具体位置。

腹背位片：

- 胃底向前侧移位。
- 左肾向后侧移位。
- 小肠和邻近的部分横结肠与降结肠向后侧及内侧（右侧）移位。

b. 脾体和脾尾（远端）——这些部分的脾脏游离性很大，肿物可见于中腹部各个位置（图9–17）。

侧位片：

- 小肠向背侧及前侧和/或后侧移位，可能呈垂挂于腹侧肿物上的征象。
- 大肠向背侧移位。
- 如果肿物较大，胃向前侧移位。

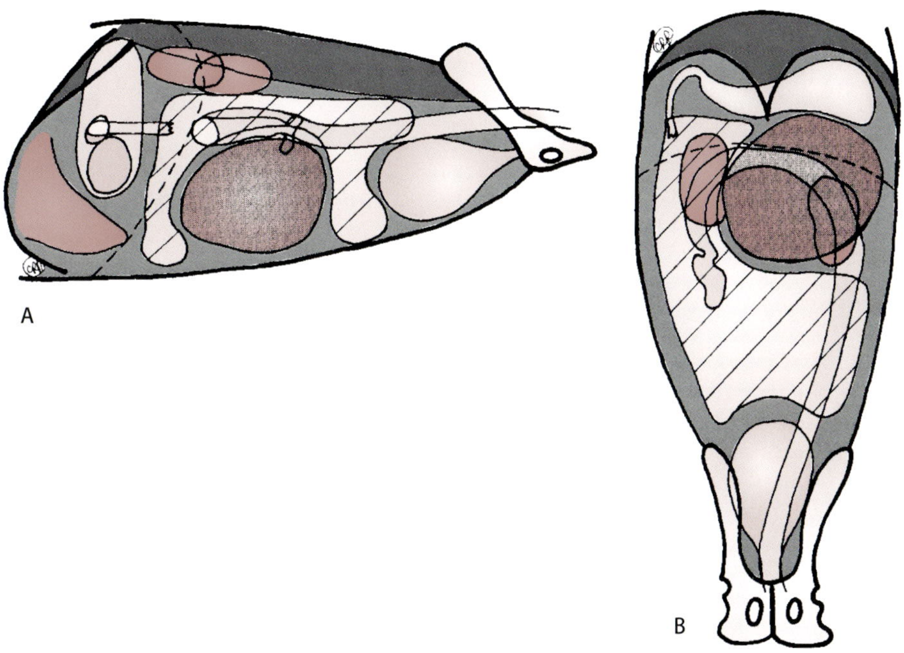

图 9–17　脾脏肿物：图 A 所示的侧位片和图 B 所示的腹背位片。［经允许转自 Thrall, D.E. (ed.) (1998) Textbook of Veterinary Diagnostic Radiology, 4th edition. Philadelphia: Saunders］

腹背位片：

- 由于肿物位于左侧，小肠最可能向右侧移位，但也可能向左侧、前侧、后侧或外周移位。
- 如果肿物较大，胃向前侧移位。

3. 肾脏——肾脏位于腹膜后腔内，因此即使显著增大，也依然位于腹膜腔背侧。

a. 右肾。

侧位片：

- 小肠、升结肠和横结肠向腹侧移位。

腹背位片：

- 小肠、升结肠和横结肠向内侧（左侧）移位。

b. 左肾（图 9–18 和 11.1）。

侧位片：

- 小肠和降结肠向腹侧移位。

腹背位片：

- 小肠和降结肠向内侧（右侧）移位。

4. 小肠——小肠肿物通常也伴有小肠梗阻的 X 线征象（如肠袢扩张及砂砾征）。

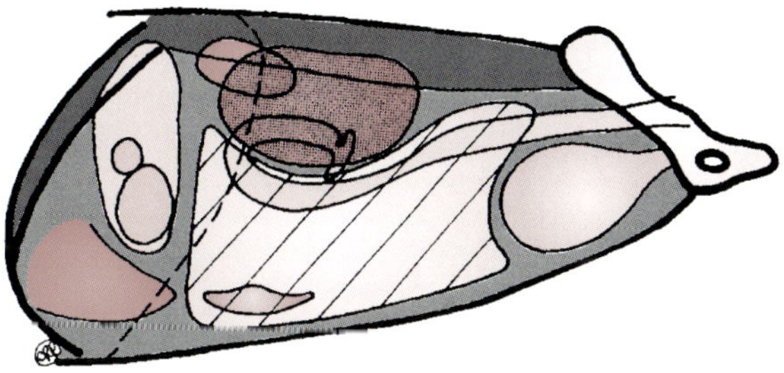

图 9–18　侧位片上左肾肿物（见图 11–1 的腹背位片）。［经允许转自 Thrall, D.E. (ed.) (1998) Textbook of Veterinary Diagnostic Radiology, 4th edition. Philadelphia: Saunders］

侧位片：

- 其他结构的移位，取决于肿物的大小和位置。

腹背位片：

- 与侧位片相同。

5. 大肠（包括盲肠）——由于大肠的正常直径较大，所以在没有造影的情况下，容易忽略小的肿物。

侧位片：

- 小肠向腹侧移位。

腹背位片：

- 小肠向左侧、右侧或后侧移位，取决于大肠病变的部位。

6. 网膜和肠系膜——不同位置的肿物引起不同的肿物效应。

a. 肠系膜根。

侧位片：

- 中背侧肿物，伴小肠向腹侧和前侧或后侧移位。

腹背位片：

- 中腹部肿物，使小肠向外周移位，而脾脏肿物不会出现这样的征象。

b. 肠系膜淋巴结。

侧位片：

- 小肠向外周移位。

腹背位片：

- 与侧位片相同。

c. 结肠淋巴结。

侧位片：

- 升结肠向腹侧移位，特别是在左侧位片上。

腹背位片：

- 升结肠向外侧（右侧）移位。

7. 卵巢——与肾脏不同，卵巢位于腹膜腔内，当显著增大时会更向腹侧移位。卵巢位于同侧肾脏的后侧。

a. 右侧卵巢。

侧位片：

- 小肠向腹侧不同程度地移位。
- 如果增大，右肾向前侧移位 ± 右肾后极向腹侧偏移。

腹背位片：

- 小肠和升结肠向内侧（左侧）移位。

b. 左侧卵巢。

侧位片：

- 小肠向腹侧不同程度地移位。
- 如果增大，左肾向前侧移位 ± 左肾后极向腹侧偏移。

腹背位片：

- 小肠和降结肠向内侧（右侧）移位。

8. 隐睾（常见右侧）——位于同侧肾脏后极和腹股沟区域之间的任何位置；使其他结构移位。可能发生扭转或发展为肿瘤、脓肿或血肿。

9. 腹膜后肿物。

侧位片：

- 小肠和肾脏向腹侧移位。

腹背位片：

- 参考意义不大，但如果是单侧性肿物，可能引起肾脏或小肠向外侧（右侧或左侧）移位。

9.40 后腹部肿物

1. 膀胱——膀胱肿物在平片上一般不可见，需要膀胱造影。膀胱扩张引起的肿物效应如下文所述；这种扩张可能是生理性的，也可能由于无法排尿而造成的病理性的。

侧位片：

- 小肠向前侧移位。
- 降结肠向背侧移位。

腹背位片：

- 小肠向前侧移位。
- 降结肠向外侧（左侧或右侧）移位。

2. 子宫——轻度的子宫增大不易发现，因为子宫角与小肠袢的影像很相似。大多数类型的子宫增大会影响整个器官，如下文所述；局灶性肿物根据其位置可产生不同的肿物效应（见11.40.1和图11-16）。阴道或子宫残端的肿物为位于降结肠和膀胱颈之间的局灶性肿胀，可能造成膀胱移位或压迫。

侧位片：

- 小肠向前侧或前背侧移位。
- 降结肠向背侧移位。
- ± 软组织结构使降结肠与膀胱分离。

腹背位片：

- 小肠向前侧 ± 内侧移位。

3. 前列腺——膀胱的充盈程度可影响前列腺的位置；当膀胱充盈时，前列腺更靠前（见 11.48 和图 11-18）。

侧位片：

- 膀胱向前侧移位。
- 非对称性前列腺疾病也可能使膀胱向腹侧或背侧移位；前列腺旁囊肿甚至可能位于膀胱前侧，需要施行造影或超声检查来定位膀胱（见 11.49.1 和图 11-19）。
- 降结肠远端和直肠向背侧移位 ± 压迫。

腹背位片：

- 膀胱向前侧移位。
- 非对称性前列腺疾病也可能使膀胱向左侧或右侧移位。
- 降结肠远端和直肠向外侧（左侧）移位。

4. 大肠——降结肠远端。

侧位片：

- 膀胱 ± 前列腺向腹侧移位。

腹背位片：

- 意义有限；膀胱可能向外侧移位。

5. 腰下区域（图 9-19）。

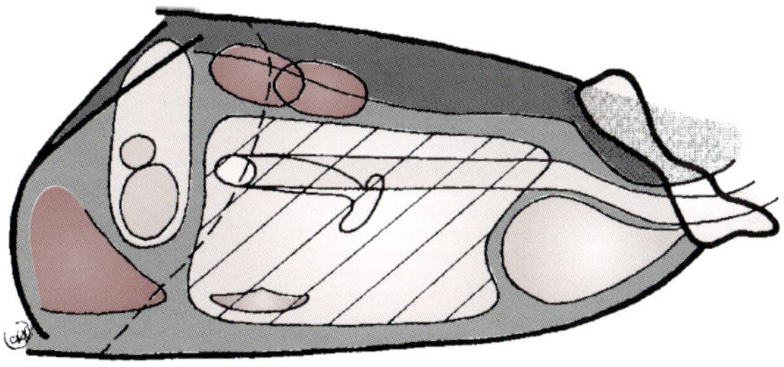

图 9-19　腰下肿物：侧位片。（经允许转自 Thrall, D.E. (ed.) (1998) Textbook of Veterinary Diagnostic Radiology, 4th edition. Philadelphia: Saunders）

侧位片：

- 降结肠远端向腹侧移位 ± 压迫。
- 如果肿物较大，则使膀胱向腹侧移位。

腹背位片：

- 意义有限，降结肠远端可能进一步向外侧（左侧）移位。

6. 隐睾——见 9.39.8。

其他异常

9.41　腹部矿化影像

以下关于在腹部 X 线片上看到的矿化灶的原因主要基于回顾性文献“腹部 X 线片上钙化灶的诊断”（Lamb et al. 1991 Veterinary Radiology and Ultrasound 32, 211-220，已许可）。

肠道

- 食物（如骨头——聚集时可能提示部分梗阻）。
- 异物（如石头）。
- 药物（如高岭土）。
- 肠石。
- 尿毒症性胃炎。

肝脏（也见 9.18）

- 胆石症（若为阻线性，则可见）。
- 慢性胆囊炎（胆囊壁）。
- 慢性肝病。
- 囊肿（发育性或寄生虫性，如肝泡型棘球蚴病*）。
- 肝脏结节性增生。
- 肿瘤（如骨肉瘤）。
- 长期存在的血肿、脓肿或肉芽肿。
- 不明病因——特别是约克夏㹴。

脾脏（也见 9.28）

- 组织胞浆菌病*。
- 长期存在的血肿或脓肿。
- 骨外骨肉瘤。

胰腺

- 慢性胰腺炎（包括假囊肿）。
- 脂肪坏死。
- 肿瘤（如腺癌）。

肾脏（也见 11.3）

- 肾结石。
- 肾钙质沉着症。
    - 肾毒性药物（如庆大霉素）。
    - 维生素 D 过多症。
    - 慢性肾炎（如肾盂肾炎）。
    - 慢性肾功能不全。

  - 甲状旁腺功能亢进。
  - 肾上腺皮质功能亢进。
  - 柯基肾性毛细血管扩张。
- 长期存在的血肿或脓肿。
- 寄生虫性肉芽肿（例如犬弓首蛔虫）。

输尿管

- 结石。

膀胱（也见 11.23）

- 结石。
- 慢性膀胱炎。
- 移行细胞癌。

肾上腺

- 肾上腺皮质肿瘤（如腺瘤、癌）。
- 特发性，特别是老年猫。

卵巢

- 肿瘤（如畸胎瘤）。
- 囊肿
- 卵巢子宫切除术后的缝线反应。

子宫

- 正常的胎儿（猫交配后 35 天可见骨骼钙化，犬交配后约 41 天可见骨骼钙化）。
- 木乃伊胎。
- 卵巢子宫切除术后的缝线反应。

前列腺

- 结石。
- 慢性前列腺炎。
- 肿瘤（如腺癌）。
- 囊肿(包括前列腺旁囊肿;也可能是骨盆内的)。

血管

- 慢性肾功能不全。
- 维生素 D 过多症。
- 特发性。

淋巴结

- 慢性炎症（如真菌*感染）。
- 转移性肿瘤（如骨肉瘤、前列腺腺癌）。

腹膜腔

- 慢性腹膜炎。
- 膀胱破裂后进入腹膜腔的结石。
- 胆囊破裂后进入腹膜腔的结石。
- 异位妊娠或妊娠期子宫破裂。
- 先前的钡剂外渗可能形成腹膜钙化的假象。

腹部脂肪

- 特发性结节性脂肪坏死——多见于猫。
- 猫的全身性脂肪组织炎。
- 脂肪瘤矿化（腹内或腹壁上）。
- 软骨脂瘤。

腹膜腔内隐睾

贯穿的异物

尿道

- 结石。
- 慢性尿道炎。
- 阴茎骨后段独立的骨化中心。

肌肉（也见 12.2）

- 骨化性肌炎（如影响臀肌）。

皮肤

- 与肾上腺皮质功能亢进有关的皮肤钙质沉着。
- 手术疤痕钙化。
- 慢性水囊瘤。

肋骨

- 肿瘤（如软骨肉瘤）。
- 骨痂。

乳腺

- 肿瘤（如混合性乳腺肿瘤）。

其他

- 寄生虫性囊肿——可能含有移动的、矿化的沉积物。
- 伴有陈旧性出血的肿瘤。
- 矿化的动脉硬化（高血压、肾性继发性甲状旁腺功能亢进）。

延伸阅读

General and miscellaneous

[1] Blackwood, L., Sullivan,M., Lawson, H., 1997. Radiographic abnormalities in caninemulticentric lymphoma: a review of 84 cases. J. Small Anim. Pract. 38, 62–69.

[2] Bradbury, C.A., Westropp, J.L., Pollard, E., 2009. Relationship between prostatomegaly, prostatic mineralization, and cytological diagnosis. Vet. Radiol. Ultrasound 50, 167–171.

[3] Cruz-Arambulo, R., Wrigley, R., Powers, B., 2004. Sonographic features of histiocytic neoplasms in the canine abdomen. Vet. Radiol. Ultrasound 45, 554–558.

[4] Haers, H., Saunders, J.H., 2009. Review of clinical characteristics and applications of contrastenhanced ultrasonography in dogs. J. Am. Vet. Med. Assoc. 234, 460–470.

[5] Hayward, N., 2006. Practical guide to imaging abdominal masses. In Pract. 28, 84–93.

[6] Heeren, V., Edwards, L., Mazzaferro, E.M., 2004. Acute abdomen: diagnosis. Compend. Contin. Educ. Pract. Veterinarian (Small Animal) 26, 350–362.

[7] Heng, H.G., Teoh, W.T., Sheikh-Moar, R., 2008. Postmortem abdominal radiographic findings in feline cadavers. Vet. Radiol. Ultrasound 49, 26–29.

[8] Keppie, N., Nelson, N., Rosenstein, D., 2006. Imaging diagnosis: Mineralization of the aorta, celiac and cranial mesenteric arteries in a cat with chronic renal failure. Vet. Radiol. Ultrasound 47, 69–71.

[9] Lamb, C.R., 1990. Abdominal ultrasonography in small animals: Examination of the liver, spleen and pancreas (review). J. Small Anim. Pract. 31, 6–15.

[10] Lamb, C.R., 1990. Abdominal ultrasonography in small animals: Intestinal tract and mesentery, kidneys, adrenal glands, uterus and prostate (review). J. Small Anim. Pract. 31, 295–304.

[11] Lamb, C.R., Hartzband, L.E., Tidwell, A.S., Pearson, S.H., 1991. Ultrasonographic findings in hepatic and splenic lymphoma in dogs and cats. Vet. Radiol. 32, 117–120.

[12] Lamb, C.R., Kleine, L.J., McMillan, M.C., 1991. Diagnosis of calcification on abdominal radiographs. Vet. Radiol. Ultrasound 32, 211–220.

[13] Lee, R., Leowijuk, C., 1982. Normal parameters in abdominal radiology of the dog and cat. J. Small Anim. Pract. 23, 251–269.

[14] Lefbom, B.K., Adams, W.H., Weddle, D.L., 1996. Mineralized arteriosclerosis in a cat. Vet. Radiol. Ultrasound 37, 420–423.

[15] Llabres Diaz, F., 2006. Practical contrast radiogaphy 5. Other techniques. In Pract. 28, 32–40.

[16] Melian, C., Stefanacci, J., Petersen,M.E., Kintzer, P.P., 1999. Radiographic findings in dogs with naturally occurring primary hypoadrenocorticism. J. Am. Anim. Hosp. Assoc. 35, 208–212.

[17] Merlo, M., Lamb, C.R., 2000. Radiographic and ultrasonographic features of retained surgical sponge in eight dogs. Vet. Radiol. Ultrasound 41, 279–283.

[18] Miles, K., 1997. Imaging abdominal masses. Vet. Clin. North Am. Small Anim. Pract. 27, 1403–1431.

[19] Monteiro, C.B., O'Brien, R.T., 2004. A retrospective study on the sonographic findings of abdominal carcinomatosis in 14 cats. Vet. Radiol. Ultrasound 45, 559–564.

[20] Moores, A.P., Bell, A.M.D., Costello, M., 2002. Urinoma (para-ureteral pseudocyst) as a consequence of trauma in a cat. J. Small Anim. Pract. 43, 213–216.

[21] Ramirez, S., Douglass, J.P., Robertson, I.D., 2002. Ultrasonographic features of canine abdominal malignant histiocytosis. Vet. Radiol. Ultrasound 43, 167–170.

[22] Root, C.R., 1998. Abdominal masses. In: Thrall, D.E. (Ed.), Textbook of Veterinary Diagnostic Radiology. 3rd ed. Saunders, Philadelphia, pp. 417–439.

[23] Root, C.R., Lord, P.F., 1971. Peritoneal carcinomatosis in the dog and cat: its radiographic appearance. Vet. Radiol. 12, 54–59.

[24] Sato, A.F., Solano, M., 2004. Ultrasonographic findings in abdominal mast cell disease: a retrospective study of 19 patients. Vet. Radiol. Ultrasound 45, 51–57.

[25] Saunders, H.M., 1998. Ultrasonography of abdominal cavitary parenchymal lesions. Vet. Clin. North Am. Small Anim. Pract. 28, 755–776.

[26] Saunders, H.M., Pugh, C.R., Rhodes, W.H., 1992. Expanding applications of abdominal ultrasonography. J. Am. Anim. Hosp. Assoc. 28, 369–374.

[27] Schwarz, T., Morandi, F., Gnudi, G., Wisner, E., Paterson, C., Sullivan, M., et al., 2000. Nodular fat necrosis in the feline and canine abdomen. Vet. Radiol. Ultrasound 41, 335–339.

[28] Shaiken, L.C., Evans, S.M., Goldschmidt, M.H., 1991. Radiographic findings in canine malignant histiocytosis. Vet. Radiol. 32, 237–242.

[29] Spaulding, K.A., 1993. Ultrasound corner: Sonographic evaluation of peritoneal effusion in small animals. Vet. Radiol. Ultrasound 34, 427–431.

[30] Thrall, D.E., 1992. Radiology corner: Intraperitoneal vs. extraperitoneal fluid. Vet. Radiol. Ultrasound 33, 138–140.

[31] Tidwell, A.S., Ullman, S.L., Schelling, S.H., 1990. Urinoma (para-ureteral pseudocyst) in a dog. Vet.

Radiol. Ultrasound 31, 203–206.

[32] Venco, L., Kramer, L., Pagliaro, L., Genchi, C., 2005. Ultrasonographic features of peritoneal cestodiasis caused by mesocestoides sp in a dog and in a cat. Vet. Radiol. Ultrasound 46, 417–422.

Liver

[33] Austin, B., Tillson, D.M., Kuhnt, L.A., 2006. Gallbladder agenesis in a Maltese dog. J. Am. Anim. Hosp. Assoc. 42, 308–311.

[34] Barr, F.J., 1992. Ultrasonographic assessment of liver size in the dog. J. Small Anim. Pract. 33, 359–364.

[35] Barr, F.J., 1992. Normal hepatic measurements in mature dogs. J. Small Anim. Pract. 33, 367–370.

[36] Beatty, J.A., Barrs, V.R., Martin, P.A., Nicoll, R.G., France, M.P., Foster, S.F., et al., 2002. Spontaneous hepatic rupture in six cats with systemic amyloidosis. J. Small Anim. Pract. 43, 355–363.

[37] Berry, C.R., Ackerman, N., Charach, M., Lawrence, D., 1992. Iatrogenic biloma (biliary pseudocyst) in a cat with hepatic lipidosis. Vet. Radiol. Ultrasound 33, 145–149.

[38] Biller, D.S., Kantrowitz, B., Miyabayashi, T., 1992. Ultrasonography of diffuse liver disease: a review. J. Vet. Intern. Med. 6, 71–76.

[39] Birchard, S.J., Biller, D.S., Johnson, S.E., 1989. Differentiation of intrahepatic versus extrahepatic portosystemic shunts using positive contrast portography. J. Am. Anim. Hosp. Assoc. 25, 13–17.

[40] Blaxter, A.C., Holt, P.E., Pearson, G.R., Gibbs, C., Gruffydd-Jones, T.J., 1988. Congenital portosystemic shunts in the cat: a report of nine cases. J. Small Anim. Pract. 29, 631–645.

[41] Broemel, C., Barthez, P.Y., Leveille, R., Scrivani, P., 1998. Prevalence of gallbladder sludge in dogs as assessed by ultrasonography. Vet. Radiol. Ultrasound 39, 206–210.

[42] Cornejo, L., Webster, C.R.L., 2005. Canine gallbladder mucoceles. Compend. Contin. Euca. Pract. Veterinarian 27, 912–928.

[43] Cuccovillo, A., Lamb, C.R., 2002. Cellular features of sonographic target lesions of the liver and spleen in 21 dogs and a cat. Vet. Radiol. Ultrasound 43, 275–278.

[44] D'Anjou, M.A., Penninck, D.G., Cornejo, L., Pibarot, P., 2004. Ultrasonographic diagnosis of portosystemic shunting in dogs and cats. Vet. Radiol. Ultrasound 45, 424–437.

[45] Evans, S.M., 1987. The radiographic appearance of primary liver neoplasia in dogs. Vet. Radiol. 28, 192–196.

[46] Ferrell, E.A., Graham, J.P., Hanel, R., Randell, S., Farese, J.P., Castleman, W.L., 2003. Simultaneous congenital and acquired extrahepatic portosystemic shunts in two dogs. Vet. Radiol. Ultrasound 44, 38–42.

[47] Gaillot, H.A., Penninck, D.G., Webster, C.R.L., Crawford, S., 2007. Ultrasonographic features of extrahepatic biliary obstruction in 30 cats. Vet. Radiol. Ultrasound 48, 439–447.

[48] Gaschan, L., 2009. Update on hepatobiliary imaging. Vet. Clin. Small Anim. 39, 349–467.

[49] Hampson, E.C.G.M., Filippich, L.J., Kelly, W.R., Evans, K., 1987. Congenital biliary atresia in a cat: a case report. J. Small Anim. Pract. 28, 39–48.

[50] Hinkle Schwartz, S.G., Mitchell, S.L., Keating, J.H., Chan, D.L., 2006. Liver lobe torsion in dogs: 13 cases (1995–2004). J. Am. Vet. Med. Assoc. 228, 242–247.

[51] Hittmair, K.M., Vielgrader, H.D., Loupal, G., 2001. Ultrasonographic evaluation of gall bladder wall thickness in cats. Vet. Radiol. Ultrasound 42, 149–155.

[52] Holt, D.E., Schelling, C.G., Saunders, H.M., Orsher, R.J., 1995. Correlation of ultrasonographic findings with surgical, portographic, and necropsy findings in dogs and cats with portosystemic shunts: 63 cases (1987–1993). J. Am. Vet. Med. Assoc. 207, 1190–1193.

[53] Jacobson, L.S., Kirberger, R.M., Nesbit, J.W., 1995. Hepatic ultrasonography and pathological findings in dogs with hepatocutaneous syndrome: new concepts. J. Vet. Intern. Med. 9, 399–404.

[54] Lamb, C.R., 1996. Ultrasonographic diagnosis of congenital portosystemic shunts in dogs: results of a prospective study. Vet. Radiol. Ultrasound 37, 281–288.

[55] Lamb, C.R., 1998. Ultrasonography of portosystemic shunts in dogs and cats. Vet. Clin. North Am. Small Anim. Pract. 28, 725–754.

[56] Lamb, C.R., Daniel, G.B., 2002. Diagnostic imaging of dogs with suspected portosystemic shunting. Compend. Contin. Educ. Pract. Veterinarian (Small Animal) 24, 626–635.

[57] Lamb, C.R., Forster-van Hyfte, M.A., White, R.N., McEvoy, F.J., Rutgers, H.C., 1996. Ultrasonographic diagnosis of congenital portosystemic shunts in 14 cats. J. Small Anim. Pract. 37, 205–209.

[58] Lamb, C.R., Wrigley, R.H., Simpson, K.W., Forster-van Hyfte, M., Garden, O.A., Smyth, B.A., et al., 1996. Ultrasonographic diagnosis of portal vein thrombosis in 4 dogs. Vet. Radiol. Ultrasound 37, 121–129.

[59] Lee, K.C.L., Lipscomb, V.J., Lamb, C.R., Gregory, S.P., Guitian, J., Brockman, D.J., 2006. Association of portovenographic findings with outcome in dogs receiving surgical treatment for single congenital portosystemic shunts: 45 cases (2000–2004). J. Am. Vet. Med. Assoc. 229, 1122–1129.

[60] Leveille, R., Biller, D.S., Shiroma, J.T., 1996.

Sonographic evaluation of the common bile duct in cats. J. Vet. Intern. Med. 10, 296–299.

[61] M oores, A.L., Gregory, S.P., 2007. Duplex gall bladder associated with choledocholithiasis, cholecystitis, gall bladder rupture and peritonitis in a cat. J. Small Anim. Pract. 48, 404–409.

[62] Newell, S.M., Selcer, B.A., Girard, E., Roberts, G.D., Thompson, J.P., Harrison, J.M., 1998. Correlations between ultrasonographic findings and specific hepatic diseases in cats: 72 cases (1985–1997). J. Am. Vet. Med. Assoc. 213, 94–98.

[63] Nyland, T.G., Barthez, P.Y., Ortega, T.M., Davis, C.R., 1996. Hepatic ultrasonographic and pathologic findings in dogs with canine superficial necrolytic dermatitis. Vet. Radiol. Ultrasound 37, 200–205.

[64] Nyland, T.G.,Koblik, P.D., Tellyer, S.E., 1999. Ultrasonographic features of splenic lymphoma in dogs – 12 cases. J. Am. Vet. Med. Assoc. 12, 1565–1568.

[65] O'Brien, R.T., Iani, M., Matheson, J., Delaney, F., Young, K., 2004. Contrast harmonic ultrasound of spontaneous liver nodules in 32 dogs. Vet. Radiol. Ultrasound 45, 547–553.

[66] Partington, B.P., Biller, D.S., 1995. Hepatic imaging with radiology and ultrasound. Vet. Clin. North Am. Small Anim. Pract. 25, 305–335.

[67] Reed, A.L., 1995. Ultrasonographic findings of diseases of the gallbladder and biliary tract. Vet. Med. 190, 950–957.

[68] Sato, A.F., Solano, M., 1998. Radiographic diagnosis: liver lobe entrapment and associated emphysematous hepatitis. Vet. Radiol. Ultrasound 39, 123–124.

[69] Scharf, G., Kaser-Hotz, B., Borer, L., Hasler, A., Haller, M., Fluckiger, M., Radiographic, ultrasonographic, and computed tomographic appearance of alveolar echinococcosis in dogs. Vet. Radiol. Ultrasound 45, 411–418.

[70] Schwarz, L.A., Penninck, D.G., Leveille-Webster, C., 1998. Hepatic abscesses in 13 dogs: a review of the ultrasonographic findings, clinical data and therapeutic options. Vet. Radiol. Ultrasound 39, 357–365.

[71] Scrivani, P.V., Yeager, A.E., Dykes, N.L., Scarlett, J.M., 2001. Influence of patient positioning on sensitivity of mesenteric portography for detecting an anomalous portosystemic blood vessel in dogs: 34 cases (1997–2000). J. Am. Vet. Med. Assoc. 219, 1251–1253.

[72] Smith, S.A., Biller, D.S., Goggin, J.M., Kraft, S.L., Hoskinson, J.J., 1998. Diagnostic imaging of biliary obstruction. Compend. Contin. Educ. Pract. Veterinarian (Small Animal) 20, 1225–1234.

[73] Sonnenfield, J.M., Armbrust, L.J., Radlinsky, M.A., Chun, R., Hoskinson, J.J., Kennedy, G.A., 2001. Radiographic and ultrasonographic findings of liver lobe torsion in a dog. Vet. Radiol. Ultrasound 42, 344–346.

[74] Suter, P.F., 1982. Radiographic diagnosis of liver disease in dogs and cats. Vet. Clin. North Am. Small Anim. Pract. 12, 153–173.

[75] White, R.N., Burton, C.A., McEvoy, F.J., 1998. Surgical treatment of intrahepatic portosystemic shunts in 45 dogs. Vet. Rec. 142, 358–365.

[76] Wrigley, R.H., Konde, L.J., Park, R.D., Lebel, J.L., 1987. Ultrasonographic diagnosis of portacaval shunts in young dogs. J. Am. Vet. Med. Assoc. 191, 421–424.

Spleen

[77] Ga¨rtner, F., Santos, M., Gillette, D., Schmitt, F., 2002. Inflammatory pseudotumour of the spleen in a dog. Vet. Rec. 150, 697–698.

[78] Gaschen, L., Kircher, P., Venziri, C., Hurter, K., Lang, J., 2003. Imaging diagnosis: the abdominal airvasculogram in a dog with splenic torsion and clostridial infection. Vet. Radiol. Ultrasound 44, 553–555.

[79] Hanson, J.A., Papageorges, M., Girard, E., Menard, M., Hebert, P., 2001. Ultrasonographic appearance of splenic disease in 101 cats. Vet. Radiol. Ultrasound 42, 441–445.

[80] Konde, L.J., Wrigley, R.H., Lebel, J.L., Park, R.D., Pugh, C., Finn, S., 1989. Sonographic and radiographic changes associated with splenic torsion in the dog. Vet. Radiol. 30, 41–45.

[81] Mai, W., 2006. The hilar perivenous hyperechoic triangle as a sign of acute splenic torsion in dogs. Vet. Radiol. Ultrasound 47, 487–491.

[82] Neath, P.J., Brockman, D.J., Saunders, H.M., 1997. Retrospective analysis of 19 cases of isolated torsion of the splenic pedicle in dogs. J. Small Anim. Pract. 38, 387–392.

[83] O'Brien, R.T., Waller, K.R., Osgood, T.L., 2004. Sonographic features of drug-induced splenic congestion. Vet. Radiol. Ultrasound 45, 225–227.

[84] Patnaik, A.K., Lieberman, P.H., Macewen, E.G., 1985. Splenosis in a dog. J. Small Anim. Pract. 26, 23–31.

[85] Rossi, F., Leone, V.F., Vignoli, M., Laddaga, E., Terragni, R., 2008. Use of contrast-enhanced ultrasound for characterization of focal splenic lesions. Vet. Radiol. Ultrasound 49, 154–164.

[86] Saunders, H.M., Neath, P.J., Brockman, D.J., 1998. B-mode and Doppler ultrasound imaging of the spleen with canine splenic torsion: a retrospective evaluation. Vet. Radiol. Ultrasound 39, 349–353.

[87] Schwarz, L.A., Penninck, D.G., Gliatto, J., 2001. Ultrasound corner: Canine splenic myelolipomas. Vet.

Radiol. Ultrasound 42, 347–348.

[88] Stickle, R.L., 1989. Radiographic signs of isolated splenic torsion in dogs: eight cases (1980–1987). J. Am. Vet. Med. Assoc. 194, 103–106.

[89] Wrigley, R.H., Konde, L.J., Park, R.D., Lebel, J.L., 1988. Ultrasonographic features of splenic lymphoma in dogs – 12 cases. J. Am. Vet. Med. Assoc. 192, 1565–1568.

[90] Wrigley, R.H., Park, R.D., Konde, L.J., Lebel, J.L., 1988. Ultrasonographic features of splenic haemangiosarcoma in dogs: 18 cases. J. Am. Vet. Med. Assoc. 192, 1113–1117.

Pancreas

[91] Etue, S.M., Penninck, D.G., Labato, M.A., Pearson, S., Tidwell, A., 2001. Ultrasonography of the normal feline pancreas and associated anatomic landmarks: a prospective study of 20 cats. Vet. Radiol. Ultrasound 42, 330–336.

[92] Hecht, S., Henry, G., 2007. Sonographic evaluation of the normal and abnormal pancreas. Clin. Tech. Small Anim. Pract. 22, 115–121.

[93] Hecht, S., Penninck, D.G., Mahoney, O.M., King, R., Rand, W.M., 2006. Relationship of pancreatic duct dilation to age and clinical findings in cats. Vet. Radiol. Ultrasound 47, 287–294.

[94] Hecht, S., Penninck, D.G., Keating, J.H., 2007. Imaging findings in pancreatic neoplasia and nodular hyperplasia in 19 cats. Vet. Radiol. Ultrasound 48, 45–50.

[95] Hess, R.S., Saunders, H.M., Van Winkle, T.J., Shofer, F.S., Washabau, R.J., 1998. Clinical, clinicopathologic, radiographic, and ultrasonographic abnormalities in dogs with fatal acute pancreatitis: 70 cases (1986–1995). J. Am. Vet. Med. Assoc. 213, 665–670.

[96] Lamb, C.R., Simpson, K.W., Boswood, A., Matthewman, L.A., 1995. Ultrasonography of pancreatic neoplasia in the dog: a retrospective review of 16 cases. Vet. Rec. 137, 65–68.

Adrenal glands

[97] Barthez, P.Y., Nyland, T.G., Feldman, E.C., 1995. Ultrasonographic evaluation of the adrenal glands in the dog. J. Am. Vet. Med. Assoc. 207, 1180–1183.

[98] Besso, J.G., Penninck,D.G., Gliatto, J.M., 1997. Retrospective ultrasonographic evaluation of adrenal gland lesions in 26 dogs. Vet. Radiol. Ultrasound 38, 448–455.

[99] Douglass, J.P., Berry, C.R., James, S., 1997. Ultrasonographic adrenal gland measurements in dogs without evidence of adrenal gland disease. Vet. Radiol. Ultrasound 38, 124–130.

[100] Grooters, A.M., Biller, D.S., Miyabayashi, T., Leveille, R., 1994. Evaluation of routine abdominal ultrasonography as a technique for imaging the canine adrenal glands. J. Am. Anim. Hosp. Assoc. 30, 457–462.

[101] Grooters, A.M., Biller, D.S., Merryman, J., 1995. Ultrasonographic parameters of normal canine adrenal glands: comparison to necropsy findings. Vet. Radiol. Ultrasound 36, 126–130.

[102] Grooters, A.M., Biller, D.S., Theisen, S.K., Miyabayashi, T., 1996. Ultrasonographic characteristics of adrenal glands in dogs with pituitary-dependent hyperadrenocorticism: comparison with normal dogs. J. Vet. Intern. Med. 10, 110–115.

[103] Mantis, P., Lamb, C.R., Witt, A.L., Neiger, R., 2003. Changes in ultrasonographic appearance of adrenal glands in dogs with pituitary-dependent hyperadrenocorticism treated with Trilostane. Vet. Radiol. Ultrasound 44, 682–685.

[104] Rosenstein, D.S., 2000. Diagnostic imaging in canine pheochromocytoma. Vet. Radiol. Ultrasound 41, 499–506.

[105] Schelling, C.G., 1991. Ultrasonography of the adrenal gland. Probl. Vet. Med. 3, 604–617.

[106] Tidwell, A.S., Penninck, D.G., Besso, J.G., 1997. Imaging of adrenal gland disorders. Vet. Clin. North Am. Small Anim. Pract. 27, 237–254.

[107] Whittemore, J.C., Preston, C.A., Kyles, A.E., Hardie, E.M., Feldman, E.C., 2001. Nontraumatic rupture of an adrenal gland tumor causing intra-abdominal or retroperitoneal hemorrhage in four dogs. J. Am. Vet. Med. Assoc. 219, 329–333.

Abdominal blood vessels

[108] Finn-Bodner, S.T., Hudson, J.A., 1998. Abdominal vascular sonography. Vet. Clin. North Am. Small Anim. Pract. 28, 887–942.

[109] Spaulding, K.A., 1992. Ultrasound corner: Helpful hints in identifying the caudal abdominal aorta and caudal vena cava. Vet. Radiol. Ultrasound 33, 90–92.

[110] Spaulding, K.A., 1997. A review of sonographic identification of abdominal vessels and juxtavascular organs. Vet. Radiol. Ultrasound 38, 4–23.

Abdominal lymph nodes

[111] Kinns, J., Mai, W., 2007. Association between malignancy and sonographic heterogeneity in canine and feline abdominal lymph nodes. Vet. Radiol. Ultrasound 48, 565–569.

[112] Pugh, C.R., 1994. Ultrasonographic examination of abdominal lymph nodes in the dog. Vet. Radiol. Ultrasound 35, 110–115.

第 10 章

胃肠道

胃

10.1 胃的正常 X 线影像

胃由胃底（位于左背侧的穹顶样突起）、贲门（与食管相连）、胃体（中部）和幽门部（位于右腹侧的幽门窦和幽门管）组成。连接胃底、胃体和幽门的假想线称为胃轴。犬和猫、不同品种的犬之间，胃的位置各不相同。在猫和大多数品种犬的侧位片上，胃轴与后段肋骨平行，紧靠于肝脏，因此，如果胃轴发生移位，常提示肝脏的位置或大小发生改变（图 10–1A 和图 10–1B）。深胸犬的胃轴垂直于脊柱，出现类似于肝脏缩小的征象。幽门部可能位于胃其他部分的前侧，其位置和影像在左、右侧位片上会略有不同。右侧位时，幽门内充满液体，呈圆形软组织肿物阴影；左侧位时，幽门内可能含有气体，并延伸至降十二指肠。气体会集中于胃部最高处，而液体位于重力侧，因此通过不同的摆位可以突出显示不同的部位；例如，可通过左侧位评估幽门和十二指肠近端的病变（如胃肠壁肿物和异物）。在深胸犬腹背位（VD）X 线片上，胃轴在约第 10 肋间隙处横向穿过腹部，胃底位于腹中线左侧，幽门位于腹中线右侧（图 10–1C）。在桶状胸品种的犬，胃更加弯曲，胃底更靠前，幽门部更靠近腹中线。在猫的 VD 位片上，空虚的胃的幽门部位于腹中线附近，而胃的其余部分位于腹中线左侧（图 10–1D）。猫发生胃扩张时，会使幽门向右侧移位。胃内摄入的食物和空气的量以及正常的胃收缩会影响胃的大小和形状，而胃的密度取决于胃内容物的性质。

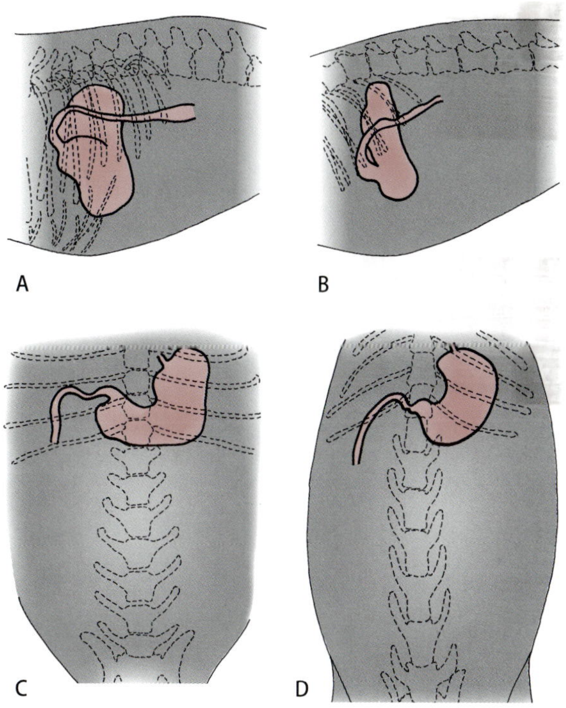

图 10–1 正常胃的位置：图 A 为侧位，犬；图 B 为侧位，猫；图 C 为腹背位（VD），犬；图 D 为 VD 位，猫。

10.2 胃的移位

1. 胃轴向前移位。
   a. 肝脏缩小（见 9.16.3 和图 9–7）。
   b. 膈疝或膈破裂。

c. 腹膜心包膈疝（见7.6.3）。

d. 胃－食管套叠（见8.19.2）。

e. 食管裂孔疝。

2. 胃后方压迫或变形。

a. 横结肠扩张或肿物。

b. 胰腺左叶肿物（见9.38.3）。

c. 肠系膜肿物（见9.39.6）。

d. 其他较大的腹部肿物，包括妊娠后期。

3. 胃轴向后移位。

a. 肝脏增大（见9.16.1和图9–6）。

b. 胸部扩张。

4. 胃向右侧移位。

a. 脾脏增大。

b. 左侧肝脏增大。

5. 胃向左侧移位。

a. 胰腺增大，尤其是胰体。

b. 肝脏右侧增大。

在胃扩张扭转（GDV）时，胃也可能有不同程度的移位；有时也可见不伴胃扩张的慢性胃扭转，此时胃的位置异常，但并无明显的扩张。

10.3 胃大小变化

禁食8h后，正常的胃内可见少量气体和/或液体。

1. 胃不可见。

a. 完全空虚。

b. 缺少腹部脂肪衬托。

- 幼年动物。
- 消瘦。

c. 腹膜腔积液。

2. 胃可见但空虚。

a. 禁食或厌食（注意：如果动物近期呕吐，不能排除梗阻的可能性）。

3. 胃的形状和大小正常；内容物为气体和/或液体。

a. 正常，可能伴有吞气症。

b. 饮水后。

c. 急性胃炎。

4. 胃扩张但形状正常。胃底和胃体扩张的程度比幽门大，因此左腹部更为明显。

a. 气管插管误插入食管——气体导致扩张。

b. 摄入食物过多。

c. 气体和/或液体导致急性扩张。

- 呼吸困难引起的吞气症。
- 疼痛（如胰腺炎、钝性创伤）继发的吞气症。
- 急性胃炎。
- 异物阻塞流出道。
- 腹部手术后。
- 抗胆碱药物。
- 内窥镜检查后。

d. 慢性扩张——可能出现砂砾征（见10.4.2和图10–3）。

- 胃或十二指肠内异物引起的慢性梗阻。
- 幽门流出道异常（见10.10.3）。

e. 胰腺炎。

f. 家族性自主神经异常——也可见小肠、食管和膀胱扩张。

5. 胃扩张且形状异常。

a. 胃扩张扭转（图10–2）——尤其见于大型深胸犬。胃异常扩张，内容物为食物、液体和气体，胃腔被软组织带明显分成2个部分，呈双重气泡样外观，也称为隔室征或拳击手套征。这是由于胃小弯和近端十二指肠的软组织从腹膜腔前背侧的异

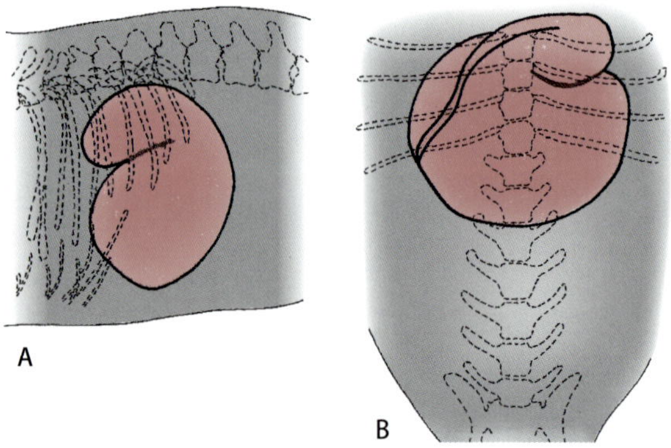

图10–2 胃扩张扭转：图A所示的侧位观和图B所示的腹背位观。胃显著扩张，同时伴有气体±摄入物，可见隔室征。若十二指肠内无气体，则难以辨别幽门和胃底（见VD位）。

常位置向后移行所致。一般情况下，除非发生 360° 扭转，否则幽门会向左背侧移位，胃底会向右腹侧移位。拍摄左、右两个侧位片会有助于诊断，因为气体在胃内的移动有助于确定幽门的位置。GDV 的其他征象包括脾脏移位、肠梗阻、积气（壁内气体）、气腹和食管扩张。GDV 在猫较为罕见，通常与膈破裂有关。

b. 曾施行胃固定术的犬伴有气体或食物的急性扩张——胃自己折叠，导致出现异常的拳击手套征。

诊断严重的胃扩张不一定必须进行 X 线检查，但 X 线检查对于胃扭转的诊断十分重要，因为即使胃管可顺利通过胃部也不能排除胃扭转。

10.4　胃内容物变化

理想情况下，动物在做腹部 X 线检查前需要禁食 12h。12h 后胃内仍有食物残留通常是异常的；但在此期间，动物有时会在主人不知道的情况下吃东西，所以应严格禁食后再次进行 X 线检查。不同体位下拍摄 X 线片有助于显示异常的胃内容物，因为气体会上升至胃的最高点。

1. 少量气体和 / 或液体——正常。
2. 矿化密度的物质。
   a. 异物（在犬有时为意外发现）。
      - 金属异物，如鱼钩、针和订书钉。
      - 石头、鹅卵石等。
      - 骨或骨碎片；鉴别诊断为慢性肾衰继发的黏膜褶矿化。
      - 致密的橡胶制品或玻璃。

   b. 砂砾征——在慢性部分梗阻近端可能发生摄入的小矿化碎片的聚集，这种情况与幽门流出道问题有关（见 10.10.3 和图 10–3）。这些物质可能被呕吐出来，这一征象并不可靠。

   c. 先前造影检查后的残留钡剂。

   d. 含有高岭土和铋盐的药物。

   e. 胃壁矿化的假象（见 10.5.3）。

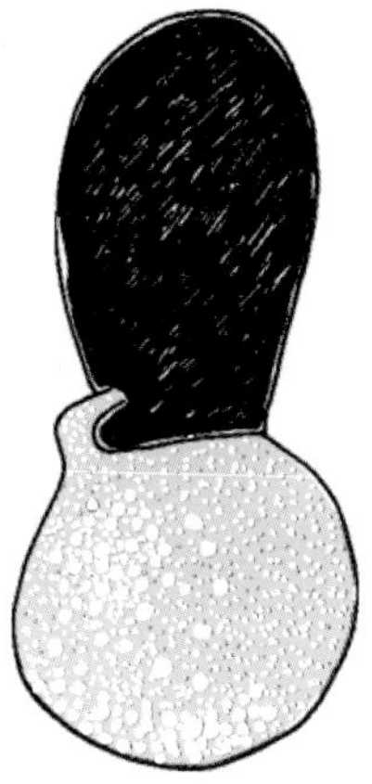

图 10–3　慢性的部分流出道梗阻引起的胃砂砾征。小而高密度的摄入物碎片聚集于扩张的幽门部。砂砾征不总是能见到，因为胃内容物可能会呕吐出来。

3. 夹杂着小气泡的软组织密度。
   a. 食物——未禁食时为正常。
   b. 禁食超过 12 h 后食物异常残留（如幽门和 / 或十二指肠流出道梗阻，或住院时神经性幽门痉挛）。
   c. 异物。
      - 塑料或玻璃纸。
      - 纤维织物、地毯或线。
      - 植物粪石（如草）。
      - 毛粪石（如毛团）。
4. 均匀的软组织密度。
   a. 近期摄入的液体。
   b. 残留的液体。
      - 急性胃扩张。
      - 幽门和十二指肠流出道梗阻。

   c. 异物。

   d. 较大的胃内肿瘤或息肉。

   e. 血凝块。

   f. 幽门 – 胃套叠或胃 – 十二指肠套叠——罕见，因为套叠多为离口方向，而非朝向口腔。
5. 气体。
   a. 吞气症。
   b. 胃扩张扭转（见 10.3.5 和图 10–2）。
6. 均质的灰色胃内容物通常是由等量的水和液体内容物混合形成。

10.5 胃壁变化

胃壁的厚度只有在胃部因气体适当扩张或使用阳性造影剂时才能准确评估（见10.6）。黏膜褶主要位于胃底，犬的胃黏膜褶比猫的小，但数量更多。在幽门窦区域也可见少量的黏膜褶。

1. 局灶性胃壁增厚。
   a. 假性肿物。
   - 空虚的胃暂时性收缩。
   - 右侧位时液体积聚于幽门部。

   b. 肿瘤（图10-4），通常伴有胃局灶性扩张不良和蠕动不足。
   - 腺癌——常见于胃小弯和幽门。斯塔福郡斗牛獚、粗毛柯利犬和比利时牧羊犬好发。
   - 平滑肌瘤或平滑肌肉瘤。
   - 淋巴瘤（尤其是猫）。

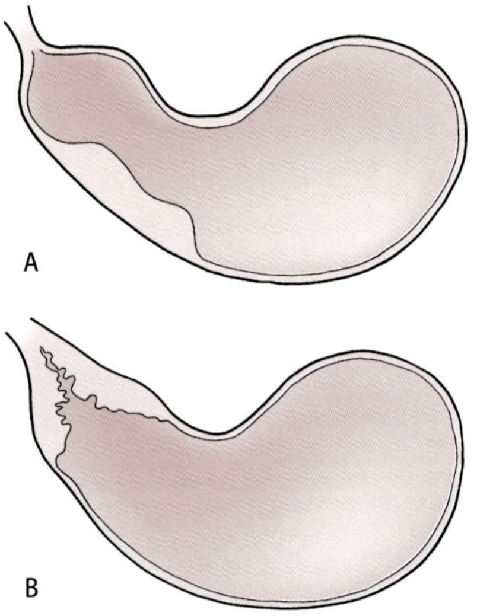

图10-4 胃肿瘤（X线造影时显影最佳）：图A显示不累及幽门；通常表现为胃壁的平滑性增厚，伴有突起的边缘；图B显示幽门管周围；通常为粗糙的圆环形，扩张不良，呈苹果核样外观。

   c. 幽门肌或黏膜肥大。
   d. 息肉。
   e. 局灶性慢性增生性胃病（又称巨大肥厚性胃炎、Ménétrier's病）；与肿瘤不同，胃壁有运动。
   f. 局灶性浸润性胃炎。
   - 嗜酸性。
   - 肉芽肿性。
   - 真菌感染，尤其是腐霉菌*。

   g. 异常的犬狼旋尾线虫*肉芽肿。
2. 广泛性胃壁增厚。
   a. 继发于持续性呕吐。
   b. 慢性胃炎。
   c. 嗜酸性胃炎。
   d. 淋巴瘤（尤其是猫）。
   e. 胰腺非β细胞瘤（胃泌素瘤或胺前提摄取与脱羧细胞瘤，APUD瘤），由于对胃黏膜的营养效应，导致黏膜褶肥大。
   f. 慢性增生性胃病。
   g. 真菌感染，尤其是腐霉菌*。
3. 胃壁矿化。
   a. 矿化的胃内容物的假象（见10.4.2）。
   b. 胃内线性异物的伪影。
   c. 黏膜褶矿化。
   - 尿毒症性胃病，由肾性继发性甲状旁腺功能亢进所致。
   - 其他原因引起的严重高钙血症，尤其是维生素D及其类似物中毒（如胆钙化醇杀鼠剂、抗银屑病药膏中的钙泊三醇）。

   d. 肿物中的营养不良性矿化。
   - 肿瘤。
   - 肉芽肿（如腐霉菌*、异常的犬狼旋尾线虫*肉芽肿，也可能发生肿瘤化）。
4. 胃壁内气体（胃气肿）。
   a. 胃溃疡。
   b. 部分胃壁穿孔。
   c. 继发于GDV的坏死。
   d. 继发于胰腺炎。
5. 胃壁内脂肪层。
   a. 可见于正常猫。

10.6 胃 X 线造影检查：技术和正常影像

胃 X 线造影检查的适应证包括：

- 确定胃的位置，包括评估肝脏大小和检查来源不明的腹内肿物。
- 胃的方向（如慢性胃扭转）。
- 显示和定位疑似的胃内异物。
- 呕吐，尤其是呕血。
- 黑粪症。
- 可能由胃部疾病导致的体重减轻。
- 评估胃壁厚度和黏膜形态。
- 评估胃的排空。

胃充气造影术是一种实用、简单、安全的技术，有助于诊断占位性病变，但无法评估黏膜表面，为此需要施行阳性造影或双重造影检查。如果怀疑胃破裂，应使用低渗性含碘造影剂，而非钡剂。注入造影剂后，X 线透视检查可能有助于显示与肿瘤有关的胃壁运动性降低的区域。

如果是择期检查，患病动物至少禁食 12 h，可能需要适当的化学保定。X线片应拍摄右侧位、左侧位、背腹位和腹背位。使用气体造影时需要降低曝光条件，而阳性造影时需要增加曝光条件。

胃充气造影

通过胃管向胃内注入空气。X线片上会显示：

- 胃的位置。
- 透线性异物和腔内肿物。
- 胃壁厚度。
- 几乎不显示黏膜表面。

胃阳性造影

a. 少量硫酸钡或含碘造影剂：显示胃的位置。

b. 浸染钡剂的聚乙烯球（BIPS）：检查胃排空。

c. 经胃管给予大量（7 ～ 12 mL/kg）30% w/v 的硫酸钡或 2 ～ 3 mL/kg 的等渗含碘造影剂。X 线片上会显示：

- 胃的大小。
- 胃的形状。
- 胃的收缩性。
- 胃内容物（显示为充盈缺损）。
- 液相的胃排空。

d. 大量食物检查（钡剂或BIPS与食物混合）。显示固相的胃排空。

胃双重造影

首先，经胃管给予1 mL/kg 100% w/v 的钡剂，随后注入空气使胃扩张。X 线片上会显示：

- 非常清晰的黏膜细节。
- 胃壁厚度。
- 透线性异物。

正常的胃造影 X 线片（图 10–5）显示阳性造影剂聚集于重力区，而腔内气体在最上方。在皱襞之间的阳性造影剂从正面观为平缓的曲线，正切投照时显示为胃的锯齿状边缘。动物体况良好时，在适当的投照条件下，可以评估胃壁的厚度。胃的蠕动波会使胃出现对称、平滑的凹痕，但每张 X 线片的影像都不相同。胃应该根据充盈程度而适当扩张，胃扩张不良则提示肿瘤或严重的胃炎。

10.7 胃造影检查的技术错误

1. 未拍摄平片。
   a. 易忽略高密度的异物。
   b. 造影后的曝光条件不当。
   c. 动物未充分禁食。
2. 曝光条件不当——阳性造影的投照条件比平片要增加 5 ～ 10 kVp。
   a. 阳性造影后曝光不足，可能漏诊小的透线性异物。
   b. 胃充气造影后曝光过度，可能漏诊小的阻线性异物。
3. 胃扩张不足。
   a. 妨碍胃壁和肿物的准确评估。
   b. 导致胃排空时间延长，因为胃扩张不足无法刺激胃排空反射。

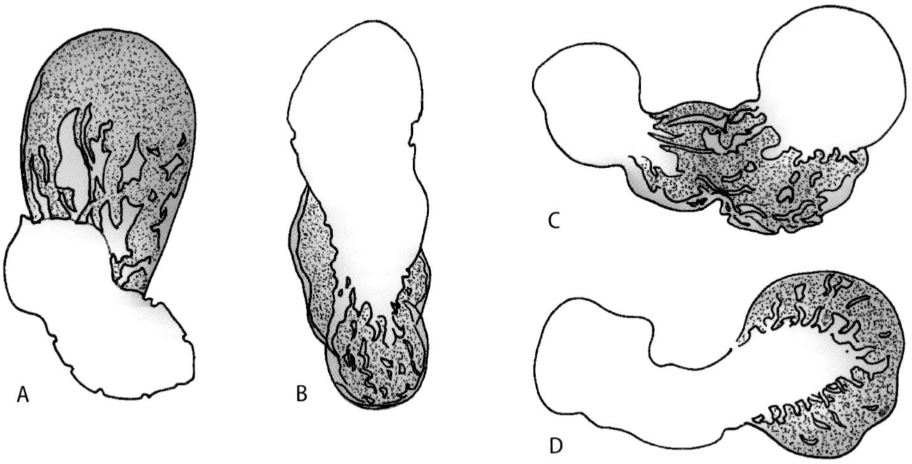

图 10-5 正常的胃双重造影：图A为右侧位，钡剂位于幽门部，气体位于胃底；图B为左侧位，钡剂位于胃底，气体位于幽门部（± 十二指肠）；图C为仰卧，腹背位片，钡剂位于胃底和幽门部，气体位于胃体；图D为俯卧，背腹位片，钡剂位于胃体，气体位于胃底 ± 幽门部。

4. 阳性造影剂使用过多——掩盖较小的异物；应再次拍片观察有无黏附于异物的造影剂残留。
5. 摄片数量不足（无透视检查）——难以正确评估胃壁顺应性、异物、软组织肿物和溃疡。
6. 基于一张或少数X线片的过度诊断——胃壁的病灶必须通过多张X线片来确认，因为胃的蠕动波会引起胃壁的暂时性增厚，从而造成假阳性的结果。

10.8 造影检查时胃腔的充盈缺损

大量的阳性造影剂可能会掩盖小的异物。见10.4，胃内容物变化。

1. 食物残留。
2. 植物粪石（如草）或毛粪石（如毛团）。
3. 异物。
4. 突向腔内的胃壁肿物。
   a. 肿瘤。
   b. 息肉。
   c. 肉芽肿。
   d. 脓肿。
   e. 血肿。
   f. 幽门－胃（胃－胃）或胃－十二指肠套叠。
   g. 慢性增生性胃病（又称巨大肥厚性胃炎、Ménétrier's 病）。
5. 血凝块和黏液。

10.9 造影检查时胃黏膜的异常征象

轻度溃疡性胃炎和浅表溃疡可能难以诊断；可以考虑使用内窥镜检查，因为正常的X线片也无法排除上述疾病。正常的黏膜形态是皱襞间钡餐密度的平行带，而胃皱褶则呈平行的带状充盈缺损。皱褶在靠近幽门处比较稀疏，且猫比犬的更不明显。

1. 正常变化——食物或黏液形成不规则斑块样皱褶，可能误认为病变（造影剂絮凝）。
2. 胃炎——不规则、斑块样的皱褶（图10-6）；胃基本排空后仍有钡餐残留，因为有钡剂黏附于炎症或溃疡部位。

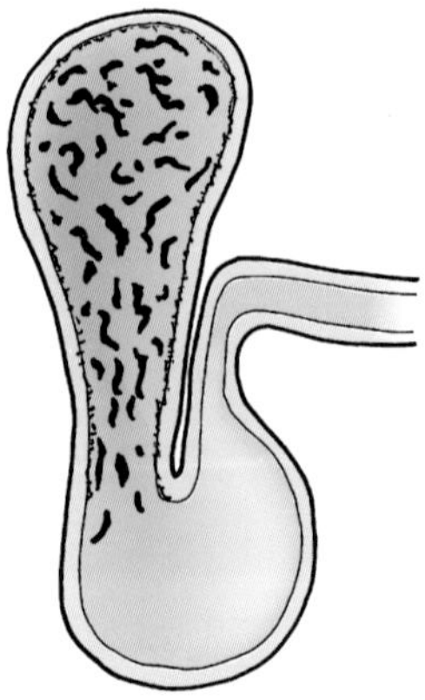

图 10-6 钡餐造影或双重造影后X线片显示严重胃炎：胃扩张不足、黏膜表面不规则、皱褶形态不连续。

3. 溃疡——侧面观呈火山口样轮廓，正面观为圆形（图 10–7）。胃排空很长时间后，仍可见钡剂存在于溃疡灶中（12 ~ 24h 后的 X 线片有助于诊断），且皱褶可能向溃疡灶处聚集。

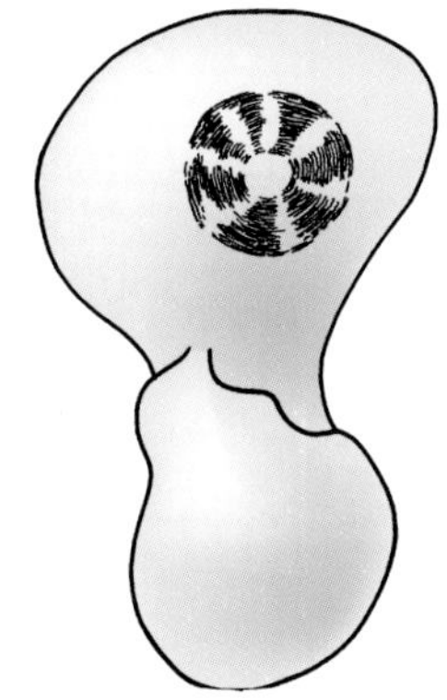

图 10–7 钡餐造影或双重造影后的右侧位 X 线片显示胃溃疡：钡餐位于溃疡中心，皱褶向溃疡中心聚集。

a. 药物。
- 非甾体消炎药（如阿司匹林和布洛芬）。

b. 肿瘤。
- 原发性胃肿瘤（如腺癌和淋巴瘤）。
- 胰腺的促胃泌素瘤。

c. 继发于其他部位的肥大细胞瘤。

d. 应激。

e. 炎性肠病。

f. 继发于慢性肝脏和肾脏疾病。

g. 粗糙异物的磨损。

10.10 胃排空时间变化

评估胃排空情况应选择闪烁扫描术，因为 X 线检查不能反映正常的生理状况。也可选择超声检查。影响造影剂通过肠管的因素包括：
- 禁食时间。
- 化学保定药物的使用和种类。
- 动物放松的程度。
- 造影剂的类型。
- 造影剂的剂量。

如果在注入造影剂前胃已排空，钡剂混悬液会在 30 min 内（犬）或 15 min 内（猫）开始排出（假设造影剂剂量足够），而且在 4 h（犬）和 2 h（猫）时完全排空。高渗性含碘造影剂使胃蠕动亢进，所以排空速度更快。钡剂混合食物（或仅食物）的排空速度更慢，一般需要 12 h 来完全排空。BIPS 和食物一起饲喂时，6 h（±3 h）后应有一半的 BIPS 留在胃中，8.5 h（±2.75 h）后排出 3/4。在给予钡剂 12 ~ 24 h 后拍摄 X 线片，或可显示出钡剂勾勒或浸润的溃疡灶或引起部分梗阻的异物。

具有图像增强功能的 X 线透视检查在评估肠道的运动上十分有价值。如果没有透视检查，也可以连续拍摄 X 线片来评估胃肠蠕动情况。

1. 胃排空加快。
   a. 正常变异——排空的胃中给予液体造影剂。
   b. 幼犬胃排空速度较成年犬快。
   c. 胃肠炎。

2. 胃排空延迟伴胃运动下降（可通过透视检查或连续拍片判断）。
   a. 镇静或全身麻醉，或使用解痉药。
   b. 胃或十二指肠溃疡。
   c. 胃炎。
   - 细小病毒。
   - 猫——猫泛白细胞减少症。

   d. 小肠梗阻。
   e. 胰腺炎。
   f. 腹膜炎。
   g. 呕吐导致的低钾血症。
   h. 家族性自主神经异常——也可见小肠、食管和膀胱扩张。

3. 胃排空延迟伴胃运动正常或亢进。
   a. 食物——高脂食物排空时间较长。
   b. 幽门梗阻和狭窄（图 10–8）。
   - 异物。
   - 幽门肌肉或黏膜肥厚。
   - 幽门、十二指肠、胰腺或胆囊肿瘤。
   - 幽门或十二指肠瘢痕组织。
   - 幽门或十二指肠溃疡。
   - 幽门或十二指肠肉芽肿。

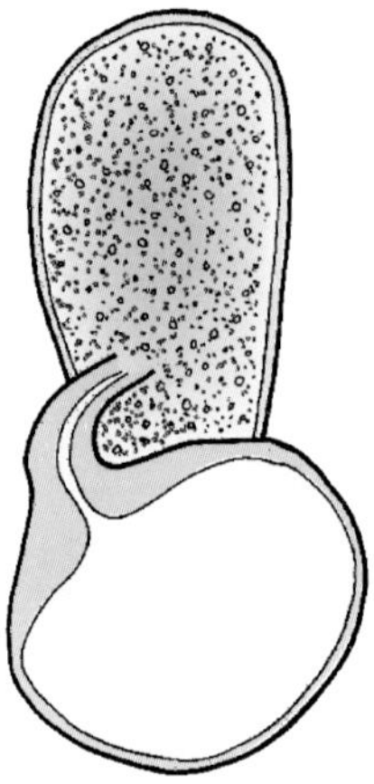

图 10-8　胃钡餐造影的右侧位显示幽门狭窄：窦幽门窦扩张，只有少量钡剂进入十二指肠。在恶性肿瘤的病例，幽门可能扩张不良，且边缘不规则（也见图 10-4B）。

- 幽门或十二指肠息肉。
- 慢性增生性胃病；皱襞增大。
- 特发性——尤其是暹罗猫，且可能伴有巨食管症。

c. 幽门痉挛。

- 神经性幽门痉挛。
- 小肠梗阻。

10.11　胃的超声检查技术

理想状态下，患病动物在超声检查前应禁食 12 h，可自由饮水。胃内的食物或气体会产生伪影，从而影响胃腔和胃壁的全面检查。经胃管注入 10 ~ 15 mL/kg 的水将有助于显示胃壁病变。

从剑状软骨至脐部剃除前腹部的被毛，然后用酒精清洁皮肤，并涂抹适量耦合剂。将探头置于剑状软骨后方，声束指向前背侧对胃进行扫查。要对整胃进行相对于胃腔长轴的纵切面和横断面扫查。改变动物的体位可能有助于胃内液体在不同区域的积聚，从而有利于胃的扫查。

需要使用尽可能高频率且有足够组织穿透力的扇形或凸阵探头（猫或中小型犬 7.5 MHz；大型或肥胖犬 5 MHz）。超声内镜也非常有用，但是在兽医临床尚未广泛应用。

10.12　胃的正常超声表现

当使用高分辨率的超声仪成像时，可见胃壁具有典型的分层结构。一般认为，超声上的分层与组织学上的区域是相对应的（图 10-9）。

图 10-9　超声上的胃（或小肠）壁分层。

胃壁会折转形成皱褶，但这些皱褶应光滑且厚度均匀。如果胃排空并处于收缩状态，胃壁将显得比扩张时更厚。正常犬的胃蠕动和节段性收缩的频率一般为每分钟 4 ~ 5 次。正常胃壁的厚度见表 10-1。

表 10-1　胃肠道各部分的壁厚

部位和动物体重	壁厚（mm）	
	犬[b]	猫
胃：皱襞间	3 ~ 5	3 ~ 5
十二指肠[a]	3 ~ 6	2 ~ 3[c]
<20kg	<5.1	
20 ~ 30kg	<5.3	
>30kg	<6	
空肠[a]	2 ~ 5	2 ~ 2.5
<20kg	<4.1	
20 ~ 30kg	<4.4	
>30kg	<4.7	
结肠	2 ~ 3	1.5 ~ 2

a Delaney, F., O'Brien, R.T. and Waller, K. (2003) Ultrasound evaluation of small bowel thickness compared to weight in normal dogs. Veterinary Radiology and Ultrasound 44, 577-580.

b Puppy values will be at the lower limits.

c May be thicker in sedated cats.

10.13　超声上胃内容物变化

1. 无回声伴高回声斑点——提示内容物为含气泡、碎屑或黏液的液体。
   a. 正常——刚摄入的液体。
   b. 继发于胃流出道梗阻或近端小肠梗阻的

潴留液体（胃蠕动可能增加或减少）。

c. 继发于功能性梗阻的潴留液体（胃蠕动减少或消失）。
- 腹膜腔手术后。
- 腹膜炎或胰腺炎。
- 电解质紊乱。
- 肾衰竭。

d. 胃肠道穿孔。

e. 胃溃疡。

2. 由液体包围的回声性质不定的实质性物质。
a. 食物残渣。
b. 异物。
c. 带蒂的胃肿物。

3. 胃内充满不均质物质，伴或不伴声影。
a. 刚摄入的食物。
b. 继发于胃流出道梗阻的食物潴留。
c. 异物。
d. 血凝块。

4. 大面积声影，妨碍胃内容物的扫查。
a. 胃内气体。
b. 气腹。

10.14 超声上正常胃壁分层不清

1. 胃内容物为气体或食物。
2. 使用低频探头（5 MHz 或更低）。
3. 图像质量总体差。
a. 皮肤准备不当。
b. 皮肤 – 探头接触不良。
c. 肥胖动物。
4. 胃部疾病（见 10.15 和 10.16）。

10.15 超声上胃壁局灶性增厚

1. 胃壁分层结构正常。
a. 正常皱褶。
b. 局灶性增生性胃病。
c. 幽门肥厚——幽门环形增厚（在犬，壁厚 ≥ 9 mm，而肌层厚度 ≥ 4 mm）。
d. 肿瘤。
- 平滑肌瘤。
- 恶性组织细胞增多症。

e. 息肉——可能有蒂或无蒂；通常为产回声性，病变局限于黏膜。
f. 胃壁分层数量增加——幽门 – 胃套叠。

2. 正常分层结构缺失。
a. 肿瘤。
- 腺癌（通常为非对称性、不均匀性增厚）。
- 平滑肌瘤或平滑肌肉瘤。
- 淋巴瘤（通常为对称性、低回声性增厚）——尤其是猫。
- 恶性组织细胞增多症。

b. 胃溃疡——可能含有高回声气性斑点。
c. 坏死性胃炎——可能含有高回声气体斑点。
d. 脓性肉芽肿性疾病，尤其是腐霉菌*感染。

10.16 超声上胃壁广泛性增厚

1. 分层结构正常。
a. 收缩、排空的胃。
b. 严重的胃炎。
c. 慢性增生性胃病。
d. 胃壁水肿。
- 右心衰竭。
- 低蛋白血症。
- 急性胃炎。

e. 尿毒症性胃病。

2. 正常分层结构缺失。
a. 弥散性肿瘤（见 10.15，但肿瘤通常为局灶性的）。
b. 坏死性胃炎。
c. 尿毒症性胃炎。
d. 严重出血（如凝血病）。
e. 脓性肉芽肿性疾病，尤其是腐霉菌*感染。

3. 分层异常。
a. 由于矿化导致胃腔和黏膜交界面出现高回声线。

- 尿毒症性胃病，由肾性继发性甲状旁腺功能亢进所致。
- 其他原因引起的严重高钙血症，尤其是维生素D及其类似物中毒（如胆钙化醇杀鼠剂、抗银屑病药膏中的钙泊三醇）。

小肠

10.17 小肠的正常X线影像

理想状态下，动物在进行X线检查前应禁食12 h。如果结肠内有较多粪便，可能需要灌肠，并在数小时后再次进行X线检查。应同时评估胃内容物，因为阻线性的胃内容物和吞入的气体也会进入小肠。左侧位时，胃内的气体常进入十二指肠近端，有助于诊断十二指肠病变，如肿瘤或异物。

降十二指肠沿右腹壁延伸，直径略大于其余小肠。除了在回盲交界处之外，空肠和回肠一般无法分辨。小肠位于胃后和膀胱前，占据腹膜腔的大部分空间。肥胖动物的小肠更靠近腹部中央的位置。

10.18 小肠袢显影数量变化

1. 小肠袢数量增加。
   a. 假象——小肠因气体、食物或液体导致扩张而造成的数量增加的假象（见10.21）；同时评估胃，胃内可能有类似的物质。
      - 机械性梗阻。
      - 功能性梗阻（麻痹性肠梗阻）。
2. 小肠袢数量减少。
   a. 假象。
      - 小肠排空和塌陷。
      - 肥胖，使小肠聚集于腹部中央。
      - 非常消瘦或幼年动物的腹部细节不清。
   b. 异常。
      - 腹膜腔积液掩盖浆膜细节。
      - 腹壁破裂或疝气导致肠管移位。
      - 线性异物使肠管呈皱褶样。
      - 肠套叠。
      - 肠切除术史。

10.19 小肠移位

1. 小肠移位进入胸膜腔。
   a. 膈破裂。
   b. 腹膜心包膈疝。
   c. 先天性膈疝（膈发育不全）。
2. 小肠向前移位。
   a. 紧靠于膈背侧，有时可见于胃排空时的正常深胸犬。
   b. 肝脏缩小。
   c. 膈破裂伴肝脏移位进入胸膜腔，小肠向前移位。
   d. 膀胱扩张。
   e. 子宫增大。
      - 怀孕。
      - 子宫积脓。
   f. 腹部肌肉与肋骨相连处断裂。
3. 小肠向后移位。
   a. 肝脏增大。
   b. 胃扩张。
   c. 膀胱排空。
   d. 腹股沟疝。
   e. 大的会阴疝。
   f. 后腹部肌肉断裂。
4. 小肠向右侧或左侧移位。
   a. 长时间侧卧。
   b. 肝脏不对称性增大。
   c. 脾脏增大。
   d. 单侧肾脏严重增大。
   e. 右侧或左侧腹部肌肉断裂。
5. 连续拍摄的X线片上扩张的小肠袢位置固定。
   a. 腹部手术史。
   b. 粘连。

c. 腹膜炎。
6. 小肠聚集于腹部中央（见 10.20）。
7. 小肠向外周移位。
a. 中腹部肿物。
- 肠系膜淋巴结。
- 肠系膜肿物。
- 脾脏的某一部分。

10.20 小肠袢聚集

1. 肥胖，使小肠聚集于腹部中央，尤其是猫。
2. 严重的腹水——积气的小肠漂浮于最上方的区域，看似聚集样。
3. 沿线性异物形成褶皱——通常可见泪珠状的气泡（见 10.22.1，10.25.4 和图 10–11，图 10–13）。如果肠管撕裂，可能伴发局灶性腹膜炎。
4. 粘连。
5. 硬化性包裹性腹膜炎。
a. 继发于腹部肿瘤，伴侵袭肠系膜或网膜。
b. 间皮瘤。
c. 有异物致肠穿孔或手术史。
d. 感染因素。

10.21 小肠袢的宽度增加

足量的腹部脂肪对于观察肠袢的浆膜面来说是很有必要的。在侧位片上，犬的小肠直径通常小于腰椎椎体的高度或肋骨宽度的 2 倍，猫的小肠直径小于 12 mm。一般来说，任何肠袢的直径都不应超过其他肠袢直径的 2 倍。在犬，当小肠直径与 L5 椎体中部高度的比值 >1.6 时，则高度提示存在肠梗阻。小肠袢的宽度增加可能是由肠腔扩张、肠壁增厚或二者同时出现所致。积液扩张只有通过造影或超声检查才能与肠壁增厚鉴别。多个肠袢扩张时往往会彼此堆叠，并像发夹或回形针一样异常弯曲（图 10–10）。

X 线检查时，应评估扩张肠袢的数量，因为空肠远端或回肠的完全阻塞和广泛性的麻痹性肠梗阻会引起多个肠袢扩张，而高位阻塞和节段性麻痹性肠梗阻影响的肠袢数量较少。扩张的程度取决于不同的病因和疾病的持续时间。急性梗阻或慢性部分性梗阻的完全梗阻往往引起明显的肠管扩张，而部分梗阻则常会引起轻度的扩张。梗阻远端的肠袢可能比正常时更小。慢性的部分梗阻通常也表现出砂砾征。X 线片上肠管直径正常不能排除梗阻的可能性，尤其是当十二指肠梗阻时。

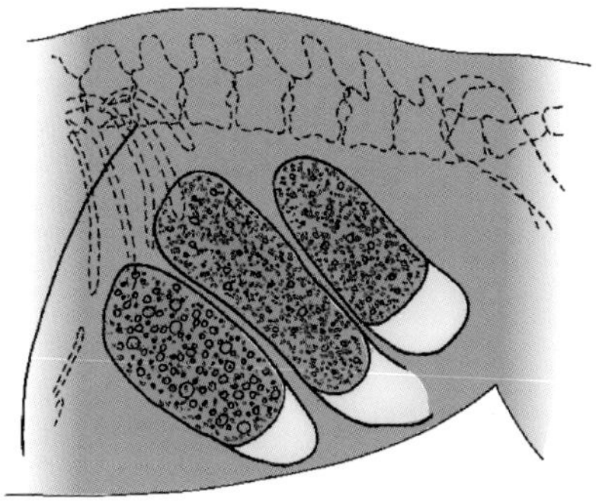

图 10–10 扩张积气、积液的小肠袢。

引起小肠梗阻的原因见专栏 10–1 和专栏 10–2。

专栏 10–1 引起机械性小肠梗阻的原因（肠腔内、肠腔外或肠壁）

- 异物、毛粪石、植物粪石或肠石——可能为透线性物质。
- 肿瘤——主要为淋巴瘤（尤其是猫）、腺癌、平滑肌瘤或平滑肌肉瘤。
- 息肉。
- 肉芽肿。
- 脓肿。
- 狭窄。
- 肠套叠——最常见于幼犬，常伴有细小病毒感染，或术后不久。
- 粘连（如有手术史）。
- 肠道憩室。
- 疝或网膜或肠系膜撕裂造成的肠绞窄。
- 肠扭转（也会出现部分性功能性肠梗阻）。

专栏 10-2 引起功能性小肠梗阻的原因（麻痹性肠梗阻）

- 继发于慢性机械性梗阻。
- 近期做过腹部手术。
- 严重脱水。
- 电解质紊乱。
- 某些药物（如抗副交感神经药物、镇痛药、全身麻醉药和镇静药）。
- 胃扩张扭转。
- 严重的胃肠炎（如细小病毒感染）。
- 腹膜炎（广泛性或局灶性，如胰腺炎）。
- 胃肠道穿孔。
- 缺血（如由于肠扭转）。
- 腹部钝性损伤。
- 家族性自主神经异常（也可见胃、食管和膀胱扩张）。
- 伴神经损伤的脊柱创伤。

超声检查评估肠道蠕动有助于鉴别功能性肠梗阻和低位机械性肠梗阻；这两种情况都可见多个小肠袢的扩张。

1. 单一小肠袢扩张或增厚。
   a. 肿物，由于：
      - 肿瘤。
      - 异物。
      - 肉芽肿。
      - 脓肿。
      - 肠套叠。
   b. 仅对局部产生影响的阻塞（如肠系膜撕裂导致肠管嵌顿）。
   c. 部分性功能性梗阻（麻痹性肠梗阻）——前哨肠袢（如由局灶性腹膜炎所致）。
2. 少量小肠袢扩张。
   a. 将结肠或增大的子宫误认为小肠。
   b. 近端机械性小肠梗阻（原因见专栏 10-1）；若为慢性部分性梗阻，常伴随砂砾征（见 10.4.2 和图 10-3）。
   c. 局灶性功能性小肠梗阻（麻痹性肠梗阻；原因见专栏 10-2）——若由胰腺炎所致，可见于降十二指肠。
   d. 血管损伤。
      - 空肠的动脉血栓。
      - 节段性小肠扭转，未累及肠系膜根部（也可见部分性机械性梗阻）。
      - 疝或肠系膜撕裂造成的肠绞窄（也可见部分性机械性梗阻）。
3. 多个小肠袢扩张。
   a. 远端小肠梗阻（原因见专栏 10-1）。
      - 也可见于盲肠嵌塞（粪石病）。
   b. 广泛性功能性小肠梗阻（麻痹性肠梗阻；原因见专栏 10-2）。
   c. 血管损伤。
      - 肠系膜根扭转；肠系膜前动脉堵塞引起局部缺血，导致功能性和机械性梗阻。通常见于大丹犬和德国牧羊犬；后者通常也可见胰腺外分泌机能不全。
      - 疝气或肠系膜撕裂中的多个肠绞窄（也可见部分性机械性梗阻）。
   d. 广泛性肿瘤——主要是消化道淋巴瘤。
   e. 继发于肌层萎缩或纤维化的小肠假性梗阻（一般会出现显著扩张）。

10.22 小肠内容物变化

在空腹禁食的动物中，小肠应为均质的液体密度，部分积有气体。猫小肠内的气体通常比犬的少。

1. 小肠积气。
   a. 小肠直径正常，肠腔形状正常。
      - 正常。
      - 左侧位X线片上的降十二指肠。
      - 吞气症（如呼吸困难——评估胃内容物）。
      - 胃充气造影后。
      - 使用笑气麻醉后。
      - 近期灌肠。

- 肠炎。
- 不完全梗阻。
- 虚弱、侧卧的动物。

b. 未扩张，但气体聚集的形态异常。

- 暂时性，由蠕动所致（再次拍片）。
- 肠套叠（位于肠管套入部和鞘部之间的新月形气体阴影）。
- 沿线性异物形成褶皱（小的三角形或泪珠形气泡，或形成螺旋状）（图 10-11 和图 10-13D）；也需观察有无提示肠道穿孔的腹膜炎征象（见 9.6.2）。
- 嵌在透线性异物内的小气泡；有些具有特异性征象（如玉米棒）。
- 因手术或腹膜炎导致的粘连。

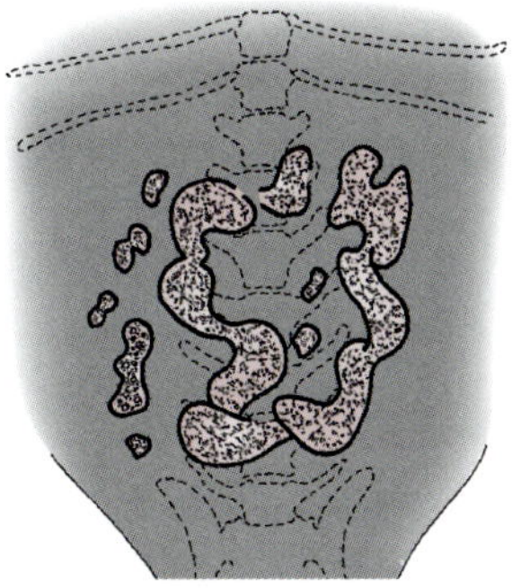

图 10-11　平片中见到的小肠线性异物；小肠内气体不规则聚集，通常呈螺旋状或泪珠形（也见 10.25.4 和图 10-13D）。

c. 小肠直径增加。

- 将盲肠或结肠误认为小肠。
- 使用笑气麻醉后。
- 机械性梗阻（原因见专栏 10-1），也需观察有无提示肠道穿孔的腹膜炎征象（见 9.6.2）。
- 功能性梗阻（麻痹性肠梗阻，原因见专栏 10-2）。
- 继发于肌层萎缩或纤维化的小肠假性梗阻。
- 腹膜腔内游离气体看似肠内气体（见 9.7.2）。
- 将气肿性脓性子宫炎误认为小肠影像。

2. 小肠呈液性密度。

a. 小肠直径正常。

- 正常。
- 无肠腔扩张或明显肠壁增厚的肠道疾病。

b. 小肠直径增加。

- 将结肠或增大的子宫误认为小肠。
- 机械性梗阻（原因见专栏 10-1）。
- 功能性梗阻（麻痹性肠梗阻）（原因见专栏 10-2）。
- 严重的胃肠炎。
- 广泛性肿瘤——主要是淋巴瘤。
- 其他浸润性肠壁疾病。

当扩张的肠道同时积气和积液时，使用 X 线水平投照拍摄腹部站立侧位片是很有用的。机械性肠梗阻往往会出现不同水平的同一肠袢内的气液平面（寻找倒转的、“U”形的肠袢，并比较每个垂直面上的气液平面；图 10-12A）。功能性梗阻（麻痹性肠梗阻）更倾向于在同一水平的“U”形肠管内出现气液平面（图 10-12B）。

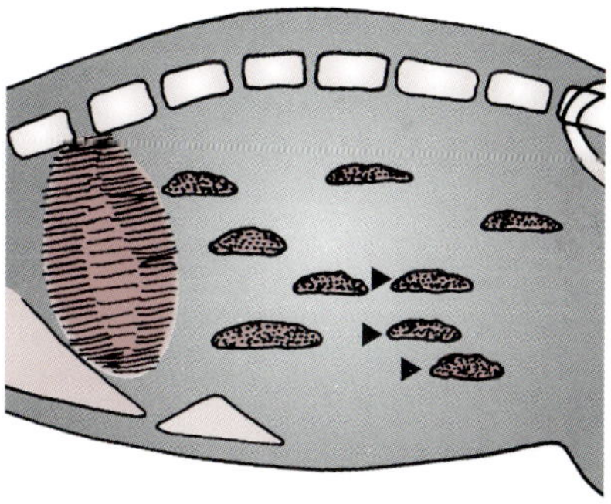

A

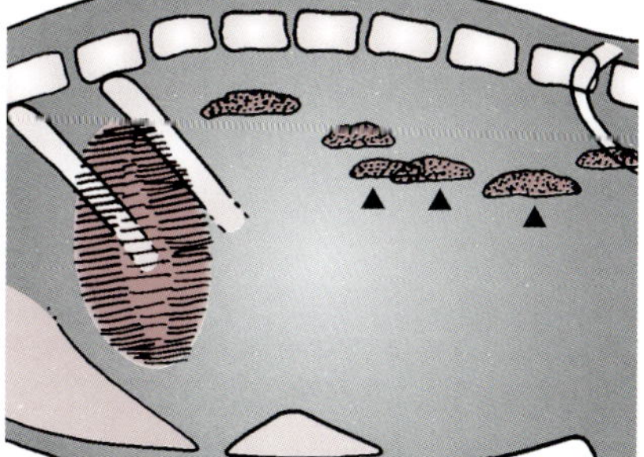

B

图 10-12　腹部站立位水平投照 X 线片：图 A 为完全机械性肠梗阻患犬，腹部可见不同水平的气液平面；图 B 为麻痹性肠梗阻患犬，气液平面大概位于腹部背侧同一水平。

3. 小肠内高密度内容物(同样应评估胃内容物)。
   a. 小肠直径正常。
   - 高密度的食物。
   - 钡或碘造影剂。
   - 高密度的药物。
   - 偶然发现的异物。
   - 将粪便误认为小肠内容物。
   - 肠石。

   b. 小肠直径增加。
   - 高密度的异物（也可见肠袢积液或积气扩张）。
   - 肠石。
   - 食物碎屑堵在梗阻部位近端。
   - 致密的、局部聚集的矿物质碎片（砂砾征）——慢性、部分梗阻的近端。
   - 沙石嵌塞。
   - 将盲肠嵌塞（粪石病）误认为小肠区域。

10.23 小肠造影检查：技术和正常影像

小肠造影检查的适应证包括：
- 确定小肠的位置(如破裂或疝，或腹部肿物)。
- 显示与定位疑似的肠内异物。
- 呕吐，尤其当怀疑结构性原因时。
- 黑粪症。
- 慢性腹泻。
- 由肠道原因导致的体重减轻。
- 评估小肠壁厚度和黏膜表面情况。
- 评估小肠通过时间。

如果怀疑小肠破裂，应使用低渗性含碘造影剂，而非钡剂。如果是择期检查，患病动物应禁食至少 12 h 和灌肠，以减少结肠内粪便的影响，随后进行适当的化学保定(轻度镇静，不会显著影响肠道通过时间）。经胃管或用注射器经口给予 5 ～ 12 mL/kg 体重的 30% w/v 的硫酸钡溶液，具体剂量取决于患病动物体重，一般小型犬给予的剂量更大。也可以使用 BIPS，观察高密度球体通过胃肠道的情况。小的 BIPS 可以显示摄入物的肠道通过速度，而大的 BIPS 可用于显示梗阻。应每隔一定时间拍摄一次侧位和腹背位 X 线片，观察造影剂通过肠道的情况（如造影后 15 min、30 min、60 min、之后每小时拍摄一次 X 线片，直到大部分造影剂进入结肠）。

钡餐造影后，正常的小肠表现为大量弯曲的管状结构，由于钡餐与腔内气体混合，其密度会稍有改变。肠袢直径也会因为蠕动而稍有不同。在某些动物可能会见到正常的模糊的针状或刷状缘外观，这是由于钡餐进入肠绒毛之间所致。十二指肠的正常变异为串珠状（猫）、假溃疡征（犬）（见 10.25.1，10.25.4 和图 10–13A，图 10–13B）和当钡餐与肠道内黏液混合时出现的絮凝。当使用碘剂造影时，随着造影剂沿肠道前进，它会逐渐稀释，表现为密度降低和更加模糊的外观。

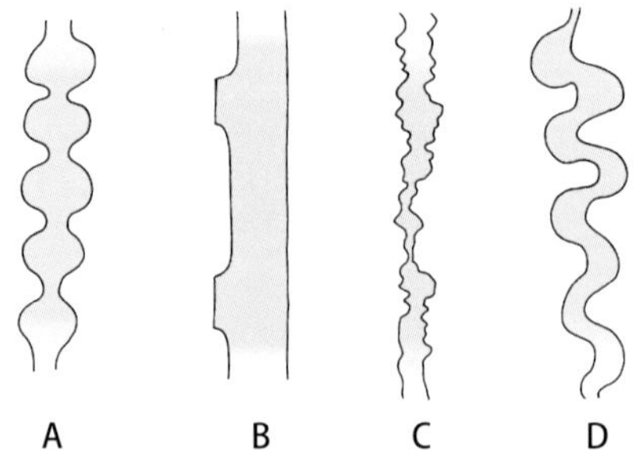

图 10–13　小肠肠腔直径的改变：图 A 为猫十二指肠呈串珠样；图 B 为犬十二指肠假溃疡征；图 C 为广泛性肿瘤；图 D 为线性异物。

10.24 小肠造影检查的技术错误

1. 未拍摄平片。
   a. 易忽略高密度的异物。
   b. 造影后的曝光条件不当。
   c. 动物未充分禁食。
   d. 粪便过多——灌肠不充分。
2. 曝光条件不当——阳性造影的投照条件应比平片增加 5 ～ 10 kVp。
3. 造影剂总量不足。
   a. 剂量不足。
   b. 给予造影剂后呕吐。

4. 摄片数量不足（无透视检查）可能影响评估；拍摄足够的X线片并统一观察异常征象是否持续存在有助于准确诊断。
5. 基于一张或少数X线片的过度诊断，因为蠕动波可能会引起假阳性的病灶。

10.25 造影检查时小肠直径变化

正常犬的小肠直径通常与腰椎高度相等或是肋骨宽度的2倍，而正常猫的小肠直径约为12mm。在犬，当小肠直径与L5椎体中部高度的比值>1.6时，则高度提示存在肠梗阻。空肠与回肠的直径相似；而十二指肠稍宽。

1. 小肠直径节段性狭窄。
   a. 正常的蠕动波——暂时性和对称性。
   b. 猫——十二指肠呈串珠状是正常的（十二指肠分割——图10–13A）。
   c. 小肠肿瘤——可能呈环形、锯齿状的、苹果核样外观。
   d. 造影剂穿过嵌入的异物。
   e. 异物嵌塞或手术后所致的肠道瘢痕化。
2. 小肠直径广泛性狭窄。
   a. 造影剂剂量不足。
   b. 造影剂与胃内食物混合，固体物质排空速度更慢。
   c. 肠壁增厚（见10.27.1）。
3. 小肠扩张（见10.21）。
4. 肠腔直径不规则。
   a. 幼年犬十二指肠沿着对肠系膜侧外凸形成的假溃疡征，这是由于黏膜下层的淋巴滤泡表面黏膜层变薄所致（图10–13B）。
   b. 肠道肿瘤（如消化道淋巴瘤——图10–13C）。
   c. 腹膜炎。
   d. 线性异物——肠道呈束状和褶皱样（图10–13D）。
   e. 溃疡——肠腔局部外凸。
      - 良性。
      - 恶性（溃疡性肿瘤）。

10.26 造影检查时小肠腔的充盈缺损

1. 食物——通常为多个小的充盈缺损。
2. 异物——形状各异。
3. 寄生虫——线性（绦虫可能会见到横线）。
4. 息肉——东方猫可能易发十二指肠息肉。
5. 肠道肿瘤。
6. 肠套叠（尤其是在回盲结合处）——呈腔内肿物 ± 手表弹簧征，这种征象是由于钡剂填充在套入部和鞘部之间所致（图10–14）。

当出现肠管梗阻时，钡柱前缘的形状可为诊断导致梗阻的原因提供线索（图10–15）。

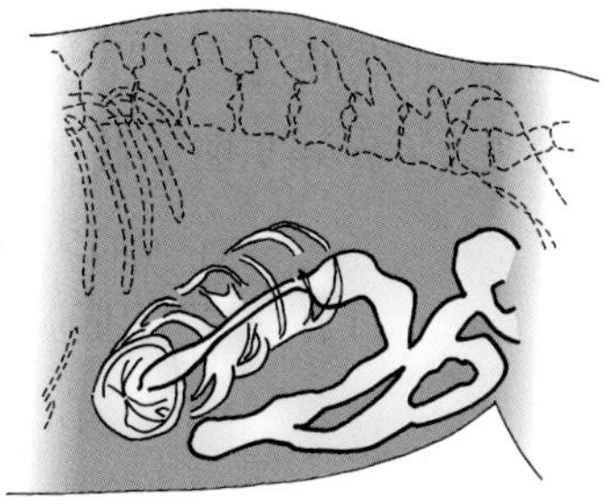

图10–14 回盲结合处的肠套叠。肠套叠套入部可见呈进入肠套叠内的薄带状钡剂，由于钡剂反流进入肠壁两外层之间的间隙而产生波浪状的手表弹簧征。

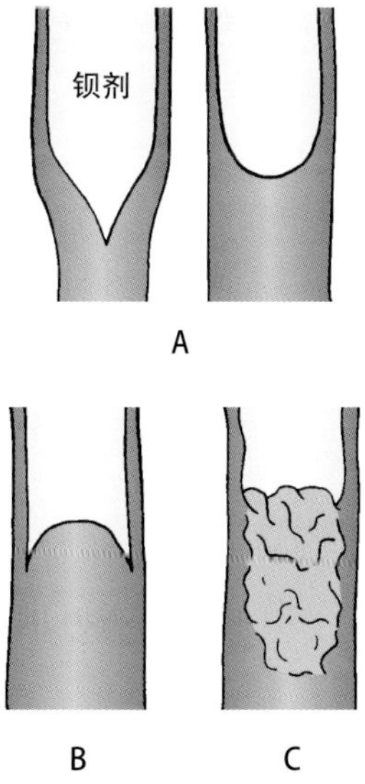

图10–15 在梗阻的病例中，评估钡柱前缘的形状可能有助于提示造成梗阻的原因：图A为单个顶点或凸面型提示肠壁或壁外病灶（如肿瘤、肉芽肿、狭窄）；图B为两个顶点或凹面型提示腔内肿物或异物；图C为不规则的轮廓提示异物。

10.27 造影检查时小肠壁的改变

1. 肠壁厚度增加——小肠壁的厚度只能通过造影或超声检查来充分评估。在侧位平片上，位于部分积液的肠袢上方的线状气泡可能看似肠壁增厚的影像（图 10–16）。
   a. 严重的慢性肠炎。
   b. 溃疡性肠炎。
   c. 炎性或浸润性肠壁疾病。
   d. 肿瘤。
   - 淋巴瘤（尤其在猫）。
   - 腺癌——局部增厚。
   - 平滑肌瘤或平滑肌肉瘤——局部增厚。

   e. 真菌感染，尤其是腐霉菌 *。
   f. 肌肉肥大。
   g. 淋巴管扩张。

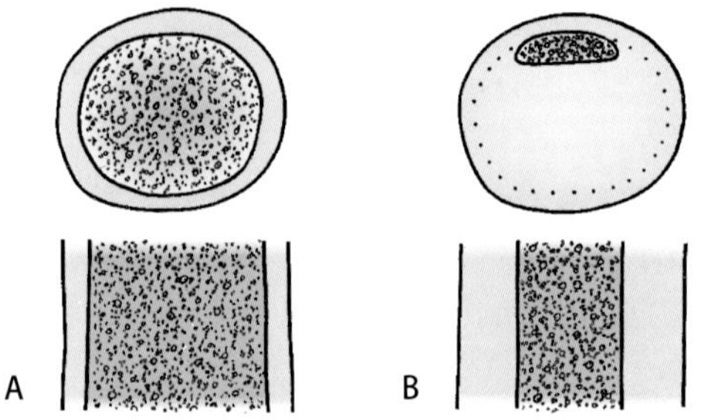

图 10–16 平片上肠壁“增厚”的假象：图 A 显示在积气的肠管里只有肠壁是软组织密度；图 B 显示在积气和积液的肠管里，位于气体下方的软组织密度的液体与肠壁接触，产生肠壁增厚的外观。

2. 肠壁密度增加——罕见。
   a. 严重的高钙血症。
   - 肾性继发性甲状旁腺功能亢进。
   - 维生素 D 及其类似物中毒（如胆钙化醇杀鼠剂、抗银屑病药膏中的钙泊三醇）。
3. 肠壁密度降低——肠壁坏死导致肠壁内积气，罕见。

10.28 造影检查时小肠通过时间变化

在犬，硫酸钡应在 90 ~ 120 min 内到达结肠；而猫的正常通过时间为 30 ~ 60 min。高渗性含碘造影剂会引起肠道蠕动亢进，从而减少通过时间。BIPS 在小肠袢内持续堆积高度提示物理性梗阻，而 BIPS 散在分布于小肠内则提示通过时间延长。在灌服钡餐 12 ~ 24 h 后拍摄 X 线片可能会显示钡餐勾勒或浸染的溃疡灶或引起部分梗阻的异物。

影响小肠通过时间的因素也可见 10.10。

1. 小肠通过时间缩短（通过加快）。
   a. 使用含碘造影剂，尤其是高渗性，但也见于低渗性水溶性造影剂（如碘海醇）。
   b. 肠炎引起蠕动亢进。
   c. 手术切除了较长的肠管。
2. 小肠通过时间延长（通过延迟）。
   a. 镇静、全身麻醉或使用解痉药。
   b. 部分梗阻（原因见专栏 10–1），但最常见于：
   - 异物。
   - 肠道肿瘤。
   - 息肉。
   - 肠套叠。

   c. 炎性或浸润性肠壁疾病。
   d. 胰腺炎。
   e. 肠炎导致运动减弱。
   - 细小病毒感染。
   - 猫泛白细胞减少症。

   f. 功能性梗阻（麻痹性肠梗阻——原因见专栏 10–2）。
   g. 继发于肌层萎缩或纤维化的肠道假性梗阻。
   h. 家族性自主神经异常。
   i. 腹膜炎。

10.29 小肠超声检查技术

对于超声的择期检查，动物应禁食 12 h，但可自由饮水，并在检查前牵遛排便。由于钡剂会影响图像质量，因此超声检查应在钡餐造影前进行。

超声检查应采用腹部腹侧通路，选择高频（≥ 7.5 MHz）的扇形或凸阵探头。脾脏可作为声窗来检查位于其下方的肠袢。为了避开肠道内气体的干扰，可以改变动物的体位让气体远离或让液体进入待检查部位。

在右前腹可能会扫查到降十二指肠，为浅表的、平直的小肠段。除了靠近回盲结合处的回肠末端外，其他特定的肠道区域通常是很难区分的。

10.30 小肠的正常超声表现

在高质量的图像上，小肠壁的分层与胃的一样明显（见 10.12 和图 10–9）。肠壁的黏膜层最厚，而且犬和猫的回肠都具有明显产回声的黏膜下层，在猫尤为明显。正常肠壁的厚度见表 10–1；肠壁厚度随体重的增加而增加，猫镇静时的平均十二指肠壁的厚度可增加至 2.7mm。正常十二指肠近端的蠕动波为 4 ～ 5 次 /min，而中腹部小肠的收缩频率一般为 1 ～ 3 次 /min。

10.31 超声上小肠内容物变化

1. 无后方声影的产回声内容物。
   a. 黏液。
   b. 食物。
   c. 某些异物。
2. 伴明显后方声影的产回声内容物。
   a. 气体。
   b. 骨碎片。
   c. 线性异物，常伴有肠道呈皱褶样。
   d. 其他异物，如石头、棕榈树种子和玉米棒。
3. 无回声或低回声内容物。
   a. 液体。

10.32 超声下小肠腔扩张

如果小肠扩张，通常会引起运动功能的下降，但在急性机械性梗阻的病例中运动功能可能正常或增加。

1. 少量小肠袢扩张——局部扩张。
   a. 正常肠道蠕动。
   b. 小肠近端机械性梗阻（原因见专栏 10–1）。
   c. 部分性功能性梗阻（原因见专栏 10–2）。
   d. 粘连。
2. 多个小肠袢扩张——广泛性扩张。
   a. 急性远端小肠机械性梗阻（原因见专栏 10–1）。
   b. 慢性远端小肠部分性梗阻（可能变成完全梗阻）。
   c. 功能性梗阻（麻痹性肠梗阻，原因见专栏 10–2）。
   d. 广泛性肿瘤——主要为淋巴瘤。

10.33 超声上正常肠壁分层缺失

与胃相同（见 10.14）。与炎性疾病相比，肿瘤更容易出现肠壁分层缺失。腺癌可能为不对称性的，伴边缘不规则和回声不均匀，而淋巴瘤更常见对称性的、低回声性增厚，可能为局灶性、多灶性或弥漫性。淋巴瘤一般不会造成完全梗阻，而其他肿瘤可能会。腹部淋巴结病变也可能会看到，但并非是特异性的表现。

10.34 超声上小肠排列异常

1. 小肠呈波浪样。
   a. 继发于腹膜炎。
   b. 如果在十二指肠，则继发于胰腺炎。
   c. 肠炎。
      - 细小病毒性肠炎。
      - 炎性肠病。
      - 淋巴细胞性或浆细胞性肠炎。
   d. 肿瘤。
      - 胰腺。
      - 肠道淋巴瘤。
      - 广泛性腹部肿瘤（通常为癌扩散）。
   e. 蛋白丢失性肠病。
   f. 淋巴管扩张。

g. 线性异物。

h. 嵌入撕裂的网膜或肠系膜中或发生粘连。

i. 梗死（如继发于猫肥厚型心肌病的血栓栓塞）。

2. 小肠呈皱褶样或束状。

a. 线性异物（见 10.22.1，10.25.4 和图 10–11，图 10–13D）。

b. 硬化性包裹性腹膜炎（见 10.20.5）。

3. 壁层数量增加——肠套叠（见 10.35.3 和图 10–17）。

10.35 超声上小肠壁局灶性增厚

如果犬的小肠壁厚度 >5 mm 或十二指肠壁厚度 >6 mm，通常则视为异常增厚。在猫可能会看见十二指肠乳头，并引起轻度的局灶性增厚。一般来说，肿瘤可能比炎性疾病引起更明显的增厚和肠壁破坏，且更可能为局灶性的。显著的局部淋巴结病最可能见于肿瘤。

1. 仍有正常分层结构——肠壁可能轻度增厚；厚度可能 >10 mm，但罕见。

a. 肠炎。

b. 溃疡或穿孔。

c. 继发于胰腺炎的十二指肠炎。

d. 平滑肌肥厚。

- 特发性，尤其在猫。
- 慢性肠炎。
- 狭窄或异物的近端。
- 淋巴瘤。

e. 猫——传染性腹膜炎；脓性肉芽肿性肿物，可能厚达 30 mm，主要位于回盲结合处和结肠，小肠罕见。

2. 正常分层缺失。

a. 肠道肿瘤——可能伴有局部淋巴结病。

- 腺癌（通常肠壁非对称性增厚）。
- 淋巴瘤（多见于猫；通常为对称性、低回声性增厚）。
- 平滑肌瘤或平滑肌肉瘤——可能为混合性、囊性或实质性肿物。
- 猫的肥大细胞瘤。

b. 继发于胰腺炎的严重十二指肠炎。

c. 真菌感染，尤其是腐霉菌 *。

d. 其他慢性炎性病灶或肉芽肿。

e. 惰性溃疡。

f. 缺血性病变。

g. 局部淋巴管扩张。

h. 血管畸形。

i. 猫——猫传染性腹膜炎（见 10.35.1）。

3. 壁层数量增加——肠套叠（图 10–17），通常见于离口的方向；有蒂的腔内肿物可能更易发生（息肉、良性或低分化肿瘤），因此需要仔细检查有无其他病变。彩色多普勒评估套入肠系膜的血流有助于评估复原可能性。

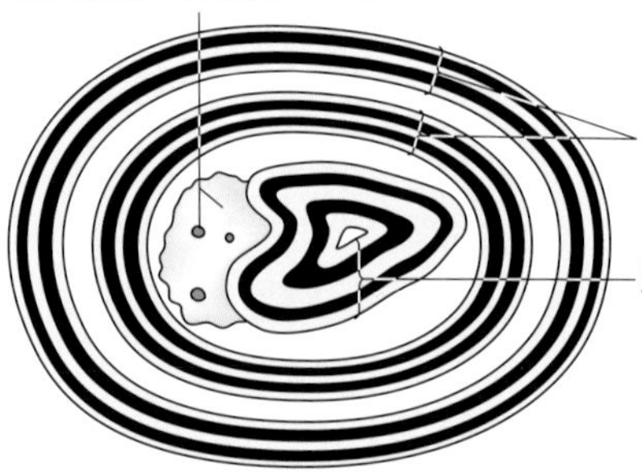

图 10–17 肠套叠的超声表现：可见同心圆的组织层数增加。

4. 肠重复畸形（肠道憩室）——与肠壁联系密切的囊性结构，可能具有共同的肌层。

10.36 超声上小肠壁广泛性增厚

正常肠壁厚度的测量值见 10.35。

1. 仍有正常分层结构——肠壁可能轻度增厚，但是分层和厚度正常不能排除疾病。

a. 肠炎。

b. 炎性肠病。

c. 细菌感染和过度增殖。

d. 食物过敏。

e. 蛋白丢失性肠病。

f. 淋巴管扩张。

g. 继发于门静脉高压的肠壁水肿。

h. 平滑肌肥厚——尤其在猫。

i. 产后复旧期的子宫，误认为小肠。

2. 正常分层缺失或分界不清。

a. 严重的坏死性肠炎。

b. 淋巴细胞性或浆细胞性肠炎。

c. 广泛性淋巴瘤。

d. 真菌感染，尤其是腐霉菌*。

e. 梗死（如继发于猫肥厚型心肌病的血栓栓塞）。

10.37 小肠黏膜层变化

1. 假象——横断面上延伸的黏膜界面。

2. 细小病毒感染——黏膜层由于脱落而变薄。

3. 黏膜层内高回声条纹或斑点。

a. 淋巴管扩张伴蛋白丢失性肠病，常伴发腹水。

b. 原发性炎性肠病（如淋巴细胞性或浆细胞性肠炎）。

c. 肿瘤——组织细胞肉瘤。

d. 溃疡伴发肠壁内气体。

大肠

10.38 大肠的正常 X 线影像

犬的盲肠位于右侧中腹部 L3 水平，通常呈积气的螺旋状（图 10-18）。猫的盲肠很小，通常不可见。升结肠向前延伸，位于脊柱右侧，与十二指肠和胰腺相邻。横结肠在胃的后面横穿前腹部。降结肠自此向后延伸至骨盆入口处，位于脊柱左侧。大型犬的降结肠末端可能位于脊柱右侧，尤其是在拍摄腹背位片前右侧卧过。降结肠中多余的屈曲称为结肠冗长，也常见于大型犬；如果未同时发生扩张，则为正常现象。骨盆内的大肠称为直肠。结肠和直肠内有不同程度的气体和粪便；X 线片上粪便的密度取决于食物和粪便的黏稠度。

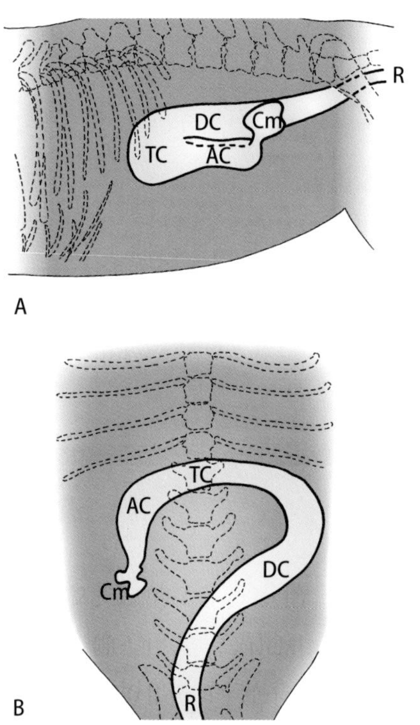

图 10-18 犬的正常大肠：图 A 所示的侧位片和图 B 所示的腹背位片。猫的影像与之类似，但盲肠一般不可见。AC，升结肠；Cm，盲肠；DC，降结肠；R，直肠；TC，横结肠。

10.39 大肠移位

1. 升结肠移位。

a. 进一步向右侧移位。

- 右肾增大。
- 右侧结肠淋巴结增大。
- 右侧肾上腺肿物。

b. 向腹中线移位。

- 十二指肠扩张。
- 胰腺右叶增大。
- 肝脏右叶增大。

2. 横结肠移位。

a. 向后移位。

- 胃扩张。
- 肝脏增大。
- 胰腺左叶增大。

b. 向前移位。

- 肝脏体积缩小。
- 膈破裂。

- 大量尿潴留。
- 子宫增大。
- 中间结肠淋巴结增大。
- 其他中腹部肿物。

3. 近端降结肠移位。
   a. 进一步向左侧移位。
   - 左肾增大。
   - 左肾上腺肿物。

   b. 向腹中线或右侧移位。
   - 肝脏左叶增大。
   - 脾脏增大。

   c. 向腹侧移位。
   - 左肾增大。
   - 腹膜后腔疾病（见 9.9）。

4. 远端降结肠移位。
   a. 向内侧或外侧移位。
   - 正常变异，尤其是大型犬右侧卧后。
   - 膀胱充盈。
   - 前列腺增大。

   b. 向腹侧移位。
   - 腰下淋巴结增大（主要是髂内淋巴结）。
   - 背侧软组织肿物（如脂肪瘤、平滑肌瘤）。
   - 严重的脊椎关节强硬。
   - 腹膜后腔疾病（见 9.9）。

   c. 向背侧移位。
   - 膀胱充盈。
   - 子宫增大。
   - 前列腺增大或前列腺旁囊肿。

5. 结肠异常缩短。
   a. 发育异常，可能排稀软、不成形的粪便。
   b. 严重的结肠炎。
   c. 以前有手术切除病史。
6. 降结肠扭结或弯曲。
   a. 正常变异——结肠冗长。
7. 直肠移位。
   a. 向背侧移位。
   - 前列腺增大。
   - 骨盆内前列腺旁囊肿。
   - 充盈的骨盆内膀胱。
   - 膀胱翻转（如会阴疝）。
   - 阴道肿物。
   - 尿道肿物。
   - 骨盆骨性肿物。
   - 其他骨盆内腹侧软组织肿物。

   b. 向腹侧移位。
   - 骨盆内背侧软组织肿物或继发于腰荐椎椎间盘脊椎炎的蜂窝织炎。
   - 荐椎或尾椎肿物。

10.40 大肠扩张

结肠直径应小于 L7 长度的 1.5 倍。扩张的结肠内通常充满密度增加的粪便。

1. 导致大肠扩张的先天性因素。
   a. 锁肛或结肠闭锁——X 线检查有助于评估畸形的程度，这些畸形可能包括肛门狭窄或部分远端大肠发育不全、± 直肠生殖道瘘或直肠尿道瘘；经直肠或口服造影剂或向肛门内插入阻线性探头可能有助于评估畸形的范围。
   b. 结肠重复畸形。
   c. 结肠短而直，盲肠位于左腹部。
   d. 曼岛猫脊髓发育不良。
   e. 显性脊柱裂。
2. 机械性梗阻（顽固性便秘）导致的获得性大肠积便扩张。
   a. 前列腺肥大或前列腺旁囊肿（可能位于骨盆内）。
   b. 腰下肿胀——通常由淋巴结病所致。
   c. 骨盆内软组织肿物。
   d. 骨盆腔畸形。
   - 创伤性骨折畸形愈合。
   - 幼犬和幼猫营养性继发性甲状旁腺功能亢进导致的骨盆折叠骨折或后期出现梗阻。
   - 骨盆肿瘤。

e. 会阴疝——通常直肠局部扩张，在后部可见新月形气体阴影；常伴发前列腺肥大。

f. 大肠远端狭窄。

- 结肠或直肠腺癌。
- 卵巢子宫切除术后粘连。

3. 功能性梗阻（便秘）导致的获得性大肠扩张且伴有粪便。

a. 神经性。

- 脊髓疾病。
- 马尾疾病。
- 腰神经疾病。

b. 结肠神经性疾病——巨结肠。

c. 肥厚性巨结肠——以骨性食物为主及活动量少的动物易患。

d. 某些药物（如阿片类）。

e. 猫——特发性巨结肠。

f. 精神性——由于疼痛或行为异常或环境因素导致动物不愿意排便。

4. 大肠积气扩张（见 10.41.1）。

10.41 大肠内容物变化

腹泻通常与结肠运动亢进有关，导致结肠内粪便排空，但可能伴有不同程度的积气。扩张的结肠内充满阻线性的粪便时，可诊断为结肠嵌塞。令人意外的是，粪便嵌塞也可导致腹泻。

1. 大肠空虚或积气。

a. 正常——刚排便。

b. 灌肠后。

c. 结肠炎。

- 感染性。
- 寄生虫性。
- 饲喂粗饲料。
- 溃疡性。
- 淋巴细胞性、浆细胞性或嗜酸性粒细胞性。

d. 腹泻。

e. 盲肠反转。

f. 肠套叠。

g. 肿瘤。

h. 盲肠炎。

i. 结肠扭转（可能很难辨认大肠）。

2. 大肠内软组织肿物——由气体勾勒或造影后显影。

a. 回肠结肠型肠套叠。

b. 肿瘤（如平滑肌瘤）。

c. 息肉。

d. 软组织密度的异物。

e. 盲肠反转。

3. 大肠内密度增加，直径正常。

a. 饲喂骨头。

b. 便秘。

- 无排便机会。
- 精神性。
- 老年。
- 饮食。
- 慢性腹痛或排便疼痛。

4. 大肠内密度增加，且扩张。

a. 巨结肠。

b. 顽固性便秘。

- 骨性或软组织性骨盆狭窄。
- 结肠或直肠肿物。

c. 由于异物、肿瘤、自发性反转或粪石病所致的盲肠嵌塞——盲肠内局灶性软组织、粪便或矿物质密度；可能导致梗阻。

10.42 大肠壁密度的改变

1. 密度降低——气体（结肠气囊肿）；导致结肠壁呈线性或散在的密度降低。

a. 溃疡性结肠炎。

b. 肿瘤导致的溃疡。

c. 医源性黏膜穿孔。

2. 密度增加。

a. 黏附的粪便所致的假象。

b. 转移性钙化。

c. 结肠或直肠壁病变的营养不良性钙化。

10.43 大肠造影检查：技术与正常影像

大肠造影检查的适应证包括：

- 确定结肠和直肠的位置，尤其是与腹部或骨盆内肿物的关系。
- 顽固性便秘。
- 里急后重。
- 粪便中带鲜血。
- 怀疑肠套叠。

如果怀疑结肠破裂，不要施行造影检查，可能会促使肠内粪便进入腹膜腔，从而引起腹膜炎。经口给予造影剂时，结肠通常充盈不良且易引起误判，因为残留的造影剂会与粪便混合。彻底的X线检查需要经直肠给予大量造影剂。大肠的正常影像一般为宽阔的平滑弯曲的管状结构，直径变化不大，肠壁和黏膜平滑且无特异性征象。

结肠充气造影

结肠充气造影是一种快速且有用的检查方法。将一根柔韧的导管（如 Foley 管或导尿管）插入直肠，然后注入约 10 mL/kg 的空气充盈结肠。

- 区分结肠和充气的小肠。
- 显示结肠或直肠狭窄。
- 显示结肠肿物和回肠结肠型肠套叠。
- 几乎无法显示黏膜表面的信息。

钡剂灌肠

动物应禁食 24 h，并在造影前至少 6 h 用温水和生理盐水灌肠来清洁结肠。动物需要深度镇静或麻醉。将带有球囊的灌肠管或 Foley 管插入直肠，在重力作用下注入 7 ~ 14 mL/kg 的 10% ~ 20% w/v 的温硫酸钡混悬液。如果动物处于麻醉状态，肛门括约肌松弛，可能需要对肛门进行荷包缝合，以防止造影剂的泄漏。拍摄侧位和腹背位 X 线片。

- 区分结肠和充气的小肠。
- 显示结肠或直肠狭窄。
- 显示较大的结肠或直肠肿物以及回肠结肠型肠套叠（小的肿物可能会被掩盖）。
- 比结肠充气造影提供更多的关于黏膜表面的信息。

双重灌肠造影

在上述造影操作结束后，将钡剂从肛门排出（如将灌肠袋放置在地板上），随后用空气充盈大肠。再次拍摄 X 线片。

- 显示结肠或直肠肿物及狭窄。
- 详细显示黏膜表面。

10.44 大肠造影检查的技术错误

1. 未拍摄平片。
   a. 造影后曝光条件不合适。
   b. 动物未完全排空粪便，残留的粪便导致造影剂充盈缺损。
2. 曝光条件不当——阳性造影的投照条件应比平片增加 5 ~ 10 kVp，充气造影应降低 5 ~ 10 kVp。
3. 小的病灶被上覆的钡剂掩盖——双重造影可避免这种情况。
4. 穿孔和腹膜炎。
5. 结肠痉挛。
   a. 造影剂温度过低。
   b. 导管刺激。

10.45 造影检查时大肠腔的充盈缺损

1. 残留的粪便。
2. 异物。
3. 肿物。
   a. 有蒂的（如息肉、平滑肌瘤）。
   b. 无蒂的（如大肠壁肿瘤；图 10–19）——常为环形。
4. 回肠结肠型肠套叠。
5. 盲肠反转。

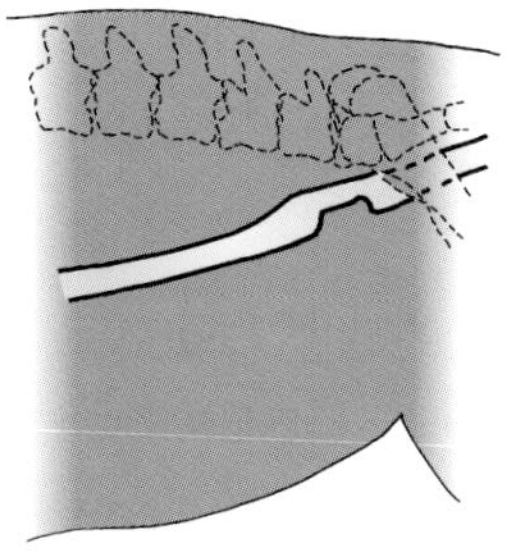

图 10-19　灌肠造影显示大肠肿瘤——结肠壁局灶性增厚。

10.46　造影检查时大肠壁厚度增加

1. 大肠壁弥散性增厚。
   a. 严重的结肠炎。
      - 感染性。
      - 寄生虫性。
      - 饲喂粗饲料。
      - 溃疡性。
      - 淋巴细胞性、浆细胞性或嗜酸性粒细胞性。
   b. 广泛性肿瘤。
   c. 肥厚性巨结肠——以骨性食物为主及活动量少的动物易患。
2. 大肠壁局灶性增厚。
   a. 肿瘤——常见肠壁不对称性增厚、肠腔狭窄 ± 近端顽固性便秘。
      - 腺癌。
      - 淋巴瘤。
      - 平滑肌瘤或平滑肌肉瘤。
      - 猫的肥大细胞瘤。
   b. 局灶性结肠炎。
      - 组织细胞性。
      - 肉芽肿性。
      - 真菌感染*，尤其是藻菌病，如腐皮病。
   c. 以前的病灶或手术后的瘢痕组织（肠腔狭窄 ± 肠壁增厚）。

10.47　造影检查时大肠黏膜的异常征象

1. 假象——粪便未完全排出。
2. 结肠炎。
   a. 轻度的结肠炎可能无法发现——可考虑使用直肠镜或结肠镜检查，发现黏膜褶增厚和造影剂 - 黏膜交界面出现细小的毛刺征时建议使用。
   b. 严重的、溃疡性结肠炎——造影剂 - 黏膜交界面出现更深的毛刺征和溃疡；结肠可能较硬和缩短，并伴肠壁增厚和 / 或黏膜呈波浪形（图 10-20）。虽然可能不涉及整段结肠，但往往不是局灶性的。

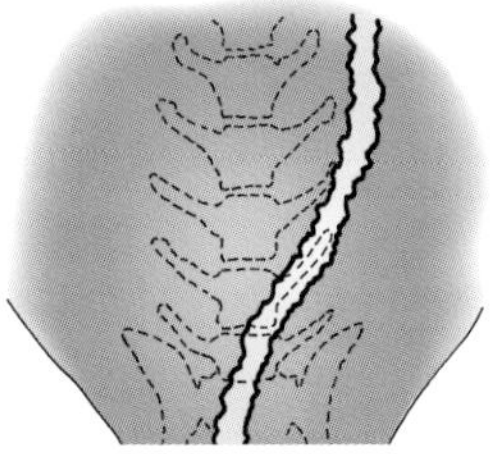

图 10-20　灌肠双重造影后显示严重的结肠炎：结肠扩张不良，黏膜不规则。

10.48　大肠的超声检查

与小肠相同（见 10.29）。液体灌肠可用于提高图像质量，但可能需要镇静，甚至全身麻醉。经直肠的超声扫查可用于直肠壁和降结肠壁的成像。

10.49　大肠的正常超声表现

犬和猫的大肠不像其他物种那样具有囊状或带状结构。因此，大肠的超声表现与小肠相似（见 10.30），但大肠的直径往往比小肠的大。降结肠可以通过其与膀胱的关系以及常见的高回声气体阴影来辨认。由于存在气体和粪便导致声影和混响伪影，所以大肠壁的分层往往分辨不清楚。大肠的蠕动收缩一般不可见。正常的结肠壁厚见表 10-1。

10.50　大肠疾病的超声变化

与小肠所描述的相似（见 10.31 ~ 10.37）。

延伸阅读

General

[1] Agut, A., Sanchez-Valverde, M.A., Lasaosa, J.M., Murciano, J., Molina, F., 1993. Use of iohexol as a gastrointestinal contrast medium in the dog. Vet. Radiol. Ultrasound 34, 171–177.

[2] Borgarelli, M., Biller, D.S.,Goggin, J.M., Bussadori, C., 1996. Ultrasonographic examination of the gastrointestinal system. Part 1. Ultrasonographic anatomy and normal findings. Part 2. Ultrasonographic identification of gastrointestinal disease. Veterinaria 10, 37–47.

[3] Boysen, S.R., Tidwell, A.S., Penninck, D.G., 2003. Ultrasonographic findings in dogs and cats with gastrointestinal perforation. Vet. Radiol. Ultrasound 44, 556–564.

[4] Bradley, K., 2005. Practical contrast radiography 2. Gastrointestinal studies. In Pract. 27, 412–417.

[5] Dennis, R., 1992. Barium meal techniques in dogs and cats. In Pract. 14, 237–248.

[6] Detweiler, D.A., Biller, D.S., Hoskinson, J.J., Harkin, K.R., 2001. Radiographic findings in canine dysautonomia in twentyfour dogs. Vet. Radiol. Ultrasound 42, 108–112.

[7] Gaschen, L., 2005. The role of imaging in dogs and cats with vomiting and chronic diarrhoea. Eur. J. Compan. Anim. Pract. 15, 197–203.

[8] Gibbs, C., Pearson, H., 1973. The radiological diagnosis of gastrointestinal obstruction in the dog. J. Small Anim. Pract. 14, 61–82.

[9] Goggin, J.M., Biller, D.S., Debey, B.M., Pickar, J.G., Mason, D., 2000. Ultrasonographic measurement of gastrointestinal wall thickness and the ultrasonographic appearance of the ileocolic region in healthy cats. J. Am. Anim. Hosp. Assoc. 36, 224–228.

[10] Graham, J.P., Newell, S.M., Roberts, G.D., Lester, N.V., 2000. Ultrasonographic features of canine gastrointestinal pythiosis. Vet. Radiol. Ultrasound 41, 273–277.

[11] Grooters, A.M., Biller, D.S., Ward, H., Miyabayashi, C., Couto, C., 1994. Ultrasonographic appearance of feline alimentary lymphoma. Vet. Radiol. Ultrasound 35, 468–472.

[12] Hunt, G.B., Worth, A., Marchevsky, A., 2004. Migration of wooden skewer foreign bodies form the gastrointestinal tract in eight dogs. J. Small Anim. Pract. 45, 362–367.

[13] Kleine, L.J., Lamb, C.R., 1989. Comparative organ imaging: the gastrointestinal tract. Vet. Radiol. 30, 133–141.

[14] Lamb, C.R., 1990. Abdominal ultrasonography in small animals: intestinal tract and mesentery, kidneys, adrenal glands, uterus and prostate. J. Small Anim. Pract. 31, 295–304.

[15] Lamb, C.R., 1999. Recent developments in diagnostic imaging of the gastrointestinal tract of the dog and cat. Vet. Clin. North Am. Small Anim. Pract. 29, 307–342.

[16] Miyabayashi, T., Morgan, J.P., 1991. Upper gastrointestinal examinations: a radiographic study of clinically normal beagle puppies. J. Small Anim. Pract. 32, 83–88.

[17] Myers, N., Penninck, D.G., 1994. Ultrasonographic diagnosis of gastrointestinal smooth muscle tumors in the dog. Vet. Radiol. Ultrasound 35, 391–397.

[18] Newell, S.M., Graham, J.P., Roberts, G.D., Ginn, P.E., Harrison, J.M., 1999. Sonography of the normal feline gastrointestinal tract. Vet. Radiol. Ultrasound 40, 40–43.

[19] Penninck, D.G., 1998. Characterization of gastrointestinal tumors. Vet. Clin. NorthAm. Small Anim. Pract. 28, 777–798.

[20] Penninck, D.G., Nyland, T.G., Fisher, P.E., Kerr, L.Y., 1989. Ultrasonography of the normal canine gastrointestinal tract. Vet. Radiol. 30, 272–276.

[21] Penninck, D.G., Nyland, T.G., Kerr, L.Y., Fisher, P.E., 1990. Ultrasonographic evaluation of gastrointestinal diseases in small animals. Vet. Radiol. Ultrasound 31, 134–141.

[22] Penninck, D.G., Moore, A.S., Tidwell, A.S., Matz, M.E., Freden, G.O., 1994. Ultrasonography of alimentary lymphosarcoma in the cat. Vet. Radiol. Ultrasound 35, 299–304.

[23] Robertson, I.D., Burbidge, H.M., 2000. Pros and cons of barium-impregnated polyethylene spheres in gastrointestinal disease. Vet. Clin. North Am. Small Anim. Pract. 30, 449–465.

[24] Sato, A.F., Solano, M., 2004. Ultrasonographic findings in abdominal mast cell disease: a retrospective study of 19 patients. Vet. Radiol. Ultrasound 45, 51–57.

[25] Sparkes, A.H., Papasouliotis, K., Barr, F.J., Gruffydd-Jones, T.J., 1997. Reference ranges for gastrointestinal transit of barium-impregnated polyethylene spheres in healthy cats. J. Small Anim. Pract. 38, 340–343. Tidwell, A.S., Penninck, D.G., 1992. Ultrasonography

of gastrointestinal foreign bodies. Vet. Radiol. Ultrasound 33, 160–169.

Stomach

[26] Allan, F.J., Guilford, W.G., Robertson, I.D., Jones, B.R., 1996. Gastric emptying time of solid radio-opaque markers in healthy dogs. Vet. Radiol. Ultrasound 37, 336–344.
[27] Applewhite, A.A., Cornell, K.K., Selcer, B.A., 2001. Pylorogastric intussusception in the dog: a case report and literature review. J. Am. Anim. Hosp. Assoc. 37, 238–243.
[28] Barber, D.L., 1982. Radiographic aspects of gastric ulcers in dogs: a comparative review and report of 5 case histories. Vet. Radiol. 23, 109–116.
[29] Biller, D.S., Partington, B.P., Miyabayashi, R., Leveille, R., 1994. Ultrasonographic appearance of chronic hypertrophic pyloric gastropathy in the dog. Vet. Radiol. Ultrasound 35, 30–33.
[30] Bowlus, R.A., Biller, D.S., Armbrust, L.J., Henrikson, T.D., 2005. Clinical utility of pneumogastrography in dogs. J. Am. Anim. Hosp. Assoc. 41, 171–178.
[31] Dennis, R., Herrtage, M.E., Jefferies, A.R., Matic, S.E., White, R.A.S., 1987. A case of hyperplastic gastropathy in a cat. J. Small Anim. Pract. 28, 491–504.
[32] Diana, A., Penninck, D.G.,Keating, J.H., 2009. Ultrasonographic appearance of canine gastric polyps. Vet. Radiol. Ultrasound 50, 201–204.
[33] Evans, S.M., 1983. Double versus single contrast gastrography in the dog and cat. Vet. Radiol. 24, 6–10.
[34] Evans, S.M., Biery, D.N., 1983. Double contrast gastrography in the cat: technique and normal radiographic appearance. Vet. Radiol. 24, 3–5.
[35] Funkquist, B., 1979. Gastric torsion in the dog. I. Radiological picture during nonsurgical treatment related to the pathological anatomy and to the further clinical course. J. Small Anim. Pract. 20, 73–91.
[36] Grooters, A.M., Miyabayashi, T., Biller, D.S., Merryman, J., 1994. Sonographic appearance of uremic gastropathy in four dogs. Vet. Radiol. Ultrasound 35, 35–40.
[37] Heng, H.G., Wrigley, R.H., Kraft, S.L., Powers, B.E., 2005. Fat is responsible for an intramural radiolucent band in the feline stomach wall. Vet. Radiol. Ultrasound 46, 54–56.
[38] Hittmair, K., Krebitz-Gressl, E., Ku¨bber-Heiss, A., Mo¨ stl, K., 2000. Feline alimentary lymphosarcoma: radiographical, ultrasonographical, histological and virological findings. Wien. Tiera¨rztl. Monatsschr. 87, 174–183 reprinted in the Eur. J.Compan. Anim. Prac. (2001) 11, 119–128.
[39] Jakovljevic, S., 1988. Gastric radiology and gastroscopy in the dog. Vet. Annu. 28, 172–182.
[40] Jakovljevic, S., Gibbs, C., 1993. Radiographic assessment of gastric mucosal fold thickness in dogs. Am. J. Vet. Res. 54, 1827–1830.
[41] Kaser-Hotz, B., Hauser, B., Arnold, P., 1996. Ultrasonographic findings in canine gastric neoplasia in 13 patients. Vet. Radiol. Ultrasound 37, 51–56.
[42] Lamb, C.R., Grierson, J., 1999. Ultrasonographic appearance of primary gastric neoplasia in 21 dogs. J. Small Anim. Pract. 40, 211–215.
[43] Lee, H., Yeon, S., Chang, D., Eom, K., Yoon, H., Choi, H., et al., 2005. Ultrasonographic diagnosis – Pylorogastric intussusception in a dog. Vet. Radiol. Ultrasound 46, 317–318.
[44] Love, N.E., 1993. Radiology corner: The appearance of the canine pyloric region in right versus left lateral recumbent radiographs. Vet. Radiol. Ultrasound 34, 169–170.
[45] Pearson, H., Gaskell, C.J., Gibbs, C., Waterman, A., 1974. Pyloric and oesophageal dysfunction in the cat. J. Small Anim. Pract. 15, 487–504.
[46] Penninck, D.G., Moore, A.S., Gliatto, J., 1998. Ultrasonography of canine gastric epithelial neoplasia. Vet. Radiol. Ultrasound 39, 342–348.
[47] Rallis, T.S., Patsikas, M.N., Mylonakis, M.E., Day, M.J., Petanides, T.A., Papazoglou, L.G., et al., 2007. Giant hypertrophic gastritis (Me´ne´trier's-like disease) in an Old English sheepdog. J. Am. Anim. Hosp. Assoc. 43, 122–127.
[48] Sullivan, M., Lee, R., Fisher, E.W., Nash, A.S., McCandlish, I.A.P., 1987. A study of 31 cases of gastric carcinoma in dogs. Vet. Rec. 120, 79–83.
[49] Wyse, C.A., McLellan, J., Dickie, A.M., Sutton, D.G.M., Preston, T., Yam, P.S., 2003. A review of methods for assessment of the rate of gastric emptying in the dog and cat: 1898–2002. J. Vet. Intern. Med. 17, 609–621.

Intestines

[50] Ablin, L.W., Moore, F.M., Shields Henney, L.H., Berg, J., 1991. Intestinal diverticular malformation in dogs and cats. Compend. Contin. Educ. Pract. Veterinarian (Small Animal) 13, 426–430.
[51] Baez, J.L., Hendrick, M.J., Walker, L.M., Washabau, R.J., 1999. Radiographic, ultrasonographic, and endoscopic findings in cats with inflammatory bowel disease of the stomach and small intestine: 33 cases

(1990–1997). J. Am. Vet. Med. Assoc. 215, 349–354.
[52] Bruce, S.J., Guilford, W.G., Hedderley, D.L., McCauley, M., 1999. Development of reference intervals for the large intestinal transit of radio-opaque markers in dogs. Vet. Radiol. Ultrasound 40, 472–476.
[53] Cairo, J., Font, J., Gorraiz, J., Martin, C., Pons, C., 1999. Intestinal volvulus in dogs: a study of four clinical cases. J. Small Anim. Pract. 40, 136–140.
[54] Couraud, L., Jermyn, K., Yam, P.S., Ramsey, I.K., Philbey, A.W., 2006. Intestinal pseudo-obstruction, lymphocytic leiomyositis and atrophy of the muscularis externa in a dog. Vet. Rec. 159, 86–87.
[55] Delaney, F., O'Brien, R.T., Waller, K., 2003. Ultrasound evaluation of small bowel thickness compared to weight in normal dogs. Vet. Radiol. Ultrasound 44, 577–580.
[56] Diana, A., Pietra, M., Guglielmini, C., Boari, G., Bettini, G., Cipone, M., 2003. Ultrasonography and pathological features of intestinal smooth muscle hypertrophy in four cats. Vet. Radiol. Ultrasound 44, 566–569.
[57] Dvir, E., Leisewitz, A.L., Van der Lugt, J.J., 2001. Chronic idiopathic intestinal pseudo-obstruction in an English bulldog. J. Small Anim. Pract. 42, 243–247.
[58] Gibbs, C., Pearson, H., 1986. Localized tumours of the canine small intestine: a report of twenty cases. J. Small Anim. Pract. 27, 507–519.
[59] Graham, J.P., Lord, P.F., Harrison, J.M., 1998. Quantitative estimation of intestinal dilation as a predictor of obstruction in the dog. J. Small Anim. Pract. 39, 521–524.
[60] Harvey, C.J., Lopez, J.W., Hendrick, M.J., 1996. An uncommon intestinal manifestation of feline infectious peritonitis: 26 cases (1986–1993). J. Am. Vet. Med. Assoc. 209, 1117–1120.
[61] Hoffmann, K.L., 2003. Sonographic signs of gastroduodenal linear foreign body in 3 dogs. Vet. Radiol. Ultrasound 44, 466–469.
[62] Junius, A.M., Appeldoorn, A.M., Schrauwen, E., 2004. Mesenteric volvulus in the dog: a retrospective study of 12 cases. J. Small Anim. Pract. 45, 104–107.
[63] Kinns, J., Sears, K., Seiler, G., 2008. Imaging diagnosis – Jejunal vascular malformation in a dog. Vet. Radiol. Ultrasound 40, 179–181.
[64] Lamb, C.R., Hansson, K., 1994. Radiology corner: Radiological identification of nonopaque intestinal foreign bodies. Vet. Radiol. Ultrasound 35, 87–88.
[65] Lamb, C.R., Mantis, P., 1998. Ultrasonographic features of intestinal intussusception in 10 dogs. J. Small Anim. Pract. 39, 437–441.
[66] Louvet, A., Denis, B., 2004. Ultrasonographic diagnosis –Small bowel lymphangiectasia in a dog. Vet. Radiol. Ultrasound 45, 565–567.
[67] Moon, M.M., Biller, D.S., Armbrust, L.J., 2003. Ulrasonographic appearance and etiology of corrugated small intestine. Vet. Radiol. Ultrasound 44, 199–203.
[68] Newell, S.M., Graham, J.P., Roberts, G.D., Ginn, P.E., Harrison, J.M., 1999. Sonography of the normal feline gastrointestinal tract. Vet. Radiol. Ultrasound 40, 40–43.
[69] Patsikas, M., Papazoglou, L.G., Papaioannou, N.G., Dessiris, A.K., 2004. Normal and abnormal ultrasonographic findings that mimic small intestinal intussusception in the dog. J. Am. Anim. Hosp. Assoc. 40, 147–151.
[70] Patsikas, M., Papazoglou, L.G., Jakovlevic, A.K., Dessiris, A.K., 2005. Color Doppler ultrasonography in prediction of the reducibility of intussuscepted bowel in 15 young dogs. Vet. Radiol. Ultrasound 46, 313–316.
[71] Patsikas, M., Papazoglou, L.G., Papaioannou, N.G., Savvas, I., Kazakos, G.M., Dessiris, A.K., 2009. Ultrasonographic findings of intestinal intussusception in seven cats. J. Feline Med. Surg. 5, 335–343.
[72] Penninck, D., Seyers, B.S., Webster, C.R.L., Rand, W., Moore, A.S., 2003. Diagnostic value of ultrasonography in differentiating enteritis from intestinal neoplasia in dogs. Vet. Radiol. Ultrasound 44, 570–575.
[73] Rault, D.N., Besso, J.G., Boulouha, L., Begon, Y., Ruel, Y., 2004. Significance of a common extended mucosal interface observed in transverse small intestine sonogram. Vet. Radiol. Ultrasound 45, 177–179.
[74] Russell, N.J., Tyrrell, D., Irwin, P.J., Beck, C., 2008. Pneumatosis coli in a dog. J. Am. Anim. Hosp. Assoc. 44, 32–35.
[75] Standler, N., Wagner, W.M., Goddard, A., Kirberger, R.M., 2010. Normal canine pediatric gastrointestinal ultrasonography. Vet. Radiol. Ultrasound 51, in press.
[76] Standler, N., Wagner, W.M., Goddard, A., Kirberger, R.M., 2010. Ultrasonographic appearance of canine porvoviral enteritis in puppies. Vet. Radiol. Ultrasound 51, in press. Sutherland-Smith, J., Penninck, D.G., Keating, J.H., Webster, C.R.L., 2007. Ultrasonographic intestinal hyperechoic mucosal striations in dogs are associated with lacteal dilation. Vet. Radiol. Ultrasound 48, 51–57.
[77] Swift, I., 2009. Ultrasonographic features of intestinal entrapment in dogs. Vet. Radiol. Ultrasound 50, 205–207.

第 11 章

泌尿生殖道

泌尿道

肾脏

肾脏位于腹膜后腔内，其轮廓能否显影取决于肾周是否有足够的脂肪。犬右肾的前极在 T13–L1 水平，处于肝脏尾叶的肾切迹内，难以辨别，尤其是在消瘦或深胸犬，或胃肠道内容物较多时。左肾通常较右肾靠后半个肾脏长度，而且更靠近腹侧，游离性也更大。肾脏在动物右侧位时的呼气相 X 线片上显影最佳，因为右肾向前移动，使得左右肾重叠最少。肾脏呈豆形，血管和输尿管从肾门进出肾脏；但根据肾脏和 X 线束的相对方位不同，肾脏也可呈卵圆形或豆形结构。在侧位片上，支撑侧的肾脏通常呈卵圆形，而对侧肾脏因重力作用下垂而呈豆形。

猫肾脏通常较易显影，因为右肾和肝脏被脂肪隔开，且双肾游离性均较大。与犬相比，猫的肾脏更小、更圆，位置也更易改变。在犬和猫的侧位片上，肾脏部分重叠可能会产生小肿物样的影像。

肾脏大小在腹背位（VD）片上评价最好，这样可以避免在侧位片上非支撑侧肾脏的放大失真（图 11–1）。肾脏的测量应在平片上进行，因为在静脉尿路造影（IVU）时，肾脏会轻度肿大，其肿大程度呈剂量和时间依赖性。犬肾脏大小通常为 L2 长度的 2.5 ~ 3.5 倍，但 2.75 ~ 3.25 倍可能更为准确；已绝育猫的正常肾脏大小为 L2 长度的 1.9 ~ 2.6 倍，而未绝育猫则为 2.1 ~ 3.2 倍。同一只动物的两侧肾脏大小应相同。

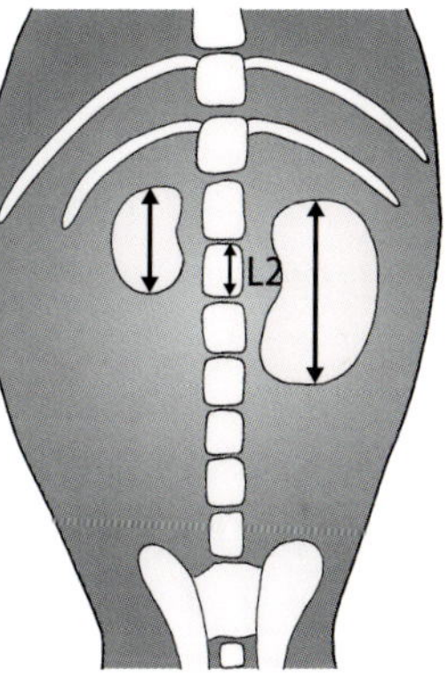

图 11–1　犬腹背位 X 线片上的肾脏增大和缩小（肾脏的正常大小为 L2 长度的 2.5 ~ 3.5 倍）。

11.1　肾脏不显影

1. 正常变化（尤其是 VD 位上的右肾）。
   - a. 曝光条件或处理不当（尤其是曝光不足）。
   - b. 腹膜腔内脂肪太少。
     - 幼年动物。
     - 非常消瘦的动物。
   - c. 深胸犬，肾脏位置更靠前。
   - d. 胃肠道内的食物、气体或粪便遮挡肾脏影像。
2. 肾脏位置异常（见 11.4）。

3. 肾切除术后。
4. 肾脏变小（见 11.2.5）。
5. 肾脏发育不全。
   a. 单侧（左肾或右肾可能缺失），对侧肾脏代偿性肥大，输尿管可能仍然存在。
   b. 双侧，罕见，动物在出生后不久即死亡。
6. 严重腹膜腔积液。
7. 腹膜后腔疾病。
   a. 尿液泄漏。
   b. 出血。
   c. 炎症。
   d. 弥漫性肿瘤。

11.2 肾脏大小和形状变化

1. 肾脏大小正常，轮廓平滑。
   a. 正常。
   b. 急性肾炎。
   c. 急性肾毒性。
      - 乙二醇（防冻剂）中毒。
      - 其他毒性物质。
      - 某些药物（如庆大霉素、顺铂）。
   d. 淀粉样变性。
   e. 其他疾病得早期阶段。
2. 肾脏大小正常，轮廓不规则。
   a. 下列尚未引起肾脏大小明显改变的疾病过程。
   b. 肾脏梗死。
   c. 创伤。
3. 肾脏轻度增大，轮廓平滑。
   a. 静脉尿路造影肾相——双侧。
   b. 急性肾功能衰竭——双侧，各种原因。
   c. 急性肾小球或间质性肾炎——多为双侧。
   d. 急性肾盂肾炎——多为双侧。
   e. 肾盂积水——单侧或双侧，取决于病因。
   f. 先天性门体分流——犬通常表现为双侧肾脏肥大 ± 尿路结石和血源性骨髓炎。
   g. 代偿性肾脏肥大——单侧，对侧肾脏缩小或缺失。
   h. 肾脏肿瘤——多为单侧，轮廓通常不规则（淋巴瘤除外）；猫最常见的肾脏肿瘤为淋巴瘤，且通常为双侧。
   i. 被膜下脓肿、血肿或积尿——单侧或双侧，取决于病因。
   j. 与急性肾功能衰竭有关的肾周积液。
   k. 淀粉样变性——多为双侧。
   l. 肢端肥大症——双侧。
   m. 寄生虫——肾膨结线虫*感染。
   n. 猫肥大性肌肉营养不良——双侧。
4. 肾脏显著增大，轮廓平滑。
   a. 肾盂积水——单侧或双侧，取决于病因（见 11.9.1 和图 11–3）。
   b. 肾脏肿瘤——多为单侧，轮廓通常不规则。
   c. 被膜下脓肿、血肿或积尿——单侧或双侧。
   d. 肾脏淋巴瘤——常见于猫，犬少见。
   e. 肾周假性囊肿；多见于老年公猫；“肾脏”轮廓通常异常增大——多为双侧。
   f. 猫——猫传染性腹膜炎（FIP）引起脓性肉芽肿性肾炎，但肾脏轮廓更可能不规则。
5. 肾脏增大，轮廓不规则。
   a. 原发性肾脏肿瘤——多为单侧，但也可能为双侧；仅凭 X 线片无法鉴别良性肿瘤和恶性肿瘤。
      - 肾细胞癌。
      - 移行细胞癌。
      - 肾母细胞瘤，通常见于幼年犬。
      - 遗传性多灶性肾脏囊腺瘤或囊腺癌（见 p.277）——通常见于德国牧羊犬，伴有结节性皮肤纤维变性和子宫平滑肌瘤。
      - 肾脏淋巴瘤——尤其见于猫，双侧；通常也影响其他器官，且与鼻腔淋巴瘤有关。
      - 其他：腺瘤、血管瘤、血管肉瘤、乳头状瘤、未分化肉瘤、骨外骨肉瘤等。

b. 转移性肿瘤——单侧或双侧。
- 从对侧肾脏原发性肿瘤的转移。
- 许多其他原发性肿瘤转移至肾脏。

c. 肾脏脓肿——多为单侧。

d. 肾脏血肿——多为单侧。

e. 肾脏肉芽肿——单侧或双侧。

f. 肾脏囊肿。

g. 肾脏错构瘤——良性的局灶性畸形，可能引起肾脏出血。

h. 多囊性肾病（PKD）——长毛猫的遗传性疾病，尤其是波斯猫以及波斯猫的杂交猫，也见于凯恩㹴和牛头㹴；多为双侧。

i. 猫——FIP，引起脓性肉芽肿性肾炎。

6. 肾脏变小，轮廓平滑或不规则。

a. 慢性肾脏疾病。
- 慢性肾小球肾炎。
- 慢性肾盂肾炎。
- 慢性间质性肾炎。
- 慢性肾结石。

b. 发育性肾脏发育不全或发育不良——幼年犬，在某些品种具有遗传倾向，包括可卡犬、拉萨犬、西施犬、挪威猎鹿犬、萨摩耶犬、拳狮犬和杜宾犬。

（a）和（b）也可能发生转移性软组织矿化（如胃皱襞、血管）和肾性继发性甲状旁腺功能亢进（橡皮颌；见 4.9.5 和图 4–5）。

c. 慢性肾盂积水。

d. 继发于肾脏梗死的实质萎缩。

e. 淀粉样变性，尤其是猫。

11.3 肾脏密度改变

X 线片上正常肾脏的密度与其他软组织结构相同。在 VD 位上，由于肾盂区域内的脂肪，在每个肾脏的中央内侧区域可观察到密度稍微下降。注意勿将老年猫偶发的肾上腺矿化误认为肾脏的病变。

1. 肾脏密度局灶性增加——IVU 可区分肾实质的矿化和肾盂结石，后者在肾盂相上会变得模糊。

a. 对侧肾脏（侧位片）、乳头（VD 位片）或食糜（正位片和侧位片）重叠所致的伪影。

b. 肾盂内矿化的肾结石——较大的结石可能呈“鹿角”状，或可见输尿管结石。

c. 肾盂憩室内矿化的肾结石——通常为多个（尤其是猫）。

d. 肾实质营养不良性矿化。
- 肿瘤。
- 慢性血肿、肉芽肿、囊肿或脓肿。

e. 寄生虫性肉芽肿（如弓形虫）。

f. 骨化生。

2. 肾脏弥散性或多灶性密度增加——肾钙质沉着症。

a. 慢性肾病。

b. 乙二醇（防冻剂）中毒。

c. 甲状旁腺功能亢进——原发性或继发性。

d. 肾上腺皮质功能亢进。

e. 高钙血症综合征。

f. 肾毒性药物（如庆大霉素）。

g. 维生素 D 过多症。

h. 肾脏毛细血管扩张症——柯基犬。

3. 肾盂密度降低。

a. 肾盂脂肪，尤其是肥胖猫。

b. 膀胱充气造影时的高压作用下，气体由膀胱逆行进入肾盂；输尿管内也可见气体密度。
- 正常膀胱过度膨胀。
- 扩张不良的膀胱充气。

c. 导管意外插入输尿管异位并注入空气。

d. 产气菌感染。

11.4 肾脏位置改变

肾脏位置异常的原因包括先天性和获得性，其中大部分为获得性，包括肿物或破裂导致移位。先天性的位置异常主要是肾脏异位，并不常见。

1. 前移。
   a. 胸膜腔内；已有报道关于猫的右肾经破裂的膈进入胸膜腔。
   b. 中腹部或后腹部的大肿物。
2. 后移。
   a. 由于胸膜腔扩张。
   b. 胃扩张。
   c. 脾头肿物导致左肾后移。
   d. 肝肿大导致右肾后移。
   e. 异位肾（如，腰下）。
   f. 腹膜腔脏器转位——右肾位于左肾后方。
3. 腹侧移位。
   a. 肥胖动物的腹膜后腔脂肪。
   b. 病理性腹膜后腔肿胀或积液（见9.9）。
   c. 同侧肾上腺肿物（前极移位通常较后极更明显）。
   d. 较大的肾脏肿物在重力的作用下更加靠近腹侧。
   e. 腹膜腔内异位肾脏。
4. 背侧移位。
   a. 腹侧腹部肿物。
5. 外侧移位。
   a. 同侧肾上腺肿物（前极移位通常较后极更明显）。
6. 内侧移位。
   a. 单纯肾异位——肾脏、输尿管和膀胱输尿管结合处位于腹部同侧。
   b. 交叉性肾异位——肾脏在正常位置的对侧，但输尿管穿过腹中线；可能与对侧肾脏融合。
   c. 马蹄肾——双肾均向内侧移位，并融合在一起。

11.5 上泌尿道造影检查：技术和正常影像

肾脏和输尿管造影检查的适应证包括：

- 确认肾脏数量、位置、大小和形状；提供一些关于肾脏功能和内部结构的信息，尤其是肾盂。
- 检查腹部肿物。
- 检查非起源于下泌尿生殖道的血尿或脓尿。
- 检查可能存在的尿路结石的位置，并与胃肠道内容物区分。
- 检查尿失禁。
- 创伤后怀疑泌尿道损伤。

静脉尿路造影（IVU）或排泄性尿路造影对于评估肾盂和输尿管特别有用。肾实质的病变更难以诊断，但一般来说，这种疾病更容易通过超声来检查。选择性血管造影一般不常施行；通过股动脉导管施行的血管造影使造影剂沉积在肾动脉附近，从而勾勒出肾脏的血液供应，并在肾功能衰竭且IVU不能显影良好的情况下显示肾脏的特征。

在造影剂注射过程中或注射后的几秒钟内，肾脏的血管供应可能显露出来，形成血管相。随后很快肾实质密度弥漫性升高，即肾相。偶尔也可短暂见到肾皮质密度高于髓质；髓质厚度大约是皮质的2倍。肾相持续1 ~ 3h。正常肾脏在注射造影剂后1 ~ 2min内，肾盂和输尿管将充满经过浓缩进入尿液中的造影剂；此为肾盂相（图11–2）。犬肾盂的X线征象变化很大，肾盂憩室也并非总是显影。

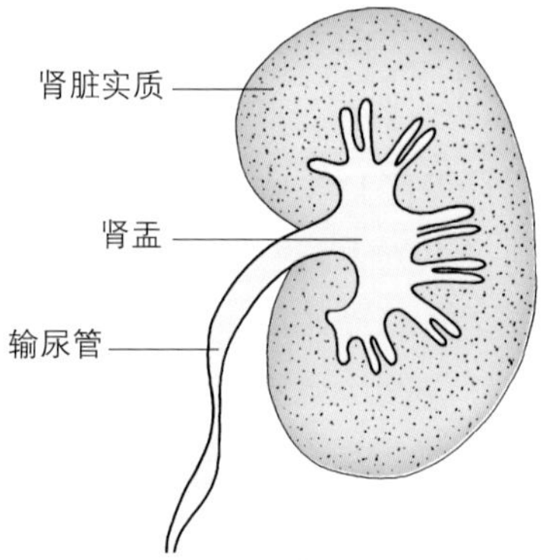

图11–2　静脉尿路造影的肾相和肾盂相。

准备

- 血液检查：血液尿素氮水平 > 17 mmol/L（ > 100mg%）和/或血液肌酐水平 > 350 μmol/L（ > 4mg%）提示存在严重的肾功能不全，可能会影响上泌尿道的显影，是该造影检查的禁忌证（若尿素氮和肌酐水平仅中度升高，应考虑使用 2 倍剂量的含碘造影剂，以改善泌尿系统的显影）。

- 评估循环和水合状态：对于脱水和低血容量性休克的动物，应避免注射高渗造影剂，以防诱发急性肾功能下降。非离子型（低渗）含碘造影剂对该类患病动物和猫更安全。
- 禁食 12h 和结肠灌肠。
- 放置静脉留置针，因为造影剂泄漏至血管外会引起较强的刺激性。
- 视情况选择镇静或麻醉。
- 拍摄侧位和腹背位 X 线平片，确认患病动物准备和曝光条件。

副作用

- 引起脱水。
- 由于蛋白质在肾小管沉淀引起急性肾功能衰竭（若尿蛋白升高，可能性更大）。
- 罕见的过敏性休克（严重反应或死亡）。

快速推注静脉尿路造影（低剂量、高浓度）

动物仰卧，经静脉快速注射浓度为 300 ~ 400 mg I/mL 的造影剂，剂量为 850 mg I/kg 体重；注射完后立即拍摄 VD 位 X 线片（双肾分别显影），随后如有需要再拍摄侧位片和 VD 位片。辨别造影的血管相、肾相和肾盂相。有报道提出对后腹部加压，可以阻塞输尿管和增加肾盂的充盈，但这样做会引起假性的轻度肾盂积水。

缓慢滴注静脉尿路造影（高剂量、低浓度）：评估输尿管的另一种技术

静脉缓慢滴注浓度为 150 mg I/mL 的造影剂，剂量约为 1200 mg I/kg 体重；这种方式可引起渗透性利尿，从而使输尿管显影更好。一般不需要快速拍片，只有肾相和肾盂相可见。在造影前，要确定已排空结肠，而且可以先要进行膀胱充气造影来增加膀胱压力，从而改善输尿管的显影，同时可以制造低密度的背景，使输尿管末端更容易看到。左侧位、右侧位、斜位以及 VD 位 X 线片都有助于确定输尿管末端。使用透视检查更方便。

选择性肾脏血管造影

将导管插入股动脉，并沿着主动脉推进至肾动脉水平；快速注射几毫升的高浓度造影剂，并立即拍摄 VD 位 X 线片。此时可见血管相（除非血管供应中断），而且在功能正常的肾脏也可见肾相和肾盂相。

超声引导下顺行性肾盂造影

该技术可用于评估阻塞性尿路疾病动物的肾盂和输尿管，因为这些动物是无尿或少尿的，因此 IVU 很可能没有诊断意义。在超声引导下，将少量阳性造影剂注入肾盂，使阻塞前段的输尿管显影。经超声引导也可进行肾盂穿刺，对诊断肾盂肾炎很有价值。

11.6 肾相缺失

1. 造影剂剂量不足。
2. 伴有显著氮质血症的严重肾脏疾病。
3. 有肾切除术史。
4. 肾脏非常小。
5. 肾脏发育不全。
6. 肾动脉阻塞或撕脱。
7. 缺少功能性肾组织。
   a. 广泛性肾脏肿瘤。
   b. 严重肾盂积水。
   c. 大脓肿。

11.7 肾相时间异常

正常影像是由于肾血管和肾小管中存在造影剂，使得肾脏密度均匀增加和肾脏轮廓清晰可见。初始的显影密度应最高，随后逐渐下降。显影时间的异常如表 11-1 所示。

表 11–1　静脉尿路造影时肾脏密度变化的鉴别诊断

初始密度	随后密度				
良好	逐渐降低	正常			
一般至良好	逐渐升高	造影剂引起的系统性低血压	造影剂引起的肾功能衰竭	急性肾脏阻塞	
一般至良好	持续不变	造影剂引起的系统性低血压	造影剂引起的肾功能衰竭	急性肾小管坏死	
差	逐渐降低	造影剂剂量不足	原发性多尿性肾功能衰竭	造影过程中静脉输液	
差	逐渐升高	注射造影剂前存在系统性低血压	肾脏缺血	急性肾外阻塞	
差	持续不变	原发性肾小球功能障碍	严重的急性或慢性肾脏疾病		
异常和供血不足的组织显影慢		● 肿瘤 ● 脓肿 ● 肉芽肿 ● 血肿 ● 囊肿			
不显影	不显影	造影剂剂量不足	肾切除术史或肾脏无功能	肾脏发育不全	动脉阻塞或肾动脉创伤性撕裂

（经允许转载自 Feeney, D.A., Barber, D.L. and Osborne, C.A., 1982, Functional aspects of the nephrogram in excretion urography: a review. Veterinary Radiology 23, 42–45.）

11.8　肾相密度不均

血供较差的区域在初期密度缺失或降低，但随后可能有不同程度的增加。

1. 边界清晰的未显影区域。
   a. 肾脏囊肿—单个囊肿为偶然发现。
   b. 肾脏脓肿、肉芽肿或血肿。
   c. 肾脏梗死—单个或多灶性；尖端朝向肾门的楔形区域。
   d. 多囊肾病—长毛猫的遗传性疾病，尤其见于波斯猫以及波斯猫的杂交猫，也见于凯恩㹴和牛头㹴；通常双侧发病。
   e. 遗传性多灶性肾脏囊腺瘤或癌—多发于德国牧羊犬，并伴发有结节性皮肤纤维变性和子宫平滑肌瘤。
2. 边界不清的未显影区域。
   a. 肾脏肿瘤（也可能由于造影剂外渗和积聚而看到密度增加的区域）。
      ▪ 肾细胞癌。
      ▪ 移行细胞癌。
      ▪ 肾母细胞瘤。
      ▪ 肾脏腺瘤、血管瘤或乳头状瘤。
      ▪ 未分化肉瘤。
      ▪ 遗传性多灶性肾脏囊腺瘤或囊腺癌——德国牧羊犬。
      ▪ 肾淋巴瘤——尤其是猫，双侧；常见密度降低的楔形区域。
   b. 肾脏梗死—可能边界不清。
   c. 严重肾炎。
   d. 猫——FIP。
3. 仅可见外周环形密度——严重肾盂积水（图 11–3B）。
4. 外周环形未显影区域。
   a. 被膜下积液（肾周假性囊肿、急性肾功能衰竭、尿性囊肿）。
   b. 猫——被膜下淋巴瘤。

5. 由于造影剂积聚而密度增加的区域。
   a. 肿瘤。
   b. 错构瘤。
   c. 血管渗漏（通常为“特发性”肾脏出血的原因）。
   d. 创伤。
6. 造影剂外渗至肾脏影像外。
   a. 创伤。

11.9　肾盂相异常

在注射完造影剂约 1min 后应可见肾盂相(显示肾盂憩室、肾盂和输尿管)，并持续数小时。犬肾盂的宽度通常 ≤ 2 mm，肾盂憩室的宽度 ≤ 1 mm；猫无可用的数据。

1. 肾盂 ± 肾盂憩室扩张。
   a. 后腹部加压。
   b. 由于多饮和多尿或静脉输液所致的生理性变化。
   c. 由于高渗造影剂、输液或药物所致的利尿作用——双侧对称性，且通常轻度扩张。
   d. 肾盂积水——肾盂扩张可能非常严重，只有较薄的外周实质组织可见（图 11–3）。
      - 特发性。
      - 继发于输尿管阻塞（见 11.16.3)。

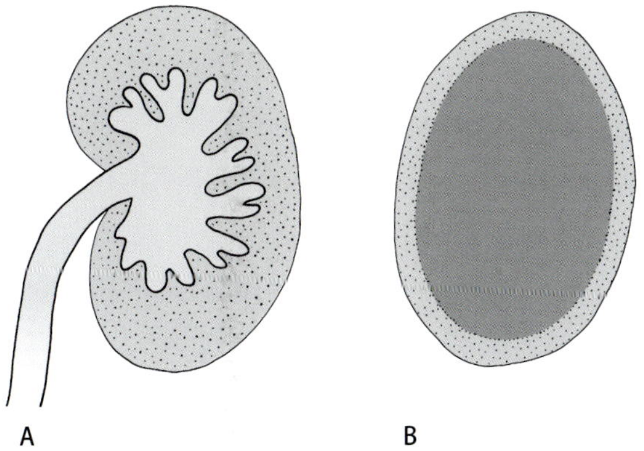

图 11–3　静脉尿路造影显示肾盂积水。图 A 显示轻度肾盂积水：肾盂和肾盂憩室轻度扩张且变圆，伴有输尿管扩张。图 B 显示严重肾盂积水：仅可见较薄的环状实质组织，其显影源于血液供应而非滤过尿液。若肾脏无功能，输尿管可能不显影。X 线征象取决于尿路阻塞的程度和病程的持续时间。

   e. 肾脏结石（高密度结石可能被密度相似的造影剂掩盖）。
   f. 慢性肾盂肾炎或肾盂积脓——碎屑也可导致充盈缺损，可能存在轻度的输尿管积水；通常仅肾盂扩张，而非肾盂憩室；± 肾盂轮廓不规则。
   g. 肾脏肿瘤。
      - 常见肾盂和近端输尿管的继发性扩张。
      - 机械性肾盂梗阻。
   h. 输尿管异位——由于输尿管末端狭窄和 / 或逆行性感染（见 11.16.1 和图 11–8）。
   i. 肾盂血凝块。
      - 凝血病。
      - 出血性肿瘤。
      - 创伤。
      - 肾脏活检或顺行性肾盂造影后。
      - 特发性肾脏出血。
   j. 肾膨结线虫 *（巨肾线虫）。
2. 肾盂变形。
   a. 肾脏肿瘤（图 11–4）。
   b. 其他肾实质肿物病变（囊肿、脓肿、血肿、肉芽肿）。
   c. 大的肾脏结石。
   d. 慢性肾盂肾炎。
   e. 血凝块。
      - 凝血病。
      - 肿瘤性出血。
      - 创伤。

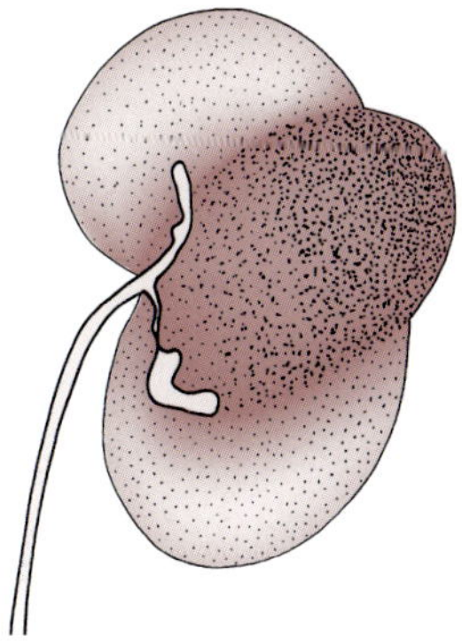

图 11–4　静脉尿路造影显示肾脏肿瘤：肾脏前极和后极正常，但中央区域膨出且显影较差，并伴有肾盂变形。

- 肾脏活检或顺行性肾盂造影后。
- 特发性肾脏出血。

f. 多囊肾病——长毛猫的遗传性疾病，尤其见于波斯猫以及波斯猫的杂交猫，也见于凯恩㹴和牛头㹴；通常双侧发病。

3. 肾盂相充盈缺损。

a. 正常的叶间血管——肾盂憩室内的线性低密度阴影。

b. 膀胱充气造影时过度膨胀所致的气泡逆行。

c. 结石。

d. 肾盂肾炎所致的碎屑。

e. 肿瘤。

f. 血凝块。

g. 肾膨结线虫*（巨肾线虫）。

11.10 肾脏的超声检查

肾脏可以从腹侧或胁腹部入路进行超声检查。胁腹部扫查的优势在于肾脏位置更浅表，且没有肠道的干扰。主要缺点是需要剃掉胁腹部的被毛，可能不易被动物主人接受。

超声检查应使用高频探头（7.5 MHz）。每个肾脏都应进行横断面和纵切面或冠状面的扫查，确保检查到整个肾脏。如果可能的话，也应检查出入肾门的肾动脉和肾静脉。

11.11 肾脏的正常超声表现

正常的肾脏呈平滑的豆形。除了两极的组织界面与声束平行而看不到被膜外，其余部位均可见薄的产回声被膜。肾皮质呈低回声，其质地呈细颗粒样（图 11-5）。如果使用 5 MHz 的探头，肾皮质的回声与肝脏相比呈等回声或轻度低回声；但若使用 7.5 MHz 或更高频率的探头，肾皮质的回声可能比肝脏略高。正常情况下，肾皮质回声应比脾脏的低。肾髓质通常呈无回声，并被产回声的肾盂憩室和叶间血管分为多个部分。有报道称在某些正常猫的髓质内可能

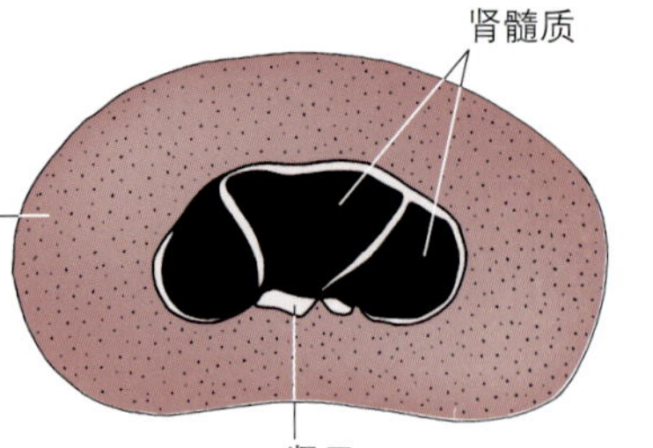

图 11-5　肾脏冠状面的正常声像图；髓质几乎呈无回声，皮质呈低回声，肾盂内脂肪呈高回声。

会见到平行于皮髓质交界处的线性高回声区域（髓质边缘征）。皮髓质交界处的产回声斑点表示弓形动脉。肾窦内的脂肪在肾门处形成高回声区域，还可能会产生微弱的声影。

超声上可以测量肾脏的大小，猫正常肾脏长度的参考范围为 37 ~ 44 mm（右肾可能比左肾略大）。犬肾脏的大小随体重而变化。可以计算肾脏长度与主动脉直径的比值：如果肾脏长度与主动脉直径的比值 <5.5，则认为肾脏缩小；如果比值 >9.1，则认为肾脏增大。

肾脏横断面面积的增大是犬猫肾移植急性排斥反应的敏感指征。

11.12 肾盂异常的超声表现

引起肾盂异常的原因见 11.9，肾盂相异常，其原则同样适用于超声检查。

1. 肾盂扩张，导致肾盂积水——肾盂内可见无回声的液体积聚；随着扩张程度的增加，会渐进性地压迫周围的肾实质组织（图 11-6），并可能有相关的输尿管扩张。
2. 肾盂变形——与 IVU 相比，超声检查更难识别。
3. 肾盂内的物质（如炎性碎屑、血凝块、肿瘤或结石）可能会产生各种大小和回声性质的肿物；在肾结石的病例中，可见伴有远场声影的高回声界面，与矿物成分无关。据报道在犬肾膨结线虫*感染的肾盂中，可见多个直径为 5 ~ 10 mm 的环状结构。

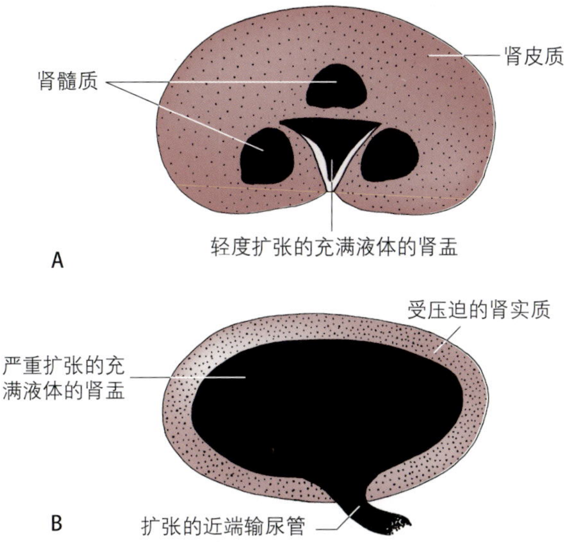

图 11-6　肾盂积水的声像图。图 A 显示轻度肾盂积水：肾盂内可见无回声液体。图 B 显示严重肾盂积水：较薄的肾实质围绕着大量液体。

11.13　局灶性肾脏实质异常的超声表现

1. 边界清晰的无回声实质病灶；单纯性或复杂性。
   a. 壁薄且光滑。
      - 囊肿——单个或多个。多囊肾病（PKD）是长毛猫的遗传性疾病，主要见于波斯猫以及波斯猫的杂交猫，也见于凯恩㹴和牛头㹴，可能伴有矿化灶和皮髓质分界不清。囊肿也可见于西施犬和拉萨犬的家族性肾病；单个囊肿可能为其他品种的偶然发现。
      - 遗传性多灶性肾脏囊腺瘤或囊腺癌——复杂的囊性结构；通常见于德国牧羊犬，并伴有结节性皮肤纤维变性和子宫平滑肌瘤。
   b. 壁厚或不规则。
      - 囊肿。
      - 血肿。
      - 脓肿。
      - 肿瘤（如德国牧羊犬的肾脏囊腺瘤或囊腺癌）。
2. 低回声实质性病灶。
   a. 肿瘤。
      - 淋巴瘤（结节状或楔形）。
      - 恶性组织细胞增多症（但更多见于侵袭肝脏、脾脏和淋巴结）。
      - 肥大细胞浸润。
      - 其他（见 11.2.4）。
3. 高回声实质性病灶。
   a. 肿瘤。
      - 内含血液或矿化的原发性肿瘤（如血管瘤、软骨肉瘤）。
      - 淋巴瘤。
      - 转移瘤（如血管肉瘤、甲状腺腺癌）。
   b. 慢性梗死（楔形）。
   c. 实质钙化或结石。
   d. 实质气体。
   e. 大量非常小的囊肿（PKD）——尤其见于波斯猫以及波斯猫的杂交猫；在凯恩㹴和牛头㹴也有报道。
   f. 猫——FIP。
4. 非均质或复杂性的实质性病灶。
   a. 肿瘤。
      - 原发性肾癌。
      - 其他（见 11.2.4）。
   b. 脓肿。
   c. 血肿。
   d. 肉芽肿。
   e. 急性梗死。
   f. 大量非常小的囊肿（PKD）——尤其见于波斯猫以及波斯猫的杂交猫；在凯恩㹴和牛头㹴也有报道。
5. 髓质边缘征——肾髓质外带于皮髓质交界处平行的产回声线。
   a. 正常变异。
   b. 肾钙质沉着症、高钙性肾病。
   c. 乙二醇（防冻剂）中毒。
   d. 慢性间质性肾炎。
   e. 淋巴瘤。

f. 急性肾小管坏死。

g. 门体分流。

h. 钩端螺旋体病。

i. 肾小管腔内矿物质沉积。

j. 猫——FIP。

6. 声影。

a. 肾盂脂肪。

b. 肾结石（Renal calculus）——强反射界面。

c. 肾石病（Nephrolithiasis）——反射界面。

d. 慢性脓肿或肿瘤的营养不良性矿化。

e. 气体。

11.14 弥漫性肾脏实质异常的超声表现

皮髓质分界处可能清晰或模糊，取决于只影响皮质还是同时影响皮质和髓质。

1. 皮质回声增强，皮髓质分界可见或增强。

a. 猫的正常变异（肾小管内脂肪沉积）。

b. 炎性疾病。

- 肾小球肾炎。
- 间质性肾炎。
- 猫——FIP。

c. 末期肾脏疾病——肾脏变小且不规则。

d. 急性肾小管坏死或中毒性肾病，如乙二醇（防冻剂）中毒。

e. 肾脏发育不良——肾脏小且不规则。

2. 皮髓质分界不清。

a. 慢性肾脏疾病（末期肾）。

b. 肾脏发育不良。

c. 多个小囊肿。

11.15 肾周异常的超声表现

超声检查或IVU可以发现肾周的异常物质。这些物质在超声上通常呈无回声至低回声，但在某些情况下可能含有碎屑或回声性质复杂。超声检查时，可能难以区分被膜下积液和肾周腹膜后腔积液（图11-7），本节将会介绍这两种异常的类型。

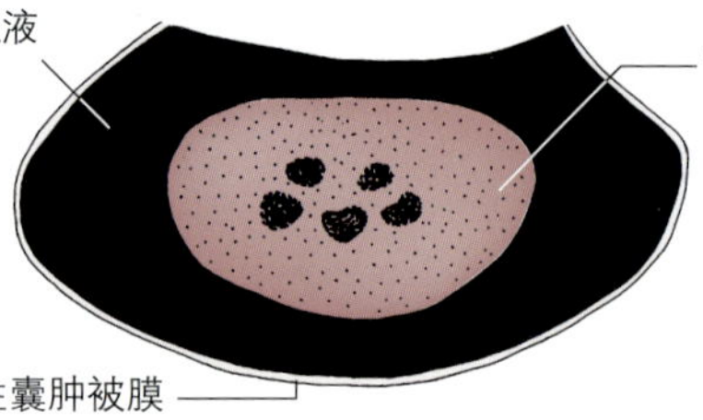

图11-7 肾周积液的声像图：无回声液体显示出肾脏的轮廓，肾脏通常萎缩和呈高回声，并伴有皮髓质分界不清。

1. 肾周假性囊肿——尤其见于老年猫，通常病因不明，但据报道在一例猫发现了影响被膜的移行细胞癌。通常为大量的单侧或双侧无回声的被膜下漏出液。肾脏通常也有异常。

2. 肾周脓肿——猫比犬常见；常伴有肾盂肾炎。无回声至低回声的肾周积液内含有小的产回声碎屑的斑点；通常见于单侧。

3. 肾周出血——单侧或双侧，取决于病因。

a. 创伤。

b. 肾脏活检后。

c. 凝血病。

d. 肿瘤侵袭血管。

e. 慢性扩张性血肿（罕见）——声像图复杂。

4. 肿瘤。

a. 猫肾脏淋巴瘤——被膜下低回声边缘是由淋巴瘤浸润所致，而非游离液体；通常见于双侧。

b. 据报道，猫移行细胞癌可产生单侧被膜下漏出液。

5. 尿性囊肿——无回声液体，继发于肾脏或近端输尿管破裂；通常见于单侧。

6. 急性肾功能衰竭——无回声液体，± 不同原因引起的肾脏异常；通常见于双侧。

7. 由于创伤或膀胱极度充盈下尿道阻塞所引起的腹膜后腔积液。

输尿管

输尿管位于腹膜后腔内，在接近膀胱处进入腹膜腔。输尿管在X线平片上一般不显影，除非显著扩张，但在肥胖动物，偶尔可见为细的高密度线。IVU或超声引导下顺行性肾盂造影可用于评估输尿管的位置、直径、通畅性和完整性（见11.5）。逆行性（阴道）尿道造影术也有助于输尿管异位末端的显影。正常输尿管通过蠕动波将尿液输送至膀胱，因此其直径可能变化不定，且在单次IVU的X线片上可能看不到整段的输尿管。正常的输尿管末端位于膀胱壁内，其特点是呈勾形，右侧输尿管通常比左侧更靠前（图11-8）。IVU结合CT扫查是评估输尿管极佳的成像方式。

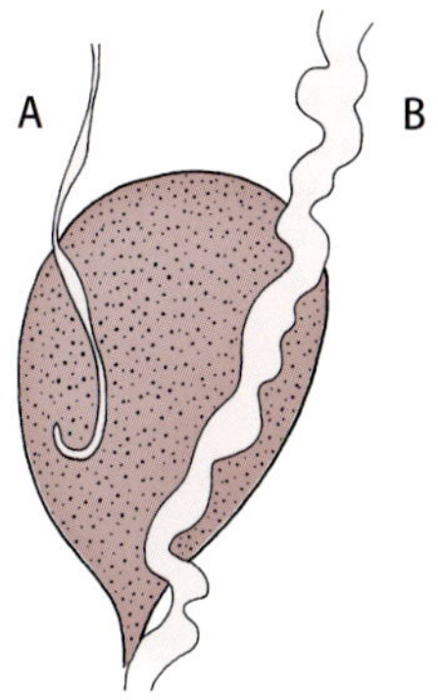

图11-8 静脉尿路造影结合膀胱充气造影显示正常和异位的输尿管。正常的输尿管（A）较窄，其末端在膀胱三角区内呈钩形。异位的输尿管（B）扩张扭曲，并延伸至膀胱颈后方。

肾脏结石的移位可能会导致输尿管阻塞和扩张，但在平片上易被误认为是阻线性的肠道内容物。它们也可能被IVU时（确定其位置）的造影剂所掩盖，或看成充盈缺损。IVU引起的渗透性利尿作用也可能会将结石冲进膀胱。

创伤性输尿管破裂会导致腹膜后腔积尿和/或尿腹，使腹膜后腔和/或腹膜腔细节丢失。IVU检查可见造影剂泄漏；破裂位置可能很难确定，但近端输尿管可能会扩张，随后可能发生肾盂积水。偶尔可能会发现肾周或输尿管旁尿性囊肿（输尿管假囊肿）等后遗症，这是腹膜后腔内渗出的尿液积聚在一个厚的纤维囊中所形成的。通常与同侧的肾盂积水有关。

11.16 输尿管扩张

输尿管扩张在平片上一般不可见，除非扩张很严重；需要进行IVU或超声引导下顺行性肾盂造影来帮助显影（见11.5）。在IVU上可见正常犬的输尿管直径≤3 mm，其大小与犬的体型有关；猫的输尿管非常细。由于阻塞而引起的输尿管扩张称为输尿管积水。

1. 输尿管异位——由于异位的末端狭窄和/或逆行性感染而导致扩张（图11-8）；单侧或双侧。输尿管通常开口于尿道，有时也会开口于阴道或直肠；同时进行膀胱充气造影和/或逆行性(阴道)尿道造影或可精确定位。犬的输尿管通常在膀胱壁内移行直至末端，而猫的输尿管异位通常绕过膀胱。膀胱影像缺失提示双侧输尿管异位，但反之不成立，因为尿液也可从异位的输尿管末端内向前渗漏至膀胱内。同侧的肾脏可能变小和/或不规则，并伴有肾盂积水和肾盂肾炎。
   a. 先天性——雌性动物通常在幼年出现尿失禁，而雄性动物因尿道更长，可能仍正常排尿；雌性比雄性高发，犬比猫常见(尤其多见于金毛寻回猎犬和拉布拉多犬）。
   b. 获得性（子宫卵巢切除术时误将输尿管与子宫残端结扎在一起，导致输尿管阴道瘘）。
2. 逆行性感染（输尿管也可能狭窄和/或缺少蠕动）——也可能存在肾盂肾炎，引起肾盂扩张和充盈缺损 ± 肾脏轮廓不规则。
3. 获得性输尿管阻塞的近端。
   a. 肾脏结石移位。
   b. 输尿管狭窄或阻塞。
      - 结石嵌入后。
      - 创伤后。
      - 肾脏出血或凝血病所致的血凝块。
      - 子宫残端肉芽肿和粘连。
      - 严重的输尿管炎症。
      - 输尿管肿瘤或息肉。

- 医源性，意外结扎（如在子宫卵巢切除术时）。

c. 引起输尿管外部压迫的腹膜后腔或腹膜腔内病变（如膀胱颈病变、子宫残端肉芽肿、前列腺疾病、腹膜后腔疾病）。

4. 输尿管囊肿——在输尿管进入膀胱的位置或其附近的局灶性囊性扩张，通常凸向膀胱腔内；可能由于阻塞而引起输尿管积水。也可能发生于输尿管异位的末端。
5. 输尿管憩室——继发于慢性部分输尿管阻塞的凸向腔外的小囊。也有多个直径≤1mm的小憩室的报道。
6. 先天性输尿管阻塞的近端。

a. 扭转、扭曲、狭窄或闭锁。

b. 输尿管周围血管迷走。

c. 后腔静脉后输尿管。

7. 已有2例犬输尿管重复畸形的报道（1例完全，1例不完全）；在完全输尿管重复畸形的患犬中，一侧输尿管盲端终止于膀胱，且显著扩张并积尿。

11.17 输尿管的正常超声表现

正常的输尿管在超声上一般不可见，但在膀胱三角区处可见其末端呈小的凸起。从输尿管到膀胱的周期性尿流（输尿管射流）可以使用彩色多普勒技术（或者，如果从输尿管进入的尿液比重与膀胱的有显著差异，偶尔也可以不用）或注射呋塞米后来显示。

11.18 输尿管扩张的超声表现

输尿管扩张在输尿管近端（输尿管离开肾脏的位置）或远端（通过膀胱背侧的位置）最为明显。其鉴别诊断见11.16。输尿管异位在某些情况下可以通过缺乏正常的输尿管射流或尿液，或通过扩张的输尿管追踪到尿道来诊断。输尿管囊肿在超声检查时也可以看见。

膀胱

膀胱在侧位片上最容易看到，其轮廓被脂肪衬托出来。膀胱颈位于腹膜后腔内，比靠前的部分更难看到，尤其是当有后肢肌肉重叠时。母犬的膀胱颈位于盆腔入口处或附近；而在未去势公犬，由于前列腺的存在，膀胱颈向前有不同程度的移位。肥胖猫的膀胱可能十分靠前，伴有一条长而细的软组织密度带（即尿道）延伸至耻骨。

11.19 膀胱不显影

1. 技术因素。

a. 后肢肌肉（侧位片）、粪便（VD位）或公犬的包皮（VD位）遮挡。

b. 曝光不足。

2. 浆膜细节差（消瘦或腹水）。
3. 小膀胱。

a. 正常——排尿后，可能部分位于骨盆内。

b. 严重膀胱炎。

c. 双侧输尿管异位。

d. 膀胱发育不全。

4. 因疝或破裂而移位。

a. 会阴疝。

b. 腹股沟疝。

c. 腹壁疝或破裂。

5. 膀胱破裂——游离的腹膜腔积液，浆膜细节丢失；公犬比母犬在创伤或阻塞后更容易破裂，因为其尿道更长和更窄。需要注意的是，膀胱显影并不能排除小的撕裂。也可能存在骨骼和胸部损伤。

11.20 膀胱移位

膀胱移位可能导致尿道嵌闭，通过逆行性尿路造影可以诊断。

1. 向后移位。

a. 会阴疝（常为公犬），可能发生翻转。

b. 短尿道综合征或括约肌机能不全（多为母犬）。

c. 大的腹部肿物。

2. 向腹侧移位。

a. 腹侧腹壁薄弱（肾上腺皮质功能亢进）、破裂或术后开裂。

b. 结肠扩张。

- 便秘或巨结肠。
- 结肠肿物。

c. 严重的腰下淋巴结病或其他肿胀。

d. 子宫或子宫残端增大。

e. 前列腺旁囊肿或非对称性前列腺肥大。

f. 耻骨前肌腱断裂。

g. 腹股沟疝。

3. 向前移位。

a. 在许多猫是正常表现，这是由于腹膜腔内尿道长，有时显影不清。

b. 极度充盈的膀胱，尤其在腹壁薄弱的动物。

c. 前列腺肥大或前列腺旁囊肿。

d. 尿道破裂或撕脱。

e. 肥胖——猫。

4. 向背侧移位。

a. 扩张的降结肠在重力作用下掉至膀胱腹侧。

b. 前列腺旁囊肿或非对称性前列腺肥大。

c. 隐睾。

5. 向侧面移位。

a. 在 VD 位上为正常影像。

b. 扩张的降结肠。

c. 前列腺旁囊肿或非对称性前列腺肥大。

d. 腹股沟疝。

11.21 膀胱大小变化

膀胱大小变化很大，主要取决于尿液产生的速度、最后排尿的时间及排尿困难的程度。经过室内训练的动物可能不会在兽医院范围内排尿，所以在 X 线片上经常可见较大的膀胱。

1. 大膀胱。

a. 正常未排尿，尤其对于多尿动物。

b. 非阻塞性尿潴留。

- 精神性尿潴留。
- 神经功能障碍（如马尾综合征、家族性自主神经异常；荐尾脱位，尤其在猫）。
- 骨骼疾病或损伤导致不愿或不能做出排尿的姿势。
- 慢性扩张后膀胱弛缓。

c. 流出道阻塞。

- 膀胱颈肿瘤（多为移行细胞癌）。
- 卡在膀胱颈的大结石。
- 尿道结石。
- 尿道肿瘤。
- 尿道狭窄。
- 黏膜脱落。
- 前列腺疾病。
- 神经功能障碍（如尿道痉挛）。
- 阴茎段尿道栓子——公猫。

2. 小膀胱。

a. 近期排尿。

b. 少尿或无尿。

c. 膀胱壁较大的撕裂（可见游离的腹膜腔积液）。

d. 输尿管破裂（腹膜后腔和/或腹膜腔积液）。

e. （双侧）输尿管异位。

f. 由于疾病或痉挛导致膀胱无法扩张。

- 严重的膀胱炎（见 11.27.2 和图 11-12）。
- 弥漫性膀胱壁肿瘤。

g. 膀胱发育不良。

11.22 膀胱形状变化

1. 前列腺旁囊肿重叠所致的伪影，或将囊肿误认为是膀胱。
2. 邻近结构的压迫。
3. 膀胱造影时扩张不充分。
4. 部分充盈，膀胱弛缓。
5. 括约肌机能不全——膀胱通常拉长、呈矩形或双叶状。

6. 近期膀胱手术。
7. 弥漫性膀胱肿瘤。
8. 膀胱破裂。
9. 憩室。
   a. 先天性——通常在膀胱顶处，常伴有膀胱炎。
   b. 获得性，由于创伤、流出道阻塞或手术所致。
10. 创伤所致的痉挛。
11. 持久性脐尿管——膀胱顶突出，可能呈开放状态；小动物罕见。

11.23 膀胱密度变化

重叠的物体（小肠和大肠内的高密度物体、乳头和被毛上的脏物）可能会被误认为是膀胱结石。排尿后再次拍片、使用其他体位或同时用可透射性的拍子压迫都有助于区分膀胱内的高密度影像与重叠的结构。

1. 膀胱密度增加。
   a. 重叠的高密度物体。
   b. 高密度结石——在雌性动物通常较大，因为小结石可以随尿液排出；可能伴有膀胱炎；位于膀胱影像的中央。
   c. 肿瘤内营养不良性矿化——任何位置。
   d. 继发于严重膀胱炎的营养不良性矿化——主要在前腹侧。
   e. 弹道。
   f. 猫——结晶碎屑（站立侧位片有助于显示异常的沉积物），但猫的大部分的膀胱碎屑都是透线性的。
2. 膀胱内气体密度。
   a. 因插入导尿管或膀胱穿刺所致的医源性变化——在侧位片上最可能位于中央位置，因为气体会上升到最高点。
   b. 气肿性膀胱炎——产气菌感染，糖尿病动物易发；在膀胱壁和韧带处可见条纹状气体密度（图11–9）；超声检查对于发现膀胱壁内的少量气体比X线更加敏感。

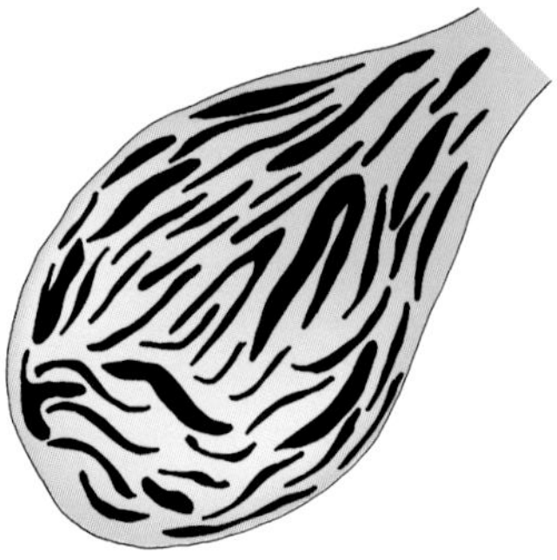

图11–9　气肿性膀胱炎：膀胱区域可见气体密度的条纹。

11.24 膀胱造影检查：技术和正常影像

膀胱造影检查的适应证包括：

- 确定膀胱的位置和完整性。
- 检查后腹部肿物。
- 排尿困难、痛性尿淋漓、排尿时里急后重或尿频。
- 血尿或脓尿。
- 尿潴留。
- 尿失禁。

膀胱造影术可用于显示膀胱的位置、完整性、壁厚、腔内充盈缺损和黏膜细节。根据检查的需要可选择不同的造影技术（如膀胱充气造影用于确定膀胱的位置、阳性造影用于检查小的破裂、双重造影用于检查黏膜细节和透线性结石等）。注射造影剂之后，应拍摄VD位、右侧位和左侧位以及斜位X线片，以显示膀胱壁和膀胱腔的不同区域。

评估膀胱壁的厚度最好采用膀胱充气造影或双重造影。当膀胱适度充盈时，正常膀胱壁的厚度为1 ~ 2 mm。双重造影时，黏膜表面被造影剂勾勒出细薄的边缘，其余的造影剂积聚在中央（在重力区域），形成“造影剂池”，这样膀胱腔内的游离结构即可显示为充盈缺损。需要注意的是，急性膀胱炎可能具有正常的膀胱影像。

准备

- 禁食，去除可能重叠在膀胱上的肠道内容物。
- 灌肠，防止粪便压迫或遮挡膀胱。

- 根据情况选择镇静或麻醉。
- 拍摄侧位和 VD 位平片。
- 放置导尿管并排出尿液，记录排出的尿量（有助于评估可安全注射的造影剂剂量）。

膀胱充气造影

膀胱充气造影有利于显示膀胱的位置和形状；可以显示较大的腔内充盈缺损、附壁肿物和膀胱壁的显著增厚。对黏膜细节、小的充盈缺损和膀胱壁厚度的轻度变化显影较差；小的撕裂可能会被忽视，因为逸出的气体易与肠道内气体混淆。

将患病动物左侧卧，降低肺部明显的气体栓塞的风险。已有关于膀胱过度充气引起致命性气体栓塞的报道，尤其在猫。向膀胱内缓慢注射室内空气，直至腹部触诊时可感觉到膨胀（猫，10 ~ 40 mL；犬，通常为 50 ~ 300 mL，取决于动物体型和所排出的尿量）。也可使用氧气、一氧化二氮或二氧化碳。应尽量避免膀胱膨胀不足或过度膨胀，因为二者都会导致误诊。为了避免曝光过度，mAs 应降低 30%。

膀胱阳性造影

膀胱阳性造影有利于显示膀胱的位置和形状，以及检查造影剂从膀胱或近端尿道的泄漏，但即便如此，也需要在排出造影剂后再次拍片，检查原本可能被掩盖的小的泄漏点。膀胱阳性造影适用于评估膀胱壁的厚度和较大的充盈缺损。对小的充盈缺损显影较差，因为可能会被造影剂“淹没”；对黏膜细节的显影也较差。

向膀胱内缓慢注射含碘造影剂，最好稀释至 100 ~ 150 mg I/mL，以避免由于高渗透性引起的膀胱壁刺激；或者，可以首选非离子型（低渗性）造影剂。膀胱阳性造影可以与逆行性尿道造影结合作为逆行性尿道膀胱造影。为了避免曝光不足，mAs 应增加 30%。

膀胱双重造影

膀胱双重造影可适用于所有的要求；对黏膜细节显影极佳，因为造影剂会附着在炎性和溃疡区域；并可检查小的充盈缺损，因为游离物体会在中央造影剂池中显影。

根据动物体型，向膀胱内缓慢注射 2 ~ 20 mL 的阳性造影剂，然后将动物翻转或按摩膀胱区域，促使造影剂涂布在膀胱壁上，随后再向膀胱内注射空气使其充盈。或者，可以先施行膀胱阳性造影，随后排出过量的造影剂，再向膀胱充气。

经静脉尿路造影的膀胱造影

当无法放置导尿管时，可采用静脉尿路造影显示膀胱。

在施行 IVU 后，阳性造影剂进入膀胱，并与尿液混合。这种方式无法控制膀胱扩张的程度。

11.25 膀胱造影后造影剂反流至输尿管

1. 在未成年动物为正常现象，偶见于正常成年动物。
2. 造影剂受膀胱内高压影响。
   a. 正常膀胱的过度膨胀。
   b. 膀胱扩张不良时的膨胀。
3. 膀胱炎（可能易引起肾盂肾炎）。
4. 膀胱三角区肿瘤。
5. 输尿管移植手术史。
6. 导管意外插入异位的输尿管并注射造影剂。

11.26 膀胱造影显示腔内异常

1. 膀胱充气造影显示腔内异常密度。
   a. 结石——在侧位片上位于膀胱影像的中央。密度不定，且容易曝光过度（使用强光或调节 X 线片灰度来观察）。
   b. 血凝块——轮廓不规则，任何位置（可能附着于膀胱壁上），软组织密度。鉴别诊断为附壁肿物——尝试用生理盐水冲洗膀胱，并再次造影拍片。

c. 膀胱肿瘤——附着于膀胱壁上，通常位于膀胱颈（三角区）的背侧附近；软组织密度（图 11–13）。

d. 息肉——平滑、有蒂、软组织密度。

2. 膀胱双重造影（图 11–10）显示充盈缺损（相对低密度）；阳性造影时，较小的结构被造影剂所掩盖。

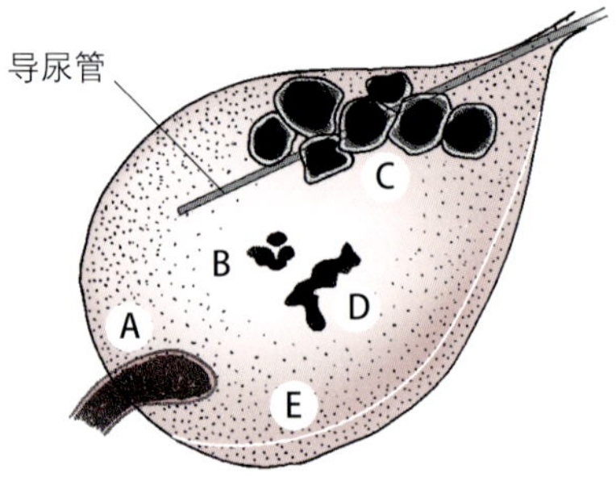

图 11–10　膀胱双重造影显示各种充盈缺损。A，重叠的充气肠道；B，造影剂池中央的结石；C，造影剂池周围的气泡；D，血凝块，位置不定；E，黏膜脱落。气泡是边界最清晰的充盈缺损，结石次之，血凝块轮廓最为模糊。

a. 与充气的肠道重叠或膀胱充盈不良形成的伪影。

b. 气泡——融合形成肥皂泡样外观，在阳性造影时位于膀胱影像的中央（上升至最高点），在膀胱双重造影时位于造影剂池的周围。

c. 结石——在侧位和 VD 位 X 线片上均位于膀胱影像的中央。与造影剂相比呈透线性；可能被大量造影剂所掩盖，所以最好在膀胱双重造影时观察，此时结石位于膀胱造影剂池的中央。

d. 血凝块。

- 小的游离的血凝块可能与结石的影像相似。
- 大的游离的血凝块产生不规则的充盈缺损。
- 黏附在膀胱壁上的血凝块易与肿瘤混淆；在冲洗膀胱时可能会脱落。

e. 黏膜脱落——细的线性充盈缺损或肿物。

- 严重的膀胱炎，尤其在猫。
- 插导尿管时，因技术不当引起的医源性损伤。

f. 与膀胱壁相连部位不可见的膀胱壁肿瘤或息肉。

3. 膀胱腔形状变化。

a. 小和 / 或不规则——充盈不良。

b. 膀胱壁病变（见 11.27）。

c. 憩室（见 11.22.9）；小的位于膀胱顶的膀胱脐尿管憩室可能只有通过膀胱造影才能看见；有时见于膀胱炎，但也可能是偶然发现的（图 11–11）。

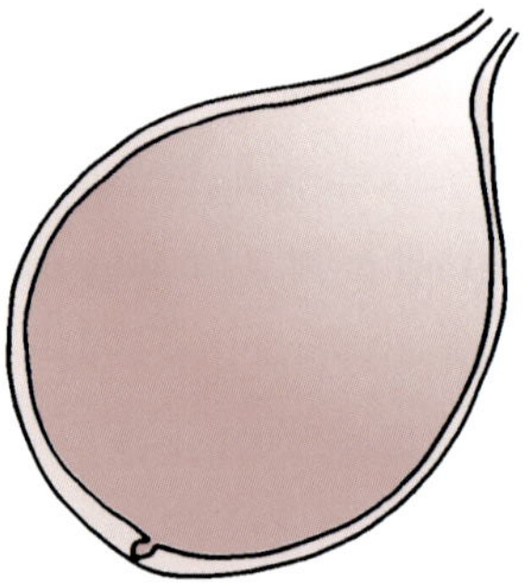

图 11–11　膀胱造影时见到的位于膀胱顶的膀胱脐尿管憩室。邻近的膀胱壁由于慢性膀胱炎而导致增厚。

d. 造影剂泄漏至膀胱壁和腹膜腔。

- 创伤。
- 严重的膀胱炎，尤其在猫。
- 膀胱穿刺后（偶发）。

11.27　膀胱造影显示膀胱壁增厚

膀胱壁增厚在膀胱双重造影下充盈至正常大小时最易看到。但慢性膀胱炎和肿瘤可能导致膀胱的容量下降，所以当尝试使膀胱扩张时需格外注意，尤其是在导尿时仅可排出很少量尿液时。

1. 弥漫性膀胱壁增厚，黏膜表面平滑。

a. 正常，膀胱充盈不足。

b. 伪影——膀胱充气造影前尿液未完全排空，导致大量气泡位于尿液中央上方。

c. 慢性膀胱炎（主要在前腹侧）。

d. 由于慢性尿道阻塞所致肌肉肥大。

e. 弥漫性间质肿瘤——少见。

2. 弥漫性膀胱壁增厚，黏膜表面不规则；可能存在异常的造影剂黏附。

a. 慢性膀胱炎（主要在前腹侧）（图 11-12）——雌性较雄性多见。

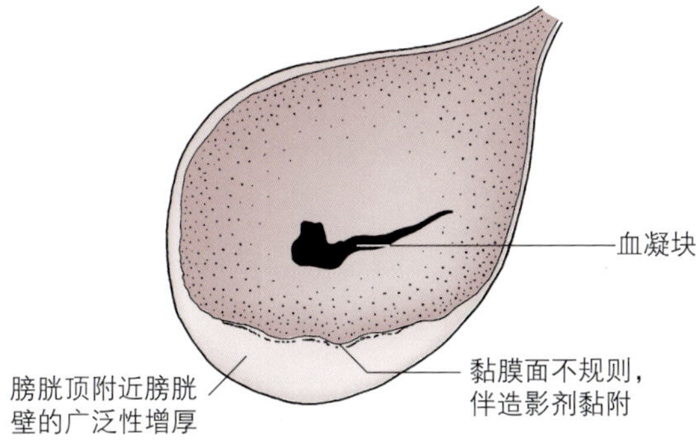

图 11-12 膀胱双重造影显示慢性膀胱炎。

- 特发性膀胱炎；常见于猫，可能引起造影剂在没有膀胱破裂的情况下泄漏至腹膜腔内。
- 感染性。
- 由于膀胱结石所致的机械性刺激。
- 化学刺激。
- 创伤性。
- 气肿性——也可见气体条纹；多见于糖尿病动物。

b. 弥漫性肿瘤——少见。

3. 弥漫性膀胱壁增厚，黏膜表面呈结节状。

a. 伴有血凝块黏附的溃疡性膀胱炎（常见于前腹侧）。

b. 息肉样膀胱炎（前腹侧或广泛性）。

c. 弥漫性肿瘤——少见。

4. 弥漫性膀胱壁增厚，并伴有造影剂进入或穿过膀胱壁。

a. 小的膀胱撕裂。

b. 脐尿管憩室（前腹侧；可能伴有慢性膀胱炎）。

c. 严重的溃疡性膀胱炎。

d. 黏膜脱落。

5. 局灶性膀胱壁增厚。

a. 肿瘤（通常但并非总是位于膀胱颈背侧附近，见图 11-13）；若累及输尿管，可能会引起输尿管积水和肾盂积水。也可见腰下淋巴结病、腰荐骨骼病变、肺转移和肥大性骨病等后遗症。

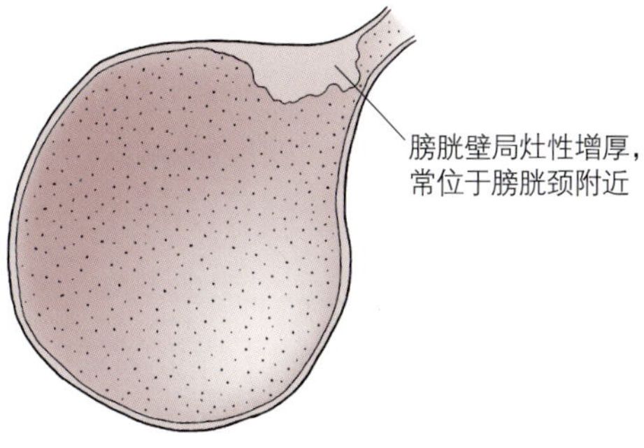

图 11-13 膀胱造影显示膀胱肿瘤。

- 上皮来源更常见（如移行细胞癌、鳞状细胞癌、腺癌、乳头状瘤）；通常表面粗糙，伴造影剂黏附。
- 间质来源少见（如平滑肌瘤、平滑肌肉瘤、横纹肌肉瘤、纤维肉瘤、淋巴瘤、转移性肿瘤）；黏膜表面通常更光滑——横纹肌肉瘤可见于幼年犬。

b. 息肉或息肉样膀胱炎。

c. 肉芽肿。

d. 输尿管囊肿——在膀胱三角区的膀胱壁附近或壁内的输尿管局灶性扩张。

11.28 膀胱的超声检查

理想情况下，超声检查时膀胱内要有尿液，因此在进行超声检查前应避免动物排尿。

膀胱可以从后腹部扫查，公犬在包皮旁进行扫查。应选用高频探头（7.5 MHz），将其置于耻骨前缘，向前平移直至看见膀胱。检查近场膀胱壁时可能需要增距垫。需对膀胱进行纵切面和横断面扫查。必要时，可以改变动物体位，和 / 或从侧面扫查膀胱，以确保充分评估整个膀胱壁和膀胱腔。

向膀胱内注入微气泡生理盐水可诊断膀胱破裂。膀胱周围立即出现含有微气泡的液体可作为膀胱破裂的诊断依据。

11.29 膀胱的正常超声表现

膀胱呈卵圆形或椭圆形，壁薄且光滑。正常的膀胱在完全充盈时，壁厚1～2 mm，而排空时厚度可达5 mm。如果使用高频探头，并且膀胱充盈不足，可以看到膀胱壁的3层结构——高回声的浆膜层、低回声的肌层和高回声的黏膜层——产生双反射线。但是这些分层在膨胀的膀胱一般是分辨不清的。背侧的膀胱壁由于邻近结肠内的气体和粪便的干扰可能难以评估。充盈的结肠压迫背侧膀胱壁时，看起来可能像病变，但从横断面改变扫查方向至纵切面可见这一结构从弧形改变为线形，从而证实其起源为结肠。

11.30 膀胱壁增厚的超声表现

1. 膀胱壁局灶性增厚——可进行超声引导下抽吸或刷活组织检查。
   a. 肿瘤——组织学类型不能仅通过超声表现来确定，但以下的声像特征会提示可能性最大的肿瘤类型。
      - 移行细胞癌——回声混杂的单一或多灶性肿物，形状通常不规则且基部较宽，最常见于膀胱颈处，常发于背侧；通常血供丰富。
      - 平滑肌瘤或平滑肌肉瘤——多为单一的边缘平滑的肿物，回声降低或混杂，可发生于膀胱的任何位置；肿物内一般无多普勒血流信号。
      - 淋巴瘤——质地均匀或不均匀，边缘平滑，可发生于膀胱的任何位置。
   b. 息肉——可能单发或多发；通常边界清晰，基部窄。
   c. 肉芽肿。
   d. 破裂或手术部位瘢痕化和肠系膜粘连。
   e. 结肠压迫背侧膀胱壁所致的伪影。
2. 弥漫性膀胱壁增厚——鉴别诊断见11.27。

11.31 膀胱壁回声性质变化

1. 伪影。
   a. 背侧膀胱壁附近的结肠内气体和粪便的影响。
   b. 邻近膀胱壁的结石或沉积物的影响。
2. 膀胱壁内的气体产生强回声伴混响伪影；动物改变体位时，膀胱壁内回声的位置并不发生改变。
3. 营养不良性矿化也会在膀胱壁内产生固定的强回声，但往往会伴有声影而非混响伪影。
   a. 肿瘤。
   b. 肉芽肿或脓肿。
   c. 环磷酰胺中毒——若动物不排尿，可发生膀胱壁坏死。
4. 膀胱切开术后，缝线可在膀胱壁上产生局灶性的回声。

11.32 膀胱壁内或附近囊性结构的超声表现

1. 独立于膀胱腔。
   a. 输尿管积水（膀胱背侧）。
   b. 输尿管囊肿（膀胱三角区）。
   c. 脐尿管囊肿（膀胱前侧）。
   d. 前列腺或前列腺旁病变（见11.54～11.56和图11–20）。
   e.子宫或阴道病变（见11.46和图11–17）。
2. 从膀胱腔内延伸出——憩室。
   a. 脐尿管（膀胱前腹侧）。
   b. 先天性（膀胱顶或三角区）。
   c. 创伤性（任何位置）。
   d. 输尿管疝。

11.33　膀胱内容物变化的超声表现

为了鉴别腔内重力侧的游离内容物和附壁肿物，可以晃动膀胱，可对动物进行站立位扫查或进行膀胱穿刺，并将部分抽出的尿液推回膀胱内。

1. 无回声尿液内小的散乱的回声。
   a. 伪影——切片厚度伪影或混响伪影。
   b. 沉渣。
      - 血液或细胞碎屑。
      - 结晶物质（可能正常）。
   c. 气泡（通常继发于膀胱穿刺）。
2. 低回声或高回声肿物，无声影。
   a. 血凝块（可能游离于腔内或附着于膀胱壁上）。
   b. 息肉或肿瘤（通常附着于膀胱壁上）。
   c. 黏膜脱落（线形或肿物样）。
3. 高回声肿物，伴声影。
   a. 伪影——充盈的结肠压迫膀胱。
   b. 结石（位于膀胱的重力侧）。
   c. 钙化的附壁肿物。

尿道和阴道

雄性和雌性动物的尿道在平片上是不显影的。在尿道区域可能会见到高密度的结石，尿道远端区域内的矿化结构可能是由双性动物（雌雄同体或假两性体）的阴茎骨残迹所致。在公犬可见阴茎骨；其基部由于存在单独的骨化中心而显得粗糙或呈碎片样，易与尿道结石混淆。有时可见与尿道有关的大的骨盆内肿物使直肠移位，但还需造影检查进一步评估尿道。

11.34　尿道和阴道造影检查：技术和正常影像

尿道造影检查的适应证包括：

- 尿失禁（评估输尿管异位和尿道长度）。
- 尿潴留。
- 痛性尿淋漓、排尿困难、排尿时里急后重、血尿，以及外阴或阴茎出血。
- 怀疑前列腺疾病。
- 检查骨盆内和后腹部肿物。
- 怀疑前庭和阴道病变。
- 检查双性动物。
- 骨盆创伤后。

逆行性尿道造影（雄性）和逆行性阴道尿道造影（雌性）可用于检查尿道，使用造影剂量较多时也可使膀胱显影（逆行性尿道膀胱造影）。

雄性动物的尿道呈边界平滑的管状结构，偶尔会因蠕动导致对称性狭窄（图 11–14A）。公犬的前列腺段尿道通常比其他段尿道直径更宽，且稍位于前列腺中央的背侧。母犬的尿道看起来非常窄，其前庭和阴道呈纺锤形，末端止于勺形的子宫颈处（未绝育和已绝育母犬均是如此）（图 11–14B）。已绝育母犬的阴道可能比未绝育母犬的短。人工挤压膀胱进行排尿性尿道造影也是可行的，但会对操作人员产生辐射危害。

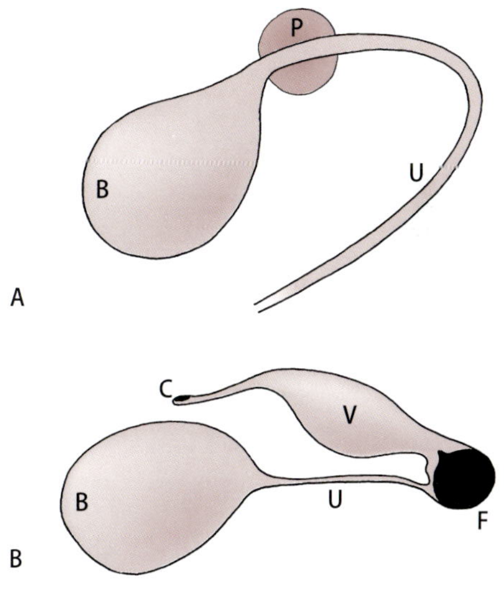

图 11–14　图 A 显示正常的逆行性尿道造影：公犬（B，膀胱；P，前列腺；U，尿道）。图 B 显示正常的逆行性阴道尿道造影：母犬（B，膀胱；C，子宫颈；F，Foley 导尿管的球囊；U，尿道；V，阴道）。

准备

- 灌肠，排空直肠和远端结肠内的粪便。
- 膀胱适当充盈尿液或造影剂，从而产生轻度的回流阻力，促使尿道扩张（在猫的下泌尿道疾病中，逆行性尿道造影应在导尿之前施行）。

- 根据情况选择镇静或麻醉。
- 倾斜台面使动物头部抬高，可增加腹部对尿道的压力，从而有利于尿道充盈。
- 拍摄侧位和VD位平片：在侧位片上注意勿将骨盆底部错认为是尿道，所以比较造影前后的X线片十分重要。
- 预先用造影剂充满导尿管，避免在注射过程中注入气泡。

逆行性尿道造影（雄性）

将导尿管置于尿道可疑区域远端。在造影剂注射过程中用软夹闭塞尿道口，或使用球囊导尿管。以大约1 mL/kg体重的剂量率注射含碘造影剂（单独使用或与等量的K-Y凝胶混合）。造影时不要使用气体，因为气体偶尔会进入阴茎海绵体内。在注射完造影剂后应尽快曝光，同时注意操作人员的辐射安全。

在公犬的侧位片上，不同部位的尿道可能需要不同的摆位、投照中心和曝光条件。VD斜位片可避免阴茎段和前列腺段尿道的重叠。

逆行性阴道尿道造影（雌性）

母犬造影时，可以将标准导尿管或Foley导尿管插入阴唇之间，并用软夹固定。如果使用Foley导尿管，将球囊远端的导尿管尖端剪断，以防其进入阴道并阻塞尿道，随后将球囊充气。母猫可能无法使用Foley导尿管。另一种操作方法是在导管从膀胱撤出时注射造影剂。

然后，小心地注射1 mL/kg体重的含碘造影剂（已有粗毛柯利犬和喜乐蒂牧羊犬阴道破裂的报道）。对于处于发情期和患有子宫积脓的母犬，可能需要较大剂量的造影剂。拍摄侧位片和VD斜位片。

对于阴道肿物和阴道狭窄，仅使用气体造影可能就足够了（阴道气体造影）。

11.35　（阴道）尿道造影的异常影像

1. 尿道较短或缺失，伴膀胱颈向后移位。
   a. 括约肌机能不全，但X线片也可能正常，这是一种功能性疾病，不能通过X线片来诊断：X线片主要用于排查尿失禁的动物是否有输尿管异位，大部分可自主排尿的母犬的膀胱颈位于耻骨边缘处或前方，而在括约肌机能不全的母犬，膀胱颈更靠后。
   b. 尿道发育不全。
   c. 双性动物（如共用阴道和尿道）。
2. 尿道充盈缺损。
   a. 意外将气泡注入尿道内（不会扩张尿道腔，在尿道内自由上行进入膀胱）。
   b. 结石（可能扩张尿道）——更常见于雄性动物；常位于坐骨弓或阴茎后段尿道处（后者易与骨化中心混淆）。
   c. 血凝块。
   d. 公猫尿道栓塞。
   e. 尿道肿瘤——更常见于母犬，猫罕见；多为移行细胞癌，但也有其他类型肿瘤的报道。也可能累及膀胱颈。如果肿物来源于骨盆内尿道，则可能引起直肠上抬。
3. 尿道狭窄——可能伴有尿潴留。
   a. 蠕动波或扩张不足形成的伪像——重复拍片以确定病变是否持续存在。
   b. 结石嵌顿史。
   c. 手术或创伤史。
   d. 前列腺疾病，尤其是肿瘤。
   e. 尿道或尿道周围肿瘤。
   f. 严重的尿道炎。
4. 尿道黏膜表面不规则。
   a. 尿道或前列腺肿瘤（图11-15）。
   b. 严重的尿道炎。
5. 尿道移位。
   a. 邻近的或环绕的肿物。
   b. 伴有膀胱移位的会阴疝或腹股沟疝。

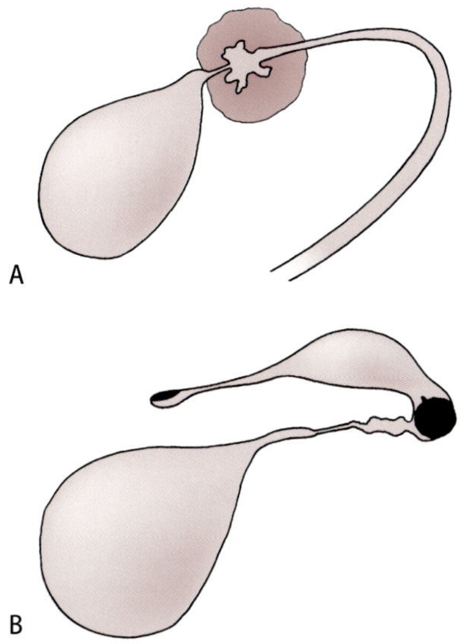

图 11-15 图 A 显示逆行性尿道造影显示前列腺肿瘤：造影剂外渗、尿道狭窄和前列腺轮廓不规则（与图 11-14A 比较）。图 B 显示逆行性阴道尿道造影显示尿道肿瘤：尿道狭窄和不规则（与图 11-14B 比较）。

c. 非对称性前列腺疾病。
- 前列腺潴留囊肿。
- 前列腺脓肿。
- 前列腺肿瘤。

6. 造影剂外渗或延伸至尿道外。

a. 正常——公犬可见少量造影剂外渗至前列腺小管。

b. 伪影——造影剂泄漏至被毛上。

c. 造影剂偶尔可能进入子宫角，尤其在发情期时；鉴别诊断为输尿管异位。

d. 尿道切开术或尿道造口术。

e. 尿道破裂。
- 创伤。
- 插管技术不当导致医源性损伤。

f. 尿道瘘，通常进入直肠或阴道。
- 先天性。
- 获得性。

g. 前列腺疾病。
- 囊性增生。
- 囊性前列腺炎。
- 前列腺肿瘤。
- 前列腺脓肿。

h. 尿道重复畸形 ± 囊肿形成。

i. 在双性犬，进入残留的缪勒氏管腔中。

7. 阴道异常。

a. 先天性。
- 阴道前庭狭窄。
- 狭窄。
- 部分或完全发育不全。
- 永存处女膜。
- 继发性的阴道囊（阴道憩室、双阴道）。
- 阴道囊肿。
- 双性动物的结构异常。

b. 充盈缺损。
- 囊肿。
- 息肉。
- 肿瘤——各种类型，良性或恶性；平滑肌瘤最常见。

c. 输尿管异位进入阴道。

d. 膨胀性差或黏膜不规则。
- 阴道炎。
- 阴道肿瘤。

e. 阴道肿大——可能形成骨盆内或后腹部软组织肿物。
- 增生。
- 雌二醇治疗。
- 肿瘤。
- 阴道积液——由于先天性阴道阻塞导致子宫和阴道分泌物积聚。
- 继发性的阴道囊。

f. 造影剂泄漏。
- 阴道破裂——可能为逆行性阴道尿道造影时造成的医源性损伤。
- 子宫卵巢切除术后形成的阴道腹膜瘘——可能为偶然发现。

11.36 尿道和阴道的超声检查

骨盆内尿道的超声显影有限，除非使用高频的直肠或阴道探头。从腹部扫查可以看到公犬的前列腺段尿道。位于坐骨弓远端的公犬尿道可以经皮扫查。

阴道同样也无法通过超声进行检查。大的阴道肿物可能会在后腹部膀胱背侧扫查到。

雌性生殖道

卵巢

正常的卵巢在X线片上是不显影的。卵巢肿物通常位于同侧肾脏的后方，但位于腹膜腔内，如果肿物较大，可能会向腹侧移位。

11.37 卵巢增大

关于卵巢肿物的X线征象，见9.39.7。

1. 与其他中腹部肿物混淆——采用造影技术或超声检查进一步评估。
   a. 重叠影像——拍摄正交体位X线片。
   b. 肾脏增大。
   c. 淋巴结增大。
   d. 小肠肿物。
2. 卵巢肿瘤——也可能存在腹膜腔积液。
   a. 粒层细胞瘤。
   b. 畸胎瘤——可能含有矿化物质。
   c. 无性细胞瘤。
   d. 腺瘤或腺癌。
   e. 转移瘤。
   f. 其他。
3. 卵巢囊肿或囊腺瘤——可能产生钙化边缘。
4. 卵巢囊脓肿——可能伴有腹膜炎。

11.38 卵巢的超声检查

动物仰卧或侧卧。使用高频探头（7.5MHz）分别找到每侧肾脏。然后扫查每侧肾脏后极的后腹侧区域。卵巢在乏情期可能很难扫查。

11.39 卵巢的正常超声表现

在乏情期，卵巢呈平滑的圆形结构，与周围脂肪相比，呈均匀的低回声。在发情前期，卵巢内可见多个卵泡；这些卵泡呈壁薄的无回声结构。在发情期和发情间期，卵泡退化和黄体发育，但未成熟的黄体与卵泡的超声表现十分相似。成熟的黄体呈卵圆形，且为低回声。

11.40 卵巢的异常超声表现

1. 圆形病灶、内容物呈无回声、壁薄——良性囊肿。可能单发或多发，单侧或双侧。
   a. 非功能性。
   b. 功能性。
2. 圆形病灶、内容物呈低回声、壁厚且不规则。
   a. 伴有囊性组织的肿瘤。
   b. 血性囊肿。
   c. 脓肿。
3. 高回声病灶（± 声影）。
   a. 含有脂肪、骨骼或牙齿的畸胎瘤。
   b. 营养不良性矿化（其他肿瘤）。
4. 实质性肿物，回声各异。
   a. 肿瘤。

子宫

正常的未怀孕的子宫在X线片上不显影，但在特别肥胖的动物，脂肪可能会衬托出其轮廓。轻度的子宫增大在降结肠腹侧和膀胱颈背侧可显示为软组织密度的管状结构；在膀胱前侧，子宫角看起来像积液的小肠。当子宫角增大超过小肠直径时，可在膀胱前侧看到盘绕的软组织结构。在VD位上，增大的子宫可能会产生肾脏形状的影像（额外肾征象）。

11.41 子宫增大

1. 广泛性子宫增大（图11-16）。
   a. 将积液的小肠误认为子宫。
   b. 正常，胎儿矿化之前的怀孕子宫（猫孕龄 < 35天，犬孕龄 < 41天）。妊娠中期可能呈分叶状。

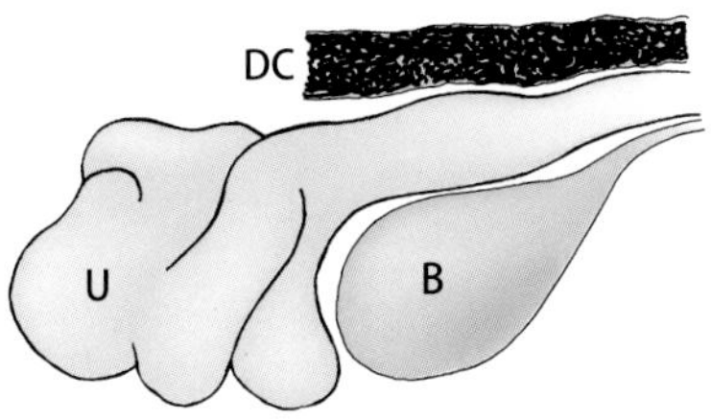

图 11–16　子宫增大：降结肠和膀胱被软组织脏器分开，并在膀胱前继续延伸。B，膀胱；DC，降结肠；U，子宫。

c. 正常的产后子宫——分娩后至少 1 周内可见复旧的子宫影像。

d. 子宫积脓——最常见的引起病理性广泛性子宫增大的原因。

e. 子宫积血。

f. 子宫积水或子宫积黏液。

- 继发于子宫肿瘤或子宫内膜增生。
- 阻塞性——缺乏子宫颈内口。

g. 子宫扭转——怀孕子宫或其他子宫扩张（如子宫积血）。

2. 局灶性子宫增大。

a. 胎数体型小。

b. 妊娠中期，胎儿骨化之前。

c. 一侧子宫角的子宫积脓或疝入腹股沟内（子宫疝）。

d. 子宫残端积脓或肉芽肿——膀胱颈背侧或前背侧的肿物病变。

e. 子宫肿瘤。

- 平滑肌（肉）瘤，尤其见于伴有肾脏遗传性多灶性囊腺瘤或囊腺癌和结节性皮肤纤维变性的德国牧羊犬。
- 腺癌。
- 纤维腺瘤。
- 脂肪瘤。
- 其他。

f. 子宫内膜异位症——子宫腺增大、异位。

g. 子宫扭转——单侧子宫角。

11.42　子宫密度变化

猫在怀孕 35 天左右和犬在怀孕 41 天左右可检查到胎儿的矿化。胎儿矿化在侧位片上更容易发现，因为在 VD 位片上，脊柱与部分腹部重叠。在怀孕后期，骨骼密度逐渐升高——颅骨、椎骨和长骨是最明显的。在分娩前可见到爪部骨骼的矿化。评估胎儿数量最好的方式是计算颅骨的数量。

1. 子宫密度增加——矿化。

a. 胃肠道内摄入的鸟类、啮齿类、胎儿或其他异物矿化所形成的伪影。

b. 怀孕后期。

c. 胎儿木乃伊化，尤其见于异位妊娠——卷曲且致密的胎儿骨骼残迹。

2. 子宫密度降低——气体。

a. 重叠的胃肠道内气体所形成的伪影。

b. 胎儿死亡——胎儿心腔或颅腔内的气体。

c. 气肿性子宫积脓（子宫积气）——由于子宫炎和 / 或胎儿死亡所致的子宫积气；鉴别诊断为肠梗阻——通过胃肠道造影排除。

11.43　难产和死胎的 X 线征象

X 线检查可用于评估胎儿数量、比较胎儿大小与骨盆口直径、胎位与骨盆腔的关系以及骨盆腔的形状与大小。活的胎儿通常呈正常伸展或半屈曲姿势。超声检查可用于评估胎儿窘迫或早期死胎，因为此时的 X 线征象是正常的。

1. 胎儿体型过大——单胎或胎数太少会导致胎儿体型较大，更容易导致难产。

2. 胎位不正（如胎儿位于骨盆入口处，但头部或四肢在后）。

3. 母体性难产。

a. 宫缩乏力——胎儿正常，但并不靠近骨盆入口处。

b. 生理性阻塞（如骨盆腔较小或骨盆骨折畸形愈合）。

4. 死胎。

a. 胎儿或子宫积气。

b. 胎儿姿势异常（如过度伸展）。

c. 胎儿崩解。

d. 颅骨重叠——斯波尔丁征。

e. 胎儿骨骼去矿化。

f. 木乃伊化——胎儿致密、压缩。

11.44 子宫的超声检查

子宫颈和子宫体位于膀胱背侧和降结肠腹侧。位于膀胱前的子宫角通常不可见，除非存在扩张；子宫角直径通常 < 1 cm，并位于小肠和肠系膜脂肪之间。

11.45 子宫的正常超声表现

正常的非怀孕子宫是呈低回声的管状结构，在子宫颈处局灶性增厚。在发情前期、发情期和发情间期，在子宫中央可能会见到明显的产回声线。

在怀孕期间，子宫在几天内开始增大。但这是由于激素变化而导致的非特异性结果。只有看到孕囊（包含被胎水和胎膜围绕的胎儿）时才能确定怀孕——在最后一次配种后 20 ~ 25 天，有时可能更早。胎心搏动和全身性的胎动提示胎儿有活力。随着妊娠的发展，胎儿逐渐生长，器官开始分化以及出现明显的胎儿骨骼矿化。在分娩后 3 ~ 4 周内仍能检查到复旧的子宫。

11.46 子宫内容物的超声表现

1. 无回声的子宫内容物（液体）。
   a. 怀孕早期（配种后 10 ~ 20 天，胎儿尚不可见）。
   b. 子宫积脓。
   c. 子宫积血。
   d. 子宫积水或子宫积黏液。
2. 低回声的子宫内容物（含有不定量漩涡状回声的液体）。
   a. 子宫积脓（图 11–17）。
   b. 子宫积血。
   c. 子宫积黏液。

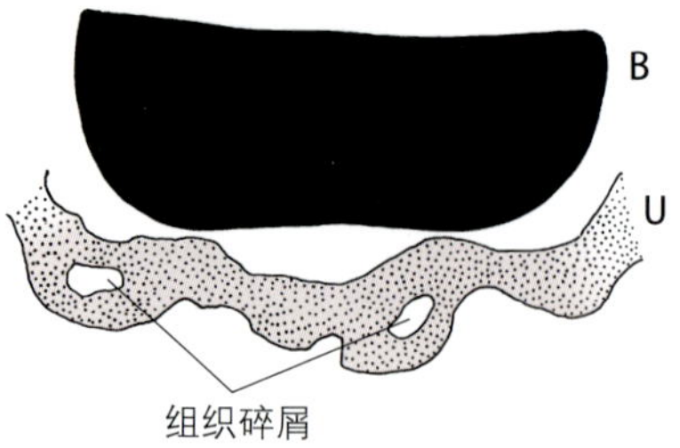

图 11–17 子宫积脓的超声表现：无回声膀胱远场的低回声管状结构。B，膀胱；U，子宫。

3. 子宫内容物回声混杂。
   a. 正常妊娠（可见被液体包围的清晰的胎儿结构，并伴有胎心搏动）。
   b. 死胎（由于崩解或木乃伊化，胎儿结构逐渐不清楚，无胎心搏动）。
   c. 子宫积脓（含有无定形碎屑的液体）。
   d. 产后子宫（含有无定形碎屑的液体）。

11.47 子宫壁增厚的超声表现

1. 子宫壁广泛性增厚。
   a. 怀孕早期。
   b. 产后。
   c. 子宫内膜炎或子宫内膜囊性增生（可能不均质；可见多个小的囊肿）。
2. 子宫壁局灶性增厚——可能与周围子宫壁呈等回声或混杂回声；可能含有囊性病灶。
   a. 子宫肿瘤。
   b. 子宫肉芽肿或脓肿。

雄性生殖道

前列腺

雄性生殖系统的 X 线检查仅限于公犬的前列腺和睾丸。猫的前列腺非常小，且前列腺疾病很少见。前列腺位于膀胱颈后方的腹膜后腔的后侧和降结肠的腹侧，通常是呈平滑的圆形双叶状结构，并对称性环绕尿道。随着前列腺的增大，会使膀胱向前移位，而且大部分位于骨盆边缘的前面。前列腺的大小不定，与年龄、品种、存在前列腺疾病，以及良性增生（从中年起开始发生）等有关。前列腺在VD位片上显影较差，因此最好在侧位片上评估。X线检查对于准确诊断前列腺疾病并不敏感，因为不同的疾病可以产生相似改变（如体积增加）或可能同时存在。前列腺疾病可以使用逆行性尿道造影来进一步检查，以评估前列腺段尿道的位置、直径和完整性（见11.33，11.34和图11–1，图11–14）。前列腺的超声检查通常可提供更多的信息，并能够引导抽吸或活检。

11.48　前列腺位置变化

1. 前列腺前缘向前移位。
   - a. 充盈的膀胱。
   - b. 腹侧腹壁薄弱（如肾上腺皮质功能亢进）、破裂或术后开裂。
   - c. 前列腺肥大（见11.49.2）。
2. 前列腺向后移位。
   - a. 去势公犬的前列腺较小且常位于骨盆内（通常不可见）。
   - b. 会阴疝。

11.49　前列腺大小变化

前列腺的大小在侧位片上可以通过比较前列腺前后径与骨盆入口处直径（荐椎前腹侧缘和耻骨前边界或岬部之间的距离）来评估。正常未去势公犬的前列腺前后径不应超过骨盆入口处直径的70%（图11–18）。前列腺的大小逐渐增加至中年，随后又减小。严重的前列腺增大可能压迫降结肠，导致排便里急后重和便秘，也可能引起慢性的排尿困难和尿潴留。

1. 正常大小。
   - a. 正常前列腺。
   - b. 已去势公犬的异常增大。
   - c. 肿瘤——可能没有明显的前列腺增大。
   - d. 前列腺炎。
2. 前列腺增大。

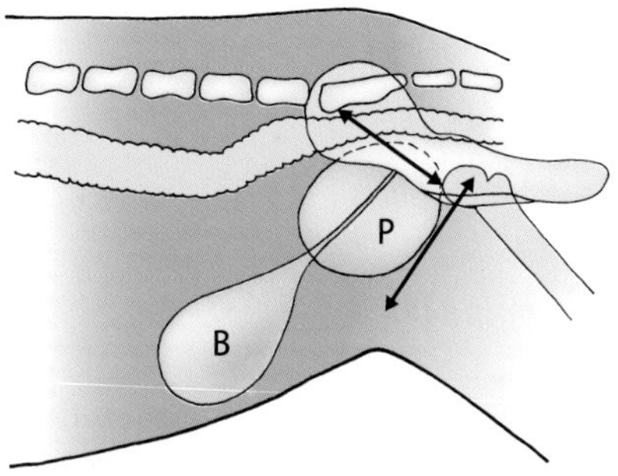

图11–18　前列腺大小的测量。前列腺的前后径不应超过骨盆入口处直径的70%。图中所示为前列腺增大，造成膀胱向前移位、结肠向背侧移位。B，膀胱；P，前列腺。

   - a. 大小正常，但由于膀胱充盈或腹壁薄弱导致向前移位。
   - b. 良性前列腺增生——平滑、对称性环绕尿道，仍呈双叶状；常见于中年的未去势公犬。
   - c. 鳞状化生——平滑和对称；与产生雌激素的睾丸肿瘤或注射雌激素有关。
   - d. 前列腺炎——不规则，边界不清晰 ± 后腹部腹膜炎。
   - e. 大的前列腺内囊肿——可能不对称。
   - f. 前列腺脓肿——可能不对称。
   - g. 前列腺肿瘤——老年未去势或已去势公犬；可能不对称，并侵袭至膀胱；引起前列腺段尿道狭窄最常见的原因；可能会见到后段腰椎、荐椎、尾根部和骨盆等处的骨膜新骨生成（见5.4.3和图5–7）、肺和骨骼的转移。
     - 腺癌。
     - 膀胱移行细胞癌的扩散。
     - 其他类型的肿瘤不常见。
3. 前列腺小或不显影。
   - a. 拍摄技术不良（如后肢未向后拉得足够远）。
   - b. 正常。
     - 幼年犬——前列腺小且位于骨盆内。
     - 去势公犬。
     - 老年未去势公犬——萎缩。
     - 消瘦——缺少脂肪衬托。

c. 向后移位。
  ▪ 会阴疝。

d. 慢性前列腺炎。

11.50 前列腺形状和轮廓改变

良性增生和鳞状化生的前列腺仍结构对称且轮廓平滑。

1. 前列腺不对称。
   a. 前列腺脓肿。
   b. 前列腺肿瘤。
   c. 大的前列腺内囊肿。
   d. 前列腺旁囊肿——缪勒氏管的囊性残迹（雄性子宫）或源自前列腺潴留性囊肿或肿瘤；单发或多发，可能钙化。如果没有膀胱造影或超声检查，可能难以区分大的前列腺旁囊肿和膀胱（图 11–19）。

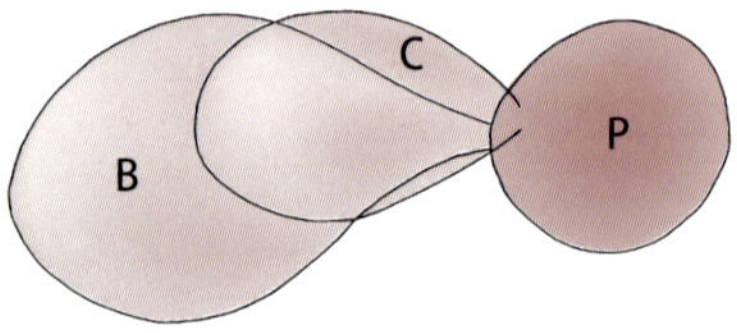

图 11–19 前列腺旁囊肿："额外膀胱"征象。B，膀胱；C，前列腺旁囊肿；P，前列腺。

2. 前列腺边缘不规则或不清晰；后者可能是由周围炎症所致。
   a. 前列腺炎。
   b. 前列腺脓肿（可能破裂）。
   c. 大的前列腺内囊肿。
   d. 前列腺肿瘤。

11.51 前列腺密度变化

1. 前列腺密度增加——矿化。
   a. 蛋壳样边缘密度。
      ▪ 前列腺旁囊肿（可能位于腹膜腔内、骨盆内或会阴部）。
      ▪ 消退的脓肿。
   b. 不规则的矿化斑块或结节。
      ▪ 肿瘤导致的营养不良性矿化；已去势公犬的前列腺矿化很有可能是前列腺肿瘤。
      ▪ 部分前列腺旁囊肿，包括矿化的蒂。
      ▪ 严重的慢性前列腺炎。
      ▪ 前列腺结石——可能为偶然发现。
2. 前列腺密度降低——气体。
   a. 正常——膀胱充气造影过程中医源性的空气反流至前列腺小管。
   b. 囊性前列腺炎。
   c. 脓肿。
   d. 前列腺肿瘤时膀胱充气造影。

11.52 前列腺的超声检查

动物无须特殊准备，但在检查前最好可以排空粪便。将高频探头（7.5 MHz，大型犬选用5 MHz）放在耻骨前包皮的一侧定位膀胱。找到膀胱颈后，探头向后移动确定前列腺。如果前列腺很小或位于骨盆内，用戴手套的手指经直肠将前列腺轻轻地向前推动可能会有助于扫查。前列腺需要做纵切面和横断面扫查，以确保完整地评估前列腺。

如果有合适的探头，可经直肠对前列腺进行扫查。

11.53 前列腺的正常超声表现

正常犬的前列腺轮廓平滑，呈卵圆形或双叶状。前列腺实质呈中等回声，质地呈均匀的颗粒状。中央可能会看到线状回声，为门区回声。前列腺段尿道的扩张仅见于镇静或麻醉的动物，或者远端尿道阻塞时。

关于前列腺大小变化的鉴别诊断，请参见11.49。

11.54 前列腺局灶性实质变化的超声表现

1. 无回声内容物，壁薄且光滑。
   a. 前列腺囊肿。
      ▪ 直径＜1 cm被认为是正常的，可见于良性增生。
- 前列腺潴留性囊肿。
- 与鳞状化生有关系的囊肿。

b. 血囊肿。
c. 脓肿。

2. 无回声或低回声内容物，壁厚且不规则。
   a. 脓肿。
   b. 伴有中心坏死或囊性结构的肿瘤。
3. 低回声结节。
   a. 肿瘤——就诊时通常已累及大部分或全部的前列腺实质。
4. 高回声灶。
   a. 前列腺结石。
   b. 局灶性钙化（见 11.51.1）。
   c. 腔性病灶内气体。
   - 脓肿。
   - 坏死性肿瘤。
   - 囊肿。

11.55 前列腺弥散性实质变化的超声表现

1. 回声和质地正常。
   a. 正常前列腺。
   b. 良性前列腺增生。
   c. 鳞状化生。
2. 回声增强，质地均匀。
   a. 良性前列腺增生。
   b. 鳞状化生。
3. 回声增强，质地不均。
   a. 慢性细菌性前列腺炎。
   b. 肉芽肿性前列腺炎（芽生菌病*、隐球菌病*）。
   c. 肿瘤（可能含有局灶性矿化，产生声影）。
4. 回声降低，质地不均。
   a. 急性炎症或脓肿。
   b. 肿瘤（少见）；前列腺淋巴瘤罕见，但已有多灶性边界不清的低回声结节的报道。

11.56 前列腺旁病变的超声表现

1. 前列腺旁囊肿——可能为单纯的囊肿或复杂的分隔样结构（图 11-20）。可能呈多灶性，并且难以与充盈的膀胱区分。囊肿壁不同程度的矿化可能会产生声影。可能同时存在良性或恶性的前列腺疾病。
2. 隐睾（可能肿瘤化或扭转）。
3. 其他后腹部肿物（见 9.40）。

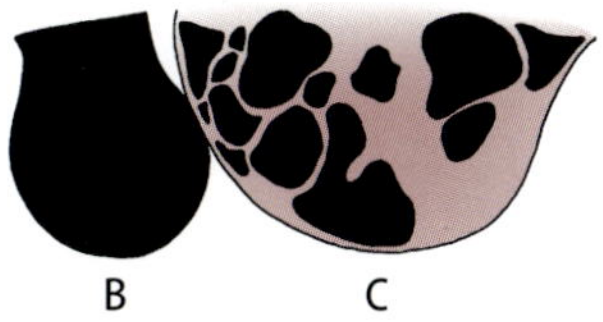

图 11-20 前列腺旁囊肿的超声表现。通常可见内部分隔，伴有不定量的实质组织。B，膀胱；C，前列腺旁囊肿。

睾丸

11.57 睾丸的超声检查

正常睾丸位于阴囊内，所以可将高频探头直接放在阴囊皮肤上扫查。如果一侧睾丸未完全下降，那么就需要从腹股沟区域开始搜寻，并向前扫至腹膜腔。如果睾丸位于腹膜腔内，最可能位于膀胱附近，但也可能位于肾脏与膀胱之间的任何位置。

11.58 睾丸的正常超声表现

正常犬的睾丸是平滑的圆形结构，呈中等回声，质地均匀呈颗粒样。睾丸中央可见线性回声结构，即睾丸纵隔。附睾位于睾丸的头部和尾部，回声较低且质地更为粗糙。

11.59 睾丸异常的超声表现

1. 局灶性实质异常。
   a. 肿瘤（间质细胞瘤、支持细胞瘤、精原细胞瘤）——可能单发或多发，回声不定。非常大的病灶常常具有复杂的表现。腹膜腔内的睾丸更有可能肿瘤化。

b. 脓肿——无回声或低回声内容物，壁不规则。

c. 梗死——高回声、楔形。

2. 弥散性实质异常。

a. 睾丸炎——斑驳状的低回声表现，常伴有附睾炎。

b. 扭转——广泛性低回声，并发附睾增大；多普勒血流信号减少。

c. 萎缩——低回声或等回声。

- 老年性。
- 对侧睾丸肿瘤。

11.60 睾丸旁异常的超声表现

1. 附睾增大。

a. 附睾炎。

b. 扭转。

2. 阴囊内容物异常。

a. 阴囊疝（回声混杂，通常由于气体而伴有声影或混响伪影）。

b. 出血（常为无回声）。

- 创伤。
- 腹膜腔或腹膜后腔出血延伸至阴囊（见9.6.1和9.9.2）。

延伸阅读

General

[1] Baines, E., 2005. Practical contrast radiography 3. Urogenital studies. In Pract. 27, 466–473.

[2] Hotston Moore, A., 2001. Urinary incontinence in adult bitches 1. Investigation. In Pract. 23, 534–540.

[3] Hotston Moore, A., 2001. Urinary incontinence in adult bitches 2. Differential diagnosis and treatment. In Pract. 23, 588–595.

[4] Johnston, G.R., Walter, P.S., Feeney, D.A., 1986. Radiographic and ultrasonographic features of uroliths and other urinary tract fillings defects. Vet. Clin. North Am. Small Anim. Pract. 16, 261–292.

[5] Lamb, C.R., 1990. Abdominal ultrasonography in small animals: intestinal tract and mesentery, kidneys, adrenal glands, uterus and prostate (review). J. Small Anim. Pract. 31, 295–304.

[6] Pugh, C.R., Rhodes, W.H., Biery, D. N., 1993. Contrast studies of the urogenital system. Vet. Clin. North Am. Small Anim. Pract. 23, 281–306.

[7] Silverman, S., Long, C.D., 2000. The diagnosis of urinary incontinence and abnormal urination in dogs and cats. Vet. Clin. North Am. Small Anim. Pract. 30, 427–448.

[8] Webster, N., 2009. Ultrasonography of the urogenital tract in dogs and cats. In Pract. 31, 210–217.

Kidneys

[9] Allworth, M.S., Hoffmann, K.L., 1999. Crossed renal ectopia with fusion in a cat. Vet. Radiol. Ultrasound 40, 357–360.

[10] Barr, F.J., 1990. Evaluation of ultrasound as a method of assessing renal size in the dog. J. Small Anim. Pract. 31, 174–179.

[11] Barr, F.J., Holt, P.E., Gibbs, C., 1990. Ultrasonographic measurement of normal renal parameters. J. Small Anim. Pract. 31, 180–184.

[12] Beraud, R., Carozzo, C., 2007. Perirenal expanding haematoma in a cat. J. Small Anim. Pract. 48, 43–45.

[13] Biller, D.S., Schenkman, D.I., Bortnoski, H., 1991. Ultrasonographic appearance of renal infarcts in a dog. J. Am. Anim. Hosp. Assoc. 27, 370–372.

[14] Biller, D.S., Bradley, G.A., Partington, B.P., 1992. Renal medullary rim sign: ultrasonographic evidence of renal disease. Vet. Radiol. 33, 286–290.

[15] Castellano, M.C., Idiart, J.R., 2005. Multifocal renal cystadenocarcinoma and nodular dermatofibrosis in dogs. Compendium on Continuing Education for the Practicing Veterinarian (Small Animal) 27, 846–853.

[16] Felkai, C.S., Voros, K., Vrabely, T., Karsai, F., 1992. Ultrasonographic determination of renal volume in the dog. Vet. Radiol. Ultrasound 33, 292–296.

[17] Forrest, L.J., O'Brien, R.T., Tremelling, M.S., Steinberg, H., Cooley, A.J., Kerlin, R.L., 1998. Sonographic renal findings in 20 dogs with leptospirosis. Vet. Radiol. Ultrasound 39, 337–340.

[18] Grandage, J., 1975. Some effects of posture on the radiographic appearance of the kidneys of the dog. J. Am. Vet. Med. Assoc. 166, 165–166.

[19] Grooters, A.M., Cuypers, M.D., Partington, B.P., Williams, J., Pechman, R.D., 1997. Renomegaly in dogs

and cats. Part II. Diagnostic approach. Compendium on Continuing Education for the Practicing Veterinarian (Small Animal) 19, 1213–1229.

[20] Holloway, A., O'Brien, R., 2007. Perirenal effusion in dogs and cats with acute renal failure. Vet. Radiol. Ultrasound 48, 574–579.

[21] Katic, N., Bartolomaeus, E., Bo¨ hler, A., Dupre´, G., 2997. Traumatic diaphragmatic rupture in a cat with partial kidney displacement into the thorax. J. Small Anim. Pract. 48, 705–708.

[22] Konde, L.J., Wrigley, R.H., Park, R.D., Lebel, J.L., 1984. Ultrasonographic anatomy of the normal canine kidney. Vet. Radiol. 25, 173–178.

[23] Mareschal, A., d'Anjou, M.A., Moreau, K., Alexander, K., Beauregard, G., 2007. Ultrasonographic measurement of kidney-to-aorta ratio as a method of estimating renal size in dogs. Vet. Radiol. Ultrasound 48, 434–438.

[24] Marolf, A., Kraft, S., Lowry, J., Pelsue, J., Veir, J., 2002. Radiographic diagnosis – right kidney herniation in a cat. Vet. Radiol. Ultrasound 43, 237–240.

[25] Moe, L., Lium, B., 1997. Hereditary multifocal renal cystadenocarcinomas and nodular dermatofibrosis in 51 German shepherd dogs. J. Small Anim. Pract. 38, 498–505.

[26] Mosenco, A.S., Culp, W.T.N., Johnson,A., French,A., Mehler, S.J., 2008. Renal cystadenoma in a domestic shorthair. J. Feline. Med. Surg. 10, 102–105.

[27] Nyland, T.G., Kantrowitz, B.M., Fisher, H.J., Olander, H.J., Hornof, W.J., 1989. Ultrasonic determination of kidney volume in the dog. Vet. Radiol. 30, 174–180.

[28] Ochoa, V.B., DiBartola, S.P., Chew, D.J., Westropp, J., Carothers, D.S., Biller, D.S., 1999. Perinephric pseudocysts in the cat: a retrospective study and review of the literature. J. Vet. Intern. Med. 13, 47–55.

[29] Raffan, E., Kipar, A., Barber, P.J., Freeman, A.I., 2008. Transitional cell carcinoma forming a perirenal cyst in a cat. J. Small Anim. Pract. 49, 144–147.

[30] Reichle, J.K., DiBartola, S.P., Leveille, R., 2002. Renal ultrasonographic and computed tomographic appearance, volume and function of cats with autosomal dominant polycystic kidney disease. Vet. Radiol. Ultrasound 43, 368–373.

[31] Rivers, B.J., Johnston, G.R., 1996. Diagnostic imaging strategies in small animal nephrology. Vet. Clin. North Am. Small Anim. Pract. 26, 1505–1517.

[32] Shiroma, J.T., Gabriel, J.K., Carter, R.L., Scruggs, S.L., Stubbs, P.W., 1999. Effect of reproductive status on feline renal size. Vet. Radiol. Ultrasound 40, 242–245.

[33] Soler, M., Teixeira, M., Agut, A., 2008. Imaging diagnosis –Dioctophyma renale in a dog. Vet. Radiol. Ultrasound 49, 307–308.

[34] Triolo, A.J., Miles, K.G., 1995. Renal imaging techniques in dogs and cats. Vet. Med. 13, 959–966.

[35] Valde´s-Martı´nez, A., Cianciolo, R., Mai, W., 2007. Association between renal hypoechoic subcapsular thickening and lymphosarcoma in cats. Vet. Radiol. Ultrasound 48, 357–360.

[36] Zatelli, A., D'Ippolito, P., 2004. Bilateral perirenal abscesses in a domestic neuter shorthair cat. J. Vet. Intern. Med. 18, 902–903.

Ureters

[37] Adin, C.A., Herrgesell, E.J., Nyland, T.J., Hughes, J.M., Gregory, C.R., Kyles, A.E., et al., 2003. Antegrade pyelography for suspected ureteral obstruction in cats: 11 cases (1995–2001). J. Am. Vet. Med. Assoc. 222, 1576–1581.

[38] Dean, P.W., Bojrab, M.J., Constantinescu, G.M., 1988. Canine ectopic ureter. Compendium on Continuing Education for the Practicing Veterinarian (Small Animal) 10, 146–157.

[39] Doust, R.T., Clarke, S.P., Hammond, C., Paterson, C., King, A., 2006. Circumcaval ureter associated with an intrahepatic portosystemic shunt in a dog. J. Am. Vet. Med. Assoc. 228, 389–391.

[40] Eisele, J.G., Jackson, J., Hager, D., 2005. Ectopic ureterocele in a cat. J. Am. Anim. Hosp. Assoc. 41, 332–335.

[41] Esterline, M.L., Biller,D.S., Sicard, G.K., 2005. Ureteral duplication in a dog. Vet. Radiol. Ultrasound 46, 485–489.

[42] Ewers, R.S., Holt, P.E., 1992. Urological complications following ovariohysterectomy in a bitch. J. Small Anim. Pract. 33, 236–238.

[43] Holt, P.E., Gibbs, C., 1992. Congenital urinary incontinence in cats: a review of 19 cases. Vet. Radiol. 130, 437–442.

[44] Holt, P.E., Gibbs, C., Pearson, H., 1982. Canine ectopic ureter – a review of twenty-nine cases. J. Small Anim. Pract. 23, 195–208.

[45] Jakovljevic, S., Van Alstine, W.G., Adams, L.G., 1998. Ureteral diverticula in two dogs. Vet. Radiol. Ultrasound 39, 425–429.

[46] Lamb, C.R., 1994. Acquired ureterovaginal fistula secondary to ovariohysterectomy in a dog: diagnosis using ultrasoundguided nephropyelocentesis and antegrade pyelography. Vet. Radiol. Ultrasound 35, 201–203.

[47] Lamb, C.R., 1998. Ultrasonography of the ureters. Vet. Clin. North Am. Small Anim. Pract. 28, 823–848.

[48] Lamb, C.R., Gregory, S.P., 1994. Ultrasonography of the ureterovesicular junction in the dog: a preliminary report. Vet. Rec. 134, 36–38.

[49] Lamb, C.R., Gregory, S.P., 1998. Ultrasonographic findings in 14 dogs with ectopic ureter. Vet. Radiol. Ultrasound 39, 218–223.

[50] Lautzenhiser, S.J., Bjorling, D.E., 2002. Urinary incontinence in a dog with an ectopic ureterocele. J. Am. Anim. Hosp. Assoc. 38, 29–32.

[51] Reichle, J.K., Peterson, R.A., Mahaffey, M.B., Schelling, C.G., Barthez, P.Y., 2003. Ureteral fibroepithelial polyps in four dogs. Vet. Radiol. Ultrasound 44, 433–437.

[52] Rivers, B.J., Walter, P.A., Polzin, D.J., 1997. Ultrasonographic-guided, percutaneous antegrade pyelography: technique and clinical application in the dog and cat. J. Am. Anim. Hosp. Assoc. 33, 61–68.

[53] Stiffler, K.S., Stevenson, M.A.M., Mahaffey, M.B., Howerth, E.W., Barsanti, J.A., 2002. Intravesical ureterocele with concurrent renal dysfunction in a dog: a case report and proposed classification system. J. Am. Anim. Hosp. Assoc. 38, 33–39.

[54] Sutherland-Smith, J., Jerram, J.M., Walker, A.M., Warman, C.G.A., 2004. Ectopic ureters and ureteroceles in dogs: presentation, cause, and diagnosis. Compendium on Continuing Education for the Practicing Veterinarian (Small Animal) 26, 303–310.

[55] Tattersall, J., Welsh, E., 2006. Ectopic ureterocele in a male dog: a case report and review of surgical management. J. Am. Anim. Hosp. Assoc. 42, 395–400.

Bladder

[56] Atalan, G., Barr, F.J., Holt, P.E., 1998. Estimation of bladder volume using ultrasonographic determination of cross-sectional areas and linear measurements. Vet. Radiol. Ultrasound 39, 446–450.

[57] Benigni, L., Lamb, C.R., Corzo-Menendez, N., Holloway, A., Eastwood, J.M., 2006. Lymphoma affecting the urinary bladder in three dogs and a cat. Vet. Radiol. Ultrasound 47, 592–596.

[58] Cote, E., Carroll, M.C., Beck, K.A., Good, K., Gannon, K., 2002. Diagnosis of urinary bladder rupture using ultrasound contrast cystography: in vitro model and two case history reports. Vet. Radiol. Ultrasound 43, 281–286.

[59] Feeney, D.A., Weichselbaum, R.C., Jessen, C.R., Osborne, C.A., 1999. Imaging canine urocystoliths. Vet. Clin. North Am. Small Anim. Pract. 29, 59–72.

[60] Geisse, A.L., Lowry, J.E., Schaeffer, D.J., Smith, C.W., 1997. Sonographic evaluation of urinary bladder wall thickness in normal dogs. Vet. Radiol. Ultrasound 38, 132–137.

[61] Groesslinger, K., Tham, T., Egerbacher, D., Lorinson, D., 2005. Prevalence and radiologic and histologic appearance of vesicourachal diverticula in dogs without clinical signs of urinary tract disease. J. Am. Vet. Med. Assoc. 226, 383–386.

[62] Gunn-Moore, D., 2000. Feline lower urinary tract disease: an update. In Pract. 22, 534–542.

[63] Hanson, J.A., Tidwell, A.S., 1996. Ultrasonographic appearance of urethral transitional cell carcinoma in ten dogs. Vet. Radiol. Ultrasound 37, 293–299.

[64] Heng, H.G., Lowry, J.E., Boston, S., Gabel, N., Ehrhart, N.,Gulden, S.M. S., 2006. Smooth muscle neoplasia of the urinary bladder wall in three dogs. Vet. Radiol. Ultrasound 47, 83–86.

[65] Johnston, G.R., Feeney, D.A., Rivers, W.J., Weichselbaum, R., 1996. Diagnostic imaging of the feline lower urinary tract. Vet. Clin. North Am. Small Anim. Pract. 26, 401–415.

[66] Lamb, C.R., Trower, N.D., Gregory, S.P., 1996. Ultrasoundguided catheter biopsy of the lower urinary tract: technique and results in 12 dogs. J. Small Anim. Pract. 37, 413–416.

[67] Leveille, R., 1998. Ultrasonography of urinary bladder disorders. Vet. Clin. North Am. Small Anim. Pract. 28, 799–822.

[68] Leveille, R., Biller, D.S., Partington, B. P., Miyabayashi, T., 1992. Sonographic investigation of transitional cell carcinoma of the urinary bladder in small animals. Vet. Radiol. Ultrasound 33, 103–107.

[69] Mahaffey, M.B., Barsanti, J.A., Crowell, W.A., Shotts, E., Barber, D.L., 1989. Cystography: effect of technique on diagnosis of cystitis in dogs. Vet. Radiol. Ultrasound 30, 261–267.

[70] Petite, A., Busoni, V., Heinen, M.P., Billen, F., Snaps, F., 2006. Radiographic and ultrasonographic findings of emphysematous cystitis in four nondiabetic dogs. Vet. Radiol. Ultrasound 47, 90–93.

[71] Scheepens, E.T.F., L'Eplattenier, H., 2005. Acquired urinary bladder diverticulum in a dog. J. Small Anim. Pract. 46, 578–581.

[72] Scrivani, P.V., Le´veille´, R., Collins, R.L., 1997. The effect of patient positioning on mural filling defects during double contrast cystography. Vet. Radiol. Ultrasound 38, 355–359.

[73] Scrivani, P.V., Chew, D.J., Buffington, C.A.T., Kendall, M., 1998. Results of double-contrast cystography in cats with idiopathic cystitis: 45 cases (1993–1995). J. Am. Vet. Med. Assoc. 212, 1907–1909.

[74] White, R.A.S., Herrtage, M.E., 1986. Bladder retroflexion in the dog. J. Small Anim. Pract. 27, 735–746.

Urethra

[75] Duffey, M.H., Barnhart, M.D., Barthez, P.Y., Smeak, D.D., 1998. Incomplete urethral duplication with cyst formation in a dog. J. Am. Vet. Med. Assoc. 213, 1287–1289.

[76] Holt, P.E., Gibbs, C., Latham, J., 1984. An evaluation of positive contrast vaginourethrography as a diagnostic aid in the bitch. J. Small Anim. Pract. 25, 531–549.

[77] Scrivani, P.V., Chew, D.J., Buffington, C.A.T., Kendall, M., Leveille, D.M., 1997. Results of retrograde urethrography in cats with idiopathic non obstructive lower urinary tract disease and their association with pathogenesis in 53 cases (1993–1995). J. Am. Vet. Med. Assoc. 211, 741–748.

[78] Silverstone, A.M., Adams, W.M., 2001. Radiographic diagnosis of a rectourethral fistula in a dog. J. Am. Anim. Hosp. Assoc. 37, 573–576.

[79] Ticer, J.W., Spencer, C.P., Ackerman, N., 1980. Positive contrast retrograde urethrography: a useful procedure for evaluating urethral disorders in the dog. Vet. Radiol. 21, 2–11.

[80] Genital system: general Holt, P.E., Long, S.E., Gibbs, C., 1983. Disorders of urination associated with canine intersexuality. J. Small Anim. Pract. 24, 475–487.

[81] Kneller, S.K., 1986. Radiologic examination. In: Burke, T.J (Ed.), Small Animal Reproduction and Infertility. Lea & Febiger, Philadelphia, pp. 158–185.

[82] Root, C.R., Spaulding, K.A., 1994. Diagnostic imaging in companion animal theriogenology. Semin. Vet. Med. Surg. (Small Anim.) 9, 7–27.

Female genital system

[83] Diez-Bru, N., Garcia-Real, I., Martinez, E.M., Rollan, E., Mayenco, P., Llorens, P., 1998. Ultrasonographic appearance of ovarian tumors in 10 dogs. Vet. Radiol. Ultrasound 39, 226–233.

[84] England, G.C.W., 1998. Ultrasonographic assessment of abnormal pregnancy. Vet. Clin. North Am. Small Anim. Pract. 28, 849–868.

[85] England, G.C.W., Allen, W.E., 1989. Ultrasonographic and histological appearance of the canine ovary. Vet. Rec. 125, 555–556.

[86] England, G.C.W., Yeager, A.E., 1993. Ultrasonographic appearance of the ovary and uterus of the bitch during oestrus, ovulation and early pregnancy. J. Reprod. Fertil. Suppl. 47, 107–117.

[87] Fayrer-Hosken, R.A., Mahaffey, M., Miller-Liebl, D., Caudle, A.B., 1991. Early diagnosis of canine pyometra using ultrasonography. Vet. Radiol. Ultrasound 32, 287–289.

[88] Ferretti, L.M., Newell, S.M., Graham, J.P., Roberts, G.D., 2000. Radiographic and ultrasonographic evaluation of the normal feline postpartum uterus. Vet. Radiol. Ultrasound 41, 287–291.

[89] Holt, P.E., Bohannon, J., Day, M.J., 2006. Vaginoperitoneal fistula after ovariohysterectomy in three bitches. J. Small Anim. Pract. 47, 744–746.

[90] Kydd, D.M., Burnie, A.G., 1986. Vaginal neoplasia in the bitch: a review of forty clinical cases. J. Small Anim. Pract. 27, 255–263.

[91] Mayenco-Aguirre, A.M., Garcia-Real, R., Cediel-Algovia, R., Llorens-Pena, P., Sa´nchez-Muela, M., 2002. Secondary vaginal pouch in a bitch. Vet. Rec. 150, 152–153.

[92] Miles, K., 1995. Imaging pregnant dogs and cats. Compendium on Continuing Education for the Practicing Veterinarian (Small Animal) 17, 1217–1226.

[93] Misumi, K., Fujiki, M., Miura, N., Sakamoto, H., 2000. Uterine horn torsion in two non-gravid bitches. J. Small Anim. Pract. 41, 468–471.

[94] Pharr, J.W., Post, K., 1992. Ultrasonography and radiography of the canine post partum uterus. Vet Radiol. Ultrasound 33, 35–40.

[95] Sto¨cklin-Gautschi, N.M., Guscetti, F., Reichler, I.M., Geissbu¨ hler, U., Braun, S.A., Arnold, S., 2001. Identification of focal adenomyosis as a uterine lesion in two dogs. J. Small Anim. Pract. 42, 413–416.

[96] Viehoff, F.W., Sjollema, B.E., 2003. Hydrocolpos in dogs: surgical treatment in two cases. J. Small Anim. Pract. 44, 404–407.

Male genital system

[97] Atalan, G., Holt, P.E., Barr, F.J., 1999. Ultrasonographic estimation of prostate size in normal dogs, and relationship to bodyweight and age. J. Small Anim. Pract. 40, 119–122.

[98] Atalan, G., Barr, F.J., Holt, P.E., 1999. Comparison of ultrasonographic and radiographic measurements of canine prostatic dimensions. Vet. Radiol. Ultrasound 40, 408–412.

[99] Bradbury, C.A., Westropp, J.L., Pollard, R.E., 2009.

Relationship between prostatomegaly, prostatic mineralization and cytologic diagnosis. Vet. Radiol. Ultrasound 50, 167–171.

[100] Caney, S.M.A., Holt, P.E., Day, M.J., Rudorf, T.J., Gruffydd-Jones, T.J., 1998. Prostatic carcinoma in two cats. J. Small Anim. Pract. 39, 140–143.

[101] Dorfman, M., Barsanti, J., 1995. Diseases of the canine prostate gland. Compendium on Continuing Education for the Practicing Veterinarian (Small Animal) 17, 791–810.

[102] Feeney, D.A., Johnston, G.R., Klausner, J.S., Perman, V., Leininger, J.R., Tomlinson, M.J., 1987. Canine prostatic disease –comparison of ultrasonographic appearance with morphologic and microbiologic findings: 30 cases (1981–1985). J. Am. Vet. Med. Assoc. 190, 1027–1034.

[103] Feeney, D.A., Johnston, G.R., Klausner, J.S., Bell, F.W., 1989. Canine prostatic ultrasonography. Semin. Vet. Med. Surg. (Small Anim.) 4, 44–57.

[104] Gumbsch, P., Gabler, C., Holzmann, A., 2002. Colourcoded duplex sonography of the testes of dogs. Vet. Rec. 151, 140–144.

[105] Hecht, S., King, R., Tidwell, A.S., Gorman, S.C., 2004. Ultrasound diagnosis: intra-abdominal torsion of a non-neoplastic testicle in a cryptorchid dog. Vet. Radiol. Ultrasound 45, 58–61.

[106] Johnston, G.R., Feeney, D.A., Johnston, S.D., O'Brien, T.D., 1991. Ultrasonographic features of testicular neoplasia in dogs: 16 cases (1989–1988). J. Am. Vet. Med. Assoc. 198, 1779–1784.

[107] Newell, S.M., Mahaffey, M.B., Binhazim, C.E., Greene, C.E., 1992. Paraprostatic cyst in a cat. J. Small Anim. Pract. 33, 399–401.

[108] Pugh, C.R., Konde, L.J., 1991. Sonographic evaluation of canine testicular and scrotal abnormalities: a review of 26 case histories. Vet. Radiol. 32, 243–250.

[109] Pugh, C.R., Konde, L.J., Park, R.D., 1990. Testicular ultrasound in the normal dog. Vet. Radiol. 31, 195–199.

[110] Ruel, Y., Barthez, P.Y., Mailles, A., Begon, D., 1998. Ultrasonographic evaluation of the prostate in healthy intact dogs. Vet. Radiol. Ultrasound 39, 212–216.

[111] Stowater, J.L., Lamb, C.R., 1989. Ultrasonographic features of paraprostatic cysts in nine dogs. Vet. Radiol. 30, 232–239.

[112] White, R.A.S., Herrtage, M.E., Dennis, R., 1987. The diagnosis and management of paraprostatic and prostatic retention cysts in the dog. J. Small Anim. Pract. 28, 551–574.

[113] Williams, J., Niles, J., 1999. Prostatic disease in the dog. In Pract. 21, 558–575.

[114] Winter, M.D., Locke, J.E., Penninck, D.G., 2006. Imaging diagnosis: urinary obstruction secondary to prostatic lymphoma in a young dog. Vet. Radiol. Ultrasound 47, 597–601.

第 12 章

软组织

软组织和液体的密度类似，较骨骼和其他矿化物质的密度低，较气体的密度高。脂肪较液体和其他软组织的密度略低，且通常可与之区分。然而，X 线片无法区分同一区域内的液体和软组织，除非有脂肪、气体或矿化物质将其勾勒出来，或使用造影技术才能加以区分。腹膜腔、心包囊、筋膜面和关节等部位的脂肪可为其他软组织提供对比，有助于 X 线片的解读。若需要获得软组织的详细信息，磁共振成像（有时也可选择 CT）是首选的技术。在第三章已对肌肉骨骼系统的超声检查做了简要介绍。对于肢体的疾病，如果同时对假定的正常对侧部位进行评估来比较，则可以更容易地评估异常影像。

12.1 软组织厚度变化

1. 软组织厚度弥漫性增加。
   a. 脂肪沉积——肥胖；通过比其他软组织密度低的脂肪组织来辨认（见于皮下、筋膜面内，以及胸膜腔与腹膜腔内）。
   b. 肌肉肥大。
      - 对运动的反应。
      - 猫——猫肥大性肌肉营养不良；少见，导致渐进性肌肉肥大。
   c. 水肿。
      - 静脉回流受阻。
      - 充血性心力衰竭。
      - 低蛋白血症（继发于肾脏、肝脏或肠道疾病）。
   d. 淋巴水肿。
      - 淋巴回流的发育异常。
      - 淋巴回流的获得性阻塞。
      - 淋巴管肉瘤。
   e. 蜂窝组织炎。
   f. 弥漫性或广泛性肿瘤。
   g. 皮下输液。
   h. 气肿（可见气泡和条纹）。
2. 软组织厚度局灶性增加。
   a. 皮下输液。
   b. 皮褶——尤其是某些品种，如英国斗牛犬和沙皮犬。
   c. 血清肿（如术后）。
   d. 肿瘤——良性或恶性。
   e. 蜂窝组织炎或脓肿。
   f. 血肿。
   g. 肉芽肿（如舔舐性肉芽肿或在受压位置的软组织胼胝）。
   h. 水囊瘤。
   i. 囊肿。
   j. 错构瘤。
   k. 血管畸形。
   l. 间隔综合征——密闭的骨筋膜室内间质压力的升高，通常是由于血管损伤或创伤

± 骨折所引起；最常见于单个肢体。

3. 软组织厚度减少。
   a. 消瘦——主要是脂肪层的丧失。
   b. 肌肉萎缩。
      ▪ 废用性（如慢性跛行）。
      ▪ 神经源性。
      ▪ 肌炎的结果。

12.2 软组织密度变化

1. 密度增加——但仍为软组织密度。
   a. 软组织厚度的增加（例如，在相同的曝光条件下，股部的软组织由于其体积较大，密度较肢体远端更高）。
   b. 皮肤或皮下肿物的重叠。
   c. 乳头的重叠。
   d. 充血的蜱的重叠。
   e. 皮褶。
   f. 辅助保定的工具（如楔形泡沫）。
   g. 潮湿或肮脏的被毛，或超声耦合剂——通常显示为条纹状。
2. 密度增加——由于钙盐或其他矿物质沉积形成的非结构性矿物质密度。
   a. 由于不干净的增感屏或片盒所致的假象。
   b. 表面使用一些洗剂或软膏。
   c. 异物（如污垢、玻璃）。
   d. 继发于注射皮质类固醇。
   e. 肾上腺皮质功能亢进（库欣综合征）——皮肤钙质沉着（见下文）和肺支气管结构、肾脏或偶见的其他软组织的矿化；其他特征包括肝肿大、骨质减少和肾上腺肿物。
   f. 营养不良性钙化，即在受损或病变组织中的钙盐沉积。
      ▪ 继发于创伤（如肌腱钙化）。
      ▪ 慢性血肿。
      ▪ 慢性脓肿、肉芽肿或肉芽组织。
      ▪ 慢性坏死（如腹部脂肪坏死）。
      ▪ 肿瘤。
      ▪ 囊肿壁。
   g. 转移性钙化——继发于钙磷平衡失调的软组织钙化（如肾脏、大血管、肠壁）。
      ▪ 慢性肾功能衰竭和肾性继发性甲状旁腺功能亢进（见1.16.4,4.9.5和图4-5）；在猫，也可见爪部的钙化。
      ▪ 假性甲状旁腺功能亢进症（恶性的高钙血症），通常继发于肛门囊腺癌或淋巴瘤。
      ▪ 原发性甲状旁腺功能亢进——少见；通常见于老年犬，尤其是荷兰毛狮犬。
      ▪ 维生素D中毒——猫比狗更敏感；可能在发生软组织矿化之前死于肾功能衰竭。
   h. 皮肤钙质沉着——在皮肤上颗粒状钙质沉着和/或筋膜面形成钙质的线状条纹；通常继发于肾上腺皮质功能亢进（库欣综合征），也可能继发于甲状旁腺功能亢进。
   i. 局限性钙质沉着症（肿瘤样钙质沉着）（图12-1）——幼年大型犬，尤其是德国牧羊犬；罕见于猫；软组织内无定形的钙质沉积，常附着于肌腱、关节囊或骨膜。可能与创伤有关，如受压位置和以前的手术部位。常见的公认的部位包括四肢的骨端或突起、颈部和舌，也有报道称见于脊柱，造成神经功能损伤。

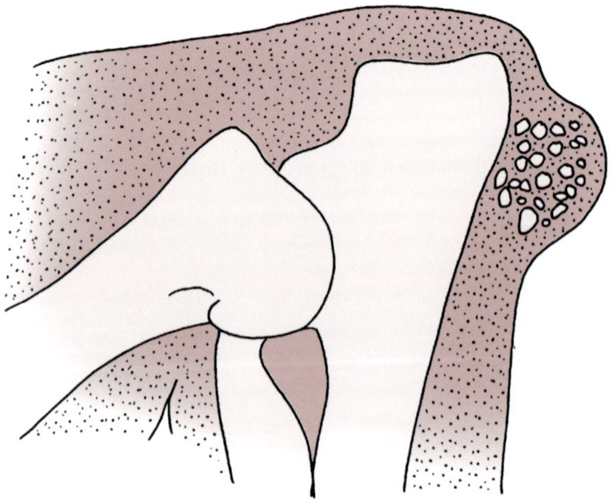

图12-1 犬肘关节周围的局限性钙质沉着症；在局部软组织肿胀的区域内可见一群斑点状的矿物质密度。

j. 软骨钙质沉着症（假性痛风、焦磷酸钙沉积病）——罕见；病因不明，主要见于老年动物；关节或关节周围磷酸钙结晶沉积。

k. 特发性血管钙化。

l. 医源性——经皮注射含钙药物或长效皮质类固醇。

3. 密度增加——更加结构化的矿物质密度，在某些情况下可见骨小梁细节，提示骨生成。

a. 正常的解剖学结构或变异（如籽骨、锁骨、舌骨器、单独的骨化中心）。

b. 由于撕脱或其他骨折使骨碎片脱离正常位置。

c. 慢性肌腱病。

d. 肿瘤。

- 骨外骨肉瘤——在犬和猫上发病部位广泛；不同程度的矿化，有些病例仅见软组织肿物。
- 多小叶性骨肿瘤——通常附着于邻近骨，但也有腋下软组织的报道。
- 其他肿瘤可能偶尔包含矿化。

e. 与血管性血友病有关的异位性骨软骨纤维化——杜宾犬，臀部区域（见 3.9.12）。

f. 骨化性肌炎——在横纹肌内形成非肿瘤骨；因处于一个异常的位置而称为异位性。

- 特发性。
- 继发于创伤或慢性疾病。

g. 猫——维生素 A 过多症；可能会有广泛的关节周围矿化以及关节周围和椎骨的骨赘生成。

h. 猫——骨软骨瘤病：可能有广泛的软组织矿化，与邻近骨不相连。

i. 骨化性纤维发育不良（图 12–2）——罕见，渐进性异常，尤其是猫；与骨化性肌炎类似，但不同的是，骨可能使肌肉移位，但不累及肌肉。典型的与创伤无关的多发性、对称性病灶。

4. 密度增加——金属密度。

a. 由于不干净的增感屏或片盒所致的假象。

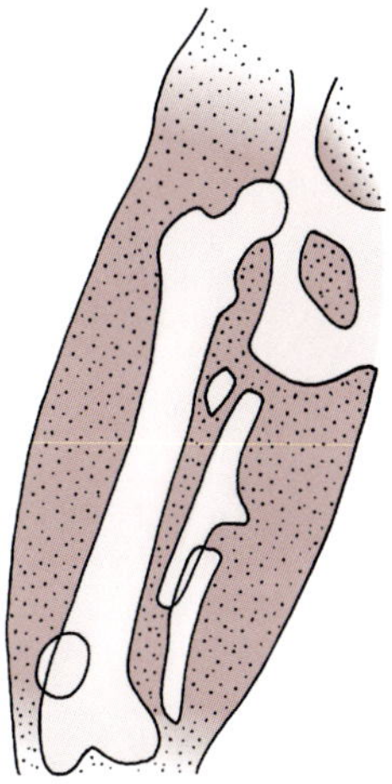

图 12–2　猫后肢的骨化性纤维发育不良：股部内侧软组织内可见结构清晰的骨沉积。骨化性肌炎具有相似的 X 线征象，二者只有在筋膜面可见时才可区分，因为骨化性纤维发育不良位于筋膜面内，而骨化性肌炎位于肌腹内。

b. 表面使用含有金属盐的洗剂或软膏。

c. 表面被造影剂污染。

d. 窦道或瘘管内造影剂。

e. 金属异物（如子弹、气枪子弹、针）。

f. 骨骼中的金属植入物迁移。

g. 外科吻合钉或金属缝线。

h. 芯片。

5. 软组织密度降低。

a. 假象——曝光过度或显影过度。

b. 软组织厚度减少。

c. 脂肪的存在。

- 正常或肥胖，皮下部位和沿筋膜平面的线性脂肪沉积。
- 局部脂肪肿物（脂肪瘤、脂肪肉瘤，如在犬股部区域的肌间脂肪瘤）。

d. 气体的存在（图 12–3）。

- 皮肤穿刺、撕裂或切口。
- 继发于皮下或肌肉注射。
- 咽、食管或气管发生穿透。
- 气纵隔的延伸。
- 疝或破裂部位内的肠袢。
- 产气微生物感染（罕见）。
- 窦道或瘘管（皮样窦见 5.7.4）。

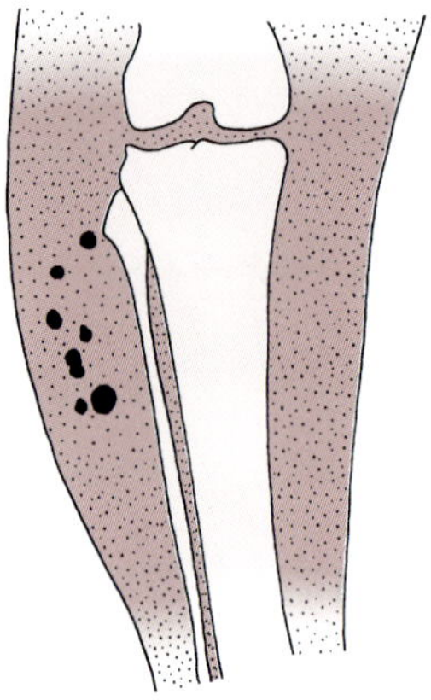

图 12-3 继发于猫咬伤后的皮下气肿：在腓骨外侧软组织内可见多个小气泡。

12.3 窦道和瘘管的造影检查（窦道造影、瘘管造影）

窦道是指从感染病灶通向体表或空腔器官腔内的管道。窦道通常是由异物引起的，如植物或缝合材料。瘘管是指从空腔器官或体腔内延伸到另一空腔器官、体腔或体表的管道。

这两种情况都可使用造影检查来确定窦道或瘘管的走向。在窦道的病例中，造影剂可以在感染病灶处显示出异物的轮廓。但必须谨慎解读，因为造影剂并不一定总是完全充满窦道或瘘管的腔隙，因此可能会低估病灶的范围。此外，异物和由气泡、脓性碎屑和纤维组织造成的充盈缺陷可能难以鉴别。

造影时，将一个预先充满造影剂的导管放置在体表的管道开口的末端。用荷包缝合、无损伤钳或通过使用球囊导管将导管固定。随后缓慢注入水溶性的碘造影剂，并在注射即将结束时或在注射完成后拍摄该部位的 X 线片。造影剂的用量取决于对病灶范围的预判。

12.4 淋巴系统造影检查（淋巴造影术、淋巴管造影术）

这种造影技术在兽医上并不常用，但可用来寻找引起淋巴水肿的原因。需要注意的是，这种临床症状更可能是由于静脉阻塞所引起，但也可能是由淋巴阻塞所致，所以也可能需要进行静脉造影术。在乳糜胸的病例中，进行胸导管结扎术前，也可用淋巴造影术来评估胸导管的结构。

以往的技术需要在病变部位的远端皮下注射亚甲蓝，随后亚甲蓝被淋巴管吸收，从而可以找到淋巴管，并进行外科暴露和插管。然后注射水溶性碘造影剂，并在注射完成后拍摄该部位的 X 线片，即可显示引流淋巴管和淋巴结。

另一种方法是在预期病变部位的远端皮内注射低渗性水溶性造影剂，这种方式也可显示淋巴管和淋巴结。也可以使用油性碘造影剂，但很难买到。最近，有人提出在患有乳糜胸的动物手术结扎胸导管前将造影剂直接注入腘淋巴结内使胸导管显影，也可将造影剂注射到任何感兴趣部位远端的淋巴结。必要时，可在超声引导下进行。

幼犬的原发性先天性淋巴水肿已有报道，并认为是由淋巴管和 / 或淋巴结发育不良所引起。在更常见的局限型病例中，通常影响一侧或双侧后肢远端；在不常见的全身型病例中，鼻、耳廓及外阴也可能受到影响。通常可见局部淋巴管的扭曲和扩张，但偶尔可见初始的皮肤淋巴管是再生障碍或发育不全的。引流淋巴结通常缺失或很小。

淋巴水肿也可能是由淋巴管肉瘤引起的；预计会发生淋巴造影异常，但在小动物上尚未见相关报道。

12.5 外周动脉和静脉的造影检查（血管造影术、动脉造影术、静脉造影术）

为确定肿物或肢体的动脉血供或静脉回流的情况时，可进行外周血管的造影检查。若需了解动脉血供的相关信息，通常需对该区域的分支动脉进行外科暴露和插管。若只需了解静脉回流的相关信息，只要将造影剂注射到感兴趣区域远端的外周静脉中即可。这两种情况都应使用水溶性碘造影剂，并在注射即将结束时或注射完成后立即拍摄该区域的 X 线片。

1. 血管显影不良。
   a. 造影剂用量不足。
   b. 造影剂泄漏至导管周围。
   c. 注射结束和曝光之间的时间间隔太长。
   d. 血管阻塞：
      - 血管内和血管外的肿物。
      - 结扎线。
      - 血栓或栓子。
   e. 血管破裂。
2. 充盈缺损。
   a. 血栓栓塞——最常见于主动脉和髂外动脉，引起后肢无力、疼痛和虚弱。
      - 继发于心肌病，尤其是猫。
      - 心内膜炎。
      - 创伤。
      - 肿瘤。
      - 肾淀粉样变性。
      - 肾上腺皮质功能亢进（库欣综合征）。
      - 继发于狼旋尾线虫*感染引起的胸主动脉血栓形成。
      - 肺血栓栓塞，见 6.23.6。
   b. 肿瘤侵袭。
   c. 心丝虫(肺动脉、后腔静脉或其他异常位置)。
   d. 异物。
   e. 狼旋尾线虫*感染引起的胸主动脉血栓形成。
3. 扩张。
   a. 主动脉——见 7.10.1。
   b. 肺动脉——狭窄后扩张。
   c. 动脉瘤。
      - 真性动脉瘤（囊性或梭形），由于动脉管壁中层变脆弱，而内膜和外膜完整和拉伸；常见于狼旋尾线虫*感染。
      - 假性动脉瘤——动脉或动脉瘤破裂，出血范围局限于关节周围结构。
4. 造影剂外渗。
   a. 累及血管的创伤——发生在四肢时可能导致腔室综合征——见 12.1.2。
   b. 动脉瘤破裂，特别是狼旋尾线虫*感染。
   c. 肿瘤侵蚀血管。
5. 可见其他异常血管。
   a. 动脉血供和 / 或静脉回流的发育异常。
      - 发育性血管瘤病（良性血管异常）。
      - 错构瘤。
   b. 动脉血供和 / 或静脉回流的获得性异常。
      - 由于正常血管的破裂或闭塞导致侧支循环的建立。
      - 形成供应和引流肿瘤的异常血管。
      - 获得性血管瘤病。
   c. 动静脉畸形。
      - 先天性。
      - 获得性（如继发于创伤、活检、手术和肿瘤）。

12.6 软组织的超声检查

软组织厚度变化（见 12.1）可通过超声检查来鉴别，此外，还可以确定是哪种软组织造成了厚度的变化。回声的改变可以提供更多的信息，使用彩色血流多普勒或能量多普勒可以评估血管分布。可对异常组织进行超声引导下的细针抽吸或活检。

1. 软组织回声增强，± 声影。
   a. 弥散性。
      - 仪器设置不当。
      - 肥胖。
      - 皮下气肿。
   b. 局灶性。
      - 异物（如草芒、荆棘、木头碎片和豪猪的刺）。
      - 局灶性皮下气肿。
      - 疝出肠袢内的气体。
      - 局部矿化或骨化（见 12.2.2 和 12.2.3）。
      - 局部纤维化。
      - 肿瘤。
      - 肉芽肿。
      - 脓肿。

2. 软组织回声降低。
  a. 弥散性。
    - 仪器设置不当。
    - 水肿。
    - 淋巴水肿。
    - 肥胖。
  b. 局灶性。
    - 最近注入液体。
    - 术后血清肿。
    - 囊肿。
    - 血肿。
    - 严重水肿。
    - 脓肿。
    - 肿瘤。
    - 肉芽肿。
3. 软组织混合性回声。
  a. 脓肿（图12–4）。
  b. 异物，通常伴有周围反应或脓肿 ± 引流道——异物通常伴有声影，草芒有特征的纺锤状，由2 ~ 3个强回声线组成（图12–5）。
  c. 血肿。
  d. 肿瘤。
    - 脂肪瘤——典型的边界清晰的、有包膜的结构，呈条纹状；与周围软组织回声相比，大多数呈低回声或等回声，多普勒超声检查几乎无血流。
    - 其他。

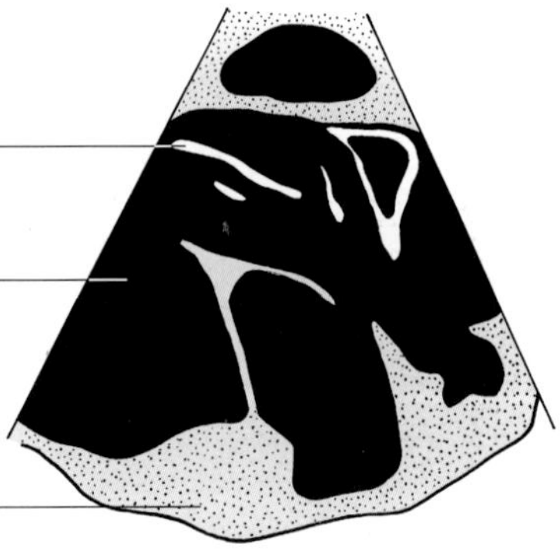

图12–4 脓肿的声像图，可见软组织边缘和中央包含碎屑的液体区。

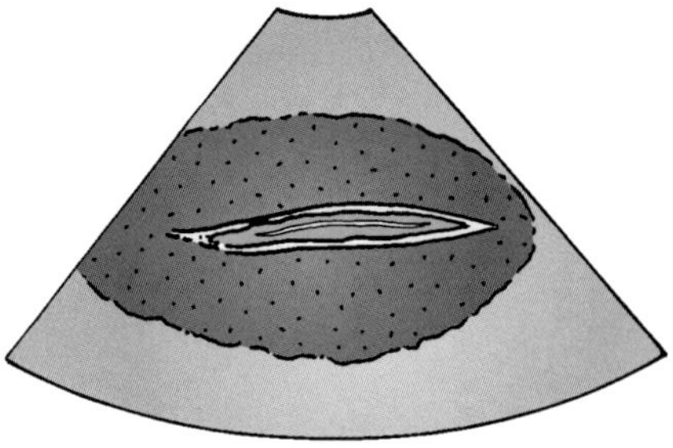

图12–5 犬胁腹部草芒的声像图。纺锤形产回声结构内可见3个平行线，周围为低回声带，为周围脓肿和组织反应。

12.7 肌肉、肌腱和神经的超声检查

外周肌肉的超声检查很简单。在对扫查部位剃毛和清洁后，使用高频（7.5 MHz或更高）探头直接对病变肌肉进行扫查。正常肌肉呈低回声，在纵切面上可见特征性的条纹外观，横断面上呈斑点状。高回声的条纹和斑点表示肌纤维束周围的纤维组织。不同肌腹之间的界限是高回声的。

肌腱的回声相对较高，在纵切面上可见致密的平行纤维。肌腱周围的腱鞘内有少量的液体可能是正常的。

正常犬臂神经丛、前肢的大神经和坐骨神经的超声扫查已有相关描述。神经是呈低回声的管状结构，内部可见不连续的高回声带，周围由高回声的薄膜包裹。

1. 肌肉中的低回声灶，伴有纤维形态的破坏。
  a. 血肿。
    - 创伤。
    - 凝血病。
  b. 脓肿。
    - 贯穿伤。
    - 血源性感染。
  c. 肿瘤。
    - 原发性肌肉肿瘤（横纹肌瘤、横纹肌肉瘤）。
    - 转移性肿瘤。
2. 肌肉中的高回声灶，伴有纤维形态的破坏：可能存在或不存在声影。

a. 纤维化。

b. 钙化或骨化（见 12.2.2 和 12.2.3）。

c. 骨折碎片。

d. 金属外科植入物。

e. 气体（见 12.2.5）。

f. 异物。

g. 肿瘤。

- 原发性肌肉肿瘤（横纹肌瘤、横纹肌肉瘤）。
- 转移性肿瘤。

3. 肌肉内的混合型回声，伴有纤维形态的破坏。

a. 血肿 ± 肌肉撕裂。

b. 脓肿。

c. 肿瘤。

4. 肌腱的回声变化（图 12–6）——通常致密的高回声纤维的破坏可提示有肌腱的损伤。肌腱内出现无回声或低回声的病灶表明有出血或炎性渗出物，发展为肉芽组织。随着纤维组织取代肉芽组织，病变回声将增强，但纤维排列仍是破坏的，直至愈合后期。见 3.13.9 和图 3–37。

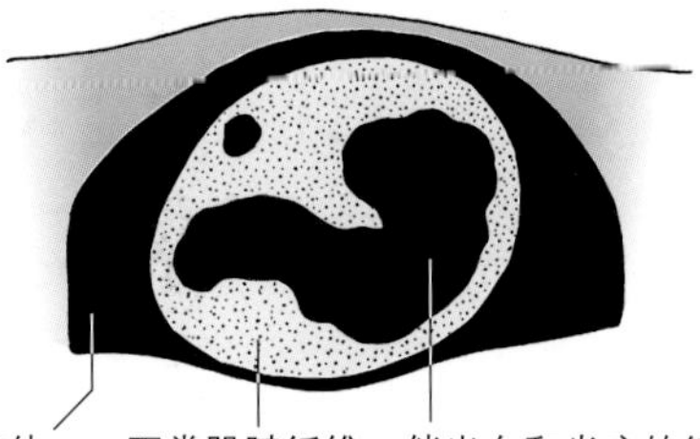

图 12–6　受损跟腱的声像图（横断面）。正常肌腱纤维的斑点状结构被低回声区域所替代，提示为纤维破坏和出血或炎症。在腱鞘内可见液体。

5. 神经异常——神经的肿瘤（如臂神经丛内）为低回声、缺乏血流的管状肿物，可能将动脉和对应的静脉分离。

12.8　浅表淋巴结的超声检查

正常淋巴结通常是小的卵圆形结构，和周围脂肪或组织的回声相近。在可以用能量多普勒或谐波超声造影检查血管分布的位置，通常是淋巴结门。由于超声影像对某种疾病一般无特异性，因此超声引导下细针穿刺是获得细胞学诊断的一种有效手段。

1. 淋巴结增大。

a. 反应性。

b. 淋巴细胞增生性疾病。

c. 转移性疾病。

虽然很难通过超声检查确定某个淋巴结是否增大，但下文所述的特征可能对诊断有一定帮助。

2. 形状变化。

a. 反应性淋巴结常呈卵圆形。

b. 淋巴瘤性淋巴结会变得更圆。

c. 转移性肿瘤的淋巴结形状各不相同，较小的淋巴结倾向于呈卵圆形，而较大的淋巴结往往趋于圆形。

3. 回声变化。

a. 大多数淋巴瘤性和转移性淋巴结较周围脂肪和组织的回声低。

b. 转移性淋巴结可能回声不均。

4. 血管分布的改变。

a. 可能提示为恶性的血管特征包括中央门血管的移位、被膜周围和被膜下血管的显影，以及异常的血管发育。

b. 转移性淋巴结的阻力指数（RI）一般 >0.68，搏动指数（PI）>1.49，而在正常的、反应性和淋巴瘤性淋巴结中，这些数值会更低。

延伸阅读

Radiology

[1] Cizinauskas, S., Lang, J., Botteron, C., Tomsa, K., Fatzer, K., Laissue, J., et al., 2002. Idiopathic vascular calcifications in a Labrador retriever puppy. J. Vet. Intern. Med. 16, 192–196.

[2] Clayton Jones, D.G., Allen, W.E., Webbon, P.M., 1981. Arteriovenous fistula in the metatarsal pad of a dog: a case report. J. Small Anim. Pract. 22, 635–639.

[3] Davidson, E.B., Schulz, K.S., Wisner, E., Schwartz, E., 1998. Calcinosis circumscripta of the thoracic wall in a German shepherd dog. J. Am. Anim. Hosp. Assoc. 34, 153–156.

[4] Dueland, R.T., Wagner, S.D., Parker, R.B., 1990. von Willebrand heterotopic osteochondrofibrosis in Doberman Pinschers: five cases (1980–1987). J. Am. Vet. Med. Assoc. 197, 383–388.

[5] Guilliard, M., 2001. Fibrodysplasia ossificans in a German shepherd dog. J. Small Anim. Pract. 42, 550–553.

[6] Hay, C.W., Roberts, R., Latimer, K., 1994. Multilobular tumour of bone at an unusual location in the axilla of a dog. J. Small Anim. Pract. 35, 633–636.

[7] Huntley, K., Frazer, J., Gibbs, C., Gaskell, C.J., 1982. The radiological features of canine Cushing's syndrome: a review of forty-eight cases. J. Small Anim. Pract. 23, 369–380.

[8] Kirberger, R.M., Zambelli, A., 2008. Imaging diagnosis – Aortic thromboembolism associated with spirocercosis in a dog. Vet. Radiol. Ultrasound 48, 418–420.

[9] Kuntz, C.A., Dernell, W.S., Powers, B.E., Withrow, S., 1998. Extraskeletal osteosarcomas in dogs: 14 cases. J. Am. Anim. Hosp. Assoc. 34, 26–30. Lamb, C.R., White, R.N., McEvoy, F.J., 1994. Sinography in the investigation of draining tracts in small animals: retrospective review of 25 cases. Vet. Surg. 132, 183–185.

[10] Levitin, B., Aroch, A., Aizenberg, I., Foreman, O., Shamir, M., 2003. Linear osteochondromatosis in a cat. Vet. Radiol. Ultrasound 44, 660–664.

[11] Lewis, D.G., Kelly, D.F., 1990. Calcinosis circumscripta in dogs as a cause of spinal ataxia. J. Small Anim. Pract. 31, 36–38.

[12] Llabres Diaz, F., 2006. Practical contrast radiography 5. Other techniques. In Pract. 28, 32–40.

[13] McEvoy, F.J., Peck, G.J., Hilton, G.S., Webbon, P.M., 1994. Normal venographic appearance of the pelvic limb in the dog. Vet. Rec. 134, 641–643.

[14] Naganobu, K., Ohigashi, Y., Akiyoshi, T., Hagio, M., 338 Handbook of Small Animal Radiology and Ultrasound Miyamoto, T., Yamaguchi, R., 2003. Lymphography of the thoracic duct by percutaneous injection of iohexol into the popliteal lymph node of dogs: experimental study and clinical application. Vet. Surg. 35, 377–381.

[15] Neu, H., von Rautenfeld, D.B., 1994. Primary congenital lymphoedema in seven Labrador retriever puppies, one German shepherd puppy and one Canadian wolf puppy. Kleintierpraxis 29, 383–405. Reprinted in the European Journal of Companion Animal Practice 5, 52–64 (1995).

[16] Warren, H.B., Carpenter, J.L., 1984. Fibrodysplasia ossificans in three cats. Vet. Pathol. 21, 485–499.

Ultrasonography

[17] Armbrust, L.J., Biller, D.S., Radlinsky, M.G., Hoskinson, J.J., 2003. Ultrasonographic diagnosis of foreign bodies associated with chronic draining tracts and abscesses in dogs. Vet. Radiol. Ultrasound 44, 66–70.

[18] de Bulnes, A.G., Fernandez, P.G., Aguirre, A.M.M., de la Muela, M.S., 1998. Ultrasonographic imaging of canine mammary tumours. Vet. Rec. 143, 687–689.

[19] Fan, T.M., Simpson, K.W., Trasti, S., Birnbaum, N., Center, S.A., Yeager, A., 1998. Calcipotriol toxicity in a dog. J. Small Anim. Pract. 39, 581–586.

[20] Gnudi, G., Volta, A., Bonazzi, M., Gazzola, M., Bertoni, G., 2005. Ultrasonographic features of grass awn migration in the dog. Vet. Radiol. Ultrasound 46, 423–426.

[21] Guilherme, S., Benigni, L., 2008. Ultrasonographic anatomy of the brachial plexus and major nerves of the canine thoracic limb. Vet. Radiol. Ultrasound 49, 577–583.

[22] Kramer, M., Gerwing, M., Hach, V., Schimke, E., 1997. Sonography of the musculoskeletal system in dogs and cats. Vet. Radiol. Ultrasound 38, 139–149.

[23] Lamb, C.R., Duvemois, A., 2005. Ultrasonographic anatomy of the normal canine calcaneal tendon. Vet. Radiol. Ultrasound 46, 326–330.

[24] Nyman, H.T., Kristensen, A.T., Skovgaard, I.M., McEvoy, F.J., 2005. Characterization of normal and abnormal canine lymph nodes using gray-scale B-mode, color flow mapping and spectral ultrasonography: a multivariate study. Vet. Radiol. Ultrasound 46, 404–410.

[25] Nyman, H.T., Kristensen, A.T., Lee, M.H., Martinussen,

T., McEvoy, F.J., 2006. Characterization of canine superficial tumors using grayscale B-mode, color flow mapping and spectral ultrasonography: a multivariate study. Vet. Radiol. Ultrasound 47, 192–198.

[26] Rose, S., Long, C., Knipe, M., Hornof, B., 2005. Ultrasonographic evaluation of brachial plexus tumors in five dogs. Vet. Radiol. Ultrasound 46, 514–517.

[27] Salwei, R.M., O'Brien, R.T., Matheson, J.S., 2005. Characterization of lymphomatous lymph nodes in dogs using contrast harmonic and power Doppler ultrasound. Vet. Radiol. Ultrasound 46, 411–416.

[28] Shah, Z.R., Crass, J.R., Oravec, D.C., Bellon, E.M., 1992. Ultrasonographic detection of foreign bodies in soft tissues using turkey muscle as a model. Vet. Radiol. Ultrasound 33, 94–100.

[29] Stimson, E.L., Cook, W.T., Smith, M. M., Forrester, S.D., Moon, M.L., Saunders, G.K., 2000. Extraskeletal osteosarcoma in the duodenum of a cat. J. Am. Anim. Hosp. Assoc. 36, 332–336.

[30] Volta, A., Bonazzi, M., Gnudi, G., Gazzola, M., Bertoni, G., 2006. Ultrasonographic features of canine lipomas. Vet. Radiol. Ultrasound 47, 589–591.

Both techniques

[31] Benigni, L., Corr, S., Lamb, C.R., 2007. Ultrasonographic assessment of the canine sciatic nerve. Vet. Radiol. Ultrasound 48, 428–433.

[32] Boswood, A., Lamb, C.R., White, R.N., 2000. Aortic and iliac thrombosis in six dogs. J. Small Anim. Pract. 41, 109–114.

[33] Bulman-Fleming, J.C., Gibson, T.W., Kruth, S.A., 2009. Invasive cutaneous angiomatosis and thrombocytopenia in a cat. J. Am. Vet. Med. Assoc. 234, 381–384.

[34] Williams, J., Bailey, M.Q., Schertel, E.R., Valentine, A., 1993. Compartment syndrome in a Labrador retriever. Vet. Radiol. Ultrasound 34, 244–248.

Pathology

[35] Bertazzolo, W., Toscani, L., Calcaterra, S., Crippa, L., Caniatti, M., Bonfanti, U., 2003. Clinicopathological findings in five cats with paw calcification. J. Feline Med. Surg. 5, 11–17.

附　录

X 线摄影错误

数字 X 线摄影

当前，数字 X 线摄影（直接数字 X 线摄影，简称 DR 和计算机 X 线摄影，简称 CR）的广泛使用带来了很多与之相关的错误和伪影，这些错误和伪影会降低图像质量，掩盖或混淆病变。它们可在摄影过程 5 个阶段中的任何一个阶段产生：曝光前、曝光时、曝光后、电脑读取图像时以及工作站处理时。曝光前、曝光后和影像读取伪影仅发生在 CR，而曝光时伪影和工作站伪影也可见于 DR。表 A1 ～ A5 总结了数字 X 线摄影伪影的产生原因与消除方法。（表 A1 ～ A5 选自 'Artifacts in digital radiography' by D.A. Jiménez, L.J. Armbrust, R.T. O'Brien and D.S. Biller, 2008, *Veterinary Radiology and Ultrasound* 49, 321-332, with permission of Wiley-Blackwell。）

可能与临床相关的最重要的伪影之一是反向伪影（月晕），又叫回弹效应。这种伪影源于被称为"非锐化屏蔽"的后处理技术，这项技术常用于边缘增强，通过强化边缘来提高眼观上的对比度。在两种明显不同衰减的结构之间的界面上，会产生一条宽度均匀的暗线或月晕。反向伪影在金属植入物周围最常见，会误认为是骨科材料（如螺钉和髓内针）的松动（图 A1）。也可能会误判为轻微气胸或气纵隔。反向伪影可通过使用最低程度的边缘增强算法来降低。

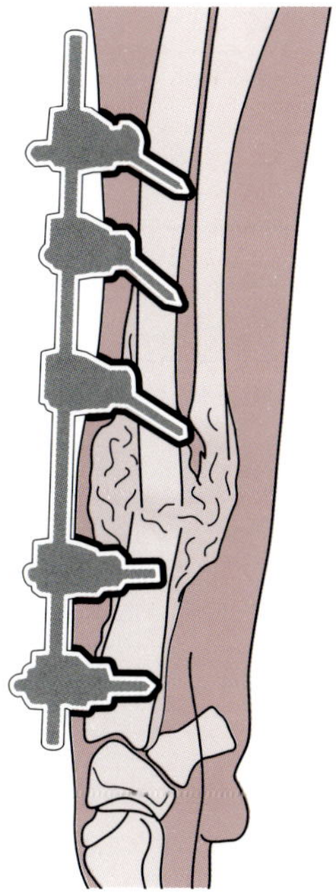

图 A1　数字 X 线片中金属植入物周围的反向伪影（月晕）。

传统的屏 – 片 X 线摄影

手工洗片比自动洗片更容易产生操作错误，尽管高质量的手工洗片可以获得极佳的效果。但是，也不能就此断定自动洗片是十分简单而且不会出错的，仍然会因为自动洗片机维护不利或使用不当而产生洗片错误。增感屏、胶片或滤线栅使用不当，或使用了受损的设备，都可能产生 X 线摄影错误。表 A6 列出了不同洗片方法错误的可能原因与消除方法。很多错误在手工洗片和自动洗片中都会发生；仅发生于一种洗片技术的错误分别用 M 或 A 表示。

表 A1　曝光前伪影

伪　影	硬　件	征　象	原　因	消除方法
存放散射线	CR	● 总体亮度减低 ● 图像质量降低 ● 可能显示已曝光的图像	● 散射线和本底辐射暴露	● 每天擦除 IP 板 ● 防护散射线
裂纹	CR	● 白线或斑点 ● 通常在边缘	● IP 板的物理损坏 ● 反复使用或不正确操作	● 小心使用 IP 板 ● 制定维护和清洁规范 ● 必要时更换 IP 板
部分擦除	CR	● 重叠有以前的模糊图像	● 擦除光源疲劳 ● 擦除光源强度降低	● 必要时更换擦除光源 ● 不恰当的紫外线擦除波段
幻影	CR	● 重叠有以前被擦除的模糊图像	● 擦除与下次曝光的间期延长	● 每天擦除 IP 板

CR，计算机 X 线摄影

表 A2　曝光伪影

伪　影	硬　件	征　象	原　因	消除方法
量子斑	DR，CR	● 颗粒状图像 ● 整体图像质量差 ● 图像曝光不足	● X 线曝光条件不足	● 根据需要增加曝光条件
矛盾的过度曝光效应	DR	● 过度曝光区域看起来更亮	● 严重的曝光过度	● 尽可能降低曝光条件
铺板征	DR	● 矩形区域内亮度不同	● 不同区域的 X 线强度不同	● 尽可能缩小照射野
片盒反放伪影	CR	● 图像重叠了片盒反面影像 ● 因片盒的铅屏蔽造成 X 线严重衰减	● 曝光时片盒不正确地放置	● 曝光前检查片盒放置方向正确
滤线栅切割效应	DR，CR	● 出现 X 线衰减增大区	● 滤线栅放置或准直不正确	● 检查滤线栅位置、方向和焦距正确
反向散射	CR	● 反向散射线曝光区图像灰雾，质量降低	● 片盒下物体造成的散射 ● 高曝光条件设置 ● 引起散射的物体和片盒间有空隙	● 使用有铅屏蔽的片盒
双重曝光	CR，DR	● 两次曝光的图像相互重叠	● 未擦除片盒就多次拍摄 ● 图像记忆或传输错误	● 每次曝光后都读取图像 ● 使用可靠的数据传输方式
像素失效	DR	● 白点或白线	● 探测器出现非功能性像素	● 少量像素受损时，使用平滑算法 ● 必要时更换探测器

CR，计算机 X 线摄影；DR，数字 X 线摄影

表 A3 曝光后伪影

伪 影	硬 件	征 象	原 因	消除方法
衰减	CR	● 影像变白 ● 图像质量下降	● 曝光和读取间期过长	● 曝光后尽快读取影像
光泄露	CR	● 局部图像擦除 ● 图像质量降低	● IP 板受环境强光照射	● 曝光后尽快读取影像 ● 读取前避免操作 IP 板 ● 练习正确的片盒维护

CR，计算机 X 线摄影

表 A4 图像读取伪影

伪 影	硬 件	征 象	原 因	消除方法
碎屑	CR	● 白点或白线	● 读取 IP 板时碎屑阻挡了反射光	● 常规清洁 IP 板，必要时更换
光导管过脏	CR	● 读取图像时 IP 板移动方向有白线	● 光导管上的灰尘阻碍激光扫描 IP 板	● 定期维护阅读器 ● 必要时清洁光导管
跳过的扫描行	CR	● 读取图像时垂直于 IP 板移动的方向有图像信息的遗漏	● 读取图像时 IP 板突然移动 ● 电压波动	● 读取 IP 板时避免接触读取装置 ● 使用可靠的电源
磷光剂不均匀	CR	● 图像发亮 ● 图像整体质量下降	● 使用不同峰值波长的 IP 板和 IP 板读取装置	● 使用设计用来共同使用的 IP 板和读取装置

CR，计算机 X 线摄影

表 A5 工作站伪影

伪 影	硬 件	征 象	原 因	消除方法
诊断指示符伪影	DR，CR	● 图像整体质量下降 ● 图像对比度差	● 采集图像后处理的感兴趣区设置错误	● 每次曝光时选择正确的感兴趣区
莫尔条纹伪影		● 衰减增加的平行线、曲线或波浪线	● 栅格线和采样频率的干扰	● 使用振动的滤线栅 ● 使用高栅比的滤线栅 ● 使滤线栅垂直于取样方向 ● 必要时增加曝光时间
边缘检测伪影	DR，CR	● 图像边界位于感兴趣区内 ● 错误的图像后处理	● 曝光区域偏离片盒的中心 ● 感兴趣区有高衰减物体 ● 自动图像分析	● 以感兴趣区为投照中心 ● 使用半自动图像分析
传输错误	DR，CR	● 图像丢失或失真	● 数据线松动 ● 电压波动	● 使用可靠的传输方法和电源
错位伪影	DR，CR	● X 线片上图像部分位置错误	● 数据线松动 ● 电压波动	● 使用可靠的传输方法和电源
反向伪影	DR，CR	● 高衰减物体周围的暗区	● 用于突出物体边缘的非锐化遮盖技术	● 使用适合的设置和内核大小以增加物体对比度
密度阈值	DR，CR	● 较少衰减的结构变黑和对比度降低	● 直方图分析和图像灰度中包含高密度物体	● 创建密度阈值以排除直方图分析中的金属物体

DR，数字 X 线摄影；CR，计算机 X 线摄影

表 A6　屏 – 片系统常见的胶片错误

征　象	原　因	消除方法
X 线片太黑		
影像太黑，但是原射线束之外的区域或被铅标记保护的区域正常	● 曝光过度	● 降低 kVp 和 / 或 mAs（kVp 降低 10 约等于 mAs 减半）。检查 FFD，如果太短，增加 FFD
整张胶片太黑	● 显影过度	● 降低显影液温度或显影时间；必要时确保促进剂（抑制剂）的使用
	● 胶片灰雾（见下文）	● 见下文
X 线片太白		
影像太白，但是背景黑（“黑白图像”）	● 曝光不足	● 增加 kVp 以增加穿透力。检查 FFD，如果太长，适当降低
患病动物影像和背景均太白，导致对比度非常低	● 显影不足	● 增加显影液温度或显影时间；补充或更换显影液；盖上显影槽减缓氧化（M）；检查胶片与使用的化学物质的兼容性
	● 总曝光不足	● 明显增加曝光条件
	● 使用不兼容的增感屏和胶片（如胶片对增感屏发出的光色不感光）	● 检查增感屏和胶片的兼容性
影像可接受（一些内部细节），但是背景较灰，不黑	● 显影不足，代偿性曝光过度	● 正确显影和降低曝光条件
胶片不均匀，呈大理石样	● 显影液温度不均匀（M）导致不均匀的显影不足	● 使用前彻底搅匀显影液以保证温度均匀；使用水浴加热法代替直接加热器
灰雾（与原射线束无关的胶片发暗）——可能广泛或局部	● 储存或处理时受到白光的暴露（曝光区域通常是黑色的）	● 小心储存和使用胶片；显影时盖上显影槽（M）
	● 暗室内漏光（整张胶片较灰，可能见到指甲印）	● 确保暗室是不透光的
	● 安全灯太亮或故障	● 通过将胶片放在凳子上，上面放金属物体，30 s 后洗片进行检查
	● 显影过度（化学灰雾），包括缺少促进剂（抑制剂）以及显影液与胶片的不兼容	● 检查显影液成分正确并与胶片兼容；在正确温度下使用并达到足够的时间
	● 散射线造成的曝光	● 使未曝光的胶片远离投照区域
	● 胶片过期（储存灰雾）	● 按时间先后使用胶片，在有效期内使用；合适温度储存
胶片上白斑	● 液体溅到增感屏上变干；液体或定影液溅到未冲洗的胶片上（通常 M）	● 定期清洁增感屏；好的暗室设计，分干湿区（M）；用干净、干燥的手处理胶片
胶片上暗或黑斑	● 定影液溅到未冲洗的胶片上（通常 M）	● 同上
胶片上白点和白线	● 增感屏上有污物或动物毛发；增感屏或胶片乳胶的损坏	● 定期清洁增感屏；小心处理增感屏和胶片；损坏后更换增感屏

续表

征 象	原 因	消除方法
平行的白线或黑线		
紧密挨着的细线	● 滤线栅错误：滤线栅损坏；滤线栅与原射线不垂直；在错误的 FFD 下使用聚焦滤线栅或倒置；活动滤线栅未激活	● 正确使用滤线栅
宽度不定的线，离得远	● 自动洗片机刮伤，如滚轴损坏（A）	● 定期保养和清洁自动洗片机
新月形黑线	● 冲洗前粗心处理胶片导致褶痕	● 小心处理未冲洗的胶片
树枝状黑线	● 静电	● 小心处理胶片；使用抗静电屏幕清洁剂；使用暗室加湿器
胶片背景灰色且不透明	● 定影不完全——定影液耗尽或定影时间太短	● 定期更换定影液；正确的定影操作
随着时间，胶片变棕或变黄	● 定影不完全（胶片背景同上）或冲洗不完全（在反射光上可见胶片表面脏）	● 正确定影和冲洗
影像模糊	● 患病动物移动	● 有效保定病患；使用短曝光时间；在呼吸暂停时曝光
	● X 线管头的移动	● 确保 X 线立柱是稳定的，尤其是如果曝光电缆连接在管头上时
	● 屏 - 片接触不良（通过将回形针散放在片盒上并拍片进行检查）	● 替换片盒
	● 投照物到胶片的距离大	● 投照区尽可能贴近胶片，并使用最大可行的 FFD
	● 灰雾（见上文）	● 取决于产生原因
	● 使用非常快速的屏 - 片组合	● 使用符合 X 线机性能的较慢的屏片组合
	● 片盒移动（大动物拍片）	● 使用稳定的盒架，不要随着拿着

FFD：胶片距；A：自动洗片；M：手动洗片

超声术语和伪影

术语

无回声——不产生回声的组织，在图像上呈黑色。

低回声——产生较少回声的组织，在图像上呈灰色。

高回声——产生强回声的组织，在图像上显示较亮。

大多数液体和均质结构的组织产生较少或不产生回声，因此呈无回声或低回声。气体和矿物界面具有很强的反射性或吸收性，因此是呈高回声的。含有较高纤维成分或脂肪含量的组织，以及含多个内部分界的组织往往回声强度更高，因此在图像上显得比其他软组织更亮。

超声伪影

有些伪影会影响图像的判读，需要尽量避免或最小化；然而，也有些伪影只是偶然出现，甚至有可能辅助判读。能够识别所有常见的伪影对于防止影像的误判是非常有帮助的。

换能器接触不良

许多同心线（扇形换能器）或直线（线阵换能器）穿过图像，与扫查界面平行，掩盖图像细节。这通常是由于扫查面准备不充分或耦合凝胶使用不够，也可能因为换能器与体表之间接触不良而导致。

声影

声影见于骨骼或气体等具有高反射性或吸收性的界面。界面会产生很强的回声，但是界面远场的深部组织没有或仅有很弱的回声。因此，在高回声界面远场可见到黑色的“影子”。这可有助于鉴别小的矿物质或气体的积聚（如肾结石），但也能影响组织的扫查（例如，肋骨的声影会遮挡胸腔内结构的扫查）。因此，为了减少声影的影响，在选择扫查位置时，应尽量避免骨性的或含气体的结构（图A2）。

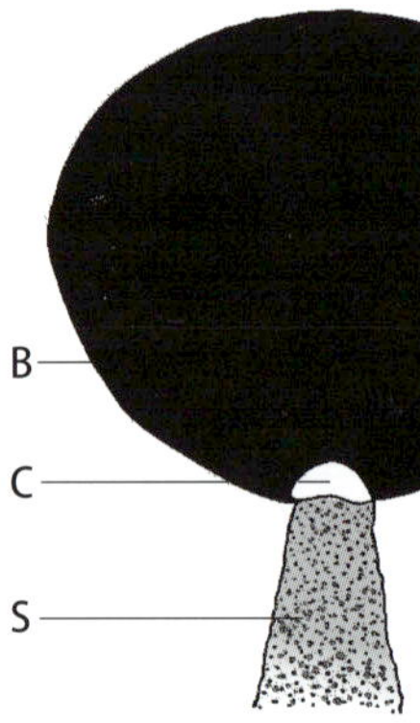

图A2 膀胱结石远场的声影。B，膀胱；C，高回声的膀胱结石；S，声影。

回声增强

在含液结构的远场，表现为回声增强的区域。随着超声穿过组织，会出现散射、吸收以及反射，但是当超声穿过液体时，很少出现这些现象。因此，到达含液结构远场的声波强度比通过软组织到达同样深度的更大。回声增强对于鉴别含液结构和低回声的实质组织是非常有用的（图A3）。

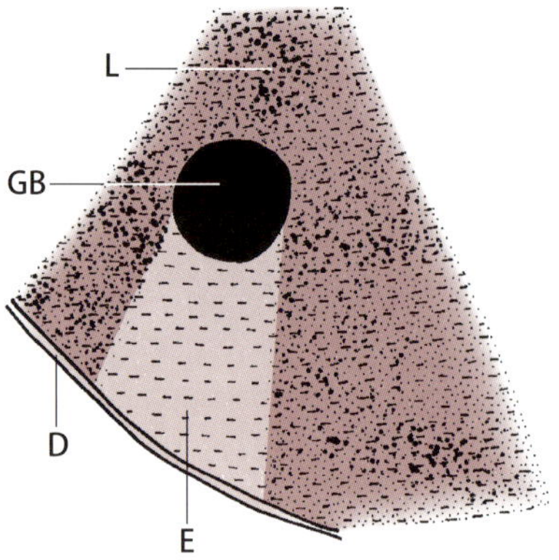

图A3 胆囊远场的回声增强；此处的肝实质与邻近的肝脏相比呈假性的高回声。D，膈；E，胆囊远场回声增强的区域；GB，胆囊；L，肝实质。

侧边声影

侧边声影见于圆形、含液结构（如胆囊）边缘的远场。这种伪影是由于穿过这些结构的弯曲边缘的声波束的折射和反射所致（图A4）。

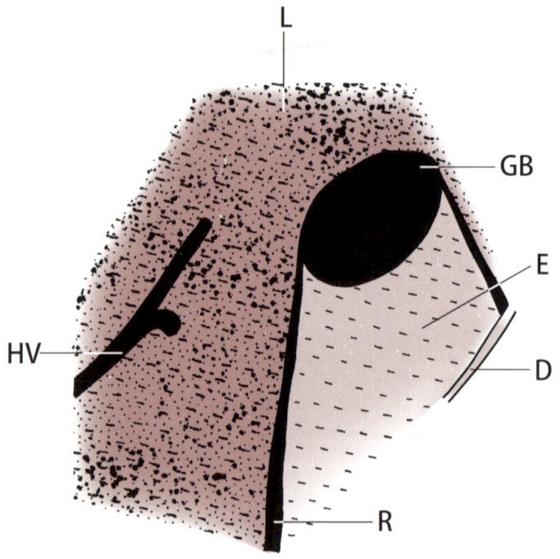

图A4 肝脏的侧边声影，因胆囊边缘而形成。D，膈；E，回声增强；GB，胆囊；HV，肝静脉；L，肝实质；R，折射声影。

混响伪影

混响伪影见于高反射的界面，如充气的肺或腹腔内游离气体的表面，这是由反射界面和探头之间来回快速反射导致的。可见到距离相等的平行的强回声线，随着深度加深，强度渐弱。

彗尾伪影和振铃伪影

这两种伪影表现相似，在反射物远场出现密集的回波或紧密的产回声光带。但是，它们的来源是不一样的，彗尾伪影通常来源于金属物体的远场，而振铃伪影出现于泡沫状的气体积聚，如肺泡浸润或空腔器官。

镜像伪影

镜像伪影产生于弧形的高回声界面，最常见于肝脏或膈与肺的界面，以及心脏和肺的界面。高回声界面与浅表组织之间出现内部混响，导致浅表组织在深处呈现错误的影像。例如，在膈的两侧均可能见到肝组织，这与膈破裂的影像很相似，因此，区别这一伪影很重要（图 A5）。

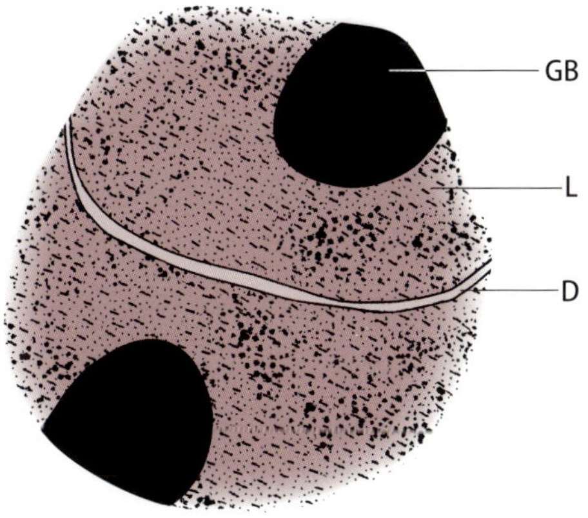

图 A5　肝 – 膈 – 肺界面形成的镜像伪影。D，膈；GB，胆囊；L，肝实质；M，镜像——膈对侧的肝脏和胆囊假象。

旁瓣伪影

旁瓣伪影是来源于主声束路径外组织的假性回波。一些小的声束朝多个方向发散，称作旁瓣。如果旁瓣与高回声界面接触，返回的回波会错误地显示在图像上。这样的回波比来源于主声束的回波要弱。

切片厚度伪影

超声声束非常细，但是仍有一定的厚度。如果声束的一部分在含液结构内，一部分在含液结构外，就会出现声束的平分，造成含液结构内出现回声，这称作假性沉积。当整个声束的厚度均在含液结构内时，该伪影则会消失。

疾病的地理分布

以下大多数的寄生虫性和传染性疾病（表 A7）都不是普遍存在的，表中列出了一些大概的地理分布。为简洁起见，这些疾病在前面 12 章内容里均有用星号（*）表示。但是，应该考虑到不同国家之间家养宠物饲养途径的增加以及气候变化的可能影响，因为这些也可能会导致“外来”疾病出现在非疫病区域。真菌疾病最常见于幼年动物，通常是小于 4 岁的动物。

表 A7　疾病的地理分布

疾病和微生物	微生物类型	受影响的物种	主要地理分布
放线菌病（黏性放线菌，大麦伤口放线菌和其他种属）	细菌	• 犬——散发，尤其是在户外使用或饲养的青年至中年大型猎犬或其他犬 • 猫——罕见 • 通常通过吸入植物或通过受损的皮肤感染	• 黏性放线菌—世界分布；大麦伤口放线菌—主要在美国西部
猫肺虫（猫圆线虫）	寄生虫：线虫	• 猫——尤其是猎猫，通过腹足动物（蛞蝓和蜗牛）± 已经摄食腹足动物并作为转续宿主的小啮齿类、鸟类、两栖动物和爬行动物传播 • 仅偶尔引起疾病；通常处于亚临床状态	• 世界分布；主要在欧洲（包括英国）和美国

续表

疾病和微生物	微生物类型	受影响的物种	主要地理分布
管圆线虫病—“法国”心丝虫（脉管圆线虫）	寄生虫：线虫	● 犬——通常见于饲养在一起的幼年犬；也见于狐狸，但也可作为犬感染的储存宿主。通过腹足动物传播	● 世界分布，但散发，尤其欧洲西部局部地区（包括英国南部和爱尔兰）。在美国进口的犬散发。也见于非洲、亚洲、南美洲，以及俄罗斯
曲霉菌病（曲霉菌属）	真菌	● 犬，全身性感染主要常见于德国牧羊犬和免疫抑制的患犬 ● 猫——罕见 ● 通过吸入空气传播的微生物感染	● 世界分布；通常在温暖、干燥气候下散播。在土壤内和腐烂的植物中的腐生物
巴贝斯虫病（犬巴贝斯虫、伏氏巴贝斯虫、罗氏巴贝斯虫和吉氏巴贝斯虫——犬和猫巴贝斯虫——猫）	原虫	● 犬，通过蜱虫传播——犬巴贝斯虫通过网纹矩头蜱感染（欧洲），伏氏巴贝斯虫通过血红扇头蜱感染（棕色犬蜱，世界分布），罗氏巴贝斯虫通过犬血蜱感染（撒哈拉以南的非洲）和吉氏巴贝斯虫通过血红扇头蜱感染 ● 猫——猫巴贝斯虫；生活史不清楚	● 在热带、亚热带和温带气候地区呈世界分布（如南欧；北美洲、中美洲和南美洲；亚洲；非洲）——日益广泛。猫巴贝斯虫主要在南非
芽生菌病——北美皮肤芽生菌病（皮炎芽生菌）	真菌	● 犬，尤其是生活在靠近水的幼年大型犬 ● 猫——罕见 ● 通常通过吸入方式感染	● 在北美洲呈地方性流行，主要是靠近河谷和湖泊的地区。在中美洲和非洲、欧洲和非洲散发。土壤腐生物
疏螺旋体病，莱姆病（伯氏疏螺旋体）	螺旋菌	● 犬——通过硬蜱属传播 ● 猫可能血清转化，但罕见临床疾病	● 世界分布但在局部地区；北美洲、欧洲（包括英国）、苏联、亚洲，以及澳大利亚
毛细线虫病——狐肺线虫（嗜气毛细线虫；嗜气优鞘线虫）	寄生虫：线虫	● 犬和猫偶尔感染，但主要宿主是狐狸 ● 某些国家规定为人畜共患病 ● 通过摄入粪便内虫卵感染	● 主要在北美洲、欧洲、中东、俄罗斯、北非
球孢子菌病——河谷热或圣华金河谷热（粗球孢子菌）	真菌	● 犬，尤其幼年的中型至大型犬 ● 猫——罕见 ● 通常通过吸入的方式感染	● 在美国西部和西南部、墨西哥、中美洲和南美洲的半干旱地区呈地方性流行。土壤腐生物
环体线虫病（狐环体线虫）	寄生虫：线虫	● 犬偶尔感染，但主要宿主是狐狸 ● 通过腹足动物传播感染	● 狐狸的感染呈世界分布；犬感染偶尔在欧洲（包括英国）、北美洲和亚洲
隐球菌病（新型隐球菌和格特隐球菌）	真菌	● 猫——猫最常见的系统性真菌病；倾向于免疫抑制 ● 犬——不常见；也倾向于免疫抑制 ● 通过环境获得感染，很可能通过吸入方式，不从其他动物感染	● 新型隐球菌——世界分布；格特隐球菌——热带和亚热带区域。土壤腐生物，在鸟类排泄物中发现，尤其是鸽子的
巨肾线虫（肾膨结线虫）	寄生虫：最大的线虫	● 犬和猫；终末宿主是貂 ● 通过摄入环节动物蠕虫 ± 生鱼感染	● 世界分布，但散发
恶丝虫病（犬恶丝虫）	寄生虫	● 犬——常见 ● 猫——偶发，但天生具有抵抗力 ● 通过蚊子传播。人类也会偶发，犬和猫作为储存宿主	● 在热带、亚热带和温暖的温带区域呈地方性流行（如南欧、北美洲和南美洲、亚洲南部、非洲，以及澳大利亚）

续表

疾病和微生物	微生物类型	受影响的物种	主要地理分布
肝泡型包虫病（多房棘球绦虫）	寄生虫：绦虫	● 犬——罕见；终末宿主是狐狸 ● 通过摄入虫卵（如在狐狸粪便内）感染	● 北半球温带、大陆带和北极带，包括欧亚大陆、北美洲和日本
埃里希体病（犬埃里希体）	立克次氏体	● 犬——通过棕色犬蜱（血红扇头蜱）传播感染	● 大多数热带和亚热带区域：在美国、非洲、南欧、加勒比海和亚洲部分地区有报道；也见于温带地区，包括欧洲部分地区
类丝虫病（肺丝虫和米氏类丝虫）	寄生虫：线虫	● 犬：肺丝虫——散发，最常在研究群体或免疫抑制或应激的犬；米氏类丝虫——野生动物的寄生虫，在犬意义不大，但形态与肺丝虫相似。均为直接型生活史	● 世界分布，但散发
兔热病（弗朗西斯氏菌属或土拉巴氏杆菌）	细菌	● 犬和猫偶尔受影响——主要是兔、啮齿动物和其他的野生动物 ● 蜱和其他的吸血昆虫是犬猫主要的传播媒介；也通过食入感染的兔子或啮齿动物感染	● 北半球温带地区，主要在北纬30° ~ 70° 之间，包括大部分欧亚大陆和北美洲。A 型菌株对于兔子是高毒性的，仅在北美洲发现；B 型菌株对于兔子是无毒的，也可在其他地方发现
肝簇虫病（犬肝簇虫）	原虫	● 犬，主要通过摄入棕色犬蜱（血红扇头蜱）传染 ● 猫更罕见；未确定致病的肝簇虫种类和传播媒介	● 世界分布，尤其美国，以及南美洲、南欧、非洲、中东和远东地区
美洲犬肝簇虫病（美洲肝簇虫）	原虫	● 犬，通过摄入海湾蜱（海湾花蜱）传染；比犬肝簇虫引起的更加严重	● 仅美国南部
组织胞浆菌病（荚膜组织胞浆菌）	真菌	● 犬——北美洲最常见的犬系统性真菌病 ● 猫——同样敏感 ● 患病动物通常小于 4 岁 ● 通过吸入的方式感染	● 北纬 45° 和南纬 30° 之间明确的温暖、潮湿多雨的热带、亚热带和温带区域；在美国某些河谷区域地方性流行，加拿大也是。其他地方散发。土壤腐生物，尤其在富含鸟类或蝙蝠类便的地方
利什曼病（杜氏利什曼原虫）	原虫	● 犬；猫不常见 ● 通过白蛉传播 ● 潜在的人畜共患病	● 在热带、亚热带和温带气候地区散发；主要在北纬 50° 和南纬 40° 之间。在中美洲和南美洲、美国东南部、南欧、非洲和亚洲呈地方性流行。由于宠物旅行，其他地方发病率增加
诺卡氏菌病（星状诺卡氏菌和其他种类）	细菌	● 犬——散发，尤其是免疫抑制的犬 ● 猫——不常见 ● 机会性感染 ● 犬和猫均雄性多发	● 世界分布。土壤腐生物
奥氏奥斯勒丝虫	寄生虫：线虫	● 犬 ● 直接型生活史	● 世界分布

续表

疾病和微生物	微生物类型	受影响的物种	主要地理分布
肺吸虫病（主要猫肺并殖吸虫）	寄生虫：吸虫	● 犬和猫 ● 通过水生螺或两栖动物传播，淡水虾和螃蟹作为中间宿主 ● 人类不会直接传染，但犬可作为感染源	● 北美洲、拉丁美洲、亚洲、非洲
犬鼻螨	节肢动物	● 犬——通常非致病源	● 世界分布，但散发
肺孢子虫病（卡氏肺孢子虫）	真菌，但行为像原虫	● 犬——散发，尤其在幼年的查理王小猎犬、迷你腊肠犬（可能由于免疫缺陷）和免疫抑制的动物 ● 另外机会性感染和毒力低 ● 通过吸入感染 ● 猫——通常无症状	● 世界分布，但在热带和温带气候地区散发
腐皮病（腐霉属）	真菌	● 犬——尤其是幼年大型公犬，特别是室外工作犬 ● 猫——罕见 ● 传染方式尚不清楚	● 许多亚热带国家（如澳大拉西亚、东南亚、南美洲、美国东南部、加勒比海）淡水传播
落基山斑疹热（立克次氏体）	立克次氏体	● 犬——通过犬蜱变异革蜱、安氏革蜱、血红扇头蜱和花蜱属传播 ● 人类可直接感染或偶然通过犬传染	● 北美洲、中美洲和南美洲
食道虫病（狼尾旋线虫）	寄生虫：线虫	● 犬——某些流行区非常常见 ● 猫——很少报道 ● 通过蜣螂或通过各种各样的小型脊椎动物吃过蜣螂后作为转续宿主传播	● 大多数热带和亚热带国家
孢子丝菌病（申克孢子丝菌）	真菌	● 猫——尤其公猫 ● 犬——不常见 ● 感染通常通过创伤接种 ● 在猫是人畜共患病	● 世界分布于温暖区域，包括美国和亚洲；在欧洲不常见。土壤腐生物，尤其在富含腐烂植物的地方
弓形虫病（刚地弓形虫）	原虫	● 猫——终末宿主，通过啮齿类、鸟类或吃生肉感染 ● 犬——尤其当免疫抑制时 ● 人畜共患病	● 世界分布

延伸阅读

Radiography

[1] Drost, W.T., Reese, D.J., Hornof, W.J., 2008. Digital radiography artifacts. Vet. Radiol. Ultrasound 49 (Suppl. 1), S48–S56.

[2] Ewers, R.S., 1995. Avoiding errors in radiography. Vet. Annu. 35, 47–60.

[3] Jime´nez, D.A., Armbrust, L.J., O'Brien, R.T., Biller, D.S., 2008. Artifacts in digital radiography. Vet. Radiol. Ultrasound 49, 321–332.

[4] Kirberger, R.M., 1999. Radiographic quality evaluation for exposure variables – a review. Vet. Radiol. Ultrasound 40, 220–226.

[5] Kirberger, R.M., Roos, C.J., 1995. Radiographic artefacts. J. S. Afr. Vet. Assoc. 66, 85–94.

[6] Lamb, C.R., 1995. Errors in radiology. Vet. Annu. 35, 33–46.

[7] McLear, R.C., Handmaker, H., Schmidt, C., Walls, C., Gottfried, S., Siegel, E., 2004. "U¨ berschwinger"

or "rebound effect" artifact in computed radiographic imaging of metallic implants in veterinary medicine (abstract). Vet. Radiol. Ultrasound 45, 266.

[8] Papageorges, M., 1990. The Mach phenomenon. Vet. Radiol. 31, 274–280.

[9] Papageorges, M., 1998. Visual perception and radiographic interpretation. Compendium on Continuing Education for the Practicing Veterinarian (Small Animal) 20, 1215–1223.

[10] Scrivani, P.V., Bednarski, R.M., Myer, C.W., Dykes, N.L., 1996. Restraint methods for radiography in dogs and cats. Compendium on Continuing Education for the Practicing Veterinarian (Small Animal) 18, 899–916.

[11] Smallwood, J.E., Shively, M.J., Rendano, V.T., Hable, R.E., 1985. A standardized nomenclature for radiographic projections used in veterinary medicine. Vet. Radiol. 26, 2–9.

Ultrasound

[12] Barthez, P.Y., Leveille, R., Scrivani, P. V., 1997. Side lobes and grating lobes artifacts in ultrasound imaging. Vet. Radiol. Ultrasound 38, 387–393.

[13] Kirberger, R.M., 1995. Imaging artefacts in diagnostic ultrasound – a review. Vet. Radiol. Ultrasound 36, 297–306.

[14] Lamb, C.R., Boswood, A., 1995. Ultrasound corner: an artefact resulting from propagation speed error. Vet. Radiol. Ultrasound 36, 549–550.

[15] O'Brien, R.T., Zagzebski, J.A., Delany, F.A., 2001. Ultrasound corner: Range ambiguity artefact. Vet. Radiol. Ultrasound 42, 542–545.

[16] Penninck, D.G., 2002. Artifacts. In: Nyland, T.G., Mattoon, J.S (Eds.), Small Animal Diagnostic Ultrasound. second ed. Saunders, Philadelphia, pp. 19–29.

Geographic distributions of diseases

[17] Bolt, G., Monrad, J., Koch, J., Jensen, A.L., 1994. Canine angiostrongylosis: a review. Vet. Rec. 135, 447–452.

[18] Clinkenbeard, K.D., Wolf, A.M., Cowell, R.L., Tyler, R.L., 1989. Canine disseminated histoplasmosis. Compendium on Continuing Education for the Practicing Veterinarian (Small Animal) 11, 1347–1360.

[19] Cobb, M.A., Fisher, M.A., 1992. Crensoma vulpis infection in a dog. Vet. Rec. 130, 452.

[20] Graupmann-Kuzma, A., Valentine, B. A., Shubitz, L.F., Dial, S.M., Watrous, S.J., Tornquist, S.J., 2008. Coccidioidomycosis in dogs and cats: a review. J. Am. Anim. Hosp. Assoc. 44, 226–235.

[21] Greene, R.T., 1998. Coccidioidomycosis. In: Green, C. E (Ed.), Infectious Diseases of the Dog and Cat. second ed. Saunders, Philadelphia, pp. 391–398.

[22] Hoch, H., Strickland, K., 2008. Canine and feline dirofilariasis: life cycle, pathophysiology and diagnosis. Compendium – Continuing Education for Veterinarians 30, 133–141.

[23] Legendre, A., 1998. Blastomycosis. In: Green, C.E (Ed.), Infectious Diseases of the Dog and Cat. second ed. Saunders, Philadelphia, pp. 371–377.

[24] Osborne, C.A., Stevens, J.B., Hanlon, G.P., Rosin, E., Bemrick, W.J., 1969. Dioctyphyma renale in the dog. J. Am. Vet. Med. Assoc. 155, 605–620.

[25] Quinn, P.J., Donnelly, W.J.C., Carter, M.E., Markey, B.K.J., Torgerson, P.R., Breathnach, R.M. S., 1997. Microbial and Parasitic Diseases of the Dog and Cat. Saunders, London. Scharf, G., Deplazes, P., Kaser-Hotz, L., Borer, L., Hasler, A., Haller, A., et al., 2004.

[26] Radiographic, ultrasonographic, and computed tomographic appearance of alveolar echinococcosis in dogs. Vet. Radiol. Ultrasound 45, 411–418.

[27] Soler, M., Cardoso, L., Teixeira, M., Agut, A., 2008. Imaging diagnosis – Dioctyphyma renale in a dog. Vet. Radiol. Ultrasound 49, 307–308.

[28] Torgerson, P.R., McCarthy, G., Donnelly, W.J.C., 1997. Filaroides hirthi verminous pneumonia in a West Highland white terrier bred in Ireland. Vet. Rec. 38, 217–219.

[29] Trotz-Williams, L.A., Trees, A.J., 2003. Systematic review of the distribution of the major vectorborne parasitic infections in dogs and cats in Europe. Vet. Rec. 152, 97–105.

[30] Van der Merwe, L.L., Kirberger, R. M., Clift, S., Williams, M., Keller, V., Naidoo, V., 2008. Spirocerca lupi infection in the dog. Vet. J. 176, 294–309.

索 引

C

D

E

F

G

H

J

K

L

M

N

P

Q

R

S

W

X

Y

Z